普通高等教育“十三五”系列教材

建筑制图识图与三维CAD基础

主编　姜晨光

中国水利水电出版社
www.waterpub.com.cn
·北京·

内 容 提 要

本教材以BIM应用为着眼点，系统、全面地介绍了现代建筑工程制图的基本理论、方法和技术，为配合教学给出了一套简明的、完整的房屋建筑施工图样例，并给出了全套土木工程CAD实训操作示范（扫描二维码阅读）。全书在建筑工程制图与CAD基本理论的阐述上贯彻“简明扼要、深浅适中，以实用化为目的”的原则，强化了对工程应用环节的详细介绍。本教材完全采用我国现行的规范、标准，尽可能多地借鉴了科技发达国家的标准、技术和经验，大量删减了落伍、国内尚用的知识、理论和技术，彻底淘汰了过时、国内也已不用的部分，将“学以致用”原则贯穿教材始终，努力借助通俗的语言来提高教材的可读性与吸引力，并借以满足读者的自学需求。

本教材是大土木工程行业的专业基础课教材，适用于本科和高职高专的土木工程、工程管理、机械工程、交通运输工程、铁道工程、水利工程、水利水电工程、矿业工程、建筑学、城市规划、环境工程等专业。内容不仅适用于普通全日制高等教育，也适用于网络高等教育、电视大学、夜大学及高等教育自学考试，还可作为国家执业资格考试用书。除此之外，本教材也是土木工程勘察、设计、施工领域业内人士案头必备的简明工具书，还是CAD技术培训不可多得的教科书。

图书在版编目（CIP）数据

建筑制图识图与三维CAD基础 / 姜晨光主编. -- 北京 : 中国水利水电出版社, 2020.3(2025.8重印).
普通高等教育“十三五”系列教材
ISBN 978-7-5170-8497-6

Ⅰ. ①建… Ⅱ. ①姜… Ⅲ. ①建筑制图－计算机辅助设计－AutoCAD软件－高等学校－教材 Ⅳ. ①TU204

中国版本图书馆CIP数据核字(2020)第059391号

书　名	普通高等教育“十三五”系列教材 **建筑制图识图与三维CAD基础** JIANZHU ZHITU SHITU YU SANWEI CAD JICHU
作　者	主编　姜晨光
出版发行	中国水利水电出版社 （北京市海淀区玉渊潭南路1号D座　100038） 网址：www.waterpub.com.cn E-mail：sales@mwr.gov.cn 电话：（010）68545888（营销中心）
经　售	北京科水图书销售有限公司 电话：（010）68545874、63202643 全国各地新华书店和相关出版物销售网点
排　版	中国水利水电出版社微机排版中心
印　刷	北京中献拓方科技发展有限公司
规　格	184mm×260mm　16开本　27.5印张　669千字
版　次	2020年3月第1版　2025年8月第2次印刷
定　价	**69.00**元

凡购买我社图书，如有缺页、倒页、脱页的，本社营销中心负责调换

《建筑制图识图与三维CAD基础》
编写人员名单

主　　编： 姜晨光

副 主 编：（按姓氏拼音排列）

方绪华　盖玉龙　郭凌峰　郭永民　姜学东

蒋建彬　王　雷　王世周

参编人员：（按姓氏拼音排列）

陈凤军　陈家冬　承明秋　崔　专　董爱红

方绪华　韩晓磊　李明国　李少红　任　荣

王凤芹　王进强　王　磊　吴　亮　许金山

薛志荣　杨吉民　张春光

主　　审： 彭圣浩

前言

建筑工程制图是借助通用的符号、线划和规则表达建筑工程设计思想的一门科学技术要成功地、忠实地按照工程设计思想将建筑工程建造起来，就必须能看懂建筑设计图，因此，读图和识图是土木工程从业人员的一项最基本的功底，建筑工程制图的重要性不言而喻。现代科技的发展将土木工程行业带入了BIM的新时代，土木工程建设正在向集成化、智能化、设计施工一体化方向发展，BIM的基础平台就是AutoCAD技术。因此，一个现代土木工程从业人员不仅应该能够正确地读图、识图，更应该全面地掌握AutoCAD技术。

如何讲授建筑工程制图方法，如何使学生切实掌握建筑工程制图技术，如何使学生能够真正掌握读图、识图技能，如何满足BIM时代对建筑工程制图教学的基本要求，是编者几十年教学生涯中一直在苦苦思索的问题。在长期的教学、科研、生产实践中，根据大学生的认知特点，编者梳理出了建筑制图识图与三维CAD基础知识体系的脉络，萌生了编写一本适合大学生学习特点的、能够真正让学生学会的《建筑制图识图与三维CAD基础》教材的想法。本教材的撰写以理论与实践紧密结合为基本原则和出发点，吸纳了前人及当代人的宝贵经验和认识。相信通过本教材的学习，读者一定能用最短的时间切实掌握建筑工程制图技术与CAD基础知识。为了更好地满足教学要求，本教材较为详尽地介绍了CAD的基本使用方法和相关技巧，涵盖了工程制图的基础理论及基本技术，计算机绘图的特点，AutoCAD的用户界面，AutoCAD绘制、组织和保存图形的方法，AutoCAD控制图形视图的方法，AutoCAD创建和修改对象的方法，AutoCAD的图案填充、注释和标注方法，AutoCAD的创建布局和打印图形方法，借助AutoCAD在图形和应用程序间共享数据，借助AutoCAD与其他人和组织协同工作，AutoCAD相关名词及实体图像和图形的创建，房屋建筑制图，建筑结构制图等基本教学内容和教学环节。希望本教材的出版能有助于建筑制图识图与三维CAD基础知识的普及，对从事各类工程建设活动的人们有所帮助，对我国的土木工程专业教育有所帮助、有所贡献。

全教材由江南大学姜晨光主笔完成，青岛农业大学李明国、姜学东、杨吉民、李少红、任荣、崔专、盖玉龙，德州职业技术学院王雷，东营职业学院蒋建彬，烟台城乡建设学校郭永民，福州大学方绪华，上海市地下空间设计研究总院有限公司郭凌峰，山东邹平鲁中职业学院董爱红、张春光、韩晓磊，无锡市建筑设计研究院有限责任公司承明秋，无锡水文工程地质勘察院薛志荣，江苏地基工程有限公司陈家冬，江苏中设集团股份有限公司陈凤军，无锡市大筑岩土技术有限公司吴亮，无锡太湖国家旅游度假区规划建设局许金山，无锡融创景运置业有限公司王进强，无锡绿城和风置业有限公司王磊，莱阳市环境卫生管理处王世周，江南大学王风芹等参与了相关章节的撰写工作。初稿完成后，我国土木工程界专家、《建筑技术》杂志创始人彭圣浩老先生不顾耄耋之躯审阅全书，提出了不少改进意见，为本书的最终定稿做出了重大奉献，谨此表示深深的感谢！

限于水平、学识和时间关系，书中内容难免存在疏漏，谬误之处敬请读者批评指正。

主编：姜晨光

2019年5月于江南大学

目录

第1章 工程制图的基础理论及基本技术

1.1 工程制图的作用与意义

语言和文字是交流思想的工具，语言的表达方法丰富多彩，可以把一件事描述得生动、感人。人们可以轻松地借助语言或文字来表达自己的思想，但用语言或文字来表示物体的形状和大小则并不容易，若能将物体形状和大小用图样表达，则会获得较为圆满的结果。表达物体形状和大小的图样是人类生产、生活过程中不可缺少的技术文件，设计者可通过图样来表达设计对象，制造者可通过图样来了解设计要求并依据图样来制造产品，使用者可通过图样来了解产品的结构、性能及使用方法。因此，图样被称为工程技术上的语言，工程画也被称为“工程话”，不同的生产部门对图样有不同的要求（建筑工程中使用的图样称为建筑图样，机械制造业中使用的图样称为机械图样）。在土建领域中，人们经常说“按图施工”，如果没有掌握土建制图的知识，就无法做到按图施工，从侧面说明，图样在工业生产中有着极其重要的地位和作用，一个土建工程技术人员不懂得画图、不懂得看图就无法从事相关技术工作。我国工程图学技术具有悠久的历史，大量出土文物显示，早在一万多年前的新石器时代，我国人民就能够绘制一些简单的几何图形，例如，西安半坡出土的仰韶期彩盆上就有人面形和鱼形图案；甘肃省出土的彩陶罐的表面画有剖视表达的捕获野兽的陷阱图等。三千多年前，我国劳动人民创造了“规、矩、绳、墨、悬、水”等绘图工具，宋代刊印的《营造法式》是我国较早的建筑典籍之一（书中印有大量的建筑图样，这些图样与近代工程制图表示方法基本相似）。现代科学技术的发展推动了制图理论与技术的进步，计算机绘图在土木工程和工业生产的各个领域已经得到了普遍应用，各种先进的绘图软件为工程制图技术提供了腾飞的翅膀。土木工程施工技术学是将土木工程结构设计方案转化成实际的技术科学，施工图是施工技术的灵魂。

图样、图片在日常生活中司空见惯、无处不在。图样最大的优点是形象直观，表达清楚明了，因此，在科学技术领域和工程实践中人们广泛采用图形、图像来表达设计思想，指导生产和加工过程。设计师和工程师把所设计的机器、建筑物等一切工程设施的形状、大小、相对位置及技术要求等都准确地在图纸上表达出来，工程实施部门则根据图纸的要求制造出机器或建造出建筑物，这样的图样称为“工程图样”。可见，“图样是工程界的共同语言”，作为土木工程从业人员，学会看图非常关键。当然，若从事土木工程设计工作，则绘图是其基本功，尤其是计算机绘图，因为当今人们进行各种工程设计均借助计算机绘图，手工绘图已经成为历史。计算机绘图是脱胎于手工绘图的，因此，土木工程从业人员了解一点基本的手工绘图知识也是有益的。为此，本章只简单介绍一下手工绘图的基本常识。

1.2　工程制图的基本规定

工程制图的基本规则是建立在机械制图基础上的。机械图样是设计和制造机械过程中的重要资料，是交流技术思想的语言，因此，必须对图样的画法、尺寸注法等都做出统一的规定，即实现标准化。只有这样，用图者和设计者才能实现无障碍沟通。我国现行国家标准统一规定了在有关生产和设计时所需要共同遵守的技术方面的规则，比如图纸的幅面及格式、比例、字体、图线、尺寸注法、图样画法等。

绘图时所采用的基本幅面见表 1.2.1。如图 1.2.1 所示，图框有需要装订和不需要装订两种情况，应优先采用不需要装订的形式，标题栏的位置应位于图纸的右下角，制图作业可采用简化格式。比例是指图中图形与其实物相应要素的线性尺寸之比，绘图时一般应从表 1.2.2 中选取不带括号的适当比例。比例一般应标注在标题栏的比例栏内，必要时可标注在视图名称的下方或右侧。

表 1.2.1　**绘图时所采用的基本幅面**　单位：mm

幅面代号	A0	A1	A2	A3	A4
尺寸 $B\times L$	840×1189	594×841	420×594	297×420	210×297
e	20		10		
c	10			5	
a	25				

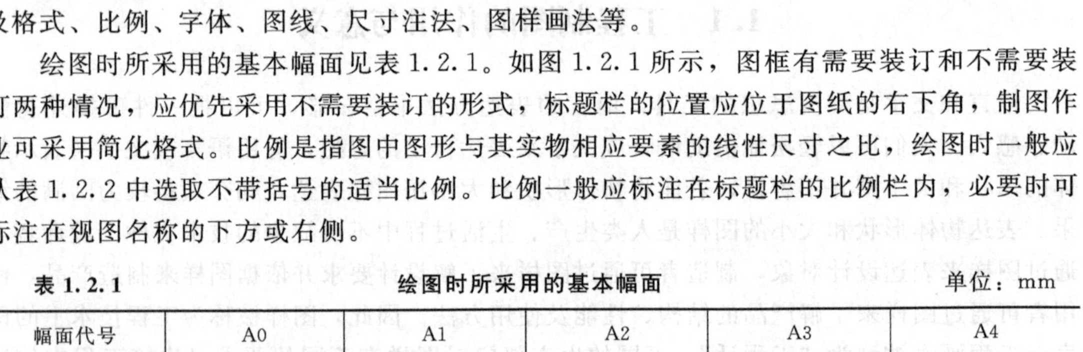

(a) 需要装订的图框格式　(b) 不需要装订的图框格式

图 1.2.1　图框

表 1.2.2　**绘图比例的选取**

原值比例	1：1
缩小比例	1：1.5、1：2、1：2.5、1：3、1：4、1：5、1：6、1：1×10^n、1：1.5×10^n、1：2×10^n、1：2.5×10^n
放大比例	1：3×10^n、1：4×10^n、1：5×10^n、1：6×10^n、2：1、2.5：1、4：1、5：1、1×10^n：1、2×10^n：1、2.5×10^n：1、4×10^n：1、5×10^n：1

图样中的字体要字体工整、笔画清楚、间隔均匀、排列整齐。字体的号数即字体高度 h，主要有 1.8mm、2.5mm、3.5mm、5.7mm、10mm、14mm、20mm，与 1.8 号字、2.5 号字、3.5 号字、5.7 号字、10 号字、14 号字、20 号字对应。汉字采用长仿宋体，宽度一般为 $h/1.4$，如图 1.2.2 所示。长仿宋体基本笔画如图 1.2.3 所示。数字及字母分 A 型和 B 型，可写成斜体（常用）或正体，如图 1.2.4 所示。

10 号字

字体工整　笔画清楚　间隔均匀　排列整齐

7 号字

横平竖直　注意起落　结构均匀　填满方格

5 号字

技术制图机械电子汽车航空船舶土木建筑矿山井坑港口纺织服装

3.5 号字

螺纹齿轮端子接线飞行指导驾驶舱位挖填施工引水通风闸阀坝棉麻化纤

(a) 不同字号的长仿宋体汉字

工业民用建筑厂房屋平立剖面详图
门窗基础地层楼板梁柱墙厕浴标号
土木平面金上正水车审三曲垂直量
比料机部轴混梯钢墙凝以砌设动泥

(b) 典型的长仿宋体汉字

图 1.2.2　汉字字体

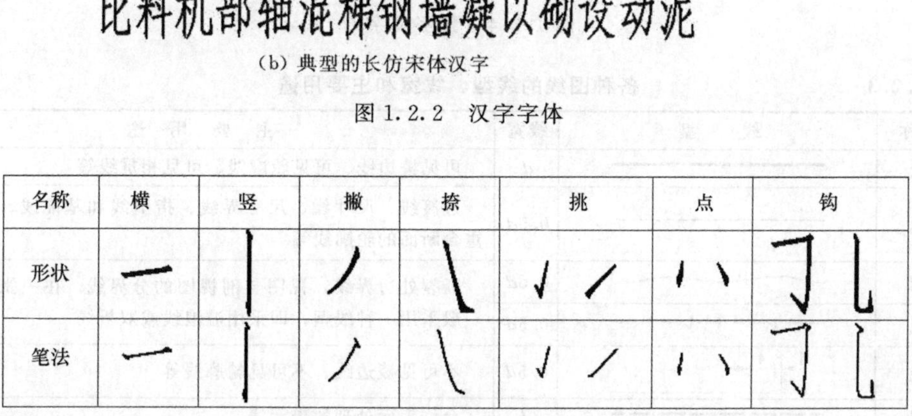

图 1.2.3　长仿宋体基本笔画

图线线宽分粗、细两种，比例为 2∶1，粗线的线宽 $d=0.25$mm、0.35mm、0.5mm、0.7mm、1mm、1.4mm、2mm。各种图线的线型、线宽和主要用途见表 1.2.3 和图 1.2.5。

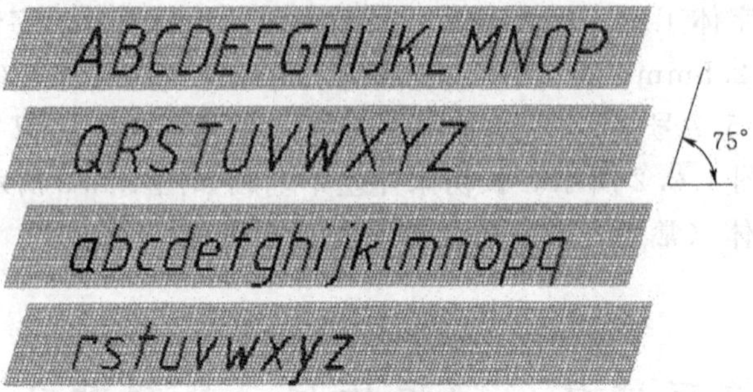

(a) 典型写法 1

(b) 典型写法 2

(c) 典型写法 3

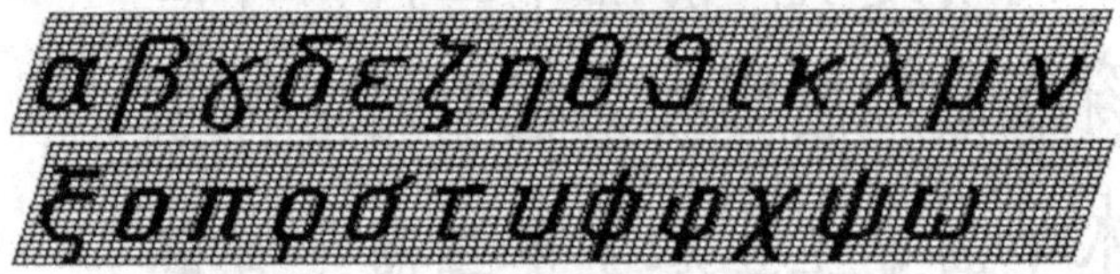

(d) 典型写法 4

图 1.2.4　数字及字母

表 1.2.3　　各种图线的线型、线宽和主要用途

图线名称	线　型	线宽	主　要　用　途
粗实线		d	可见棱边线、可见轮廓线、可见相贯线等
细实线		0.5d	过渡线、尺寸线、尺寸界线、指引线和基准线、剖面线、重合断面的轮廓线等
波浪线		0.5d	断裂处边界线，视图与剖视图的分界线。在一张图样上，一般采用一种线型，即采用波浪线或双折线
双折线		0.5d	
细虚线	1　4	0.5d	不可见棱边线、不可见轮廓线等
粗虚线		d	允许表面处理的表示线
细点画线	15　3	0.5d	轴线、对称中心线等
粗点画线		d	限定范围表示线
细双点画线	15　5	0.5d	相邻辅助零件的轮廓线、可动零件的极限位置的轮廓线、成形前轮廓线、剖切面前的结构轮廓线、轨迹线、中断线等

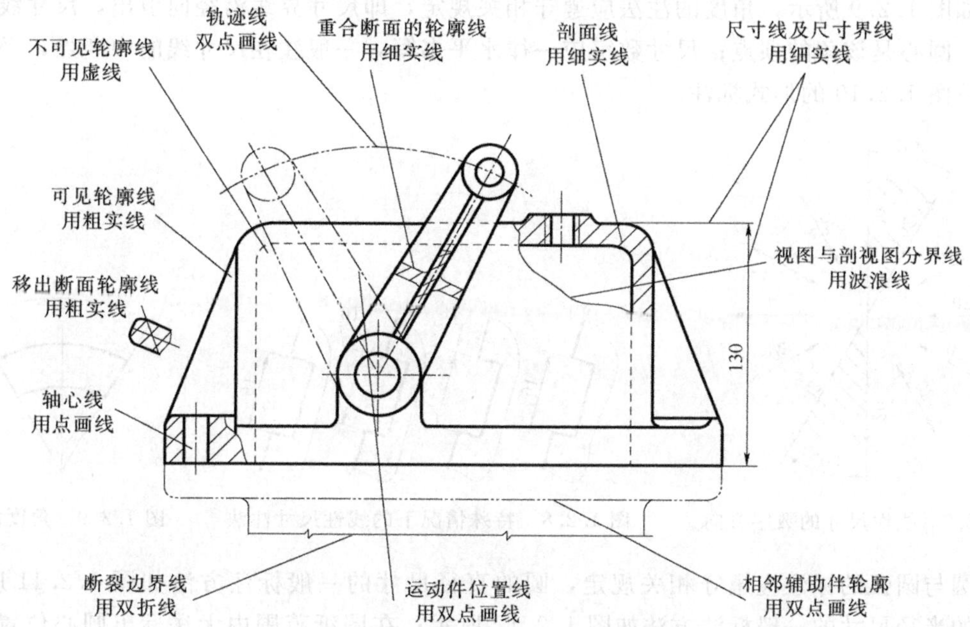

图 1.2.5 各种图线线型的主要用途

手工绘图时尺寸注法基本规则有：机件的真实大小应以图样上所标注的尺寸数值为依据，与图形的大小及绘图的准确度无关；图样（包括技术要求和其他说明）中的尺寸以mm为单位时不需标注计量单位的代号或名称，如采用其他单位则必须注明相应的计量单位的代号或名称；图样中所标注的尺寸为该图样所示机件的最后完工尺寸，否则应另加说明；机件的每一个尺寸一般只标注一次，并应标注在反映该结构的最清晰的图形上。

如图 1.2.6 所示，尺寸的组成应遵守相关规定，即一个完整的尺寸一般应包括数字、尺寸线、尺寸界线和尺寸终端。尺寸数字应标注规范，即线性尺寸的数字一般写在尺寸线的上方，也可写在尺寸线的中断处；直径尺寸数字前加注“ϕ”，半径尺寸数字前加注“R”。尺寸线绘制应规范，即应用实线绘制，不能用其他图线代替，一般也不得与其他图线重合或画在其延长线上；线性尺寸的尺寸线必须与所标注的线段平行；当有几条相互平行的尺寸线时，大尺寸要注在小尺寸外边；尺寸线与轮廓线相距5～7mm。尺寸界线绘制应规范，即应用细实线绘制，一般应与尺寸线垂直并超出尺寸线2mm左右；轮廓线、轴线、对称中心线等可作为尺寸界线。尺寸终端一般应画成箭头。

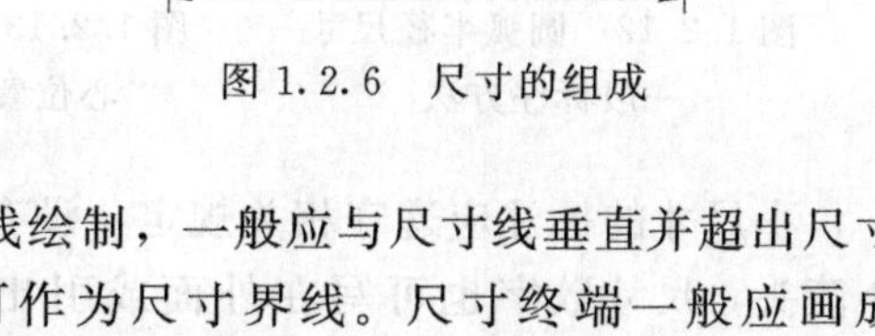

图 1.2.6 尺寸的组成

线性尺寸的数字方向应遵守相关规定，即尺寸数字的方向应按如图 1.2.7 所示方向注写，并应尽可能避免在如图 1.2.7 所示 30°范围内标注尺寸，当无法避免时可按图 1.2.8 的形式标注。

如图 1.2.9 所示，角度的注法应遵守相关规定，即尺寸界线沿径向引出，尺寸线画成圆弧，圆心是该角的顶点；尺寸数字应一律水平书写，一般注在尺寸线的中断处，必要时也可按图 1.2.10 的形式标注。

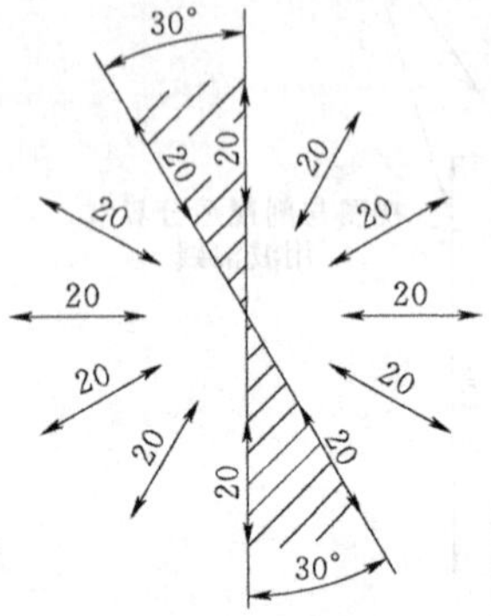

图 1.2.7 线性尺寸的数字方向

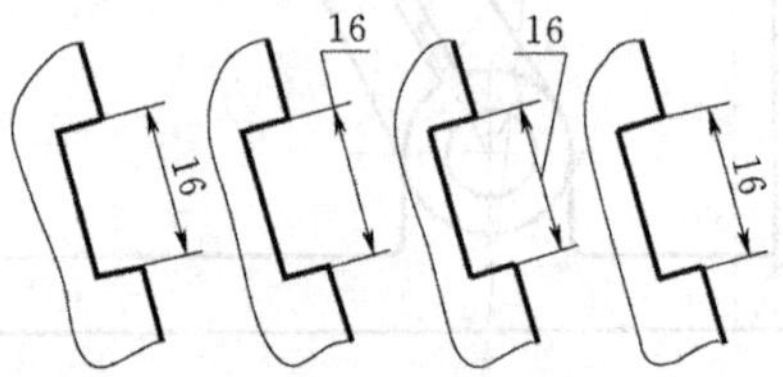

图 1.2.8 特殊情况下的线性尺寸注法

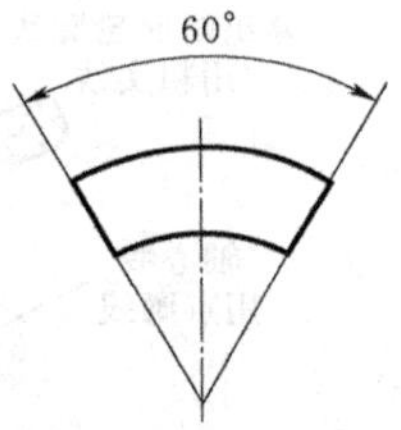

图 1.2.9 角度注法

圆与圆弧的标注应遵守相关规定，圆的直径尺寸的一般标注方法如图 1.2.11 所示；圆弧的半径尺寸的一般标注方法如图 1.2.12 所示；在图纸范围内无法标出圆心位置时可按图 1.2.13 标注，不需标出圆心位置时可按图 1.2.14 标注。

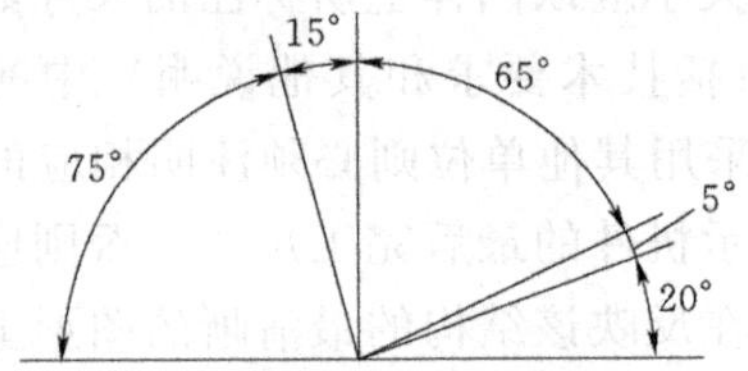

图 1.2.10 特殊情况下的角度标注方法

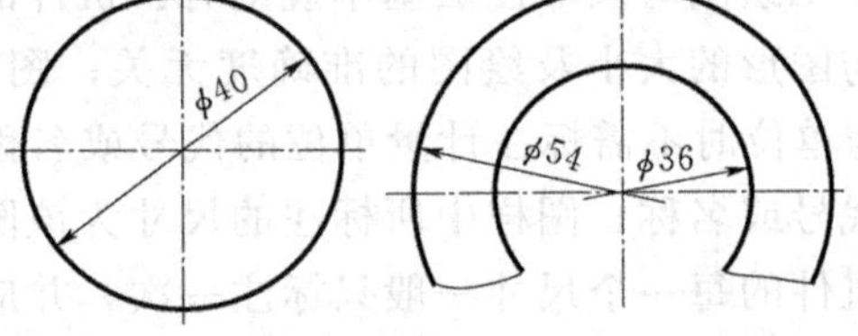

图 1.2.11 圆直径尺寸一般标注方法

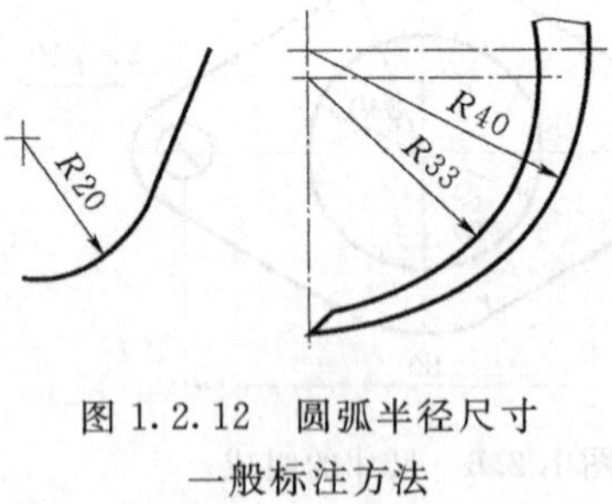

图 1.2.12 圆弧半径尺寸一般标注方法

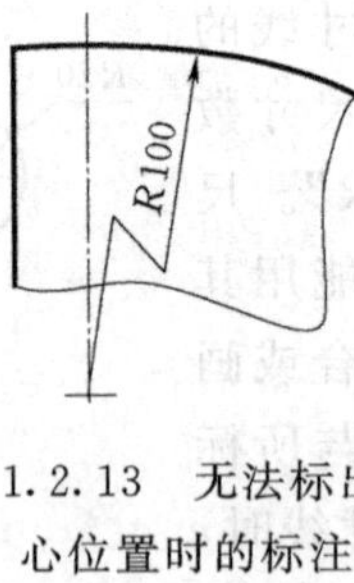

图 1.2.13 无法标出圆心位置时的标注

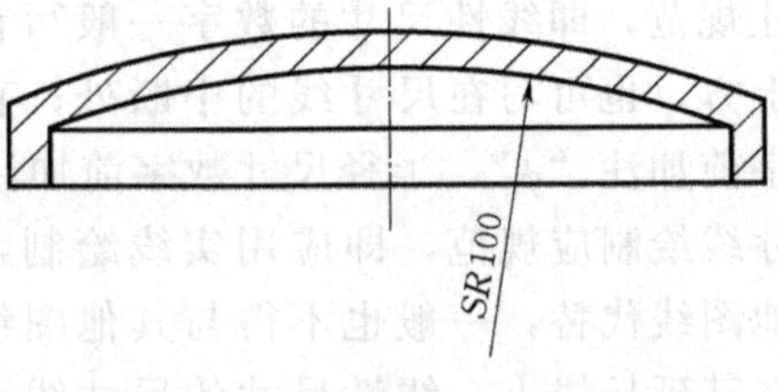

图 1.2.14 不需标出圆心位置时的标注

小尺寸的标注应遵守相关规定，没有足够空间时其箭头可画在外面或用小圆点代替两个箭头，尺寸数字也可写在外面或引出标注（图 1.2.15）；圆和圆弧的小尺寸可按图 1.2.16 所示进行标注。

球面、弦长和弧长标注应遵守相关规定，标注球面尺寸应在 ϕ 或 R 前加注“S”，不致引起误解时可省略，如图 1.2.17 所示；标注弦长和弧长时尺寸界线应平行于弦的垂直平分线，标注弧长时尺寸线用圆弧并应在尺寸数字上方加注符号“⌒”，如图 1.2.18 所示。

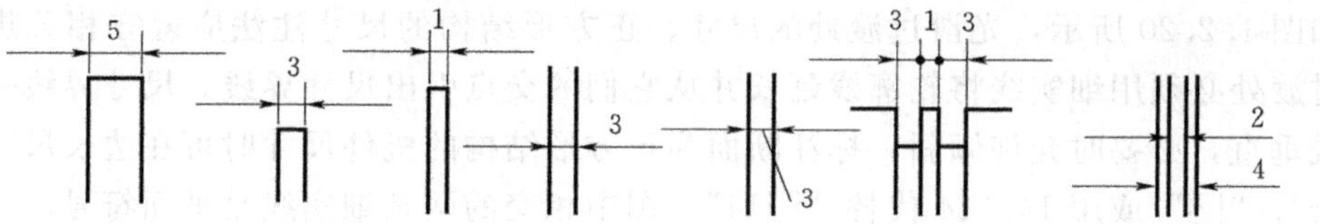

图 1.2.15 小尺寸标注

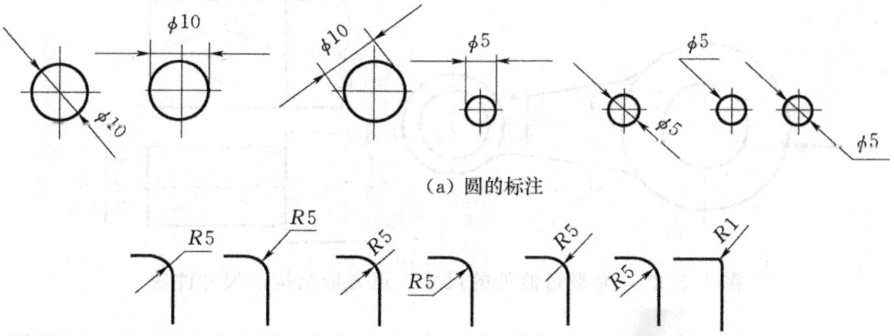

(a) 圆的标注

(b) 圆弧的标注

图 1.2.16 圆和圆弧的小尺寸标注

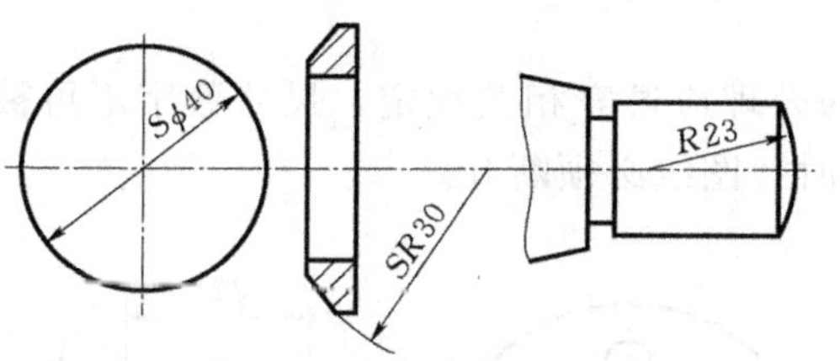

图 1.2.17 球面尺寸标注

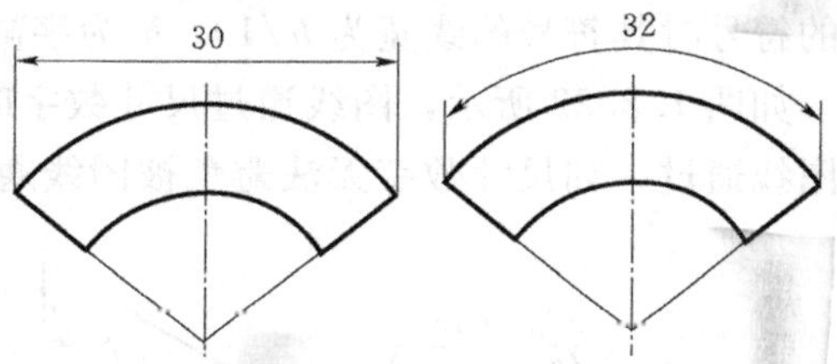

图 1.2.18 弦长和弧长尺寸标注

如图 1.2.19 所示，对称机件、板状零件及尺寸相同的孔、槽等要素的尺寸注法应遵守相关规定：分布在对称线两侧的相同结构仅标注其一侧的结构尺寸；当对称机件只画出一半或略大于一半时它们的尺寸线应略超过对称中心线或断裂处的边界线而仅在尺寸线的一端画出箭头，且在对称中心线两端分别画出的两条与其垂直的平行细实线是对称符号；标注板状零件的尺寸时应在厚度的尺寸数字前加注符号“δ”；相同直径的圆孔只要在一个圆孔上标注直径尺寸并在其前加注“个数×”。

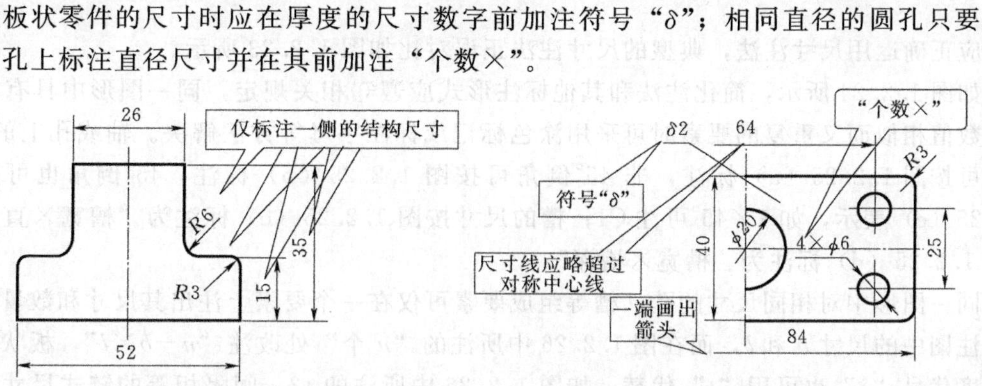

图 1.2.19 对称机件，板状零件及尺寸相同的孔、槽等要素的尺寸注法

如图 1.2.20 所示，光滑过渡处的尺寸、正方形结构的尺寸注法应遵守相关规定，在光滑过渡处必须用细实线将轮廓线延长并从它们的交点引出尺寸界线，尺寸界线一般应与尺寸线垂直，必要时允许倾斜；标注断面为正方形结构的机件尺寸时可在边长尺寸数字前加注符号“□”或用 14×14 代替“□14”，图中相交的两条细实线是平面符号。

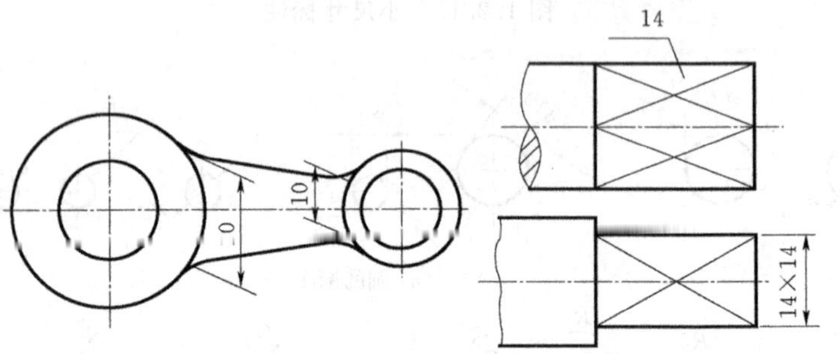

图 1.2.20　光滑过渡处的尺寸、正方形结构的尺寸注法

如图 1.2.21 所示，斜度和锥度的尺寸注法应遵守相关规定，斜度、锥度用符号标注且其符号的方向应与斜度、锥度方向一致，锥度也可标注在轴线上，一般不需要在标注锥度的同时标注其角度值（α 为圆锥角），有必要时可在括号中注出其角度值；画斜度和锥度的符号时其符号的线宽为 $h/10$，h 为字高。

如图 1.2.22 所示，图线通过尺寸数字时的处理应遵守相关规定，尺寸数字不可被任何图线通过，如尺寸数字无法避免被图线通过时，图线必须断开。

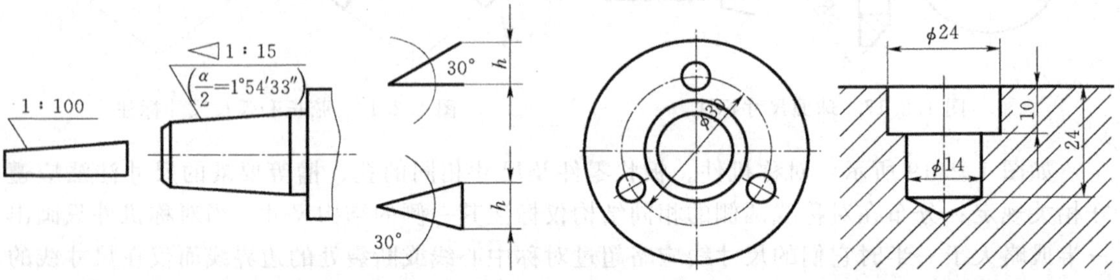

图 1.2.21　斜度和锥度的尺寸注法　　图 1.2.22　图线通过尺寸数字时的处理

应正确运用尺寸注法，典型的尺寸注法正误对比如图 1.2.23 所示。

如图 1.2.24 所示，简化注法和其他标注形式应遵守相关规定，同一图形中具有几种尺寸数值相似而又重复的要素时可采用涂色标记或标注字母等方法解决。轴或孔上的 45°倒角可按图 1.2.25（a）标注，非 45°倒角可按图 1.2.25（b）标注，45°倒角也可用图 1.2.25（c）表示，如 1×45°可注 C1；槽的尺寸按图 1.2.25（c）标注为“槽宽×直径”，按图 1.2.25（d）标注为“槽宽×槽深”。

同一图形中对相同尺寸的孔、槽等组成要素可仅在一个要素上注出其尺寸和数量；也可不注图中的尺寸 b 和 l，而在图 1.2.26 中所注的“n 个”处改注“$n-b\times l$”，板状零件的厚度代号“δ”也可用“t”代替，如图 1.2.26 中所注的 $t3$。间隔相等的链式尺寸可采用图 1.2.27 中所示的方法标注。

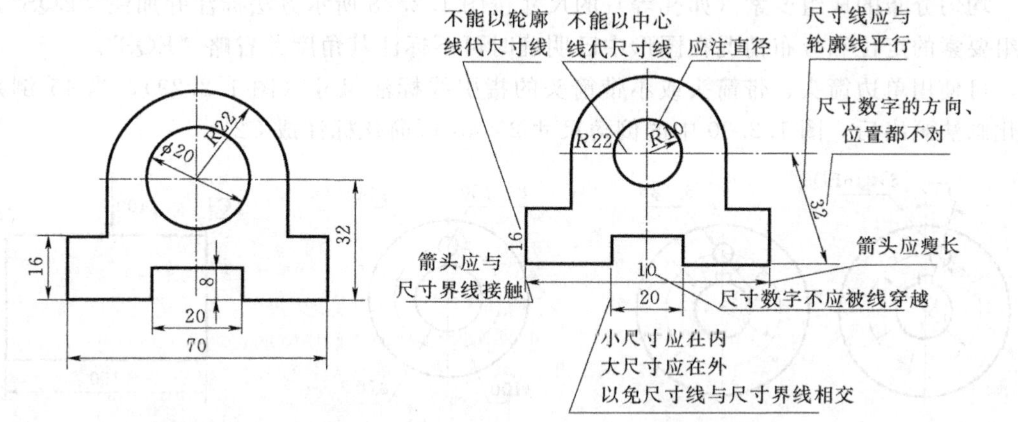

(a) 正确　　(b) 错误

图 1.2.23　尺寸注法正误对比

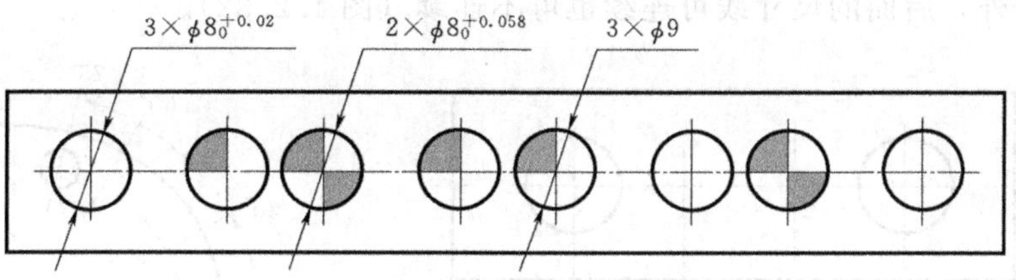

图 1.2.24　简化注法和其他标注形式

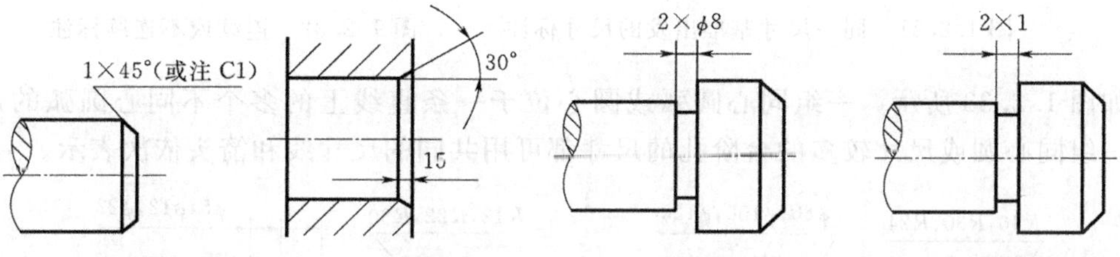

(a) 轴　(b) 孔　(c) 槽 1　(d) 槽 2

图 1.2.25　轴、孔、槽标注

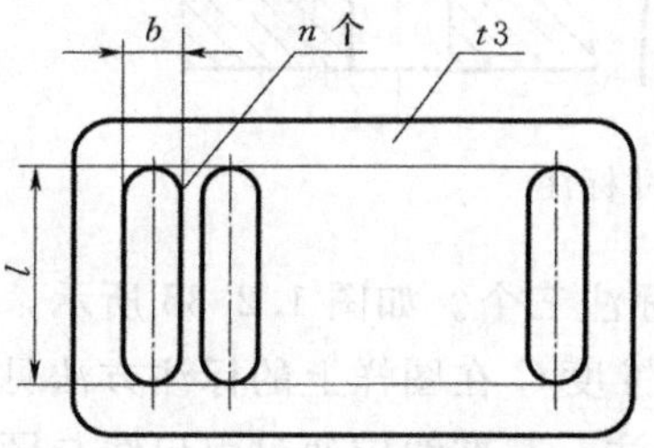

图 1.2.26　同一图形中相同尺寸孔、槽的标注

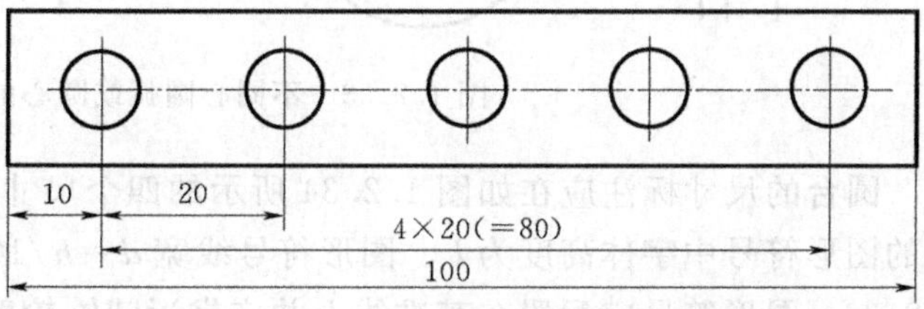

图 1.2.27　间隔相等的链式尺寸标注

均匀分布的成组要素（如孔等）的尺寸按图 1.2.28 所示方法标注并加注“EQS”，当成组要素的定位和分布情况在图形中已明确时可不标注其角度并省略“EQS”。

可使用单边箭头、带箭头或不带箭头的指引线标注尺寸（图 1.2.29），当 45°倒角用简化画法画出后，图 1.2.30 中的倒角尺寸 2×45°可简化标注成 C2。

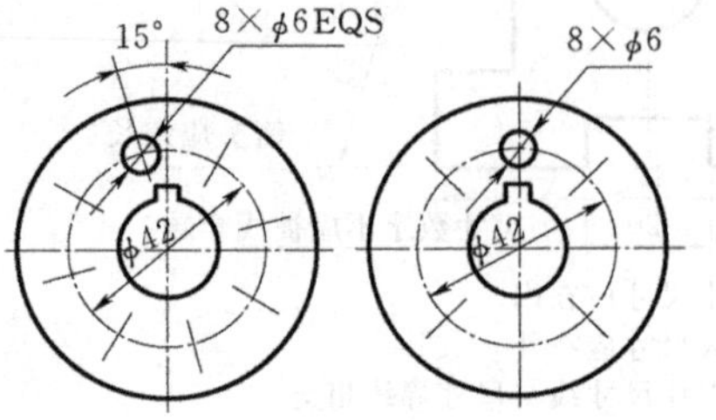

图 1.2.28　均布成组要素尺寸标注

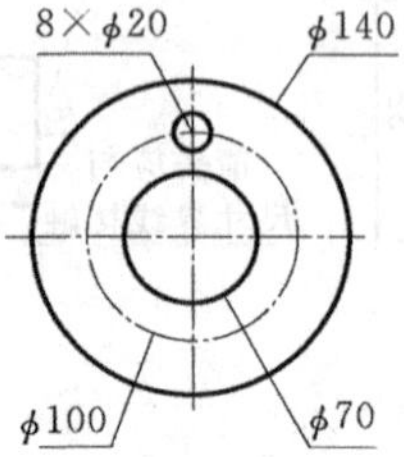

图 1.2.29　指引线标注尺寸

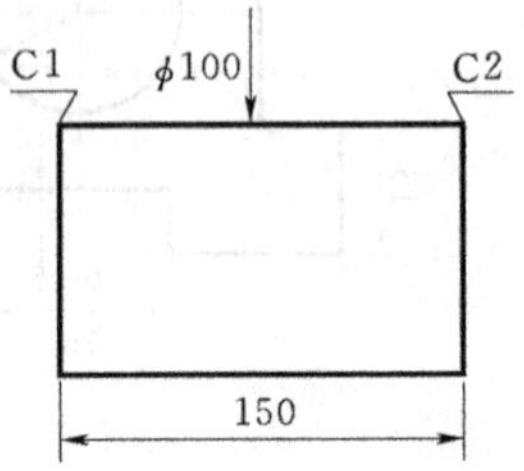

图 1.2.30　倒角尺寸简化标注

从同一尺寸基准出发的尺寸可按图 1.2.31 所示的形式标注，除由基准出发的第一段尺寸线应画全外，后面的尺寸线可连续也可不连续（图 1.2.32）。

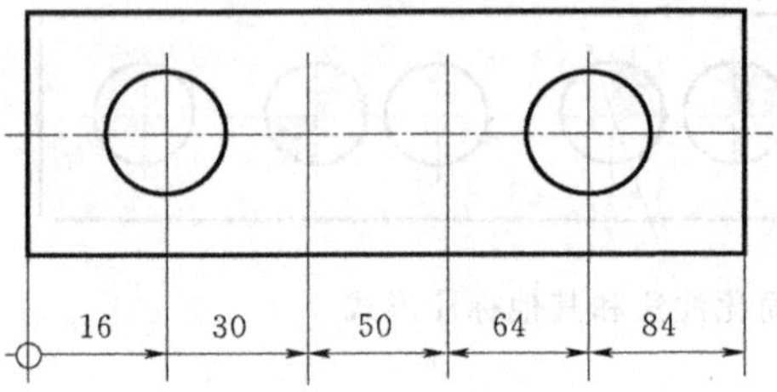

图 1.2.31　同一尺寸基准出发的尺寸标注

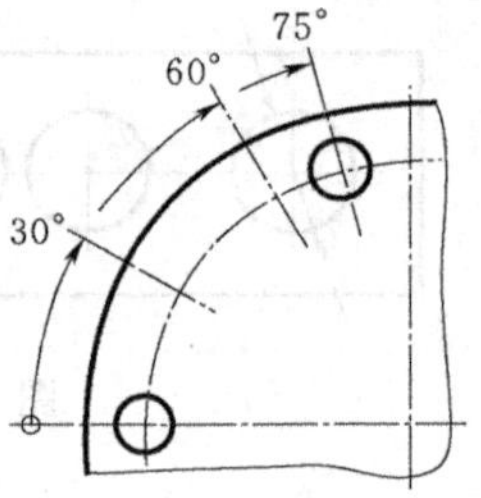

图 1.2.32　连续或不连续标注

如图 1.2.33 所示，一组同心圆弧或圆心位于一条直线上的多个不同心圆弧的尺寸，以及一组同心圆或尺寸较多的台阶孔的尺寸都可用共同的尺寸线和箭头依次表示。

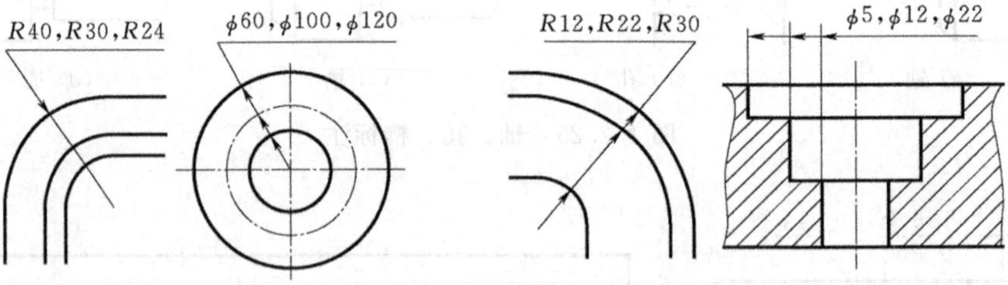

图 1.2.33　不同心圆弧或圆心的尺寸标注

圆台的尺寸标注应在如图 1.2.34 所示的四个尺寸中标注三个。如图 1.2.35 所示，锥度的图形符号中字体高度为 h、图形符号线宽 $d=h/10$。锥度 C 在图样上的标注方法见图 1.2.36，图形符号应配置在基准线上并应靠近圆锥轮廓标注；基准线应通过引出线与圆锥轮廓素线相连并与圆锥轴线平行；图形符号的方向应与圆锥方向相一致；注出锥度 C 后还需注出 L 和 D 或 d；锥度 C 的标注方法应优先用 $1:n$ 或 $1/n$，也可用 $m:1$ 或百分比；圆锥角的标注方法优先用度数，也可用弧度。

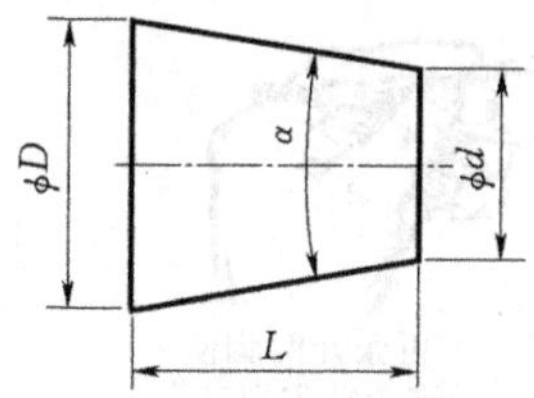

图 1.2.34 圆台尺寸标注

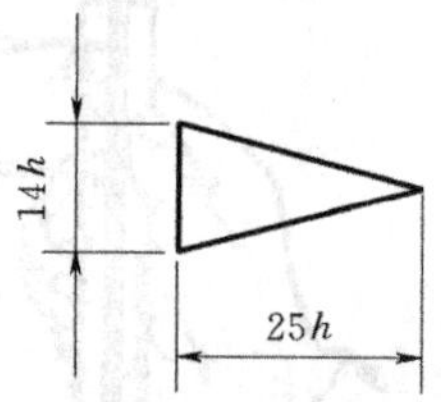

图 1.2.35 锥度图形符号

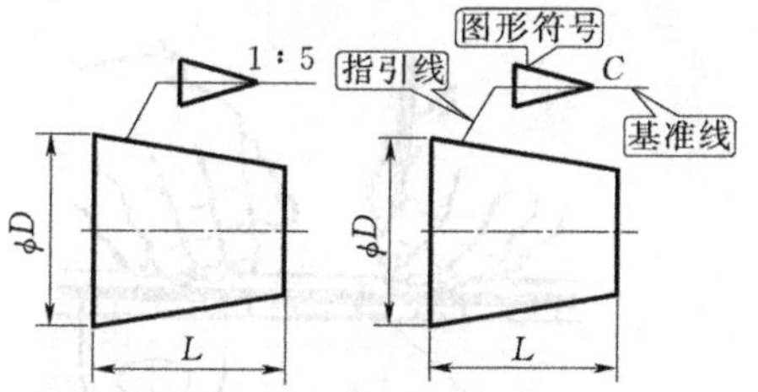

图 1.2.36 用锥度标注圆台的尺寸

1.3 尺规绘图工具

绘制工程图样可用尺规绘图、徒手绘图、计算机绘图三种方法。用尺子（包括丁字尺、一字尺、三角板、曲线板等）和圆规（包括分规）的绘图方法称为尺规绘图。除尺子和圆规外，尺规绘图所用的主要工具还有比例尺、直线笔、绘图墨水笔等，其他工具有胶带纸、削笔刀、砂纸、橡皮、擦图片、模板等。丁字尺和图板的用法见图 1.3.1。比例尺的用法见图 1.3.2。三角板的用法见图 1.3.3。圆规的使用方法见图 1.3.4。分规的使用方法见图 1.3.5。铅笔的用法和笔芯见图 1.3.6。铅笔笔芯磨成锥形是为了画细线或起草时用，使用的铅笔为 H 或 2H；铅笔笔芯磨成矩形是为了加深粗实线时用，使用的铅笔为 HB。其他绘图工具见图 1.3.7。

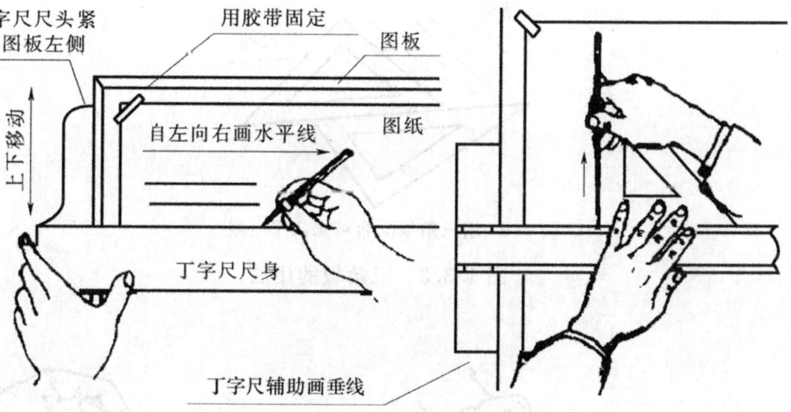

图 1.3.1 丁字尺和图板的用法

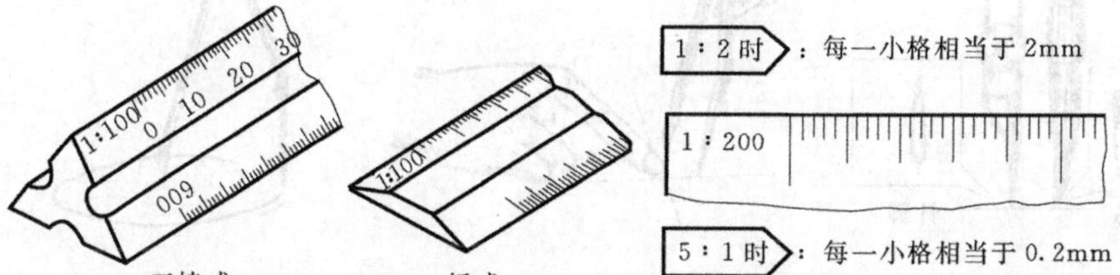

(a) 尺型

图 1.3.2（一） 比例尺的用法

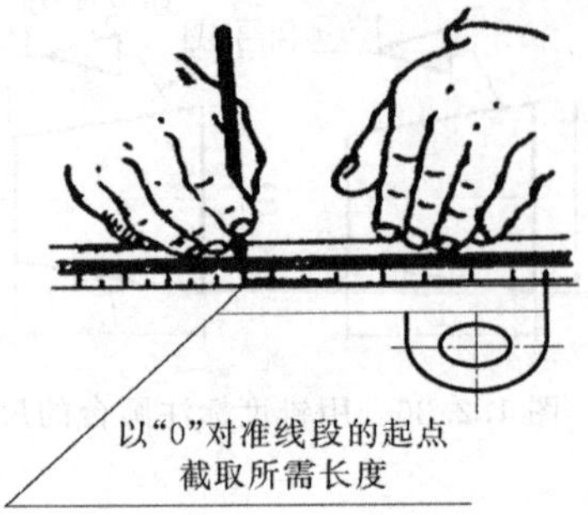

(b) 用比例尺直接在图纸上量取长度

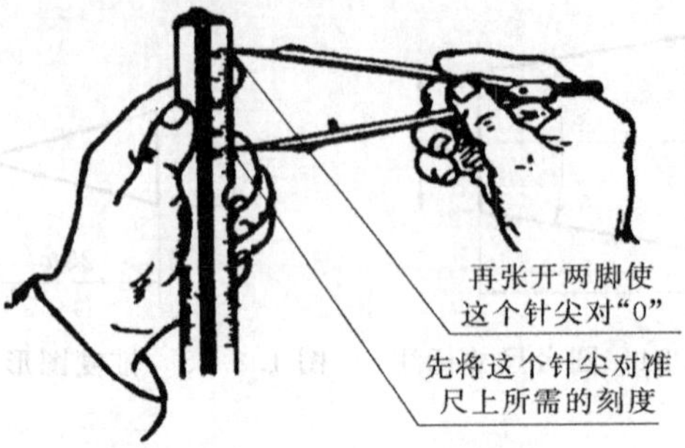

(c) 用分规在比例尺上量取长度

图 1.3.2（二）　比例尺的用法

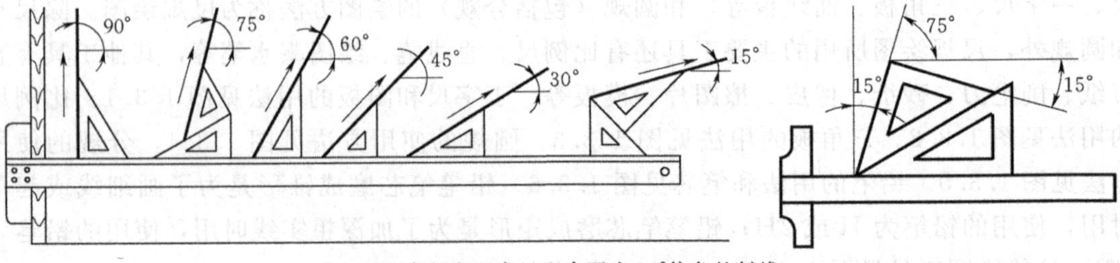

(a) 用三角板和丁字尺配合画出 15°倍角的斜线

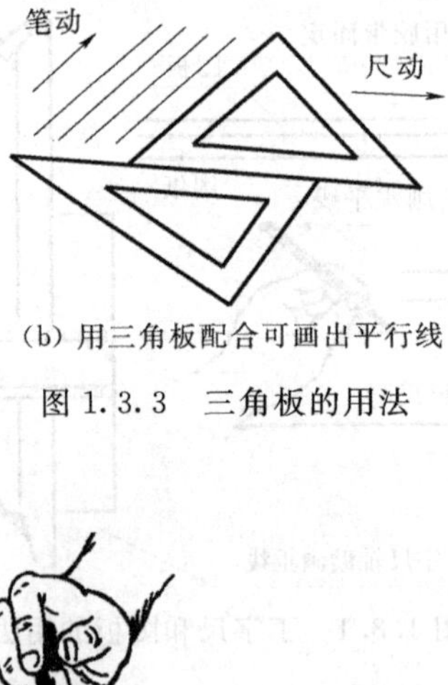

(b) 用三角板配合可画出平行线

图 1.3.3　三角板的用法

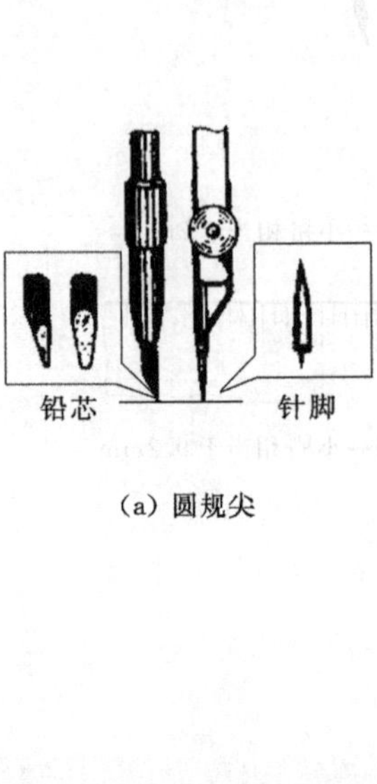

(a) 圆规尖

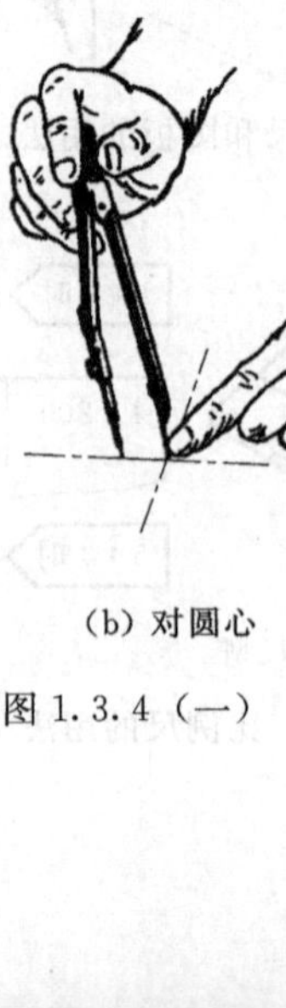

(b) 对圆心

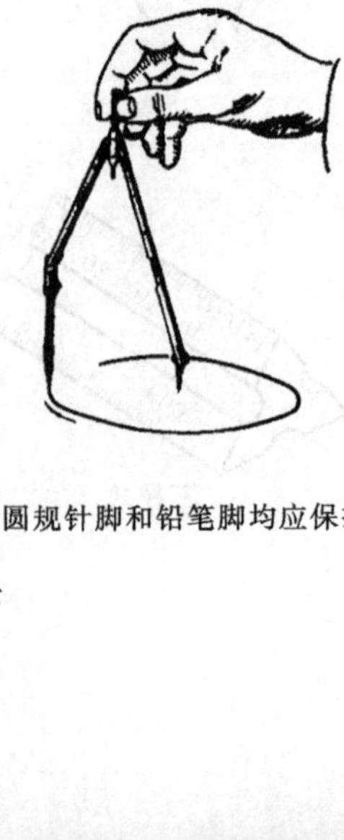

(c) 圆规针脚和铅笔脚均应保持与纸面垂直

图 1.3.4（一）　圆规的使用方法

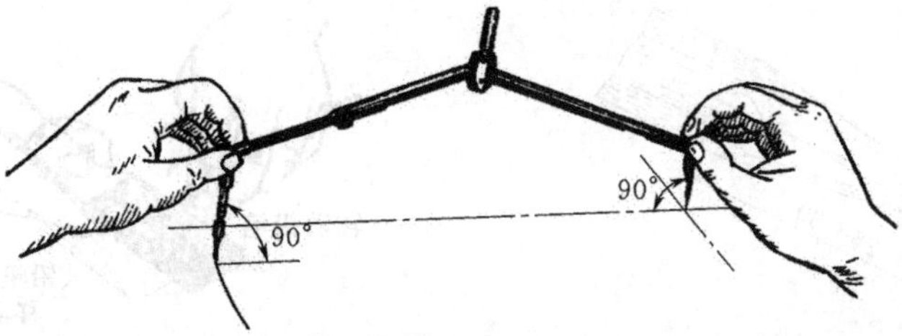

(d) 与加长杆配合可画较大的圆或圆弧

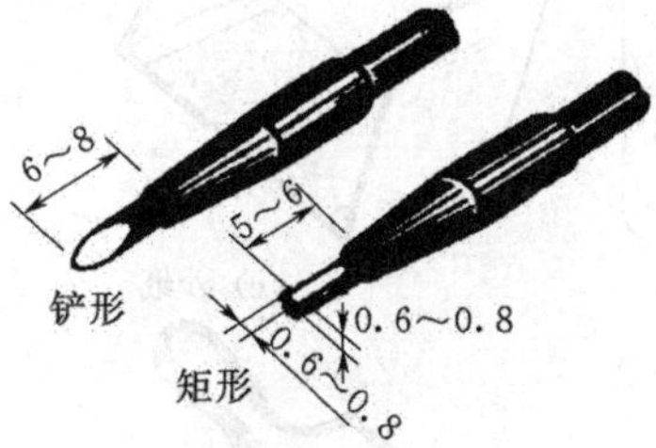

(e) 圆规的铅芯削法

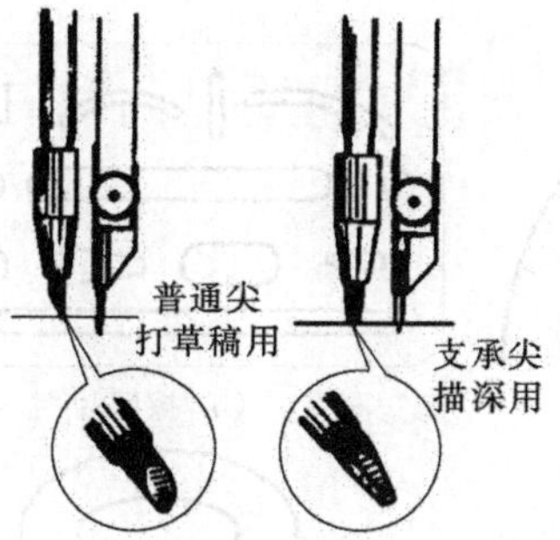

(f) 圆规的针脚

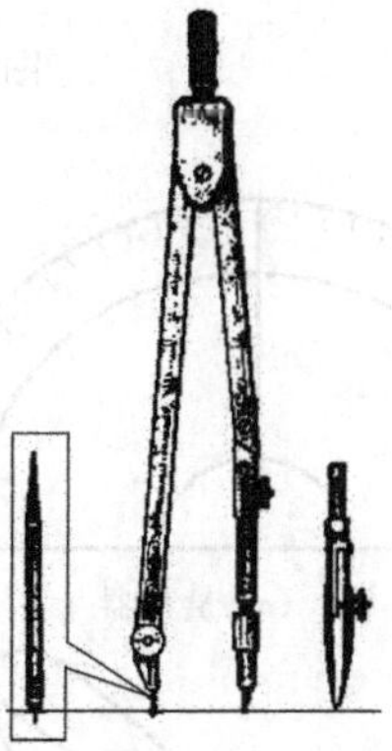

(g) 尖端用台阶端作圆心以便定位

图 1.3.4（二） 圆规的使用方法

(a) 分规尖端用锥形针尖

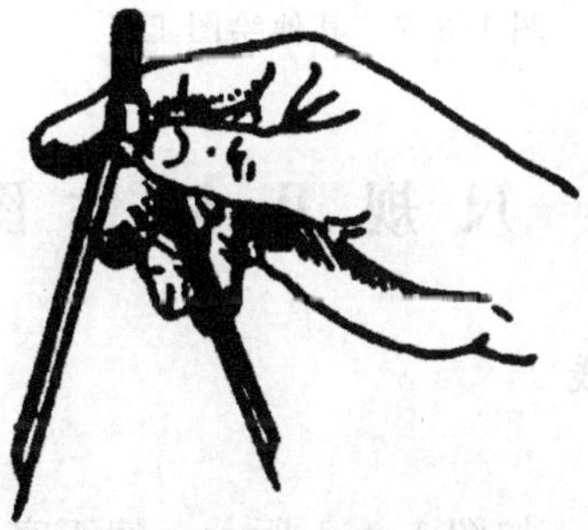

(b) 调节分规的手法

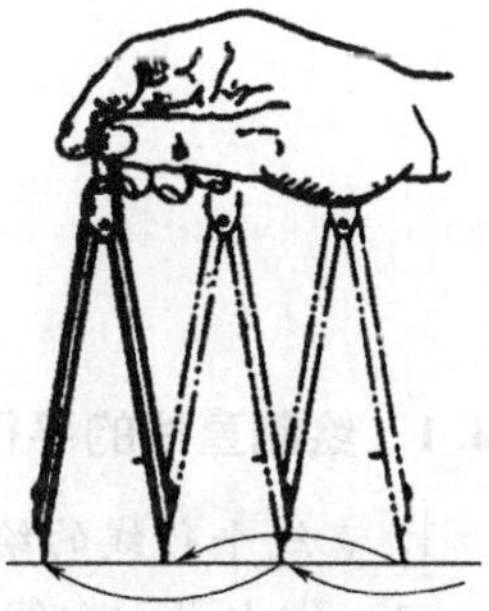

(c) 用分规等分线段

图 1.3.5 分规的使用方法

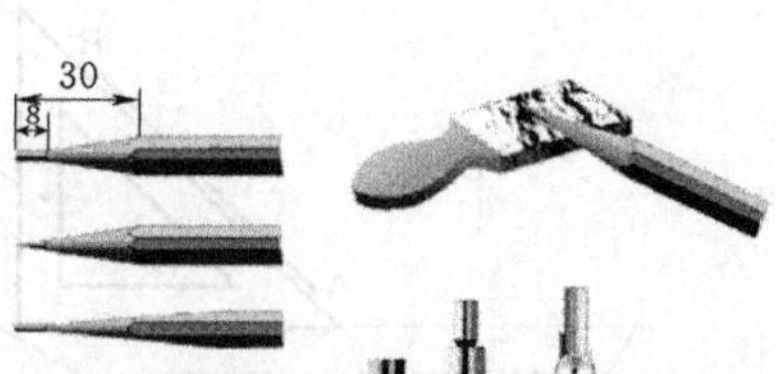

(a) 铅笔的用途

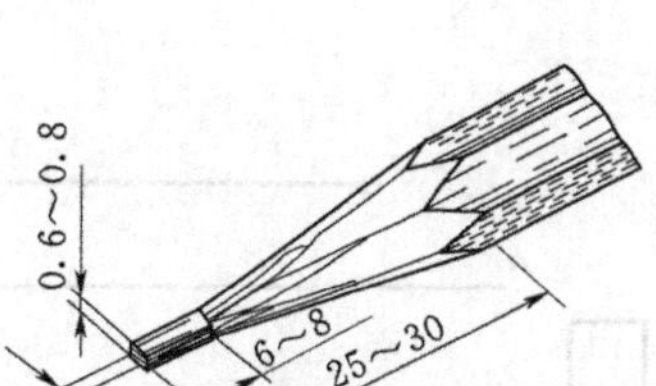

(b) 磨成矩形

图 1.3.6（一） 铅笔的用法和笔芯

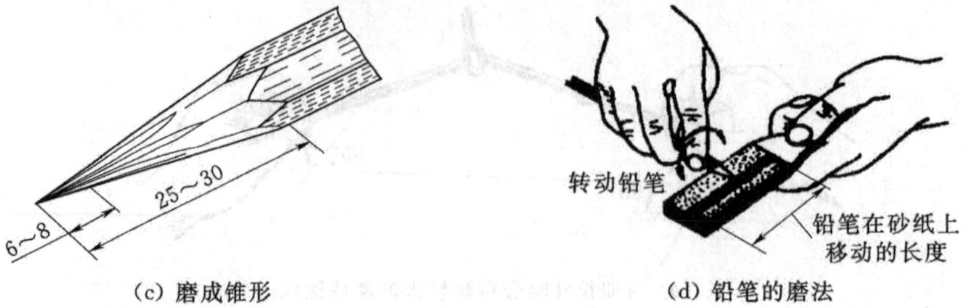

图 1.3.6（二）　铅笔的用法和笔芯

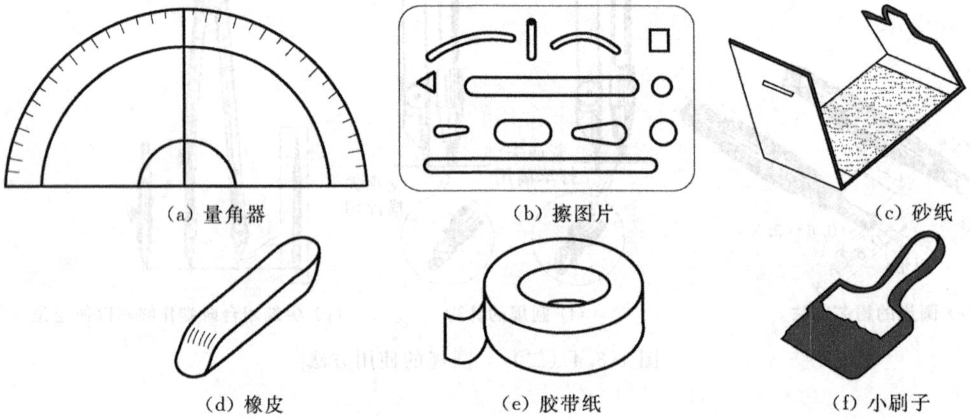

图 1.3.7　其他绘图工具

1.4　尺规几何作图

1.4.1　绘制直线的平行线和法线

1. 直线平行线的绘制方法

(1) 作水平方向线的平行线。如图 1.4.1 所示，使丁字尺的工作边与已知直线 AB 平行；平推丁字尺使其工作边紧靠点 C，作直线 CD 即为所求平行线 D。

(2) 作斜方向线的平行线。如图 1.4.2 所示，使三角板①的一条边平行于 AB，将三

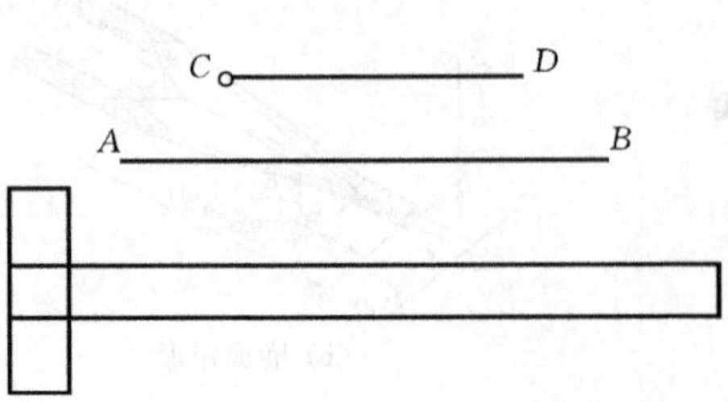

图 1.4.1　作水平方向线的平行线

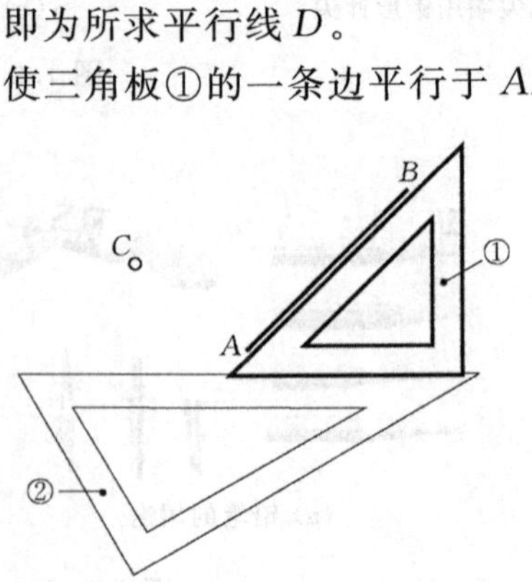

图 1.4.2　作斜方向线的平行线

角板②紧贴三角板①的另一边；按住三角板②平推三角板①使平行于 AB 的边过点 C，作直线 CD 即为所求平行线。

2. 直线法线的绘制方法

(1) 作水平线的法线。如图 1.4.3 所示，使丁字尺的工作边与已知直线 AB 平行；将三角板的一条直角边紧贴丁字尺的工作边，沿三角板另一直角边过点 C 作直线 CD 即为所求的法线。

(2) 作斜方向线的法线。如图 1.4.4 所示，使三角板①的斜边平行于 AB，将三角板②的一直角边紧贴三角板①；平推三角板②，沿三角板②另一直角边过点 C 作直线 CD 即为所求的法线。

1.4.2 等分线段

1. 线段的二等分

如图 1.4.5 所示，分别以点 A、B 为圆心，以大于 $(AB)/2$ 的长度为半径作弧，得交点 C、D；连接 C、D 交 AB 于 M，M 点即为 AB 的中点。

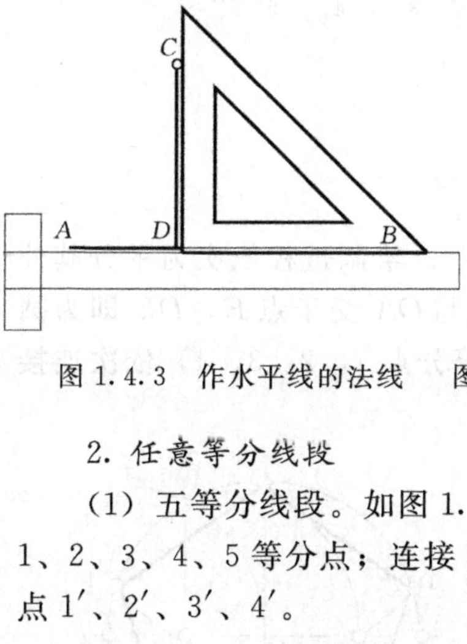

图 1.4.3 作水平线的法线

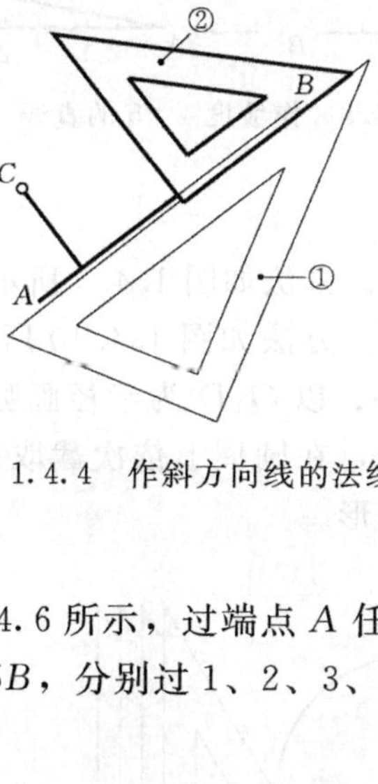

图 1.4.4 作斜方向线的法线

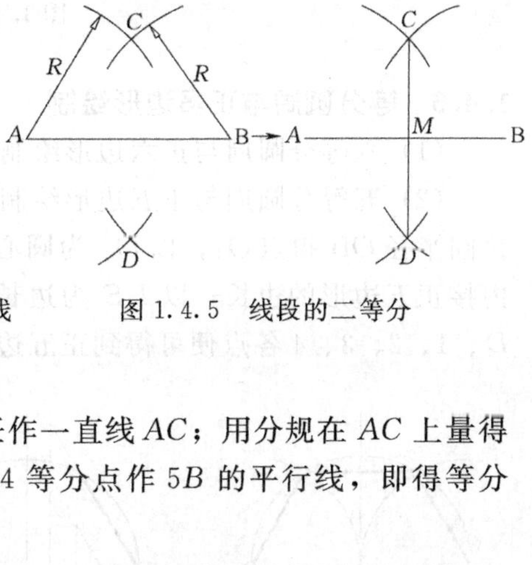

图 1.4.5 线段的二等分

2. 任意等分线段

(1) 五等分线段。如图 1.4.6 所示，过端点 A 任作一直线 AC；用分规在 AC 上量得 1、2、3、4、5 等分点；连接 $5B$，分别过 1、2、3、4 等分点作 $5B$ 的平行线，即得等分点 $1'$、$2'$、$3'$、$4'$。

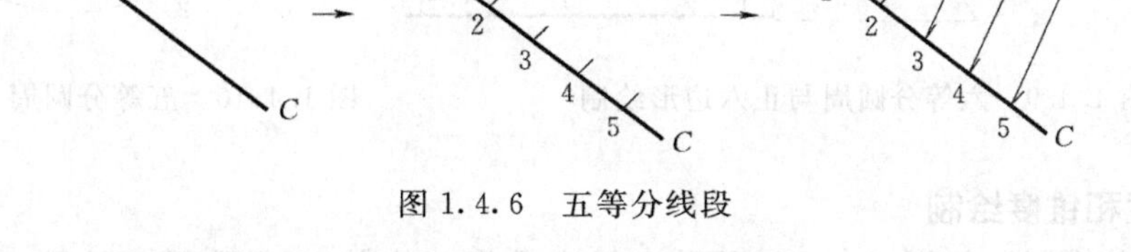

图 1.4.6 五等分线段

(2) 五等分两平行线间的距离。如图 1.4.7 所示，将三角板上的 O 点对准 CD 上任一点，并使刻度 5 落在 AB 上，得点 1、2、3、4；过点 1、2、3、4 作 AB、CD 的平行线即可求得五等分两平行线间的距离。

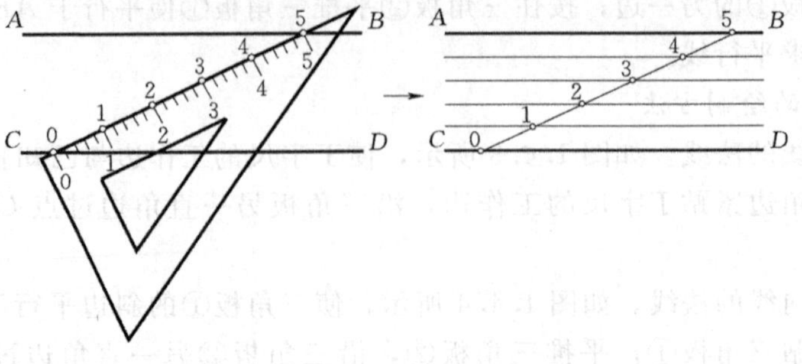

图 1.4.7　五等分两平行线间的距离

3. 作坡度

作坡度 1∶5 的直线。如图 1.4.8 所示，过点 A 在 AB 上任取长度为 L 的 5 等分段，得点 1、2、3、4、5；过点 5 作 AB 的垂直线，使 $5C=1$，连 AC 即为所求坡度。

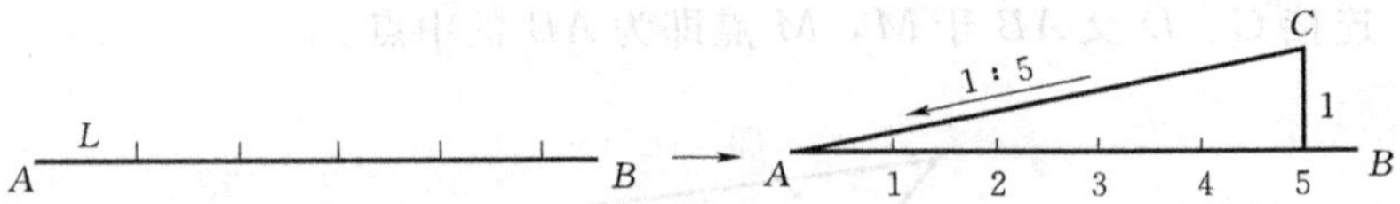

图 1.4.8　作坡度 1∶5 的直线

1.4.3　等分圆周与正多边形绘制

（1）六等分圆周与正六边形绘制。方法如图 1.4.9 所示。

（2）五等分圆周与正五边形绘制。方法如图 1.4.10 所示。绘制过程依次为平分其外接圆半径 OB 得点 O_1；以 O_1 为圆心、以 O_1D 为半径画弧与 OA 交于点 E，DE 即为圆内接正五边形的边长；以 DE 为边长，在圆周上依次截取等分点 1、2、3、4，依次连接 D、1、2、3、4 各点便可得到正五边形。

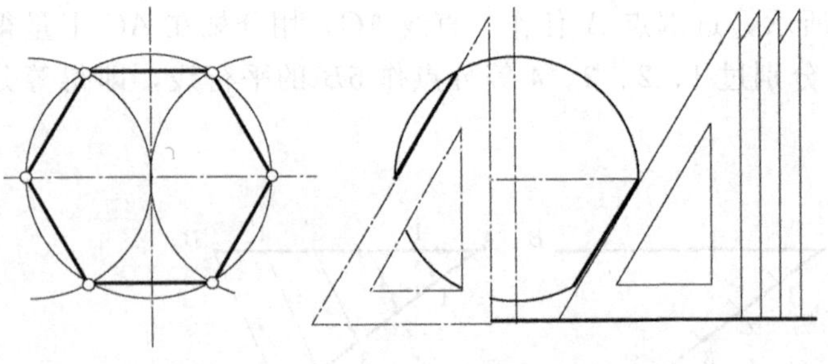

图 1.4.9　六等分圆周与正六边形绘制

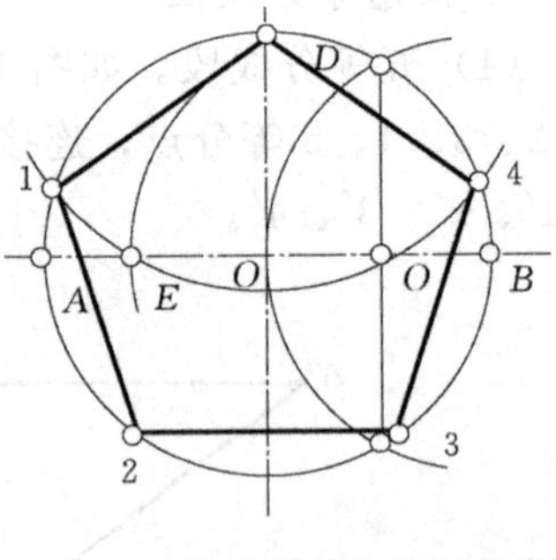

图 1.4.10　五等分圆周与正五边形绘制

1.4.4　斜度和锥度绘制

（1）斜度绘制。如图 1.4.11 所示，斜度是指一直线（或平面）对另一直线（或平面）倾斜的程度，其大小为它们的夹角的正切值，即 $\tan\alpha = H/L (=1:n)$。在图纸上斜度通常以 $1:n$ 的形式标注并在数值前加注"∠"，符号线宽为 $h/10$（h 为字高），符号方向与倾斜方向一致。

(2) 锥度绘制。如图 1.4.12 所示，锥度是指正圆锥的底圆直径 D 与该圆锥高度 L 之比，对于圆台则为两底圆直径之差 $(D-d)$ 与圆台高度 l 之比，即锥度 $=D/L=(D-d)/l=2\tan\alpha$。在图纸上锥度通常以 $1:n$ 的形式标注，并在数值前加注“△”符号，线宽为 $h/10$，符号尖端方向与倾斜方向一致（图 1.4.13）。

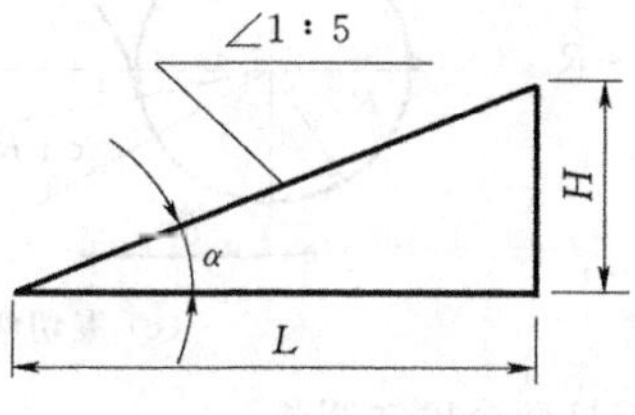

图 1.4.11 斜度

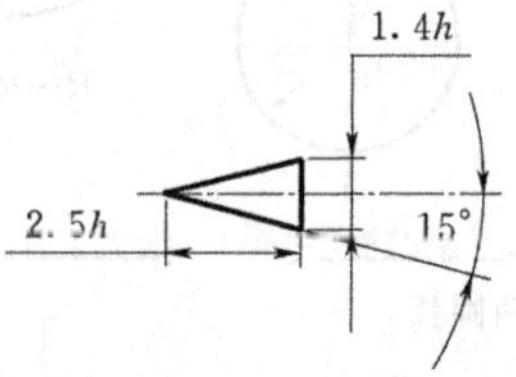

图 1.4.12 锥度符号（h=字体高度）

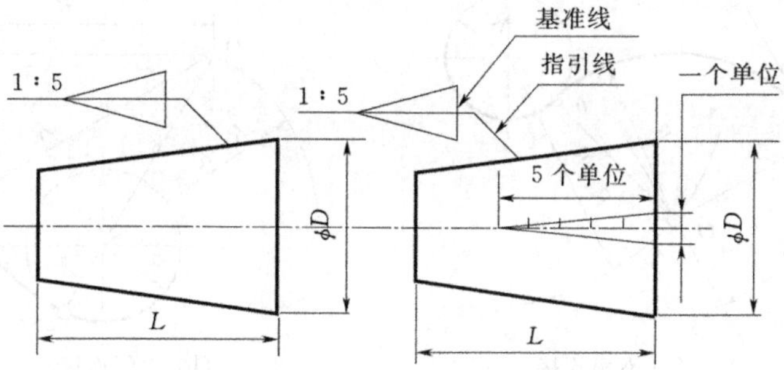

图 1.4.13 锥度

1.4.5 圆弧连接

(1) 用连接圆弧连接两个已知直线（图 1.4.14）。

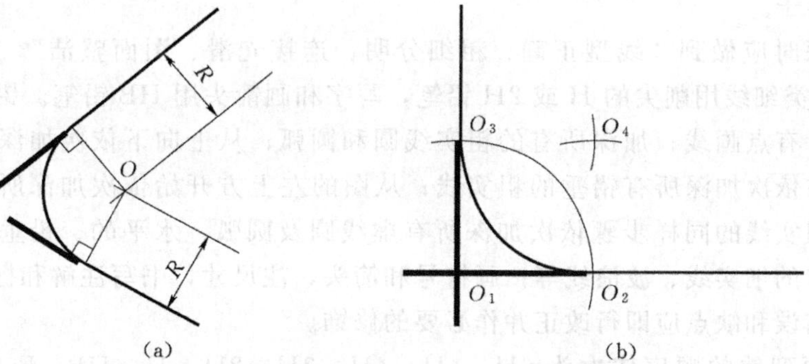

图 1.4.14 用连接圆弧连接两个已知直线

(2) 用连接圆弧连接两个已知圆弧（图 1.4.15）。

(3) 用连接圆弧连接一个已知直线和一已知圆弧（图 1.4.16）。

1.4.6 尺规绘图的方法和顺序

制图前的准备工作包括准备工具、安排工作地点、固定图纸。

画底稿时应用 H 或 2H 铅笔轻轻画出。画底稿的步骤依次为先画图框、标题栏，后

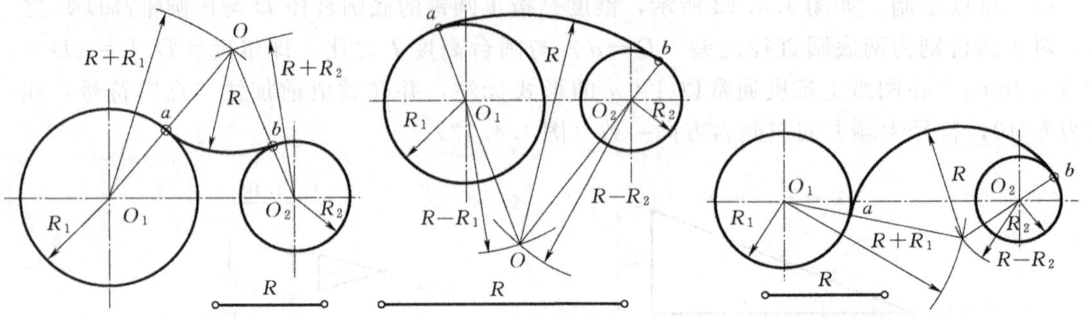

(a) 外切两圆弧　　(b) 内切两圆弧　　(c) 混切两圆弧

图 1.4.15　用连接圆弧连接两个已知圆弧

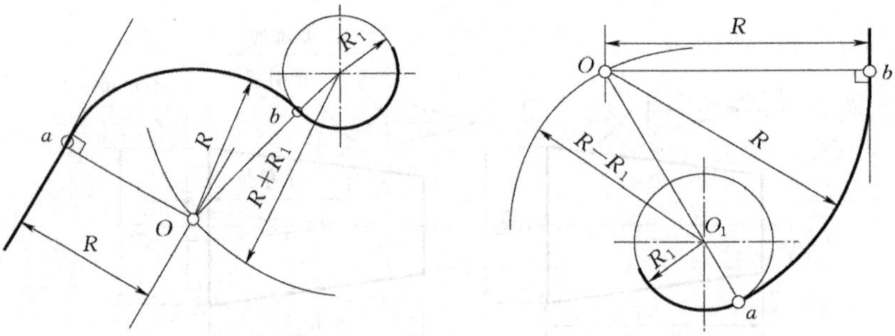

(a) 双弧连接　　(b) 单弧连接

图 1.4.16　用连接圆弧连接一已知直线和一已知圆弧

画图形；先画轴线或对称中心线，再画主要轮廓，然后画细部；若图形是剖视图或断面图，则应最后画剖面符号；图形完成后再画其他符号、尺寸线、尺寸界线、尺寸数字横线和仿宋字的格子。

铅笔加深时应做到“线型正确、粗细分明、连接光滑、图面整洁”，加深粗实线用 HB 铅笔，各类细线用削尖的 H 或 2H 铅笔，写字和画箭头用 HB 铅笔。铅笔加深的步骤依次为加深所有点画线；加深所有的粗实线圆和圆弧；从上向下依次加深所有水平粗实线；从左向右依次加深所有铅垂的粗实线；从图的左上方开始依次加深所有倾斜的粗实线；按加深粗实线的同样步骤依次加深所有虚线圆及圆弧，水平的、铅垂的和倾斜的虚线；加深所有的细实线、波浪线等；画符号和箭头，注尺寸，书写注解和标题栏等；检查全图，发现错误和缺点应即行改正并作必要的修饰。

铅笔由硬到软的顺序依次为 6H、4H、4H、3H、2H、H、HB、B、2B、3B、4B、5B、6B。

1.4.7　正多边形的画法

（1）圆内接正三角形的绘制。如图 1.4.17 所示，以 *D* 为圆心、以 *R* 为半径作弧得 *BC*；连接 *AB*、*BC*、*CA* 即得圆内接正三角形。

（2）圆内接正六边形的绘制。如图 1.4.18 所示，分别以 *A*、*D* 为圆心，以 *R* 为半径作弧得点 *B*、*F*、*C*、*E*；依次连接 *AB*、*BC*、*CD*、*DE*、*EF*、*FA*，即得圆内接正六边形。

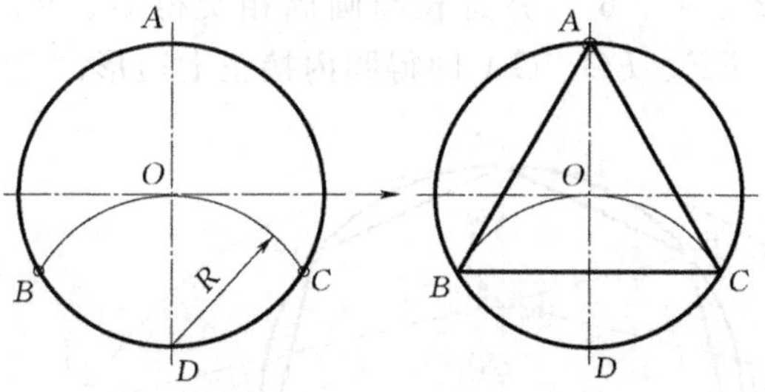

图 1.4.17　圆内接正三角形的绘制

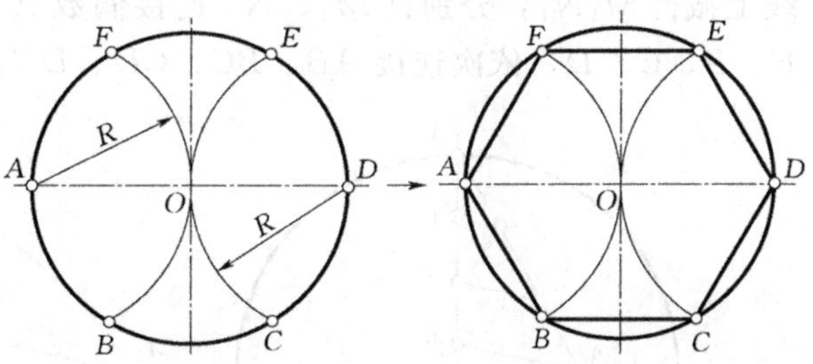

图 1.4.18　圆内接正六边形的绘制

(3) 圆内接正五边形的绘制。如图 1.4.19 所示，作 OP 中点 M；以 M 为圆心、以 MA 为半径作弧交 ON 于 K，AK 即为圆内接正五边形的边长；自 A 点起，以 AK 为边长五等分圆周得点 B、C、D、E，依次连接 AB、BC、CD、DE、EA，即得圆内接正五边形。

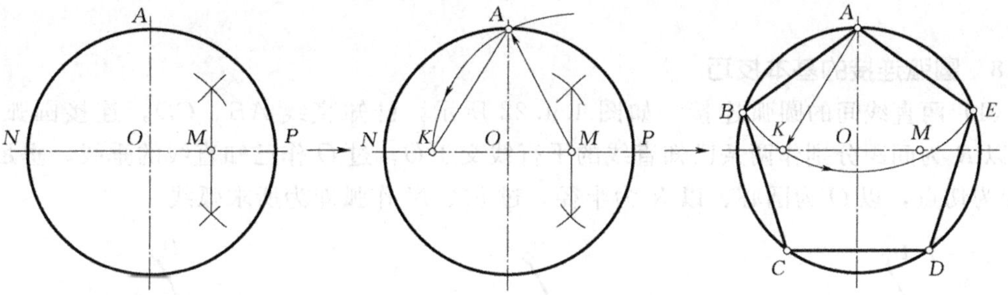

图 1.4.19　圆内接正五边形的绘制

(4) 已知边长 m 作正五边形。如图 1.4.20 所示，作 $AB=m$，分别以 A、B 为圆心，以 $AB=m$ 为半径作圆，两圆相交于 M、N，连接 MN；以 M 为圆心，ΛB 为半径作弧交 MN 于 P，交两圆于 Q、R；连接 QP、RP 并延长分别交两圆于 C、E，分别以 C、E 为圆心，以 AB 为半径作弧，两弧交于 D，连接 $ABCDE$ 即为所求的正五边形。

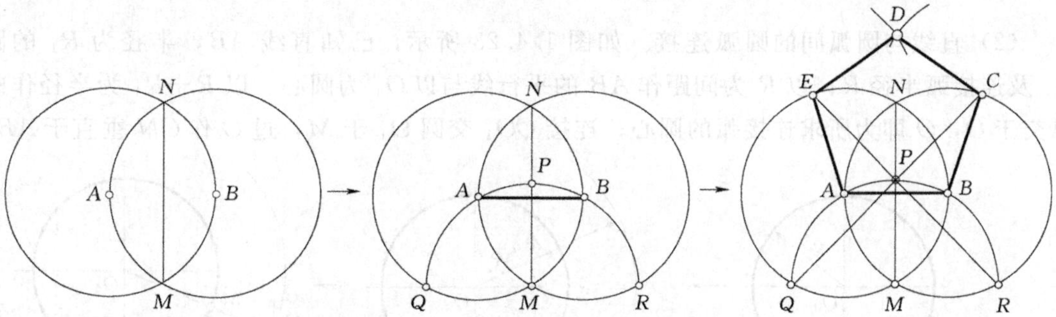

图 1.4.20　已知边长 m 作正五边形

(5) 作圆内接正多边形。如图 1.4.21 所示，以圆内接正七边形为例，将直径 AP 七等分得 $1'$、$2'$、$3'$、$4'$、$5'$、$6'$各点；以 P 为圆心、以 PA 为半径作弧，在直径 MN 延长

线上截得 M_1N_1，分别自 M_1、N_1 连接偶数点 2′、4′、6′，并延长与圆周相交得 G、F、E、B、C、D，依次连接 AB、BC、CD、DE、EF、FG、GA 即得圆内接正七边形。

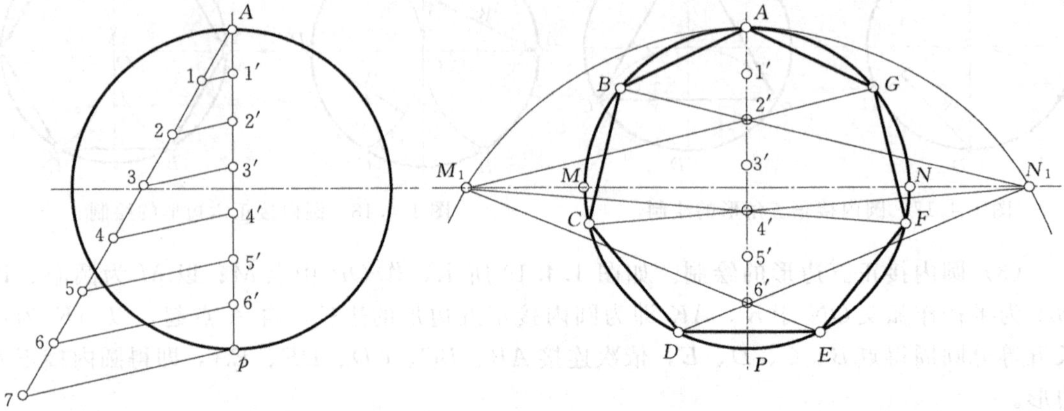

图 1.4.21　圆内接正七边形的绘制

1.4.8　圆弧连接的基本技巧

（1）两直线间的圆弧连接。如图 1.4.22 所示，已知直线 AB、CD，连接圆弧半径 R；以 R 为间距分别作两条已知直线的平行线交于 O；过 O 作已知直线的垂线，垂足 M、N 即为切点，以 O 为圆心、以 R 为半径，过 M、N 作弧即为所求弧线。

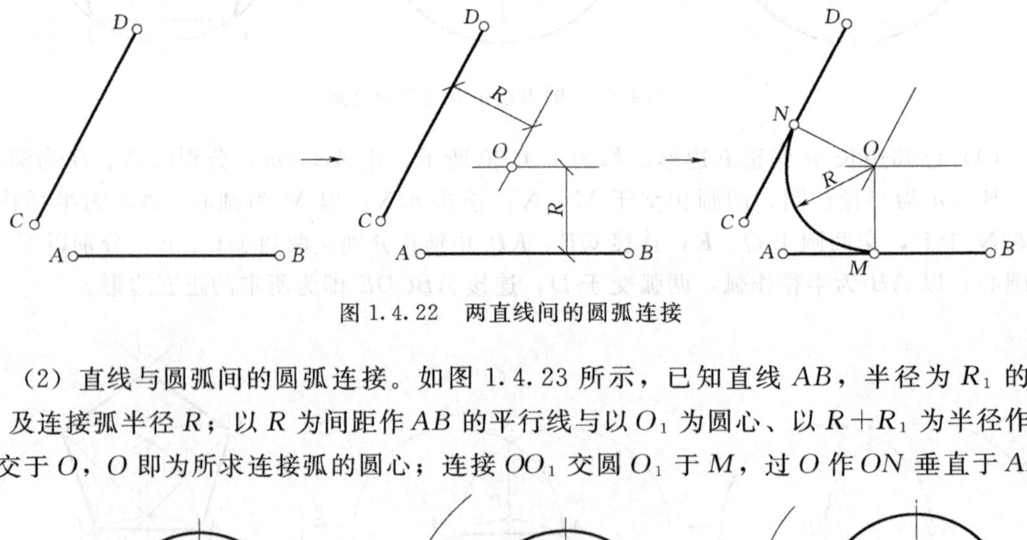

图 1.4.22　两直线间的圆弧连接

（2）直线与圆弧间的圆弧连接。如图 1.4.23 所示，已知直线 AB，半径为 R_1 的圆 O_1 及连接弧半径 R；以 R 为间距作 AB 的平行线与以 O_1 为圆心、以 $R+R_1$ 为半径作的弧交于 O，O 即为所求连接弧的圆心；连接 OO_1 交圆 O_1 于 M，过 O 作 ON 垂直于 AB，

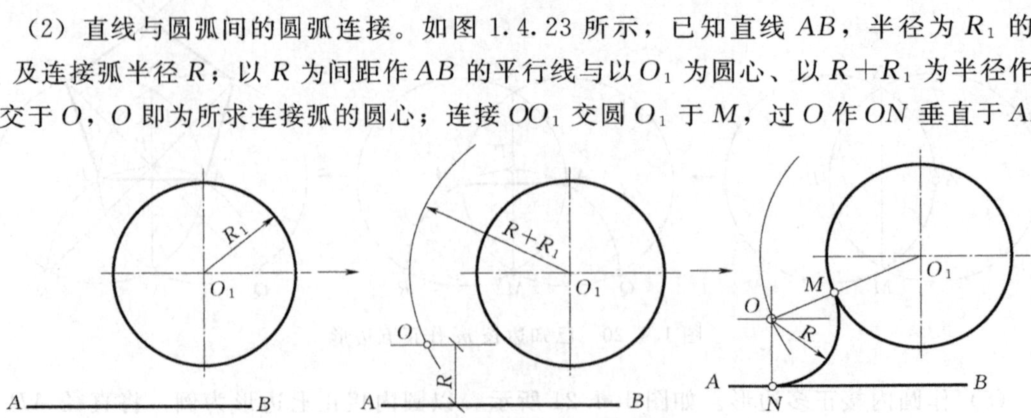

图 1.4.23　直线与圆弧间的圆弧连接

N 为垂足，以 O 为圆心、R 为半径，过 M、N 作弧即为所求弧线。

（3）圆弧与两圆外切连接。如图 1.4.24 所示，已知圆 O_1、O_2，半径分别为 R_1、R_2，连接圆弧半径为 R。分别以 O_1、O_2 为圆心，以 $R+R_1$、$R+R_2$ 为半径作弧交于 O，O 即为连接弧的圆心；连接 OO_1、OO_2 与圆 O_1、O_2 分别交于 M、N，M、N 即为连接弧的连接点，以 O 为圆心、以 R 为半径，过 M、N 作弧即得所求弧线。

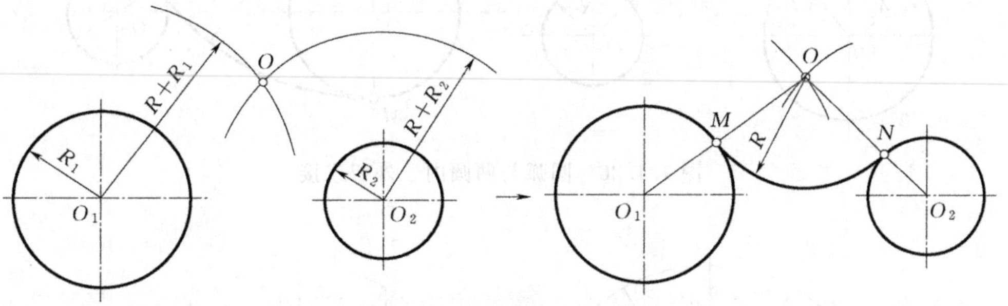

图 1.4.24　圆弧与两圆外切连接

（4）圆弧与两圆内切连接。如图 1.4.25 所示，已知圆 O_1、O_2，半径分别为 R_1、R_2，连接圆弧半径为 R。分别以 O_1、O_2 为圆心，以 $R-R_1$、$R-R_2$ 为半径作弧交于 O，O 即为连接弧的圆心；连接 OO_1、OO_2 并延长 OO_1、OO_2 分别与圆 O_1、O_2 交于 M、N，M、N 即为连接弧的连接点，以 O 为圆心、以 R 为半径，过 M、N 作弧即得所求弧线。

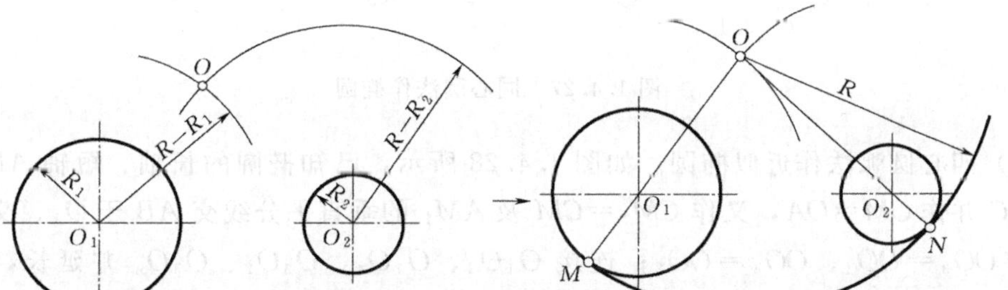

图 1.4.25　圆弧与两圆内切连接

（5）圆弧与两圆内、外切连接。如图 1.4.26 所示，已知圆 O_1、O_2，半径分别为 R_1、R_2，连接圆弧半径为 R。分别以 O_1、O_2 为圆心，以 $R-R_1$、$R+R_2$ 为半径作弧交于 O，O 即为连接弧的圆心；连接 OO_1、OO_2 并延长 OO_1、OO_2 分别与圆 O_1、O_2 交于 M、N，M、N 即为连接弧的连接点，以 O 为圆心、以 R 为半径，过 M、N 作弧即得所求弧线。

1.4.9　椭圆的画法

（1）同心圆法作椭圆。如图 1.4.27 所示，已知椭圆的长轴、短轴 AB、CD，分别以长轴、短轴为直径作两个同心圆，并作适当数量的直径与两圆相交；过直径与大圆交点作的垂直线与过小圆交点作的水平线相交，这些点即为椭圆上的点，用曲线板连接各点即得所求椭圆。

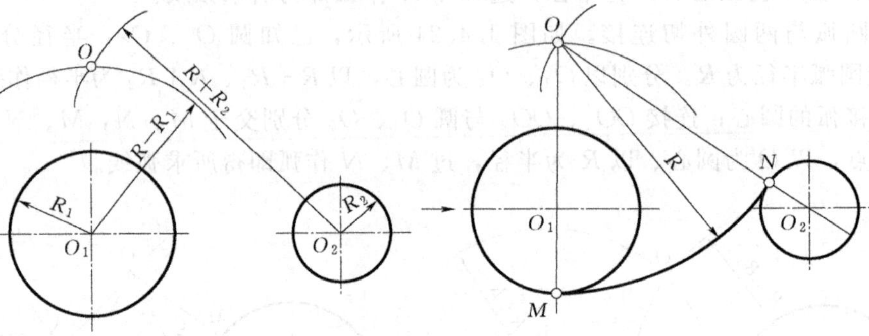

图 1.4.26　圆弧与两圆内、外切连接

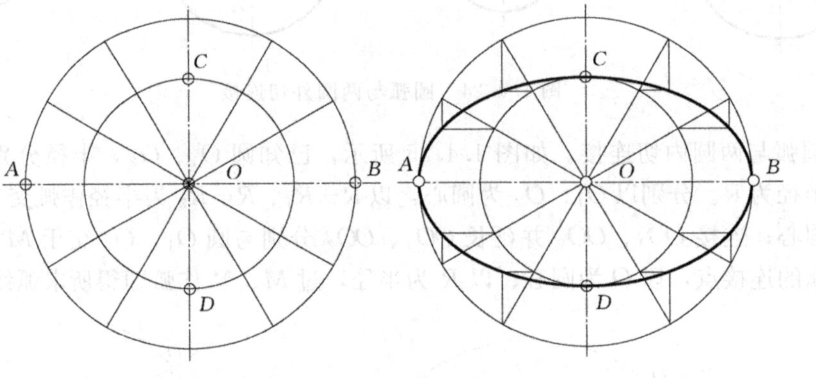

图 1.4.27　同心圆法作椭圆

(2) 四心圆弧法作近似椭圆。如图 1.4.28 所示，已知椭圆的长轴、短轴 AB、CD，连接 AC 并作 $OM=OA$，又作 $CM_1=CM$ 及 AM_1 的垂直平分线交 AB 于 O_1、交 CD 于 O_2，作 $OO_3=OO_1$、$OO_4=OO_2$；连接 O_1O_2、O_1O_4、O_3O_2、O_3O_4 并延长，分别以 O_1、O_3、O_2、O_4 为圆心，以 O_1A、O_3B、O_2C、O_4D 为半径作弧，使各弧相接于 E、F、G、H 即得所求椭圆。

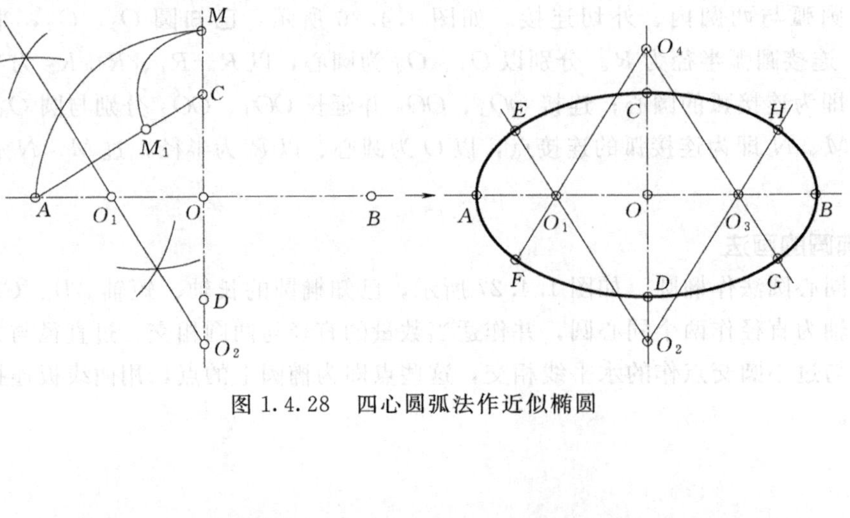

图 1.4.28　四心圆弧法作近似椭圆

1.4.10　平面图形画法技巧

平面图的尺寸分析如图 1.4.29 所示，平面图的线段分析如图 1.4.30 所示，平面图的作图步骤如图 1.4.31 所示。

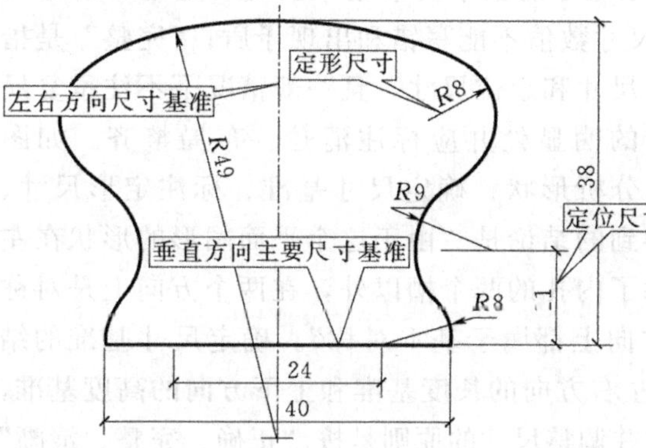

图 1.4.29　平面图的尺寸分析

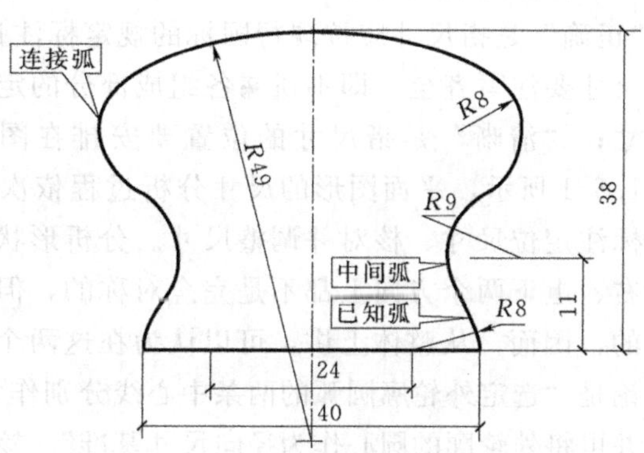

图 1.4.30　平面图的线段分析

(a) 步骤 1

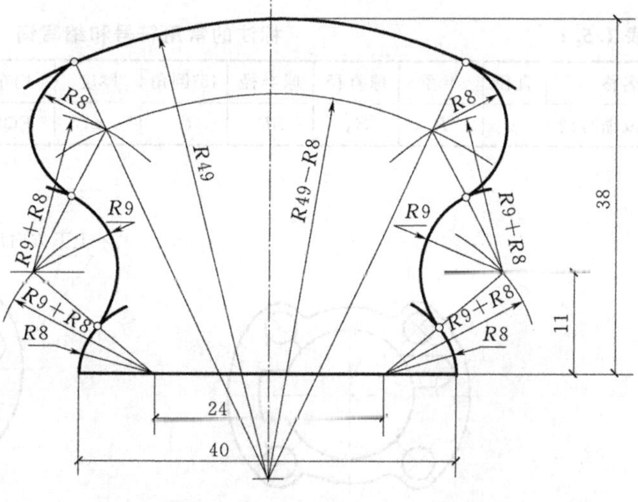

(b) 步骤 2

图 1.4.31　平面图的作图步骤

1.4.11　徒手草图及其画法

徒手草图是指不用绘图仪器和工具，按目测比例徒手画出的图样，简称草图。徒手草图应基本上做到“图形正确、线型分明、比例匀称、字体工整、图面整洁”。限于篇幅，画法部分略。

1.5　平面图形的尺寸注法

注写平面图形的尺寸首先要确定尺寸基准（即标注尺寸的起点）。尺寸基准包括长度方向基准和高度方向基准，平面图形常用的基准是对称图形的对称线、较大的圆的中心线或较长的直线。平面图形的尺寸按其作用的不同分为定形尺寸和定位尺寸两大类，定形尺寸是指确定图形各部分形状大小的尺寸，定位尺寸是指确定图形各部分之间相对位置的尺寸。

标注的常用符号和缩写词见表 1.5.1。标注尺寸的基本要求是“正确、完整、清晰”，“正确”是指尺寸应按现行国标的规定标注且尺寸数值不能写错和出现矛盾；“完整”是指尺寸要注写齐全，即不遗漏各组成部分的定形尺寸和定位尺寸，且一般情况下不注重复尺寸；“清晰”是指尺寸的位置要安排在图形的明显处并应标注清楚、布局整齐。如图 1.5.1 所示，平面图形的尺寸分析过程依次为分析形状、确定尺寸基准、标注定形尺寸、标注定位尺寸、核对并调整尺寸。分析形状得到的结论是“由于这个平面图形的形状在左右、上下两个方向上都不是完全对称的，但除了内孔的两个槽以外，在两个方向上是对称的，因而，从整体上讲，可以认为在这两个方向上都属于基本对称”。确定尺寸基准的结论是“选定外轮廓圆弧的两条中心线分别作为左右方向的长度基准和上下方向的高度基准，并可将外轮廓的圆心作为径向尺寸基准”。核对并调整尺寸的原则是按“正确、完整、清晰”的要求校核所标注的尺寸，若发现有遗漏、重复、不够清晰或其他缺点和错误应及时修改。如图 1.5.2 所示，应根据图形的特点选定尺寸基准，再标注出相应的定形和定位尺寸。

表 1.5.1　　标注的常用符号和缩写词

名称	直径	半径	球直径	球半径	45°倒角	厚度	均布	正方形	深度	埋头孔	沉孔或锪平
符号或缩写词	ϕ	R	S_{ϕ}	SR	C	t	EQS	□	↧	∨	⌴

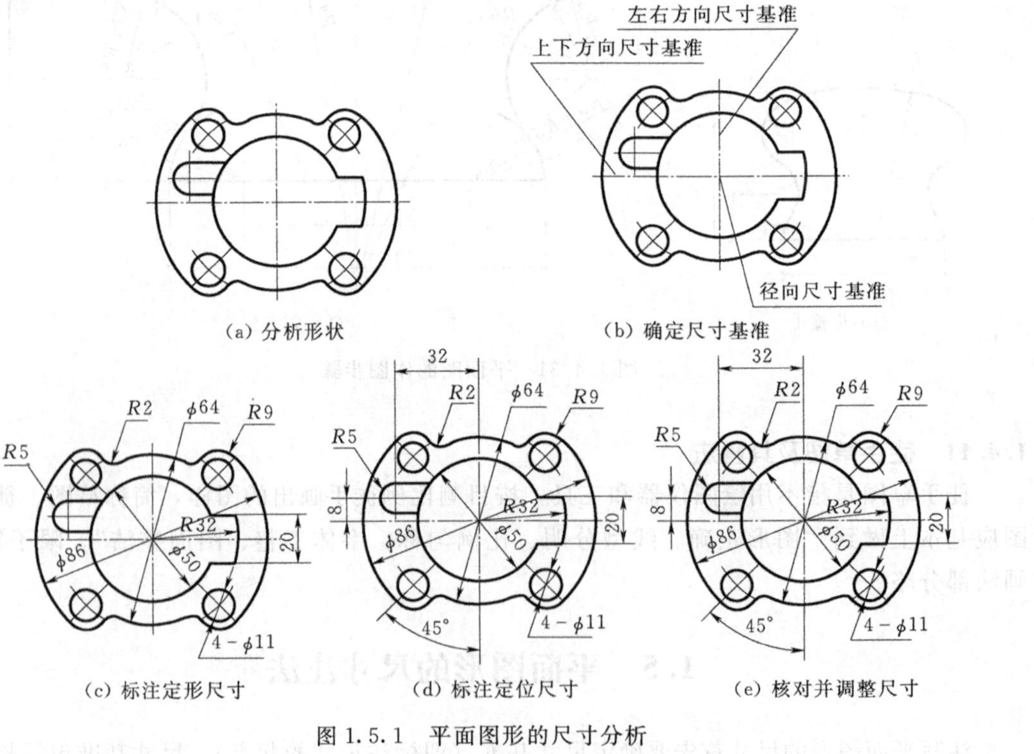

(a) 分析形状　(b) 确定尺寸基准

(c) 标注定形尺寸　(d) 标注定位尺寸　(e) 核对并调整尺寸

图 1.5.1　平面图形的尺寸分析

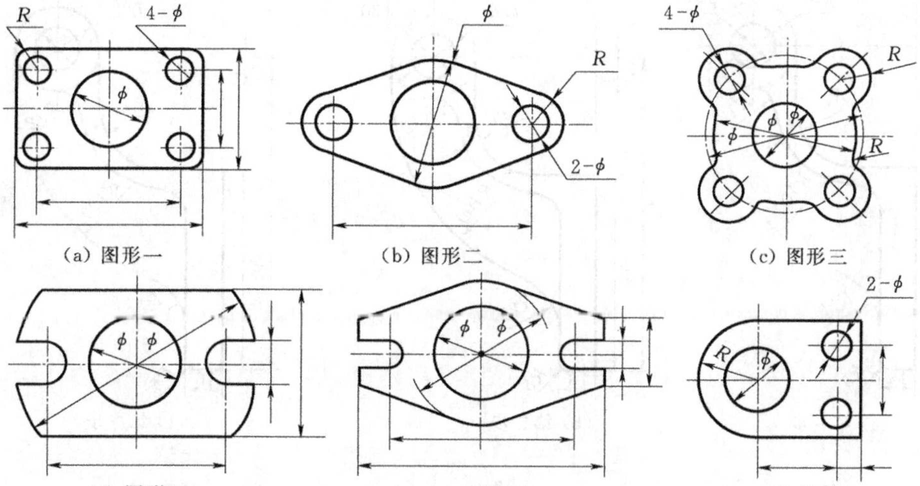

(a) 图形一　(b) 图形二　(c) 图形三

(d) 图形四　(e) 图形五　(f) 图形六

图 1.5.2　根据图形的特点选定尺寸基准

1.6　圆弧连接的线段分析

圆弧连接的线段分析应遵守相关规定。直线与圆弧相切或圆弧与圆弧相切均称为圆弧连接，为能得到光滑相切的图形必须比较准确地作出连接圆弧的圆心和切点。圆弧连接部分的线段（包括圆弧和直线）的尺寸标注、绘图步骤都与连接情况有关，因而，对这些线段应该加以分析。圆弧连接部分的线段可分已知线段、中间线段、连接线段等三类，已知线段是指有足够的定形尺寸和定位尺寸，不依靠与其他线段相切的作图就能直接按所注尺寸画出的线段，中间线段是指缺少 个定位尺寸，必须依靠一端与另一线段相切而画出的线段；连接线段是指缺少两个定位尺寸，要依靠两端与另两线段相切才能画出的线段。在画圆弧连接部分线段时，若包含有已知线段、中间线段和连接线段则必须按顺序先画已知线段，再画中间线段，最后画连接线段。圆弧连接的线段分析如图 1.6.1 所示，作图步骤如图 1.6.2 所示。

圆弧连接的作图步骤如图 1.6.2 所示，具体如下：先按已知尺寸画出已知线段，画出 $\phi 38$ 的圆及铅垂线；然后，画中间弧，画 $R81(R100-R19)$ 圆弧；最后，根据已画出的已知直线和中间弧画连接弧，画 $R125(R25+R100)$ 圆弧。

（1）绘制手柄平面图形。如图 1.6.3 所示，其步骤依次为选定坐标系、画出基准线；画出已知线段；画出中间线段；画出连接线段。

（2）绘制手柄平面图形 1。如图 1.6.4 所示，其步骤依次为选定坐标系、画出基准线；画出已知线段；画出中间线段；画出连接线段。

（3）绘制手柄平面图形 2。如图 1.6.5 所示，其步骤依次为：选定坐标系画出基准线；画出已知线段；画出中间线段；画出连接线段。

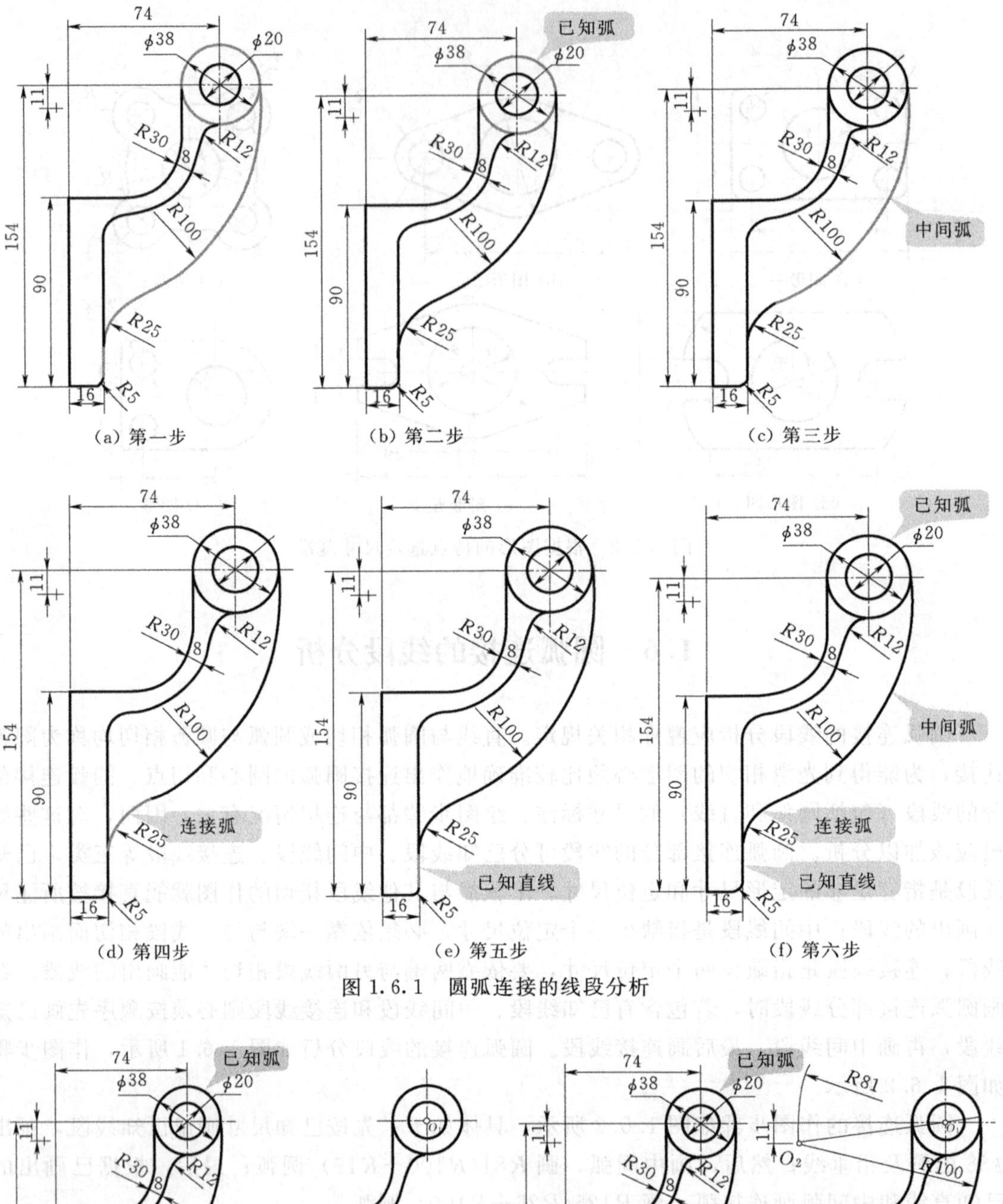

(a) 第一步　(b) 第二步　(c) 第三步

(d) 第四步　(e) 第五步　(f) 第六步

图 1.6.1　圆弧连接的线段分析

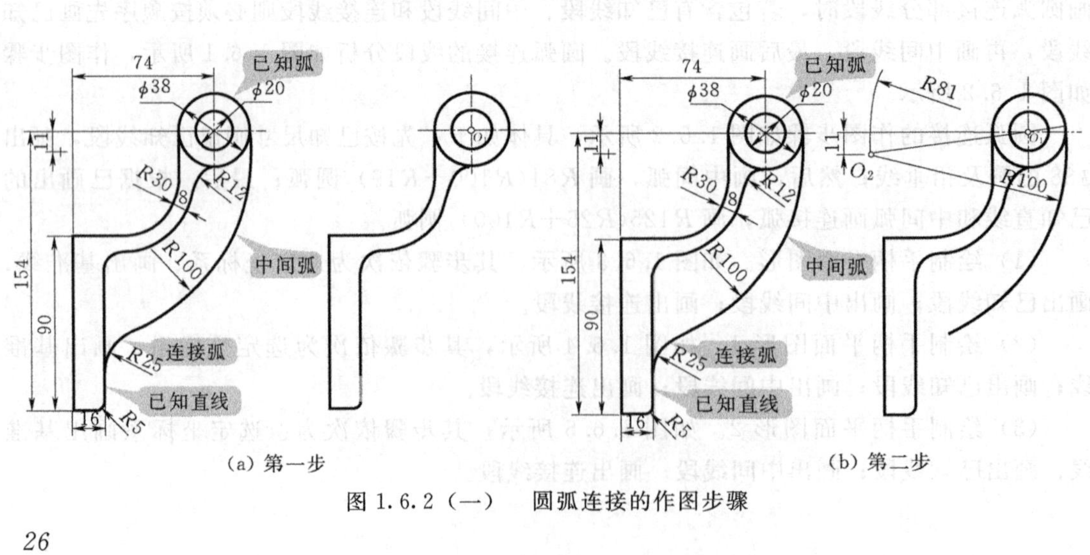

(a) 第一步　(b) 第二步

图 1.6.2（一）　圆弧连接的作图步骤

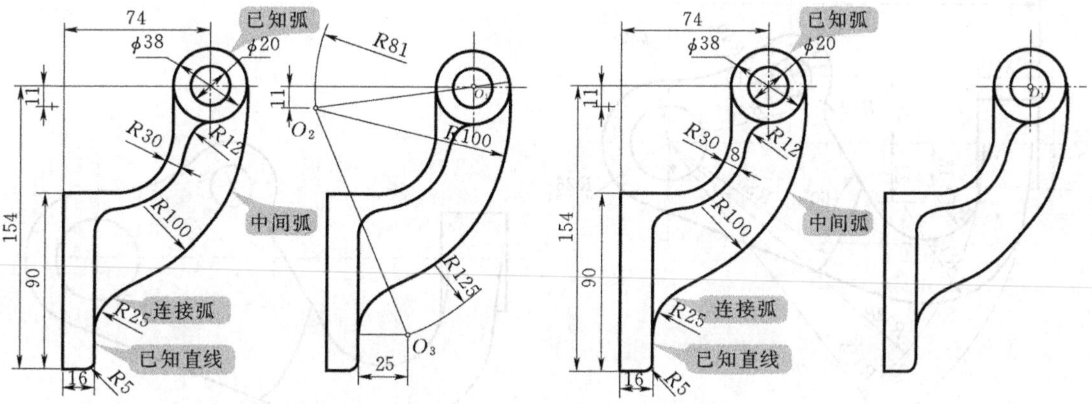

(c) 第三步　　　　(d) 第四步

图 1.6.2（二）　圆弧连接的作图步骤

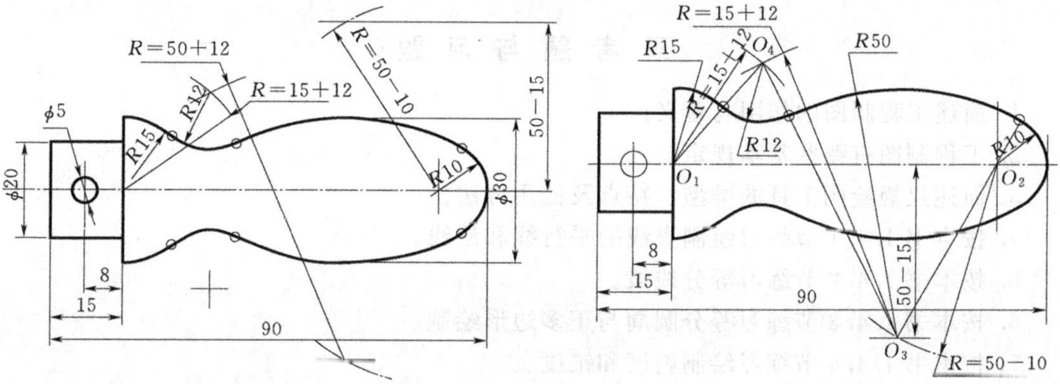

(a) 第一步　　　　(b) 第二步

图 1.6.3　绘制手柄平面图形

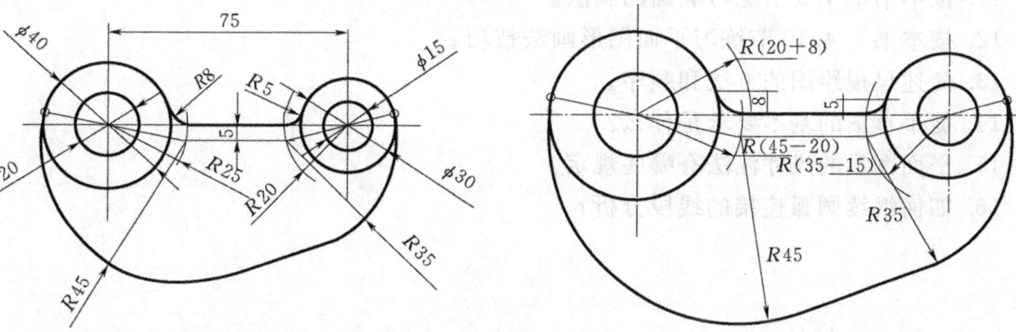

(a) 第一步　　　　(b) 第二步

图 1.6.4　绘制手柄平面图形 1

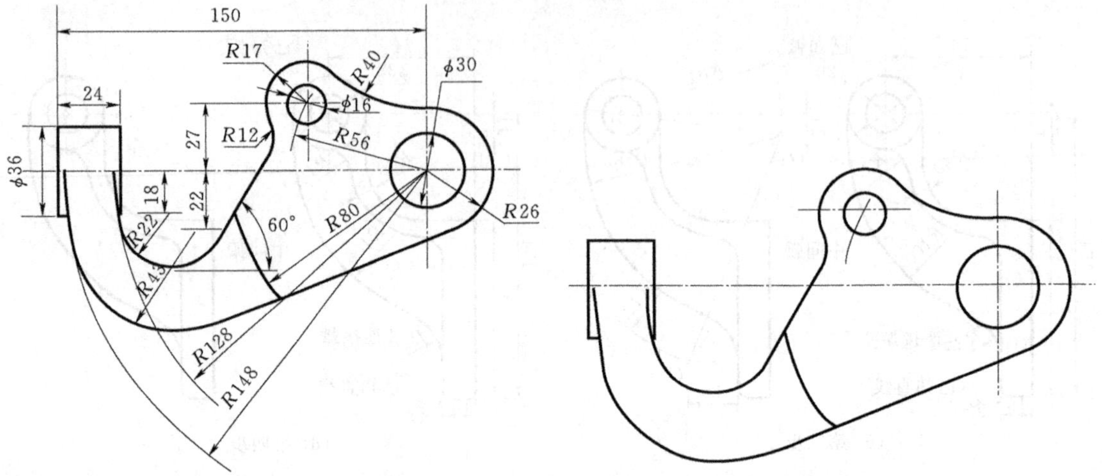

(a) 第一步　　(b) 第二步

图 1.6.5　绘制手柄平面图形 2

思 考 题 与 习 题

1. 简述工程制图的作用与意义。
2. 工程制图有哪些基本规定?
3. 简述尺规绘图工具的类型、特点及使用方法。
4. 按本书 1.4.1 节练习绘制直线的平行线和法线。
5. 按本书 1.4.2 节练习等分线段。
6. 按本书 1.4.3 节练习等分圆周与正多边形绘制。
7. 按本书 1.4.4 节练习绘制斜度和锥度。
8. 按本书 1.4.5 节练习圆弧连接。
9. 按本书 1.4.7 节练习正多边形的画法。
10. 按本书 1.4.8 节练习圆弧连接的基本技巧。
11. 按本书 1.4.9 节练习椭圆的画法。
12. 按本书 1.4.10 节练习平面图形画法技巧。
13. 简述尺规绘图的方法和顺序。
14. 徒手草图的基本要求是什么?
15. 平面图形的尺寸注法有哪些规定?
16. 如何继续圆弧连接的线段分析?

第2章 计算机绘图的特点

2.1 计算机绘图的历史与发展

2.1.1 计算机绘图的特点

计算机绘图是相对于手工绘图而言的一种高效率、高质量的绘图技术。手工绘图使用三角板、丁字尺、圆规等简单工具，是一项细致、复杂和冗长的劳动，不但效率低、质量差，而且周期长，不易于修改。

20世纪50年代初，根据数控床的原理，人们用绘图笔代替刀具而发明了第一台平板式数控图机，随后又发明了滚筒式数控绘图机。同期国际上发明了阴极射线管（Cathode Ray Twbe，CRT)，从而使数据可以以图形的方式显示在荧光屏上。以后，由于计算机、图形显示器、光笔、图数据转换器等设备的生产和发展和人们对图学的理论探讨及应用研究逐渐形成了一门新兴的学科——计算机图学。

计算机绘图是计算机图学的一个分支，它的主要特点是给计算机输入非图形信息，经过计算机的处理，生成图形信息输出。一个计算机绘图系统可以有不同的组合方式，最简单的是由一台微型计算机加一台绘图机组成。除硬件外，还必须配有各种软件，如操作系统、语言系统、编辑系统、绘图软件和显示软件等。

当操作者通过键盘或图形输入板输入原始数据后，系统便可自动进行绘制和显示工作，一个复杂的零件图或装配图，往往可以在几分钟甚至几秒钟之内完成，这种绘图方式称为自动绘图。它的优点是快捷而省事，缺点是观察者不能对绘制和显示过程进行干预，只能在过程结束后才能得知输出结果的正误。这种绘图和显示又称为被动的（或静态的）计算机绘图。

有许多绘图工作，尤其在设计阶段，要不可避免地进行反复试画和推敲，而产品的不断更新也要求对已定型图纸进行必要的修改。为此在图形的绘制和显示过程中，需要有观察者的参与，要求系统具有人机对话的交互功能，这样的系统称为动态的计算机绘图。在动态绘图中，观察者根据需要可以控制和干预正在显示的图形，直接在荧光屏上对图形进行修改和增补。该系统目前所使用的人机交互工具有光笔、鼠标器、图形输入板或数字化仪，以及操纵杆、轨迹球等。

计算机绘图所研究的内容，主要有图形变换的矩阵方法、立体图形的绘制和消隐技术、图形数据库、样条曲线和自由曲面、几何造型、动画技术，以及上述内容的程序设计。

其中，图形变换的基本原理是用矩阵描述一个图形，用变换矩阵表示平移、旋转、缩小和放大等功能，而通过这两种矩阵的运算，即可改变图形的位置、方向或大小。消隐指的是自动消除立体图中被前面遮挡的不可见线条，从而显示清晰图形的技术。由于复杂的实际曲线很难用单数学曲线表示，所以借助工程图中用样条或曲线板描画曲线的原理，用多条首尾衔接的数学曲线来近似替代实际的曲线，这些分段曲线称为样条曲线。它们既可以用数学公式描述，又便于设计人员控制和修改，同时还要求衔接光滑。几何造型的主要工作，先是用定义语言描述一个形体的形状，再由专门的程序转换成形体的几何表达式和拓扑表达式，最后经过形体的拼合运算，构造出新形体。三维几何实体造型和特征技术是实现集成 CAD/CAM 的关键技术之一。

2.1.2 计算机绘图技术的诞生与发展

计算机绘图是20世纪60年代发展起来的新型学科，是随着计算机图形学理论及其技术的发展而发展的。图与数在客观上存在着相互对应的关系，把数字化了的图形信息通过计算机存储、处理，并通过输出设备将图形显示或打印出来，这个过程称为计算机绘图，而研究计算机绘图领域中各种理论与实际问题的学科称为计算机图学。

20世纪40年代中期，美国诞生了世界上第一台电子计算机，这是20世纪科学技术领域的一个重要成就。

20世纪50年代，第一台图形显示器作为美国麻省理工学院（MIT）研制的旋风Ⅰ号（Whirlwind Ⅰ）计算机的附件诞生。该显示器可以显示一些简单的图形，但因其只能进行显示输出，故称为“被动式”图形处理。随后，MIT林肯实验室在旋风计算机上开发出了SAGE空中防御系统，第一次使用了具有指挥和控制功能的CRT显示器。利用该显示器，使用者可以用光笔进行简单的图形交互操作，这预示着交互式计算机图形处理技术的诞生。

20世纪60年代是交互式计算机图形学发展的重要时期。1962年，MIT林肯实验室的Ivan E. Sutherland在其博士论文《Sketchpad：一个人-机通信的图形系统》中首次提出了“计算机图形学”（computer graphics），他开发的Sketchpad图形软件包可以实现在计算机屏幕上进行图形显示与修改的交互操作。在此基础上，美国的一些大公司和实验室开展了对计算机图形学的大规模研究。

20世纪70年代，交互式计算机图形处理技术日趋成熟，在此期间出现了大量的研究成果，计算机绘图技术也得到了广泛的应用。与此同时，基于电视技术的光栅扫描显示器的出现也极大地推动了计算机图形学的发展。20世纪70年代末至80年代中后期，随着工程工作站和微型计算机的出现，计算机图形学进入了一个新的发展时期。在此期间相继推出了有关的图形标准，如计算机图形接口（computer graphics interface，CGI）、图形核心系统（graphics kernel system，GKS）、程序员层次交互式图形系统（programmer's hierarchical interactive graphics system，PHIGS），以及初始图形交换规范（initial graphics exchange specification，IGES）、产品模型数据转换标准（standard for the exchange of product model data，STEP）等。

随着计算机硬件功能的不断提高、系统软件的不断完善，计算机绘图已广泛应用于各个相关领域，并发挥越来越大的作用。在计算机绘图技术的引领下现代土木工程已经步入了BIM的新时代，随着BIM技术的不断发展，计算机绘图技术变得更加规范、更加系统、更加精细，计算机绘图软件已可与任何硬件系统实现无缝挂接，机械加工领域借助计算机绘图软件和3D打印技术已经实现了设计、制图与产品成型的一体化，土木工程领域也在朝这个一体化方向发展。

2.1.3 BIM技术简介

1. BIM的起源与基本特征

BIM是一种颠覆传统营造业的最现代技术。BIM的起源有两种说法：一是源自于AUTO DESK的3D、面向对象及AEC领域专属CAD的概念；二是源自于美国乔治亚理工学院的Eastman于20世纪70年代末期提出的建筑信息模型（building information model)。1987年Laiserin推广BIM的概念并以数字化的信息格式交换与沟通建筑建造过程的信息才逐渐让BIM受到重视并广为人知，Laiserin文献记载的BIM第一个实际案例出现在1987年的Graphisofts Archi CAD。BIM是建筑信息模型（building information model）及建筑信息塑模（building information modeling）的简称，所谓“建筑信息塑模”是指建筑整个生命周期期间（包括规划、设计、施工、营运、改造阶段）产生及管理建筑信息模型的过程，这个过程产生的图形或非图形数据的集合就是“建筑信息模型”，集合体包括几何形状、空间关系、建筑组件数量及内涵（比如窗户、地板材质、建筑工法、施工企业、建材供货商等)。

2009年国际标准化组织（Open Geospatial Consortium，OGC）总结了BIM的基本特性，即不同的参与建筑或设施营造的相关人员（如建筑师、设计师、采购人员、施工人员等）在建筑或设施生命周期的不同阶段可取得其工作所需的BIM信息（或根据该阶段工作所产生的信息新增、更新、修改BIM信息)。BIM内含所有信息都具备互操作（interoperability）特性以便满足不同应用系统间进行信息交换的需求。BIM信息需基于公开标准并通过双方协议认可的语言进行互操作。

BIM除了整合建筑或设施相关的各项信息和提供更好的信息管理外，还隐含了建筑或设施营造流程改造的过程，与BIM相关的流程改造可分为个人工作流程、团队施工流程、建设项目生命周期等三部分。个人工作流程适应BIM为建筑师、工程师、承建商、分包商、营建人员、供货商等参与建筑或设施营造相关人员并便利其个人工作流程的变化(如建筑师原本直接在纸图上绘制设计图及进行设计变更，采用BIM后就需要在BIM上进行建筑的设计及设计变更工作，设计图变成了BIM的产出而非主要工作标的)。BIM可为建筑或设施营造的整体团队带来工作流程上的变化。以往设计团队将工作计划移转给施工团队时只依靠纸图及口述或其他分散在不同应用系统的工程面或管理面的信息（容易造成信息遗漏、信息分散等问题)，采用BIM后设计团队与施工团队的交接均透过BIM，各团队成员不仅可无纸化进行移转（省时省力)，还可提升设计团队与施工团队间的协调度(各团队更可在任何阶段自行建置或回馈专业信息，避免了设计团队与施工团队间信息不衔接而引起的错误)，BIM使得建筑或设施完工后移交业主或使用者时可完整移交建筑所有信息（业主需查看建筑某项设施时将不再需实地勘查，可从BIM找出该设施位置、材质及所有历程信息)。建筑或设施的建设项目除建筑或设施的施工之外也牵扯到规划、设计、施工、营运等各个建筑生命阶段以及工程技术、经济、法律等领域的信息整合与管理问题。采用BIM除了允许建筑设施在施工阶段的流程有所变更外还允许整个建设项目生命周期内随时可以有所变动。

BIM的导入非一蹴可及，初期建议将BIM视为辅助工具，导入重点放在利用BIM进行建筑塑模、工作项目与建筑信息的记录、工作进度与设计变更的追踪，以提供建筑完工营运所需的BIM信息为目的。待BIM导入成熟后再以BIM作为整个建设项目生命周期各阶段工具的主要工具，所有建筑信息的建立、取得及变更等均需透过BIM进行。

OGC认为BIM信息管理及流程改造的两大特色可为AEC领域带来很多效益，可使设计师及工程人员以较低成本与风险完成工作；可提升信息回馈与响应速度；可实时掌握建筑或设施现况并弹性调整设计或施工进度等项目（以降低不必要的作业成本）；可全面掌握建筑或设施各种信息以提升决策质量；可降低销售费用、税务费用及管理费用等成本支出。

国际间在BIM的信息交换标准方面的发展包括IAI（The International Alliance for Interoperability）开发的IFC（Industry Foundation Classes）、ISO（International Organization for Standardization）开发的SEP（Standard for the Exchange of Product model data）、NIBS（National Institute of Building Sciences）开发的CIS/2（CIMstell Integration Standards Release2）等，其中以IAI开发的IFC为目前最被广泛应用的BIM信息交换标准。IFC用来描述、交换及共享建筑信息的数据格式的目前最新版本为IFC2x4 Beta2，IFC以物件导向为基本概念分四个层级，由上而下依序为专业领域层（domain layer）、互操作层（interoperability layer）、核心层（core layer）及资源层（resource layer）。

BIM实施的一系列配套工具组成了一个完整的BIM解决方案。其中以Autodesk Revit三件套为核心，配以Autodesk Navisworks和Autodesk 3ds Max Design与Autodesk Ecotect等配套工具以及AutoCAD系列产品为辅助工具来实施。所有软件要相辅相成，所有工具要相互配合与依托才能共同实现BIM，BIM的实现一定是团队合作的结果而不是单打独斗的产物。就整个平台的整合度而言，欧特克在这方面较其他厂商的产品有较大的优势和人气。

2. BIM与GIS、CAD的关系

GIS领域着重巨观与地理空间信息之相关应用，再加上3D塑模（3D modeling）受限于无法取得建筑内部的详细信息，致使多数人对于现今3D GIS或3D塑模的认知多停留在用以查看立体地理信息、呈现建筑外观及其地理位置，或结合虚拟现实技术进行特定空间的导览等狭隘的应用方面。AEC（Architecture、Engineering、Construction）领域着重于建筑内部详细信息此类微观空间信息之记录与管理，但无法透过因特网交换与互操作（interoperate）交流建筑信息或外部环境信息（如地形、邻近建筑、管线设施等）达到对外提供建筑信息或整合外部信息以辅助建筑规划设计所需等目的。为使巨观空间信息与微观空间信息得以互操作发挥倍增国际间致力于整合AEC领域与GIS领域巨观与微观地理空间信息，国际标准化组织OGC于2006年推行OWS-4（OGC Web Services-Phase4）时提出CGB（CAD-GIS-BIM）架构并开发了相关技术标准（以满足整合巨观空间信息与微观空间信息进行交换与互操作需要，并提供城市数字化、建筑评估选址、救灾等相关应用）。

若将城市进行数字化，透过城市数字化的过程留存整个城市所有建筑信息（比如室内格局、各种管线及设施配置与材质、施工历程信息等）、地理环境信息（如道路、地形、周边环境等）及基础建设信息（如地下水管、污水、天然气、电力及电信系统等），则只需要点选该栋建筑物或公共设施即可查看所有跟该栋建筑物或公共设施有关联的数据，还可以数字化过程中取得的各种数据为基础借助互操作各种数据进行分析与模拟（为各级政府机关进行都市更新、公共设施选址评估、救灾或施工等决策时提供参考依据），地方政府或建设单位进行新的公共建设评估时可在数字城市里直接加上该栋建筑物并模拟该栋建筑物完工后对周边环境的影响，电力公司施工变更管线前只要在数字城市上变更设计就可马上模拟出变更管线后的配置情况，消防单位可依据建筑周边环境、道路条件、内部配置、消防设备配置情况模拟演练各种救灾情境并可在救火时根据实际情况调整救灾资源的调度。上述建筑物或公共设施的各种数据源均需要AEC领域的建筑师、设计师、采购人员、施工人员等专业人员依其所负责的工作项目建立自有的专业信息（如工程图、采购细目等），传统做法是以计算机辅助绘图（CAD）记录建筑几何形状、空间关系、地理信息等图形化信息（工作进度、外在环境条件、材质、费用等非图形化信息则另以其他信息系统处理）。BIM的出现不仅可整合上述建筑物的图形化及非图形化数据、提供虚拟现实模型、纳入流程观念，还可解决规划、设计、施工、营运、各阶段移转建筑工程计划的信息遗漏问题。

综上所述，CAD是用以绘制建筑的，BIM是用来整合及管理建筑本身所有历程信息的，GIS是整合及管理建筑外在环境信息的。OGC在2006年推行OWS-4时开发出了CGB（CAD/GIS/BIM）架构用以整合AEC领域的微观数据（CAD/BIM数据）与GIS领域的巨观数据进行交换与互操作，从而实现了查询与分析巨观与微观地理空间信息的功能，满足城市数字化的各种需求与应用。

3. CGB的特征

CAD/BIM与GIS间存在极大差异，从建筑角度看，GIS涵盖建筑外部的环境信息，而CAD/BIM则是有关于建筑本身及内部结构信息。GIS展示的是巨观（小比例尺）空间信息，而CAD/BIM则是显示微观（大比例尺）的空间信息，最重要的是当GIS已发展许多网络标准支援交换与互操作GIS信息时CAD/BIM尚未有任何支持其透过网络交换与互操作的相关标准。OGC在OWS-4开发的WFS-T（Transactional Web Feature Service）提出CGB架构可以消除CAD/BIM与GIS间在互操作性相关技术发展的差距，实现整合AEC领域与GIS领域的CAD、GIS、BIM三种异类数据之目的。

WMS（Web Map Service）、WFS（Web Feature Service）、WCS（Web Coverage Service）及WTS（Web Terrain Service）等以GML（Geography Markup Language）及City GML（The City Geography Markup Language）作为GIS数据交换与互操作的数据格式标准，其中City GML提供了比较丰富的语义框架（Semantic Frame Work）记录、描述与呈现城市特征（比如道路、管线等）及其关系，但无法记录、描述与呈现建筑特征及其生命周期各阶段历程信息。IFC提供描述、交换及共享建筑信息的语义架构，却无法透过网络服务的方式存取并进行数据交换与互操作。为此，OGC在执行OWS-4时扩充既有的WFS发展出WFS-T（Transactional Web Feature Service）支持City GML与IFC两种数据交换格式记录、描述与呈现BIM信息，3D GIS使用者可在GIS展示3D建筑模型并可检视分析建筑的各种信息，BIM软件亦可整合WFS所传递的City GML或

WMS 所传递的影像进行地理空间信息的整合与设计。

CGB 架构是以 OGC 的 Web Service 架构的 Publish - Find - Bind 为基础并发展数个组件整合 BIM 与开放式空间服务架构，包括扩充既有 WFS 开发出 WFS - T，以便支持 City GML 与 IFC 两种数据交换格式记录、描述与呈现 BIM 信息；新增客户端透过 WFS 所传递的 City GML 以 3D 的方式浏览与分析建筑信息的能力；CAD/BIM 编辑端新增整合 WFS 所传递的 City GML 或 WMS 所传递的影像进行地理空间信息的整合与设计。

CGB 已成功应用于野战医院选址评估。OGC 先从大范围区域选定一个作为野战医院所在地并将该空间信息整合至 BIM，最后将其整合至 Google Earth 呈现完整的 BIM 模型，透过这样的方式即可知道选定的野战医院院址（GIS 的坐标等信息）以及邻近区域是否有足够的空间（BIM 提供医院面积、体积等信息）建造医院。首先需要在 CAD 透过因特网加载航空照片等 2D 地图信息（WMS）及选定作为野战医院所在地邻近的建筑（WFS，City GML 格式数据），再从 BIM 服务器加载建筑本身的信息（WFS，IFC 格式信息）。在 CAD 完成上述信息加载后即完成初步的 3D 模型（并可在这个 3D 模型上进行编修），完成编修后可将 3D 模型转存 3D PFD 档案并在 Google Earth 载入这个档案展示成果。

4. BIM 协同设计

BIM 协同设计注重各个专业间的协作交流与资源共享，如果一个项目没有统一的标准，那么协同的优势就无法发挥，设计的效率与质量就会大大下降。因此，标准是协同的核心。建筑协同设计涉及的标准包括了对象样式标准、显示系统标准和图层标准。美国绘图学会 ACA 中通过样式完成了美国工程学会 AEC 对象从类别到个体、从抽象到具体的过程；通过设定显示系统控制 AEC 对象在图形区域的显示方式；通过图层索引和图层索引样式对设计信息进行智能的编组和管理，并引入图层标准自动维护组织内的图层索引样式。样式、显示、图层看似独立，其实相互间又存在着一定的联系。样式中包含了对象显示特性的定义，显示特性涵盖了组成对象的构件所在图层的定义，而图层特性又是通过图层索引样式来加以定义的，因此，必须将三者有机地衔接起来，才能很好地创建标准。另外，标准的存储载体是模板，在理解标准的基础上，必须把握创建图形时模板的位置，以便将标准通过模板配置到图形中。大多数样式存储在所有用户都可以访问的位置中的一个或多个样式库图形中，通过“样式—工具—样式”的工作流，以工具为媒介，从源图形传递到新图形中。显示系统则在模板文件默认显示，由模板创建的图形都将采用模板中创建的显示系统。而基于图层标准定义的图层索引样式存储在专门的图形文件中，并在工作空间中对其加以指定。由此，在项目中组织好标准图形，配置好模板文件，同步项目到标准，就能够确保在整个项目生命周期内使用相同的样式以及特性数据在所有的项目文件中保持一致。

像素是建筑信息模型 BIM 的基础，BIM 就是无数个像素的集合。必须在标准的基础上创建像素，形成图库。而对图库的统筹管理，就是维护设计标准和合理共享与分配像素的保障。ACA 的图库管理系统以工具选项板为应用前端，工具选项板通过一个一致的用户界面，提供对所有工具的快捷访问，让用户在工作空间中有效地组织与使用工具。同时以内容浏览器为管理后台，作为中心的存储仓库，管理并维护企业的工具系统。内容浏览器是包含工具、工具选项板和工具包的工具目录库，它可以独立于软件运行。通过内容浏览器与工具选项板之间的链接关系使得使用者引用的工具始终保持最新状态。而在项目中工作，必须对内容浏览器与工具选项板进行自定义。从样式库图形中收集样式，生成工具，并在工具目录中以工具选项板或者类别的形式组织工具，将工具目录导入项目的目录库中，然后在项目特性定义中指向项目的目录库位置。对于工具选项板，可以将其指向共享的只读位置，由管理员统一在工作空间中，以项目工具目录为源，向工具选项板中添加工具，并以"工具→工具选项板→工具选项板编组→工具选项板集"这样的层次关系进行组织与管理。

在掌握了标准与图库管理方法的同时，需要建立基于BIM的建筑协同设计的基本流程，以流程来明确工作行为，协调工作程序。整个流程由项目前的准备、创建项目、在项目中工作三个阶段构成。项目前的准备包括前面提到的标准与模板的定制以及图库的建立。而创建项目时，主要定义项目的基本信息，配置默认的标准、模板与工具系统。定义了项目特性后，在项目中工作，主要是引用像素创建构件、由构件生成视图、创建项目文件和生成图纸四部分。其中构件的创建就是建模的过程，通过工具添加物件或者将元素参照到构件中。视图的创建则是在对构件和图形不做修改的情况下，确定要查看的建筑部分，通过外部参照适当的构件，让计算机对原有的模型按照要求，自动生成平面、立面、剖面、节点详图。创建项目文档则包括了AEC标注的创建以及明细表的添加等一系列过程。最后，直接将视图拖动到图纸空间中，形成施工图纸。生成图纸后，可能需要重新回到规划阶段，并对构件、元素和视图进行修改。而这些修改都将及时地在图纸中反映出来。从整个流程中可以看到，建筑协同设计以创建标准与模板为前提，以引用像素建模为重心，通过外部参照技术完成图纸的自动创建与更新，实现了从指向图纸转向指向内容，从关注出图转向关注设计的工作模式。

5.BIM与云计算

传统的计算模式首先需购买硬件和软件，然后在信息部门主管的指挥下由技术支持人员和项目经理解决包括BIM系统集成、软件升级等所有问题。云计算将计算作为一种服务（而不是实物产品），云计算可使AEC公司能根据自身需求通过互联网租用计算基础设施、软件和系统，从而将设计和建筑公司从昂贵又麻烦的IT基础设施建设中解放出来。一些传统模式BIM应用常会遇到挑战（如碰到大模型时桌面计算机的处理效率问题），云计算可以帮助解决。纽约Shop Construction公司主管Jonathan Mallie认为"BIM实现了虚拟设计和建造，而云计算可以帮助我们更好地实现这个过程"。云端的BIM有助于重塑整个建筑以及服务商的竞争格局，使供应链中的任何一家公司均可以提供基于BIM的服务。若拥有一个存放在云端的BIM模型，且该模型支持并发访问、控制访问和操作所有的项目信息，那么以前花费在模型交换及保持信息一致性、完整性的工作就避免了（因为只有一个模型，一个版本）。Mallie说："我们希望将BIM模型变为一个可搜索的项目信息数据库，就像一个互联网搜索引擎一样。如果只有一个人使用互联网并没有太大的价值，只有让更多的项目参与方参与到BIM模型的构建和完善中模型才会变得越来越有价值。"通过云可以更容易地访问项目的完整信息，从而让合作伙伴之间的协作更简单有效，同时也提供了一种改善合作伙伴之间关系的可能性（任何知识都可以变为一种服务提供给其他人）。Shop 制作过一个基于 Web 的门户使项目参与方随时跟踪项目的制造和安装进度，Mallie 介绍说：“不断更新的 4D 模型演变成一个重要的工具，让设计和建造团队了解生产计划的变更以及对安装的影响。该过程原来只有少数人了解详细情况，现在已发展成为一个团队协作的过程”。Shop 的基于云的门户让项目参与方得以实时了解制作和安装过程。借助云计算，可使 BIM 进行多维度的优化分析（包括能耗、碳排放、全寿命成本、可维护性等），桌面计算机是无法完成对上述大资料的处理的。借助云计算技术设计和建造团队可以考虑各种约束条件并进行优化设计。云计算按需租赁的独特优势可使用户方便地根据自身的业务需求配置不同性能的 IT 环境（硬件、软件，甚至是支持组件均可以更合理地匹配其工作需求）。

冲突检测是 BIM 的一个显著性优点。BIM 早期阶段面临的挑战是如何生成信息，目前 BIM 真正的挑战是如何最有效地管理和使用数据（因为其已有大量的数据），云计算的重要性也就不言而喻了。

设计人员目前多采用基于 BIM 理念的 Autodesk Revit 系列软件（如 Autodesk Revit 2014），使用 Autodesk Revit 的工作集和连接管理将多专业的 Autodesk Revit 模型进行整合和冲突检测，避免了因为一个小小的专业间的碰撞所可能导致的施工成本的大幅追加。通过 Autodesk Revit 系列软件可以让业主能够更加直观生动地了解设计成果的最终形态，在汇报交流过程中可极大减少沟通障碍，业主认可度很高。有了 BIM 技术，用户可以随时随地访问、编辑用户的 BIM 模型，只需要单击就可以使用无限制的计算机资源来说明用户完成建筑相关的分析计算（即使最复杂、最耗资源的建筑分析任务也能实时完成，没有任何延迟）。BIM 技术使得建筑业各参与方之间的协同工作不再有任何障碍（实现无缝的信息集成）且工程师们可以没有任何限制地访问各种建筑专业知识数据库。

6. BIM 的软件体系

BIM 的相关软件及解决方案包括 Autodesk Revit Architecture、Autodesk Revit Structure、Autodesk Revit MEP、Autodesk Navisworks、Autodesk Ecotect、Autodesk 3ds Max Design、AutoCAD Civil 3D 等。

对 BIM 建筑领域工程师日常工作很有帮助的 15 个移动设备包括 Adobe Ideas（该应用配备了一系列简单的向量化的绘图工具，使用户能够很容易地标记现有的图纸、文档和照片。该应用非常适合用于沟通现场变更、施工错误及其他施工现场问题）、AutoCAD WS（该应用程序允许用户快速查看，编辑和共享 DWG 档。在办公室或者施工现场准确注释和修改图纸。支持实时查看图纸的编辑，并与他人合作同时对同一档协作编辑）、cad touchr 2（通过这个应用程序，用户可以绘制平面图、场地平面、机电和结构部件、配上图表和现场说明。用户可以立即通过电子邮件或 FTP 发送这些图纸）、iRhino 3D（该工具允许用户在 iPad、iPhone 或 iPod touch 上查看他们的 rhino 的 3DM 文件。用户可以平移、放大、缩小、旋转模型。三维模型可以从网站、Google Docs、电子邮件附件或 iTunes 上载入）、revit keys（该应用用于方便的 BIM 用户的快捷键使用。这个程序是面向 Autodesk Revit Architecture 2010—2014 的一个快捷键参考指南。它分为 14 个类别，包括 260 键盘组合）、Sketch Book Mobile [该应用提供了广受欢迎的欧特克数字画板程序（sketch book）的各种功能。配备多点触摸导航（2500%缩放）和主机的易于使用的绘图工具]、smart bid Net（是一款 smart bid Net 施工招标管理软件的配套工具，这个应用程序允许用户访问他们的私人分包商网络，并按照所提供分类查看分包商信息。可订阅 Smart bid Net）、Turbo Viewer（DWG 浏览器同时支持 2D 和 3D CAD 的 DWG 文档在 iOS 平台的浏览。同时，可通过邮件快速发送 DWG 或 DXF 附件。也可随时查看通过 Web、FTP、Drop box 和 Web DAV 系统下载下来的档）、Architect's Formulator（这个程序包含了超过 400 个公式来帮助建筑师和建筑行业的专业人士，如电工、木匠、水管工、混凝土和土方工程承包商）、Drop box（这个免费应用可让用户轻松地传输用户的照片和文档到任何地方，任何保存到 Drop box 的文件会自动保存到用户的计算机、移动设备和 Drop box 的网站）、iBlueprint（这是一款为住宅建筑商、承包商、建筑师、房地产经纪人设计的应用软件，它允许用户创建和导出自定义的楼层平面图。它还提供了施工单位在工地上快速访问蓝图的功能）、Magic Plan（该应用可让用户通过拍照，在网页上直接测量、绘制和发布楼层平面图。只需几分钟就可创建一个平面图且不需要测量、绘制或移动家具。绘制后再通过导入照片或其他图像增强可视化效果）、structural wood design calculator（该应用可帮助工程师、建筑师和建设者计算木梁弯曲强度、剪切强度、位移等。梁的设计计算只需输入几个设计参数，如梁的长度、宽度和负载）、Green Pro（这个应用程序本质上是 2009 年美国绿色建筑委员会 LEED 新建筑和改造项目评估工作表的一个互动版本，使用户能够评估和跟踪的项目能获得的 LEED 分数）、LEED Standards（这个工具将与 LEED 评级系统最相关、最重要的标准带到用户的 iPad 中，帮助用户快速理解超过 30 个常用的 LEED 指标和参考标准，包括 ASHRAE、ASTM、EPA 和 FEMA）。

7.BIM 技术的中国化

2013 年 7 月开始，中国建筑信息模型专业委员会（中国 BIM 标委会）动员国内各大设计院、施工企业、土木工程软件开发机构与欧特克（Autodesk）软件（中国）有限公司协作推进 BIM 技术的中国化，拟先期建立 23 个中国 BIM 标准，这些标准包括规划和报建 P-BIM 软件技术与信息交换标准、规划审批 P-BIM 软件技术与信息交换标准、工程地质勘察 P-BIM 软件技术与信息交换标准、建筑基坑设计 P-BIM 软件技术与信息交换标准、地基基础设计 P-BIM 软件技术与信息交换标准、混凝土结构设计 P-BIM 软件技术与信息交换标准、钢结构设计 P-BIM 软件技术与信息交换标准、砌体结构设计 P-BIM 软件技术与信息交换标准、给排水设计 P-BIM 软件技术与信息交换标准、供暖通风与空气调节设计 P-BIM 软件技术与信息交换标准、建筑电气设计 P-BIM 软件技术与信息交换标准、施工图审查 P-BIM 软件技术与信息交换标准、绿色建筑设计评价 P-BIM 软件技术与信息交换标准、混凝土结构施工 P-BIM 软件技术与信息交换标准、钢结构施工 P-BIM 软件技术与信息交换标准、机电施工 P-BIM 软件技术与信息交换标准、工程监理 P-BIM 软件技术与信息交换标准、工程造价管理 P-BIM 软件技术与信息交换标准、施工计划进度管理 P-BIM 软件技术与信息交换标准、施工质量安全管理 P-BIM 软件技术与信息交换标准、竣工验收管理 P-BIM 软件技术与信息交换标准、建筑绿色施工评价 P-BIM 软件技术与信息交换标准、建筑空间管理 P-BIM 软件技术与信息交换标准。BIM 技术的中国化将对中国土木工程行业的现代化进程产生巨大的推动作用。

2.2 AutoCAD 软件的特点

AutoCAD 软件是美国欧特克（Autodesk）公司持续开发与维护的通用型、普适型、广义绘图软件。工程技术科学领域的所有设计工作几乎都借助 AutoCAD 软件完成，机械、电子、公路、铁路、桥梁、隧道、房屋、管线、水利、水电、纺织、服装、石油、化工、航空、航天、媒体广告、产品造型等各个领域无处不浸透着 AutoCAD 的影子，AutoCAD 软件在工程技术领域的重要性不言而喻。目前，AutoCAD 软件已跨出了工程技术科学领域进入生物学等众多自然科学领域。

AutoCAD 软件是大土木工程行业学生必须掌握的基本软件，大土木工程行业从业人员均必须熟练掌握和应用 AutoCAD 软件并具备借助 AutoCAD 软件绘制工程图纸的基本技能，只有掌握了 AutoCAD 软件的基本使用方法才能进一步学习建筑设计软件、结构设计软件、建筑装饰设计软件、BIM 软件、工程算量软件等土木工程专用软件。

学习 AutoCAD 应熟悉 AutoCAD 绘图的基本知识与基本操作；熟悉 AutoCAD 绘图环境设置以及联机帮助功能；掌握 AutoCAD 绘图命令与图形编辑命令的使用与操作方法；掌握 AutoCAD 绘图辅助命令与显示控制命令的使用及操作方法；掌握尺寸、文字标注方法；掌握图层与图块的建立与使用方法；掌握图纸的输出方法；掌握利用 AutoCAD 绘制土木工程图的方法及相关步骤。应通过对 AutoCAD 基本知识的掌握，为建筑 CAD、结构 CAD、暖通空调 CAD、道路 CAD、桥梁 CAD、给水排水 CAD 等土木工程专用软件的学习奠定坚实的基础。目前，国内建筑 CAD 主要以天正建筑 CAD 为代表，结构 CAD 主要以 PKPM、TBSA、TAT 结构软件为代表。

低版本的 AutoCAD 软件对计算机性能的要求不高，如 AutoCAD 2004 可用于已经淘汰的 WIN 98/2000/XP、WIN NT4.0 等操作系统以及现在的 WIN7、WIN8、WIN10 操作系统，AutoCAD 2004 可采用已经淘汰的 Pentium PC 机型（CPU 主频 100MHz 以上即可）以及现在的各种机型，AutoCAD 2004 对计算机内存的要求很低（64MB 以上即可），对硬盘空间的要求也很低（100MB 以上即可）。当然，最新版本的 Autodesk Revit 2014 则对计算机的配置具有相当高的要求，即计算机应为专业级配置（内存要求 8GB 以上、硬盘空间 1TB 以上）。

AutoCAD 软件的起源于 1982 年美国 Autodesk 公司开发在 IBM－PC 机交互式的通用软件包。1983 年 8 月至 1984 年 10 月，Autodesk 公司相继推出的 AutoCAD 三个版本，主要是二维图形软件；1985 年 6 月至 1987 年 4 月，Autodesk 公司相继推出的 AutoCAD R2.17、R2.18、R2.6 三个版本，增加了绘制三维图形的功能；1987 年 9 月至 1992 年 6 月，Autodesk 公司相继推出了 AutoCAD R9.0、R10、R11、R12 版，从 R9.0 版以后 AutoCAD 实现了真正意义上的三维图形设计，其三维实体造型、外部图形引用、交互式功能大大增强，增加了新的夹持点功能；1994 年 11 月，Autodesk 公司推出了 AutoCAD R13；1997 年 7 月，Autodesk 公司推出了 AutoCAD R14；1998 年 5 月，AutoCAD R14

中文版问世；2003 年 3 月，Autodesk 公司推出了 AutoCAD 2004，后来又出现了 AutoCAD 2006、AutoCAD 2008、AutoCAD 2010 版本。如果说 AutoCAD 2004 代表了 AutoCAD 的成熟的话，那么 2013 年推出的 Autodesk Revit 2014 则代表了 AutoCAD 的辉煌，因为，Autodesk Revit 2014 将土木工程引入了 BIM 时代。

学习 AutoCAD 需掌握的最基本知识是 AutoCAD 的工作界面，包括菜单栏、标准工具栏、对象特性工具栏、工具栏、绘图区、命令行窗口、状态栏等，如图 2.2.1 所示；AutoCAD 的坐标系（包括世界坐标系 WCS、用户坐标系 UCS）以及坐标系中坐标的表达形式（直角坐标、极坐标、绝对坐标、相对坐标等）；AutoCAD 点的输入方法；绘图环境的设置；对象的颜色、线型和线宽的设置；基本绘图命令等。AutoCAD 点的输入方法有五种，分别为用鼠标在屏幕上移至相应位置后取点、通过键盘输入点的坐标来确定点、在指定的方向上通过给定距离来确定点、用目标捕捉方式获取特殊点（用户可以在绘图工作屏幕上捕捉屏幕上的点）、利用极坐标跟踪功能确定点。绘图环境设置的基本内容包括系统设置、图形单位设置、图形界限设置、图层设置与管理。对象颜色、线型和线宽设置的基本内容包括设置对象的颜色、设置对象的线型、设置对象的线宽。基本绘图命令包括绘制点、绘制直线、绘制构造线、绘制多线、绘制多段线等。绘制点的基本操作包括设置点的样式和大小、绘制定数等分点和绘制定距等分点（等分“圆”、等分多段线）。直线的命令格式为选择【绘图】/【直线】命令或者单击【绘图】工具栏的“直线”按钮，绘图中通过 F8 功能键打开正交模式可绘制水平线或垂直线、关闭正交模式可画任意长度和角度的直线、配合目标捕捉功能可使直线和其他对象的连接点正确无误。构造线的命令格式为选择【绘图】/【构造线】命令或在“绘图”工具栏中单击“构造线”按钮。多线的命令格式为选择【绘图】/【多线】命令或者单击“绘图”工具栏的按钮。多段线的命令格式为选择【绘图】【多段线】命令或者单击“绘图”工具栏的按钮。

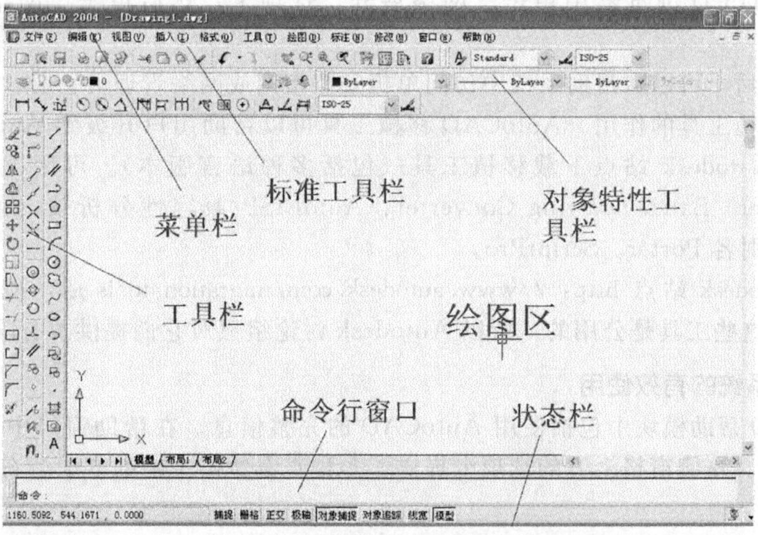

图 2.2.1 AutoCAD 的工作界面

绝对坐标定位是指相对于当前坐标系的定位方法，被参考的坐标系可以是世界坐标系，如（200，300）、（200<60）。相对坐标定位是指相对于一个已知点的定位方法。为区别于绝对坐标，相对坐标前需加上符号"@"，相对坐标也分为直角坐标和极坐标两种形式，两者同样用逗号和小于号隔开，如（@200，300）、（@200<60）。世界坐标系 WCS、用户坐标系 UCS 均为直角坐标和极坐标表达方式，两者绝对坐标的输入格式均为"X，Y"、相对坐标输入格式均为"@X，Y"，两者极坐标的输入格式均为"$\rho<\theta$"、相对坐标输入格式均为"@$\rho<\theta$"。

2.3　AutoCAD 软件相关信息的查找

AutoCAD 是一款功能强大的应用程序，它所提供的工具可以帮助用户高效地完成工作。可以使用安装向导安装 AutoCAD，插入产品 CD 后安装向导将自动启动。AutoCAD 的界面一般很直观，但如果需要查找信息，建议使用帮助系统，这样既可以节省时间，又能快速找到所需信息。帮助系统中的信息排列有序，便于查找。

2.3.1　产品的安装

可以在独立的计算机上方便地安装和配置 AutoCAD。将产品 CD 插入 CD-ROM 驱动器，然后单击 AutoCAD CD 浏览器"安装"选项卡上的"安装"，安装向导将引导用户完成安装过程。AutoCAD CD 浏览器还提供了网络安装说明以及获取技术支持和许可信息的方法。

关于安装 AutoCAD 单机版的详细信息，可参见单机安装指南。要访问该指南，可单击 AutoCAD CD 浏览器"安装"选项卡上的"安装"，然后单击"单机安装指南(.chm)"。

关于在网络上部署 AutoCAD 的详细信息，可参阅网络管理员手册。要访问该手册，可在 AutoCAD CD 浏览器中单击"网络展开"选项卡，然后单击"网络管理员手册(.chm)"。

安装产品后，可以从帮助系统中访问单机安装指南或网络管理员手册。

应重视移植工具的作用。AutoCAD 移植工具可以帮助用户升级到 AutoCAD 的新版本。可以从 Autodesk 站点下载移植工具（包括多种语言版本）。可用工具包括 Layer State Converter、Batch Drawing Converter、AutoLISP 兼容性分析仪、菜单和工具栏 Porter、命令别名 Porter、ScriptPro。

登录 Autodesk 站点 http：//www.autodesk.com/migration tools 后，搜索"Migration Tools"。由于这些工具是公用的，所以 Autodesk 讨论组只对它们提供了有限的产品支持。

2.3.2　帮助系统的有效使用

AutoCAD 帮助模块中包括使用 AutoCAD 的完整信息。在帮助窗口中可以在左侧窗格中查找信息。左侧窗格上方的选项卡提供了多种查看所需主题的方法。右侧窗格中显示所选的主题。

1. *在帮助模块中查找信息*

帮助窗口左侧窗格中的选项卡提供了多种查找信息的方法。要在当前主题中查找某个单词或词组，可使用 Ctrl+F 键。

（1）“目录”选项卡。以主题和子主题列表的形式显示可用文档的概述；允许用户通过选择和展开主题进行浏览；帮助系统提供了一个结构，使用户可以始终了解自己所处的位置，并能很快地跳到其他主题。

（2）“索引”选项卡。按字母顺序显示了与“目录”选项卡中的主题相关的关键字；如果知道功能、命令或操作的名称或知道希望 AutoCAD 执行的操作，则可以快速获取信息。

（3）“搜索”选项卡。可以对“目录”选项卡中所列的所有主题进行全文搜索；允许用户对特定的单词或词组进行彻底地搜索；将显示包含用户在关键字字段中输入的单词的主题分级列表。

（4）“收藏夹”选项卡。为用户提供了可以保存指向重要主题的“书签”的区域；显示书签列表或常用主题列表；列出在帮助窗口右侧窗格中显示的任何主题，甚至包括 Web 上的主题。

（5）“咨询”选项卡。允许用户使用日常用语对问题进行描述来查找信息；显示与用户在问题字段中输入的单词或词语相对应的主题分级列表；提供“搜索 Web”链接，该链接可将查询发送到 Web 上的搜索引擎。

（6）启动帮助的步骤。在“帮助”菜单中，单击“帮助”或“开发人员帮助”。也可以在对话框的命令提示或命令中的提示下按 F1 键，显示帮助信息。

（7）使用帮助目录的步骤。如果必要可以选择“显示”按钮显示帮助窗口的左侧窗格，然后选择“目录”选项卡显示“帮助目录”。要展开帮助目录列表可使用以下两种方法，即双击合上的书图标或单击该图标旁边的加号（+）图标；在帮助目录中单击鼠标右键并选择“全部打开”。要关闭帮助目录列表可使用以下两种方法，即双击打开的书图标或单击该图标旁边的减号（—）图标；在帮助目录中单击右键并选择“全部关闭”。要查看某个主题可使用以下两种方法，即在帮助目录中单击某个主题；单击主题中带下划线的蓝色文字。

（8）使用收藏夹存储和检索帮助主题的步骤。在帮助窗口右侧窗格中显示要存储的主题；单击“收藏夹”选项卡，然后单击“添加”；执行选择以下两种操作，即要重新显示主题可在“主题”列表中选择该主题并单击“显示”；要从收藏夹中删除主题可在“主题”列表中选择该主题并单击“删除”。

2. 使用搜索

使用包含要查找的单词和词组的“搜索”选项卡进行基本搜索。以下为基本的搜索规则，即以大写或小写形式键入要搜索的内容，搜索不区分大小写；可搜索字母（a～z）和数字（0～9）的任意组合；不要使用标点符号（如句号、冒号、分号、逗号、连字符和单引号），这些标点在搜索中将被忽略；用引号或括号将每个元素分开，以便将这些搜索元素分组。注意使用“搜索”选项卡时将显示所有包含用户指定的单词或词组的主题，包括主题标题和标签中的文字而不仅仅是主题文字。

（1）使用高级搜索。使用“搜索”选项卡上的“高级全文搜索功能”，可以使用布尔运算符和通配符进行搜索。可以将搜索范围限制为：在上一次搜索结果中搜索、匹配相似单词或仅搜索标题。搜索包含多个单词的主题时，可将指定要按特定顺序逐个显示的单词置于双引号（“”）中。比如，如果输入“specifying units of measurement”，将只查找按该顺序包含所有这些单词的主题。如果不在文字两端使用引号，帮助窗口将查找包含所列任一单词的所有主题。即：包含“specifying”的所有主题，包含“units”的所有主题，包含“of”的所有主题，以及包含“measurement”的所有主题。使用 AND、OR、NOT 和 NEAR 运算符，可以在搜索项之间建立关联以便精确定义搜索。表 2.3.1 说明了如何使用这些运算符。如果未指定运算符，将使用 AND，例如，查询“spacing border printing”等同于“spacing AND border AND printing”，见表 2.3.1。

表 2.3.1　　高级搜索的使用特点

搜　索	样　例	结　果
两个条目都在同一主题	"tree view" AND "palette"	同时包含“tree view”和“palette”的主题
主题中包含任一项	"raster" OR "vector"	包含“raster”或“vector”的主题，或同时包含这两个单词的主题
只包含第一项而不包含第二项	"ole" NOT "dde"	包含“OLE”而不包含“DDE”的主题
两个条目都在同一主题，同时关闭	"user" NEAR "kernel"	同时包含“kernel”和“user”，并且两者的距离不超过 8 个单词的主题

注　“”“&”和“!”这些字符不能作为布尔运算符使用。必须使用 AND、OR 和 NOT。

（2）在帮助中搜索信息的步骤。选择“搜索”选项卡，然后输入要查找的单词或词组。可以使用布尔运算符来优化搜索，即单击▸将布尔运算符添加到搜索中；输入要显示在布尔运算符后面的单词或词组。也可以使用“搜索”选项卡底部的复选框进一步优化搜索，即搜索上一次结果（将新的搜索条件应用到上一次搜索的结果中，以进一步优化搜索）；匹配相似的单词（将搜索范围扩展为包括与搜索条件相似的词而不是限制为仅包括与搜索条件完全匹配的词）；仅搜索标题（将搜索范围限制为仅搜索主题标题，而不是同时搜索主题标题和主题内容）。可选择“列出主题”，选择所需的主题，然后选择“显示”。要对主题列表进行排序，可单击“标题”“位置”或“级别”列标题。要仅查看操作步骤，可单击“标题”列标题并滚动到以“... 的步骤”结束的项。

3. 使用“咨询”

可以使用日常用语对问题进行描述来查找信息。选择“咨询”选项卡并输入问题、单词或词组，可以在帮助中执行自然语言查询。比如输入“How do I create a layout?”。自然语言查询的结果通常比搜索结果更准确。匹配的主题将按匹配的百分比进行排列，这些百分比反映了帮助主题在多大程度上回答了用户的问题。也可以在 Web 上执行自然语言查询。在帮助中使用自然语言查询的步骤依次为选择“咨询”选项卡，然后输入希望得到回答的问题（也可以输入词组或单个单词）；如果要缩小查询结果的范围，可从“要搜索的部件列表”中选择特定的项目或项目集；单击要显示的主题的链接。关于如何获得好的查询结果的提示，可单击“咨询”选项卡上的查询提示链接。

将查询扩展到 Web 上的步骤应遵守软件规则，如果自然语言查询结果未能提供用户需要的信息，可使用此操作步骤。即滚动到通过查询获得的匹配主题列表的底部；单击列表底部的“搜索 Web”链接。Web 搜索引擎会显示搜索结果。关于如何获得好的查询结果的提示，可单击“咨询”选项卡上的查询提示链接。

4. 了解帮助主题的组织方式

帮助系统中的多数主题在帮助窗口的右侧窗格上方有三个选项卡。这三个选项卡显示不同类型的信息。

（1）概念。说明 AutoCAD 特征或功能。单击概念选项卡时，可注意帮助窗口右侧窗格中的帮助主题列表将展开并亮显当前的主题。“目录”选项卡将显示帮助中该主题的结构。要显示相关的主题，只需在列表中单击它们即可。

（2）操作步骤。提供与当前主题相关的常用操作步骤的详细说明。显示详细的操作步骤后，可以单击“操作步骤”选项卡重新显示当前的操作步骤列表。

（3）参考。列出与当前主题相关的命令和系统变量，并包含指向相关命令的详细说明的链接。单击“参考”选项卡上的某项时，命令参考将打开所选的命令或系统变量。单击不同的选项卡时主题保持不变，只是显示不同类型的信息：概念、操作步骤或参考链接。

“概念”选项卡的结构比较独特。“概念”选项卡上显示两种信息：浏览文字和目标文字。浏览文字将显示带有简短说明的链接。浏览文字可以逐步引导用户找到所需的信息。浏览页面上的链接指向帮助中其他更深层次的浏览页，直至到达目标页面。每个链接都可以提供更详细的信息。

“操作步骤”选项卡和“参考”选项卡的结构比较独特，随着进入帮助结构中更深层次的内容，“操作步骤”选项卡和“参考”选项卡上的信息也随之变得更详细，同时每个选项卡上的项目数目也相应减少。

更改显示的帮助模块中信息类型的步骤是：选择“概念”，选择“操作步骤”或“参考”选项卡，更改“帮助”窗口右侧窗格中显示的信息类型。

5. 使用向上箭头浏览帮助主题

向上箭头可能显示在主题的右上角。单击此箭头可以从当前主题移动到包含更加广泛信息的上层主题。

6. 打印帮助主题

要打印当前主题，最快捷的方式是在该主题上单击右键并选择“打印”。“帮助”工具栏上的“打印”按钮提供以下打印选项，即打印选定的主题（建议）；打印选定标题及其所有子主题。选择第二个选项时打印的页数取决于当前选定主题包含的子主题的数目。

打印帮助主题的步骤依次为：显示要打印的主题，在主题窗格中单击右键并选择“打印”，在“打印”对话框中选择“确定”。

打印选定标题及其所有子主题的步骤依次为：显示要打印的主题并确保显示“目录”选项卡；在“帮助”工具栏上选择“打印”按钮；在“打印主题”窗口中选择“打印选定标题及全部次主题”；选择“确定”。

7. 显示和隐藏“目录”窗格

通过隐藏包含“帮助目录”“索引”“搜索”“收藏夹”和“咨询”选项卡的窗格，可以缩小“帮助”窗口的大小。这种缩小的窗口最适合在工作过程中显示操作步骤。

还可以展开“帮助”窗口，显示包含“帮助目录”“索引”“搜索”“收藏夹”和“咨询”选项卡的窗格。这种展开的窗口最适合查找和显示概念信息和参考信息。

8. 获取其他帮助

可以访问其他几种帮助资源。比如在命令、系统变量或对话框中按 F1 键，将显示命令参考中的完整信息；选择许多对话框中的问号按钮显示关于选定对话框选项的说明；在帮助中查看产品自述文件主题显示关于该产品的最新信息。其他资源可帮助用户获得Autodesk 产品信息，帮助用户解决 AutoCAD 问题，比如 Autodesk 站点、访问 http：//www. autodesk. com；本地支持可咨询 AutoCAD 经销商或 Autodesk 地区办事处。

2.3.3 使用“实时助手”

“实时助手”窗口为用户提供了一个可以方便地访问帮助信息的门户。在任何命令中，实时助手将显示指向命令参考的链接和指向与当前命令相关的操作步骤的链接。

可以在“实时助手”窗口顶部的框中键入问题，然后单击“咨询”。帮助系统将显示与该问题相关的主题的列表。

通常，实时助手提供的信息足以帮助用户完成不熟悉或很少使用的任务。显示实时助手的步骤是从“帮助”菜单中选择“实时助手”。在实时助手中浏览的步骤依次为：在“实时助手”窗口中单击右键显示快捷菜单；选择“主页”“后退”或“前进”按钮，在“实时助手”主题中进行浏览，就像在 Web 浏览器中一样。

控制实时助手设置的步骤依次为：在“实时助手”窗口中单击右键；从快捷菜单中选择“设置”；在“实时助手设置”对话框中使用“启动时显示”复选框决定启动 AutoCAD 时是否自动启动实时助手（如果选择“启动时显示”则实时助手将自动启动，如果清除“启动时显示”则实时助手将以备用模式启动，在下一步中选择启用方式）；在“实时助手设置”对话框的“激活”下选择一项决定何时从实时助手获得帮助（即：所有命令——开始命令时启动实时助手；新命令和增强命令——开始该版本 AutoCAD 中的新命令或更改后的命令时启动实时助手；仅对话框——显示对话框时启动实时助手；根据需要——当从“帮助”菜单选择“实时助手”或在命令行中输入 ASSIST 时启动实时助手）；选择“确定”，关闭“实时助手设置”对话框。关闭“实时助手”后，双击“实时助手”图标（通常位于屏幕右下角的系统托盘中）即可重新打开该窗口。

打印实时助手信息的步骤依次为：在“实时助手”窗口中显示要打印的信息；在“实时助手”窗口中单击鼠标右键；从快捷菜单中选择“打印”；在“打印”对话框中选择“确定”。禁用实时助手的步骤依次为：在显示器右下角的系统托盘中在“实时助手”图标上单击鼠标右键；选择“退出”。

2.3.4 了解产品的途径

通过 Autodesk 的培训程序、产品和服务，可以了解 Autodesk 产品的基本功能或高级功能。关于 Autodesk 培训的最新信息，可访问 http：//www. autodesk. com，或与当地的 Autodesk 办事处联系。

（1）Autodesk 授权培训中心。Autodesk 授权培训中心（ATC）网络向使用 Autodesk 的专业人士提供经 Autodesk 授权的、有教师指导的培训。全球 ATC 站点超过 1100 个，可以针对特定主题为用户提供本地化的培训。

（2）Autodesk Official Training Courseware。Autodesk Official Training Courseware

(AOTC) 支持培训组织和客户。AOTC 是 Autodesk 开发并授权的技术培训材料，它是由教师指导的课堂培训，通常需要 2～5 天时间。可以从当地的经销商或分销商处购买 AOTC，也可以从 Autodesk Store (autodesk. com) 进行网上订购。(注意：目前在中国大陆地区不支持在网上订购 AOTC。)

(3) 合作伙伴产品和服务。Autodesk 在世界上拥有成千上万个软件合作伙伴。这些合作伙伴提供的产品和服务增强了 Autodesk 为设计专业人士开发的产品的品质。可访问“合作伙伴和服务”页面 (autodesk. com)，获得适用于 Autodesk 产品和用户所在行业的资源列表。

2.3.5 获取产品更新和通知

1. 通信中心概述

通信中心提供以下几种通知，即一般产品信息（为用户提供 Autodesk 公司的新闻和产品通知，将用户的反馈直接发送到 Autodesk)；产品支持信息（从 Autodesk 产品支持团队获取最新新闻)；订阅信息和扩展通知（获取通知和订阅程序新闻，如果是 Autodesk 订阅用户，适用于 Autodesk 提供订阅服务的国家和地区)；文章和提示（当 Autodesk 站点上有新的文章和提示时，将通知用户)。一开始使用产品时，可以使用欢迎向导在通信中心设置以下选项：用户所在的国家和地区、要获得的更新频率和希望显示的信息频道。要打开通信中心，可在状态栏右侧的系统托盘中单击“通信中心”图标（图 2.3.1)。

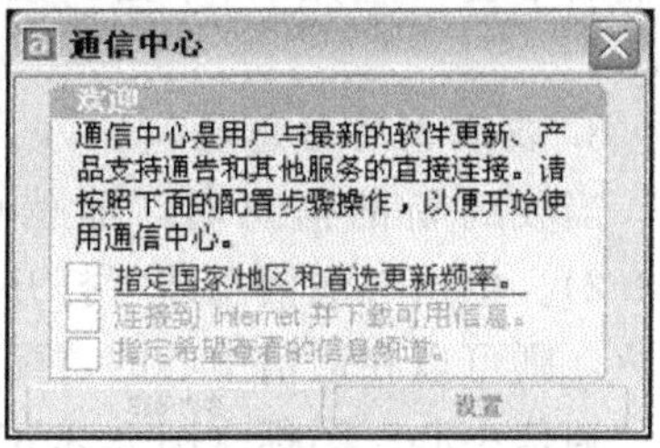

图 2.3.1 “通信中心”图标

通信中心具有联机保密政策。通信中心是一个交互功能，必须与 Internet 连接才能提供内容和信息。每次连接时，通信中心都会向 Autodesk 发送信息，以便返回正确的信息。为保密起见，所有信息都以匿名方式发送。以下信息将发送到 Autodesk，即产品名（用户在其中使用通信中心的产品的名称)、产品的版本号（产品的版本)、产品语言（产品的语言版本)、国家和地区（在通信中心设置中指定的国家和地区)。Autodesk 使用通信中心发送的信息编译统计信息以跟踪通信中心的使用情况以及需要改进的地方。Autodesk 将根据它发布的保密政策维护由用户提供或从用户处收集的信息。保密政策可以从 http：//www. autodesk. com. cn/privacy 处获得。

打开或关闭通信中心应遵守软件规则。CAD 管理员控制实用程序，可以打开或关闭通信中心。例如，如果希望制止通信中心向 Autodesk 发送信息，可以关闭通信中心。安装并运行该实用程序后，单击“CAD 管理员控制实用程序”窗口中的“帮助”可以获得有关使用该实用程序的信息。要安装该实用程序，可双击产品 CD 中的 setup. exe 文件。在“CD 浏览器”中，单击“网络展开”选项卡，在“安装补充工具”下，单击“Autodesk CAD Manager Tools 2. 0”。在“Autodesk CAD Manager Tools 2. 0”下，单击“安装”。安装 CAD 管理员控制实用程序后，可以通过“开始”菜单（Windows）访问它。

2. 自定义程序更新和通知选项

安装 Autodesk 产品后可以使用欢迎向导配置通信中心，指定希望收到的信息类型。

(1) 国家和地区。指定所在的国家和地区，通信中心可以据此向用户提供适用的信息。

(2) 更新频率。指定希望通信中心与 Autodesk 服务器保持同步的频率。

(3) 气泡式通知。打开气泡式通知，这样在收到新的通知后，通信中心的气泡信息会显示在状态栏的上方。如果系统托盘设置中禁用了气泡式通知，通信中心中的气泡式通知设置将被忽略。

(4) 频道。指定希望在通信中心显示的信息。

自定义通信中心选项的步骤依次为：在状态栏右侧的系统托盘中单击“通信中心”图标；在“通信中心”窗口中单击“设置”；在“配置设置”对话框中选择所需的设置和选项然后单击“应用”；单击“确定”关闭“配置设置”对话框，然后关闭“通信中心”窗口。

3. 获取新的信息通知

当收到新的信息时，通信中心将在状态栏的上方显示气泡信息来通知用户（图 2.3.2）。单击气泡信息即可打开“通信中心”窗口。如果希望通过“通信中心”图标通知用户，则可以在通信中心的“配置设置”对话框中关闭气泡式通知。如果状态栏中没有显示“通信中心”图标（图 2.3.3），可与网络管理员联系。

图 2.3.2　通信中心状态栏

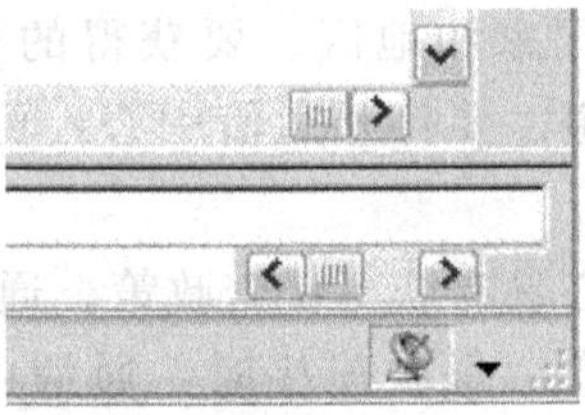
图 2.3.3　关闭气泡式通知

打开“通信中心”窗口的步骤依次为：在状态栏右侧的系统托盘中单击“通信中心”图标。

2.3.6　查看产品自述文件

可以在自述文件中找到该软件的最新信息。建议用户通读自述文件，从中获得推荐的硬件、更新安装说明和已知软件问题方面的信息。自述文件还包括详细的 Autodesk 商标信息。

思 考 题 与 习 题

1. 简述计算机绘图的特点、历史与发展历程。
2. 简述 AutoCAD 软件的特点。
3. 简述 AutoCAD 软件相关信息的查找方法。

第 3 章　AutoCAD 的用户界面

3.1　AutoCAD 的菜单、工具栏和工具选项板

AutoCAD 提供了许多菜单、快捷菜单、工具栏和工具选项板，以方便用户访问常用的命令、设置和模式。默认情况下显示“标准”“对象特性”“绘图”和“修改”工具栏。快捷菜单显示与用户当前活动有关的命令。工具选项板用于组织和放置块及图案填充。

3.1.1　工具选项板

工具选项板是“工具选项板”窗口中选项卡形式的区域，其提供了组织、共享和放置块及填充图案的有效方法。工具选项板还可以包含由第三方开发人员提供的自定义工具。

1. 使用工具选项板插入块和图案填充

工具选项板是“工具选项板”窗口中选项卡形式的区域，可以将常用的块和图案填充放置在工具选项板上，需要向图形中添加块或图案填充时只需将其从工具选项板拖动至图形中即可。位于工具选项板上的块和图案填充称为工具，可以为每个工具单独设置若干个工具特性，其中包括比例、旋转和图层。如果使用此方法放置块通常要在放置后对块进行旋转或缩放。在从工具选项板中拖动块时可以使用对象捕捉但不能使用栅格捕捉。

（1）自动缩放块。将块从工具选项板拖动到图形中时可根据块中定义的单位比率和当前图形中定义的单位比率自动对块进行缩放。比如，如果当前图形的单位为 m，而所定义的块的单位为 cm，则单位比率即为 1m/100cm，将块拖动到图形中时则会以 1/100 的比例插入。需要强调的是，如果源块或目标图形中的“拖放比例”设置为“无单位”，则应使用“选项”对话框的“用户系统配置”选项卡中的“源内容单位”和“目标图形单位”设置。自动缩放块的详细情况可参考后续的“控制工具特性”“自定义工具选项板”“通过设计中心添加内容”中的介绍。

（2）显示“工具选项板”窗口的步骤。在“工具”菜单上单击“工具选项板窗口”或者按 Ctrl+3 键。

（3）“标准”工具栏为，命令行为“TOOLPALETTES”。

2. 更改工具选项板设置

工具选项板的选项和设置可以从“工具选项板”窗口上各区域中的快捷菜单中获得。这些设置包括自动隐藏、透明度、视图等。

（1）自动隐藏。如图 3.1.1 所示，当光标移动到“工具选项板”窗口上的标题栏时，“工具选项板”窗口会自动滚动打开或滚动关闭。

（2）透明度。如图 3.1.2 所示，可以将“工具选项板”窗口设置为透明，从而不会挡

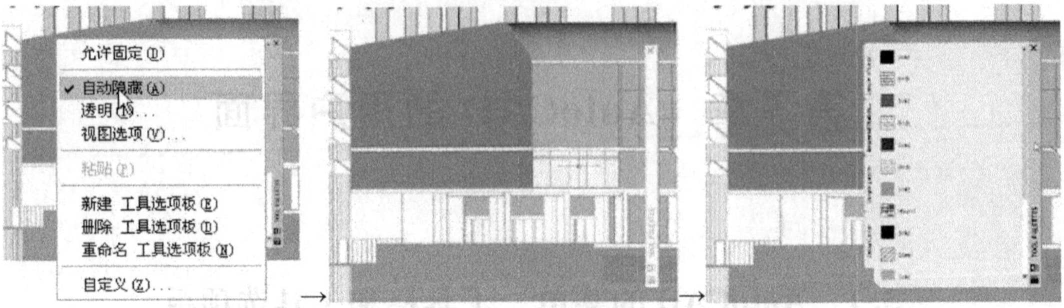

图 3.1.1　自动隐藏

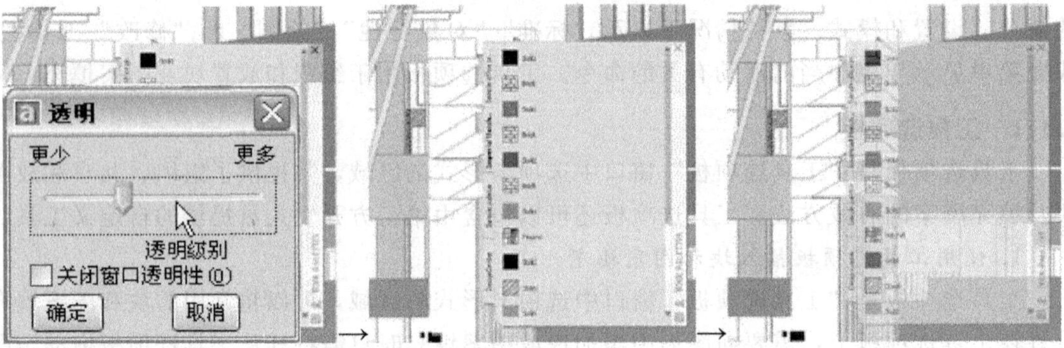

图 3.1.2　透明度

住下面的对象。Microsoft Windows NT 用户无法使用透明度功能。

(3) 视图。如图 3.1.3 所示，工具选项板上图标的显示样式和大小可以更改。可以将“工具选项板”窗口固定在应用程序窗口的左边或右边。按住 Ctrl 键可以防止“工具选项板”窗口在移动时固定。工具选项板设置与 AutoCAD 配置一起保存。

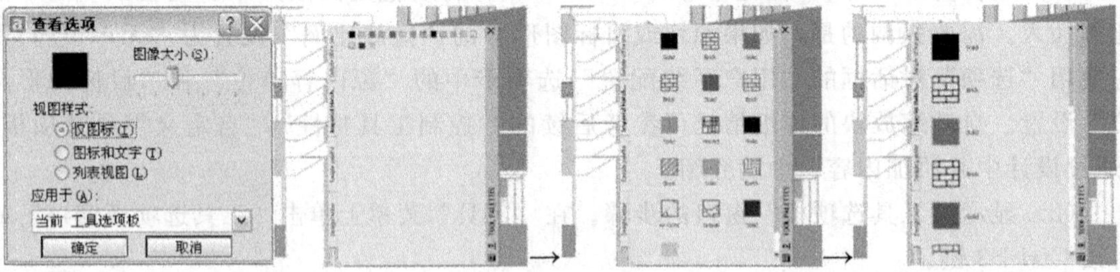

图 3.1.3　视图

(4) 更改“工具选项板”窗口的滚动行为的步骤。单击“工具选项板”窗口标题栏底部的“自动隐藏”按钮，滚动行为打开；反之，滚动行为关闭。需要强调的是，只有当“工具选项板”窗口浮动时才能更改滚动行为。

(5) 更改“工具选项板”窗口的透明度的步骤。右键单击“工具选项板”窗口标题栏 ，然后在显示的菜单中单击“透明度” 。在“透明度”对话框中调整“工具选项板”

窗口的透明度级别，单击“确定”。需要强调的是，只有当“工具选项板”窗口浮动时才能更改透明度。Microsoft Windows NT 用户无法使用透明度功能。

(6) 更改“工具选项板”窗口中的图标显示样式的步骤。右键单击“工具选项板”窗口的空白区域，然后在显示的菜单中单击“查看选项”；在“查看选项”对话框中单击要设置的图标显示选项，也可以更改图标的大小；单击“应用到”下面的列表框，然后单击“当前工具选项板”或“所有工具选项板”，单击“确定”。

3. 控制工具特性

如图 3.1.4 所示，可以更改工具选项板上任何工具的插入特性或图案特性。比如，可以更改块的插入比例或填充图案的角度。要更改这些工具特性，可在某个工具上单击右键，在快捷菜单中单击“特性”，然后在“工具特性”对话框中更改工具的特性。“工具特性”对话框中包含两类特性，即插入特性或图案特性类别以及基本特性类别。插入特性或图案特性的作用是控制指定对象的特性，比如比例、旋转和角度等。基本特性的作用是替代当前图形特性设置，比如图层、颜色和线型等。

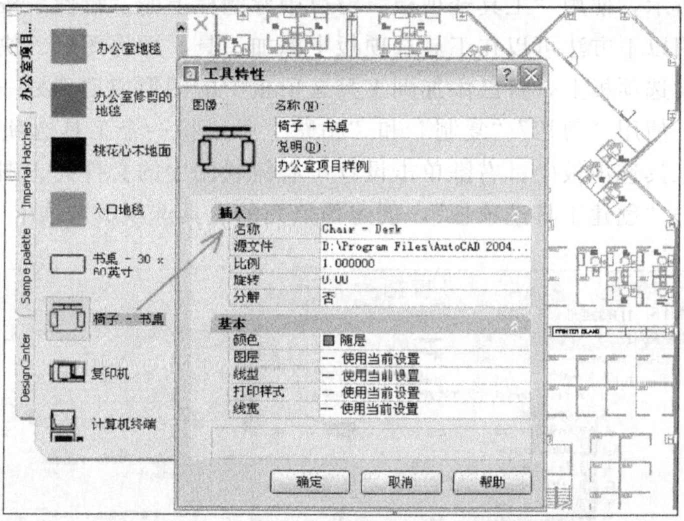

图 3.1.4 更改工具选项板上任何工具的插入特性或图案特性

(1) 更新工具图标。更改块或图案填充时工具选项板中的图标不会自动更新。如果更改块或图案填充的定义，则可以在工具选项板中更新其图标。在“工具特性”对话框中更改“源文件”字段（对于块）或“图案名”字段（对于图案填充）中的条目，然后再将条目更改回原来的设置。这样将强制更新该工具的图标。也可以删除工具，然后使用设置中心替换该工具。

(2) 指定工具特性的替代。在某些情况下可能需要为工具指定特定的特性替代。例如，可能需要将图案填充自动放置在预先指定的图层中，而不考虑当前图层的设置。此功能可以在创建某些对象时自动设置其特性，从而节省时间并减少错误。

“工具选项板”对话框中包含用于每个潜在特性替代的字段。图层特性替代会影响颜色、线型、线宽、打印样式和打印。图层特性替代可以作为以下内容融入，即：如果某个图层从图形中消失，则会自动创建该图层；如果图层当前被关闭或冻结，则会在当前图层上创建块或图案填充。

（3）在工具选项板上显示工具特性的步骤。在工具选项板上右键单击某个工具，然后在快捷菜单中单击“特性”；在“工具特性”对话框中使用滚动条查看所有工具特性，也可以调整“工具特性”对话框的大小，或者单击双箭头按钮展开或折叠特性类别，单击“确定”。

（4）在工具选项板上更改工具特性的步骤。在工具选项板上右键单击某个工具，然后在快捷菜单中单击“特性”；在“工具特性”对话框中使用滚动条查看所有工具特性单击任何特性字段并指定新的值或设置，插入或图案类别下面列出的特性可以控制指定对象的特性（如缩放比例、旋转和角度），基本类别下面列出的特性可以替代当前图形特性设置（如图层、颜色和线型），也可以调整“工具特性”对话框的大小或者单击箭头按钮展开或折叠特性类别，单击“确定”。

4. 自定义工具选项板

如图 3.1.5 所示，使用“工具选项板”窗口中标题栏上的“特性”按钮可以创建新的工具选项板。使用以下方法可以在工具选项板中添加工具，即将图形、块和图案填充从设计中心拖动到工具选项板上，将已添加到工具选项板中的图形拖动到另一个图形中时，图形将作为块插入；使用“剪切”“复制”和“粘贴”可以将一个工具选项板中的工具移动或复制到另一个工具选项板中；右键单击设计中心树状图中的文件夹、图形文件或块然后在快捷菜单中单击“创建工具选项板”，创建预填充的工具选项板选项卡。

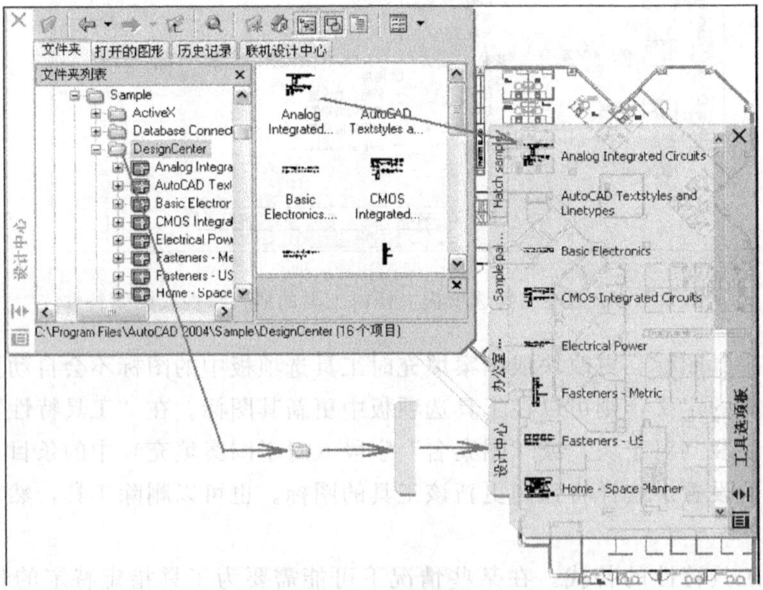

图 3.1.5　自定义工具选项板

需要强调的是，对于工具选项板上的块工具，源图形文件必须始终可用。如果源图形文件移至其他文件夹则必须修改参照该文件的块工具，方法是右键单击块工具，然后在

“工具特性”对话框中指定新的源文件文件夹。将工具放置到工具选项板上后，通过在工具选项板中拖动这些工具可以对其进行重排。工具选项板选项卡可以在工具选项板快捷菜单或“工具选项板”选项卡（在“自定义”对话框上）上的选项卡列表中上下移动。同样，也可以删除不再需要的工具选项板。删除的工具选项板将丢失，除非事先将它们输出到文件中进行了保存。可以在“选项”对话框中的“文件”选项卡上控制工具选项板的路径。此路径可以设置为共享的网络位置。需要强调的是，如果工具选项板文件设置了只读属性，工具选项板下方将显示锁定图标。这表示如果不更改工具选项板的设置并重排图标则无法修改工具选项板。

从文件夹或图形创建工具选项板的步骤应依序进行，即如果设计中心尚未打开可单击“工具”菜单中的“设计中心”；在设计中心树状图或内容区域中右键单击文件夹、图形文件或块；在快捷菜单上单击“创建工具选项板”。将创建一个新的工具选项板，包含所选文件夹或图形中的所有块和图案填充。“标准”工具栏为，命令行为“ADCENTER”。

5.保存和共享工具选项板

可以通过将工具选项板输出或输入为工具选项板文件来保存和共享工具选项板。可以从“自定义”对话框中的“工具选项板”选项卡上输入和输出工具选项板。工具选项板文件的扩展名为 .xtp。工具选项板文件的默认路径在“工具选项板文件位置”下方的“选项”对话框中的“文件”选项卡上设置。需要强调的是，如果工具选项板文件设置了只读属性则工具选项板下方将显示锁定图标，这表示如果不更改工具选项板的设置并重排图标则无法修改工具选项板。

3.1.2 工具栏

工具栏包含启动命令的按钮。将定点设备移到工具栏按钮上面时，工具栏提示将显示按钮的名称。右下角带有小黑三角形的按钮具有包含相关命令的弹出图标。将光标置于按钮上面，按住拾取键直到出现弹出图标。默认情况下将显示绘图区域顶部的工具栏。此工具栏与 Microsoft Office 程序中的工具栏类似。它包含常用的 AutoCAD 命令（如 DIST、PAN 和 ZOOM）以及 Microsoft Office 标准命令（如“新建”“打开”和“保存”）。

（1）显示、固定工具栏和调整工具栏的大小。AutoCAD 最初显示以下几个工具栏，即“标准”工具栏、“样式”工具栏、“图层”工具栏、“特性”工具栏、“绘图”工具栏、“修改”工具栏。可以显示或隐藏这 4 个工具栏和其他工具栏，也可以创建自己的工具栏。工具栏可以为浮动的或固定的。浮动工具栏定位在 AutoCAD 窗口的绘图区域的任意位置，可以将其拖到新位置、调整其大小或将其固定。固定工具栏附着在绘图区域的任意边上，工具栏被固定时不能调整其大小，可以通过将固定工具栏拖到新的固定位置来移动它。具体可参见后续的《自定义手册》中的“创建自定义工具栏”。

（2）显示工具栏的步骤。显示工具栏应依序进行，即从“视图”菜单中选择“工具栏”；在“自定义”对话框“工具栏”选项卡中选择要显示的工具栏名称，选择“关闭”。也可借助快捷菜单实现，即通过在任意工具栏按钮上单击右键并从快捷菜单中选择工具栏来显示工具栏。显示工具栏的命令行为“CUSTOMIZE”。

（3）固定工具栏的步骤。固定工具栏应依序进行，即将光标定位在工具栏的名称上或任意空白区，然后按下定点设备上的按钮；将工具栏拖到绘图区域的顶部、底部或两侧的固定位置；当工具栏的轮廓出现在固定区域时释放按钮。要将工具栏放置到固定区域中而不固定，则可在拖动时按住 Ctrl 键。

(4) 浮动工具栏的步骤。浮动工具栏应依序进行，即将光标定位在工具栏结尾处的双条上，然后按住定点设备上的按钮；将工具栏从固定位置拖开并释放按钮。

(5) 调整工具栏大小的步骤。调整工具栏大小应依序进行，即将光标定位在浮动工具栏的边上，直到光标变成水平或垂直的双箭头为止；按住按钮并移动光标直到工具栏变成需要的形状为止。

(6) 关闭工具栏的步骤。关闭工具栏应依序进行，即如果工具栏是固定的应使其浮动；单击工具栏右上角的“关闭”按钮。

3.1.3 菜单栏

可以通过 AutoCAD 绘图区域顶部的菜单栏访问菜单。选择菜单选项的方法有以下两种，即单击菜单名以显示选项列表，单击选项以选取它或者按下箭头键向下移动列表，然后按 Enter 键；按 Alt 键并在菜单名称中输入带有下划线的字母，比如要打开新图形，可按 Alt+F 键以打开“文件”菜单，然后按 Enter 键以选择亮显的选项“新建”。默认的菜单文件是 acad. mnu，可以在“选项”对话框的“文件”选项卡中指定不同的菜单（如用户自定义的菜单）。具体可参见后续的《自定义手册》中的“创建下拉菜单和快捷菜单”。

使用菜单的步骤可选择下列方法之一进行，即在菜单栏中单击菜单名以显示选项列表，在菜单中单击选项或使用下箭头键向下移动列表，然后按 Enter 键；按 Alt 键并按下菜单名中带有下划线的字母，然后按下选项名称中带有下划线的字母，如要打开新图形，可按 Alt+F 键以打开“文件”菜单，然后按 N 键选择“新建”。

3.1.4 快捷菜单

快捷菜单提供对当前操作的相关命令的快速访问。在屏幕的不同区域单击右键时可以显示不同的快捷菜单，包括绘图区域内选定了一个或多个对象；绘图区域内没有选定任何对象；绘图区域内一个命令期间；在文字和命令窗口中；绘图区域内和设计中心中的图标上；绘图区域内和多行文字编辑器中的文字上；工具栏或选项板上；模型或布局选项卡上；状态栏或状态栏按钮上。

快捷菜单上通常包含以下选项，即重复执行输入的上一个命令；取消当前命令；剪切和复制到剪切板以及从剪切板粘贴；选择其他命令选项；显示对话框，如“选项”或“自定义”；放弃输入的上一个命令。如果已在命令行输入文字，单击右键可以自动执行文字命令而不显示快捷菜单。可以自定义单击右键操作对时间的敏感程度，如使快速单击右键与按下 Enter 键的作用相同而使慢速单击右键显示快捷菜单。通过更改 acad. mnu 文件可以自定义快捷菜单。具体可参见后续《自定义手册》中的“创建快捷菜单”。

(1) 显示快捷菜单的步骤。显示快捷菜单应依序进行，即在命令提示下将光标移动到区域、功能或图标上；单击鼠标右键或者按下定点设备上的等效按钮。显示与光标位置相关的快捷菜单，在绘图区域单击右键时，如果选定了一个或多个对象将显示编辑导向快捷菜单，在执行PAN或ZOOM命令期间也可以显示快捷菜单。

（2）关闭绘图区域快捷菜单的步骤。关闭绘图区域快捷菜单应依序进行，即从“工具”菜单中选择“选项”；在“选项”对话框中选择“用户系统配置”选项卡；在“Windows标准”下清除“绘图区域中使用快捷菜单”选项；要单独控制“默认”“编辑”和“命令”快捷菜单可选择“绘图区域中使用快捷菜单”选项，然后选择“自定义右键单击”；在“自定义右键单击”对话框的“默认模式”或“编辑模式”中选择下列选项之一以控制没有执行任何命令时在绘图区域单击右键的结果，即重复上一个命令（重复执行上一个命令，选择此选项将关闭“默认”和“编辑”快捷菜单，单击右键与按Enter键的效果一样）或快捷菜单（显示“默认”或“编辑”快捷菜单）；在“命令模式”下选择下列选项之一以控制执行命令过程中在绘图区域单击右键的结果，即Enter键（关闭“命令”快捷菜单，单击右键与按Enter键的效果一样）或快捷菜单总是启用（显示“命令”快捷菜单），或快捷菜单命令选项存在时启用（只有在当前命令行提示下选项可用时才显示“命令”快捷菜单，在命令行提示中选项常用方括号括起来，如果没有可用选项则单击右键与按下Enter键的效果一样）。除了关闭和打开“默认”“编辑”和“命令”快捷菜单外，还可以自定义它们显示的选项，如可以在“编辑”快捷菜单中添加只在选择了圆时才显示的选项。

（3）打开对时间敏感的单击右键操作的步骤。打开对时间敏感的单击右键操作应依序进行，即从“工具”菜单中单击“选项”；在“选项”对话框中选择“用户系统配置”选项卡；在“Windows标准”下单击“自定义右键单击”；选择“打开对时间敏感的右键单击”（可以指定慢速单击持续的时间。默认值为250ms）；单击“应用并关闭”；在“选项”对话框中单击“确定”。其命令行为“OPTIONS”。

（4）控制图标和通知在状态栏托盘中的显示的步骤。控制图标和通知在状态栏托盘中的显示应依序进行，即单击状态栏右侧的箭头然后单击“状态托盘设置”；在“状态托盘设置”对话框中选择或清除显示服务图标和显示服务通知显示选项（有显示服务图标时会在状态栏右侧显示状态托盘且显示服务图标，如果清除此选项则不显示状态托盘。有显示服务通知时会显示服务通知，如果清除“显示服务图标”选项则此选项将不可用）；如果选择“显示服务通知”，则可以设置显示通知的时间或者选择“显示到关闭”。也可借助快捷菜单实现，右键单击状态栏上的空白区域，然后单击“状态托盘设置”。其命令行为“TRAYSETTINGS”。

（5）控制状态栏中按钮的显示的步骤。单击状态栏右侧的箭头并单击任意按钮名称更改其显示，旁边带有复选标记的项目将显示在状态栏中。也可借助快捷菜单实现，即右键单击状态栏上的空白区域，然后单击按钮名称。

（6）控制状态栏中坐标的显示的步骤。单击状态栏右侧的箭头，然后单击“光标坐标值”，旁边带有复选标记的项目将显示在状态栏中。也可借助快捷菜单实现，即右键单击状态栏上的空白区域，然后单击“光标坐标值”。

3.1.5 对象捕捉菜单

按住Shift键并单击鼠标右键或其他定点设备上的相应按钮时，将在光标位置显示对象捕捉菜单。默认对象捕捉菜单列出了对象捕捉和追踪选项，如果要更改选项可以自定义

acad. mnu 文件。具体可参见后续《自定义手册》中的“创建下拉菜单和快捷菜单”。

显示对象捕捉菜单的步骤依次为：输入提示用户指定点的命令（如输入 line)；在“起点”提示下按住 Shift 键并单击右键。将显示对象捕捉菜单，可以选择对象捕捉选项。

3.2 AutoCAD 的命令窗口

AutoCAD 的命令窗口可以在可固定并可调整大小的窗口（称为命令窗口）内显示命令、系统变量、选项、信息和提示。命令窗口的底部行称为命令行。命令行显示正在进行的操作并提供程序执行情况的精确的内部视图。

3.2.1 在命令行中输入命令

要通过键盘输入命令，可在命令行中输入完整的命令名并按 Enter 或 Spacebar 键，或在定点设备上单击右键。某些命令还有缩写名称，比如除了输入 circle 外，还可以输入 c 来启动 CIRCLE 命令。简短的命令名被称为命令别名，在 acad. pgp 文件中定义。要定义自己的命令别名可参见后续《自定义手册》中的“创建命令别名”。

(1) 指定命令选项。在命令行中输入命令时 AutoCAD 将显示一个选项集或对话框，比如在命令提示下输入 circle 时将显示下列提示“指定圆的圆心或［三点（3P)/两点(2P)/相切、相切、半径（T)］:”，可以通过输入（X，Y）坐标值或通过使用定点设备在屏幕上单击点来指定圆心。要选择不同的选项可输入括号内的一个选项中的大写字母，可以输入大写字母或小写字母，比如要选择三点选项（3P）时应输入 3p。

(2) 执行命令。要执行命令可按 Spacebar 或 Enter 键或在输入命令名或响应提示后单击定点设备右键。“帮助”中的说明假定此步骤而不特别提示用户在每次输入后按 Enter 键。

(3) 重复和取消命令。如果要重复刚使用过的命令可以按 Enter 或 Spacebar 键，或在命令提示下单击定点设备右键。也可通过输入“multiple”、空格和命令名来重复某个命令，比如命令“multiple circle”时要取消进行中的命令则可以按 Esc 键。

(4) 使用另一个命令或系统变量中断命令。许多命令可以透明使用，也就是说它们可以在用户使用另一个命令时在命令行输入。透明命令经常更改图形设置或显示选项，比如 GRID 或 ZOOM 命令。在命令参考中，透明命令通过在命令名的前面加一个单引号来表示。要透明使用命令可选择其工具栏按钮或在任何提示下输入命令之前输入单引号（’）。在命令行中双尖括号（＞＞）置于命令前提示 AutoCAD 显示透明命令，完成透明命令后将恢复执行原命令。若需要在绘制直线时打开点栅格并将其设置为一个单位间隔，然后继续绘制直线，则应依次键入命令“line”；指定第一点“’grid”；＞＞指定栅格间距（X）或［开/关/捕捉/方位］＜0.000＞“1”；恢复执行 LINE 命令；指定第一点。不选择对象、创建新对象或结束绘图任务的命令通常可以透明使用。透明打开的对话框中所做的修改直到被中断的命令已经执行后才能生效。同样，透明重置系统变量时新值在开始下一命令时才能生效。具体可参考《自定义手册》中的“创建快捷键”。

(5) 复制已使用的命令的步骤。应依序进行，即亮显要复制的文字；将光标定位在命令或文本窗口上面并单击右键；从快捷菜单中选择“复制”；将光标定位在命令或文本窗口上面并单击右键；从快捷菜单中选择“粘贴”；按 Enter 或 Spacebar 键。其命令行为“COPYCLIP”“PASTECLIP”。

3.2.2 在命令行输入系统变量

系统变量是控制某些命令工作方式的设置。它可以打开或关闭模式，如“捕捉”“栅格”或“正交”，也可以设置填充图案的默认比例。它可以存储关于当前图形和 AutoCAD 配置的信息。有时为了更改设置用户使用系统变量。在其他情况下可以使用系统变量显示当前状态，比如“GRIDMODE”系统变量在用户更改值时打开或关闭点栅格显示，在这种情况下“GRIDMODE”系统变量在功能上等价于 GRID 命令。DATE 是存储当前日期的只读系统变量，可以显示但不能修改该值。可以透明检查或修改系统变量的设置（即在使用另一个命令时），但新值直到被中断的命令结束时才生效。

修改系统变量设置的步骤依次为：在命令提示下输入系统变量名称，如输入“gridmode”来修改栅格设置；要更改 GRIDMODE 的状态可输入 1（打开）或输入 0（关闭），要保留系统变量的当前值按 ENTER 键。

查看系统变量的完整列表的步骤依次为：在命令提示下输入“setvar”；在“变量名”提示下输入“?”；在“输入要列出的变量”的提示下按 Enter 键。其命令行为“SETVAR”。

3.2.3 在命令窗口内浏览和编辑

可以在命令窗口浏览和编辑文字以更正或重复命令，使用的标准键包括 UP、DOWN、LEFTARROW 和 RIGHTARROW；INS、DEL；PAGEUP、PAGEDOWN；HOME、END；BACKSPACE 等。可以通过使用 UPARROW 和 DOWNARROW 以及按 Enter 键寻找命令窗口中的命令，以及重复当前任务中使用的任意命令。默认情况下按 Ctrl+C 组合键将亮显的文字复制到剪贴板。按 Ctrl+V 组合键将文字从剪贴板粘贴到文本窗口或命令窗口。

如果在命令窗口或文本窗口中单击右键，AutoCAD 将显示一个快捷菜单，从中可以访问最近使用过的 6 个命令、复制选定的文字或全部命令历史记录、粘贴文字以及访问“选项”对话框。

对大多数命令，带有两行或三行预先提示的命令行（称为命令历史）足以供用户进行查看和编辑。要查看不止一行的命令历史，可以滚动历史记录或通过拖动其边界调整命令窗口的大小。对于带有文字输出的命令，如 LIST 命令，可能需要更大的命令窗口，或者可以按 F2 键以使用文本窗口。相关过程如下：

(1) 使用文本窗口。文本窗口与命令窗口相似，用户可以在其中输入命令、查看提示和信息。文本窗口显示当前 AutoCAD 任务的完整的命令历史。可以使用文本窗口查看较长的命令输出，比如 LIST 命令，该命令显示关于所选对象的详细信息。要在命令历史中向前或向后移动可以沿窗口的右侧边缘单击滚动箭头。按 Shift 和某个键来亮显文字，比如在文本窗口按 Shift+Home 组合键以亮显从光标位置到行首的所有文字。要将文本窗口中的所有文字复制到剪贴板上可使用 COPYHIST 命令。可参考本书后续“固定命令窗口和调整命令窗口的大小”。

(2) 显示文本窗口的步骤。在图形区域内按 F2 键，文本窗口显示在 AutoCAD 绘图区域的前面。其命令行为“TEXTSCR”。

(3) 显示文本窗口的步骤。在文本窗口内按 F2 键文本窗口被关闭，也可以使用标准的 Windows 控件来关闭文本窗口。其命令行为“GRAPHSCR”。

(4) 从文本窗口向命令行复制文字的步骤。如果未显示文本窗口则按 F2 键显示它；选择要复制的文字；在命令窗口或文本窗口中单击右键，然后选择“粘贴到命令行”。AutoCAD 将文字复制到剪贴板并将其粘贴到命令行中。按 Enter 键之后 AutoCAD 将按顺序执行命令，就像执行脚本一样。还可以用 Ctrl+C 和 Ctrl+V 来复制和粘贴文字。

3.2.4 在对话框和命令行之间切换

某些命令在命令行和对话框中都能使用。大多数情况下可在命令前键入连字符 (-) 禁止显示对话框而代之以命令行提示，如在命令行输入“layer”将显示图层特性管理器，在命令行键入“-layer”则显示等价的命令行选项。禁止此对话框对于与 AutoCAD 早期版本兼容以及使用脚本文件很有用，对话框和命令行中的选项可能略有差别。以下 4 种系统变量也影响对话框的显示，即：ATTDIA 控制 INSERT 命令是否使用对话框来输入属性值；CMDNAMES 显示当前使用的命令和透明命令的名称（英文）；EXPERT 控制是否显示某些警告对话框；FILEDIA 控制与读写文件命令一起使用的对话框的显示，比如若 FILEDIA 设置为 1，则 SAVEAS 命令将显示“图形另存为”对话框，如果 FILEDIA 设置为 0，则 SAVEAS 将显示命令行提示。若文档中的操作步骤假定 FILEDIA 设置为 1，则即使 FILEDIA 设置为 0 时用户也可通过在第一个提示下输入波浪号（～）来显示文件对话框。FILEDIA 和 EXPERT 在使用脚本执行命令时很有用。

使用命令的命令行版本的步骤应按规则进行，对大多数命令可在命令前输入负号（—）。对于打开并保存文件的对话框应将 FILEDIA 系统变量设置为 0。

3.2.5 固定命令窗口或调整命令窗口的大小

默认情况下，命令窗口是固定的。固定命令窗口与 AutoCAD 窗口等宽。如果输入的文字长于命令行宽度，就会在命令行前弹出窗口以显示该命令行中的全部文字。通过拖动拆分条可以垂直调整窗口的大小，当拆分条固定在底部时，定位在窗口的顶部边缘；当拆分条固定在顶部时，定位在窗口的底部边缘。通过将命令窗口拖离固定区域使其浮动，浮动窗口时浮动窗口保持浮动前的大小，可以使用定点设备将浮动命令窗口移动到屏幕的任何位置并调整其的宽度和高度。通过拖动来固定命令窗口直到它处于 AutoCAD 窗口的顶部或底部的固定区域上。

浮动命令窗口的步骤依次为：单击固定命令窗口左侧的移动控点，然后将命令窗口拖离固定区域，直到出现一个粗轮廓，然后将其放到 AutoCAD 窗口的绘图区域。

使浮动命令窗口透明的步骤依次为：在浮动命令窗口中单击右键，然后单击“透明度”；在“透明度”对话框中将滑块向左移动可降低命令窗口的透明度，向右移动可增大命令窗口的透明度。透明度范围从不透明到透明，如果选择“关闭所有选项板的透明度”选项将无法使命令窗口透明。需要强调的是，Microsoft Windows NT 用户无法使用透明度功能。

固定命令窗口的步骤是单击标题栏并拖动命令窗口，直到它处于AutoCAD窗口的顶部或底部的固定区域上。

在命令窗口固定时调整其大小的步骤依次为：将光标定位在水平拆分条上以使光标显示为双线和箭头；垂直拖动拆分条直到命令窗口达到需要的大小。

3.3 AutoCAD的设计中心

通过“Design Center”用户可以组织对块、填充、外部参照和其他图形内容的访问。可以将源图形中的任何内容拖动到当前图形中，也可将图形、块和填充拖动到工具选项板上。源图形可以位于用户的计算机上、网络位置或网站上。另外，如果打开了多个图形，则可以通过设计中心在图形之间复制和粘贴其他内容（如图层定义、布局和文字样式）来简化绘图过程。

3.3.1 AutoCAD设计中心概况

使用设计中心可以浏览用户计算机、网络驱动器和Web页上的图形内容（如图形或符号库）；可在定义表中查看图形文件中命名对象（如块和图层）的定义，然后将定义插入、附着、复制和粘贴到当前图形中；可更新（重定义）块定义；可创建指向常用图形、文件夹和Internet网址的快捷方式；可向图形中添加内容，比如外部参照、块和填充等；可在新窗口中打开图形文件；可将图形、块和填充拖动到工具选项板上以便于访问。

3.3.2 AutoCAD设计中心的界面

用户可以控制设计中心的大小、位置和外观。“设计中心”窗口分为两部分，左边为树状图、右边为内容区域，可以在树状图中浏览内容的源而在内容区域显示内容，可以在内容区域中将项目添加到图形或工具选项板中。浮动状态下的“设计中心”窗口显示如图3.3.1所示。在内容区域的下面也可以显示选定图形、块、填充图案或外部参照的预览或说明，窗口顶部的工具栏提供了若干选项和操作。

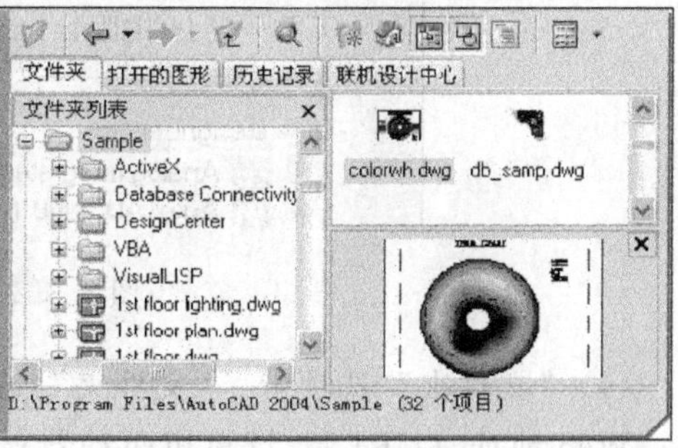

图3.3.1 浮动状态下的“设计中心”窗口显示

用户可以控制设计中心的大小、位置和外观。要调整设计中心的大小可以拖动内容区域和树状图之间的滚动条，或者像拖动其他窗口那样拖动它的一边。要固定设计中心可将其拖动到AutoCAD窗口的右侧或左侧的固定区域上直到捕捉到固定位置，也可以通过双击“设计中心”窗口标题栏将其固定。要浮动设计中心可拖动工具栏上方的区域使设计中心远离固定区域，拖动时按住Ctrl键可以防止窗口固定。要更改设计中心的自动滚动行为可单击设计中心标题栏上的“自动隐藏”按钮。如果打开了“设计中心”的滚动选项，则当鼠标指针移出“设计中心”窗口时，设计中心树状图和内容区域将消失而只留下标题栏，若将鼠标指针移动到标题栏上时，“设计中心”窗口将恢复。在“设计中心”标题栏上单击右键将显示一个快捷菜单，其中有几个选项可供选择。

(1)“设计中心”工具栏。设计中心工具栏控制树状图和内容区域中信息的浏览和显示。关于这些按钮的详细信息可参考 ADCENTER 命令。在快捷菜单上可以使用同样的浏览和显示选项，在设计中心内容区域上单击右键。

(2) 更改设计中心滚动行为的步骤。如果设计中心尚未打开，可单击“工具”菜单中的“设计中心”。在“设计中心”标题栏上单击右键，然后单击快捷菜单中的“自动隐藏”。如果打开了“设计中心”的滚动选项，那么当鼠标指针移出“设计中心”窗口时，设计中心树状图和内容区域将消失而只留下标题栏。将鼠标指针移动到标题栏上时，“设计中心”窗口将恢复。

(3) 防止设计中心固定的步骤。如果设计中心尚未打开，可单击“工具”菜单中的“设计中心”。在“设计中心”标题栏上单击并按住鼠标右键，移动鼠标时按住 Ctrl 键。“标准”工具栏为▦，命令行为“ADCENTER”。

(4) 显示和隐藏设计中心树状图的步骤。如果设计中心尚未打开，可单击“工具”菜单中的“设计中心”。在设计中心工具栏上单击“树状图切换”。“标准”工具栏为▦，命令行为“ADCENTER”。也可借助快捷菜单实现，即在内容区域背景上单击右键然后单击“树状图”。

3.3.3 通过 AutoCAD 设计中心访问内容

如图 3.3.2 所示，“设计中心”窗口左侧的树状图和 4 个设计中心选项卡可以帮助用户查找内容并将内容加载到内容区域中。

图 3.3.2 “设计中心”窗口

(1)“文件夹”选项卡。“文件夹”选项卡显示导航图标的层次结构，包括网络和计算机；Web 地址（URL）；计算机驱动器；文件夹；图形和相关的支持文件；外部参照、布局、填充样式和命名对象，包括图形中的块、图层、线型、文字样式、标注样式和打印样式。单击树状图中的项目可在内容区域中显示其内容，单击加号（+）或减号（－）可以显示或隐藏层次结构中的其他层次，双击某个项目可以显示其下一层次的内容，在树状图中单击右键将显示带有若干相关选项的快捷菜单。

(2)“打开的图形”“历史记录”和“联机设计中心”选项卡。“打开的图形”“历史记录”和“联机设计中心”选项卡为查找内容提供了一种替代方法。“打开的图形”选项卡显示当前已打开图形的列表，单击某个图形文件然后单击列表中的一个定义表可以将图形文件的内容加载到内容区域中。“历史记录”选项卡显示设计中心中以前打开的文件列表，双击列表中的某个图形文件可以在“文件夹”选项卡中的树状视图中定位此图形文件并将其内容加载到内容区域中。“联机设计中心”选项卡提供设计中心 Web 页中的内容，包括块、符号库、制造商内容和联机目录。

(3) 标记经常使用的内容。设计中心提供了一种方法可以帮助用户快速找到需要经常访问的内容。树状图和内容区域均包括可激活“收藏夹”文件夹的选项。“收藏夹”文件夹可以包含指向本地、网络驱动器和网络上的内容的快捷方式。

选定图形、文件夹或其他类型的内容并选择“添加到收藏夹”时，即可在“收藏夹”文件夹中添加指向此项目的快捷方式。原文件或文件夹实际上并没有移动，事实上，创建的所有快捷方式都存储在“收藏夹”文件夹中。可以使用 Windows 资源管理器移动、复制或删除保存在“收藏夹”文件夹中的快捷方式。

(4) 修改设计中心显示的内容的源的步骤。如果设计中心尚未打开，可单击“工具”菜单中的“设计中心”。在“设计中心”工具栏上单击下列选项卡之一，即：文件夹（可列出本地和网络驱动器)、图形（可列出当前打开的图形）历史记录（可列出最近 20 个通过设计中心访问过的位置)、联机设计中心（可显示 Web 上的联机内容)。“标准”工具栏为，命令行为“ADCENTER”。

(5) 在设计中心更改“主页”按钮的文件夹的步骤。如果设计中心尚未打开，可单击“工具”菜单中的“设计中心”。在设计中心树状图中浏览到要设置为“主页”的文件夹。在文件夹上单击右键，然后单击快捷菜单中的“设置为主页”。单击“主页”按钮时设计中心将自动加载此文件夹。“标准”工具栏为，命令行为“ADCENTER”。

(6) 在设计中心中向 Autodesk 收藏夹添加项目的步骤。如果设计中心尚未打开，可单击“工具”菜单中的“设计中心”。在“设计中心”树状图或内容区域中在某个项目上单击右键，然后从快捷菜单中选择“添加到收藏夹”。“标准”工具栏为，命令行为“ADCENTER”。

(7) 显示设计中心“收藏夹”文件夹内容的步骤。如果设计中心尚未打开，可单击“工具”菜单中的“设计中心”。在“设计中心”中单击“收藏夹”按钮。在树状图中工作时可以利用“文件夹”选项卡找到“收藏夹”文件夹。“标准”工具栏为，命令行为“ADCENTER”。

(8) 组织设计中心“收藏夹”文件夹的步骤。如果设计中心尚未打开，可单击“工具”菜单中的“设计中心”。在“设计中心”中单击“收藏夹”按钮。在内容区域背景上单击右键，然后从快捷菜单中选择“组织收藏夹”。将在窗口中打开 Autodesk“收藏夹”文件夹。“标准”工具栏为，命令行为“ADCENTER”。

3.3.4 通过 AutoCAD 设计中心添加内容

可以在“设计中心”窗口右侧对显示的内容进行操作。双击内容区域上的项目可以按层次顺序显示详细信息，例如，双击图形图像将显示若干图标（包括代表块的图标)，双击“块”图标将显示图形中每个块的图像。

(1) 向图形添加内容。使用以下方法可以在内容区中向当前图形添加内容，即将某个项目拖动到某个图形的图形区并按照默认设置（如果有的话）将其插入；在内容区域中的某个项目上单击右键将显示包含若干选项的快捷菜单；双击块将显示“插入”对话框，双击图案填充将显示“边界图案填充”对话框。可以预览图形内容（如内容区域中的图形、外部参照或块）还可以显示文字说明（如果有的话）。

(2) 通过设计中心更新块定义。与外部参照不同，当更改块定义的源文件时包含此块的图形的块定义并不会自动更新。通过设计中心可以决定是否更新当前图形中的块定义。块定义的源文件可以是图形文件或符号库图形文件中的嵌套块。在内容区域中的块或图形文件上单击右键，然后单击显示的快捷菜单中的“仅重定义”或“插入并重定义”可以更新选定的块。

(3) 通过设计中心打开图形。通过设计中心可以使用以下方法在内容区域中打开图形，即使用快捷菜单、拖动图形时按下 Ctrl 键或将图形图标拖动至绘图区域的图形区以外的任何地方，图形名被添加到设计中心历史记录表中以便在将来的任务中快速访问。

(4) 将设计中心的项目添加到工具选项板中。可以将设计中心中的图形、块和图案填充添加到当前的工具选项板中，即在设计中心的内容区域可以将一个或多个项目拖动到当前的工具选项板中；在设计中心树状图中可以单击右键并从快捷菜单中创建当前文件夹、图形文件或块图标的新的工具选项板。向工具选项板中添加图形时，如果将它们拖动到当前图形中，则被拖动的图形将作为块被插入。需要强调的是，可以从内容区域中选择多个块或填充图案并将它们添加到工具选项板中。以上具体可参考本书前述“使用工具选项板插入块和图案填充”。

(5) 创建包含设计中心内容的工具选项板的步骤。如果设计中心尚未打开，可单击“工具”菜单中的“设计中心”。执行下列操作之一，即在设计中心树状图的某个项目上单击右键，然后单击快捷菜单上的“创建工具选项板”，新的工具选项板将包含所选项目中的图形、块或填充图案；或在设计中心内容区域背景上单击右键，然后单击快捷菜单上的“创建工具选项板”，新的工具选项板将包含设计中心内容区域中的图形、块或填充图案。或在设计中心树状图或内容区域中的图形上单击右键，然后单击快捷菜单上的“创建块的工具选项板”，新建的工具选项板将包含所选图形中的块。可以将设计中心内容区域中附加的图形、块或填充图案拖动到工具选项板中。“标准”工具栏为▦，命令行为“ADCENTER”。

(6) 从设计中心“搜索”对话框加载内容区域的步骤。如果设计中心尚未打开，可单击“工具”菜单中的“设计中心”。在设计中心中使用以下方法之一，即将搜索结果列表中的项目拖动到内容区域中；或双击搜索结果列表中的项目；或在搜索结果列表中的项目上单击右键，然后选择“加载到内容区中”。在设计中心内容区域中，双击“块”图标。“标准”工具栏为▦，命令行为“ADCENTER”。

(7) 加载带有符号库的设计中心内容区域的步骤。如果设计中心尚未打开，可单击“工具”菜单中的“设计中心”。单击设计中心工具栏上的“主页”。在内容区域中双击要加载到设计中心的符号库图形，然后双击“块”图标，选择的符号库将被加载到设计中心内容区域。需要强调的是，可以将“主页”文件夹设置为任何包含符号库图形的文件夹，如果“主页”文件夹设置了其他路径可找到包含符号库图形的文件夹，然后在此文件夹上单击右键，单击快捷菜单中的“设置为主页”。“标准”工具栏为▦，命令行为“AD-

CENTER”。

(8) 加载带填充图案的设计中心内容区域的步骤。如果设计中心尚未打开,可单击“工具”菜单中的“设计中心”。单击设计中心工具栏上的“搜索”。在“搜索”对话框中单击“查找”框,然后单击“填充图案文件”。在“填充图案文件”选项卡的“搜索名称:”框中输入“*”。单击“立即搜索”。双击找到的一个填充图案文件。选择的图案填充文件被加载到设计中心。“标准”工具栏为,命令行为“ADCENTER”。

(9) 在设计中心中打开图形的步骤。如果设计中心尚未打开,可单击“工具”菜单中的“设计中心”。在设计中心中执行下列操作之一,即在设计中心内容区域中的图形图标上单击右键,单击快捷菜单中的“在应用程序窗口中打开”;或按住 Ctrl 键同时将图形图标从设计中心内容区域拖动到绘图区域;或将图形图标从设计中心内容区域拖动到应用程序窗口绘图区域以外的任何位置(如果将图形图标拖动到绘图区域中,将在当前图形中创建块)。“标准”工具栏为,命令行为“ADCENTER”。

(10) 通过设计中心更新块定义的步骤。如果设计中心尚未打开,可单击“工具”菜单中的“设计中心”。在设计中心内容区域的块上单击右键,单击快捷菜单中的“仅重定义”或“插入并重定义”。需要强调的是,如果希望更新的块的源是整个图形文件(而不是图形文件中的块定义),可在设计中心内容区域中图形的图标上单击右键,然后单击快捷菜单中的“插入为块”。“标准”工具栏为,命令行为“ADCENTER”。

3.3.5 使用 AutoCAD 联机设计中心检索 Web 上的内容

AutoCAD 联机设计中心提供了在绘制完成前访问的内容(比如块、符号库、制造商内容和联机目录)的能力,可以在一般的设计应用中使用这些内容以帮助用户创建自己的图形。

如图 3.3.3 所示,要访问联机设计中心可单击设计中心的“联机设计中心”选项卡,“联机设计中心”窗口打开后可以在其中浏览、搜索并下载可以在图形中使用的内容。“联机设计中心”窗口显示左右两个面板,右面板称为内容区域,右面板显示在左面板中选中的项目或文件夹,左面板可以显示分类列表、搜索、设置、集合等 4 种视图中的一种。分类列表显示包含标准部件库、制造商特定信息和内容集成商网站的文件夹。搜索的功能是搜索联机内容,可以使用布尔搜索字符串和多字搜索字符串查询项目。设置的功能是控制搜索或进行文件夹浏览时在内容区域的每一页上显示多少个分类和项目。集合的功能是指定联机设计中心显示的有关特定主题的内容类型。

图 3.3.3 “联机设计中心”界面

单击左面板顶部的标题可以选择如图 3.3.4 所示视图。在左面板中选择文件夹后,文

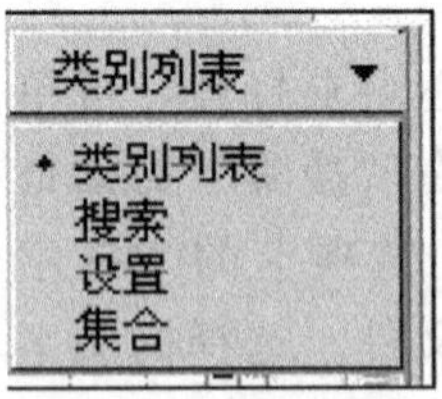

图 3.3.4　标题视图

件夹中的所有内容都被加载到内容区域，可以在内容区域中选择项目将其加载到预览区，要下载项目可以将项目从预览区拖动到用户的图形或工具选项板中，或者将项目保存到用户计算机上。需要强调的是，如果设计中心的“联机设计中心”选项卡不可用而用户又希望访问联机设计中心，可与网络管理员或 CAD 管理员联系。

(1) 联机设计中心保密政策。联机设计中心是一个交互功能，其必须与 Internet 连接才能发布内容和信息。每次连接联机设计中心时，联机设计中心都会向 Autodesk 发送信息以便返回正确的信息。为保密起见，所有信息都以匿名方式发送。以下信息将发送到 Autodesk，即产品名、产品的版本号、产品语言、随机号码标识符。产品名是指用户在其中使用联机设计中心的产品的名称；产品的版本号是指产品的版本；产品语言是指产品的语言版本；随机号码标识符是指联机设计中心为使用此功能的每个人指定的一个随机号码标识符，此标识符用于保留每次使用联机设计中心时的“集合”视图和“设置”视图。

Autodesk 使用联机设计中心发送的信息编译统计信息以跟踪联机设计中心的使用情况以及需要改进的地方，Autodesk 将根据它发布的保密政策维护由用户提供或从用户处收集的信息，保密政策可以从 http://www.autodesk.com.cn/privacy 处获得。

(2) 打开或关闭设计中心中的“联机设计中心”选项卡。CAD 管理员控制实用程序可以打开或关闭设计中心中的“联机设计中心”选项卡，例如，如果希望制止联机设计中心向 Autodesk 发送信息，则可以关闭联机设计中心。安装并运行该实用程序后单击“CAD 管理员控制实用程序”窗口中的“帮助”可以获得有关使用该实用程序的信息。要安装该实用程序可双击产品 CD 中的 setup.exe 文件，在“CD 浏览器”中单击“网络展开”选项卡，在“安装补充工具”下单击“Autodesk CAD Manager Tools 2.0”，在“Autodesk CAD Manager Tools 2.0”下单击“安装”，安装“CAD 管理员控制”实用程序后可以通过“开始”菜单（Windows）访问它。

(3) 了解联机设计中心的内容类型。在联机设计中心，内容经分类后存放在文件夹中。在联机设计中心可以检索有关特定主题的内容，可以检索的内容包括标准部件、制造商、集成商。标准部件是指设计中常用的一般标准部件，这些部件包括：建筑、机械和 GIS 应用中使用的块；制造商，是指块和三维模型，单击指向制造商网站的链接可以进行定位和下载；集成商，是指来自商业目录提供商的库列表，可以在其中搜索部件和块。利用“集合”视图可以选择希望在“分类列表”视图中显示的联机内容的类别。在“分类列表”视图中查看联机内容文件夹的步骤是单击联机设计中心左面板顶部的标题，然后单击“分类列表”，分类文件夹显示在窗口的左面板中。

(4) 检索 Web 上的内容。可以从 Web 上下载内容并在图形中使用。浏览内容如图 3.3.5 所示，在使用“分类列表”视图时可以单击左面板中的文件夹查看其中的内容，这些文件夹中可能包含其他文件夹，单击文件夹或文件夹中的项目时其内容将显示在内容区中，如果单击块则有关此块的图形信息和说明信息将显示在预览区中。

搜索内容如图 3.3.6 所示，使用联机设计中心搜索联机内容时可以在“搜索”视图中使用布尔搜索字符串和多字搜索字符串查询项目，要访问“搜索”可以单击放大镜或者从左面板顶部的下拉标题中选择“搜索”。

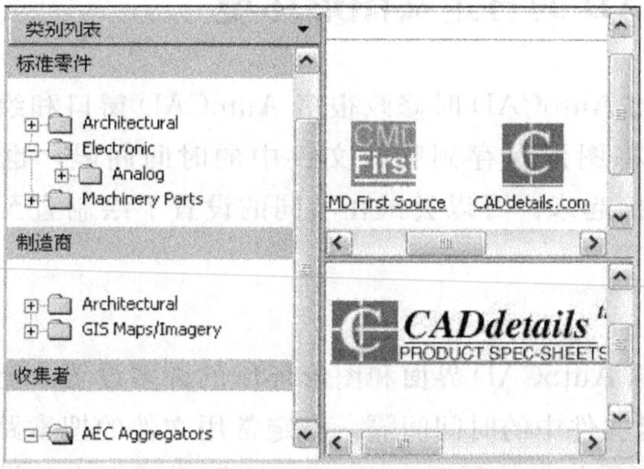

图 3.3.5 浏览内容

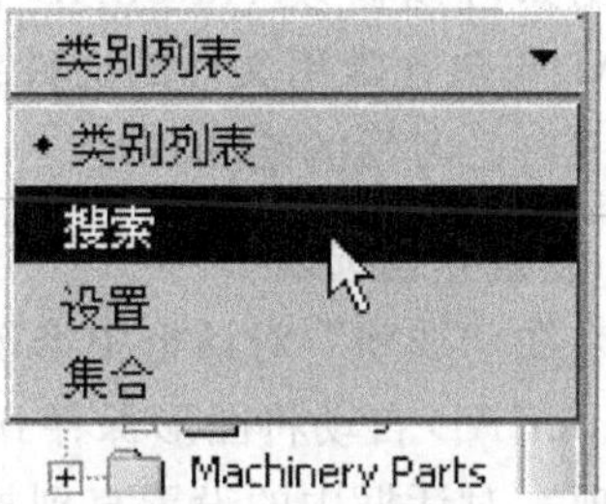

图 3.3.6 搜索内容

应控制一页中分类和项目的数目，利用“设计”视图可以控制搜索或进行文件夹浏览时在内容区域的每一页上显示多少个分类或项目。应合理利用“集合”功能，可以选择要定位和搜索的内容类型，在“集合”面板中可以指定每次打开联机设计中心时显示的内容类型，例如，如果在图形中使用建筑块则应选择包含建筑项目的集合，选择完成后将显示用户指定的分类。应合理利用“下载内容”功能，要从Web上下载内容可找到要保存内容的文件夹，然后单击内容区域中内容的微缩图像，内容及有关信息将显示在预览区中，可以直接将块从预览区拖动到图形或工具选项板中，也可以将其保存到计算机中供以后使用。

在联机设计中心浏览内容的步骤依次为：单击联机设计中心左面板顶部的标题，然后单击“分类列表”；单击文件夹以显示其内容，如果文件夹中包含其他文件夹则可单击其中的一个文件夹以显示其内容；单击内容区域中的某个项目则该项目将显示在“预览”区中。

在联机设计中心搜索内容的步骤依次为：单击联机设计中心左面板顶部的标题，然后单击“搜索”；在“搜索”视图中输入单字或多字字符串。需要强调的是，“帮助”链接提供了有关搜索的详细信息，包括布尔搜索样例。

指定内容集合的步骤依次为：单击联机设计中心左面板顶部的标题，然后单击“集合”；在“集合”视图中，单击要使用的集合的复选框；单击“更新集合”则选中的分类将显示在左边的面板中。

将内容下载到计算机上的步骤依次为：单击联机设计中心左面板顶部的标题，然后单击“分类列表”；在“分类”文件夹中单击某个内容项目；在预览区中内容项目图像的下方单击“将此符号另存为”；在“另存为”对话框中指定计算机上的位置和文件名；单击“保存”则内容就下载到计算机上了。

将内容下载到图形中的步骤依次为：单击联机设计中心左面板顶部的标题，然后单击“分类列表”；在“分类”文件夹中单击某个内容项目使其显示在“预览”区中；将图像从预览区拖动到图形或工具选项板中。

3.4 AutoCAD的自定义图形环境

可以在“选项”对话框中或在启动 AutoCAD 时修改很多 AutoCAD 窗口和绘图环境设置。比如可以修改 AutoCAD 自动将图形保存到临时文件中的时间间隔，也可以将 AutoCAD与包含常用文件的文件夹链接起来。可以尝试在不同的设置下绘制直至创建一种最合适自己习惯的绘图环境。

3.4.1 设置界面选项

可以在“选项”对话框中修改影响 AutoCAD 界面和图形环境的许多设置，比如可以指定 AutoCAD 自动将图形保存到临时文件中的时间间隔，指定常用文件的搜索路径，尝试“选项”对话框中的设置直到找到所需的最佳环境为止。“选项”对话框中的设置包括自动保存、颜色、字体、搜索路径等。自动保存（“打开和保存”选项卡）的功能是按指定的时间间隔保存图形，要使用此选项可在“选项”对话框的“打开和保存”选项卡中选择“自动保存”并输入时间间隔（以分钟为单位）。颜色（“显示”选项卡）的功能是指定布局和模型选项卡的背景色以及提示和十字光标的颜色。字体（“显示”选项卡）的功能是修改 AutoCAD 窗口和文字窗口中所用的字体，此设置不影响图形中的文字。搜索路径（“文件”选项卡）的功能是设置 AutoCAD 用于查找支持文件（比如字体、图形、线型和填充样式）的搜索路径。

（1）设置选项的步骤。从“工具”菜单中选择“选项”，在“选项”对话框中选择所需的选项卡，根据需要设置选项。执行下面的一项或两项操作，即：选择“应用”可以将当前选项设置记录到系统注册表中；选择“确定”可以将当前选项设置记录到系统注册表中并关闭“选项”对话框。其命令行为“OPTIONS”。

（2）自定义应用程序窗口元素颜色的步骤。从“工具”菜单中选择“选项”。在“选项”对话框中选择“显示”选项卡➤“颜色”。在“颜色选项”对话框中单击“模型”选项卡或布局选项卡图像选择要修改的元素，单击图像区域时该选择将显示在“窗口元素”列表中，还可以通过从“窗口元素”列表中选择某个属性进行修改。从“颜色”列表中选择要使用的颜色，要指定自定义颜色可从“颜色”列表中选择“选择颜色”。要复原 Windows 控制面板上指定的颜色可选择“全部默认”。选择“应用并关闭”将当前选项设置记录到系统注册表中，然后关闭“颜色选项”对话框。选择“确定”关闭“选项”对话框。其命令行为“OPTIONS”。

（3）修改命令行窗口中所显示字体的步骤。从“工具”菜单中选择“选项”，在“选项”对话框中选择“显示”选项卡。在“窗口元素”下，选择“字体”以显示“命令行窗口字体”对话框。选择合适的“字体”“字体样式”和“字号”，当前选择的样例将显示在“命令行字体样例”下。选择“应用并关闭”记录当前选项设置并关闭对话框。选择“确定”关闭“选项”对话框。其命令行为“OPTIONS”。

3.4.2 自定义启动

启动 AutoCAD 时可以使用命令行开关指定几个选项，例如，AutoCAD 可以运行脚本、从指定的样板图形开始操作以及在打开图形时显示指定的视图。使用命令行开关还可以设置几个有不同启动选项的 AutoCAD 图标。命令行开关是可以添加到 acad. exe 命令行的参数，此命令行与 Windows 快捷图标或 Windows“运行”对话框相关联，可以在单个的命令行中包含几个开关。表 3.4.1 中列出了相关的有效开关。

表 3.4.1　　相关的有效开关

代码	设　置	结　果
/b	脚本名	指定在 AutoCAD 启动后要运行的脚本（b 表示批处理过程）。脚本可以用于设置新图形文件中的图形参数。假定 SCR 文件类型
/t	样板文件名	基于样板或原型图形创建新图形。假定 DWT 文件类型
/c	配置文件夹	为用户想使用的硬件配置文件指定路径。可以指定目录或特定文件。假定 CFG 文件类型。如果不设置/c 开关，AutoCAD 将搜索可执行的目录并使用 ACADCF-GW 或 ACADCFG 环境变量定义配置文件和目录位置
/v	视图名	指定在启动 AutoCAD 时要显示的图形的特定视图
/s	支持文件夹	指定支持文件夹，而不是当前文件夹。支持文件包括字体、菜单、AutoLISP 文件、线型和填充图案。可以在路径中指定的文件夹的最大数目是 15。每一文件夹名用分号分隔
/r	默认系统定点设备	恢复默认系统定点设备。它创建了一个新配置文件（acad2004. cfg）并将上一个 acad2004. cfg 文件重命名为 acad2004. bak
/nologo	无 AutoCAD logo 屏幕	启动 AutoCAD，而不首先显示 logo 屏幕
/p	用户定义的注册表，启动 AutoCAD 的配置	指定用于启动 AutoCAD 的用户定义注册配置。除非在 AutoCAD 的当前任务期间在“选项”对话框中将另一配置设置为当前，否则选定的配置只在该任务中生效。 在“选项”对话框的“配置”选项卡上创建或输入“配置”。通过/p 切换，只能指定“选项”对话框中列出的配置。如果此配置不存在，AutoCAD 将使用当前配置

使用命令行开关的语法是"drive:pathname\acad. exe" ["drawing name"] [/switch "name"]。使用开关选项时开关后必须加空格，然后是文件名、路径或视图（加引号）。例如，以下条目使用样板图形 arch1. dwt 是从名为 AutoCAD 2004 的文件夹中启动的，AutoCAD恢复命名视图 PLAN1 并执行脚本文件 startup. scr。相关代码为"d:\AutoCAD 2004\acad. exe"/t "d:\AutoCAD 2004\template\arch1" /v "plan1" /b"startup"。

AutoCAD 以下列方式解析环境设置，即如果使用命令开关指定环境设置，则此命令行开关将替代“选项”对话框或环境变量中指定的设置；如果未设置命令行开关，将使用“选项”对话框中设置的相应值；如果既没有设置命令行开关也没有设置“选项”值，则使用环境变量值。需要强调的是，命令行开关和环境变量仅替换当前任务的“选项”值，它们不会改变系统注册表。

使用命令行开关启动 AutoCAD 的步骤依次为：在 Windows 桌面的 AutoCAD 图标上单击右键，然后选择“特性”；在“AutoCAD 特性”对话框中选择“快捷方式”选项卡；在“目标”对话框中使用以下语法编辑开关参数，即"drive:pathname\acad. exe" ["drawing name"][/switch "name"]，有效开关：/b 脚本名（b 表示批处理过程）；/t 样板文件名；/c 配置文件夹；/v 视图名；/s 支持文件夹；/r 默认系统定点设备；/nologo

非 AutoCAD logo 屏幕；/p 用户定义的注册表，启动 AutoCAD 的配置。例如，输入"d:\AutoCAD 2004\acad.exe" /t "d:\AutoCAD 2004\template\arch1"/v "plan1" /b"star-tup"。最后再选择“确定”。

3.4.3 保存和恢复配置

在“选项”对话框的“配置”选项卡中，可以设置绘图环境并将其保存到配置中。如果与使用相同登录名的其他用户共享工作站，则可以将自己的配置设置为当前配置来恢复自己的绘图环境，也可以创建和保存多份配置以便在不同项目中使用。默认情况下，AutoCAD 在一个名为 UNNAMEDPROFILE 的配置中存储当前选项。AutoCAD 在“选项”对话框中显示当前配置的名称和当前图形的名称。

配置信息存储在系统注册表中，也可以保存在文本文件（ARG 文件）中。AutoCAD 将组织重要的数据，并且根据需要维护注册表中的修改内容。

保存配置之后就可以从其他计算机上输入 ARG 文件或向其他计算机输出 ARG 文件。如果在 AutoCAD 任务期间修改了当前配置，然后想将修改内容保存到 ARG 文件中，就必须输出该配置。使用当前配置名称输出配置时，AutoCAD 将使用新设置更新 ARG 文件，可以再次将该配置输入到 AutoCAD 中以更新配置设置。关于配置的详细信息可参考后续“命令参照”中的选项。

(1) 设置当前配置的步骤。从“工具”菜单中选择“选项”，在“选项”对话框中选择“配置”选项卡，在“配置”选项卡中选择要“置为当前”的配置。选择“置为当前”，然后选择“确定”。其命令行为“OPTIONS”。

(2) 保存配置的步骤。从“工具”菜单中选择“选项”，在“选项”对话框中选择“配置”选项卡，在“配置”选项卡中选择“添加到列表”，在“添加配置”对话框中输入配置名称和说明。选择“应用并关闭”以返回到“选项”对话框，然后选择“确定”。其命令行为“OPTIONS”。

(3) 启动 AutoCAD 之前设置当前配置的步骤。在 Windows 桌面上，在 AutoCAD 图标上单击右键以显示快捷菜单。从快捷菜单中选择“特性”。在“AutoCAD 特性”对话框中选择“快捷方式”选项卡。在“目标”的当前目标目录之后输入 /p currentprofile，比如要将配置 User12 设置为当前配置，可在“目标”中输入如下内容：“c:\AutoCAD 2004\acad.exe”/p 用户 12。选择“确定”退出此对话框。所输入的配置名称就是每次启动 AutoCAD 时的当前配置。

3.5 AutoCAD 的定点设备

可以使用定点设备（比如鼠标、数字化仪游标或笔针）控制 AutoCAD。定点设备可能具有多个按钮。AutoCAD 自动指定前 10 个按钮，但用户可以通过修改 AutoCAD 菜单文件，重新指定除按钮 1（拾取键）以外的其他所有按钮。可以在 Windows 控制面板上选择“鼠标”图标，更改鼠标按钮的功能。

3.5.1 定点设备按钮

前 10 个按钮将自动指定，但用户可以重新指定除按钮 1（拾取键）以外的其他所有按钮。在双按钮鼠标上，左按钮是拾取键，用于指定位置，或指定编辑对象，或选择菜单选项、对话框按钮和字段。右按钮的操作取决于上下文，它可用于结束正在进行的命令，或显示快捷菜单，或显示“对象捕捉”菜单，或显示“工具栏”对话框。可以在“选项”对话框中（OPTIONS）修改单击右键操作。定点设备上其他按钮的操作在AutoCAD菜单文件中定义。

要善于使用滑轮鼠标，滑轮鼠标上的两个按钮之间有一个小滑轮，左右按钮的功能和标准鼠标一样，滑轮可以转动或按下。不使用任何AutoCAD命令直接使用滚轮即可缩放和平移图形。默认情况下缩放比例设为10%，每次转动滑轮都将按10%的增量改变缩放级别。ZOOMFACTOR系统变量控制滑轮转动（无论向前还是向后）的增量变化，其数值越大增量变化就越大。表3.5.1给出了AutoCAD支持的滑轮鼠标操作。具体可参考《自定义手册》中的“自定义定点设备上的按钮”。

表3.5.1　　AutoCAD支持的滑轮鼠标操作

要　求	做　法
到……	操作……
放大或缩小	转动滑轮向前放大、向后缩小
缩放到图形范围	双击滑轮按钮
平移	按住滑轮按钮并拖动鼠标
平移（操纵杆）	按住Ctrl键以及滑轮按钮并拖动鼠标
显示“对象捕捉”菜单	将MBUTTONPAN系统变量设置为0并单击滑轮按钮

（1）练习使用鼠标的几种功能的步骤。移动鼠标可以发现屏幕指针位于图形区域中，其形状为十字光标，不在图形区域中将变为箭头，在文本窗口中将变为I型光标。继续移动鼠标会发现状态栏上坐标显示中的数字有所变化，这些数字表示屏幕上十字光标的精确位置或坐标，在坐标显示中单击可以将其关闭，需要注意的是只有在图形区域中单击时才更新坐标。找到状态栏上的“捕捉”按钮之后使用鼠标的拾取键（通常为左按钮）在其上单击。需要注意的是，若按钮变暗，则表示“捕捉”模式已打开。在屏幕上移动指针会发现指针附着或“捕捉”到屏幕上预定义的间隔相等的点，此时可以改变间隔的大小。再次单击“捕捉”按钮可以关闭“捕捉”模式。将指针移动到图形区域顶部的“标准”工具栏上，将指针放置在按钮上稍作停留，会显示一个称为工具栏提示的弹出式标签用来标识按钮。将指针移动到工具栏一端的双条线上，然后按住拾取键将工具栏拖动至屏幕上合适的位置。通过将工具栏拖到绘图区域的顶部、底部或两侧的固定位置即可将其固定，当工具栏的轮廓出现在固定区域时释放拾取键。

（2）关闭绘图区域所有快捷菜单的步骤。在“工具”菜单中单击“选项”，在“选项”对话框中单击“用户系统配置”选项卡。在“Windows标准”下清除“绘图区域中使用快捷菜单”选项。单击“确定”将当前选项设置记录到系统注册表中，然后关闭“选项”对话框。其命令行为“OPTIONS”。

（3）逐个关闭快捷菜单的步骤。从“工具”菜单中选择“选项”，在“选项”对话框中选择“用户系统配置”选项卡。选择“绘图区域中使用快捷菜单”，然后选择“自定义右键单击”。在“自定义右键单击”对话框中的“默认模式”“编辑模式”或“命令模式”下选择控制在图片区域中单击右键时发生的操作的选项。单击“应用并关闭”退出“自定义右键单击”对话框，单击“确定”将当前选项设置记录到系统注册表中，然后关闭“选项”对话框。其命令行为“OPTIONS”。

3.5.2 数字化仪

数字化仪是一个外围设备，可用来将图纸图形记入 AutoCAD 图形文件或从 AutoCAD 提供的数字化仪覆盖中选择命令。利用 Win tab 驱动程序也可以使用数字化仪指针代替用作系统指针的鼠标在 AutoCAD 中选择菜单项目和图形对象，或者与操作系统交互。数字化仪指针可以是游标或笔针。

首先必须配置数字化仪，然后再对其进行校准（可选）。配置数字化仪之后，数字化仪表面的一部分将作为菜单区域和屏幕指向区域进行分配。配置校准数字化仪之后，它将用作追踪现有图纸上的几何图形或 AutoCAD 图形中的照片。

可以轻松地切换使用未校准的作为系统指针的数字化仪（“数字化仪”模式关闭）或已校准的用于数字化图形的数字化仪（“数字化仪”模式打开）。单击状态栏上的“数字化仪”按钮，如果指定了屏幕定点区，状态栏上将显示一个“浮动”按钮用于打开或关闭屏幕定点区。具体可参考《自定义手册》中的“创建数字化仪菜单”以及《驱动程序和外围设备手册》中的“设置数字化仪”。

思考题与习题

1. 简述 AutoCAD 菜单栏、工具栏和工具选项板的特点。
2. 简述 AutoCAD 命令窗口的特点。
3. 简述 AutoCAD 设计中心的特点。
4. 简述 AutoCAD 自定义图形环境的特点。
5. 简述 AutoCAD 定点设备的特点。

第 4 章 AutoCAD 绘制、组织和保存图形的方法

4.1 AutoCAD 的开始及图形保存方法

开始新图形的方法有多种。可以使用默认设置从头开始，也可使用向导逐步完成，还可使用具有预置环境的样板文件。无论采取哪种方式都可以选择要使用的惯例和缺省设置。

4.1.1 从头开始创建新图形

快速创建新图形的方法是从头开始，使用默认图形样板文件中的设置。要创建新图形可使用“创建新图形”对话框或“选择样板”对话框，也可不使用任何对话框。无论选择哪种方式都可以使用 NEW 命令或 QNEW 命令。

(1) 使用“创建新图形”对话框。在下列 3 种情况下才显示“创建新图形”对话框，即将 STARTUP 系统变量设置为 1 (开)；将 FILEDIA 系统变量设置为 1 (开)；如果没有在“选项”对话框中指定图形样板文件可以单击“文件”菜单中的“新建”或“标准”工具栏上的“新建”。“创建新图形”对话框为创建新图形提供了多种方法，如果使用“默认设置”则可以为新图形指定英制或公制单位，选定的设置决定系统变量要使用的默认值，这些系统变量可控制文字、标注、栅格、捕捉以及默认的线型和填充图案文件。上述所谓英制是指基于英制测量系统创建新图形，图形使用内部默认值，默认图形边界（称为图形界限）为 12.9in❶。上述所谓公制是指基于公制测量系统创建新图形，图形使用内部默认值，默认图形边界为 429.297mm。

(2) 使用“选择样板”对话框。“选择样板”对话框会在下列 3 种情况下显示，即将 STARTUP 系统变量设置为 0 (关)；将 FILEDIA 系统变量设置为 1 (开)；单击“文件”菜单上的“新建”或在默认情况下单击“标准”工具栏上的“快速新建”。在“选择样板”对话框的右下角有一个旁边带有箭头按钮的“打开”按钮，如果单击此箭头按钮则可以在两个内部默认图形样板（公制或英制）之间进行选择。

(3) 使用默认图形样板文件。创建新图形的快速方法是使用默认图形样板文件自动开始，此方法不显示任何对话框。操作过程依次为将 STARTUP 系统变量设置为 0 (关)；将 FILEDIA 系统变量设置为 1 (开)；在“文件”选项卡上的“选项”对话框中指定一个默认图形样板文件，单击标有“图形样板设置”的节点并指定一个路径和图形样板文件；单击“标准”工具栏上的“快速新建”，将基于指定的默认图形样板文件创建一个新图形。如果在“选项”对话框中未指定样板文件则单击“快速新建”将显示“选择样板”对

---

❶ 1in=25.4mm，全书同。

话框。

（4）使用“创建图形”对话框从头创建图形的步骤。如有必要，将 STARTUP 系统变量设置为 1，将 FILEDIA 系统变量设置为 1，在命令行上，输入 startup 和 1，然后输入 filedia 和 1。在“文件”菜单中单击“新建”。在“创建新图形”对话框中选择“默认设置”。在“默认设置”下单击“英制”或“公制”。第一个新图形命名为 drawing1. dwg，默认图形名随开始新图形的数目而变化，比如，如果开始另一图形则默认的图形名将为 drawing2. dwg，其命令行为“NEW”。

（5）从默认图形样板文件从头开始创建图形的步骤。如有必要，将 STARTUP 系统变量设置为 0，将 FILEDIA 系统变量设置为 1，在命令行上输入 startup 和 0，然后输入 filedia 和 1。从“工具”菜单中单击“选项”，在“选项”对话框中单击“文件”选项卡。在节点列表中单击“图形样板设置”旁边的加号，单击“样板图形文件位置”旁边的加号，然后指定一个文件夹路径，单击“快速新建的默认样板文件名”旁边的加号并指定一个图形样板文件名，单击“确定”。在“标准”工具栏上单击“快速新建”。第一个新图形命名为 drawing1. dwg，默认图形名随开始新图形的数目而变化，例如，如果开始另一图形则默认的图形名将为 drawing2. dwg。“标准”工具栏为 ，命令行为“QNEW”。

4.1.2 使用设置向导

设置向导逐步建立基本图形设置时有两个向导选项可用来设置图形，即快速设置向导和高级设置向导。快速设置向导可设置测量单位、显示单位的精度和栅格界限。高级设置向导既可设置测量单位、显示单位的精度和栅格界限，还可设置角度设置（比如测量样式的单位、精度、方向和方位等）。这两个向导可以在“创建新图形”对话框中找到。

使用向导创建新图形的步骤应遵守软件规则，即如有必要将 STARTUP 系统变量设置为 1，将 FILEDIA 系统变量设置为 1。从“文件”菜单中选择“新建”。在“创建新图形”对话框中单击“使用向导”。单击“快速设置”或“高级设置”。使用“下一步”和“上一步”按钮完成向导的每一页设置，在最后一页上单击“完成”。其命令行为“NEW”。

4.1.3 使用样板文件创建图形

图形样板文件包含标准设置，方法是从提供的样板文件中选择一种，或者创建自定义样板文件，图形样板文件的扩展名为 . dwt。如果根据现有的样板文件创建新图形，则新图形中的修改不会影响样板文件，可以使用 AutoCAD 提供的一种样板文件或者创建自定义样板文件。

（1）创建图形样板文件。需要创建使用相同惯例和默认设置的几个图形时，通过创建或自定义样板文件而不是每次启动时都指定惯例和默认设置可以节省很多时间。通常存储在样板文件中的惯例和设置包括单位类型和精度，标题栏、边框和徽标，图层名，捕捉、栅格和正交设置，图形（栅格）界限，标注样式，文字样式，线型等。默认情况下，图形样板文件存储在易于访问的 template 文件夹中。

（2）恢复默认图形样板文件。如果更改了 AutoCAD 图形样板文件 acad. dwt 或 acadiso. dwt 中设置的原默认值，则可以通过创建一个不带样板的新图形，并将图形另存为图形样板文件来替换 acad. dwt 或 acadiso. dwt 进行重置。可以通过使用 NEW 显示“选择样板”对话框创建一个包含原始默认值的新图形，要执行此操作可单击“打开”按钮旁边的箭头，然后单击列表中“无样板”选项之一。

(3) 选择样板文件创建图形的步骤。在“文件”菜单中单击“新建”，在“选择样板”对话框中通过样板列表并从列表中选择一个样板，然后单击“打开”。AutoCAD 将打开图形并将其命名为 drawing1. dwg，默认图形名随打开新图形的数目而变化，例如，如果从样板打开另一图形则默认的图形名将为 drawing2. dwg。如果要创建一个不带样板文件的新图形可单击“打开”按钮旁边的箭头，然后单击列表中“无样板”选项之一。其命令行为“NEW”。

(4) 从现有图形创建图形样板文件的步骤。在“文件”菜单中单击“打开”。在“选择文件”对话框中选择要用作样板的文件并单击“确定”。如果要删除现有文件内容可从“修改”菜单中选择“删除”。在“选择对象”提示下输入 all，然后选择边框和标题栏（如果要删除它们）并输入 r（删除）。在“文件”菜单中单击“另存为”。在“图形另存为”对话框的“文件类型”下选择“图形样板”文件类型。DWT 文件必须以 AutoCAD LT 2004 格式保存，要创建 AutoCAD 2000 格式的 DWT 文件可以 AutoCAD 2000 DWG 格式保存该文件然后使用 DWT 扩展名对 DWG 文件进行重命名。在“文件名”框中输入此样板的名称，单击“保存”。输入样板说明并单击“确定”。新样板将保存在 template 文件夹中。“标准”工具栏为，命令行为“OPEN”。

(5) 恢复默认图形样板文件的步骤。在“文件”菜单中单击“新建”。在“选择样板”对话框中单击“打开”按钮旁边的箭头，然后单击列表中的选项之一（即无样板打开-英制，恢复 acad. dwt；无样板打开-公制，恢复 acadiso. dwt)，图形使用默认设置打开。在“文件”菜单中单击“另存为”。在“图形另存为”对话框中选择“图形样板”文件类型，使用原名称保存图形（无论是英制的 acad. dwt 还是公制的 acadiso. dwt)，单击“保存”。其命令行为“NEW”。

4.1.4 保存图形

与使用其他 Windows 应用程序一样，保存图形文件以便日后使用。AutoCAD 还提供自动保存、备份文件和其他保存选项。

绘制图形时应该经常保存文件。保存操作可以在出现电源故障或发生其他意外事件时防止图形及其数据丢失。如果要创建图形的新版本而不影响原图形则可以使用一个新名称保存它。

AutoCAD 图形文件的文件扩展名是 . dwg，除非更改保存图形使用的默认文件格式，否则图形将以 AutoCAD 2004 图形文件格式保存。此格式适用于文件压缩和在网络上使用。

(1) 自动保存图形。如果启用了“自动保存”选项，则 AutoCAD 将以指定的时间间隔保存图形。默认情况下系统为自动保存的文件临时指定名称为 filename _ a _ b _ nnnn. sv$。文件名为当前图形名，其中：a 是在同一 AutoCAD 任务中打开同一图形文件的实例次数；b 是在不同 AutoCAD 任务中打开同一图形实例的次数；nnnn 是 AutoCAD 随机生成的数字。AutoCAD 以常规方式关闭图形时会删除自动保存的文件，在计算机崩溃或出现电源故障时自动保存的文件依然存在，要从自动保存的文件恢复图形的早期版本可使用扩展名 .dwg 重命名文件。

（2）使用备份文件。如果打开自动备份，则 AutoCAD 会将图形文件的早期版本保存为名称相同、扩展名为 .bak 的文件，要从备份文件恢复图形的早期版本可使用扩展名 .dwg 重命名文件。

（3）保存图形文件的一部分。如果要从现有图形的局部创建新图形文件则可以使用 BLOCK 或 WBLOCK 命令，使用这两个命令之一可以在当前图形中选择对象或指定块定义并将它们保存到新图形文件中，且还可以将说明随新图形一起保存。

（4）保存为不同类型的图形文件。可以将图形保存为 DWG 或 DXF 格式的早期版本或保存为样板文件，从“图形另存为”对话框的“文件类型”中选择格式。

（5）减少保存图形文件所需的时间。如果指定了增量保存而不是完全保存则可以减少保存图形文件所需的时间。增量保存只更新保存的图形文件中已更改的部分。使用增量保存时图形文件将包含可能浪费的空间的百分比，此百分比将在每次增量保存后增加直到它达到指定的最大值，此时将执行完全保存。可以在“选项”对话框的“打开”和“保存”选项卡中，或通过设置系统变量 ISAVEPERCENT 的值来设置增量保存百分比，如果将 ISAVEPERCENT 的值设置为 0，则所有保存均为完全保存。要减小图形文件的大小，建议在传递或存档图形之前执行完全保存（将 IPERCENTSAVE 设置为 0）。具体可参考本书后续“以早期图形文件格式保存图形”“将图形以其他文件格式输出”“创建用作块的图形文件”“在图形中添加识别信息”中的相关内容。

（6）保存图形的步骤。在“文件”菜单中单击“保存”。如果当前图形已经保存并命名，则 AutoCAD 保存上一次保存后所做的修改并重新显示命令提示，如果是第一次保存图形，则显示“图形另存为”对话框。在“图形另存为”对话框中的“文件名”下输入新图形的名称（不需要输入扩展名），然后单击“保存”。其“标准”工具栏为，命令行为“SAVE”。

（7）自动保存图形的步骤。从“工具”菜单中单击“选项”，在“选项”对话框中的“打开和保存”选项卡上选择“自动保存”，在“保存间隔分钟数”内输入数值，单击“确定”。

（8）每次保存图形时保存早期版本备份的步骤。从“工具”菜单中单击“选项”，在“选项”对话框的“打开和保存”选项卡上选择“每次保存均创建备份”，单击“确定”。

（9）将选定对象保存到新建图形文件中的步骤。在命令提示下输入 wblock。在“写块”对话框中的“对象”下选择“对象”。在“基点”下单击“拾取点”按钮并指定绘图区域的基点，或者在 X、Y 和 Z 框中输入坐标值。在“对象”下单击“选择对象”按钮并选择绘图区域中的对象。在“对象”下选择选项指示是否保留、转换或删除选定对象。在“文件名”框中输入新图形文件的名称。在“位置”框中指定保存新图形文件的文件夹。在“插入单位”框中可以选择不同的基单位，此选项提供了在新图形文件中自动缩放对象的方法。单击“确定”，在图形文件中选择的对象将保存在新图形文件中。其命令行为

“WBLOCK”。

（10）将块定义另存为新图形文件的步骤。在命令提示下输入 wblock。在“写块”对话框中选择“块”。在“块”旁边的框中单击然后选择要保存的块定义。在“文件名”框中输入新图形文件的名称。在“位置”框中指定保存新图形文件的文件夹。在“插入单位”框中可以选择不同的基单位，此选项提供了在新图形文件中自动缩放对象的方法。单击“确定”。指定块定义中的对象被另存为新图形文件中的对象，块定义的插入基点位于新图形的原点（0，0，0）处。其命令行为“WBLOCK”。

4.2 AutoCAD打开现有图形

AutoCAD可以像打开其他 Windows 应用程序一样打开图形进行操作。选择“打开”之后“选择文件”对话框提供一个浏览器，可以帮助用户定位图形文件，也可以使用 AutoCAD DesignCenter 打开图形。

4.2.1 打开图形的基本特点

要打开现有 AutoCAD 图形可从“文件”菜单中选择“打开”，显示“选择文件”对话框。还可以将图形从 Windows 资源管理器拖动到 AutoCAD 中来打开它。如果将一个或多个图形拖放到绘图区域以外的任何位置（如命令行或工具栏附近的空白区域），AutoCAD 将打开这些图形。但如果将一个图形拖放到一个已打开图形的绘图区域，则新图形不是被打开而是作为一个块参照插入。在 Windows 资源管理器中双击图形可以启动 AutoCAD 并打开图形，如果 AutoCAD 正在运行则图形将在当前任务中打开而不会启动另一个 AutoCAD 任务再打开。

（1）检查图形的真实性。如果 DWGCHECK 系统变量设置为“开”（1），当出现以下两种情况时 AutoCAD 将检查 DWG 文件格式并显示警告框，即图形文件格式为 AutoCAD LT 97、AutoCAD R14 或更新版本，或者文件最后保存的格式不是 AutoCAD LT 97、AutoCAD R14 或更新格式。要避免每次打开图形时都检查文件的真实性可在显示警告时清除“总显示此对话框”选项，另外可以将 DWGCHECK 系统变量设置为“关”（0）。

（2）修改默认图形文件夹。每次启动 AutoCAD 时系统会在各 AutoCAD 任务之间记住用户上一次在每个特定标准文件选择对话框中使用的路径。另外，可以通过更改默认的图形文件夹将 AutoCAD 配置为总是默认某一特定路径。具体可参考本书前述“设计中心概述”“自定义启动”中的相关规定。

（3）打开现有图形的步骤。从“文件”菜单中选择“打开”，在“选择文件”对话框中选择一个或多个文件并选择“打开”。使用对话框左侧的图标可以快速访问经常使用的文件和文件位置，要对图标重新排序可将其拖动到新位置，要添加、修改或删除图标可右键单击图标显示快捷菜单。“标准”工具栏为，命令行为“OPEN”。

（4）更改默认图形文件夹的步骤。在命令行中输入 rememberfolders，然后输入 0。在 Windows 桌面的 AutoCAD 图标上单击右键，然后选择“特性”。选择“快捷键”选项卡，在“启动”框中输入打开或保存图形文件时的默认文件夹路径，选择“确定”。

4.2.2　查找图形文件

可以使用“查找”对话框通过名称、位置及日期过滤器搜索图形，如可以搜索最近 10 天更新过的线形（LIN）文件的特定网络位置。AutoCAD Design Center 的“查找”对话框提供更深一层的选项，可以搜索已添加到图形中的 Windows 文件特性，如标题或关键字。“选择文件”对话框显示图形文件预览，当 RASTERPREVIEW 系统变量处于打开状态时 AutoCAD 自动生成与图形一起保存的光栅预览图像。具体可参考本书前述“在图形中添加识别信息”“通过设计中心访问内容”中的相关内容。

搜索文件的步骤应遵守软件规则，即从“文件”菜单中选择“打开”。在“选择文件”对话框中选择“工具”➤“查找”。在“查找”对话框中的“名称和位置”选项卡上，指定文件类型、文件名和路径，可以使用通配符指定文件名。在“修改日期”选项卡中选择“所有文件”，或者选择“找出所有已创建的或已修改的文件”并指定一个日期过滤器，可以搜索在指定日期范围内修改的图形，或者搜索在指定月数或天数内修改的图形。选择“开始查找”，从搜索结果中选择一个或多个文件，然后选择“确定”。在“选择文件”对话框中选择“打开”。“标准”工具栏为，命令行为“OPEN”。

4.2.3　指定搜索路径、文件名和文件位置

“选项”对话框中的“文件”选项卡用于设置 AutoCAD 查找支持文件的搜索路径。这些支持文件包括字体、图形、线型和填充图案等。MYDOCUMENTSPREFIX 系统变量保存当前用户的 MyDocuments 文件夹的位置。工作支持文件搜索路径列出的是支持文件搜索路径中的路径，这些路径是有效的并且位于当前系统目录结构中（包括系统网络映射）。使用这些选项可以在 AutoCAD 加载这些文件时提高性能。

也可以在“文件”选项卡中指定临时文件的位置。AutoCAD 将在磁盘上创建临时文件，当用户退出 AutoCAD 时，临时文件将被删除。AutoCAD 将临时目录设置为 Microsoft Windows 使用的临时目录。如果要从一个写保护的目录运行 AutoCAD（如使用网络或从光盘上打开文件），应为临时文件指定其他位置。所指定的目录不能是写保护的，并且该目录所在驱动器必须拥有足够的磁盘空间供临时文件使用。

要使用自定义菜单可在“菜单、帮助和其他文件名称”框中进行指定，默认的菜单是 acad.mnu。

修改搜索路径的步骤应遵守软件规则，即从“工具”菜单中选择“选项”。在“选项”对话框中选择“文件”选项卡。在“文件”选项卡中单击要更改的路径类型左侧的加号（+）。选择要更改的路径，选择“浏览”，然后搜索驱动器和目录，直到找到所需路径。选择要使用的驱动器和目录，然后选择“确定”。命令行为“OPTIONS”。

4.2.4　使用多个打开的图形

可以在单个 AutoCAD 任务中打开多个图形。如果打开了多个图形，在该图形的任意位置单击便可激活它。使用 Ctrl+F6 键或 Ctrl+Tab 键可以在打开的图形之间来回切换。但是，在某些时间较长的操作（如重生成图形）期间，不能切换图形。

使用“窗口”菜单可以控制在 AutoCAD 任务中显示多个图形的方式。既可以使打开的图形层叠显示，也可以将它们垂直或水平平铺。如果有多个最小化图形，可以使用“排

列图标”选项使 AutoCAD 窗口中最小化图形的图标整齐排列。也可以从打开的图形列表（位于该菜单的底部）中选择图形。

可以快速参照其他图形、在图形之间复制和粘贴，或者使用定点设备右键将所选对象从一个图形拖动到另一个图形中。还可以使用“特性匹配”（MATCHPROP）将一个图形中某些对象的特性复制到另一个图形的对象中。使用 AutoCAD 对象捕捉、“带基点复制”（COPYBASE）命令和“粘贴到原坐标”（PASTEORIG）命令，可以确保精确地放置对象，特别是在将对象从一个图形复制到另一个图形中时。

打开或关闭“多文档”模式的步骤应遵守软件规则，即从“工具”菜单中选择“选项”。在“选项”对话框中选择“系统”选项卡。在“基本选项”下，选择或清除“单文档兼容”模式。选择“确定”。其命令行为“OPTIONS”。

4.2.5 打开大图形的一部分（局部加载）

如果要处理的图形很大，可以使用“局部打开”选项，选择图形中要处理的视图和图层几何图形（仅限于图形对象）。例如，如果从 EXTENTS 视图和 SITE 图层加载几何图形，AutoCAD 会将 SITE 图层上所有位于 EXTENTS 视图内的内容都加载到图形中。

用户只能编辑加载到图形文件中的部分，但是图形中所有命名对象均可以在局部打开的图形中使用。命名对象包括图层、视图、块、标注样式、文字样式、视口配置、布局、UCS 和线型。

通过将大图形分成几部分显示在不同的视图中，可以只加载和编辑所需部分。例如，如果处理一个城市平面图时只需要编辑东南部（图例中的 D3 部分），那么可以通过指定预定义的视图来加载这个绘图区域。如果只需编辑城市的测绘数字，那么可以只加载特定图层上的几何图形。

如图 4.2.1 所示，局部打开图形后可以使用 PARTIALOAD 命令将其他几何图形从视图、选定区域或图层中加载到图形中。“局部打开”选项只能在 AutoCAD 2000 或更新版本格式的图形中使用。

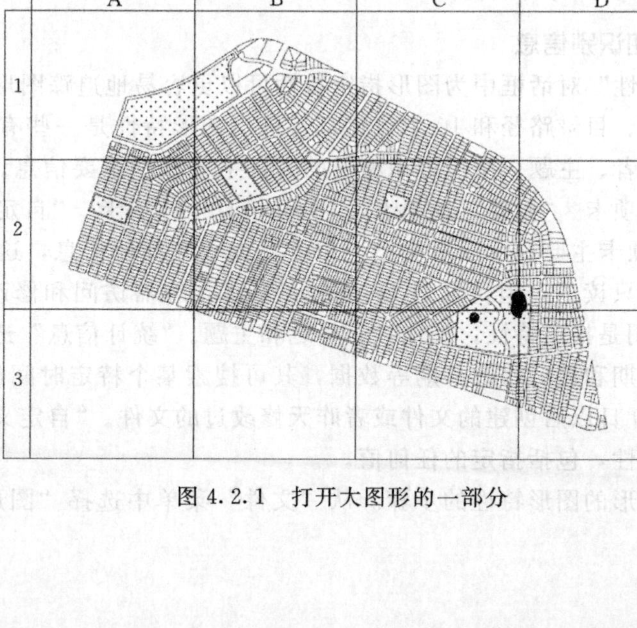

图 4.2.1 打开大图形的一部分

（1）局部打开图形的步骤。从“文件”菜单中选择“打开”。在“选择文件”对话框中选择一个图形。单击“打开”旁边的箭头，然后选择“局部打开”。在“局部打开”对话框中选择一个视图，默认视图是 EXTENTS，可以只加载保存在当前图形中的来自模型空间视图的几何图形。选择一个或多个图层，如果未选择图层进行加载将不会在图形中加载任何图层几何图形，但所有图形图层都位于图形中，如果未指定要加载到图形中的图层几何图形，则即使指定加载视图中的几何图形也不会加载几何图形，如果在一个未被加载的图层上绘制对象，则可能只是在未被加载到图形中的现有几何图形上方绘制对象。需要强调的是，只有当 VISRETAIN 系统变量设置为 1 时，保存选定的图形依赖外部参照的图层才显示在“要加载几何图形的图层”列表中（将外部参照加载到图形中后，以后在外部参照中创建的任何图层都不显示在“要加载几何图形的图层”列表中）。如果图形包含空间索引，则可以选择“使用空间索引”选项，空间索引是一个根据对象在空间中的位置把对象组织起来的列表，AutoCAD 使用空间索引定位被读取的图形部分，这样可以尽可能缩短打开图形所需的时间。如果图形包含外部参照但用户不想加载它们，可选择“打开时卸载所有外部参照”。需要强调的是，如果局部打开一个包含被绑定的外部参照的图形时，只有被加载的外部参照的部分（由选定的视图定义）才被绑定到局部打开的图形中。选择“打开”，局部打开图形后可以选择将其他信息加载到当前图形中。其命令行为“PARTIALOPEN”。

（2）将其他几何图形加载到局部打开的图形中的步骤。从“文件”菜单中选择“局部加载”，只有当前图形是一个局部打开的图形时“局部加载”选项才可用。在“局部加载”对话框中选择一个视图或者选择“拾取窗口”按钮定义一个视图，默认视图为 EXTENTS，可以只加载保存在当前图形中的来自模型空间视图的几何图形。选择一个或多个图层，如果未选择图层进行加载将不会在图形中加载任何图层几何图形，但所有图形图层都位于图形中，如果未指定要加载到图形中的图层几何图形，则即使指定加载视图中的几何图形也不会加载几何图形，如果在一个未被加载的图层上绘制对象，则可能只是在未被加载到图形中的现有几何图形上方绘制对象，而不能卸载已被加载到当前图形中的几何图形。选择“打开”。其命令行为“PARTIALOAD”。

4.2.6　在图形中添加识别信息

通过在“图形属性”对话框中为图形指定特性可以更容易地追踪图形，还可以随图形一起存储超链接地址、目录路径和 10 个自定义特性。图形特性是一些有助于识别图形的信息，包括标题、作者、主题、用于标识型号的关键字或其他重要信息。“图形属性”对话框包含“基本”选项卡、“概要”选项卡、“统计信息”选项卡、“自定义”选项卡等图形信息。“基本”选项卡主要显示图形类型、位置、大小和其他信息，这些信息来自操作系统，所有字段都是只读的，但可通过 Windows 资源管理器访问和修改这些文件特性。“概要”选项卡的作用是指定特性，如作者、标题和主题。“统计信息”选项卡主要显示文件大小、文件创建日期和最后修改日期等数据，其可搜索某个特定时间创建的所有文件，如搜索 2008 年 9 月 9 日以后创建的文件或者昨天修改过的文件。“自定义”选项卡的作用是指定自定义文件特性，包括指定的任何值。

（1）显示活动图形的图形特性的步骤。从“文件”菜单中选择“图形属性”，在“图形属性”对话框中选择选项卡查看不同类型的信息。其命令行为“DWGPROPS”。

(2) 定义图形特性的步骤。从“文件”菜单中选择“图形属性”。在“图形属性”对话框的下列选项卡中输入特性信息，即：“概要”选项卡、“自定义”选项卡。选择“确定”退出对话框。其命令行为“DWGPROPS”。

“概要”选项卡可输入图形标题、主题、作者、关键词、注释和图形中超链接数据的默认地址，关键字可用于搜索共享公用特性的图形，如可以为某个图形文件添加关键词，然后“Autodcsk”使用设计中心搜索包含此关键词的所有图形文件，对于超链接要指定一个 Internet 地址或网络驱动器上的文件夹路径。“自定义”选项卡最多可以输入 10 个自定义特性，先在左边列中指定自定义字段的名称，然后在右边列中设置每个自定义字段的值，此信息可用于在设计中心进行高级搜索。

4.2.7 恢复已损坏的文件

计算机硬件故障、电压不稳、用户操作不当或软件问题都会导致错误，使用户无法编辑或打印图形。经常保存工作可以确保系统发生故障时将数据丢失降到最低限度。

如果 AutoCAD 遇到问题并异常关闭，用户可以发送错误报告以帮助 Autodesk 诊断该软件的问题。错误报告包括出现错误时系统状态的有关信息，还可以添加其他信息（如出现错误时正在执行的操作）。REPORTERROR 系统变量用于控制是否可以使用错误报告功能。

发生错误时，AutoCAD 会尝试在 acad. err 文件中记录诊断信息，这样用户可以使用该文件报告出现的问题。如果 AutoCAD 在某个图形中检测到损坏的数据，或者用户在系统发生故障后要保存图形，AutoCAD 会将该图形标记为已损坏。如果只是轻微损坏，有时打开图形时便可以修复它。

可以使用 RECOVER 命令核查并尝试打开任何选定文件。使用 AUDIT 命令查找和更正打开文件中的错误。

(1) 核查文件样例。核查文件将生成故障说明和更正建议，开始核查时应指定 AutoCAD 遇到问题时是否修复，报告与下例相似：核查标题“DXF、名称、当前值、验证、默认值”“PDMODE990 - 2040”“UCSFOLLOW811 或 0”“核查标题变量时发现错误”“核查了 4 个块”“阶段 1 已核查 4 个对象”“阶段 2 已核查 4 个对象”“共找到 2 个错误并全部修复”。如果选择不更正错误，上一语句变为共找到 2 个错误修复 0 个。如果 AUDITCTL系统变量设置为 1（开），恢复核查结果将写入到 ADT 日志文件中。恢复不一定与原图形文件完全一致，AutoCAD 将尝试从已损坏的文件中提取尽可能多的数据。

(2) 备份文件。使用“选项”对话框，可以将 AutoCAD 设置为定时保存备份文件。第二次保存命名图形时 AutoCAD 将使用 . bak 扩展名创建备份副本。每次按当前图形名称使用 SAVE 或 SAVEAS 命令时，AutoCAD 都会更新备份文件。

如果程序异常终止，AutoCAD 将尝试对当前备份文件进行重命名，以防止替换以前的备份文件。如果文件名不存在，AutoCAD 将使用文件扩展名 . bk1。如果文件名已存在，AutoCAD 将按从 . bk2 至 . bk9 和从 . bka 至 . bkz 的顺序生成新的文件扩展名。

使用扩展名 . dwg 重命名 . bak 文件可以恢复备份副本，可能需要将其复制到另一个文件夹中以免覆盖原始文件。需要强调的是，可以在“选项”对话框中的“打开和保存”

选项卡上关闭备份功能，如果希望 AutoCAD 自动将图形保存到文件中，可以使用 OPTIONS 命令指定保存操作之间的时间间隔与临时图形的文件名。

（3）发生严重错误或内部错误后修复图形的步骤。如果 AutoCAD 出现故障，无法继续工作则会显示错误信息（对于某些错误会显示错误代码），可记录错误代码、保存更改（如果可能）然后退出操作系统，如果当前图形未命名，则 AutoCAD 会将该图形保存为 unnamed. dwg 文件。重新启动 AutoCAD 并打开已终止的图形，如果 AutoCAD 检测出图形已损坏将显示信息询问用户是否继续。输入 y 继续。

AutoCAD 尝试修复图形时将显示诊断报告，如果修复成功图形将打开，如果 AutoCAD 不能修复文件将显示信息。

（4）核查打开的图形文件的步骤。从“文件”菜单中选择“绘图实用程序”➤“核查”。在“是否更正检测到的任何错误”提示下输入 y 或 n。核查后 AutoCAD 将所有出现错误的对象置于“上一个”选择集中以便用户访问，如果 AUDITCTL 系统变量设置为 1（开），则恢复核查结果将写入 ADT 日志文件，且该文件与恢复操作所创建的文件相同，如果 AUDIT 命令不能修复图形中的错误，可尝试使用 RECOVER 命令，RECOVER 命令修复“文件”对话框中指定的任何非当前图形中的 DWG 文件。其命令行为“AUDIT”。

（5）从备份文件恢复图形的步骤。在 Windows 资源管理器中找到带有文件扩展名 . bak 的备份文件。选择要重命名的文件，无需打开它。在 Windows 资源管理器的“文件”菜单中选择“重命名”。使用 . dwg 文件扩展名输入新名。像打开任何其他 AutoCAD 图形文件一样打开此文件。

（6）打开或关闭错误报告的步骤。在命令提示下输入 report error。输入 0 可以关闭错误报告，输入 1 可以打开错误报告。

4.3 AutoCAD 中指定单位、角度和缩放比例

在图形中绘制的所有对象都是根据单位进行测量的，可以从几个常用惯例中选择，以表示屏幕上的距离和角度。要设置图形比例可使用不同于手动绘图的方法，但也可以先不设置比例，先按全尺寸绘图，到打印图形时再按图纸大小选择缩放比例。

4.3.1 设置测量单位

AutoCAD 不使用预定义的测量单位系统（如 m 或 in）。如一个单位的距离可能代表实际单位的 1cm、1in 或 1mile。开始绘图之前需要决定一个单位代表多大距离，然后使用该惯例创建图形。

（1）设置单位格式。可以指定单位的显示格式。根据指定的格式可以按十进制格式、分数格式、角度或其他标记法输入坐标。如果输入的数值是建筑单位制的英尺和英寸格式则英尺要用（′）表示，如 72′3，无需输入引号（″）表示英寸。可以在快速设置向导、高级设置向导或“单位控制”对话框中设置单位类型和精度，这些设置可以控制 AutoCAD 如何解释坐标、偏移和距离的输入，以及如何显示坐标和距离。三维坐标的输入格式可以与二维坐标的输入格式相同，可采用科学、小数、工程、建筑或分数标记法。用于创建和列出对象、测量距离以及显示坐标位置的单位格式与用于创建标注值的标注单位设置是分

开的。

（2）转换图形单位。如果开始时按某一度量衡系统（英制或公制）绘图，然后又转换为另一系统，要获得精确的标注需要按转换比例缩放图形。如要将英寸转换为厘米则需按 2.54 的比例缩放图形，要将厘米转换为英寸其缩放比例是 1/2.54（约为 0.3937）。具体可参考本书后续的“设置标注比例”。

（3）设置单位格式与精度的步骤。从“格式”菜单中选择“单位”。在“图形单位”对话框中“长度”下选择单位格式和精度，“输出样例”区域显示了当前精度下的此单位格式的样例。选择“确定”。其命令行为“UNITS”。

（4）将图形单位从英寸转换为厘米的步骤。从“修改”菜单中选择“缩放”。在“选择对象”提示下输入 all，选定图形中要缩放的所有对象。输入基点“*0，0”，缩放将相对于世界坐标系原点进行且图形原点的位置将保留在 WCS 原点上。输入比例因子 2.54，根据折合成以厘米为单位的对应距离图形中的所有对象现在是原来的 2.54 倍。“修改”工具栏的命令行为“SCALE”。

（5）将图形单位从厘米转换为英寸的步骤。从“修改”菜单中选择“缩放”。在“选择对象”提示下输入 all，选定图形中要缩放的所有对象。输入基点“*0，0”，缩放将相对于世界坐标系原点进行且图形原点的位置将保留在 WCS 原点上。输入比例因子 0.3937，根据折合成以英寸为单位的对应距离，图形中的所有对象现在变小了。“修改”工具栏的命令行为“SCALE”。

4.3.2 设置角度惯例

可以指定角度的测量惯例以使正值以顺时针测量或逆时针测量，0°角可以设置为任意位置。可以百分度、弧度、勘测单位或度/分/秒的形式输入角度。如果在指定极坐标时使用勘测角度，则应指明勘测角度的方向是东、西、南还是北。如要相对于当前坐标绘制一条长度为 72ft8in、方位为北 45°、偏东 20′6″的直线可输入@72′8″<n45d20′6″e。

设置角度格式与精度的步骤。从“格式”菜单中选择“单位”。在“图形单位”对话框中“角度”下选择角度类型和精度，“输出样例”区域显示了当前精度下的此角度类型的样例。选择“方向”指定角度方向，角度方向将控制 AutoCAD 测量角度的起点和测量方向，默认起点角度为 0°、朝向 3 点钟方向（正东）且正角度测量按逆时针方向。选择所需选项，然后选择“确定”退出所有对话框。其命令行为“UNITS”。

4.3.3 按比例绘图

在图纸上绘图时应在开始之前确定比例，此比例是绘制对象的尺寸与图形所表示的对象的实际尺寸的比值，如在建筑图形中每 1/4in 可能表示房间平面布置图的 1ft，所选比例必须使对象的图形布满图纸。在 AutoCAD 中此过程是相反的，可以使用指定的单位类型（建筑单位制、十进制等等）或默认单位类型（十进制）绘图，屏幕上每个单位都可以表示所需的单位：in、mm、km。因此，如果绘制发动机部件，则一个单位可能相当于 1mm，如果绘制地图，则一个单位可能相当于 1km。打印时可以为图形的不同部分设置不同比例，打印图形之前无需考虑设置比例，尽管打印前无需指定图形比例，但可以提前输入缩放尺寸，如文字（在模型空间中绘制）、标注（在模型空间中绘制）、非连续线型、填充图案、视图（仅在布局视口中）等，缩放这些元素以确保在最终的图形中得到它们的正确尺寸。

（1）在模型空间中指定比例因子。如果计划从“模型”选项卡打印图形，则应通过将图形比例转换为比例 1∶n 计算精确的比例因子，此比例把打印单位当作代表正在绘制对象实际尺寸的图形单位。例如，如果绘图比例为 1/4in=1ft，则可以按如下步骤计算出比例因子 48，即 1/4″=12″、1=12×4、1（打印单位）=48（图形单位）。使用同样的计算方法，1/8in=1ft 的比例因子是 96，1in=20ft 的比例因子是 240。

（2）样例。表 4.3.1 中的样例建筑缩放比例可用于计算模型空间中的文字大小。如果使用公制单位则图纸尺寸可能为 210mm×297mm（A4 纸），比例因子为 20。按如下方法计算图形界限，即：210 ➤ 20=4200mm，297 ➤ 20=5900mm。设置比例因子之后可以使用它设置文字高度、标注尺寸、线型比例、填充图案比例和视口比例，完成图形之后可以按任何比例进行打印，或按不同的比例打印模型的不同视图。

表 4.3.1　　样例建筑缩放比例

比例	1/8″=1′～0″	3/16″=1′～0″	1/4″=1′～0″	3/8″=1′～0″	1/2″=1′～0″	3/4″=1′～0″	1″=1′～0″	11/2″=1′～0″
比例因子	96	64	48	32	24	16	12	8
打印文字尺寸/(″)	1/8	1/8	1/8	1/8	1/8	1/8	1/8	1/8
设置图形文字尺寸/(″)	12	8	6	4	3	2	1.5	1.0

（3）应用比例因子。可设置文字、标注、线型、填充图案、视图、等元素的值，决定是否要从模型空间或图纸空间布局中打印。创建文字时设置文字高度或在文字样式（STYLE）中设置固定文字高度，模型空间的文字打印高度应按比例因子增大，直接在布局上创建的文字应设置为真实大小（1∶1）。应在标注样式（DIMSTYLE）中或使用 DIMSCALE 系统变量设置标注比例，直接在布局上创建的标注应设置为真实大小（1∶1）。线型元素值应符合软件规则，对于从“模型”选项卡打印的对象应该使用 CELTSCALE 和 LTSCALE 系统变量设置非连续线型的比例，对于从布局（图纸空间）打印的对象应该使用 PSLTSCALE 系统变量。填充图案元素值应符合软件规则，在“边界图案填充”对话框和“填充”对话框（BHATCH）中设置填充图案比例或者使用 HPSCALE 系统变量。视图元素值应符合软件规则，从布局选项卡打印时需要使用 ZOOMXP 命令，其中 XP 是视图相对于图纸尺寸的比例（比例因子的倒数）。具体可参考本书后续的“编辑布局视口”。

（4）设置图形单位格式的步骤。从“格式”菜单中选择“单位”。在“图形单位”对话框中设置图形的单位值，修改单位设置时 AutoCAD 将在“输出样例”下显示样例，即在“长度”下选择单位类型和精度等级；在设计中心块的“图形”单位下选择一个单位，AutoCAD 将使用这个单位对图形中插入的块、图像或其他内容进行缩放，如果不希望 AutoCAD 对插入的内容进行缩放可选择“无单位”；在“角度”下选择角度类型和精度；要指定角度测量方向可选择“方向”，然后在“方向控制”对话框中选择基准角度，角度方向将控制 AutoCAD 测量角度的起点和测量方向，默认起点角度为 0°、朝向 3 点钟方向

（正东）且正角度测量按逆时针方向，如果选择“其他”则用户可以输入角度或者选择“拾取角度”，然后使用定点设备指定零角度方向。选择“确定”，退出所有对话框。其命令行为“UNITS”。

4.4 AutoCAD 的组织图形和应用标准

如果设置标准来增强一致性，则可以较容易地理解图形。可以设置图层名、标注样式和其他元素标准来检查不符合这些标准的图形，然后修改任何不一致的特性。

4.4.1 CAD 标准的基本特征

为维护图形文件的一致性，可以创建标准文件以定义常用属性。标准为命名对象（如图层和文字样式）定义一组常用特性。为增强一致性，用户或用户的 CAD 管理员可以创建、应用和核查 AutoCAD 图形中的标准。因为标准可以帮助其他人理解图形，因此，其在许多人创建同一个图形的协作环境下尤其有用。

（1）标准检查的命名对象。可以为下列命名对象创建标准，即图层、文字样式、线型、标注样式。

（2）标准文件。定义标准后将它们保存为标准文件，然后可以将标准文件同一个或更多图形文件关联起来。将标准文件与图形相关联后应该定期检查该图形以确保它遵循标准。

（3）样例图形和关联的标准文件。AutoCAD 提供了样例图形和关联的标准文件。为了说明如何核查图形，该图形文件已被故意修改为包含多个非标准对象。样例文件 MKMPlan. dwg 和 MKMStd. dws 安装在 AutoCAD 的 Sample 文件夹中。

（4）标准核查工作原理。在检查图形是否符合标准时，将对照与图形相关联的标准文件检查每个特定类型的命名对象，如对照标准文件中的图层，使图形中的每个图层都受到了检查。

标准核查可以找出以下两种问题，即：在检查的图形中出现带有非标准名称的对象，如名为 WALL 的图层出现在图形中但并未出现在任何相关标准文件中；图形中的命名对象可以与标准文件中的某一名称相匹配，但它们的特性并不相同，如图形中 WALL 图层为黄色，而标准文件则将 WALL 图层指定为红色。

用非标准名称固定对象时非标准对象将从图形中被清理掉，与非标准对象关联的任何图形对象都将传送给指定的替换标准对象。如可以固定非标准图层 WALL 并使用标准 ARCH－WALL 图层替换它。在这个例子中选择“在检查标准中修复”对话框，将所有对象从图层 WALL 传送至图层 ARCH－WALL，然后从图形中清理掉图层 WALL。

（5）标准插入模块。核查过程使用标准插入模块，即定义检查过的单个命名对象的特性规则的应用软件。对照相应的插入模块可以分别检查图层、标注样式、线型和文字样式。在检查图形是否与标准冲突时可以指定使用的插入模块。Autodesk 或第三方开发商可能会提供标准插入模块，以检查其他图形特性。所有的插入模块检查除图层插入模块之外每个命名对象的所有特性。在使用图层插入模块时将检查以下图层特性，即：颜色、线型、线宽、打印样式模式、打印样式名称（当 PSTYLEMODE 系统变量设为 0 时）。图层插入模块不检查以下图层特性，即：开/关、冻结/解冻、锁定、打印/不打印。

（6）标准设置。在“CAD 标准设置”对话框中可以进行若干对 CAD 管理器有用的设置。单击“检查标准”对话框和“配置标准”对话框中的设置可以访问此对话框。

4.4.2　定义标准

要设置标准可以创建定义图层特性、标注样式、线型和文字样式的文件，然后将其保存为带有 .dws 文件扩展名的标准文件。根据工程的组织方式，可以决定是否创建多个工程特定标准文件并将其与单个图形关联起来，核查图形文件时标准文件中各设置之间可能会发生冲突，如某个标准文件指定图层 WALL 为黄色而另一个标准文件指定图层为红色，发生冲突时第一个与图形关联的标准文件具有优先权，如有必要可以改变标准文件的顺序以改变优先级。如果希望只使用指定的插入模块核查图形，则可以在定义标准文件时指定插入模块，例如，如果最近只对图形进行了文字更改，那么用户可能希望只使用图层和文字样式插入模块核查图形以节省时间，默认情况下，核查图形是否与标准冲突时会使用所有插入模块。

（1）创建标准文件的步骤。在“文件”菜单中单击“新建”，输入样板文件名或按 ENTER 键继续。在新图形中创建任何将要作为标准文件一部分的图层、标注样式、线型和文字样式。在“文件”菜单中单击“另存为”，在文件名中输入标准文件的名称。在“文件类型”列表中选择“AutoCAD 图形标准（*.dws）”，DWS 文件必须保存为 AutoCAD 2004 格式，要创建 AutoCAD 2000 格式的 DWS 文件可将文件保存为 AutoCAD 2000 DWG 格式，然后使用 .dws 扩展名重命名 DWG 文件。单击“保存”。

（2）使标准文件与当前图形相关联的步骤。在命令提示下输入 standards。在“配置标准”对话框的“标准”选项卡中单击＋按钮（添加标准文件）。在“选择标准文件”对话框中找到并选择标准文件，单击“打开”。如果要使其他标准文件与当前图形相关联可重复执行前述步骤（2）和（3）（可选）。单击“确定”。“CAD 标准”工具栏为。

（3）从当前图形中删除标准文件的步骤。在命令提示下输入 standards。在“配置标准”对话框的“标准”选项卡上，在“与当前图形关联的标准文件”中选择一个标准文件。单击 X 按钮（删除标准文件）。如果要删除其他标准文件可重复执行前述步骤（2）和（3）（可选）。单击“确定”。“CAD 标准”工具栏为。

（4）更改与当前图形相关联的标准文件的次序的步骤。在命令提示下输入 standards。在“配置标准”对话框的“标准”选项卡上，在“与当前图形关联的标准文件”中选择要更改其位置的标准文件。执行下列操作之一，即：单击上箭头按钮（上移），将标准文件向上移动到列表的某个位置；单击下箭头按钮（下移），将标准文件向下移动到列表的某个位置。如果要更改列表中其他标准文件的位置，可重复执行前述步骤（2）和（3）（可选）。单击“确定”。“CAD 标准”工具栏为。

（5）指定核查图形时使用的标准插入模块的步骤。在命令提示下输入 standards。在“配置标准”对话框的“插入模块”选项卡中执行下列操作之一，即：至少选中一个插入模块的复选框以核查图形是否与标准冲突；要选择所有插入模块可在“插入模块”列表中单击右键，然后单击快捷菜单中的“全部选择”（在“插入模块”列表中单击右键然后单击快捷菜单中的“全部清除”可以清除所有插入模块)。单击“确定”。“CAD标准”工具栏为。

4.4.3 检查图形是否与标准冲突

将标准文件与AutoCAD图形相关联后应定期检查该图形,以确保它遵循其标准,这在许多人同时更新一个图形文件时尤为重要。例如,在一个具有多个次承包人的项目中某个次承包人可能创建了新的但不符合所定义的标准的图层,在这种情况下需要能够识别出非标准的图层然后对其进行修复。可以使用通知功能警告用户在操作图形文件时发生标准冲突,此功能允许用户在发生标准冲突后立即进行修改,从而使创建和维护遵从标准的图形更加容易。

(1)检查单个图形。可以使用CHECKSTANDARDS命令查看当前图形中的所有标准冲突,“检查标准”对话框报告所有非标准对象并给出建议的修复方法。可以选择修复或忽略报告的每个标准冲突,如果忽略所报告的冲突将在图形中对其进行标记,可以关闭被忽略问题的显示以便下次核查该图形时不再将它们作为冲突的情况进行报告。如果对当前的标准冲突未进行修复,则在“替换”列表中将没有项目亮显,“修复”按钮也不可用,如果修复了当前显示在“检查标准”对话框中的标准冲突,则除非单击“修复”或“下一个”按钮,否则此冲突不会从对话框中删除。在整个图形核查完毕后将显示“检查完成”消息,此消息总结在图形中发现的标准冲突,此消息还显示自动修复的冲突、手动修复的冲突和被忽略的冲突,关闭此消息后将显示“检查标准”对话框。

需要强调的是,当显示两个独立的非标准图层的冲突时(一个是非标准图层名称冲突,另一个是非标准图层特性冲突),选择修复其中任意一个冲突即可将这两个冲突同时修复,这会导致在“检查完成”提示总结中出现矛盾,即所发现的标准冲突将少于最初在“检查标准”对话框中所报告的标准冲突。

(2)检查多个图形。可以使用标准批处理检查器分析多个图形,然后通过HTML格式的报告总结找到的标准冲突,要运行批处理标准核查首先必须创建标准检查(CHX)文件。CHX文件是配置文件和报告文件,它包含图形文件和标准文件的列表,还包含由标准检查生成的报告。默认情况下,系统将根据与其相关联的标准文件检查每个图形,用户可以忽略默认设置而选择其他可用的标准文件。完成批处理标准核查后可以查看带有核查详细说明的HTML报告,还可以创建包含在HTML报告中的注解,也可以输出和打印此报告,在协作环境中可以将该报告分发给起草者,以便他们修复各自编写章节中存在的问题。

(3)处理图形时使用标准冲突通知。可以在“CAD标准设置”对话框中设置通知选项,也可以使用STANDARDSVIOLATION系统变量设置通知选项,如果选择了对话框中的“标准冲突时显示警告”,则在工作时发生冲突将显示警告,如果选择了“显示标准状态栏图标”,则在打开与标准文件相关联的文件及在创建或修改非标准对象时将显示图标。

默认情况下,如果关联的标准文件丢失或者在工作时发生了冲突,则在应用程序窗口的右下角(状态栏托盘中)将显示弹出消息,这时应在使用通知选项前利用“检查标准”

对话框检查图形的标准冲突，这样可以防止触发由以前的会话所引起的通知警告。在检查并修复图形后仅当发生新的冲突时通知选项才触发警告。

（4）显示命名对象的警告。如果选择了“标准冲突时显示警告”则仅当创建或编辑命名对象（线型、文字样式、图层和标注）时才会向用户发送冲突通知，不影响命名对象的标准冲突不会触发通知警告。此外，如果命名对象在“检查标准”对话框中被标记为忽略，则即使此命名对象是非标准的也不会再触发通知警告，更改非标准命名对象（如将非标准图层设为当前层）会触发通知警告。

显示警告后可以选择修复或不修复此冲突。选择修复冲突将打开“检查标准”对话框，如果此对话框已经打开，则它将修复刚刚发生的特定冲突。在对最近的标准冲突做出响应后，可以在“检查标准”对话框中恢复以前的工作，出现警告时如果不希望修复冲突，可以单击“不修复”关闭此警告。

如果打开了有一个或多个关联标准文件的图形，则状态栏中会显示“关联标准文件”图标，如果缺少关联标准文件则状态栏中将显示“缺少标准文件”图标，如果双击“缺少标准文件”图标，然后解决或断开了缺少的标准文件，则“缺少标准文件”图标将被“关联标准文件”图标代替。

需要强调的是，如果选择“检查标准”对话框中的“标准冲突时显示警告”，然后修复冲突，则可以从上次中断的地方继续执行修复操作。如果选择“显示标准状态栏”图标且单击此图标，然后修改冲突，则必须重新开始修复操作。

（5）核查图形标准冲突的情况。打开具有一个或多个关联标准文件的图形，状态栏中显示“关联标准文件”图标，如果缺少关联标准文件，则状态栏中将显示“缺少标准文件”图标，如果单击“缺少标准文件”图标，然后解决或断开了缺少的标准文件，则“缺少标准文件”图标将被“关联标准文件”图标代替。在具有一个或多个关联的标准文件的图形中，在命令提示下输入 checkstandards，随之会显示“检查标准”对话框，其中在“问题”下报告了第一个标准冲突的情况。执行下列 4 个操作之一，即：如果要应用“替换”列表中所选的项目以修复“问题”下所报告的冲突可单击“修复”，如果在“替换”列表中存在一个建议的修复方法，则复选框前会显示一个复选标记，如果不存在建议如何修复当前标准冲突的修复方法则“修复”按钮将不可用，“检查标准”对话框将在“问题”下自动显示下一个标准冲突；在 AutoCAD 中手动修复标准冲突然后单击“下一个”按钮，显示下一个标准冲突；选择“将此问题标记为忽略”，然后单击“下一个”按钮显示下一个标准冲突，选择“将此问题标记为忽略”将标记该标准冲突，则下次使用 CHECKSTANDARDS 命令时将不显示该冲突；单击“下一个”按钮显示下一个冲突。重复执行前述步骤（2）直至查看了所有标准冲突。单击“关闭”。“CAD 标准”工具栏为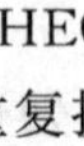。

（6）打开或关闭被忽略问题的显示。在具有一个或多个关联的标准文件的图形中，在命令提示下输入 checkstandards。在“检查标准”对话框中单击“设置”。在“CAD 标准设置”对话框中选择或清除“显示忽略的问题”。单击“确定”。“CAD 标准”工具栏为。

（7）打开或关闭标准冲突通知的步骤。在命令提示下输入 standards。在“配置标准”

对话框中单击“设置”。执行下列操作之一，即：要关闭标准通知，可在“CAD 标准设置”对话框中选择“禁用标准通知”；如果希望收到警告通知，可在“CAD 标准设置”对话框中选择“标准冲突时显示警告”；如果希望在状态栏中显示通知图标，可在“CAD 标准设置”对话框中选择“显示标准状态栏”图标。单击“确定”。“CAD 标准”工具栏为。

(8) 启动标准批处理检查器的步骤。在“开始”菜单（Windows）中单击“程序”➤“Autodesk”➤“AutoCAD”➤“标准批处理检查器”。需要强调的是，在使用 DWGCHECKSTANDARDS 命令从 DOS 命令行启动标准批处理检查器时，标准批处理检查器接收若干命令行参数，这些参数可用于编写批处理标准核查脚本。

(9) 为标准批处理检查器创建标准检查文件的步骤。启动标准批处理检查器。在标准批处理检查器的“文件”菜单中单击“新建检查文件”，或者单击标准批处理检查器工具栏上的“新建”。在“图形”选项卡上单击＋按钮（添加图形）。在“打开”对话框中选择要核查的图形。如果要向标准检查文件中添加其他图形可重复执行前述步骤（3）和（4）（可选）。在“文件”菜单中单击“另存为”，或单击标准批处理检查器工具栏上的“另存为”按钮。在“另存为”对话框的“文件名”中输入文件的名称然后单击“保存”。

(10) 打开现有标准检查文件的步骤。启动标准批处理检查器。在标准批处理检查器的“文件”菜单中单击“打开检查文件”，或者单击标准批处理检查器工具栏上的“打开”。在“打开”对话框中找到并选择标准检查文件。单击“打开”。

(11) 为标准检查文件指定标准替代的步骤。启动标准批处理检查器。创建标准检查文件或打开现有的文件。在标准批处理检查器中单击“标准”选项卡。使用“标准文件”选项选择检查所有图形。单击＋按钮（添加标准文件）。在“打开”对话框中选择一个用于替代的标准文件，然后单击“打开”。如果要添加其他标准文件作为替代文件可重复执行前述步骤（5）和（6）（可选）。在标准批处理检查器的“文件”，菜单中单击“保存检查文件”或者单击标准批处理检查器工具栏上的“保存”。

(12) 核查图形集中是否存在标准冲突的步骤。启动标准批处理检查器。打开现有的标准检查文件，或者创建一个新的文件。在标准批处理检查器的“检查”菜单中单击“开始检查”，或者单击标准批处理检查器工具栏上的“开始检查”。完成批处理核查后浏览器窗口中将显示报告，可以单击“停止检查”随时取消批处理核查。需要强调的是不能使用标准批处理检查器检查加密文件。

(13) 在批处理报告中添加注解的步骤。启动标准批处理检查器。创建标准检查文件或打开现有的文件。在标准批处理检查器中单击“注释”选项卡。输入要包含在报告中的注解。在“文件”菜单中单击“保存检查文件”或者单击标准批处理检查器工具栏上的“保存”按钮。

(14) 查看上一次生成的批处理核查报告的步骤。启动标准批处理检查器。打开生成待查看报告的标准检查文件。在标准批处理检查器的“检查”菜单中单击“查看报告”，或者单击标准批处理检查器工具栏上的“查看报告”，浏览器窗口中将显示报告。选择下列在过滤报告中显示的数据之一，即：概述、插入模块、标准、问题、忽略的问题、全部。在“名称”列表中选择单个图形查看其核查信息。前述所谓“概述”是指概述每个被核查图形中存在的问题数；“插入模块”是指概述系统中安装的用来执行批处理核查的标准插入模块；“标准”是指概述批处理核查中用于检查图形的标准文件；“问题”是指提供发现的每个问题的详细信息；“忽略的问题”是指提供有关标记为忽略问题的详细信息；“全部”是指显示所有可用的标准核查信息。

(15) 输出批处理核查报告的步骤。启动标准批处理检查器。创建标准检查文件或打开现有的文件。在标准批处理检查器的“检查”菜单中单击“输出报告”，或者单击标准批处理检查器工具栏上的“输出报告”。

4.4.4　转换图层名和特性

使用图层转换器可以修改图形的图层，使其与用户设置的图层标准相匹配。

(1) 将图层转换为所建立的图形标准。使用图层转换器可以将某个图形中的图层转换为已定义的标准。例如，如果从一个不遵循用户所在公司图层约定的公司接收到一个图形可以将该图形的图层名称和特性转换为用户所在公司的标准，可以将当前图形中使用的图层映射到其他图层，然后使用这些映射转换当前图层。如果图形包含同名的图层，图层转换器可以自动修改当前图层的特性，使其与其他图层中的特性相匹配。可以将图层转换映射保存在文件中，以便日后在其他图形中使用。

(2) 将图形的图层转换为标准图层设置的步骤。从“工具”菜单选择“CAD 标准”➤“图层转换器”。在图层转换器中执行下列操作之一，即：选择“加载”从图形、图形样板或图形标准文件中加载图层，在“选择图形文件”对话框中选择所需的文件，然后选择“打开”；选择“新建”定义新的图层，在“新建图层”对话框中输入新图层的名称，选择其特性，然后选择“确定”。将当前图形中的图层映射到要转换的图层并使用下列方法映射图层，即：要从一个列表向另一个列表映射所有同名的图层，可选择“映射相同”；要映射“转换自”列表中单独的图层，可选择一个或多个图层，在“转换为”列表中选择要使用其特性的图层，然后选择“映射”定义映射，可以为每个或每组待转换的图层重复使用此方法，要删除映射，可从“图层转换映射”列表中选择映射然后选择“删除”，要删除所有映射可在列表中单击右键，然后选择“全部删除”。可以在图层转换器中执行下列操作，即要修改“图层转换映射”列表中映射图层的特性可选择要修改其特性的映射，然后选择“编辑”，在“编辑图层”对话框中修改映射图层的线型、颜色、线宽或打印样式，然后选择“确定”；要自定义图层转换的步骤可选择“设置”，在“设置”对话框中选择所需的选项然后选择“确定”；要将图层映射保存到文件中可选择“保存”，在“保存图层映射”对话框中输入文件名然后选择“确定”（可选）。选择“转换”执行指定的图层转换。“CAD 标准”工具栏为，命令行为“LAYTRANS”。

需要强调的是，在执行前述操作时可以根据需要的次数重复执行。如果加载了其他文件，其中包含与“转换为”列表中所显示的图层同名的图层则保留该列表中第一个加载的图层特性，而忽略重复的图层特性。

(3) 查看选定图层。使用图层转换器可以控制图形区域中显示的图层，可以选择显示图形中所有图层上的对象，或者显示指定图层上的对象。通过查看选定图层可以直观地验证图层的内容。

（4）指定在图形区域显示哪些图层的步骤。从“工具”菜单选择“CAD标准”➤“图层转换器”。在图层转换器中选择“设置”。在“设置”对话框中执行下列操作之一，即：要显示图形中选定图层上的对象可选择“选定时显示图层内容”，图形区域只显示在“图层转换器”对话框中选定的图层；要显示图形中所有图层上的对象可清除“选定时显示图层内容”。选择“确定”。“CAD标准”工具栏为，命令行为“LAYTRANS”。

（5）清理未参照的图层。可以使用图层转换器清理（全部删除）图形中未参照的图层，例如，如果图形中包括不需要的图层，则可能需要删除这些图层，减少图层数可以使剩余图层的管理更为方便。

（6）清理图形中所有未参照的图层的步骤。从“工具”菜单选择“CAD标准”➤“图层转换器”。在图层转换器中，在“转换自”列表中单击右键，然后选择“清理图层”，随之所有未参照的图层将从当前图形中删除。“CAD标准”工具栏为，命令行为“LAYTRANS”。

思 考 题 与 习 题

1. 简述AutoCAD的开始操作及图形保存方法。
2. 简述AutoCAD打开现有图形的方法。
3. AutoCAD中如何指定单位、角度和缩放比例？
4. 简述AutoCAD组织图形的特点和应用标准。

第 5 章　AutoCAD 控制图形视图的方法

5.1　AutoCAD 的二维显示修改

编辑图形时如果要查看所做修改的整体效果，可以控制图形显示并快速移动到图形的不同区域。可以通过缩放更改比例，或通过平移重新定位图形区域中的视图，还可以保存视图然后在需要打印或参考特定细节时恢复它。

5.1.1　平移视图

使用 PAN 命令或窗口滚动条可以移动视图的位置。使用“实时”选项可以使用定点设备动态平移。像使用照相机进行平移一样，PAN 不会改变图形中对象的位置或比例，而只改变视图。单击右键可以显示包含其他视图选项的快捷菜单。具体可参考本书前述“定点设备按钮”中的相关内容。

（1）通过拖动进行平移的步骤。在“查看”菜单上选择“实时平移”。出现手形光标时，移动定点设备的同时按住鼠标按钮可以拖动视图。如果使用滚轮鼠标，可以在按住滚轮按钮的同时移动鼠标。“标准”工具栏为，命令行为“PAN”。

（2）通过指定点进行平移的步骤。从“查看”菜单选择“平移”➤“点”。指定基点，这是要平移的点。指定第二点（要平移到的目标点），这是第一个选定点的新位置。其命令行为“PAN”。

5.1.2　放大视图（缩放）

可以通过放大和缩小修改视图的比例。像使用照相机进行缩放一样，ZOOM 不会改变图形中对象的绝对大小而只改变视图的比例（图 5.1.1、图 5.1.2）。在图形中进行局部特写时，可能经常需要将图形缩小以观察总体布局，使用“缩放到上一个”可以快速回到前一个视图。以上介绍的选项是最常用的选项，关于所有 ZOOM 选项的说明可参考本书的“命令参考”中的相关内容。

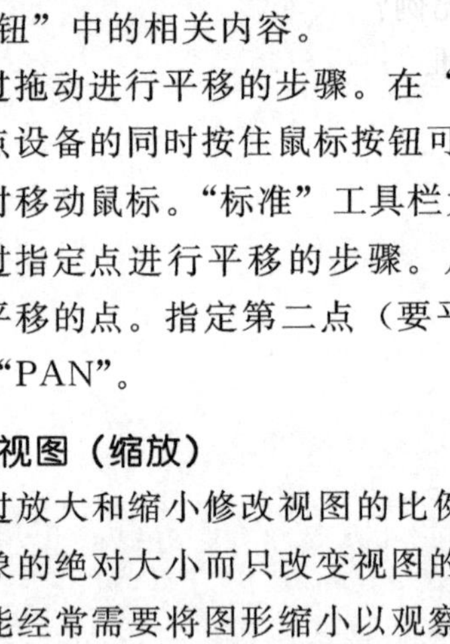

图 5.1.1　缩小

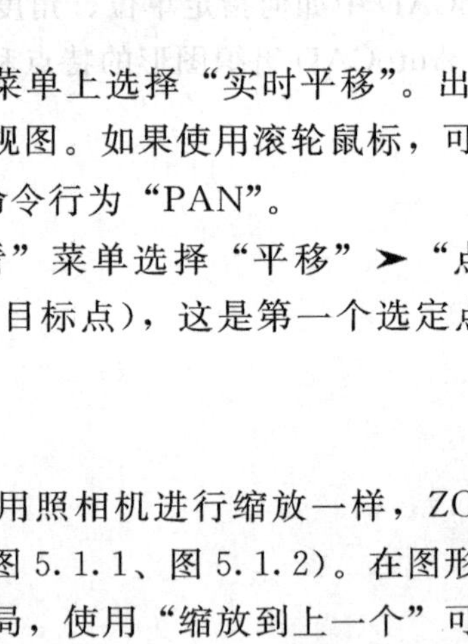

图 5.1.2　放大

（1）缩放以放大指定的矩形区域。通过指定要查看区域的两个对角可以快速缩放某个矩形区域，所指定区域的左下角成为新视图的左上角，指定缩放区域的形状不必严格符合新视图但新视图必须符合视口的形状（图 5.1.3、图 5.1.4）。

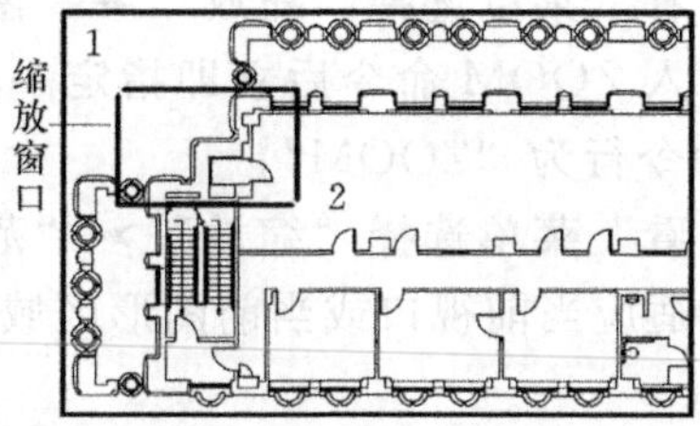

图 5.1.3 原视图

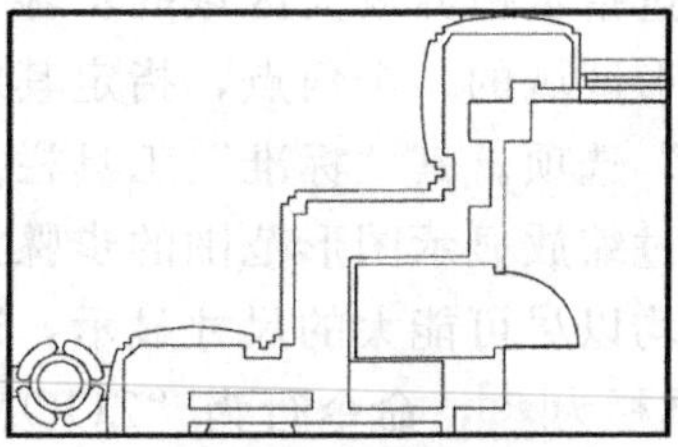

图 5.1.4 新视图

（2）实时放大。使用“实时”选项可以通过向上或向下移动定点设备进行动态缩放。单击右键可以显示包含其他视图命令的快捷菜单。

（3）缩放以查看图形中的所有对象。如图 5.1.5～图 5.1.7 所示，“范围缩放”使用尽可能大的、可包含图形中所有对象的放大比例显示视图，此视图包含已关闭图层上的对象，但不包含冻结图层上的对象。“全部缩放”显示用户定义的图形界限和图形范围，无论哪一个视图较大。

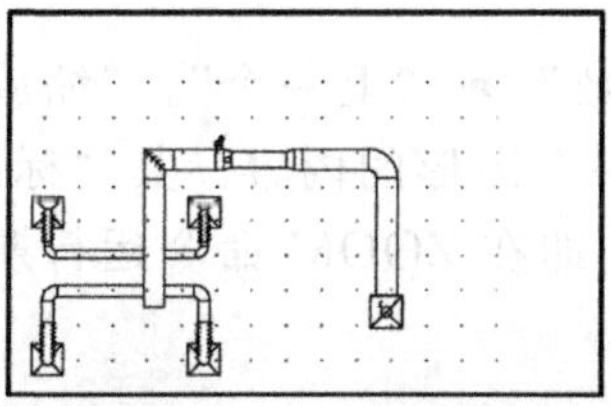

图 5.1.5 该步骤当前视图

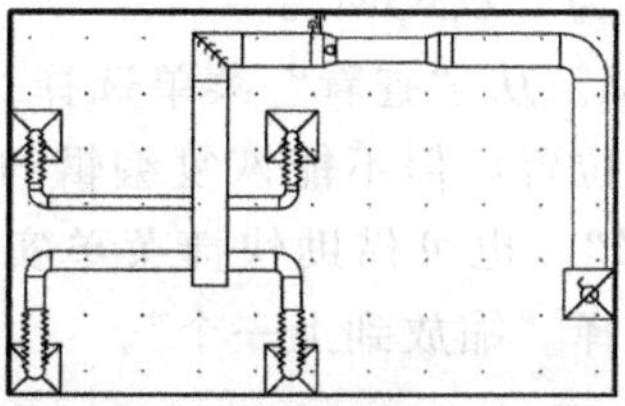

图 5.1.6 缩放到范围

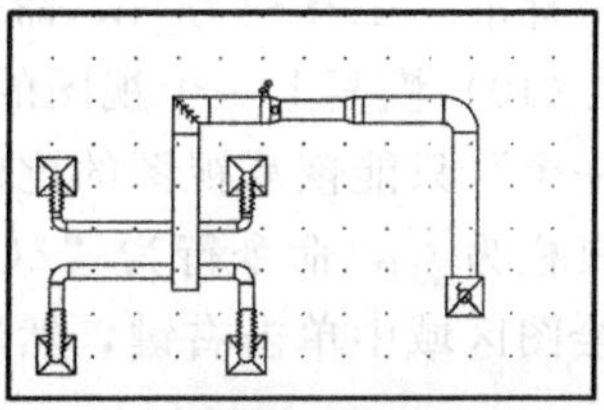

图 5.1.7 缩放到显示整个图形（全部）

（4）缩放到图形的中心点。可以将图形中的指定点移动到绘图区域的中心。“中心缩放”用于调整对象的大小并将其移动到视口的中心，可以通过输入垂直图形单位数或相对于当前视图的放大比例指定大小。图 5.1.8～图 5.1.10 显示了使用“中心缩放”以相同尺寸和两倍尺寸显示视图的效果。具体可参考本书“根据图纸空间缩放视图”和“工具栏”中的相关内容。

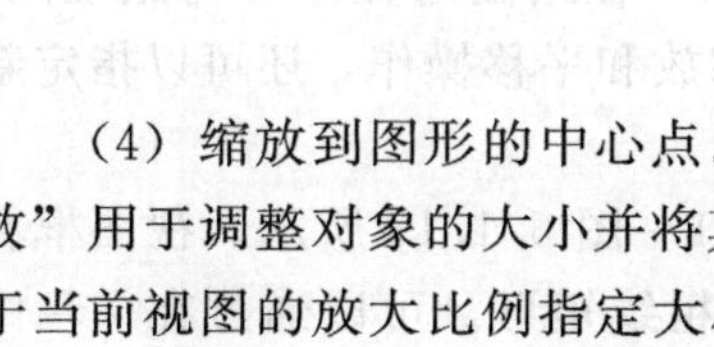

图 5.1.8 该步骤当前视图

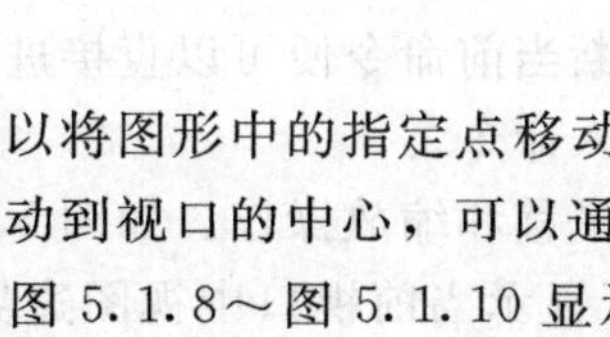

图 5.1.9 以相同尺寸进行“中心缩放”

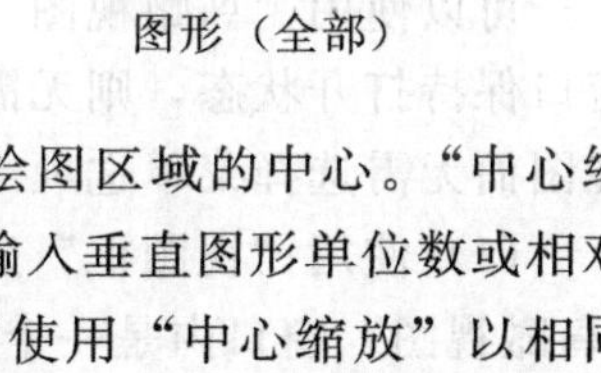

图 5.1.10 以两倍尺寸进行“中心缩放”

（5）通过拖动进行缩放的步骤。从“查看”菜单中选择“缩放”➤“实时”。按住定点设备上的按钮然后垂直拖动即可放大或缩小。按 Enter 键，按 Esc 键，或单击右键退出。其“标准”工具栏为，命令行为“ZOOM”。

（6）通过指定边界放大区域的步骤。从“查看”菜单选择“缩放”➤“窗口”，指定要查看的矩形区域的一个角点，指定其对角。输入 ZOOM 命令后立即指定一点可以自动选择“窗口”选项。其“标准”工具栏为，命令行为“ZOOM”。

（7）通过缩放显示图形范围的步骤。从“查看”菜单选择“缩放”➤“范围”，图形中所有对象均以尽可能大的尺寸显示，同时又能适应当前视口或当前图形区域的大小。其“标准”工具栏为，命令行为“ZOOM”。

（8）通过缩放显示栅格区域界限的步骤。从“查看”菜单选择“缩放”➤“全部”，图形栅格的界限将填充当前视口或图形区域，如果在栅格界限之外存在对象它们也被包括在内。其“标准”工具栏为，命令行为“ZOOM”。

（9）在绘图区域中使图形居中的步骤。从“查看”菜单选择“缩放”➤“中心”，指定图形中心点，以图形单位为单位输入高度或比例因子。如要指定具有两个图形单位的视图可输入 2，如果输入的数值比默认值小则会增大图像，如果输入的数值比默认值大则会缩小图像。要指定相关的放大比例可输入其后跟有 x 的比例因子，如输入 2x 则以两倍大小显示当前视图，如果正在使用布局视口则可以输入 xp 相对于图纸空间进行比例缩放。其“标准”工具栏为，命令行为“ZOOM”。

（10）恢复上一个视图的步骤。从“查看”菜单选择“缩放”➤“上一个”。“缩放到上一个”只能恢复视图的比例和位置，但不能恢复编辑的上一个图形的内容。其“标准”工具栏为，命令行为“ZOOM”。也可借助快捷菜单实现，即在 ZOOM 命令运行期间在绘图区域中单击右键，然后选择“缩放到上一个”。

5.1.3　使用“鸟瞰视图”窗口平移和缩放

可以使用“鸟瞰视图”窗口快速修改当前视口中的视图。在绘图时如果“鸟瞰视图”窗口保持打开状态，则无需中断当前命令便可以直接进行缩放和平移操作，还可以指定新视图而无需选择菜单选项或输入命令。

（1）使用“视图框”进行平移和缩放操作。如图 5.1.11～图 5.1.18 所示。视图框在“鸟瞰视图”窗口内是一个用于显示当前视口中视图边界的粗线矩形。可以通过在“鸟瞰视图”窗口中改变视图框来改变图形中的视图。要放大图形可将视图框缩小，要缩小图形可将视图框放大，单击左键可以执行所有平移和缩放操作，单击右键可以结束平移或缩放操作，要平移图形可移动视图框。

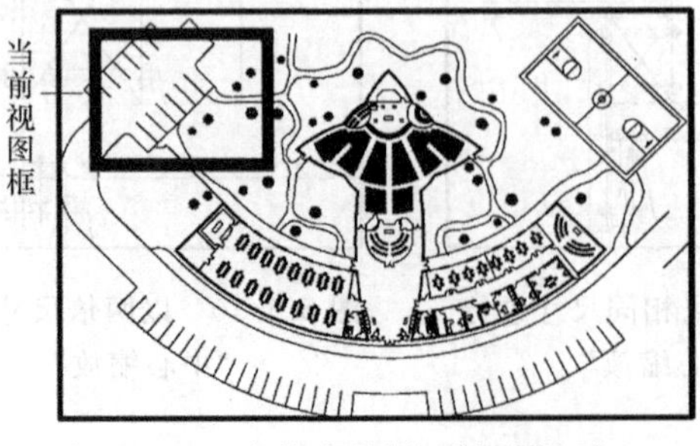

图 5.1.11　当前步骤“鸟瞰视图”窗口

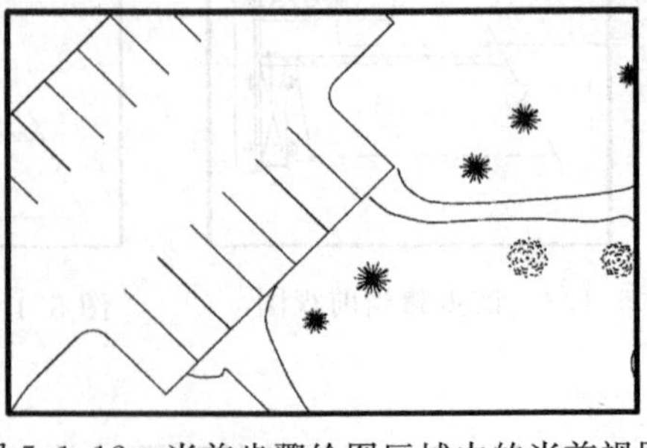

图 5.1.12　当前步骤绘图区域中的当前视图

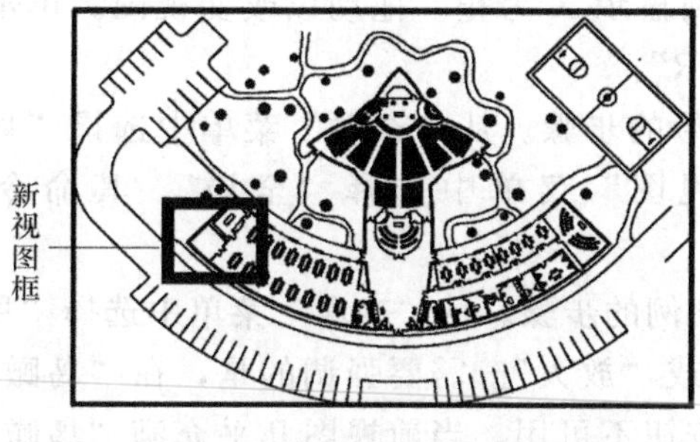

图 5.1.13　当前步骤“鸟瞰视图”窗口

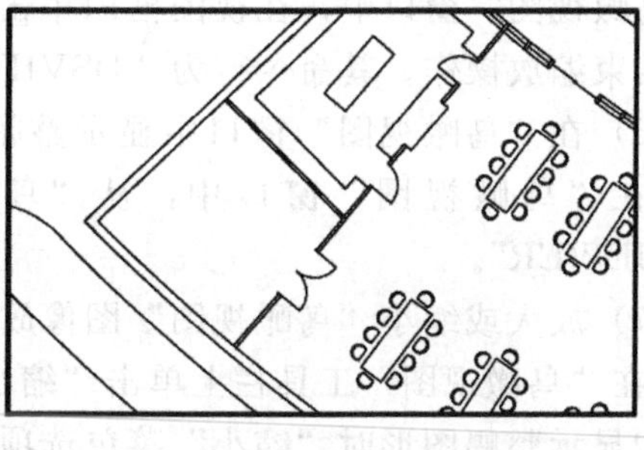

图 5.1.14　当前步骤绘图区域中的新视图

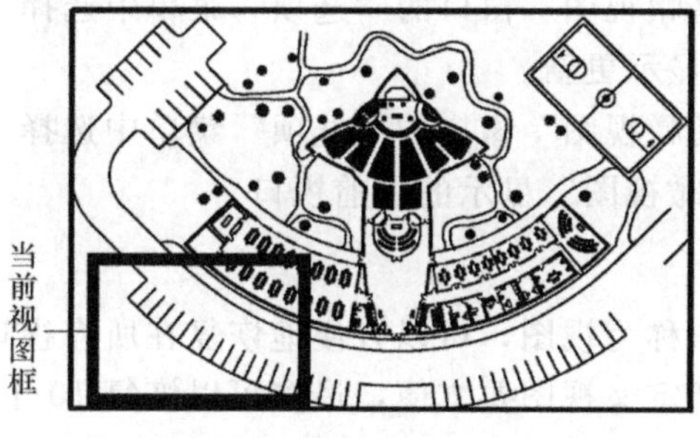

图 5.1.15　当前步骤“鸟瞰视图”窗口

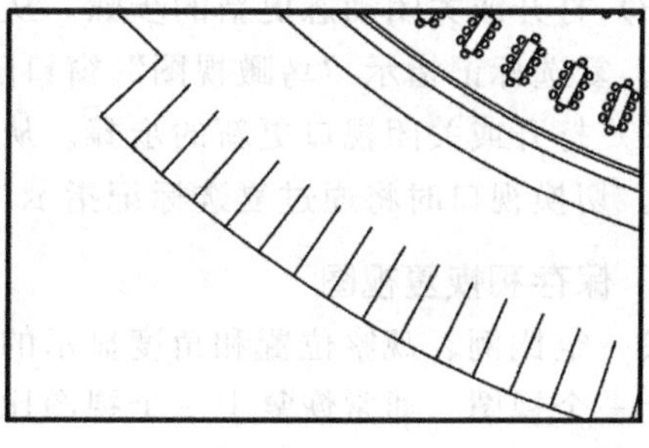

图 5.1.16　当前步骤绘图区域中的当前视图

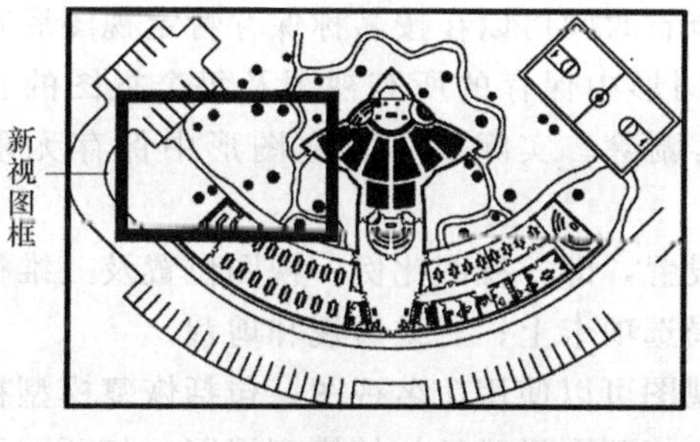

图 5.1.17　当前步骤“鸟瞰视图”窗口

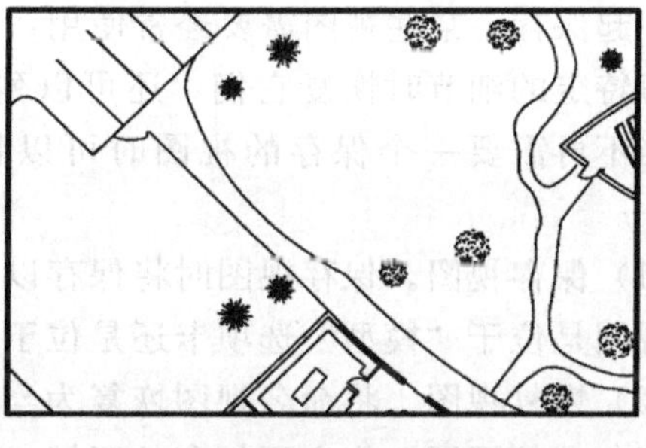

图 5.1.18　当前步骤绘图区域中的新视图

(2) 改变“鸟瞰视图”窗口中显示的视图。可以使用“鸟瞰视图”工具栏按钮改变“鸟瞰视图”窗口中图像的放大比例，或以增量方式重新调整图像的大小。这些改变不会影响到绘图自身的视图。

(3) 使用具有多个视口的“鸟瞰视图”窗口。“鸟瞰视图”窗口仅使用当前视口中的视图。“鸟瞰视图”图像将在修改图形和选择其他视口时更新。当绘制复杂图形时关闭此动态更新功能可以提高程序性能。如果关闭此功能，则 AutoCAD 在激活“鸟瞰视图”窗口时才更新“鸟瞰视图”图像。

(4) 使用“鸟瞰视图”窗口缩放新区域的步骤。从“查看”菜单中选择“鸟瞰视图”。在“鸟瞰视图”窗口中，在视图框内单击直到显示箭头为止。向右拖动可以缩小视图，向左拖动可以放大视图。单击右键可以结束缩放操作。其命令行为“DSVIEWER”。

(5) 使用“鸟瞰视图”视图进行平移的步骤。从“查看”菜单中选择“鸟瞰视图”。

在“鸟瞰视图”窗口中，在视图框内单击直到显示 X 为止。拖动以改变视图。单击右键可以结束缩放操作。其命令行为“DSVIEWER”。

（6）在“鸟瞰视图”窗口中显示整幅图形的步骤。从“查看”菜单中选择“鸟瞰视图”。在“鸟瞰视图”窗口中，从“鸟瞰视图”菜单中选择“全局”。其命令行为“DSVIEWER”。

（7）放大或缩小“鸟瞰视图”图像放大比例的步骤。从“查看”菜单中选择“鸟瞰视图”，在“鸟瞰视图”工具栏上单击“缩小”或“放大”。需要强调的是，在“鸟瞰视图”窗口中显示整幅图形时“缩小”菜单选项和按钮不可用，当前视图几乎充满“鸟瞰视图”窗口时“放大”菜单选项和按钮不可用。其命令行为“DSVIEWER”。

（8）打开或关闭动态更新的步骤。从“鸟瞰视图”窗口的“选项”菜单中选择“动态更新”。复选标记指示“鸟瞰视图”窗口随时显示更新。

（9）打开或关闭视口更新的步骤。从“鸟瞰视图”窗口的“选项”菜单中选择“自动视口”。切换视口时将通过复选标记指示“鸟瞰视图”显示的当前视口。

5.1.4　保存和恢复视图

按一定比例、观察位置和角度显示的图形称为视图，可以方便地恢复在所有视口中显示的上一个视图。通常恢复上一个视图比重新定义视图要方便，最多可以恢复 10 个视图，这些视图不仅包括缩放视图，还包括平移视图、恢复的视图、透视视图或平面视图。当退出当前绘制任务时将不保留先前的视图，要调用跨越多个任务的视图可以按名称将视图与图形一起保存。某些视图需要经常使用，要节省时间可以在按名称保存特定视图后在打印或参考特定的细节时恢复它们，还可以列出图形中保存的所有视图及每个视图的相关信息，当不再需要一个保存的视图时可以将其删除。实际上可以在图形中保存无限多个视图。

（1）保存视图。保存视图时将保存以下设置，即：视图比例、视图位置及三维视图位置；视图是位于“模型”选项卡还是位于布局选项卡上；三维透视和剪裁。

（2）恢复视图。将命名视图恢复为当前视图可以使用命名视图，包括恢复模型视口或布局视口中的视图、指定要打印的区域、确定打开图形时的初始模型视图。打开图形时只有已将图形保存到指定布局选项卡中才可以指定布局视图。

（3）显示上一个视图的步骤。在“标准”工具栏上单击“缩放到上一个”。其命令行为“ZOOM”。

（4）在实时平移和实时缩放过程中显示上一个视图的步骤。单击右键然后从快捷菜单中选择“缩放为原窗口”。

（5）保存和命名视图的步骤。如果有多个视口可在包含要保存视图的视口中单击，从“查看”菜单中选择“命名视图”，在“查看”对话框的“命名视图”选项卡上选择“新建”，在“新建视图”对话框中为该视图输入名称，名称最多可以包含 255 个字符，包括字母、数字和特殊字符，如美元符号（$）、连字符（-）和下划线（_）。如果只需保存当前视图的一部分可选择“定义窗口”，然后单击“定义窗口”按钮，使用定点设备指定视图的两个对角，否则可选择“当前显示”。选择“确定”，保存新视图并退出“新建视图”对话框。选择“确定”，退出“视图”对话框。其命令行为“VIEW”。

（6）恢复已保存视图的步骤。如果有多个视口可在包含要替换视图的视口中单击，从“查看”菜单中选择“命名视图”，在“视图”对话框的“命名视图”选项卡上选择要恢复的视图。选择“置为当前”，列表中视图名称旁边会显示一个小指针图标以表明当前的视图设置，此图标还显示在“当前视图”旁边。选择“确定”。“视图”工具栏为▣，命令行为“VIEW”。

（7）删除命名视图的步骤。从“查看”菜单中选择“命名视图”。在“视图”对话框中选择要删除的视图。单击右键并选择“删除”。选择“确定”关闭“视图”对话框。“视图”工具栏为▣，命令行为“VIEW”。

（8）列出已保存视口排列的步骤。在“查看”菜单中选择“视口”，然后选择“命名视口”，已保存视口的列表将显示在“视口”对话框的“命名视口”选项卡中。“视口”工具栏为▣，命令行为“VPORTS”。

5.2 AutoCAD 的指定三维视图功能

在三维空间中工作时经常要显示几个不同的视图，以便可以轻易地验证图形的三维效果。最常用的视点是等轴测视图，使用它可以减少视觉上重叠的对象的数目。通过选定的视点可以创建新的对象、编辑现有对象、生成隐藏线或着色视图。

5.2.1 在三维空间查看平行投影

在三维空间查看平行投影的特点是可以从模型空间的任何位置查看三维模型的平行投影。

（1）在三维空间查看平行投影的基本要求。要确定模型空间中的点或角度可以采用以下 5 种方法，即：从工具栏中选择预置的三维视图；输入表示三维空间中观察位置的坐标或角度；修改当前 UCS、保存的 UCS 或 WCS 的 XY 平面视图；使用定点设备动态修改三维视图；设置前向剪裁平面和后向剪裁平面以限制当前显示的对象。在三维空间中查看仅限于在模型空间中，如果在图纸空间中工作则不能使用 VPOINT、DVIEW、3DORBIT 或 PLAN 命令定义图纸空间视图，图纸空间的视图始终为平面视图。

（2）选择预置三维视图。快速设置视图的方法是选择预定义的三维视图。可以根据名称或说明选择预定义的标准正交视图和等轴测视图。这些视图代表常用的俯视、仰视、主视、左视、右视、后视选项，此外，还可以从等轴测选项设置 SW（西南）等轴测、SE（东南）等轴测、NE（东北）等轴测和 NW（西北）等轴测视图，如图 5.2.1 和图 5.2.2 所示，要理解等轴测视图的表现方式可想象正在俯视盒子的顶部，如果朝盒子的左下角移动可以从西南等轴测视图观察盒子，如果朝盒子的右上角移动可以从东北等轴测视图观察盒子。

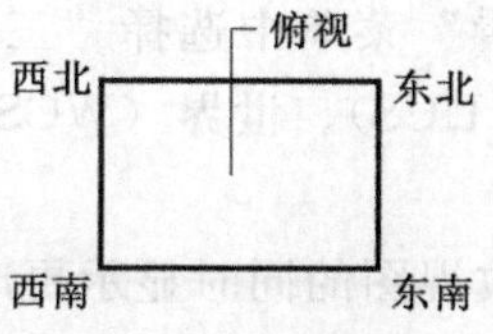

图 5.2.1 视点方向

图 5.2.2 西南等轴测视图

使用预置三维视图的步骤是从“查看”菜单中选择“三维视图”，然后选择预置视图（俯视、仰视、左视等）。其“视图”工具栏为，命令行为“VIEW”。

（3）使用坐标值或角度定义三维视图。可以通过输入一个点的坐标值或测量两个旋转角度定义观察方向，此点表示朝原点（0，0，0）观察模型时用户在三维空间中的位置。视点坐标值是相对于世界坐标系的，除非用户更改 WORLDVIEW 系统变量。定义建筑（AEC）设计的标准视图约定与机械设计的相应约定不同，在 AEC 设计中 XY 平面的正交视图是俯视图或平面视图，在机械设计中 XY 平面的正交视图是主视图。可以使用 DDVPOINT 旋转视图，图 5.2.3 显示了由两个相对于 WCS 的 X 轴和 XY 平面的角度所定义的视图。

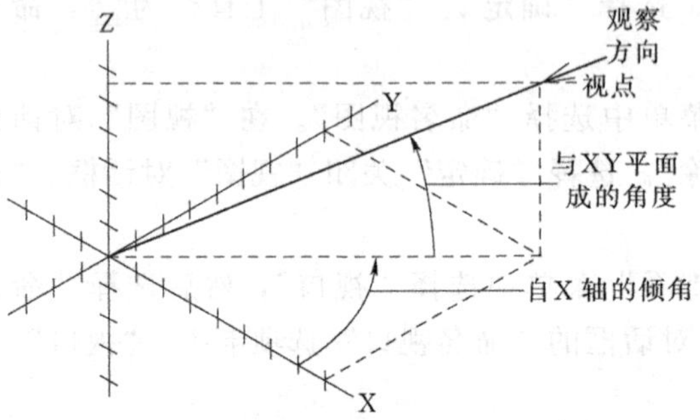

图 5.2.3　使用 DDVPOINT 旋转视图

使用视点坐标设置视图的步骤依次为：从“查看”菜单中选择“三维视图”➤“视点”；在指南针内单击，指定视点，选定视点用于在（0，0，0）方向观察图形。其命令行为“VPOINT”。

使用两个旋转角度设置视图的步骤依次为：在命令提示下输入 VPOINT；输入 r（旋转），使用两个角度指定新方向；输入从正 X 轴测量的 XY 平面中的角度；输入自 XY 平面的角度，该角度表示在（0，0，0）方向观察模型时观察者所在的位置。其命令行为“VPOINT”。

使用 VPOINT 设置标准视图（AEC 约定）的步骤依次为：在命令行上输入 VPOINT；根据所需视点输入坐标，如在俯（平面）视图中输入（0，0，1），在主视图中输入（0，−1，0），在右视图中输入（1，0，0），在等轴测视图中输入（1，−1，1）。其命令行为“VPOINT”。

使用 VPOINT 设置标准视图（机械设计约定）的步骤依次为：在命令行上输入 VPOINT；根据所需视点输入坐标，如在俯视图中输入（0，1，0），在主视图中输入（0，0，1），在右视图中输入（1，0，0），在等轴测视图中输入（1，1，1）。其命令行为“VPOINT”。若在等轴测视图中输入（1，1，1）意味着将视图向右旋转 45°再向上旋转 35.267°。

（4）更改到 XY 平面上的视图。AutoCAD 中平面视图是自正 Z 轴上一点朝原点（0，0，0）定位的视图，这样可以获得 XY 平面上的视图。通过将 UCS 方向设置为“世界”并将三维视图设置为“平面视图”，可以恢复大多数 AutoCAD 图形的默认视图和坐标系。将当前视图更改为 XY 平面的步骤依次为：从“查看”菜单中选择“三维视图”，然后选择“平面视图”；选项下列选择之一，即当前（当前 UCS）、世界（WCS）、命名（保存的 UCS）。其命令行为“PLAN”。

（5）动态更改三维视图。动态观察时可以在更改视图的同时显示更改视点的效果，使用此方法还可通过只选择用于确定视图的对象，临时简化视图。如果在没有选择任何对象的情况下按 Enter 键，则三维动态观察器视图将显示小房间的模型而不是实际图形，可以使用此房间定义观察角度和距离，完成调整并退出该命令后，AutoCAD 将在当前视图中应用对整个三维模型所做的修改。

设置剪裁平面应遵守软件规则，即通过定位前向剪裁和后向剪裁平面（用于控制基于自理论相机距离的对象的可见性）可以创建图形的剖面视图，可以移动垂直于相机和目标（指向相机）之间视线的剪裁平面，剪裁将自剪裁平面的前向和后向删除对象的显示，图 5.2.4 显示了剪裁平面的表现方式。

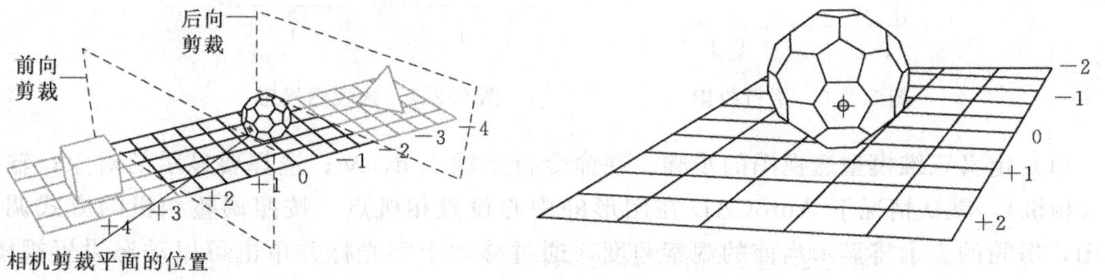

(a) 全景　　(b) 细部（从相机位置观看的视图）

图 5.2.4　剪裁平面的表现方式

动态创建平行投影的步骤由以下 6 步组成，即：在命令行上输入 dview；执行下列操作之一，选择要显示的对象并按 Enter 键，或不选择对象时按 Enter 键（可以看到显示当前视图角度的房间表示）；输入 ca（相机），默认情况下 AutoCAD 在图形的中心设置相机点；按照调整相机的方式调整视图，通过移动十字光标并单击可以动态设置视图；要在角度输入法之间进行切换可输入 t（切换角度），还可以使用以下两种角度输入法之一调整视图，即在“输入与 XY 平面的夹角”选项中输入相机与当前 UCS 的 XY 平面所成的上方或下方角度（默认设置为 90°，从上向下指向相机）；输入角度之后相机将在指定高度锁定（用户可以使用和当前 UCS 的 X 轴所成的旋转角绕目标旋转相机）；对于“输入 XY 平面中与 X 轴的夹角”选项可以使用与当前 UCS 的 X 轴所成角度绕目标旋转相机。完成指定平行投影之后按 Enter 键。其命令行为“DVIEW”。

设置剪裁平面的步骤由以下 6 步组成，即：在命令行上输入 dview；选择基于视图的对象；在命令行上输入 cL（剪裁）；输入 f 设置前向剪裁平面，或输入 b 设置后向剪裁平面，或按 Enter 键；通过拖动滑块或输入与目标之间的距离定位剪裁平面；按 Enter 键退出命令。其命令行为“DVIEW”。

恢复默认视图和 UCS 的步骤由以下 3 步组成，即：从“查看”菜单中选择“三维视图”；选择平面视图；选择世界 UCS。其命令行为“PLAN”。

5.2.2　显示透视图

可以定义模型的透视图以创建逼真的效果。定义透视图和定义平行投影之间的差别在于透视图取决于理论相机和目标点之间的距离，较小的距离产生明显的透视效果，较大的距离产生轻微的效果。图 5.2.5 和图 5.2.6 显示了同一个线框模型在平行投影和透视图投影的不同效果，两者都是基于相同观察方向的。在透视图投影中有许多操作不可用，其中包括平移和缩放及需要使用对象捕捉，或从定点设备输入的操作。在透视效果关闭或在其位置定义新视图之前透视图将一直保持其效果。

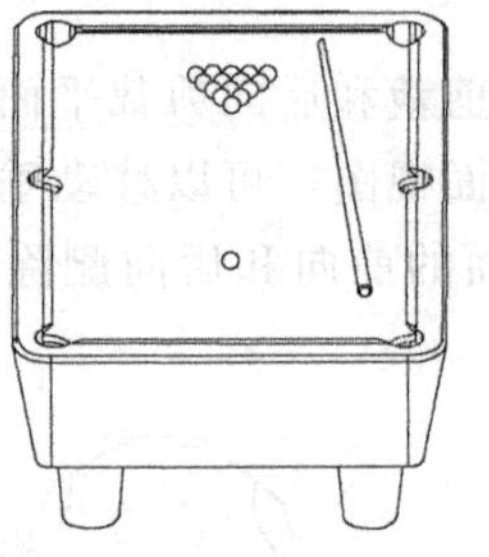

图 5.2.5 平行投影

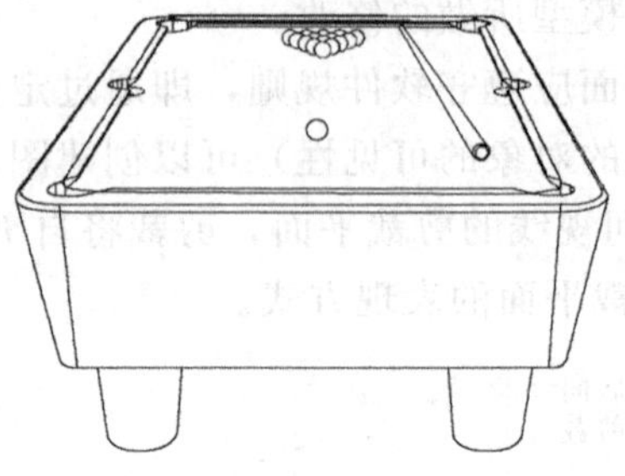

图 5.2.6 透视图投影

(1) 定义三维模型透视图的步骤。在命令行上输入 dview；选择要显示的对象；输入 ca（相机），默认情况下 AutoCAD 在图形的中心设置相机点；按照调整相机的方式调整视图，房间的表示将显示当前的观察角度，通过移动十字光标并单击可以动态设置视图。要在角度输入法之间进行切换可输入 t（切换角度），还可以使用以下两种角度输入法之一调整视图，即在“输入与 XY 平面的夹角”选项中输入相机与当前 UCS 的 XY 平面所成的上方或下方角度（默认设置为 90°，从上向下指向相机），输入角度之后相机将在指定高度锁定（用户可以使用和当前 UCS 的 X 轴所成的旋转角绕目标旋转相机）；对于“输入 XY 平面中与 X 轴的夹角”选项可以使用与当前 UCS 的 X 轴所成角度绕目标旋转相机。要打开透视图可输入 d（距离）。指定距离或按 ENTER 键设置透视图，可以使用滑块设置选定对象和相机之间的距离或输入实际数字，如果目标和相机点距离非常近（或将“缩放”选项设置为高）可能只会看到一小部分图形。其命令行为“DVIEW”。

(2) 关闭透视图的步骤。在命令行上输入 dview；选择要显示的对象；输入 o（关），将关闭透视效果，视图恢复为平行投影。其命令行为“DVIEW”。

5.2.3 交互式地指定三维视图（三维动态观察器）

交互式地指定三维视图（三维动态观察器）的作用是使用 3DORBIT 命令激活交互的三维模型视图。

(1) 三维动态观察器的特点。使用 3DORBIT 命令可以激活当前视口中交互的三维动态观察器视图。3DORBIT 命令激活时可使用定点设备操作模型的视图，可从模型周围的不同点观察整个模型或模型中的任何对象。如图 5.2.7 所示，三维动态观察器视图显示了一个环，它是一个圆并均布有四个小圆。当 3DORBIT 激活时观察点或观察目标将保持不变，观察位置所在的点或相机位置将绕目标移动，转盘的中心是目标点。也可以在激活 3DORBIT 命令时对图形中的对象进行着色。

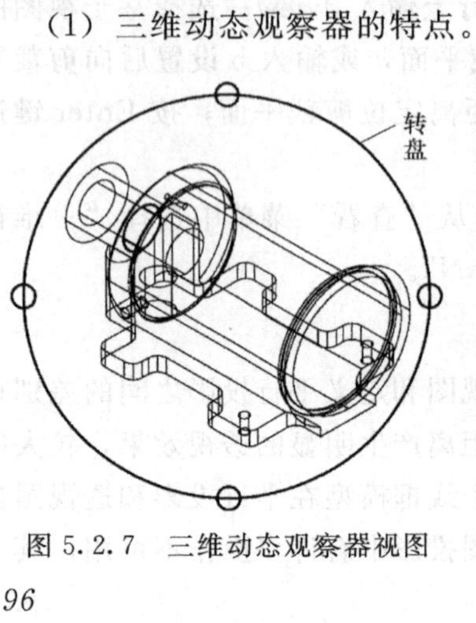

图 5.2.7 三维动态观察器视图

(2) 设置三维图形显示选项（三维动态观察器）。图形配置设置将影响三维对象的显示方式，如当

3DORBIT 命令处于激活状态时会影响三维对象着色和图形显示方式。可以使用“三维图形系统配置”对话框设置这些选项，这些设置不会影响对象的渲染方式。AutoCAD 将使用由 Autodesk 开发的 Heidi 三维图形系统作为默认图形系统，要使用其他图形系统可根据显卡供应商提供的文档进行安装。

(3) 设置光源和材质（三维动态观察器）。通过更改“三维图形系统配置”对话框中的设置，可以调整三维视图中光源、材质、纹理和透明度的显示方式，通过选择“系统”选项卡中的“当前三维图形显示特性”，可以显示“选项”对话框的“三维图形系统配置”对话框，这些设置会影响三维动态观察器视图中的对象和使用 SHADEMODE 着色的对象，可以选择以下 5 种选项，即启用光源、启用材质、启用纹理、透明度等。“启用光源”选项的作用是控制由 LIGHT 定义的照明，具体可参考 OPTIONS 中的“启用光源”。“启用材质”选项的作用是控制使用 RMAT 附着的材质，具体可参考 OPTIONS 中的“启用材质”。“启用纹理”选项的作用是控制使用 RMAT 和 SETUV 附着的纹理材质，具体可参考 OPTIONS 中的“启用纹理”。“透明度”选项的作用是在牺牲图形速度的情况下控制图像质量，具体可参考 OPTIONS 中的“透明度”。关于光源的详细信息可参考“在渲染中使用光源”，三维动态观察器和使用 SHADEMODE 着色的对象的光源显示有不显示阴影的限制。

三维动态观察器和使用 SHADEMODE 着色对象的材质显示易受以下 6 方面因素限制，即：仅对于颜色/图案材质组件才显示二维纹理（位图和混合位图）；不显示三维纹理（也称为实体、样板或过程化材质）；不显示凹凸贴图；不显示不透明贴图；不显示折射；不显示反射。三维视图不支持诸如背景和雾化之类的其他渲染功能。

(4) 定位相机位置（三维动态观察器）。如图 5.2.8 所示，使用 CAMERA 命令可以更改在三维视图中查看对象的位置和当前正在查看的位置。查看对象的位置是相机位置，正在查看的位置是目标位置。当 3DORBIT 命令处于激活状态时默认目标位置是三维视图的中心而不总是用户所查看的对象的中心。在启动 3DORBIT 之前使用 CAMERA，可以更改三维动态观察器视图的相机和目标位置。

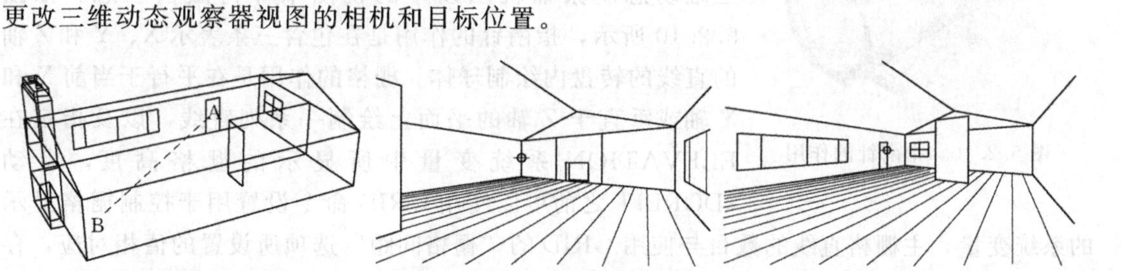

(a) 相机位置和目标点　(b) 相机位于点 A、目标位于点 B　(c) 相机位于点 B、目标位于点 A

图 5.2.8　定位相机位置时的三维动态观察

更改相机和目标位置的步骤由以下 3 步组成，即：在命令行中输入 camera，显示当前相机和目标位置；要设置相机位置可使用定点设备或输入 X、Y、Z 坐标值；要设置目标位置可使用定点设备或输入 X、Y、Z 坐标值。其命令行为“CAMERA”。

调整三维动态观察器视图中相机距离的步骤由以下 3 步组成（图 5.2.9），即：从“查看”菜单中选择“三维动态观察器”；在图形区域中单击右键，然后从快捷菜单选择

"其他"➤"调整距离"，光标变为带有两个箭头（一个指上，另一个指下）的短线；单击并向屏幕顶部拖动相机使其靠近对象，单击并向屏幕底部拖动相机使其远离对象，调整距离模仿将相机移近或远离对象的效果。其命令行为"3DDISTANCE"。

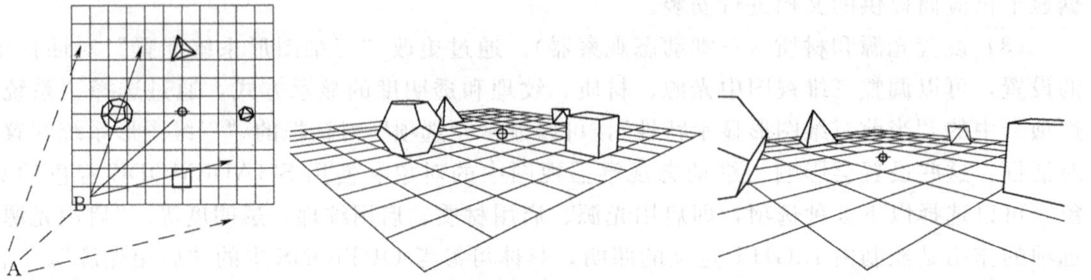

(a) 平面视图　　(b) 相机位于点 A　　(c) 相机位于点 B

图 5.2.9 调整三维动态观察器视图中相机距离

(5) 使用三维动态观察器命令。可以使用若干命令控制三维动态观察器的显示、投影和可视化工具，可以从三维动态观察器或三维动态观察器工具栏访问平移和缩放选项，还可以在 3DORBIT 处于激活状态时选择视图的透视图或平行投影。

对三维动态观察器视图中的对象进行着色应遵守软件规则，即通过对三维动态观察器视图中的对象进行着色，可以使其获得更为逼真的三维外观，使用不同的"着色"模式可以改变对象的着色方式，也可以通过三维动态观察器的快捷菜单实现这一目的。

使用三维动态观察器视图中的形象化辅助工具应遵守软件规则，即可以选择显示三维动态观察器视图中一个或多个形象化辅助工具（指南针、栅格和 UCS 图标），处于活动状态的形象化辅助工具选项旁边将显示一个复选标记。除非将 SHADEMODE 设置为二维线框，否则退出 3DORBIT 时激活的形象化辅助工具将一直在三维动态观察器视图以外的视图中保持激活状态。如图 5.2.10 所示，指南针的作用是在包含三条表示 X、Y 和 Z 轴的直线的转盘内绘制球体。栅格的作用是在平行于当前 X 和 Y 轴或垂直于 Z 轴的平面上绘制一系列直线，以及指定在 ELEVATION 系统变量中所显示的栅格高度，启动 3DORBIT 之前可以使用 GRID 命令设置用于控制栅格显示的系统变量，主栅格直线的数目与使用 GRID 的"栅格间距"选项所设置的值相对应，存储在 GRIDUNIT 系统变量中，在主直线之间绘制十条水平直线和十条垂直直线，缩放三维动态观察器视图时栅格直线的数目将有所变化以便清楚地观察这些直线，缩小时将绘制较少的直线，放大时将绘制较多的栅格直线，直到直线数目再次与 GRIDUNIT 中设置的数目相符。UCS 图标的作用是打开或关闭 UCS 图标显示，如果在启动 3DORBIT 时显示 UCS 图标，则会在三维动态观察器视图中显示一个着色的三维 UCS 图标，在三维 UCS 图标上 X 轴为红色、Y 轴为绿色、Z 轴为蓝色或青色，UCSICON 命令还可以控制三维 UCS 图标的显示。

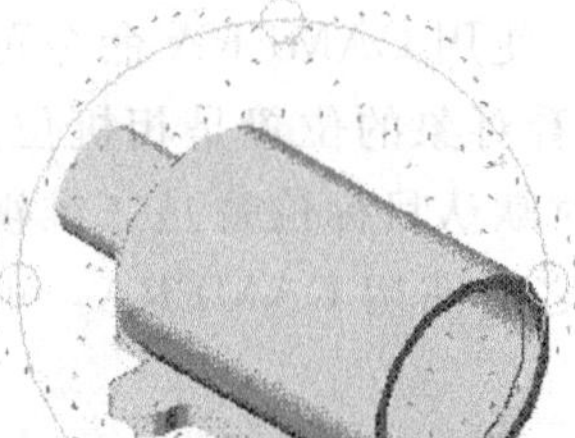

图 5.2.10 指南针的作用

使用连续观察应遵守软件规则，即可以单击并拖动三维动态观察器视图启动连续运动，释放定点设备上的拾取键时，动态观察器将在拖动方向连续运动。当“连续观察”处于激活状态时，在绘图区域单击右键，然后从快捷菜单中选择“投影”“着色模式”“形象化辅助工具”“重置视图”或“预置视图”，可以对视图进行修改，还可以在激活“连续观察”时打开和关闭前向和后向剪裁平面，但不能调整剪裁平面，如果从快捷菜单中选择“平移”“缩放”“动态观察器”或“调整剪裁平面”将结束“连续观察”。

重置视图或使用预置视图应遵守软件规则，即当 3DORBIT 处于激活状态时可以将视图重置为首次输入的三维动态观察器视图，可以将视图设置为六个标准正交视图中的一个视图或四个等轴测视图中的一个视图。等轴测视图基于（0，0，0）的相机位置。

从命令行获取三维动态观察器命令应遵守软件规则，即 3DORBIT 命令处于激活状态时用户无法在命令行上输入命令，但如果 3DORBIT 尚未激活，则可以输入启动 3DORBIT 同时激活其中某个选项的命令，如 3DZOOM 可以启动三维动态观察器视图，同时激活“缩放”选项。具体可参考 3DCLIP、3DORBIT、3DPAN、3DDISTANCE、3DSWIVEL 和 3DZOOM。

启动三维动态观察器视图的步骤由以下 3 步组成，即：选择要使用 3DORBIT 查看的一个或多个对象，不选择任何对象即可查看整个模型，但观察选定对象可以提高性能，此时 OLE 对象和光栅对象不在三维动态观察器视图中出现。从“查看”菜单中选择“三维动态观察器”，转盘将显示在活动视口中，如果已打开 UCS 图标则显示着色的图标，如果打开 GRID，三维直线栅格将替换二维点栅格。单击并拖动光标以旋转视图，将光标移动到转盘的不同部分上时光标会有所变化，单击并拖动时的光标外观代表相关视图的旋转。其命令行为“3DORBIT”。需要强调的是，3DORBIT 命令处于激活状态时用户无法编辑对象，要退出 3DORBIT 可按 ENTER 键、ESC 键或从快捷菜单选择“退出”。

前述光标外观代表相关视图的旋转分以下 4 种情况，将光标移动到转盘内时，光标图标会显示为由两条直线所围绕的小球体，单击并等到光标变为球体时再拖动可以随意操作视图，其工作方式就像光标附着到对象周围的球体上然后在目标点附近拖动球体一样，可以沿水平、竖直和对角方向拖动。将光标移动到转盘之外时光标图标将显示为围绕小球体的圆形箭头，在转盘之外单击并围绕转盘拖动光标，可以使视图围绕穿过转盘（垂直于屏幕）中心延伸的轴进行转动（称为“滚动”），将光标拖动到转盘上时它将变为由两条直线围绕的小球体，且同时视图可以随意移动，如前所述，如果将光标向后移动到转盘之外可以恢复滚动。将光标移动到转盘左侧或右侧上较小的圆上时，光标将显示为绕小球体的水平椭圆，单击然后从这些点之一拖动，可以绕垂直轴通过转盘中心延伸的 Y 轴旋转视图，光标上的垂直线表示 Y 轴。将光标移动到转盘顶部或底部较小的圆上时，光标将显示为绕小球体的垂直椭圆，单击然后从这些点之一拖动可以绕水平轴通过转盘中心延伸的 X 轴旋转视图，光标上的水平线表示 X 轴。

在三维动态观察器视图中平移的步骤由以下 4 步组成，从“查看”菜单中选择“三维动态观察器”。在绘图区域中单击右键，从三维动态观察器快捷菜单中选择“平移”，光标形状变为手形。单击然后拖动光标，可以沿水平、垂直或对角方向移动视图，视图在拖动光标的方向移动，可以在从三维动态观察器快捷菜单中选择某个选项进行平移和缩放的同时，使用投影选项、着色模式以及形象化辅助工具。要停止平移可单击鼠标右键然后从快捷菜单选择“动态观察器”或“缩放”。其命令行为“3DPAN”。

在三维动态观察器视图缩放的步骤由以下 5 步组成，从“查看”菜单中选择“三维动态观察器”。在绘图区域中单击右键然后从快捷菜单中选择“缩放”，光标变为带有加号（+）和减号（-）的放大镜，缩放模仿相机变焦镜头的效果使对象显示在近处或远处，“放大”可以放大图像，如果使用透视投影“缩放”可以增大观察对象所用的透视系数，且还可以使某些对象的显示有轻微失真。单击然后朝屏幕顶部拖动可以放大，单击然后朝屏幕底部拖动可以缩小。要修改投影、着色模式或使用形象化辅助工具可单击右键然后从快捷菜单选择所需的选项。要停止缩放可单击右键然后从快捷菜单选择“动态观察器”或“平移”。其命令行为“3DZOOM”。

在三维动态观察器视图中使用缩放窗口的步骤由以下 3 步组成，从“查看”菜单中选择“三维动态观察器”，在图形区域单击右键，然后从快捷菜单选择“其他”➤“窗口缩放”，光标变为窗口图标，然后选择需要缩放的特定区域。单击然后拖动定点设备，在要选择的区域周围绘制一个矩形，释放拾取键之后选定区域的图形将被放大。其命令行为“3DORBIT”。

缩放三维动态观察器视图范围的步骤由以下 2 步组成，从“查看”菜单中选择“三维动态观察器”。在图形区域单击右键，然后从快捷菜单中选择“其他”➤“范围缩放”，将视图置中并调整其大小以显示三维视图中的所有对象。其命令行为“3DORBIT”。

在三维动态观察器视图中选择平行或透视投影的步骤由以下 3 步组成，从“查看”菜单中选择“三维动态观察器”。在绘图区域中单击右键，然后选择“投影”。选项下列选择之一，即平行或透视，当前投影选项旁边将显示一个复选标记。需要强调的是，退出 3DORBIT 之后所选择的投影仍保持为当前，不能在观察透视投影中的对象时进行编辑、拾取点、缩放或平移。前述“平行”选项的作用是修改视图以便两条平行线永远不会在某一点收敛，图形中的造型始终保持不变，即使再彼此贴近时也不会失真，这是默认的情况。前述“透视”选项的作用是修改视图以便所有平行线收敛于一点，对象显得后退到远处而部分对象显得较大且较近，当对象距离过近时形状会发生某些变形，此视图与眼睛看到的内容有很大的关系。

更改三维动态观察器视图中着色模式的步骤由以下 3 步组成，从“查看”菜单中选择“三维动态观察器”。在绘图区域中单击右键，然后从快捷菜单中选择“着色模式”。选择下列选项之一，即线框、消隐、平面着色、体着色、带边框平面着色、带边框体着色。需要强调的是，如果对三维动态观察器视图中的对象进行着色，即使退出 3DORBIT 后着色仍应用到对象中，3DORBIT 命令处于未激活状态时使用 SHADEMODE 命令可以改变着色。见图 5.2.11，前述“线框”选项的作用是显示用直线和曲线表示边界的三维视图中的对象；“消隐”选项的作用是显示用线框表示的三维视图中的对象，同时消隐表示后向面的线；“平面着色”选项的作用是对在多边形表面之间的三维视图中的对象进行着色，这使对象的外观为镶嵌面并且不太光滑；“体着色”选项的作用是对三维视图中的对象进行着色同时在多边形表面之间的边缘进行平滑处理，这使对象的外观显得较为平滑而且更为逼真；“带边框平面着色”选项的作用是结合“平面着色”和“线框”选项，对象被平面着色同时显示线框；“带边框体着色”选项的作用是结合“体着色”和“线框”选项对象被体着色同时显示线框。

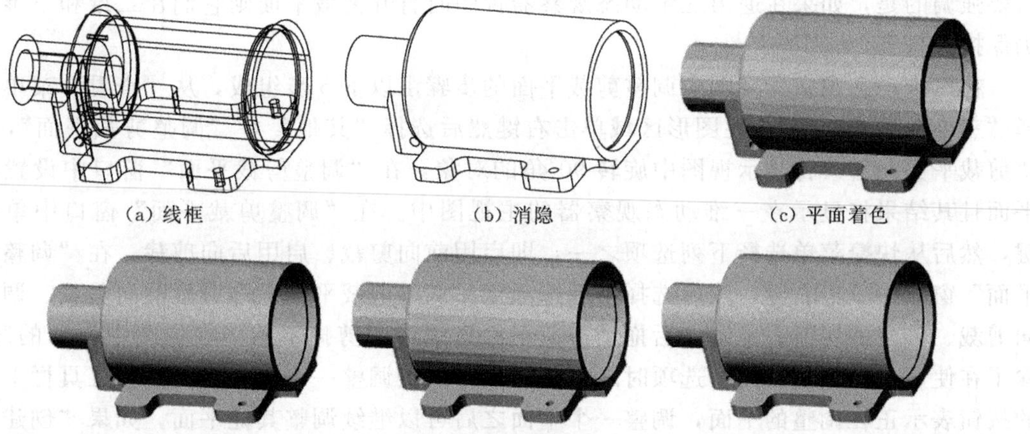

(a) 线框　(b) 消隐　(c) 平面着色

(d) 体着色　(e) 带边框平面着色　(f) 带边框体着色

图 5.2.11　着色模式

显示形象化辅助工具的步骤由以下 3 步组成，从“查看”菜单中选择“三维动态观察器”。在绘图区域中单击右键，从三维动态观察器快捷菜单中选择“形象化辅助工具”。从下列选项中选择一项或多项，即指南针、栅格或 UCS 图标。其命令行为“3DORBIT”。

启动连续观察的步骤由以下 5 步组成，从“查看”菜单中选择“三维动态观察器”。在图形区域单击右键，然后选择“其他”➤“连续观察”，光标变为由两条直线围绕的小球体。单击然后在需要连续轨道移动的方向拖动。释放拾取键，动态观察器将继续在使用定点设备指示的方向移动。要修改连续轨道的方向，可单击然后在新方向拖动再释放拾取键，连续轨道的方向将发生变化。

重置视图的步骤由以下 2 步组成，从“查看”菜单中选择“三维动态观察器”。在绘图区域中单击右键，然后从快捷菜单中选择“重置视图”，视图将重置为启动 3DORBIT 时处于当前视图的视图。

使用预置三维动态观察器视图的步骤由以下 3 步组成，从“查看”菜单中选择“三维动态观察器”。在绘图区域中单击右键，然后选择“预置视图”。从列表中选择一个视图。

(6) 调整剪裁平面（三维动态观察器）。可以设置三维动态观察器中对象的剪裁平面，剪裁平面是不可见平面，移出剪裁平面的对象或部分对象在视图中不可见，在“调整剪裁平面”窗口中有前向和后向两个剪裁平面，前向和后向剪裁平面在“调整剪裁平面”窗口的顶部和底部表示为直线。使用工具栏按钮或“调整剪裁平面”快捷菜单上的选项可以选择需要调整的剪裁平面。如果在退出三维动态观察器视图时打开剪裁平面，则它们在二维和三维视图仍保持为打开。一次只能调整一个剪裁平面，使用“创建剖切面”选项时除外。在工具栏上按下的按钮表示正在调整的平面，调整一个平面之后可以继续调整其他平面，如果“创建剖切面”按钮按下则说明同时调整两个平面。

打开与关闭剪裁平面应遵守软件规则，关闭“调整剪裁平面”窗口不会关闭剪裁平面，可以旋转三维动态观察器视图并且仍会看到剪裁平面，旋转视图时对象的不同部分将在通过剪裁平面时被剪掉，使用“三维动态观察器”快捷菜单可以打开或关闭剪裁平面。需要强调的是，如果在退出三维动态观察器视图时打开剪裁平面则它们在二维和三维视图仍保持为打开。

在三维动态观察器视图中调整剪裁平面的步骤由以下 5 步组成，从“查看”菜单中选择“三维动态观察器”。在图形区域单击右键然后选择“其他”➤“调整剪裁平面”，“调整剪裁平面”窗口将显示视图中旋转 90°角的对象，在“调整剪裁平面”窗口中设置剪裁平面且其结果将显示在三维动态观察器的主视图中。在“调整剪裁平面”窗口中单击右键，然后从快捷菜单选择下列选项之一，即启用前向剪裁、启用后向剪裁。在“调整剪裁平面”窗口中单击右键，然后选择下列选项之一调整剪裁平面，即调整前向剪裁、调整后向剪裁、创建剖切面；单击然后拖动剪裁平面直线可以剪掉不希望在视图中看到的区域，除了在使用“创建剖切面”选项时之外还可以一次仅调整一个剪裁平面，在工具栏上按下的按钮表示正在调整的平面，调整一个平面之后可以继续调整其他平面，如果“创建剖切面”按钮按下则说明同时调整两个平面。前述“启用前向剪裁”选项的作用是在打开或关闭前向剪裁平面之间切换，当前向剪裁平面打开时可以看见移动用于调整前向剪裁平面的直线的结果；“启用后向剪裁”选项的作用是在打开或关闭后向剪裁平面之间切换，当后向剪裁平面打开时可以看见移动用于调整后向剪裁平面的直线的结果；“调整前向剪裁”选项的作用是仅调整前向剪裁平面，窗口的底部附近的直线可调整前向剪裁平面，如果在前述步骤中选择“启用前向剪裁”则可以在向上或向下移动直线时看到三维动态观察器主视图中的剪裁情况；“调整后向剪裁”选项的作用是仅调整后向剪裁平面，窗口的顶部附近的直线可调整后向剪裁平面，如果在前述步骤中选择“启用后向剪裁”，则可以在向上或向下移动直线时看到三维动态观察器主视图中的剪裁情况；“创建剖切面”选项的作用是使后向和前向剪裁平面以设置距离的间隔同时移动，如上所述调整前向和后向剪裁平面以设置距离然后选择“创建剖切面”将在三维动态观察器视图中显示对象的“剖切面”，要查看三维动态观察器主视图中的剖切面可在前述步骤中选择“启用前向剪裁”和“启用后向剪裁”。

打开与关闭剪裁平面的步骤由以下 3 步组成，从“查看”菜单中选择“三维动态观察器”。在绘图区域中单击右键然后选择“其他”，“启用前向剪裁”或“启用后向剪裁”前面的复选标记表示剪裁平面已打开。选择旁边显示复选标记的选项可以关闭剪裁平面。

5.3 AutoCAD 中显示多个视图

要同时查看几个视图，可以将图形区域拆分成单独的观察区域，该区域称为视口。当显示多个视口时所有视图命令都被应用到当前视口中。可以将视口的排列保存起来以便随时重复使用。

5.3.1 设置模型选项卡视口

视口是显示用户模型的不同视图的区域，使用“模型”选项卡可以将图形区域拆分成一个或多个相邻的矩形视图（称为模型视口），在大型或复杂的图形中显示不同的视图可以缩短在单一视图中缩放或平移的时间，且在一个视图中所犯的错误可能会在其他视图中表现出来。在“模型”选项卡上创建的视口充满整个绘图区域并且相互之间不重叠，在一个视口中做出修改后其他视口也会立即更新（见图5.3.1显示的三个模型视口），也可以在图层选项卡上创建视口使用户能使用此处创建的视口在一个表上排列图形的视图，用户既可以移动这些视口并调整其大小，也可对显示进行更多的控制，如可以在一个视口中冻结某些图层而不影响其他视口。

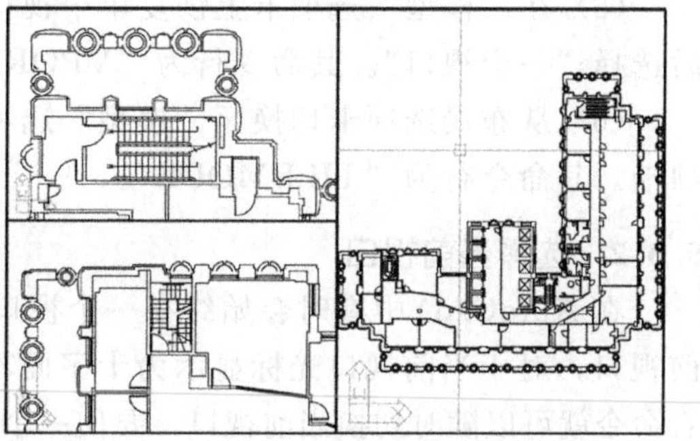

图5.3.1 三个模型视口

（1）使用模型视口。使用模型视口用户可以完成以下4方面工作，即平移、缩放、设置捕捉栅格和UCS图标模式以及恢复命名视图；使用单独的视口保存用户坐标系方向；执行命令时从一个视口绘制到另一个视口；为视口排列命名以便在“模型”选项卡上重复使用或者将其插入到图层选项卡上。如果在三维模型中工作则在单一视口中设置不同的坐标系非常有用，具体可参考本书后续“指定视口的用户坐标系方向”。

（2）拆分与合并模型视口。图5.3.2显示了几个默认的视口配置。

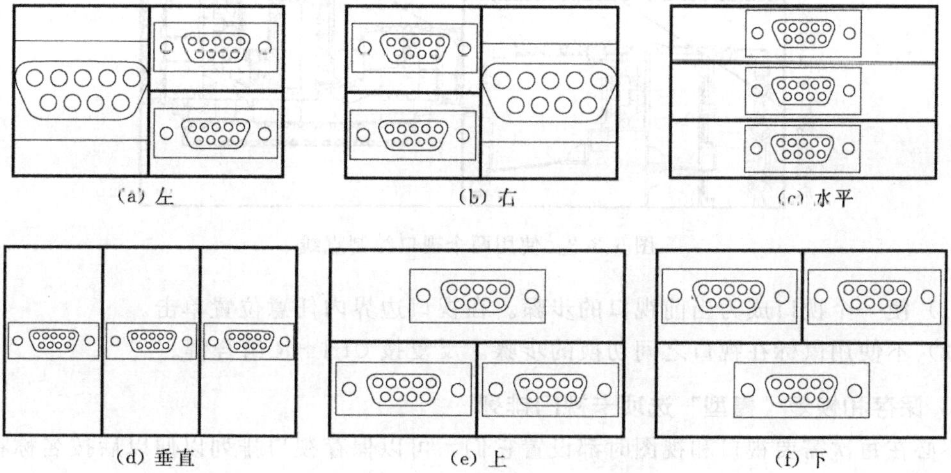

图5.3.2 几个默认的视口配置

（3）在“模型”选项卡上拆分视口的步骤。如果有多个视口可在要拆分的视口中单击。从“查看”菜单中选择“视口”，然后选择“两个视口”“三个视口”或“四个视口”来确定要创建多少个视口。在“下一个”提示处指定新视口的排列。其命令行为“VPORTS”。

（4）在“模型”选项卡上合并两个视口的步骤。在“查看”菜单中选择“视口”，然后选择“合并”。单击包含要保留视图的视口。单击相邻视口将其与第一个视口合并。其命令行为“VPORTS”。

（5）在“模型”选项卡上恢复单个视口的步骤。在“查看”菜单中选择“视口”，然后选择“一个视口”。其命令行为“VPORTS”。

（6）从布局选项卡切换至“模型”选项卡的步骤。在图形区域的底部单击“模型”选项卡。其命令行为“TILEMODE”。

5.3.2　选择当前视口

在 AutoCAD 中有时会始终在一个视口中工作，当使用多个视口时只有一个视口是当前视口，对于当前视口光标显示为十字而不是箭头且视口边缘亮显，只要不是正在执行查看命令就可以随时切换当前视口。要使一个视口成为当前视口可单击该视口，或者按 Ctrl＋R 组合键搜索现有视口。

如图 5.3.3 所示，要使用两个视口绘制直线，可先从当前视口开始绘制，再单击另一个视口，使其成为当前视口，然后在第二个视口中指定该直线的端点。在大的图形中可以使用此方法从一个角点的细节处到另一个较远角点的细节处绘制一条直线。

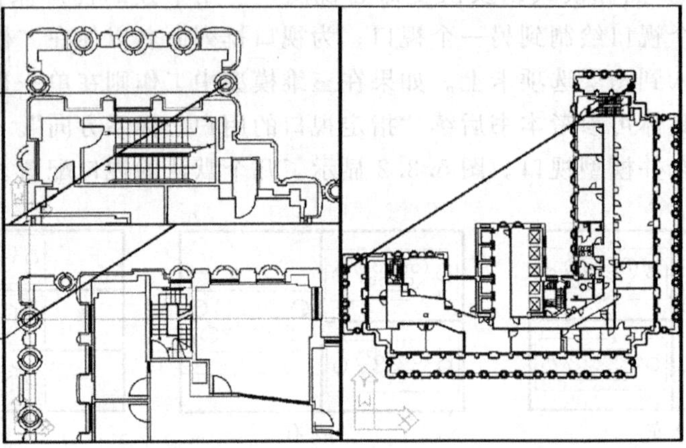

图 5.3.3　使用两个视口绘制直线

（1）使一个视口成为当前视口的步骤。在视口边界内任意位置单击。

（2）不使用鼠标在视口之间切换的步骤。反复按 Ctrl＋R 组合键。

5.3.3　保存和恢复“模型”选项卡视口排列

不必在每次需要视口和视图时都设置它们，可以保存视口排列以便以后按名称将其恢复。与视口排列一起保存的设置包括以下 4 个方面，即视口的编号和位置；视口包含的视图；每个视口的栅格和捕捉设置；每个视口的 UCS 图标显示设置。可以列出、恢复和删除可用的视口排列，在“模型”选项卡上保存的视口排列可以插入到图层选项卡上。

（1）保存和命名视口排列的步骤。在“查看”菜单中选择“视口”，然后选择“新建视口”；在“视口”对话框的“新建视口”选项卡中，在“新建名称”框中输入视口配置的名称。名称最多可以包含 255 个字符，包括字母、数字和特殊字符，如美元符号（$）、连字符（-）和下划线（_）。选择“确定”。其命令行为“VPORTS”。需要强调的是，可以只在“模型”选项卡上保存视口排列。

（2）恢复已保存视口排列的步骤。在“查看”菜单中选择“视口”，然后选择“命名视口”。在“视口”对话框的“命名视口”选项卡中，从列表中选择视口配置的名称。选择“确定”。其命令行为“VPORTS”。

（3）删除已保存视口排列的步骤。从“查看”菜单中选择“视口”➤“命名视口”。在“视口”对话框的“命名视口”选项卡中选择要删除的视口配置的名称。按 DELETE 键，或者单击右键并从快捷菜单中选择“删除”。其命令行为“VPORTS”。

（4）列出已保存视口排列的步骤。从“查看”菜单中选择“视口”➤“命名视口”，显示“视口”对话框；图形中所有保存的视口排列都列出在“命名视口”下的“命名视口”选项卡上。其命令行为“VPORTS”。

思 考 题 与 习 题

1. 简述 AutoCAD 二维显示修改的方法。
2. 简述 AutoCAD 指定三维视图功能的方法。
3. 简述 AutoCAD 中显示多个视图的方法。

第 6 章　AutoCAD 创建和修改对象的方法

6.1　AutoCAD 中控制对象的特性

图层就像是透明且重叠的图纸，使用它可以很好地组织不同类型的图形信息。用户创建的对象具有常用的特性，包括颜色、线型和线宽。对象可以直接使用其所在图层定义的特性，也可以分别为每个对象指定特性。颜色有助于区分图形中相似的元素，线型则可以轻易地区分不同的图形元素（如中心线或隐藏线）。线宽用宽度表现对象的大小或类型，提高了图形的表达能力和可读性。组织图层和图层上的对象使得管理图形中的信息更加容易。

6.1.1　AutoCAD 中对象特性功能的特点

绘制的每个对象都具有特性。有些特性是基本特性，适用于多数对象，如图层、颜色、线型和打印样式。有些特性是专用于某个对象的特性，如圆的特性包括半径和面积，直线的特性包括长度和角度。多数基本特性可以通过图层指定给对象，也可以直接指定给对象。

如果将特性值设置为 BYLAYER，则该对象的值与在其上绘制该对象的图层的值相同。例如，为在图层 0 上绘制的直线指定了颜色 BYLAYER 并将图层 0 指定为“红色”，则直线的颜色将为红色。

如果将特性设置为指定的值则该值将替代图层中设置的值。例如，将图层 0 上的直线指定为“蓝色”并将图层 0 指定为“红色”，则直线的颜色为蓝色。具体可参考本书后续“控制块中的颜色和线型特性”中的相关内容。

6.1.2　显示和更改对象特性

可以通过以下 4 种方式在图形中显示和更改任何对象的当前特性，打开“特性”选项板，然后查看和更改对象所有特性的设置；查看和更改“图层”工具栏上的“图层”控件以及“特性”工具栏上的“颜色”“线型”“线宽”和“打印样式”控件中的设置；使用 LIST 在文字窗口中查看信息；使用 ID 命令显示坐标位置。需要强调的是，对于 ID 命令以外的所有方法 PICKFIRST 系统变量必须处于打开状态（设置为默认值 1）。

（1）使用“特性”选项板。“特性”选项板列出选定对象或对象集的特性的当前设置，可以更改任何可以通过指定新值进行更改的特性。选择多个对象时“特性”选项板只显示选择集中所有对象的公共特性。如果尚未选择对象则“特性”选项板只显示当前图层的基本特性、图层附着的打印样式表的名称、查看特性以及关于 UCS 的信息。如果 DBLCLKEDIT 命令处于打开状态（默认设置），则可以双击对象打开“特性”选项板，块和属性、图案填充、渐变填充、文字、多线和外部参照除外。具体可参考本书后续“控制块中的颜色和线型特性”“过滤选择集”等相关内容。

(2) 打开或关闭选项板的自动隐藏的步骤。在选项板标题栏上单击“自动隐藏”按钮，如果选中此选项，则当光标移到选项板之外时只显示选项板标题栏，如果清除此选项则当光标移动时显示完整的选项板。

(3) 删除“特性”选项板底部的说明窗格的步骤。在标题栏上单击“特性”按钮。在快捷菜单上单击“说明”，清除复选标记。

(4) 显示单个对象的特性的步骤。选择对象。在图形中单击鼠标右键，然后在快捷菜单上单击“特性”，“特性”选项板上显示选定对象的特性，或者双击任何一个对象显示“特性”选项板。其“标准”工具栏为，其命令行为“PROPERTIES”。

(5) 列出多个对象的数据库信息的步骤。从“工具”菜单中选择“查询”➤“列表显示”。选择一个或多个对象并按 Enter 键，文本窗口中将显示报告。其“查询”工具栏为，其命令行为“LIST”。

(6) 显示坐标的步骤。从“工具”菜单中选择“查询”➤“点坐标”。指定要标识其坐标的点，X、Y 和 Z 值显示在命令行上。其“查询”工具栏为，其命令行为“ID”。

(7) 更改“特性”选项板上对象特性的步骤。选择一个或多个对象。在图形中单击鼠标右键，然后在快捷菜单上单击“特性”。在“特性”选项板中使用标题栏旁边的滚动条在特性列表中滚动，可以单击每个类别右侧的箭头展开或折叠列表。选择要更改的值，然后使用下列方法 5 种之一对值进行更改（更改将立即生效），即输入新值；单击右侧的箭头并从列表中选择一个值；单击 [...] 按钮并在对话框中更改特性值；单击“拾取点”按钮后使用定点设备更改坐标值；单击鼠标右键然后在快捷菜单上单击编辑选项。要放弃更改可在选项板中的空白区域中单击鼠标右键，然后在快捷菜单上单击“放弃”。按 Esc 键删除选择。其“标准”工具栏为，其命令行为“PROPERTIES”。

6.1.3 在对象之间复制特性

使用“特性匹配”可以将一个对象的某些或所有特性复制到其他对象，可以复制的特性类型包括（但不仅限于）颜色、图层、线型、线型比例、线宽、打印样式和厚度。见图 6.1.1，默认情况下所有可应用的特性都自动地从选定的第一个对象复制到其他对象。如果不希望复制特定的特性可使用“设置”选项禁止复制该特性，可以在执行该命令的过程中随时选择“设置”选项。

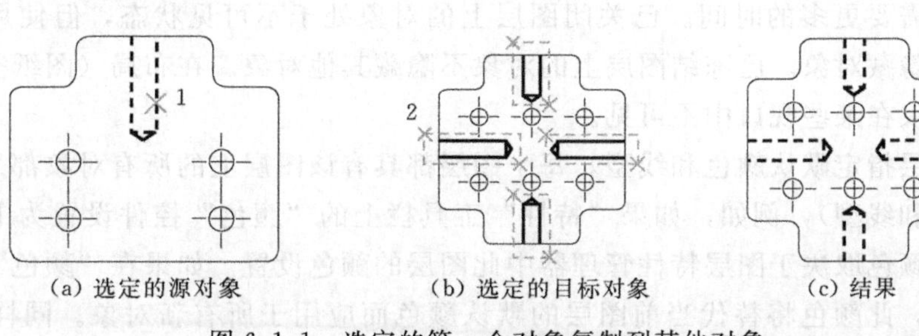

(a) 选定的源对象　(b) 选定的目标对象　(c) 结果

图 6.1.1　选定的第一个对象复制到其他对象

将特性从一个对象复制到其他对象的步骤。在“标准”工具栏上，单击“特性匹配”。选择要复制其特性的对象。如果要控制传递某些特性可输入 s（设置），在“特性设置”对话框中清除不希望复制的项目（默认情况下所有项目都打开）后选择“确定”。选择对其应用选定特性的对象并按 Enter 键。其“标准”工具栏为，其命令行为“MATCHPROP”。

6.1.4 使用图层

图层就像是透明且重叠的图纸，使用它可以很好地组织不同类型的图形信息。

(1) 图层的特点。见图 6.1.2，图层相当于图纸绘图中使用的重叠图纸。它们是 AutoCAD中的主要组织工具，可以使用它们按功能组织信息以及执行线型、颜色和其他标准。通过创建图层可以将类型相似的对象指定给同一个图层使其相关联，如可以将构造线、文字、标注和标题栏置于不同的图层上，然后可以对以下 5 方面内容进行控制，图层上的对象是否在任何视口中都可见；是否打印对象以及如何打印对象；为图层上的所有对象指定何种颜色；为图层上的所有对象指定何种默认线型和线宽；图层上的对象是否可以修改。开始绘制新图形时 AutoCAD 将创建一个名为 0 的特殊图层，默认情况下图层 0 将被指定使用 7 号颜色（白色或黑色，由背景色决定）、CONTINUOUS 线型、“默认”线宽（默认设置是 0.01in 或 0.25mm）以及 NORMAL 打印样式，不能删除或重命名图层 0。

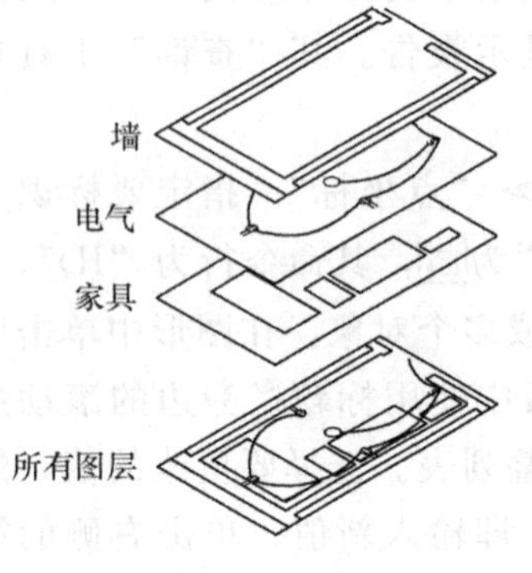

图 6.1.2 图层

(2) 使用图层控制复杂程度。通过控制显示或隐藏对象的数量可以降低图形视觉上的复杂程度并提高显示性能，如可以使用图层控制相似对象（电气部件或标注等）的可见性，也可以锁定图层以防止意外选定和修改该图层上的对象。

(3) 控制图层上对象的可见性。可以通过关闭或冻结图形图层使其不可见。如果在处理特定图层或图层集的细节时需要无遮挡的视图，或者如果不需要打印细节（如构造线），关闭或冻结图层会很有用。是否选择冻结或关闭图层取决于用户的工作方式和图形的大小。如果需要频繁地切换图层的可见性可关闭而不要冻结该图层，当再次打开图层时图层上的对象将自动重新显示。如果长时间不需要查看图层上的对象可冻结该图层，可以通过解冻重新显示冻结图层，通过解冻一个或多个图层重新生成该图形，冻结和解冻图层比打开和关闭图层需要更多的时间。已关闭图层上的对象处于不可见状态，但使用 HIDE 命令时它们仍然隐藏对象。已冻结图层上的对象不隐藏其他对象。在布局（图纸空间）中可以使一些图层仅在某些视口中不可见。

(4) 为图层指定默认颜色和线型。每个图层都具有该图层上的所有对象都采用的关联特性（如颜色和线型），例如，如果“特性”工具栏上的“颜色”控件设置为 BYLAYER 则新建对象的颜色取决于图层特性管理器中此图层的颜色设置。如果在“颜色”控件中设置了特定颜色，此颜色将替代当前图层的默认颜色而应用于所有新对象。同样，“特性”工具栏上的“线型”“线宽”和“打印样式”控件也是如此。BYBLOCK 设置应只应用于块创建，具体可参考本书后续“控制块中的颜色和线型特性”中的相关内容。

(5) 控制是否可以修改图层上的对象。锁定图层时图层上的对象均不可修改直到解锁该图层，锁定图层可以减小对象被意外修改的可能性，仍然可以将对象捕捉应用于锁定图层上的对象且可以执行不会修改对象的其他操作。

(6) 使选定图层成为当前图层的步骤。在“图层”工具栏上单击“图层”控件。单击要使用的图层名。

(7) 使选定对象的图层成为当前图层的步骤。在“图层”工具栏上单击“将对象图层置为当前图层”。选择对象，所选对象的图层现在是当前图层。其“图层”工具栏为，其命令行为“PROPERTIES”或“LAYER”。

(8) 打开和关闭图层的步骤。在“图层”工具栏上单击“图层”控件。单击要打开或关闭的图层名的灯泡，如果灯泡为黄色则图层已打开。

(9) 替换。对具有许多图层的图形可在图层特性管理器中快速修改图层的特性，在图层特性管理器中可以使用过滤的方法查找所需图层。即在“图层”工具栏上单击“图层特性管理器”按钮；在图层特性管理器的“命名过滤器”框中选择要使用的过滤器；单击要打开或关闭的图层的灯泡；选择“确定”。其“图层”工具栏为，其命令行为“LAYER”。

(10) 指定图层颜色的步骤。从“格式”菜单中选择“图层”。在图层特性管理器中选择一个图层并单击颜色。在“选择颜色”对话框中选择一种颜色。选择“确定”。其“图层”工具栏为，其命令行为“LAYER”。

(11) 创建和命名图层。可以为在设计概念上相关的一组对象（如墙或标注）创建和命名图层，并为这些图层指定通用特性，通过将对象分类放到各自的图层中可以快速有效地控制对象的显示以及对其进行更改。在一个图形中可以创建的图层数以及在每个图层中可以创建的对象数实际上是无限的，图层通常用于设计概念上相关的一组对象（如墙或标注），图层最长可使用 255 个字符的字母数字命名，很多情况下用户选择的图层名由企业、行业或客户标准规定。图层特性管理器按名称的字母顺序排列图层，如果用户正在组织自己的图层方案可仔细地为图层命名，通过使用共同的前缀命名有相关图形部件的图层可以在需要快速查找那些图层时在图层名过滤器中使用通配符。需要强调的是，如果长期使用某一特定的图层方案可以使用指定的图层、线型和颜色建立样板图形。关于创建样板的详细信息可参考本书前述“使用样板文件创建图形”。

(12) 从另一图形中复制图层。使用设计中心可以通过拖放操作在所有图形之间复制图层，例如，如果一个图形中包含了项目所需的所有标准图层，则可以创建一个新图形并使用设计中心将预定义图层拖动到新图形中，这样既节省了时间又保证了图形之间的一致性。也可以通过双击或通过从快捷菜单中选择“插入”来拖动或复制图层。需要强调的是，在从设计中心拖动图层之前需要解决图层名重复的问题。

(13) 选择要在其上绘制图形的图层。绘图时 AutoCAD 将新建对象置于当前图层中，当前图层可能是默认图层 0 或者是用户自己创建并命名的图层。通过将其他图层设置为当前图层，可以从一个图层切换到另一图层。任何随后创建的对象都与新的当前图层相关联并使用其颜色和线型。不能将被冻结的图层或依赖外部参照的图层设置为当前图层。

(14) 删除图层。可以使用 PURGE 命令或者通过从图层特性管理器中删除图层来从图形中删除不使用的图层。图层 0 是所有图形的默认图层，不能删除。

(15) 创建新图层的步骤。在“图层”工具栏上单击“图层特性管理器”按钮。在图层特性管理器中选择“新建”，AutoCAD 自动将图层名（如 LAYER1）添加到图层列表中。在亮显的图层名上输入新图层名，图层名最多可以包含 255 个字符，字符可为字母、数字和特殊字符，如美元符号 $、连字符-和下划线 _，图层名不能包含空格。要更改特性可单击“颜色”“线型”或“线宽”列并选择新设置。要打开图层特性管理器并显示有关选定图层的详细信息可选择“详细信息”，选择“确定”。也可从菜单中打开图层特性管理器，在“格式”菜单上选择“图层”。其“图层”工具栏为，其命令行为“LAYER”。

(16) 删除不使用的图层的步骤。在“图层”工具栏上单击“图层特性管理器”按钮。在图层特性管理器中选择要删除的图层，然后选择“删除”。选择“确定”，选定的图层被删除但已指定对象的图层不能删除，除非那些对象被重新指定给其他图层或者被删除，图层 0 永远不能删除。也可从菜单中打开图层特性管理器，在“格式”菜单上选择“图层”。其“图层”工具栏为，其命令行为“LAYER”。

(17) 清理不使用的图层的步骤。从“文件”菜单中选择“图形实用程序”，然后选择“清理”，“清理”对话框显示带有可清理项目的对象类型的树状图。要清理未参照的图层可使用以下两种方法之一，即：要清理所有未参照的图层可选择“图层”；要清理特定图层双击“图层”展开树状图、选择要清理的图层，如果要清理的项目没有列出可选择“查看不能清理的项目”。系统将提示用户确认列表中的每个项目，如果不想确认每个清理项目可清除“确认要清理的每个项目”选项。选择“清理”，要确认是否清理每个项目可选择“是”“否”或“全部”（如果选定了多个项目）响应计算机的提示。其命令行为“PURGE”。

(18) 更改图层设置和图层特性。因为图形中的所有内容都与图层关联，所以在规划和创建图形的过程中可能需要更改图层上的放置内容或查看组合图层的方式。可以通过以下 3 种方式实现，即：将对象重新从一个图层指定到其他图层；更改图层名；更改图层的默认颜色、线型或其他特性。如果在错误的图层上创建了对象或者决定改变图层组织，则将对象重新指定给不同的图层会非常有帮助，除非已明确设置了对象的颜色、线型或其他特性，否则重新指定给不同图层的对象将采用该图层的特性。可以在图层特性管理器和“图层”控件中更改图层特性，单击图标更改设置，图层名和颜色只能在图层特性管理器中更改，而不能在“图层”控件中更改。

(19) 放弃对图层设置的更改。可以使用“上一个图层”放弃对图层设置所做的更改，例如：如果冻结若干图层并改变图形中某些几何图形，然后要解冻冻结的图层，则可以使用单个命令完成这些操作而不会影响几何图形的更改。另外，如果在改变了若干图层的颜色和线型之后，决定使用更改前的特性，则可以使用“上一个图层”放弃所做的更改并恢复原始的图层设置。使用“上一个图层”可以放弃使用“图层”控件或图层特性管理器最近所做的更改，用户对图层设置所做的每个更改都将被追踪且可以使用“上一个图层”放弃操作。在不需要图层特性追踪时可以使用 LAYERPMODE 命令将其暂停，如在运行较长脚本时。关闭“上一个图层”追踪后系统性能将在一定程度上有所提高。“上一个图层”无法放弃以下 3 类更改，即：重命名的图层、删除的图层、添加的图层，如果重命名图层并更改其特性，则“上一个图层”将恢复除图层名外的所有原始特性；如果对图层进行删除或清理，则使用“上一个图层”无法恢复该图层；如果将新图层添加到图形中，则使用“上一个图层”不能删除该图层。

(20) 更改对象图层的步骤。选择要更改其图层的对象。在“图层”工具栏上单击“图层”控件。选择要指定给对象的图层。其“图层”工具栏为。

(21) 更改指定给图层的默认线型的步骤。在“图层”工具栏上单击“图层特性管理器”按钮。在图层特性管理器中选择要更改的线型名称。在“选择线型”对话框中选择一个线型，如果没有列出所需的线型，可单击“加载”选择一个线型并单击“确定”或单击“文件”打开其他线型定义（LIN）文件。单击“确定”关闭各个对话框。其“图层”工具栏为，其命令行为“LAYER”。

(22) 重命名图层的步骤。在“图层”工具栏上单击“图层特性管理器”按钮。在图层特性管理器中的“名称”下选择要重命名的图层。要扩展该对话框可选择“详细信息”。在“名称”框中输入新名称。选择“确定”。其“图层”工具栏为，其命令行为“LAYER”。

(23) 放弃图层设置更改的步骤。在“图层”工具栏上选择“上一个图层”，AutoCAD将显示“已恢复上一个图层状态”信息。其“图层”工具栏为，其命令行为“LAYERP”。

(24) 打开或关闭“上一个图层”追踪的步骤。在命令提示下输入 layerpmode，系统显示当前的“上一个图层”追踪状态。输入 on 打开图层设置的“上一个图层”追踪，或输入 off 关闭追踪。其命令行为“LAYERPMODE”。

(25) 对图层列表进行过滤和排序。可以控制在图层特性管理器中列出的图层名，且可以按图层名或图层特性（如颜色或可见性）对其进行排序。有时用户可能希望在图层特性管理器中只列出某些图层，使用图层过滤器限制列出的图层名。可以根据下列5方面条件过滤图层名，即：是否设置打印图层；图层名、颜色、线型、线宽和打印样式；打开还是关闭图层；在当前视口中冻结图层还是解冻图层；锁定图层还是解锁图层。可以使用通配符过滤图层，例如，如果希望只显示以单词 mech 开头的图层，则可以在“图层名”列表中输入 mech *，然后按 ENTER 键。可以使用通配符为命名对象组重命名，如要将图层组 STAIR $ LEVEL - 1、STAIR $ LEVEL - 2、STAIR $ LEVEL - 3 重命名为 S _ LEVEL - 1、S _ LEVEL - 2、S _ LEVEL - 3，则可以在“旧名称”下输入 stair $ *，在“重命名为”下输入 s _ *，具体可参考表 6.1.1。需要强调的是，如果在命名对象的名称中使用通配符字符，可在这些字符前面加上单引号（‘），这样 AutoCAD 才不会将这些字符解释为通配符。也可以反向过滤图层，这在查看不包含某个特性的图层时非常有用，例如，如果某个图形的所有站点平面图信息包含在多个图层中且这些图层名中都包含单词 site，则可输入 * site * 并将其作为反向过滤器，可以轻易地显示站点平面图信息之外的所有信息。“命名图层过滤器”列表显示默认过滤器和任何在当前图形中创建并保存的命名过滤器，在“命名图层过滤器”列表中显示以下三个默认的过滤器，即显示所有图层（显示当前图形中的所有图层）、显示所有使用的图层（显示当前图形中的对象所在的所有图层）、显示所有依赖于外部参照的图层（显示从另一个图形参照的所有图层）。保存过滤器后它将显示在图层特性管理器的“命名图层过滤器”列表中，保存后的过滤器存储在图形文件中。

表 6.1.1　　　　　　　　　使用通配符为命名对象组重命名

字　符	定　义
#	匹配任意数字字符
@	匹配任意字母字符
.	匹配任意非字母数字字符
*	匹配任意字符串，可以在搜索字符串的任意位置使用
?	匹配任意单个字符，如“? BC”匹配 ABC、3BC 等
～	匹配不包含自身的任意字符串，如“～*AB*”匹配所有不包含 AB 的字符串
[]	匹配括号中包含的任意一个字符，如“[AB] C”匹配 AC 和 BC
[～]	匹配括号中未包含的任意字符，如“[AB] C”匹配 XC 而不匹配 AC
[－]	指定单个字符的范围，如“[A－G] C”匹配 AC、BC 等，直到 GC，但不匹配 HC
‘（单引号）	逐字读取其后的字符，如“‘*AB”匹配*AB

（26）对图层进行排序。创建图层后可以按照名称、可见性、颜色、线宽、打印样式或线型对其排序。在图层特性管理器中单击列标题可以按该列中的特性对图层排序，图层名可以按字母的升序或降序排列。可以在表格中使用通配符对图层按名称进行排序。

（27）过滤图层名显示的步骤。在“图层”工具栏上单击“图层特性管理器”按钮。在图层特性管理器的“命名图层过滤器”下单击 [...] 按钮。在“命名图层过滤器”对话框中设置要应用的图层过滤器，选择要在图层特性管理器中列出的图层的特征，图层名、颜色和线型的默认设置是星号（*），一个通配符字符串，如通配符字符串 1* 指定所有以数字 1 为首的图层名。选择“确定”退出所有对话框，在图层特性管理器中仅显示通过指定过滤器限制的图层。其“图层”工具栏为，其命令行为“LAYER”。

（28）对图层特性管理器中显示的列表进行排序的步骤。从“格式”菜单中选择“图层”。单击任意列标题。再次单击反转排序顺序。

（29）保存与恢复图层设置。可以保存图形的当前图层设置，以后可以恢复此设置。如果在完成图形的不同阶段或打印的过程中需要恢复所有图层的指定设置，保存图形设置可以节省时间。这对于包含大量图层的图形尤其方便。

（30）保存图层设置。图层设置包括图层状态和图层特性。图层状态包括图层是否打开、冻结、锁定、打印和在新视口中自动冻结。图层特性包括颜色、线型、线宽和打印样式。可以选择要保存的图层状态和图层特性，如可以选择只保存图形中图层的“冻结/解冻”设置而忽略所有其他设置。恢复图层状态时除了每个图层的冻结或解冻设置以外其他设置保持当前设置。使用图层状态管理器可以将保存的图层状态输出到 LAS 文件以便在其他图形中使用，但不能输出外部参照的图层状态。

（31）恢复图层设置。除了恢复以前保存的图层设置以外还可以编辑、重命名或删除命名的设置，还可以输入被输出到 LAS 文件中的保存的图层设置。无论是恢复保存在图形中的图层状态还是从 LAS 文件输入的图层状态，只有那些在保存图层状态时指定的图层设置（图层状态和图层特性）被恢复，所有未指定的图层设置保留原来设置。

(32) 保存图层设置的步骤。从“格式”菜单中选择“图层”。在图层特性管理器中选择“保存状态”。在“保存图层状态”对话框中输入新图层状态的名称，选择要保存的图层状态和图层特性。选择“确定”。其“图层”工具栏为，其命令行为“LAYER”。

(33) 输出保存的图层设置的步骤。从“格式”菜单中选择“图层”。在“图层特性管理器”中选择“状态管理器”。在图层状态管理器中选择“输出”。在“输出图层状态”对话框中输入保存的图层状态的文件名，AutoCAD 添加 .las 文件扩展名。选择“保存”。其“图层”工具栏为，其命令行为“LAYER”。

(34) 恢复图层设置的步骤。从“格式”菜单中选择“图层”。在“图层特性管理器”中选择“状态管理器”，在图层状态管理器中选择一个保存的图层状态的名称。选择“恢复”。选择“关闭”。其“图层”工具栏为，其命令行为“LAYER”。

(35) 编辑、重命名或删除保存的图层设置的步骤。从“格式”菜单中选择“图层”。在“图层特性管理器”中选择“状态管理器”。在图层状态管理器中输入要编辑、重命名或删除的图层状态名称。进行更改，编辑保存的图层状态时在“编辑图层状态”对话框中选择或清除图层状态和图层特性以表明是否要保存图层状态。选择“关闭”。其“图层”工具栏为，其命令行为“LAYER”。

(36) 从其他图形输入保存的图层设置的步骤。从“格式”菜单中选择“图层”。在“图层特性管理器”中选择“状态管理器”。在“图层状态管理器”对话框中选择“输入”。在“输入图层状态”对话框中输入以前输出的保存图层状态的文件名，文件名以 .las 扩展名结尾。选择“打开”。其“图层”工具栏为，其命令行为“LAYER”。

6.1.5 使用颜色

可以使用颜色直观地将对象编组，也可以从包括真彩色在内的各种颜色以及从输入的配色系统的颜色中进行选择以提高图形中渲染对象的质量。

(1) 设置当前颜色。可以使用颜色直观地将对象编组。可以通过图层指定对象的颜色，也可以不依赖图层而明确地指定颜色。通过图层指定颜色可以在图形中轻易识别每个图层。明确地指定颜色会在同一图层的对象之间产生其他的差别。颜色也可用作一种为颜色相关打印指示线宽的方式。为对象指定颜色时，可以使用以下多种调色板，如 AutoCAD 颜色索引（ACI）、真彩色、PANTONE®和 RAL 配色系统以及输入的配色系统中的颜色。ACI 颜色是在 AutoCAD 中使用的标准颜色，每一种颜色用一个 ACI 编号（1～255 的整数）标识，标准颜色名称仅适用于 1～7 号颜色，颜色指定：1 为红色、2 为黄色、3 为绿色、4 为青色、5 为蓝色、6 为品红色、7 为白色/黑色。真彩色使用 24 位颜色定义显示 16M 色，指定真彩色时可以使用 RGB 或 HSL 颜色模式，如果使用 RGB 颜色模式，则可以指定颜色的红、绿、蓝组合；如果使用 HSL 颜色模式，则可以指定颜色的色调、饱和度和亮度要素。AutoCAD 包括几个标准 Pantone 配色系统，也可以输入其他配色系统（如 DIC 颜色指南或 RAL 颜色集），输入用户定义的配色系统可以进一步扩充可供使用的颜色选择。

通过使用“选项”对话框中的“文件”选项卡，可以在系统中安装配色系统。加载配色系统后即可从配色系统中选择颜色并将其应用到图形中的对象。所有对象都使用当前颜色创建，该颜色显示在“特性”工具栏上的“颜色”控件中，也可以使用“颜色”控件或“选择颜色”对话框设置当前颜色。如果当前颜色设置为 BYLAYER，则使用指定给当前图层的颜色创建对象，如果不希望当前颜色成为当前图层的指定颜色，则可以指定其他颜色。如果当前颜色设置为 BYBLOCK，则使用颜色 7（白色或黑色）创建对象直到将对象编组到块中，将块插入到图形中时它采用当前的颜色设置。

（2）为全部新对象设置 ACI 颜色的步骤。在“特性”工具栏中单击“颜色”控件。单击一种颜色用它绘制所有的新对象，或单击“选择颜色”显示“选择颜色”对话框并执行以下 3 种操作之一，即：在“索引颜色”选项卡上单击一种颜色或在“颜色”框中输入颜色名或颜色编号；在“索引颜色”选项卡上单击“BYLAYER”，用指定给当前图层的颜色绘制新对象；在“索引颜色”选项卡上单击“BYBLOCK”以当前的颜色绘制新对象，直到将对象编组到块中（在图形中插入块时块中的对象将采用当前的颜色设置）。单击“确定”，“颜色”控件显示当前的颜色。其命令行为“COLOR”。

（3）为全部新对象设置真彩色的步骤。在“特性”工具栏中单击“颜色”控件。单击“选择颜色”，显示“选择颜色”对话框。在“选择颜色”对话框中的“真彩色”选项卡上执行以下 2 种操作之一，即在“颜色模式”框中选择 HSL 颜色模式（在“颜色”框中输入颜色值或在“色度”“饱和度”和“亮度”框中指定值来指定颜色）；在“颜色模式”框中选择 RGB 颜色模式（在“颜色”框中输入颜色值或在“红色”“绿色”和“蓝色”框中指定值来指定颜色）。单击“确定”，“颜色”控件显示当前的颜色。其命令行为“COLOR”。

（4）为所有新对象设置配色系统中颜色的步骤。在“特性”工具栏中单击“颜色”控件。单击“选择颜色”，显示“选择颜色”对话框。在“选择颜色”对话框的“配色系统”选项卡上，从“配色系统”框中选择一个配色系统。通过单击颜色样本来选择颜色，要浏览配色系统可使用颜色滑动条上的上箭头和下箭头。单击“确定”，“颜色”控件显示当前的颜色。其命令行为“COLOR”。

（5）更改对象的颜色。可以使用以下三个选择更改对象的颜色，即将对象重新指定给不同颜色的其他图层，如果对象的颜色设置为 BYLAYER 且将该对象重新指定给不同的图层，它将采用新图层的颜色；更改指定给该对象所在图层的颜色，如果对象的颜色设置为 BYLAYER，则它采用其图层的颜色，当更改指定给图层的颜色时，此图层上被指定 BYLAYER 颜色的所有对象将自动更新；给对象指定一个颜色以替代图层的颜色，可以明确指定每个对象的颜色，如果想用不同的颜色替代一个由图层决定的对象颜色可将现有的对象颜色从 BYLAYER 改为特定颜色（比如红色）或真彩色。如果想为随后创建的所有对象设置特定颜色，可将“特性”工具栏上的当前颜色设置由 BYLAYER 改为特定的颜色。

（6）更改对象图层的步骤。选择要更改其图层的对象。在“图层”工具栏上单击“图层”控件。选择要指定给对象的图层。其“图层”工具栏为。

(7) 更改指定给图层的颜色的步骤。在“图层”工具栏上单击“图层特性管理器”按钮。在图层特性管理器中单击要更改的颜色。在“选择颜色”对话框中执行以下 4 种操作之一，即在“索引”选项卡中单击一种颜色或者在“颜色”框中输入 ACI 颜色数（1～255）或名称，然后单击“确定”；在“真彩色”选项卡上的“颜色模式”选项中选择 HSL 颜色模式，并通过在“颜色”框中输入颜色值或在“色调”“饱和度”和“亮度”框中指定值来指定颜色，然后单击“确定”；在“真彩色”选项卡上的“颜色模式”框中选择 RGB 颜色模式并通过在“颜色”框中输入颜色值或在“红色”“绿色”和“蓝色”框中指定值来指定颜色；在“配色系统”选项卡上从“配色系统”框中选择颜色，通过浏览配色系统（使用上箭头和下箭头）并单击颜色样本选择颜色，然后单击“确定”。选择“确定”退出每个对话框。其“图层”工具栏为，其命令行为“LAYER”。

(8) 更改对象颜色并替代图层颜色的步骤。选择要更改其颜色的对象。右键单击某个对象，然后单击快捷菜单上的“特性”。在“特性”选项板中选择“颜色”，一个箭头显示在右侧列中。单击箭头并从列表中选择颜色，或者单击“选择颜色”显示“选择颜色”对话框，如果单击“选择颜色”，可执行以下 4 种操作之一，即：在“索引”选项卡上单击一种颜色或者在“颜色”框中输入 ACI 颜色编号（1～255）或名称；在“真彩色”选项卡的“颜色模式”选项中选择 HSL 颜色模式，在“颜色”框中输入颜色值以指定颜色或在“色调”“饱和度”和“亮度”框中指定值，然后选择“确定”；在“真彩色”选项卡上的“颜色模式”框中选择 RGB 颜色模式并通过在“颜色”框中输入颜色值或在“红色”“绿色”和“蓝色”框中指定值来指定颜色；在“配色系统”选项卡上从“配色系统”框中选择颜色，通过浏览配色系统（使用上箭头和下箭头）并单击颜色样本选择颜色，然后选择“确定”。其命令行为“PROPERTIES”。

(9) 使用配色系统。使用配色系统时可以从多种自定义颜色中进行选择，将颜色指定给 AutoCAD 中的对象时可以从系统中加载的配色系统中选择颜色，配色系统包括命名的颜色样例的第三方或用户定义的文件，这些颜色既可用于提高显示图形的效果还可以优化图形中使用的颜色种类，使用“选择颜色”对话框中的“配色系统”选项卡可以将配色系统的颜色应用到图形中的对象。

(10) 安装配色系统。配色系统文件的扩展名必须为 .acb，这样才能被 AutoCAD 识别。要从“选择颜色”对话框中访问配色系统颜色，必须先将配色系统文件复制到指定的配色系统位置。在“选项”对话框的“文件”选项卡中可以定义存储配色系统文件的路径。可以为配色系统路径定义多个位置，这些位置保存在用户配置中。要在系统中加载配色系统后访问新的颜色则需要关闭“选择颜色”对话框，然后将它重新打开，新的配色系统将显示在“配色系统”选项卡的“配色系统”下拉列表中，完成此操作后则可以将配色系统中定义的任何颜色应用到图形中的对象。

(11) 浏览配色系统。配色系统将按字母顺序组织到页面中，用户可以浏览这些页面。一个页面最多包含 10 种颜色。如果所浏览的配色系统未组织到页面中，AutoCAD 会自动将这些颜色安排到页面中，每个页面最多包含 7 种颜色。

(12) 安装配色系统的步骤。在“工具”菜单上单击“选项”。在“选项”对话框中单击“文件”选项卡；单击“配色系统位置”。单击“添加”添加配色系统位置。在空白路径框中输入新位置。单击“确定”。其命令行为“OPTIONS”。

（13）搜索配色系统中的颜色样例的步骤。在“格式”菜单上单击“颜色”。在“颜色”对话框中单击“配色系统”选项卡。从“配色系统”下拉列表中选择配色系统，只有选择了配色系统中的颜色样本才能激活“颜色”编辑框。在“颜色”下输入要定位的颜色样本编号然后按 TAB 键，“颜色”编辑框和“新建”颜色样本将显示所需的颜色或与所需颜色最相近的颜色。单击“确定”应用颜色。其命令行为“COLOR”。

（14）更改配色系统文件默认位置的步骤。在“工具”菜单上单击“选项”。在“选项”对话框中单击“文件”选项卡。双击“配色系统位置”。选择以下默认配色系统位置“C:\ProgramFiles\AutoCAD\support\color”。单击位置名称以编辑路径。在路径框中输入新位置。单击“确定”。其命令行为“OPTIONS”。

（15）为配色系统路径定义多个文件夹的步骤。在“工具”菜单上单击“选项”；在“选项”对话框中单击“文件”选项卡。单击“配色系统位置”。单击“添加”添加配色系统位置；在空白路径框中输入新位置；单击“确定”。其命令行为“OPTIONS”。

6.1.6 使用线型

可以使用不同线型在视觉上将对象相互区别开来，使得图形易于观看。

（1）线型的特点。线型是由沿图线显示的线、点和间隔组成的图样。可以通过图层指定对象的线型，也可以不依赖图层而明确地指定线型。除选择线型外还可以设置线型比例以控制横线和空格的大小也可以创建自定义线型。不要将 AutoCAD 内部使用的线型与某些绘图仪提供的硬件线型混淆，这两种类型的虚线产生的效果相似，不要同时使用这两种类型，否则可能会产生不可预料的后果。具体可参考本书《自定义手册》中的“自定义线型”。

（2）加载线型。在工程开始时加载所需线型以便需要时使用。如果要了解哪些线型可用，可以显示在图形中加载的或者存储在 LIN（线型定义）文件中的线型列表。AutoCAD 中包括线型定义文件 acad.lin 和 acadiso.lin，选择哪个线型文件取决于使用英制测量系统还是公制测量系统，如果使用英制系统可使用 acad.lin 文件，如果使用公制系统可使用 acadiso.lin 文件，两个线型定义文件都包含若干个复杂线型。如果选择了名称以 ACAD_ISO 开始的线型则打印时可以使用 ISO 笔宽选项。可以使用 PURGE 或者通过从线型管理器中删除线型来删除未参照的线型信息，不能删除 BYBLOCK、BYLAYER 和 CONTINUOUS 线型。

（3）加载线型的步骤。从“格式”菜单中选择“线型”。在线型管理器中选择“加载”。在“加载或重载线型”对话框中选择线型然后选择“确定”（如果所需的线型没有列出可选择“文件”，在“选择线型文件”对话框中选择一个要列出其线型的 LIN 文件，然后选择“打开”，对话框显示了存储在选定 LIN 文件中的线型定义，选择线型并选择“确定”），可以按住 Ctrl 键选择多个线型或者按住 Shift 键选择一个范围的线型。选择“确定”。其命令行为“LINETYPE”。

（4）列出当前图形中加载的线型的步骤。在“特性”工具栏中单击“线型”控件，列表中显示了加载的所有线型，如果必要可使用滚动条查看整个列表。在框外任意位置单击将其关闭。

(5) 列出线型定义文件中的线型的步骤。从“格式”菜单中选择“线型”。在线型管理器中选择“加载”；在“加载或重载线型”对话框中选择“文件”。在“选择线型文件”对话框中选择一个要列出其线型的 LIN 文件（线型定义文件）然后选择“打开”，对话框显示了存储在选定 LIN 文件中的线型定义。在“加载或重载线型”对话框中选择“取消”。选择“取消”以关闭线型管理器。其命令行为“LINETYPE”。

(6) 卸载不使用的线型的步骤。从“格式”菜单中选择“线型”。在线型管理器中选择一个线型，然后选择“删除”，已卸载选定的线型。某些线型不可卸载，如 BYLAYER、BYBLOCK、CONTINUOUS 线型和任何当前使用的线型。其命令行为“LINETYPE”。

(7) 清理未使用的线型的步骤。从“文件”菜单中选择“图形实用程序”，然后选择“清理”，“清理”对话框显示带有可清理项目的对象类型的树状图。要清理未参照的线型可使用以下两种方法之一，即：要清理所有未参照的线型可选择“线型”；要清理特定线型可双击“线型”展开树状图，然后选择要清理的线型（如果要清理的项目没有列出，可选择“查看不能清理的项目”）。系统将提示用户确认列表中的每个项目，如果不想确认每个清理项目可清除“确认要清理的每个项目”选项。选择“清理”，要确认是否清理每个项目可选择“是”“否”或“全部”（如果选定了多个项目）响应计算机的提示。选择“关闭”。其命令行为“PURGE”。

(8) 设置当前线型。所有对象都是使用当前线型（显示在“特性”工具栏上的“线型”控件中）创建的，也可以使用“线型”控件设置当前的线型。如果当前的线型设置为 BYLAYER，则使用指定给当前图层的线型创建对象。如果当前线型设置为 BYBLOCK，则使用 CONTINUOUS 线型创建对象，直到将对象编组到块中，将块插入到图形中时，那些对象采用当前线型设置。如果不希望当前线型成为指定给当前图层的线型，可以明确地指定其他线型。AutoCAD 不显示某些对象的线型，如文字、点、视口、图案填充和块。

(9) 为全部新对象设置线型的步骤。从“格式”菜单中选择“线型”。要加载其他线型可选择“加载”，选择一个或多个线型，然后选择“确定”，可以按住 Ctrl 键选择多个线型或者按住 Shift 键选择一个范围的线型。在线型管理器中执行以下 3 种操作之一，即选择一个线型并选择“当前”用该线型绘制所有的新对象；选择“BYLAYER”用指定给当前图层的线型绘制新对象；选择“BYBLOCK”用当前的线型绘制新对象直到将对象编组到块中（在图形中插入块时块中的对象将采用当前的线型设置）。选择“确定”。其命令行为“LINETYPE”。需要强调的是，“线型”控件显示当前的线型，如果要使用的线型已经加载，可以单击“线型”控件并单击该线型，使其成为当前线型。

(10) 更改指定给图层的线型的步骤。在“图层”工具栏上单击“图层特性管理器”按钮。在图层特性管理器中选择要更改的线型名称。在“选择线型”对话框中选择所需的线型，然后单击“确定”。再次单击“确定”。其“图层”工具栏为，其命令行为“LAYER”。

(11) 更改对象的线型。如图 6.1.3 所示，有以下 3 个选择可以改变对象的线型，即：将对象重新指定给不同线型的其他图层，如果对象的线型设置为 BYLAYER 且将该对象重新指定给了不同的图层它将采用新图层的线型；改变指定给该对象所在图层的线型，如果对象的线型设置为 BYLAYER 则它采用其图层的线型，当更改指定给图层的线型时被指定 BYLAYER 线型的图层上面的所有对象将自动更新；为对象指定一个线型以替代图层的线型，可以明确指定每个对象的线型，如果要使用不同的线型替代一个由图层决定的对象线型可将现有对象线型从 BYLAYER 改为特定线型，如 DASHED。如果要为随后创建的所有对象设置特定的线型，可将“特性”工具栏上的当前线型设置由 BYLAYER 改为特定的线型。

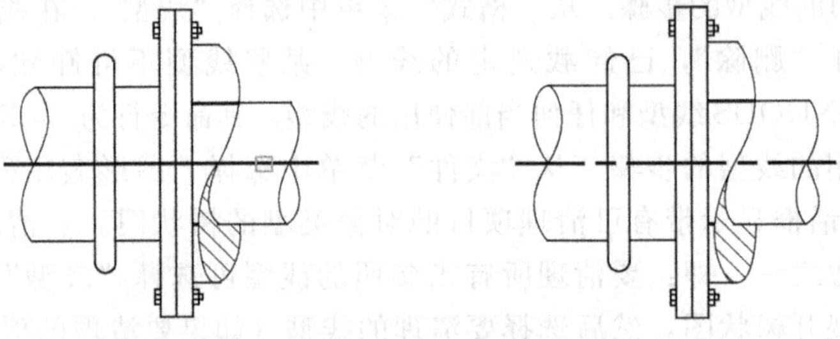

(a) 选定对象　　(b) 更改结果：连续线型更改为中心线

图 6.1.3　更改对象的线型

(12) 更改对象图层的步骤。选择要更改其图层的对象。在“图层”工具栏上单击“图层”控件。选择要指定给对象的图层。其“图层”工具栏为。

(13) 更改指定给图层的默认线型的步骤。在“图层”工具栏上单击“图层特性管理器”按钮。在图层特性管理器中选择要更改的线型名称。在“选择线型”对话框中选择一个线型，如果所需的线型没有列出可选择“加载”，选择一个线型并选择“确定”或选择“文件”打开其他的线型定义（LIN）文件。选择“确定”，退出所有对话框。其“图层”工具栏为，其命令行为“LAYER”。

(14) 更改对象线型并替代图层线型的步骤。选择要更改其线型的对象。在“特性”工具栏中单击“线型”控件。选择要指定给对象的线型。其命令行为“LINETYPE”。

(15) 控制线型比例。通过全局更改或单个更改每个对象的线型比例因子，可以以不同的比例使用同一个线型。默认情况下 AutoCAD 使用全局和单个线型比例 1.0，值越小则每个图形单位中画出的重复图案越多，如设置为 0.5 时，每个图形单位在线型定义中显示重复两次的同一图案，不能显示完整线型图案的短线段显示为连续线。对于太短甚至不能显示一个虚线小段的线段，可以使用更小的线型比例。可采用线型管理器显示“全局比例因子”和“当前对象比例”，“全局比例因子”的值控制 LTSCALE 系统变量，该系统变量可以全局更改新建和现有对象的线型比例。可采用“当前对象比例”的值控制 CELTSCALE 系统变量，该系统变量可设定新建对象的线型比例。将 CELTSCALE 的值乘以 LTSCALE 的值可获得已显示的线型比例，在图形中可以很方便地单独或全局更改线型比例。在布局中可以通过 PSLTSCALE 在不同的视口中调节线型比例。

(16) 更改选定对象的线型比例的步骤。选择要更改其线型比例的对象。右键单击某个对象，然后单击快捷菜单上的“特性”。在“特性”选项板中选择“线型比例”并输入新值。其“标准”工具栏为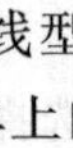，其命令行为“PROPERTIES”。

(17) 为新对象设置线型比例的步骤。从“格式”菜单中选择“线型”。在线型管理器中选择“显示细节”以展开对话框。输入“当前对象比例”的新值。选择“确定”。其命令行为“LINETYPE”。

(18) 全局更改线型比例的步骤。从“格式”菜单中选择“线型”。在线型管理器中选择“显示细节”以展开对话框。输入“全局比例因子”的新值。选择“确定”。其命令行为“LINETYPE”。

(19) 在短线段和多段线上显示线型。如果一条线过短甚至不能容纳一个点画线序列，AutoCAD将在端点之间绘制一条连续的直线，见图6.1.4。对于短线段的单独线型比例，使用更小的值可对其进行调整，具体可参考本书后续“控制线型比例”中的相关内容。对于多段线可以指定线型图案在多段线的全长中是居中于每个线段还是连续跨越顶点，通过设置PLINEGEN系统变量可以进行此设置，见图6.1.5。

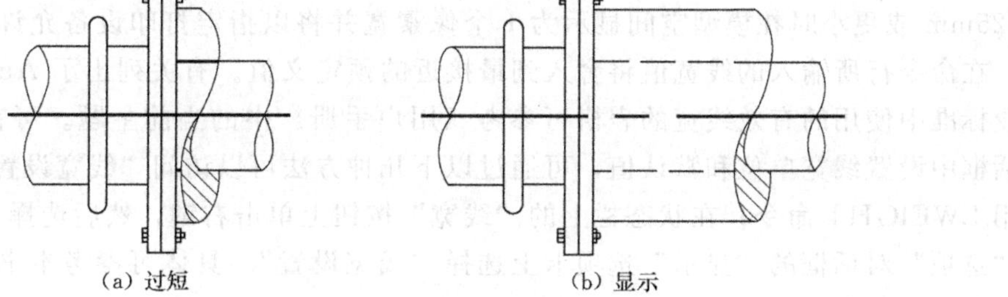

(a) 过短　　(b) 显示

图6.1.4　在短线段和多段线上显示线型

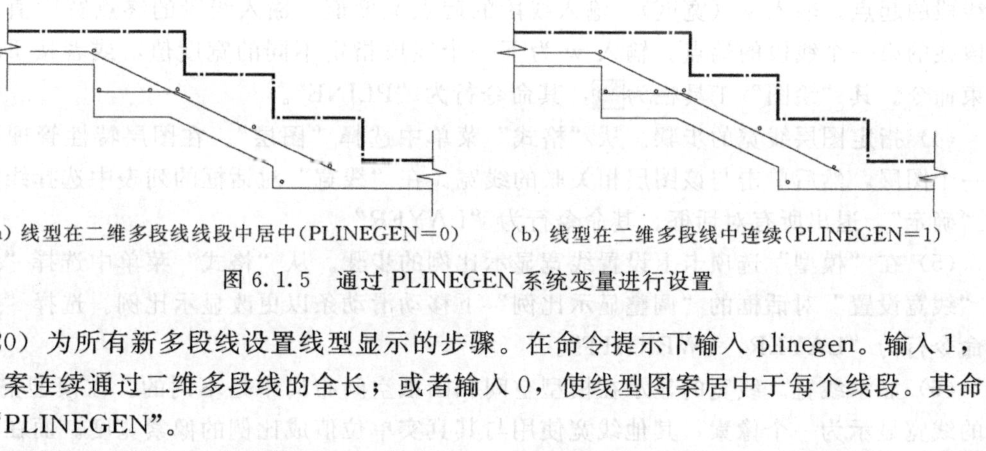

(a) 线型在二维多段线线段中居中(PLINEGEN=0)　　(b) 线型在二维多段线中连续(PLINEGEN=1)

图6.1.5　通过PLINEGEN系统变量进行设置

(20) 为所有新多段线设置线型显示的步骤。在命令提示下输入plinegen。输入1，使线型图案连续通过二维多段线的全长；或者输入0，使线型图案居中于每个线段。其命令行为“PLINEGEN”。

(21) 更改现有多段线的线型显示的步骤。双击要更改其线型显示的多段线。在“特性”选项板中，单击“线型生成”，然后选择“启用”或“禁用”。其“标准”工具栏为，其命令行为“PROPERTIES”。

6.1.7　控制线宽

通过控制图形显示和打印中的线宽可以进一步区分图形中的对象。

(1) 线宽的特点。使用线宽可以用粗线和细线清楚地表现出部件的截面、标高的深度、尺寸线和标记，以及不同对象的厚度。如通过为不同图层指定不同的线宽，可以很方便地区分新建的、现有的和被破坏的结构，除非选择了状态栏上的“线宽”按钮，否则不显示线宽。除了TrueType字体、光栅图像、点和实体填充（二维实体）以外的所有对象都可以显示线宽。在平面视图中宽多段线忽略所有用线宽设置的宽度值。仅当在视图而不是在“平面”中查看宽多段线时多段线才显示线宽。可以将图形输出到其他应用程序中，或者将对象剪切到剪贴板上并保留线宽信息。在模型空间中线宽以像素显示且在缩放时不发生变化，因此，在模型空间中精确表示对象的宽度时不应该使用线宽。例如，如果要绘制一个实际宽度为0.5in的对象就不能使用线宽而应该用宽度为0.5in的多段线表现对象。也可以使用自定义线宽值在图形中打印对象，使用“打印样式表编辑器”调整固定线宽值以使用新值打印。

(2) 图形中的线宽比例。具有线宽的对象以指定的线宽值打印，这些值的标准设置包括BYLAYER、BYBLOCK和默认值，它们的单位可以是in或mm（默认单位是mm）。在LWDEFAULT系统变量的控制下，所有图层的初始设置都是0.25mm。线宽值为0.025mm或更小时在模型空间显示为1个像素宽并将以指定打印设备允许的最细宽度打印。在命令行所输入的线宽值将舍入到最接近的预定义值。有关列出了AutoCAD和相关工业标准中使用的有效线宽的表格可参考《用户手册》中的当前主题。可在“线宽设置”对话框中设置线宽单位和默认值，可通过以下几种方法可以访问“线宽设置”对话框，即使用LWEIGHT命令；在状态栏上的“线宽”按钮上单击右键，然后选择“设置”；或者在“选项”对话框的“显示”选项卡上选择“线宽设置”。具体可参考本书后续“绘制多段线”中的相关内容。

(3) 指定多段线宽度的步骤。从“绘图”菜单中选择“多段线”。指定多段线中第一个线段的起点。输入w（宽度）。输入线段的起点宽度值。输入线段的终点宽度值。指定多段线的第一个线段的端点。输入w为下一个线段指定不同的宽度值，或者按Enter键结束命令。其“绘图”工具栏为，其命令行为“PLINE”。

(4) 指定图层线宽的步骤。从“格式”菜单中选择“图层”。在图层特性管理器中选择一个图层，然后单击与该图层相关联的线宽。在“线宽”对话框的列表中选择线宽。选择“确定”，退出所有对话框。其命令行为“LAYER”。

(5) 在“模型”选项卡上设置线宽显示比例的步骤。从“格式”菜单中选择“线宽”。在“线宽设置”对话框的“调整显示比例”下移动滑动条以更改显示比例。选择“确定”。其命令行为“LAYER，LWEIGHT”。

(6) 显示线宽。线宽的显示在模型空间和图纸空间布局中是不同的。在模型空间中0值的线宽显示为一个像素，其他线宽使用与其真实单位值成比例的像素宽度。而在图纸空间布局中线宽以实际打印宽度显示。

(7) 在模型空间中显示线宽。模型空间中合并的宽线形成一个没有端点封口的倾斜接头，可以用打印样式把不同的接头和端点封口样式应用于具有线宽的对象。需要强调的是，对于具有线宽的对象，其不同样式的端面封口和接头仅在完全打印预览中显示。在模型空间中显示的线宽不随缩放比例因子而变化，例如，无论如何放大，以四个像素的宽度表现的线宽值总是用四个像素显示。要想使对象的线宽在模型选项卡上显示得更大些或小些，可使用LWEIGHT设置它们的显示比例，显示比例的更改并不影响线宽的打印值。当线宽以大于一个像素的宽度显示时重生成时间会加长，关闭线宽显示以优化AutoCAD的性能，在“模型”选项卡上可以通过单击状态栏上的“线宽”打开或关闭线宽的显示。

(8) 在布局中显示线宽。在布局和打印预览中线宽是以实际单位显示的且随缩放比例因子而变化。可以通过“打印”对话框的“打印设置”选项卡来控制图形中的线宽打印和缩放。在图纸空间布局中可以通过单击状态栏上的“线宽”打开或关闭线宽的显示，此设置不影响线宽打印。

(9) 显示线宽的步骤。可使用以下三种方法之一，即：打开状态栏上的“线宽”；在“线宽设置”对话框中选择或清除“显示线宽”；将 LWDISPLAY 系统变量设置为 0 或 1 以关闭或打开线宽的显示。其命令行为“LWEIGHT”。

(10) 设置当前线宽。所有对象都是使用当前线宽（显示在“特性”工具栏上的“线宽”控件中）创建的，也可以使用“线宽”控件设置当前线宽。如果当前线宽设置为 BYLAYER，则使用指定给当前图层的线宽创建对象。如果当前的线宽设置为 BYBLOCK，则使用默认线宽设置创建对象直到将对象编组到块中，在图形中插入块时它将采用当前的线宽设置。如果不希望将当前线宽指定给当前的图层，可以明确地指定一个不同的线宽。在使用早期版本的 AutoCAD 创建的图形中，对象的线宽值都被指定为 BYLAYER，图层的线宽值都设置为 DEFAULT，指定给对象的线宽显示为实体填充并以指定给该对象的颜色绘制。

(11) 使线宽成为创建对象的当前线宽的步骤。在“格式”菜单上单击“线宽”。在“线宽设置”对话框中选择线宽。单击“确定”。需要强调的是，要按其当前的设置显示线宽必须选中“显示线宽”对话框中的“显示线宽”选项。其命令行为“LAYER、LWEIGHT”。

(12) 更改对象的线宽。有以下三个选择可以更改对象的线宽。即：将对象重新指定给不同线宽的另外图层，如果对象的线宽设置为 BYLAYER 且将该对象重新指定给了不同的图层，它将采用新图层中的线宽；更改指定给该对象所在图层的线宽，如果对象的线宽设置为 BYLAYER，则它采用其所在图层的线宽，当更改指定给图层的线宽时，被指定 BYLAYER 线宽的图层上面的所有对象将自动更新；为对象指定一个线宽以替代图层的线宽，可以明确指定每一个对象的线宽，如果要使用不同的线宽替代一个由图层决定的对象线宽，可将现有的对象线宽从 BYLAYER 改为特定线宽。如果要为随后创建的所有对象设置特定的线宽，可将“特性”工具栏上的当前线宽设置由 BYLAYER 改为特定的线宽。

(13) 更改多段线、圆环、矩形或多边形的线宽的步骤。从“修改”菜单中选择“对象”➤“多段线”。选择一个或多个多段线对象。输入 w（宽度）并为所有线段输入新的宽度值。按 ENTER 键结束命令。“修改Ⅱ”工具栏为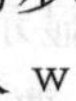，其命令行为“PEDIT”。

6.1.8 控制某些对象的显示特性

可以控制重叠对象和其他某些对象的显示方式和打印方式。

(1) 控制多段线、图案填充、渐变填充、线宽和文字的显示。当宽多段线和圆环、实体填充多边形（二维填充）、图案填充、渐变填充和文字以简化格式显示时 AutoCAD 的显示性能将提高，简化显示也可以增加创建测试打印的速度。

(2) 关闭实体填充。见图 6.1.6，当关闭“填充”模式时宽多段线、实体填充多边形、渐变填充和图案填充以轮廓的形式显示。除图案填充和渐变填充外对于隐藏视图和三维的非平面视图实体填充自动关闭。

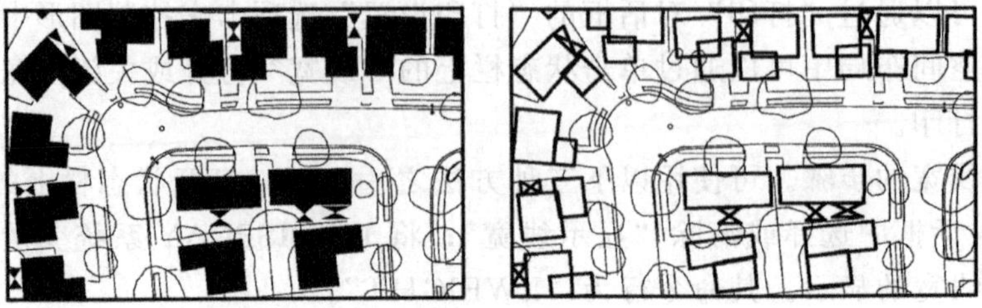

(a) 打开“填充”模式 (b) 关闭“填充”模式

图 6.1.6 打开或关闭“填充”模式

(3) 使用快速文字。见图 6.1.7，如果在包含大量使用复杂字体的图形中打开“快速文字”模式，将仅显示或打印定义文字的矩形框。

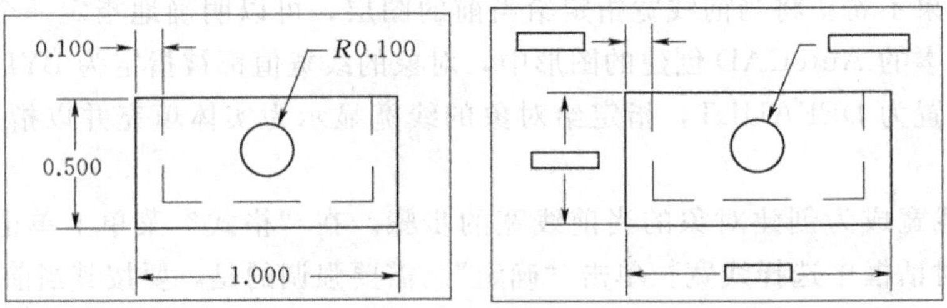

(a) 关闭“快速文字”模式 (b) 打开“快速文字”模式

图 6.1.7 关闭或打开“快速文字”模式

(4) 关闭线宽。以不止一个像素表示的任何线宽宽度都可能降低 AutoCAD 的性能。如果要在使用 AutoCAD 时提高显示性能可关闭线宽。通过选择状态栏上的“线宽”按钮或使用“线宽设置”对话框可以打开和关闭线宽。无论打开或关闭线宽显示线宽总以其真实值打印。

(5) 更新显示。新对象自动使用当前设置显示实体填充和文字。要使用这些设置更新现有对象的显示，除线宽外必须使用 REGEN。具体可参考本书“使用图层控制复杂程度”“显示线宽”“使用 TrueType 字体”中的相关内容。

(6) 打开或关闭填充显示的步骤。从“工具”菜单中选择“选项”。在“选项”对话框中选择“显示”选项卡。在“显示性能”下选择“应用实体填充”，复选标记表示已打开“填充”模式。选择“确定”。要显示更改可从“查看”菜单中选择“重生成”。其命令行为“OPTIONS、REGEN”。

(7) 打开或关闭文字显示的步骤。从“工具”菜单中选择“选项”。在“选项”对话框中选择“显示”选项卡。在“显示性能”下选择“仅显示文字边框”，复选标记表示文字被显示为矩形边框。选择“确定”。要显示更改可从“查看”菜单中选择“重生成”。其命令行为“OPTIONS、REGEN”。

(8) 打开或关闭线宽显示的步骤。从“格式”菜单中选择“线宽”。在“线宽设置”对话框中，清除“显示线宽”选项。选择“确定”退出。其命令行为“LWEIGHT”。

(9) 控制重叠对象的显示次序。通常情况下重叠对象（如文字、宽多段线和实体填充多边形）以其创建的顺序显示，新创建的对象在现有对象的前面。对对象排序设置所做的任何更改也影响重叠对象的默认显示次序，但可以更改显示和打印对象的顺序。需要强调的是，在模型空间和图纸空间之间不能控制重叠的对象而只能在同一空间内控制它们。

（10）更改重叠对象的显示次序的步骤。从“工具”菜单中选择“显示次序”。选择某个选项。选择要修改的对象，然后按 Enter 键。“修改Ⅱ”工具栏为，其命令行为“DRAWORDER”。

6.2　AutoCAD 中精度工具的使用

用户可以使用提供的各种精度工具快速、精确地生成图形而无须进行枯燥的计算。虽然所有工作都是基于坐标系进行的，但用户可以进行设置从而可以捕捉屏幕上的位置、对象上的指定位置或与其他位置或对象相关的点，还可以显示现有对象的相关信息。

6.2.1　使用坐标和坐标系

要精确地输入坐标可以使用几种坐标系输入方法，还可以使用一种可移动的坐标系（即用户坐标系）以便于输入坐标和建立图形平面。

（1）AutoCAD 坐标输入的特点。在命令提示输入点时可以使用定点设备指定点，也可以在命令行中输入坐标值。可以按照笛卡尔坐标（X，Y）或极坐标输入二维坐标。

（2）笛卡尔坐标和极坐标。笛卡尔坐标系有三个轴，即 X、Y 和 Z 轴，输入坐标值时需要指示沿 X、Y 和 Z 轴相对于坐标系原点（0，0，0）点的距离（以单位表示）及其方向（正或负）。如图 6.2.1 所示，在二维坐标中，在 XY 平面（也称为构造平面）上指定点，构造平面与平铺的网格纸相似，笛卡尔坐标的 X 值指定水平距离、Y 值指定垂直距离，原点（0，0）表示两轴相交的位置。极坐标使用距离和角度定位点。使用笛卡尔坐标和极坐标均可以基于原点（0，0）输入绝对坐标，或基于上一指定点输入相对坐标。输入相对坐标的另一种方法是通过移动光标指定方向，然后直接输入距离，此方法称为直接距离输入。在 AutoCAD 中可以使用指数、小数、工程、建筑或分数格式输入坐标，可以使用百分度、弧度、新度单位或度/分/秒输入角度，在“单位控制”对话框中指定该样式。

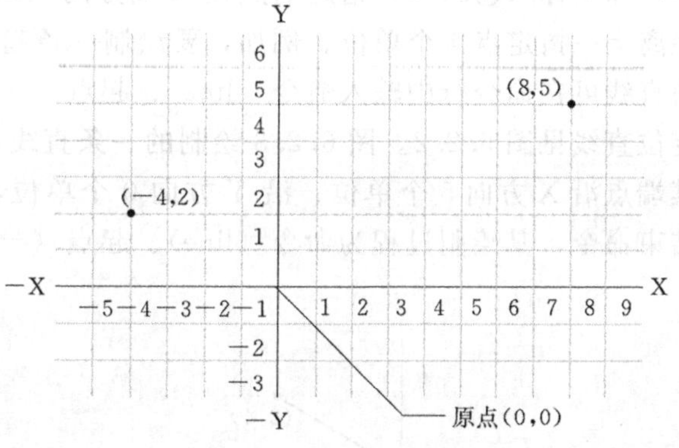

图 6.2.1　二维笛卡尔坐标

（3）输入二维坐标。如通过绝对坐标、相对二维笛卡尔坐标和极坐标确定图形中对象的精确位置。

（4）在状态栏中显示坐标。AutoCAD 在窗口底部的状态栏中以坐标形式 411,162,0 显示当前光标的位置。有三种坐标显示类型，即移动光标时动态显示会更新（X，Y）坐标位置；

移动光标时距离和角度显示会更新相对距离（距离<角度），此选项只有在绘制需要输入多个点的直线或其他对象时才可用；仅在指定点时静态显示才会更新（X，Y）坐标位置。

（5）显示点的坐标值的步骤。从“工具”菜单中选择“查询”，然后选择“点坐标”。选择要标识的位置，（X，Y，Z）坐标值显示在命令行中。“查询”工具栏为，其命令行为“ID”。

（6）直观定位点的步骤。从“工具”菜单中选择“查询”，然后选择“点坐标”。在命令行中输入要定位的点的坐标，如果 BLIPMODE 系统变量处于打开状态就会在点的位置出现点标记（一个小十字）。“查询”工具栏为，其命令行为“ID”。

（7）更改状态栏中坐标显示的步骤。可使用以下 3 种方法之一，即：在“指定下一点”提示下单击坐标显示；按 F6 键或 Ctrl+D 组合键；将 COORDS 系统变量设置为 0 以进行静态显示，设置为 1 以进行动态显示，或者设置为 2 进行距离和角度显示。

（8）输入笛卡尔坐标。要使用坐标值指定点可输入用逗号隔开的 X 值和 Y 值（X，Y），X 值是沿水平轴以单位表示的正的或负的距离，Y 值是沿垂直轴以单位表示的正的或负的距离。绝对坐标值基于原点（0，0），原点是 X 轴和 Y 轴的交点，已知点坐标的精确的 X 和 Y 值时可使用绝对坐标，如坐标（3，4）指定一点其点在 X 轴方向距离原点 3 个单位、在 Y 轴方向距离原点 4 个单位。相对坐标值是基于上一输入点的，如果知道某点与前一点的位置关系就可以使用相对坐标。要指定相对坐标可在坐标前面添加一个符号 @，如坐标（@3，4）指定的点在 X 轴方向上距离上一指定点 3 个单位、在 Y 轴方向上距离上一指定点 4 个单位。例如，要绘制一条起点 X 值为 −2、Y 值为 1、端点为（3，4）的直线可在命令行中输入命令（line）、起点（−2，1）、下一点（3，4），AutoCAD 中的定位直线见图 6.2.2。图 6.2.3 绘制的一条直线，该直线的起点的绝对坐标为（−2，1），其端点沿 X 方向 5 个单位、沿 Y 方向 0 个单位，在下一个“下一点”提示下按 Enter 键结束命令，其绘制过程为命令（line）、起点（−2，1）、下一点（@5，0）。

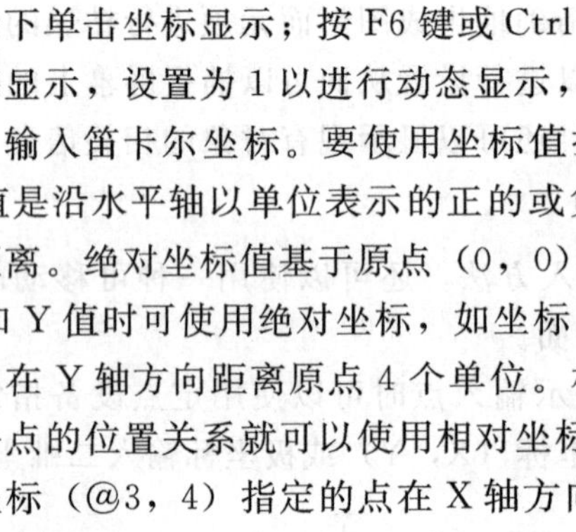

图 6.2.2　AutoCAD 中的定位直线

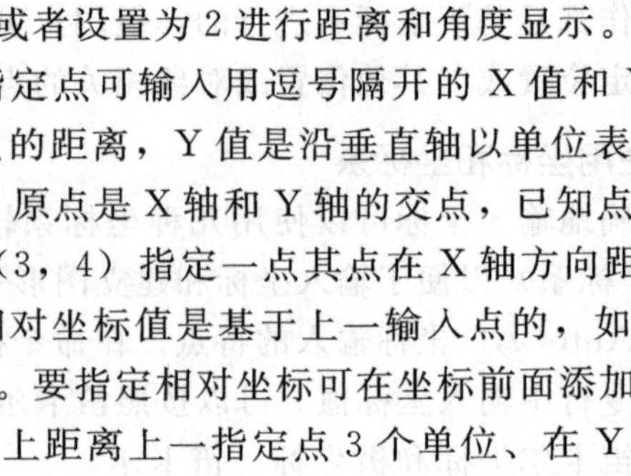

图 6.2.3　AutoCAD 绘制直线

（9）输入绝对坐标（二维）的步骤。在输入点的提示下使用以下格式输入坐标（即输入 x，y）。X 表示相对于原点（0，0）沿水平轴的距离和方向，Y 表示相对于原点（0，0）沿垂直轴的距离和方向。

（10）输入相对坐标（二维）的步骤。在输入点的提示下使用以下格式输入坐标（即输入@x，y)。X 表示相对于上一输入点沿水平轴的距离和方向，Y 表示相对于上一输入点沿垂直轴的距离和方向。

（11）输入极坐标。要输入极坐标可输入距离和角度并使用尖括号（<）隔开。例如，要指定相对于前一点距离为 1 个单位、角度为 45°的点可输入@1<45。如图 6.2.4 所示，默认情况下角度按逆时针方向增大，按顺时针方向减小，要按顺时针方向移动可输入负的角度值，如输入 1<315 与输入 1<－45 效果相同，可以使用 UNITS 命令改变当前图形的角度约定。极坐标可以是绝对的（从原点测量）也可以是相对于上一点的，要指定相对坐标可在坐标前面添加一个@符号。图 6.2.5 显示了使用默认的角度方向设置在极坐标中绘制直线的情况。关于角度方向约定的详细信息可参考本书前述“从头开始创建新图形”。在下一个“下一点”提示下按 Enter 键结束命令。图 6.2.5 用极坐标绘制一条直线的过程是：命令（line）、起点（0，0）、下一点（4<120）、下一点（5<30）。图 6.2.6 用相对极坐标绘制一条直线，在下一个“下一点”提示下按 Enter 键结束命令，其过程是下一点（@3<45）、下一点（@5<285）。

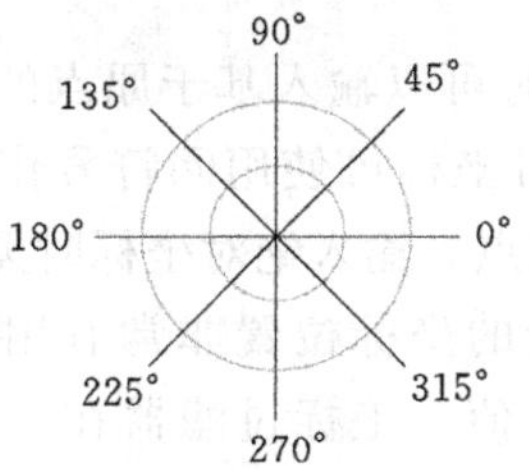

图 6.2.4　默认的角度方向

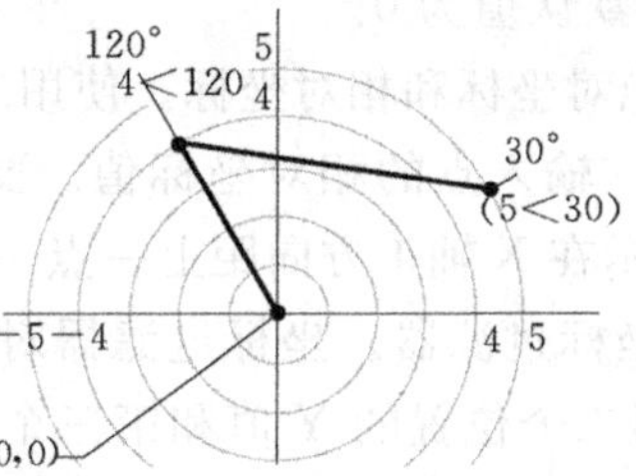

图 6.2.5　用极坐标绘制直线

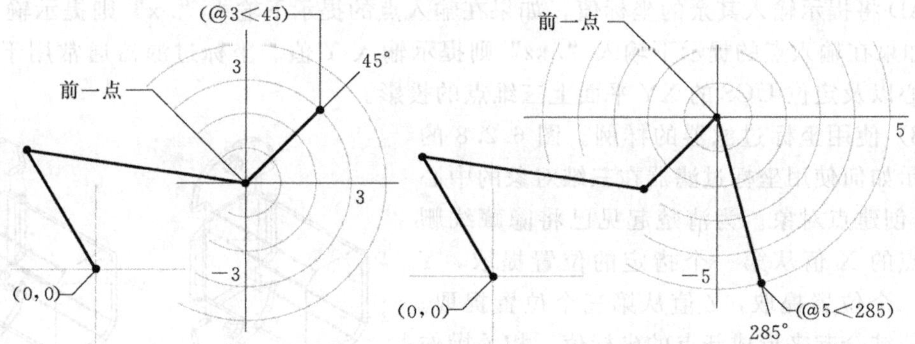

图 6.2.6　用相对极坐标绘制一条直线

（12）输入二维极坐标的步骤。在输入点的提示下使用以下格式输入坐标（即输入：距离<角度)。“距离”表示相对于原点（0，0）的距离，“角度”表示相对于原点（0，0）的角度。

（13）输入三维坐标。在三维中创建对象时可以使用笛卡尔坐标、柱坐标或球坐标定位点。

（14）输入三维笛卡尔坐标。输入三维笛卡尔坐标值（X，Y，Z）类似于输入二维坐

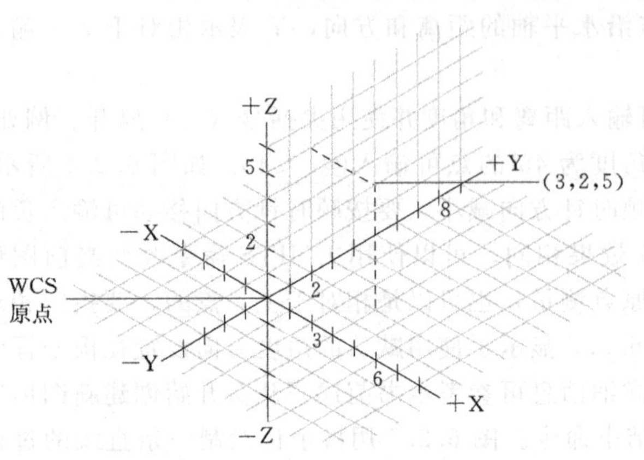

图 6.2.7　输入三维笛卡尔坐标

标值（X，Y）。除了指定 X 和 Y 值以外，还需要使用以下格式指定 Z 值（即输入：X，Y，Z）。图 6.2.7 中，坐标值（3，2，5）表示一个沿 X 轴正方向 3 个单位、沿 Y 轴正方向 2 个单位、沿 Z 轴正方向 5 个单位的点。

（15）使用默认 Z 值。当以（X，Y）格式输入坐标时将从上一输入点复制 Z 值，因此，可以按（X，Y，Z）格式输入一个坐标然后保持 Z 值为常量使用（X，Y）格式输入随后的坐标。比如，如果输入直线的以下坐标，即起点（0，0，5）、下一点（3，4），直线的两个端点的 Z 值均为 5。当开始或打开任意图形时 Z 的初始默认值为 0。

（16）使用绝对坐标和相对坐标。使用二维坐标时可以输入基于原点的绝对坐标值，也可以输入基于上一输入点的相对坐标值。要输入相对坐标可使用@符号作为前缀。如输入（@1，0，0）表示在 X 轴正方向距上一点一个单位的点。输入绝对坐标时无需添加前缀。

（17）使用坐标过滤器。坐标过滤器对于创建新的坐标位置非常有用。它使用第一个位置的 X 值、第二个位置的 Y 值和第三个位置的 Z 值。坐标过滤器在三维中的操作方式与二维中相同。要在命令行中指定过滤器可输入一个句点以及一个或多个 X、Y 和 Z 字母。AutoCAD 接受以下过滤器选择，即 X、Y、Z、XY、XZ、YZ。指定初始坐标值后 AutoCAD 将提示输入其余的坐标值，如果在输入点的提示下输入“.x”则提示输入 Y 和 Z 值；如果在输入点的提示下输入“.xz”则提示输入 Y 值。坐标过滤器通常用于定位矩形的中心以及定位 UCS 的 XY 平面上三维点的投影。

（18）使用坐标过滤器的样例。图 6.2.8 的样例显示如何使用坐标过滤器在三维对象的中心（质心）创建点对象。为清楚起见已将隐藏线删除。新点的 X 值从第一个指定的位置提取，Y 值从第二个位置提取，Z 值从第三个位置提取。这三个值结合起来形成新点的坐标值。相关操作依次为命令“point”、点“.x”、中点、选择对象（1）、（需要 YZ）“.y”、中点、选择对象（2）、（需要 Z）“中点”、选择对象（3）。

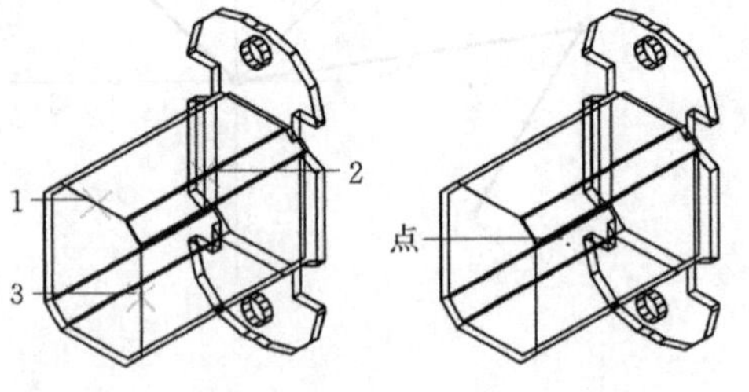

图 6.2.8　使用坐标过滤器的样例

（19）数字化坐标。通过数字化输入坐标时所有坐标的 UCS 的 Z 值为 0。可以使用 ELEV 设置 Z=0 平面上方或下方的默认高度，以便不移动 UCS 而进行数字化。

（20）输入三维绝对坐标的步骤。在输入点的提示下使用以下格式输入坐标（即输入：x，y，z）。X 表示沿 X 轴相对于 UCS 原点（0，0，0）的距离和方向；Y 表示沿 Y 轴相对于 UCS 原点（0，0，0）的距离和方向；Z 表示沿 Z 轴相对于 UCS 原点（0，0，0）的距离和方向。

（21）输入三维相对坐标的步骤。在输入点的提示下使用以下格式输入坐标（即输入：@x，y，z）。X 表示沿 X 轴相对于上一输入点的距离和方向；Y 表示沿 Y 轴相对于上一输入点的距离和方向；Z 表示沿 Z 轴相对于上一输入点的距离和方向。

（22）使用坐标过滤器在二维中指定点的步骤。在输入点的提示下输入坐标过滤器（. x 或 . y），如输入 . x 首先指定 X 值。要提取第一个坐标值可指定一点，例如，如果在步骤 1 中输入“. x”则 AutoCAD 将从该点提取 X 值。要提取下一个坐标值可在其余坐标值的提示下指定另一个点，例如，如果在步骤（1）中输入“. x”，则 AutoCAD 将提示输入 Y 和 Z 的坐标值。AutoCAD 结合从步骤（2）和（3）指定的点中提取的坐标值定义新点。需要强调的是，可以输入数字值而不用在步骤（2）和（3）中指定点。

（23）使用坐标过滤器在三维中指定点的步骤。在输入点的提示下输入坐标过滤器（. x、. y、. z、. xy、. xz 或 . yz），如输入 . x 首先指定 X 值。要提取指定的坐标值可指定一点，例如，如果在步骤（1）中输入“. x”，则 AutoCAD 将从该点提取 X 值。在输入其余坐标的提示下执行以下两种操作之一，即通过指定点提取其余的坐标值；输入另一个坐标过滤器并返回到步骤（2），比如，如果在步骤（1）中输入“. x”，则 AutoCAD 将提示输入 Y 和 Z 的坐标值，指定第二个点同时提取 Y 和 Z 坐标，或者输入 . y 或 . z 分别指定 Y 和 Z 值。AutoCAD 结合从步骤（2）和（3）指定的点中提取的坐标值定义新点。需要强调的是，可以输入数字值而不用在步骤（2）和（3）中指定点。

（24）输入柱坐标。柱坐标输入相当于三维空间中的二维极坐标输入，它在垂直于 XY 平面的轴上指定其他坐标。柱坐标通过指定某点在 XY 平面中距 UCS 原点的距离，在 XY 平面中与 X 轴所成的角度及其 Z 值定位该点。使用以下语法指定点，即“X<[与 X 轴所成的角度]，Z”。在图 6.2.9 中，坐标“5<60，6”表示距当前 UCS 的原点 5 个单位、在 XY 平面中与 X 轴成 60°角、沿 Z 轴 6 个单位的点；坐标“8<30，1”表示 XY 平面中距当前 UCS 的原点 8 个单位、在 XY 平面中与 X 轴成 30°角、沿 Z 轴 1 个单位的点。需要基于上一点定义点时可以输入带有@符号的相对柱坐标，图 6.2.10 中相对柱坐标“@4<45，5”表示在 XY 平面距上一输入点 4 个单位、与 X 轴正向成 45°角、在 Z 轴方向延伸 5 个单位的点。

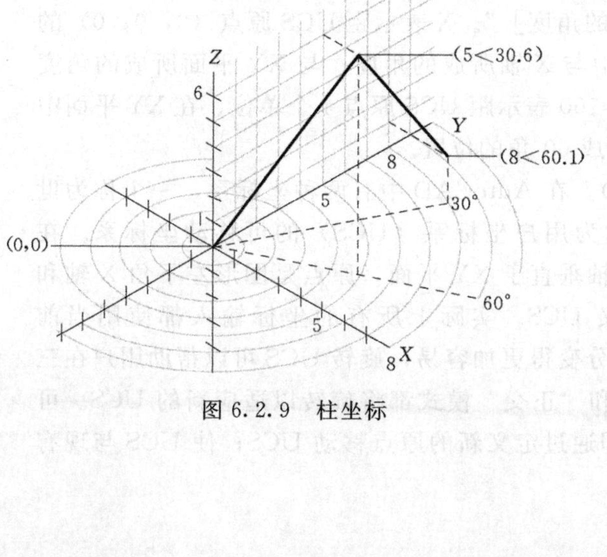

图 6.2.9 柱坐标

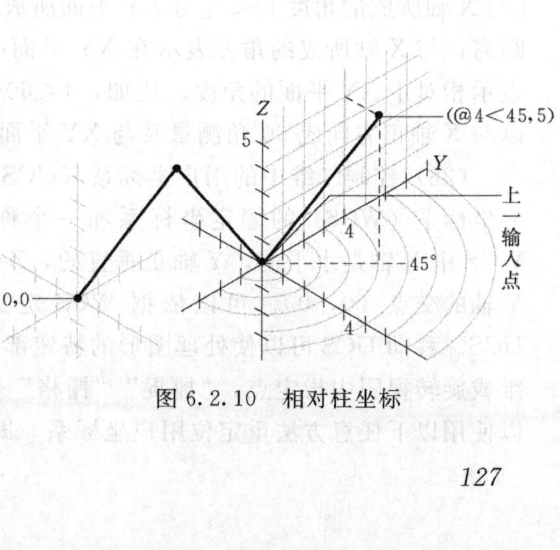

图 6.2.10 相对柱坐标

(25) 输入柱坐标的步骤。在输入点的提示下使用以下格式输入坐标值，即“x<[与X轴所成的角度]，z”。X表示距UCS原点（0，0，0）的距离；与X轴所成的角度表示XY平面中与X轴所成的角度；Z表示沿Z轴距原点（0，0，0）的距离。比如“4<60，2”表示沿X轴距UCS原点4个单位、与X轴正方向成60°角测量、Z轴正方向2个单位距离的位置。

(26) 输入球坐标。三维中的球坐标输入与二维中的极坐标输入类似。通过指定某点距当前UCS原点的距离、与X轴所成的角度（在XY平面中）以及与XY平面所成的角度来定位点，每个角度前面加了一个左尖括号（<），如以下格式所示，即“X<[与X轴所成的角度]<[与XY平面所成的角度]”。在图6.2.11中，坐标8<60<30表示在XY平面距UCS原点8个单位距离、在XY平面中与X轴成60°角及相对XY平面与Z轴正向成30°角的点；坐标5<45<15表示距原点5个单位、在XY平面中与X轴成45°角、相对于XY平面与Z轴正向成15°角的点。需要基于上一点定义点时可以输入前面带有@符号的相对球坐标。

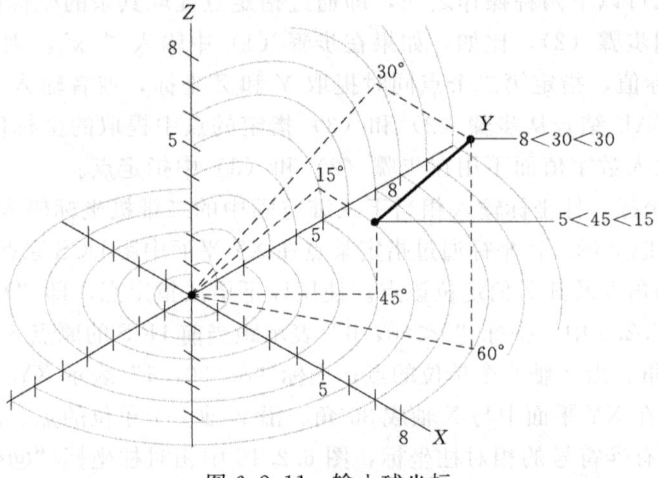

图 6.2.11　输入球坐标

(27) 输入球坐标的步骤。在输入点的提示下使用以下格式输入坐标值，即输入“x<[与X轴所成的角度]<[与XY平面所成的角度]”。X表示距UCS原点（0，0，0）的距离；与X轴所成的角度表示在XY平面中与X轴所成的角度；与XY平面所成的角度表示相对于XY平面的角度。比如，4<60<60表示距UCS原点4个单位、在XY平面中以与X轴正方向成60°角测量及与XY平面成60°角的位置。

(28) 控制二维中的用户坐标系（UCS）。在AutoCAD中有两种坐标系，一个称为世界坐标系（WCS）的固定坐标系和一个称为用户坐标系（UCS）的可移动坐标系。在WCS中X轴是水平的，Y轴是垂直的，Z轴垂直于XY平面，原点是图形左下角X轴和Y轴的交点（0，0）。可以依据WCS定义UCS。实际上所有的坐标输入都使用当前UCS。移动UCS可以使处理图形的特定部分变得更加容易，旋转UCS可以帮助用户在三维或旋转视图中指定点，“捕捉”“栅格”和“正交”模式都将旋转以适应新的UCS。可以使用以下任意方法重定位用户坐标系，即通过定义新的原点移动UCS；使UCS与现有对象和当前观察方向对齐；绕当前UCS的任意轴旋转当前UCS；恢复保存的UCS。定义UCS后可以为其命名并在需要再次使用时将其恢复，UCS命令的“上一个”选项可以按顺序最多恢复当前任务中以前使用过的10个坐标系，当不再需要某个命名的UCS时可以将其删除，还可以恢复UCS以便与WCS重合。

(29) 定义新的UCS原点的步骤。从“工具”菜单中选择“新建UCS”，然后选择“原点”。指定新的原点，坐标（0，0，0）被重新定义到指定点处。其“UCS”工具栏为，其命令行为“UCS”。

(30) 恢复WCS的步骤。从“工具”菜单中选择“命名UCS”。在“UCS”对话框的“命名UCS”选项卡中选择“世界”。选择“置为当前”，然后选择“确定”。其“UCS”工具栏为，其命令行为“UCSMAN”。

(31) 恢复上一个UCS的步骤。从“工具”菜单中选择“命名UCS”。在“UCS”对话框的“命名UCS”选项卡中选择“上一个”。选择“置为当前”，然后选择“确定”。其“UCS”工具栏为，其命令行为“UCSMAN”。

(32) 保存UCS的步骤。从“工具”菜单中选择“命名UCS”，新的UCS在UCS列表中显示为UNNAMED。在“UCS”对话框中的“命名UCS”选项卡上选择UNNAMED并输入一个新名称，也可以选择UNNAMED然后单击鼠标右键并从快捷菜单中选择“重命名”。选择“确定”。最多可以输入255个字符，包括字母、数字和特殊字符，如美元符号（$）、连字符（-）和下划线（_）。AutoCAD将所有的UCS名称转换为大写字母。其“UCS”工具栏为，其命令行为“UCSMAN”。

(33) 恢复命名UCS的步骤。在“工具”菜单中单击“命名UCS”。在“UCS”对话框中的“命名UCS”选项卡上可以通过选定UCS名称并单击“详细信息”查看列出的UCS的原点和轴方向，查看列表后单击“确定”返回到“UCS”对话框。选择要恢复的坐标系然后单击“置为当前”，再单击“确定”。其“UCS”工具栏为，其命令行为“UCSMAN”。

(34) 重命名UCS的步骤。从“工具”菜单中选择“命名UCS”。在“UCS”对话框的“命名UCS”选项卡上选择要重命名的坐标系，也可以选择UNNAMED然后单击鼠标右键并从快捷菜单中选择“重命名”。输入新的名称。选择“确定”。其“UCS”工具栏为，其命令行为“UCSMAN”。

(35) 删除UCS的步骤。从“工具”菜单中选择“命名UCS”。在“UCS”对话框的“命名UCS”选项卡上选择要删除的UCS。按DELETE键或单击鼠标右键并从快捷菜单上选择“删除”，不能删除当前UCS或具有默认名称UNNAMED的UCS。其“UCS”工具栏为，其命令行为“UCSMAN”。

(36) 指定三维（UCS）中的图形平面。要有效地进行三维建模必须控制用户坐标系。

(37) 在三维中使用世界坐标系和用户坐标系。AutoCAD提供了两个坐标系，一个称为世界坐标系（WCS）的固定坐标系和另一个称为用户坐标系（UCS）的可移动坐标系，UCS对于输入坐标、定义图形平面和设置视图非常有用，改变UCS并不改变视点而只改变坐标系的方向和倾斜度。创建三维对象时可以重定位UCS来简化工作，例如，如果创建了三维长方体，则可以通过编辑时将 UCS 与要编辑的每一条边对齐来轻松地编辑六条边中的每一条边。通过选择原点位置和 XY 平面的方向以及 Z 轴可以重定位 UCS，可以在三维空间的任意位置定位和定向 UCS。在任何时候都只有一个 UCS 为当前 UCS，所有的坐标输入和坐标显示都是相对于当前的 UCS。如果显示多个视口，这些视口将共享当前的 UCS。打开 UCSVP 系统变量时可以将 UCS 锁定到一个视口上，每次将该视口置为当前时可以自动恢复 UCS。在三维中绘图时要在世界坐标系（WCS）或当前用户坐标系（UCS）中指定 X、Y 和 Z 坐标值，图 6.2.12 显示了 WCS 的 X、Y 和 Z 轴。WCS 和 UCS 常常是重合的，即它们的轴和原点完全重叠在一起。无论如何重新定向 UCS 都可以通过使用 UCS 命令的“世界”选项使其与 WCS 重合。

（38）应用右手定则。在三维坐标系中如果已知 X 和 Y 轴的方向则可以使用右手定则确定 Z 轴的正方向，即将右手手背靠近屏幕放置而大拇指指向 X 轴的正方向。如图 6.2.13 所示，伸出食指和中指，食指指向 Y 轴的正方向，中指所指示的方向即 Z 轴的正方向。通过旋转手可以看到 X、Y 和 Z 轴如何随着 UCS 的改变而旋转。还可以使用右手定则确定三维空间中绕坐标轴旋转的正方向。将右手拇指指向轴的正方向，卷曲其余四指，右手四指所指示的方向即轴的正旋转方向。

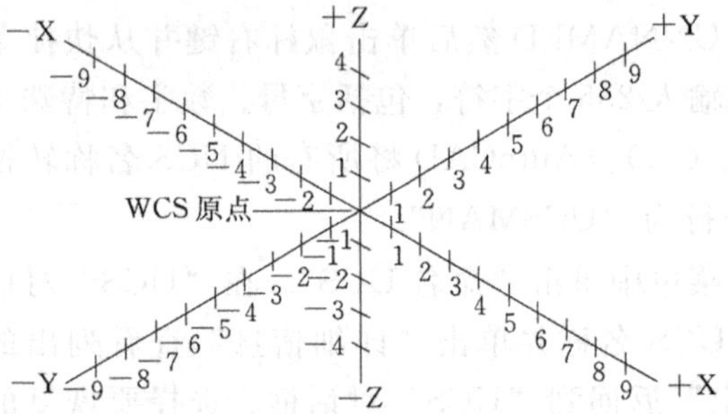

图 6.2.12　WCS 的 X、Y、Z 轴

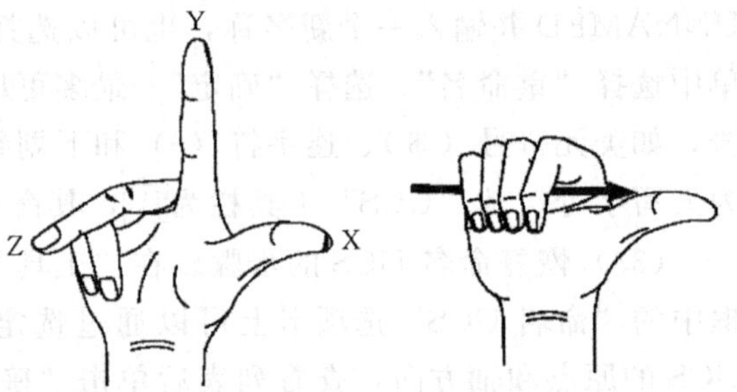

图 6.2.13　右手定则

（39）输入相对于 WCS 的坐标的步骤。方法是在坐标值前面加一个星号（*）。输入“@*2，0，0”指定在相对于 WCS 输入的上一点的 X 方向两个单位的点。输入“@2，0，0”指定在相对于 UCS 输入的上一点的 X 方向两个单位的点。实际上大多数坐标是相对于 UCS 而不是 WCS 输入的。

（40）控制三维中的用户坐标系。定义用户坐标系（UCS）来更改原点（0，0，0）的位置与 XY 平面及 Z 轴的方向，可以在三维空间的任意位置定位和定向 UCS，可以根据需要定义、保存和调用任意数量的 UCS，坐标输入和显示均相对于当前的 UCS。UCS 在三维空间中尤其有用，可能会发现将坐标系与现有几何图形对齐比计算出三维点的精确位置要容易得多。如图 6.2.14 所示，如果多个视口处于激活状态则可以给每个视口分配一个不同的 UCS，打开 UCSVP 系统变量时可以将 UCS 锁定到一个视口上，每次将该视口置为当前时可以自动恢复 UCS，打开 UCSVP 时根据构造要求的不同其不同的 UCS 可能具有不同的原点和方向。

（41）定义 UCS 位置。可以按以下 6 种方式定义 UCS，即：指定新的原点、新的 XY 平面或新的 Z 轴；将新 UCS 与现有的对象对齐；将新 UCS 与当前观察方向对齐；绕当前

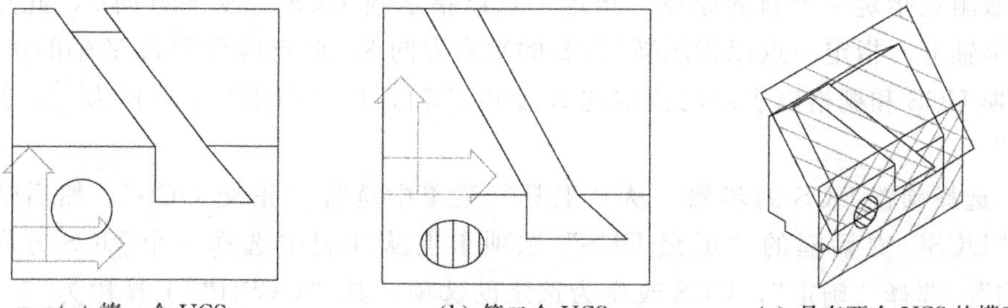

(a) 第一个 UCS　　(b) 第二个 UCS　　(c) 具有两个 UCS 的模型

图 6.2.14　多个视口不同的 UCS

UCS 的任意轴旋转当前 UCS；将新的 Z 深度应用到现有 UCS 中；通过选择面来应用 UCS。

(42) 使用 UCS 预置。如果用户不想定义自己的 UCS，则可以从几种预置坐标系中进行选择，"UCS" 对话框的 "正交 UCS" 选项卡上的图像将显示可用的选择。如果已指定 UCS，则可以控制选择预置选项是相对于当前的 UCS 方向切换 UCS 还是相对于默认世界坐标系（WCS）切换 UCS，如果恢复 WCS、恢复上一个 UCS 或将 UCS 设置到当前视图，此选项将无效。

(43) 改变默认标高。通过 ELEV 命令建立的当前标高定义当前 UCS 的图形平面，并根据 UCSVP 系统变量的设置应用于单独视口，此变量确定是否保存 UCS 以及是否在每个视口中恢复 UCS。当 UCSVP＝1 时（也就是说当不同的 UCS 设置保存在单独的视口中时），标高设置将与每个视口一起保存在模型空间和图纸空间布局中。一般情况下建议将标高设置保留为零，并使用 UCS 命令控制当前 UCS 的 XY 平面。

(44) 在图纸空间中改变 UCS。与在模型空间一样，可以在图纸空间定义新的 UCS，但是图纸空间中的 UCS 被限制为二维操作。尽管可以在图纸空间中输入三维坐标，但不能使用三维查看命令（如 3DORBIT、DVIEW、PLAN 和 VPOINT）。AutoCAD 在模型空间和图纸空间中均保持追踪最近创建的 10 个坐标系。

(45) 按名称保存并恢复 UCS 位置。如果要在三维中自如地工作，可以保存命名 UCS 位置（对于不同的构造要求，每个位置具有不同的原点和方向），可以根据需要重定位、保存和调用任意数量的 UCS 方向。

(46) 切换 XY 平面的步骤。如图 6.2.15 所示，从 "工具" 菜单中选择 "新建 UCS"，然后选择 "三个点"。指定新 UCS 的原点 1，如在一幅很大的图形中，可以在要

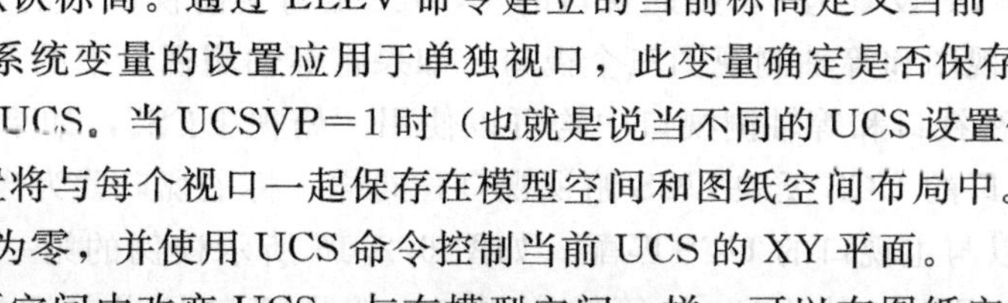

(a) 指定的点　　(b) 新的 UCS

图 6.2.15　切换 XY 平面

处理的区域附近指定一个新的原点。指定一点以指示新 UCS 的水平方向 2，此点应位于 X 轴的正半轴上。指定一点以指示新 UCS 的垂直方向 3，此点应位于新 Y 轴的正半轴上，此时将切换 UCS 和栅格以表示已指定的 X 轴和 Y 轴。其“UCS”工具栏为，其命令行为“UCS”。

(47) 选择预置 UCS 的步骤。从“工具”菜单中选择“正交 UCS”，然后选择“预置”。在“UCS”对话框的“正交 UCS”选项卡上从列表中选择一个 UCS 方向。选择“置为当前”。选择“确定”，UCS 改变为选定的选项。其“UCSII”工具栏为，其命令行为“UCSMAN”。

(48) 恢复上一个 UCS 的位置和方向的步骤。在命令行中输入 ucs，然后输入 p（上一个），恢复上一个 UCS。其“UCS”工具栏为，其命令行为“UCS”。

(49) 指定视口的用户坐标系方向。多个视口提供模型的不同视图，如可以设置显示俯视图、主视图、右视图和等轴测视图的视口，要想更方便地在不同视图中编辑对象，可以为每个视图定义不同的 UCS，每次将视口置为当前后都可以在此视口中使用它上一次作为当前视口时使用的 UCS。

每个视口中的 UCS 都由 UCSVP 系统变量控制，如果视口中 UCSVP 设置为 1，则上一次在该视口中使用的 UCS 与视口一起保存，且在该视口再次成为当前视口时被恢复，如果某视口的 UCSVP 设置为 0，则此视口的 UCS 总是与当前视口中的 UCS 相同。如可以设置俯视图、主视图和等轴测视图三个视口，如果将等轴测视口中的 UCSVP 系统变量设置为 0，则在俯视视口和等轴测视口中均可以使用“俯视 UCS”，如果将俯视视口置为当前，则等轴测视口的 UCS 反映 UCS 俯视视口，同样，将主视口置为当前，将切换等轴测视口中的 UCS 以与主视口的 UCS 匹配。如图 6.2.16 所示样例的第一个图形显示反映当前的左上方或俯视视口的 UCS 的等轴测视口，俯视视口是当前视口，UCSVP＝0，UCS 图标反映当前视口的 UCS。图 6.2.17 显示当左下视口或主视口置为当前时发生的变化，等轴测视口中的 UCS 将更新以反映主视口的 UCS，主视口是当前视口，UCSVP＝0，UCS 图标反映当前视口的 UCS。早期版本 UCS 用于模型或图纸空间的所有视口的全局设置，如果要恢复早期版本的表现方式，可以在所有活动视口中将 UCSVP 系统变量的值设置为 0。

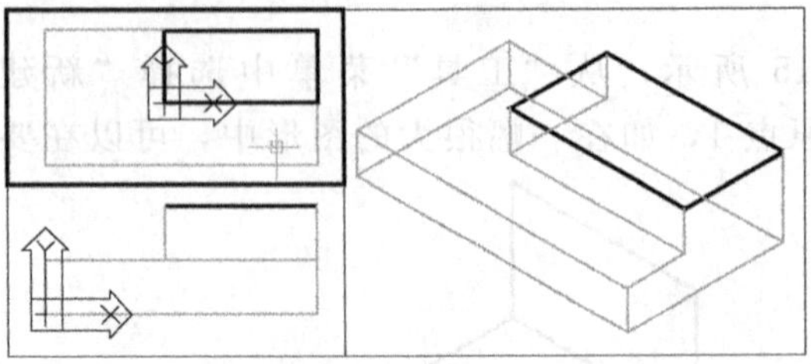

图 6.2.16　指定视口用户坐标系方向之一

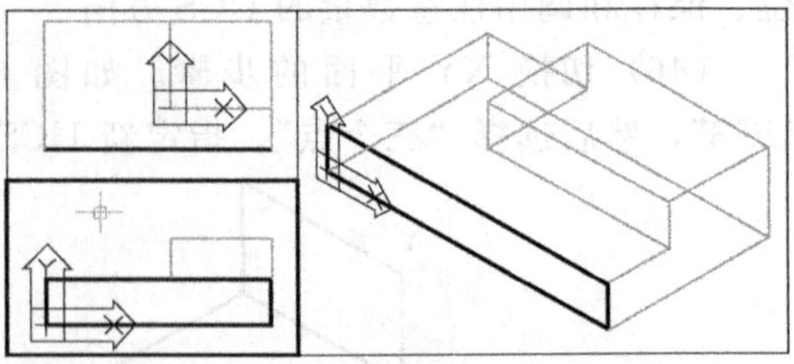

图 6.2.17　指定视口用户坐标系方向之二

(50) 将当前 UCS 应用到其他视口的步骤。确保要应用到其他视口的 UCS 是当前视口。从“工具”菜单中选择“新建 UCS”➤“应用”。在提示下，在视口中单击，将当前的 UCS 应用到该视口，或者输入“all”将当前的 UCS 设置应用到所有活动视口。其命令行为“UCS”。

(51) 控制用户坐标系图标的显示。为了指示 UCS 的位置和方向，AutoCAD 在 UCS 原点或当前视口的左下角显示 UCS 图标。如图 6.2.18 所示可以选择三种图标中的一种来表示 UCS。

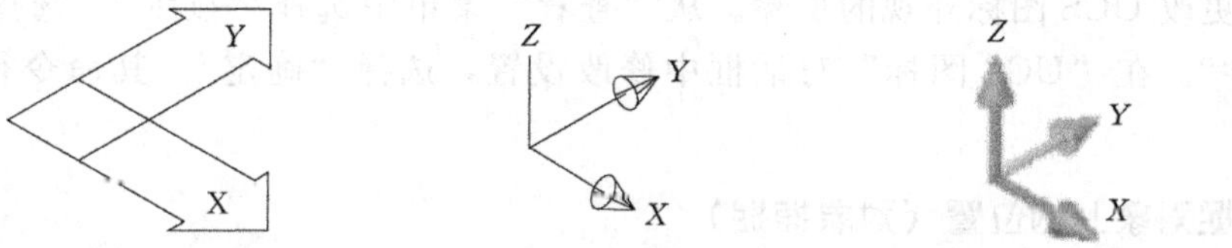

(a) 二维 UCS 图　(b) 三维 UCS 图　(c) 着色 UCS 图标

图 6.2.18　UCS 的三种图标

使用 UCSICON 命令在显示二维或三维 UCS 图标之间选择，使用 SHADEMODE 显示着色 UCS 图标，要指示 UCS 的原点和方向，可以使用 UCSICON 命令在 UCS 原点显示 UCS 图标。如果图标显示在当前 UCS 的原点处则图标中有一个加号（+），如果图标显示在视口的左下角则图标中没有加号。如果存在多个视口，则每个视口都显示自己的 UCS 图标。AutoCAD 使用多种方法显示 UCS 图标以帮助用户了解绘图平面的方向，见图 6.2.19。可以使用 UCSICON 命令在二维 UCS 图标和三维 UCS 图标之间切换，也可以使用此命令改变三维 UCS 图标的大小、颜色、箭头类型和图标线宽度。如果沿着一个与 UCSXY 平面平行的平面观察，二维 UCS 图标将变成断笔图标。断笔图标指示 XY 平面的边几乎与观察方向垂直，此图标警告用户不要使用定点设备指定坐标。当使用定点设备定位点时，断笔图标通常置于 XY 平面，如果旋转 UCS 使 Z 轴位于与观察平面平行的平面上（如果 XY 平面垂直于观察平面），则很难确定该点的位置，这种情况下该点所置于的平面平行于观察平面，且观察平面同时也包含 UCS 原点，例如，如果观察方向是沿 X 轴方向，则使用定点设备指定的坐标将位于包含 UCS 原点的 YZ 平面上。使用三维 UCS 图标有助于了解坐标投影在哪个平面上，三维 UCS 图标不使用断笔图标。

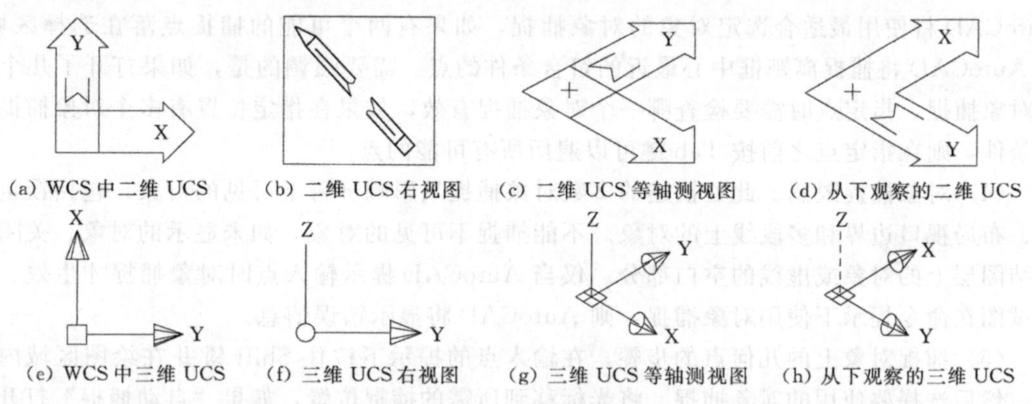

(a) WCS 中二维 UCS　(b) 二维 UCS 右视图　(c) 二维 UCS 等轴测视图　(d) 从下观察的二维 UCS

(e) WCS 中三维 UCS　(f) 三维 UCS 右视图　(g) 三维 UCS 等轴测视图　(h) 从下观察的三维 UCS

图 6.2.19　绘图平面的方向

(52) 打开或关闭 UCS 图标显示的步骤。从“查看”菜单中选择“显示”。选择 UCS 图标，然后选择“开”，要观察复选标记指示图标是开还是关。其命令行为“UCSI-

CON”。

(53) 在 UCS 原点处显示 UCS 图标的步骤。从“查看”菜单中选择“显示”。选择 UCS 图标，然后选择“原点”，UCS 图标显示在当前坐标系的原点处，要观察复选标记指示选项是开还是关。其命令行为“UCSICON”。

(54) 更改 UCS 图标外观的步骤。从“查看”菜单中选择“显示”，选择 UCS 图标，选择“特性”。在“UCS 图标”对话框中修改设置，选择“确定”。其命令行为“UCSI-CON”。

6.2.2 捕捉对象上的位置（对象捕捉）

可以指定相对于现有对象的点（如直线的端点或圆的中心点）而不是输入坐标。

(1) 使用对象捕捉。对象捕捉将指定点限制在现有对象的确切位置上，如中点或交点。使用对象捕捉可以迅速定位对象上的精确位置而不必知道坐标或绘制构造线，如使用对象捕捉可以绘制到圆心或多段线中点的直线。只要 AutoCAD 提示输入点就可以指定对象捕捉。关于对象捕捉的列表可参考《命令参考》中的“OSNAP”。

如果打开 AutoSnap，只要将靶框移到捕捉点上 AutoCAD 就会显示标记和工具栏提示，此功能提供了视觉提示以指示哪些对象捕捉正在使用。可以使用多种方法打开对象捕捉，如果在工具栏中选择单一对象捕捉，或在命令行输入捕捉名称，则捕捉仅对指定的下一点生效。也可以设置执行对象捕捉，即工作时有效的一种或多种对象捕捉，选择“无”关闭单个对象捕捉和执行对象捕捉。

(2) 捕捉单个点。指定对象捕捉时光标将变为对象捕捉靶框，选择对象时 AutoCAD 将捕捉离靶框中心最近的符合条件的捕捉点。对象捕捉按钮位于“标准”工具栏的“对象捕捉”弹出按钮中。

(3) 使用执行对象捕捉。如果需要重复使用同一对象捕捉，则可以将其设置为执行对象捕捉，除非用户将其关闭，否则它将保持打开状态，例如，如果需要用直线连接一系列圆的圆心，则可以将“圆心”设置为执行对象捕捉，与使用单一对象捕捉一样靶框指示已经打开对象捕捉并标识选择区域，可以改变靶框的大小。如果打开多个执行对象捕捉，则 AutoCAD 将使用最适合选定对象的对象捕捉，如果有两个可能的捕捉点落在选择区域，则 AutoCAD 将捕捉离靶框中心最近的符合条件的点。需要强调的是，如果打开了几个执行对象捕捉，指定点时需要检查哪一个对象捕捉有效，如果在指定位置有多个对象捕捉符合条件，则在指定点之前按 Tab 键可以遍历所有可能的点。

(4) 对象捕捉限制。此处描述的多数对象捕捉只影响屏幕上可见的对象，包括锁定图层、布局视口边界和多段线上的对象。不能捕捉不可见的对象，如未显示的对象、关闭或冻结图层上的对象或虚线的空白部分。仅当 AutoCAD 提示输入点时对象捕捉才生效。如果试图在命令提示下使用对象捕捉，则 AutoCAD 将显示错误信息。

(5) 捕捉对象上的几何点的步骤。在输入点的提示下按住 Shift 键并在绘图区域内单击，然后选择要使用的对象捕捉。将光标移到所需的捕捉位置，如果“自动捕捉”打开则光标会自动锁定选定的捕捉位置且标记和工具栏将提示指示捕捉点。选择对象，光标捕捉最靠近选择的符合条件的位置，按 Shift 键然后单击鼠标右键（打开对象捕捉菜单）。

(6) 设置执行对象捕捉的步骤。从“工具”菜单中选择“草图设置”。在“草图设置”

对话框的“对象捕捉”选项卡中选择要使用的对象捕捉。要改变靶框的大小可选择“选项”。在“选项”对话框的“草图”选项卡中在“靶框大小”下拖动滑动条。选择“确定”退出所有对话框，按Shift键并单击鼠标右键以显示对象捕捉菜单。其“对象捕捉”工具栏为，其命令行为“OSNAP”。

(7) 在工作时打开和关闭执行对象捕捉的步骤。单击状态栏上的“对象捕捉”。如果已设置执行对象捕捉，则打开或关闭以前的设置，还可以按F3键在执行对象捕捉之间切换。其命令行为“OSNAP”。

(8) 设置对象捕捉形象化辅助工具（自动捕捉）。对象捕捉包括形象化辅助（称为AutoSnap）以帮助用户更加有效地查看和使用对象捕捉，使用任意对象捕捉设置时如果将光标移到捕捉点上“自动捕捉”将显示标记和工具栏提示，在命令行输入对象捕捉或在“草图设置”对话框中打开对象捕捉时“自动捕捉”将自动打开。

(9) 自动捕捉工具。“自动捕捉”包含标记、工具栏提示、磁吸、靶框等捕捉工具。“标记”选项的特点是当光标移到对象上或接近对象时显示对象捕捉位置，标记的形状取决于它所标记的捕捉；“工具栏提示”选项的特点是在光标位置用一个小标志指示正在捕捉对象的哪一部分；“磁吸”选项的特点是吸引并将光标锁定到检测到的最接近的捕捉点，提供一个形象化设置（与捕捉栅格类似）；“靶框”选项的特点是围住十字光标并定义框中的区域，移动光标时AutoCAD估算该区域内的对象以便进行对象捕捉，可以选择显示或不显示靶框，也可以改变靶框的大小。

(10) 打开与关闭对象捕捉和自动捕捉。设置执行对象捕捉之后单击状态栏正交上的“对象捕捉”（或按Ctrl+F组合键或F3键），将打开或关闭所有对象捕捉而不显示“草图设置”对话框，如果未设置执行对象捕捉，单击“对象捕捉”时将显示“草图设置”对话框。自动捕捉标记、工具栏提示和磁吸在默认情况下是打开的，可以在“选项”对话框中更改自动捕捉设置。

(11) 使用自动捕捉确认或更改对象捕捉。如果设置了多个执行对象捕捉，可以按Tab键为某个对象遍历所有可用的对象捕捉点。例如，如果在光标位于圆上的同时按Tab键，则自动捕捉将显示用于捕捉象限点、交点和中心的选项。

(12) 改变自动捕捉设置的步骤。从“工具”菜单中选择“选项”。在“选项”对话框中选择“草图”选项卡。在“草图”选项卡上根据需要更改设置，如标记（打开或关闭标记）、磁吸（打开或关闭磁吸）、显示“自动捕捉”工具栏提示（打开或关闭工具栏提示）、显示自动捕捉靶框（指定对象捕捉时打开或关闭靶框，未使用自动捕捉时此设置不影响对象捕捉）、自动捕捉标记颜色（改变标记的颜色）、自动捕捉标记大小（调整标记的大小）等。选择“确定”，按Shift键并单击鼠标右键以显示对象捕捉菜单。其“对象捕捉”工具栏为，其命令行为“OSNAP”。

6.2.3 限制光标移动

可以使用几种工具限制或锁定光标移动。

(1) 调整栅格和栅格捕捉。栅格是点的矩阵其延伸到指定为图形界限的整个区域，使用栅格类似于在图形下放置一张坐标纸，利用栅格可以对齐对象并直观显示对象之间的距离，不打印栅格，如果放大或缩小图形可能需要调整栅格间距使其更适合新的比例。捕捉模式用于限制十字光标，使其按照用户定义的间距移动，当“捕捉”模式打开时光标似乎附着或捕捉到不可见的栅格，捕捉模式有助于使用箭头键或定点设备来精确地定位点。

(2) 改变栅格和捕捉间距。工作时可以打开或关闭“栅格”与“捕捉”模式，还可以改变栅格和捕捉间距。捕捉间距不一定必须与栅格间距相匹配，如可以设置较宽的栅格间距用作参照，使用较小的捕捉间距以保证定位点时的精确性。

(3) 改变捕捉角度和基点。如果需要沿特定的对齐或角度绘图则可以改变捕捉角度，此旋转将十字光标在屏幕上重新对齐以与新的角度匹配，图 6.2.20 中将捕捉角度调整为与固定支架的角度一致，设置捕捉角度时栅格旋转也发生变化。捕捉基点是相对于指定的 (X，Y) 值的偏移值，捕捉点自捕捉基点测量，默认捕捉基点是 (0，0) 但它可以改变为任意 (X，Y) 坐标值以调整捕捉点。例如，如果 X 和 Y 间距设为 0.5，X 和 Y 基点设为 (0，0)，沿 X 和 Y 轴的捕捉点为 0、0.5、1.0 等。将 X 捕捉基点更改为 0.1，将 Y 捕捉基点更改为 0.2，会使捕捉点沿 X 轴移动为 0.1、0.60、1.1 等，使捕捉基点沿 Y 轴移动为 0.2、0.7、1.2 等。对齐填充图案可能需要移动捕捉基点。具体可参考本书后续“设置等轴测栅格和捕捉”。

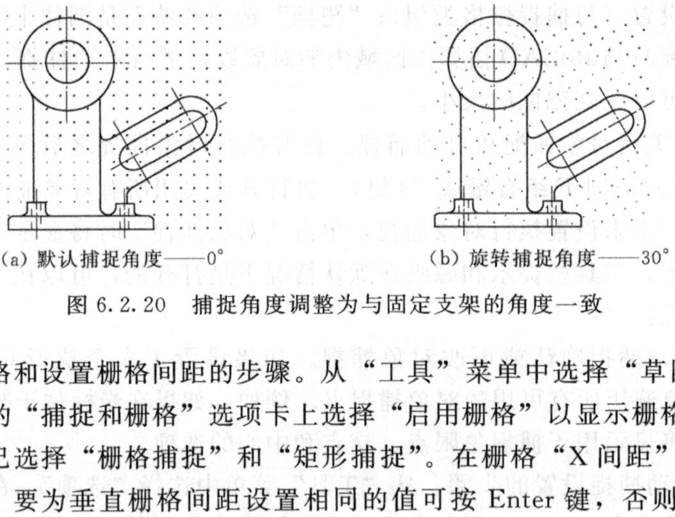

(a) 默认捕捉角度——0°　　(b) 旋转捕捉角度——30°

图 6.2.20　捕捉角度调整为与固定支架的角度一致

(4) 显示栅格和设置栅格间距的步骤。从“工具”菜单中选择“草图设置”。在“草图设置”对话框的“捕捉和栅格”选项卡上选择“启用栅格”以显示栅格。在“捕捉类型和样式”下确认已选择“栅格捕捉”和“矩形捕捉”。在栅格“X 间距”中以单位形式输入水平栅格间距。要为垂直栅格间距设置相同的值可按 Enter 键，否则可在栅格“Y 间距”中输入新值。选择“确定”，虽然栅格点无需与当前的捕捉间距一致，但它们确实反映当前的捕捉角度和等轴测捕捉与栅格设置。其命令行为“DSETTINGS”。

(5) 打开“捕捉”模式并设置捕捉间距的步骤。从“工具”菜单中选择“草图设置”。在“草图设置”对话框的“捕捉和栅格”选项卡上选择“启用捕捉”。在“捕捉类型和样式”下确认已选择“栅格捕捉”和“矩形捕捉”。在“捕捉类型和样式”中选择“栅格捕捉”。在“栅格 X 间距”框中以单位形式输入水平捕捉间距值。要指定和水平间距相同的垂直间距可按 Enter 键，否则可在“栅格 Y 间距”框中输入新距离。选择“确定”。其命令行为“DSETTINGS”。

(6) 旋转捕捉角和改变其基点的步骤。从“工具”菜单中选择“草图设置”。在“草图设置”对话框的“捕捉和栅格”选项卡上，在“捕捉”下的“角度”框中输入旋转角度。如果要设置基点以便对齐捕捉位置，可在“X 基准”和“Y 基准”框中输入 X 和 Y 坐标值。选择“确定”。其命令行为“DSETTINGS”。

(7) 使用正交锁定（“正交”模式）。AutoCAD 提供了与绘图人员的丁字尺类似的绘图和编辑工具，创建或移动对象时使用“正交”模式将光标限制在水平或垂直轴上，正交对齐取决于当前的捕捉角度、UCS 或等轴测栅格和捕捉设置，“正交”使用命令要求指定第二个点，在绘图和编辑过程中可以随时打开或关闭“正交”，使用“正交”不仅可以建立垂直和水平对齐，还可以增强平行性或创建自现有对象的常规偏移。通过施加正交约束可以提高绘图速度，如通过在画线前打开“正交”模式可以创建一系列相互垂直的线，因为直线被约束为与水平和垂直轴平行，所以直线是相互垂直的线。移动光标时定义位移的拖引线沿水平轴还是垂直轴取决于哪个轴离光标最近，在命令行输入坐标值，使用透视图或指定对象捕捉时 AutoCAD 将替代“正交”模式。关于在不平行于水平轴或垂直轴的角度上绘图或编辑对象的信息可参考本书前述“使用‘极轴追踪’和‘极轴捕捉’”。需要强调的是，“正交”模式和极轴追踪不能同时打开，打开“正交”将关闭极轴追踪。

(8) 打开或关闭“正交”模式的步骤。单击状态栏

上的“正交”。需要强调的是，打开“正交”将自动关闭极轴追踪。其命令行为“ORTHO”。

(9) 使用“极轴追踪”和“极轴捕捉”。创建或修改对象时可以使用“极轴追踪”以显示由指定的极轴角度所定义的临时对齐路径，可以使用 PolarSnap. 沿对齐路径按指定距离进行捕捉。例如，在图 6.2.21 中绘制一条从点 1 到点 2 的两个单位的直线，然后绘制一条到点 3 的两个单位的直线并与第一条直线成 45°角，如果打开了 45°极轴角增量，当光标跨过 0°或 45°角时 AutoCAD 将显示对齐路径和工具栏提示，当光标从该角度移开时，对齐路径和工具栏提示消失。光标移动时如果接近极轴角，将显示对齐路径和工具栏提示，默认角度测量值为 90°。可以使用对齐路径和工具栏提示绘制对象。与“交点”或“外观交点”对象捕捉一起使用极轴追踪可以找出极轴对齐路径与其他对象的交点。需要强调的是，“正交”模式将光标限制在水平或垂直（正交）轴上，因为不能同时打开“正交”模式和极轴追踪，因此“正交”模式打开时 AutoCAD 会关闭极轴追踪，如果再次打开极轴追踪则 AutoCAD 将关闭“正交”模式。同样，如果打开“极轴捕捉”则栅格捕捉将自动关闭。

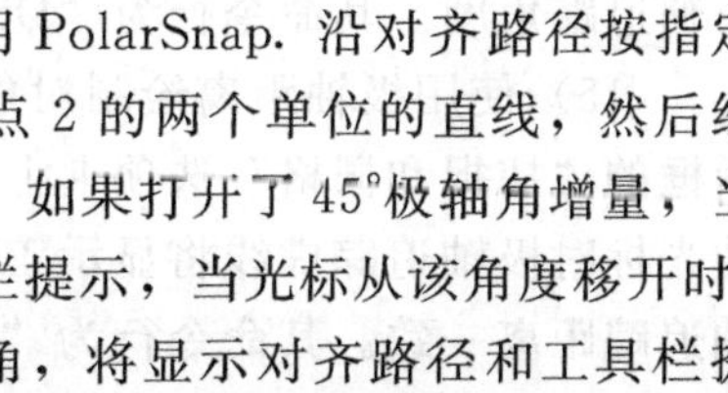

图 6.2.21 使用“极轴追踪”和“极轴捕捉”绘制直线

(10) 指定极轴角度（极轴追踪）。可以使用极轴追踪沿着 90°、60°、45°、30°、22.5°、18°、15°、10°和 5°的极轴角增量进行追踪，也可以指定其他角度。图 6.2.22 显示了当极

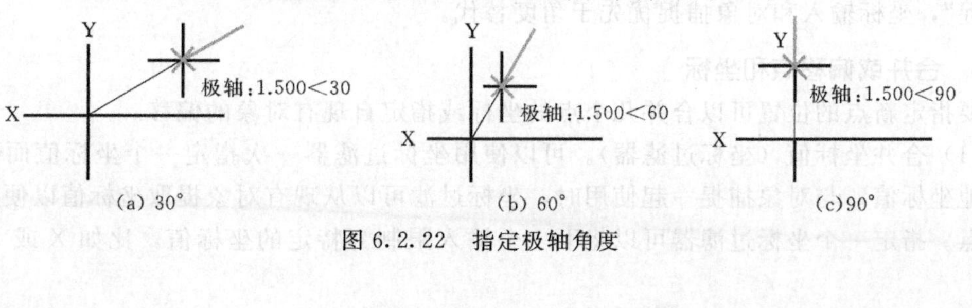

(a) 30°　(b) 60°　(c) 90°

图 6.2.22 指定极轴角度

轴角增量设置为 30°、光标移动 90°时显示的对齐路径。0 方向取决于在“图形单位”对话框（UNITS）中设置的角度，捕捉的方向（顺时针或逆时针）取决于设置测量单位时指定的单位方向。

（11）指定极轴距离（极轴捕捉）。使用“极轴捕捉”光标将按指定的极轴距离增量进行移动，例如，如果指定 4 个单位的长度，则光标将自指定的第一点捕捉 0、4、8、12、16 长度等。移动光标时工具栏提示将显示最接近的极轴捕捉增量。必须在“极轴追踪”和“捕捉”模式（设置为“极轴捕捉”）同时打开的情况下才能将点输入限制为极轴距离。

（12）打开和关闭极轴追踪的步骤。按 F10 键或单击状态栏上的“极轴”。

（13）设置极轴捕捉距离的步骤。从“工具”菜单中选择“草图设置”。在“草图设置”对话框的“捕捉和栅格”选项卡上选择“启用捕捉”。在“捕捉类型和样式”中选择“极轴捕捉”。在“极轴间距”下输入极轴距离。选择“极轴追踪”选项卡并选择“启用极轴追踪”。从“增量角”列表中选择角度，也可以通过选择“附加角度”然后选择“新建”来指定用户自己的角度。选择“确定”。其命令行为“DSETTINGS”。

（14）使用极轴追踪绘制对象的步骤。打开极轴追踪并启动绘图命令（如 ARC、CIRCLE 或 LINE），也可以将极轴追踪与编辑命令结合使用（如 COPY 和 MOVE）。将光标移到指定点时指定的追踪角度处将显示极轴追踪虚线，显示极轴追踪线时指定的点将采用极轴追踪角度。其命令行为“DSETTINGS”。

（15）使用极轴距离绘制对象的步骤。打开捕捉和极轴追踪，确保在“草图设置”对话框的“捕捉和栅格”选项卡上选择了“极轴捕捉”。启动一个绘图命令，如 LINE。移动光标时极轴追踪虚线将显示工具栏提示，指示距离和角度。指定点，新直线的长度与极轴追踪距离一致。其命令行为“DSETTINGS”。

（16）设置极轴追踪角度的步骤。从“工具”菜单中选择“草图设置”。在“草图设置”对话框中的“极轴追踪”选项卡上选择“启用极轴追踪”。在“增量角”列表中选择极轴追踪角度。要设置附加追踪角选择“附加角”，然后单击“新建”并在文本框中输入角度值。在“极轴角测量”下指定极轴追踪增量是基于 UCS 还是相对于上一个创建的对象。选择“确定”。其命令行为“DSETTINGS”。

（17）锁定某个点的角度（角度替代）。可以指定角度替代锁定光标以便输入下一个点。要指定角度替代，在命令提示指定点时输入左尖括号（<），其后跟一个角度。如下所示的命令序列显示了在 LINE 命令过程中输入 30°替代。即命令“line”、指定第一点“指定直线的起点”、指定下一点或［放弃（U）］“<30”、角度替代“30”、指定下一点或［放弃（U）］“指定点”。所指定的角度将锁定光标替代“栅格捕捉”“正交”模式和“极轴捕捉”，坐标输入和对象捕捉优先于角度替代。

6.2.4　合并或偏移点和坐标

要指定新点的位置可以合并几个点的坐标或指定自现有对象的偏移。

（1）合并坐标值（坐标过滤器）。可以使用坐标过滤器一次指定一个坐标值而暂时忽略其他坐标值，与对象捕捉一起使用时，坐标过滤可以从现有对象提取坐标值以便定位另一个点。指定一个坐标过滤器可以将下一个输入限制为特定的坐标值，比如 X 或 Y 值甚至（X，Y）值，对三维模型还可以指定 Z 值。指定第一个值之后 AutoCAD 将提示输入其余的坐标值。图 6.2.23 反映的是使用坐标过滤器指定中心点的情况，定位面的孔位于矩形的中心，这是通过从定位面的水平和垂直线段的中点提取出（X，Y）坐标而实现的。以下是命令行序列：命令“circle”、指定圆的圆心或［三点（3P）/两点（2P）/相切、相切、半径（T）］“.x”、“mid”、“选择定位面底边上的水平线”、“（需要 YZ）：mid”、“选择定位面左边上的垂直线”、“直径/<半径>指定孔的半径”。仅当 AutoCAD 提示输入点时坐标过滤器才生效，如果试图在命令提示下使用坐标过滤器则 AutoCAD 将显示错误信息。

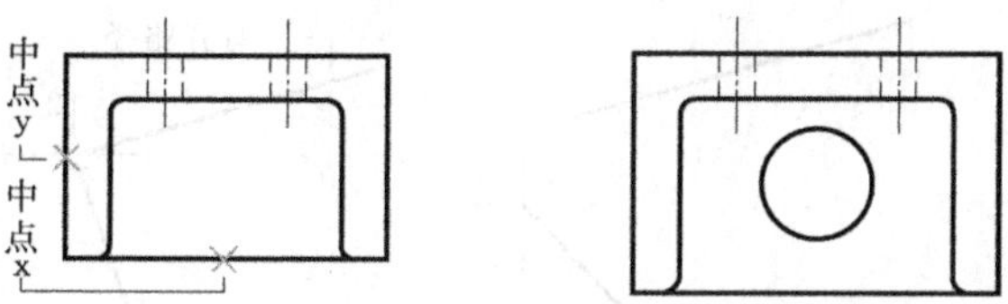

（a）指定中心点　（b）结果

图 6.2.23　使用坐标过滤器指定中心点

（2）使用坐标过滤器在二维中指定点的步骤。在输入点的提示下输入坐标过滤器(.x 或 .y)，如输入“.x”首先指定 X 值。要提取第一个坐标值可指定一点，例如，如果在步骤（1）中输入“.x”，则 AutoCAD 将从该点提取 X 值。要提取下一个坐标值可在其余坐标值的提示下指定另一个点，例如，如果在步骤（1）中输入“.x”，则 AutoCAD 将提示输入 Y 和 Z 的坐标值。AutoCAD 结合从步骤（2）和（3）指定的点中提取的坐标值定义新点。需要强调的是，可以输入数字值而不用在步骤（2）和（3）中指定点。

（3）使用坐标过滤器在三维中指定点的步骤。在输入点的提示下输入坐标过滤器(.x、.y、.z、.xy、.xz 或 .yz)，如输入“.x”首先指定 X 值。要提取指定的坐标值可指定一点，例如，如果在步骤（1）中输入“.x”，则 AutoCAD 将从该点提取 X 值。在输入其余坐标的提示下执行以下两个操作之一，即：通过指定点提取其余的坐标值；输入另一个坐标过滤器并返回到步骤（2）。如果在步骤（1）中输入“.x”AutoCAD，将提示输入 Y 和 Z 坐值标，指定第二个点则同时提取 Y 和 Z 坐标，或者输入“.y”或“.z”分别指定 Y 和 Z 值。AutoCAD 结合从步骤（2）和（3）指定的点中提取的坐标值定义新点。需要强调的是，可以输入数字值而不用在步骤（2）或（3）中指定点。

（4）追踪对象上的点（对象捕捉追踪）。AutoTrack. 有助于按指定角度或与其他对象的指定关系绘制对象，当“自动追踪”打开时临时“对齐”路径有助于以精确的位置和角度创建对象，“自动追踪”包括“极轴追踪”和“对象捕捉追踪”两种追踪选项，可以通过状态栏上的“极轴”或“对象追踪”按钮打开或关闭“自动追踪”。与对象捕捉一起使用对象捕捉追踪必须设置对象捕捉才能从对象的捕捉点进行追踪。

（5）对象捕捉追踪。使用对象捕捉追踪可以沿着基于对象捕捉点的对齐路径进行追踪，已获取的点将显示一个小加号（+）且一次最多可以获取七个追踪点。获取点之后当在绘图路径上移动光标时将显示相对于获取点的水平、垂直或极轴对齐路径，如可以基于对象端点、中点或者对象的交点沿着某个路径选择一点。

在图 6.2.24 中启用了“端点”对象捕捉，单击直线的起点 1 开始绘制直线，将光标移动到另一条直线的端点 2 处获取该点，然后沿着水平对齐路径移动光标，定位要绘制的直线的端点 3。

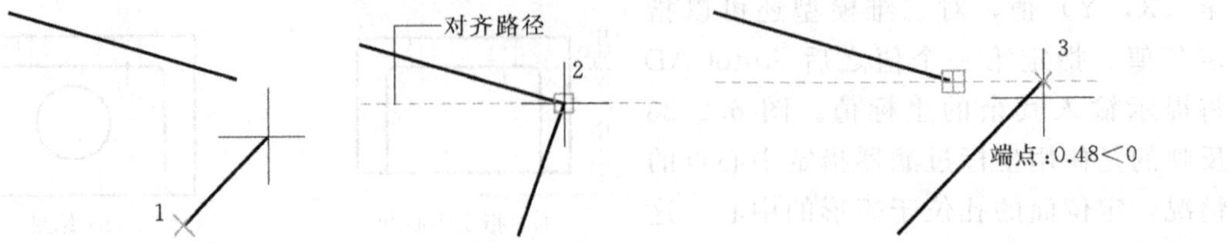

图 6.2.24　启用“端点”对象捕捉

(6) 改变对象捕捉追踪设置。默认情况下对象捕捉追踪将设置为正交，对齐路径将显示在始于已获取的对象点的 0°、90°、180°和 270°方向上，但可以使用极轴追踪角代替。对于对象捕捉追踪，AutoCAD 自动获取对象点，但可以选择仅在按 Shift 键时才获取点。

(7) 改变对齐路径显示。可以修改“自动追踪”显示对齐路径的方式以及 AutoCAD 为对象捕捉追踪获取对象点的方式，默认情况下对齐路径拉伸到绘图窗口的结束处，可以改变它们的显示方式，以缩短长度或使之没有长度。

(8) 使用对象捕捉追踪的提示。使用自动追踪（极轴追踪和对象捕捉追踪）时将会发现一些技巧使指定设计任务变得更容易，可以试试以下 3 种技巧，即：和对象捕捉追踪一起使用“垂足”“端点”和“中点”对象捕捉，以绘制到垂直于对象端点或中点的点；和对象捕捉追踪一起使用“垂足”“端点”和“中点”对象捕捉，以绘制到垂直于对象端点或中点的点；与临时追踪点一起使用对象捕捉追踪，在输入点的提示下输入 tt，然后指定一个临时追踪点，该点上将出现一个小的加号（+），移动光标时将相对于这个临时点显示自动追踪对齐路径，要将这点删除可将光标移回到加号（+）上面；获取对象捕捉点之后使用直接距离沿对齐路径（始于已获取的对象捕捉点）在精确距离处指定点，要在提示下指定点可选择对象捕捉，移动光标显示对齐路径，然后在“命令”提示下输入距离；使用“选项”对话框的“草图”选项卡中设置的“自动”和“用 Shift 键获取”选项管理点的获取方式，点的获取方式默认设置为“自动”，当光标距离要获取的点非常近时按下 Shift 键，将暂时不获取对象点。

(9) 打开和关闭对象捕捉追踪。按 F11 键或单击状态栏上的“对象追踪”。

(10) 改变自动追踪设置的步骤。从“工具”菜单中选择“选项”。在“选项”对话框中选择“草图”选项卡。在“自动追踪设置”下选择或清除以下对齐路径的显示选项，即显示极轴追踪矢量、显示全屏追踪矢量、显示自动追踪工具栏提示。在“对齐点获取”下选择一种对象捕捉追踪用以获取对象点的方法，即自动或使用 Shift 键获取。其命令行为“OPTIONS”。前述“显示极轴追踪矢量”选项的功能是控制对象捕捉追踪的对齐路径显示，清除此选项将不显示极轴追踪路径；“显示全屏追踪矢量”选项的功能是控制对象捕捉追踪的对齐路径显示，清除此选项将仅显示对象捕捉点到光标之间的对齐路径；“显示自动追踪工具栏提示”选项的功能是控制自动追踪工具栏提示的显示，工具栏提示显示对象捕捉的类型（针对对象捕捉追踪）、对齐角度以及与前一点的距离；“自动”选项的功能是自动获取对象点，如果选择此选项按下 Shift 键将不获取对象点；使用 Shift 键获取选项的功能是光标在对象捕捉点上时只有按 Shift 键才可获取对象点。

6.2.5 指定距离

指定点时可以输入距离、偏移和等分间距。

（1）输入直接距离。如果不希望通过输入坐标值来快速指定直线长度时，可以通过移动光标以指示方向，然后输入自第一点的距离来指定点。对于所有需要输入多个点的命令，可以使用直接距离输入来指定点，在“正交”模式或“极轴追踪”打开时使用此方法绘制指定长度和方向的直线十分有效。具体可参考本书前述“使用‘极轴追踪’和‘极轴捕捉’”“锁定某个点的角度（角度替代）”中的相关介绍。

（2）使用直接距离输入绘制直线的步骤。启动 LINE 命令并指定第一点。移动定点设备，直到拖引线达到与要绘制直线相同的角度。在命令行中输入距离，此时直线就以指定的长度和角度绘制出来。

（3）自临时参照点的偏移。“自临时参照点的偏移”命令修饰符建立一个临时参照点作为偏移后续点的基点，“自临时参照点的偏移”方法并不是将光标限制到正交移动，它通常与对象捕捉共同使用。

（4）从临时参照点偏移点的步骤。在输入点的提示下输入 from。如果要自现有对象上的位置进行偏移可指定对象捕捉方法。然后选择对象。输入相对坐标，按 Shift 键并单击鼠标右键以显示对象捕捉菜单。其“对象捕捉”工具栏为。

（5）指定对象上的间隔。可以沿对象划分出相等的距离。

（6）“指定对象上的间隔”功能的特点。有时需要在对象上以指定间距连续创建点或插入对象（块）的命名集。用户可以指定线段的长度（MEASURE）或指定相等线段的数目（DIVIDE），可以定距等分或定数等分直线、圆弧、样条曲线、圆、椭圆和多段线，使用上述两种方法可以通过插入点或块指示间距。如图 6.2.25 所示，通过指定点可以使用“节点”对象捕捉将测量或等分对象上的其他对象定距对齐，通过指定块可以建立精确的几何结构或插入自定义标记，块可以在每个插入点处旋转。除非已经在图形中定义块，否则不能插入块，插入块参照时不包括块内的可变属性。使用 MEASURE 或 DIVIDE 绘制的点或块放置在选择集中，因此，如果要立即编辑它们可以使用 SELECT 的“上一个”选项，具体可参考本书后续“创建并插入符号（块）”。

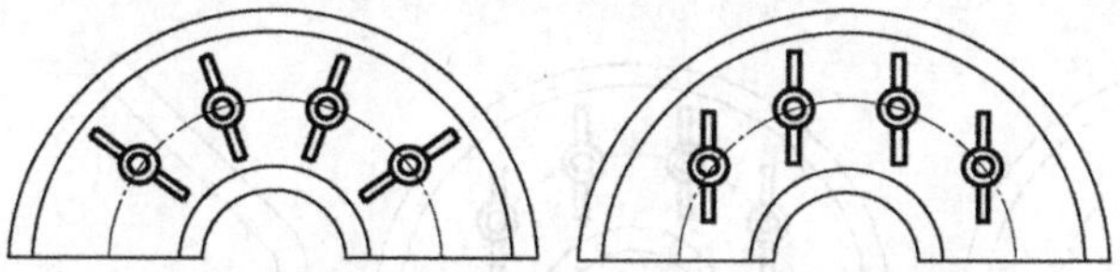

(a) 对齐的块　　(b) 没有对齐的块

图 6.2.25　指定对象上的间隔

（7）指定对象上的等分间距。如图 6.2.26 所示，可以使用 MEASURE 以指定的间隔标记对象，可以使用点或块标记间隔，等分对象的最后一段可能要比指定的间隔短。定距等分或定数等分的起点随对象类型变化，对于直线或非闭合的多段线其起点是距离选择点最近的端点，对于闭合的多段线其起点是多段线的起点，对于圆其起点是以圆心为起点、当前捕捉角度为方向的捕捉路径与圆的交点。例如，如果捕捉角度为 0，那么圆等分从三

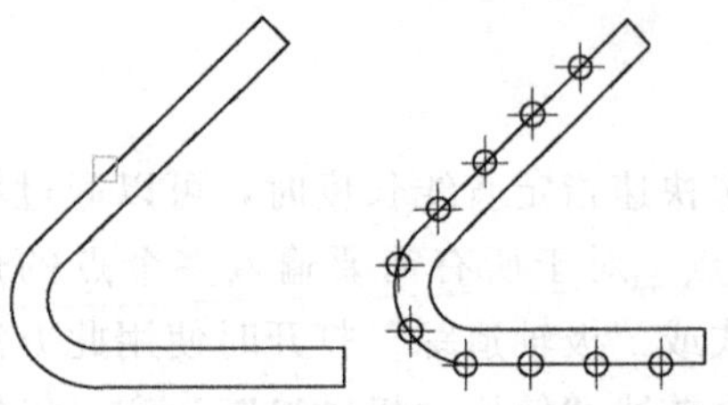

图 6.2.26 指定对象上的等分间距

点（时钟）的位置处开始并沿逆时针方向继续。如果点标记显示为单点（默认设置）则可能看不到等分间距，可以使用若干种方法改变点标记的样式，要在对话框中改变点的样式可以使用 DDPTYPE 或从“格式”菜单中选择“点样式”，PDMODE 系统变量也控制点标记的外观。例如，通过改变系统变量的值可以将点显示为十字。PDSIZE 控制点对象的大小。

（8）在对象上按等分间距插入点的步骤。从“绘图”菜单中选择“点”，然后选择“定距等分”。选择直线、圆弧、样条曲线、圆、椭圆或多段线。输入间隔长度或指定点来指示长度，AutoCAD 将在对象上按指定间距放置点。其命令行为“MEASURE”。

（9）在对象上按等分间距插入块的步骤。如果必要可创建要插入的块。从“绘图”菜单中选择“点”，然后选择“定距等分”。选择直线、圆弧、样条曲线、圆、椭圆或多段线。输入 b（块）。输入要插入的块的名称。输入 Y 将块与等分对象对齐，输入 N 使旋转角度为 0°。输入间隔长度或指定点来指示长度，AutoCAD 将在对象上按指定间距插入块。其命令行为“BLOCK，MEASURE”。

（10）将对象定数等分为相等的线段。如图 6.2.27 所示，在对象上按指定数目等间距创建点或插入块这个操作并不将对象实际等分为单独对象，它仅仅是标明定数等分的位置，以便可将它们作为几何参照点。定距等分或定数等分的起点随对象类型变化，对于直线或非闭合的多段线其起点是距离选择点最近的端点，对于闭合的多段线其起点是多段线的起点，对于圆其起点是以圆心为起点，当前捕捉角度为方向的捕捉路径与圆的交点。例如，如果捕捉角度为 0°，那么圆等分从三点（时钟）的位置处开始并沿逆时针方向继续。如果点标记显示为单点（默认设置），则可能会看不到线段，可以使用若干种方法改变点标记的样式，要在对话框中改变点的样式，可以使用 DDPTYPE 或从“格式”菜单中选择“点样式”，PDMODE 系统变量也控制点标记的外观。如通过改变系统变量的值可以将点显示为十字。PDSIZE 的作用是控制点对象的大小。

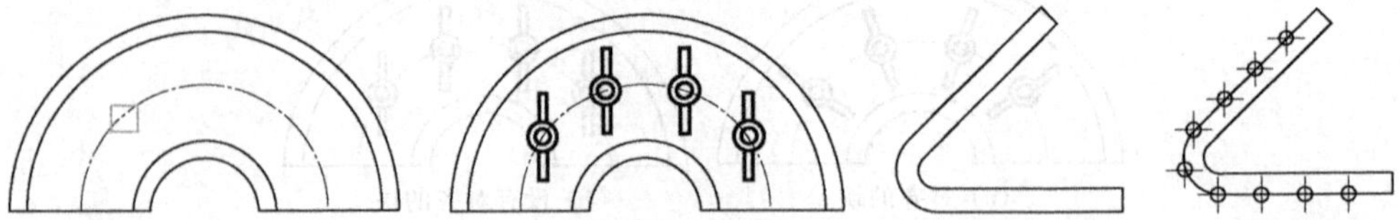

图 6.2.27 将对象定数等分为相等的线段

（11）插入点以标记相等线段的步骤。从“绘图”菜单中选择“点”，然后选择“定数等分”。选择对象，如直线、圆、圆弧、椭圆或样条曲线。输入所需的线段数目，AutoCAD在每条线段之间放入一个点。其命令行为“DIVIDE”。

（12）在对象上插入块来标记相等线段的步骤。如果必要可创建要插入的块。从“绘图”菜单中选择“点”，然后选择“定数等分”。选择对象，如直线、圆弧、圆、椭圆、多段线或样条曲线。输入 b（块）。输入要插入的块的名称。输入 Y 将块与等分对象对齐，输入 N 使用旋转角度为 0°。输入所需的线段数目。其命令行为“BLOCK，DIVIDE”。

6.2.6 提取或计算对象的几何图形信息

查询和计算命令可以提供有关图形中对象的信息和执行有用的计算。

（1）获取距离、角度和点的位置。如图 6.2.28 所示，要确定两点之间的关系可以显示它们之间的距离、XY 平面中两点之间的角度、点与 XY 平面之间的角度、增量或它们之间改变的 X、Y 和 Z 距离。ID 命令列出了指定点的 X、Y 和 Z 坐标值。具体可参考本书前述“在状态栏中显示坐标”。

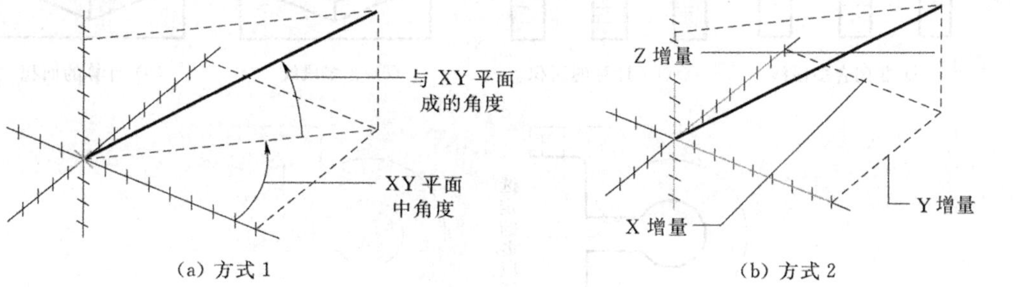

图 6.2.28 获取距离、角度和点的位置

（2）计算距离和角度的步骤。从“工具”菜单中选择“查询”，然后选择“距离”。指定要计算距离的第一个点和第二个点，AutoCAD 在命令行中显示简要报告。其“查询”工具栏为▭，其命令行为“DIST”。

（3）获得面积信息。可以计算和显示点序列或任意几种类型对象的面积和周长。如果需要计算多个对象的组合面积，可在选择集中每次加或减一个面积时保持总面积。不能使用窗口选择或窗交选择来选择对象。

（4）计算已定义的面积。如图 6.2.29 所示，可以测量通过指定的点所定义的任意形状闭合面域，这些点所在的平面必须与当前 UCS 的 XY 平面平行。

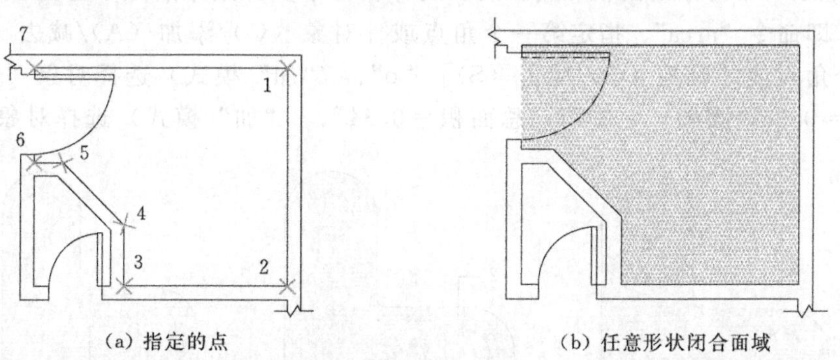

图 6.2.29 计算已定义的面积

（5）计算对象的面积、周长或圆周。可以计算圆、椭圆、多段线、多边形、面域和 AutoCAD 三维实体的闭合面积、周长或圆周。显示的信息根据所选对象的类型而有所不

同，即圆显示面积和周长；椭圆、闭合多段线、多边形、平面闭合样条曲线和面域显示面积和周长，对于宽多段线此面积由线的宽度中心决定；非闭合对象（如非闭合的样条曲线和非闭合的多段线）显示面积和长度，计算面积时将用一条直线连接对象的起点和端点以形成闭合区域；AutoCAD 三维实体显示对象的三维面积的和。图 6.2.30 显示了 AutoCAD 如何计算多种面积的方式。

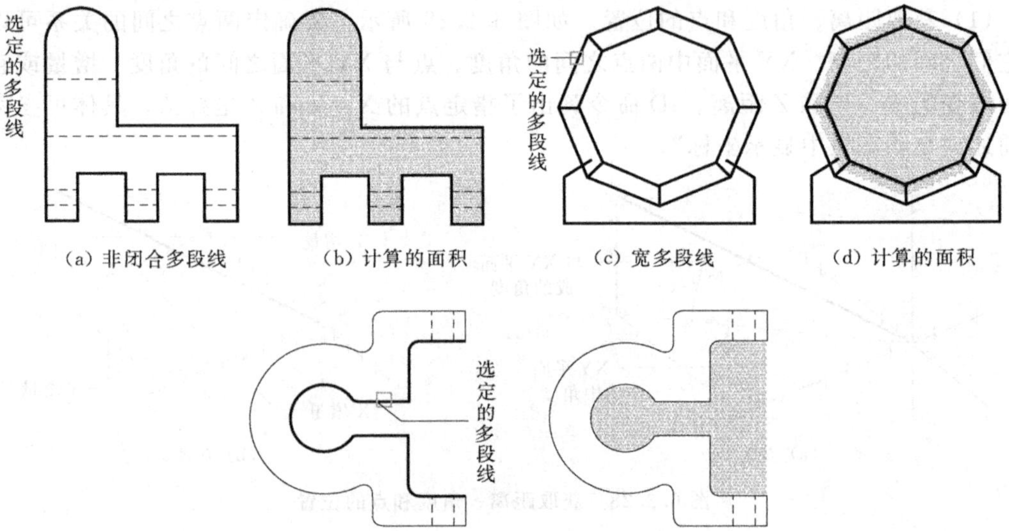

(a) 非闭合多段线　(b) 计算的面积　(c) 宽多段线　(d) 计算的面积

(e) 非闭合多段线　(f) 计算的面积

图 6.2.30　AutoCAD 计算多种面积的方式

(6) 计算合并的面积。通过指定点或选择对象可以测量多个面积，如可以在平面布置图中测量选定房间的总面积。

(7) 从组合面积中减去面积。可以从已经计算的组合面积中减去一个或多个面积。如图 6.2.31 所示，首先计算平面布置图的面积，然后减去一个房间的面积。图 6.2.31 中闭合的多段线代表有两个大孔的金属板，首先计算多段线的面积然后减去每个孔，AutoCAD 显示每个对象的面积和周长或圆周并在每个步骤结束后显示总面积。以下是命令行序列，即命令“area”、指定第一个角点或［对象 (O)/添加 (A)/减去 (S)］“a”、指定第一个角点或［对象 (O)/减去 (S)］“o”、(“加”模式) 选择对象“选择多段线 (1)。面积＝0.34，圆周长＝2.71，总面积＝0.34”、(“加”模式) 选择对象“按 Enter

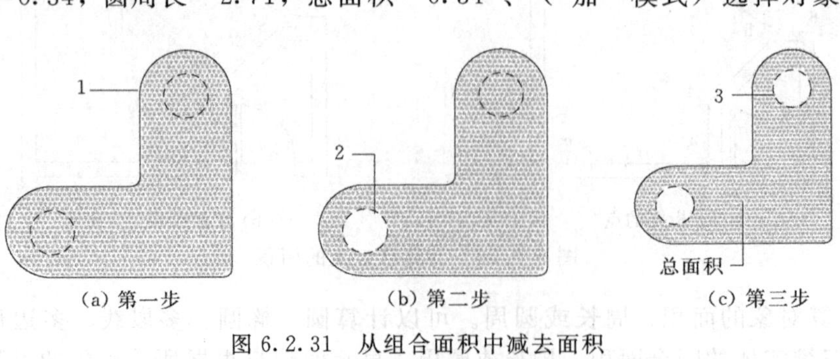

(a) 第一步　(b) 第二步　(c) 第三步

图 6.2.31　从组合面积中减去面积

键”、指定第一个角点或［对象（O)/减去（S)］“s”、指定第一个角点或［对象（O)/添加（A)］“o”、（“减”模式）选择对象“选择下面的圆（2)。面积＝0.02，圆周长＝0.46，总面积＝0.32”、（“减”模式）选择对象“选择下面的圆（3)。面积＝0.02，圆周长＝0.46，总面积＝0.30”、（“减”模式）选择圆或多段线“按 Enter 键”、指定第一个角点或［对象/添加］“按 Enter 键”。使用 REGION 命令还可以将板和孔转换为面域减去孔然后使用“特性”选项板或 LIST 命令来查找板的面积。具体可参考本书后续“创建并合并区域（面域）”及前述“对象特性概述”中的相关介绍。

（8）计算所定义区域的面积的步骤。从“工具”菜单中选择“查询”，然后选择“面积”。在定义被测量区域周边的点序列中指定点，然后按 Enter 键。AutoCAD 将连接第一点到最后一点以形成一个闭合区域，然后用 UNITS 指定的设置显示面积和周长的测量值。其“查询”工具栏为，其命令行为“AREA”。

（9）计算对象面积的步骤。从“工具”菜单中选择“查询”，然后选择“面积”。在命令行中输入 o（对象）。选择对象，AutoCAD 显示选定的对象的面积和周长。其“查询”工具栏为，其命令行为“AREA”。

（10）计算时添加面积的步骤。从“工具”菜单中选择“查询”，然后选择“面积”。输入 a（添加）。使用下列方法之一后 AutoCAD 将显示每一个新区域的面积和所有区域的面积总和，即：指定点以定义要添加的面积并按 Enter 键；输入 o（对象）并选择要添加的对象。按两次 Enter 键结束命令。其“查询”工具栏为，其命令行为“AREA”。

（11）从组合面积中减去面积的步骤。当显示组合面积时输入 s（减去）。使用下列方法之一后，AutoCAD 将在定义新的区域之后更新总的面积计算值，即：指定点以定义要减去的面积并按 Enter 键；输入 o（对象）并选择要减去的对象。按 Enter 键结束命令。其“查询”工具栏为，其命令行为“AREA”。

（12）使用几何图形计算器。在命令行中输入公式可以快速解决数学问题或定位图形中的点。CAL 命令运行 AutoCAD 三维计算器实用程序以计算矢量表达式（点、矢量和数值的组合）、实数和整数表达式。计算器执行标准数学功能。计算器还包含一组特殊的函数，以计算点、矢量和 AutoCAD 几何图形。CAL 命令可以计算两点确定的矢量、矢量长度、法向矢量（垂直于 XY 平面）及直线上的点；计算距离、半径或角度；用定点设备指定点；指定最后一点或最后一个交点；将对象捕捉作为表达式中的变量；在 UCS 和 WCS 之间转换点；过滤矢量中的 X、Y 和 Z 分量；绕轴旋转一点。

（13）计算表达式。CAL 遵照标准数学计算的优先级规则计算表达式的值。其数学运算符（按优先级排序）见表 6.2.1。

表 6.2.1　CAL 的数学运算符

运算符	()	^	*，/	+，－
操作	将表达式编组	指示数的指数	对数值进行乘和除运算	对数值进行加和减运算

（14）计算点。计算点的步骤遵守软件规则。无论何时都可以在 AutoCAD 命令行使用 CAL 命令以计算点或数值。如输入（mid＋cen)/2 可以指定直线中点和圆心的连线的中点。

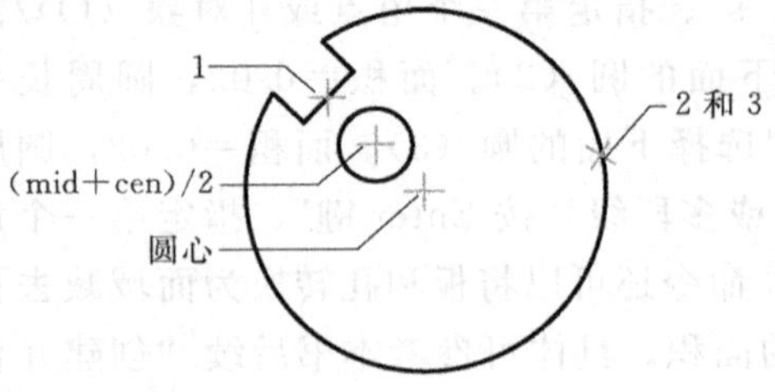

图 6.2.32 使用 CAL 命令作为构造工具

图 6.2.32 使用 CAL 命令作为构造工具，首先定位新圆的圆心，然后计算现有圆半径的五分之一，将其作为新圆的半径。以下是命令行序列，即：命令“circle”、指定圆的圆心或[三点（3P）/两点（2P）/相切、相切、半径（T）]“’cal”、>>表达式“（mid+cen)/2”、>>选择 MID 捕捉的图元“选择槽口直线（1）”、>>选择 CEN 捕捉的图元“选择大圆（2）”、直径/<半径>“’cal”、>>表达式“1/5 * rad”、>>为函数 RAD 选择圆、圆弧或多段线线段“选择大圆（3）”。

6.3 AutoCAD 绘制几何对象

用户可以创建某些对象，从简单的直线和圆到样条曲线和椭圆。通常，通过使用定点设备指定点的位置，或者在命令行上输入坐标值来绘制对象。

6.3.1 绘制线性对象

AutoCAD 最基本的对象是直线，它可以是一条线段或一系列连接在一起的线段。

（1）绘制直线。使用 LINE 命令可以创建一系列连续的线段，可以单独编辑一系列线段中的所有单个线段而不影响其他线段，可以闭合一系列线段（即将第一条线段和最后一条线段连接起来）。

（2）绘制直线的步骤。从“绘图”菜单中选择“直线”。指定起点（可以使用定点设备，也可以在命令行上输入坐标）。指定端点以完成第一条线段，要在使用 LINE 命令时放弃前面绘制的线段可输入 u，或者从工具栏中选择“放弃”。指定其他线段的端点。按 Enter 键结束，或按 c 键关闭一系列线段。要以最近绘制的直线的端点为起点绘制新的直线，可再次启动 LINE 命令然后在“指定起点”提示下按 Enter 键。其“绘图”工具栏为 ，其命令行为“LINE”。

（3）绘制多段线。如图 6.3.1 所示，多段线是作为单个对象创建的相互连接的序列线段，可以创建直线段、弧线段或两者的组合线段。多段线提供单个直线所不具备的编辑功能，如可以调整多段线的宽度和曲率；创建多段线之后可以使用 PEDIT 命令对其进行编辑，或者使用 EXPLODE 命令将其转换成单独的直线段和弧线段。用户可以使用 SPLINE 命令将样条拟合多段线转换为真正的样条曲线，可以使用闭合多段线创建多边形，可以从

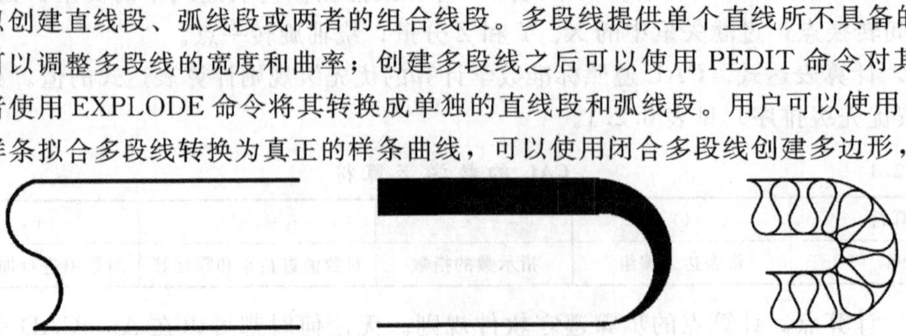

(a) 管道符号　(b) 不同的宽度　(c) 绝缘层

图 6.3.1 绘制多段线

重叠对象的边界创建多段线。

（4）创建圆弧多段线。绘制多段线的弧线段时圆弧的起点就是前一条线段的端点，可以指定圆弧的角度、圆心、方向或半径。通过指定一个中间点和一个端点也可以完成圆弧的绘制。

（5）创建闭合多段线。可以通过绘制闭合多段线来创建多边形。要闭合多段线可指定对象最后一条边的起点，输入 c（闭合），然后按 Enter 键。

（6）创建宽多段线。使用“宽度”和“半宽”选项可以绘制各种宽度的多段线。可以依次设置每条线段的宽度，使它们从一个宽度到另一宽度逐渐递减。指定多段线的起点之后即可使用这些选项，如图 6.3.2 所示。使用“宽度”和“半宽”选项可以设置要绘制的下一条多段线的宽度，零（0）宽度生成细线。大于零的宽度生成宽线，如果“填充”模式打开则填充该宽线，如果关闭则只画出轮廓。“半宽”选项通过指定宽多段线的中心到外边缘的距离来设置宽度。

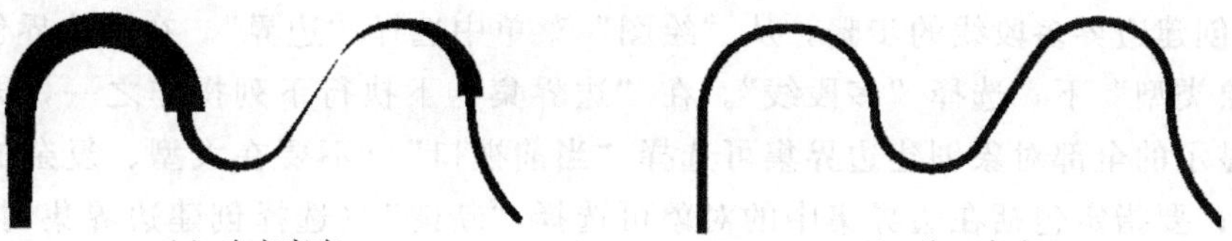

(a) 改变宽度　　(b) 统一宽度

图 6.3.2　创建宽多段线

（7）倾斜。使用“宽度”选项时，AutoCAD 将提示输入起点宽度和端点宽度。输入不同的宽度值可以使多段线从起点到端点逐渐变细。宽多段线线段的起点和端点位于直线的中心。相邻宽线段的相交处通常绘成倒角。但 AutoCAD 对不相切的弧线段、锐角或使用点画线线型的线段不进行倒角。

（8）从对象的边界创建多段线。如图 6.3.3 所示，可以从形成闭合区域的重叠对象的边界创建多段线。使用边界方式创建的多段线是独立的对象，与用来创建它的对象不同。可以按照编辑其他多段线的方法对它进行编辑。要加快在大的或复杂的图形中选择边界的速度可以指定一组候选边界，称为“边界集”。在 AutoCAD 定义边界时选择需要它检查的对象即可创建此集合。具体可参考本书“修改合成对象”“控制线宽”中的相关内容。

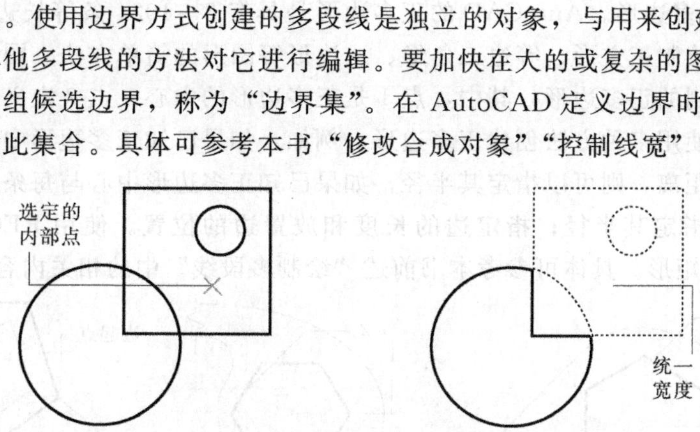

(a) 选定的内部点　　(b) 统一宽度

图 6.3.3　从对象的边界创建多段线

（9）绘制包含直线段的多段线的步骤。从“绘图”菜单中选择“多段线”。指定多段线的起点。指定第一条多段线线段的端点。根据需要继续指定线段端点。按 Enter 键结束，或者输入 c 闭合多段线。要以最近绘制的多段线的端点为起点绘制新的多段线，可再次启动 PLINE 命令，然后在“指定起点”提示下按 Enter 键。其“绘图”工具栏为，其命令行为“PLINE”。

（10）绘制直线和圆弧组合多段线的步骤。从“绘图”菜单中选择“多段线”。指定多段线线段的起点。指定多段线线段的端点，在命令行上输入 a（圆弧）切换到“圆弧”模式，或输入 L（直线）返回到“直线”模式。根据需要指定其他多段线线段。按 Enter 键结束，或按 c 键闭合多段线。其“绘图”工具栏为，其命令行为“PLINE”。

（11）创建宽多段线的步骤。从“绘图”菜单中选择“多段线”。指定直线段的起点。输入 w（宽度）。输入直线段的起点宽度。使用下列方法之一指定直线段的端点宽度，即要创建等宽度的直线段可按 Enter 键；要创建锥状线段可输入一个不同的宽度。指定多段线线段的端点。根据需要继续指定线段端点。按 Enter 键结束或者输入 c 闭合多段线。其“绘图”工具栏为，其命令行为“PLINE”。

（12）创建边界多段线的步骤。从“绘图”菜单中选择“边界”。在“边界创建”对话框的“对象类型”下，选择“多段线”。在“边界集”下执行下列操作之一，即：要从当前视口中显示的全部对象创建边界集可选择“当前视口”（不要在大型、复杂的图形中使用此选项）；要指定包括在边界集中的对象可选择“新建”（选择创建边界集时 AutoCAD 应检查对象。选择此选项后将自动选择“现有集合”选项）。使用孤岛检测方式，指定边界是包括孤岛（“填充”选项）还是不包括孤岛（“射线投射”选项）。选择“拾取点”。在要形成边界多段线的每一个区域内指定点，此区域必须全部包围起来，也就是说在包围的对象之间不能有空隙，可以选择多个区域。按 Enter 键创建边界多段线并结束该命令。需要强调的是，AutoCAD 根据边界的形状创建多段线，因为此多段线与用于创建它的对象重叠，所以它可能不显示，但是，可以像操作其他任何多段线一样对其进行移动、复制或修改。其命令行为“BOUNDARY”。

（13）绘制正多边形。AutoCAD 的正多边形是具有 3～1024 条等长边的闭合多段线。创建正多边形是绘制正方形、等边三角形、八边形等图形的简单方法。图 6.3.4 显示了使用这三种方法绘制的正多边形，其中，点 1 是正多边形的中心，点 2 定义定点设备指定的半径长度。可以使用多种方法创建正多边形。例如，如果已知正多边形中心与每条边（内接）端点之间的距离，则可以指定其半径；如果已知正多边形中心与每条边（外切）中点之间的距离，则指定其半径；指定边的长度和放置边的位置。使用 RECTANG 而不是 POLYGON 创建矩形。具体可参考本书前述“绘制多段线”中的相关内容。

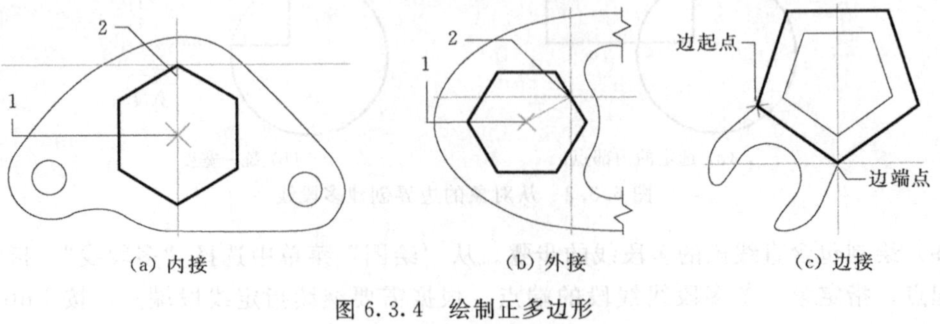

(a) 内接　　(b) 外接　　(c) 边接

图 6.3.4　绘制正多边形

(14) 绘制外切正多边形的步骤。如图 6.3.5 所示，从“绘图”菜单中选择“正多边形”。在命令行上输入边数。指定正多边形的中心点 1。输入 c 以指定与圆外切的正多边形。输入半径长度 2。其“绘图”工具栏为⬠，其命令行为“POLYGON”。

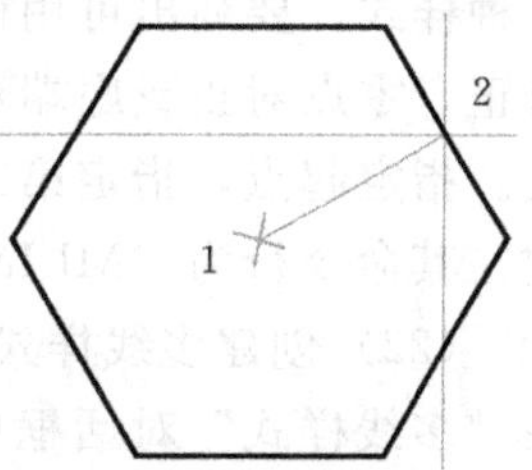

图 6.3.5　绘制外切正多边形

(15) 通过指定一条边绘制正多边形的步骤。从“绘图”菜单中选择“正多边形”。在命令行上输入边数。输入 e（边）。指定一条正多边形线段的起点。指定正多边形线段的端点。其“绘图”工具栏为⬠，其命令行为“POLYGON”。

(16) 绘制内接正多边形的步骤。从“绘图”菜单中选择“正多边形”。在命令行上输入边数。指定正多边形的中心。输入 i 以指定与指定点所在的圆内接的正多边形。输入半径长度。其“绘图”工具栏为⬠，其命令行为“POLYGON”。

(17) 绘制矩形的步骤。从“绘图”菜单中选择“矩形”。指定矩形第一个角点的位置。指定矩形其他角点的位置。其“绘图”工具栏为▭，其命令行“RECTANG”。

(18) 绘制多线对象。如图 6.3.6 所示，AutoCAD 多线包含 1～16 条平行线，这些平行线称为元素。通过指定每个元素距多线原点预想的偏移量可以确定元素的位置。可以创建和保存多线样式，或者使用包含两个元素的默认样式。还可以设置每个元素的颜色、线型以及显示或隐藏多线的接头。接头是指那些出现在多线元素每个顶点处的线条。多线可以使用多种端点封口，如直线或圆弧。

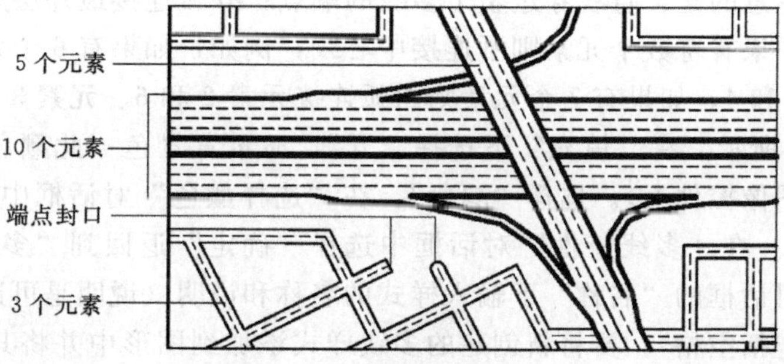

图 6.3.6　绘制多线对象

(19) 创建多线样式。可以创建多线的命名样式以控制元素的数量和每个元素的特性，该样式还将控制背景填充和端点封口。最多可以为一个多线样式添加 16 个元素。如果创建或修改一个元素使它具有负偏移，则它将出现在“多线样式”对话框的图像控件的原点下方。

(20) 使用现有的多线样式。绘制多线时可以使用包含两个元素的默认样式，也可以指定一个以前创建的样式。默认样式是最近使用的多线样式。如果未使用过 MLINE 命令，则也可以是 STANDARD 样式。开始绘制之前可以修改多线的对正和比例。对正用来确定多线是绘制在光标的上端还是下端，或者确定多线的原点是否和光标中心对齐，默认设置是下端（顶对齐）。比例用来控制多线的全局宽度（使用当前单位）。多线比例不影响线型比例。如果要修改多线比例可能需要对线型比例作相应的修改，以防止点或画线的尺寸不正确。

(21) 绘制多线的步骤。从“绘图”菜单中选择“多线”。在命令提示下输入 st，选择一种样式。要列出可用样式可输入样式名称或输入“?”。要对正多线可输入 j 并选择顶端对正、零点对正或底端对正。要修改多线的比例可输入 s，并输入新的比例，开始绘制多线。指定起点，指定第二点，指定第三点。指定第四点或输入 c 以闭合多线，或按 Enter 键。其命令行为“MLINE”。

(22) 创建多线样式的步骤。如图 6.3.7 所示，从“格式”菜单中选择“多线样式”。在“多线样式”对话框中输入样式名称和说明（说明是可选的，最多可以输入 255 个字符，包括空格）。要创建多线样式可选择“添加”。要向样式中添加元素或者修改现有元素可选择“元素特性”。在“元素特性”对话框中亮显列表中的元素，然后修改“偏移”“颜色”和“线型”。要添加元素可选择“添加”，然后修改“偏移”“颜色”和“线型”，选择“确定”，偏移将定义多线的原点（0，0）且其他元素将相对于该原点进行绘制，元素不必绘制在原点处。要设置多线的特性可在“多线样式”对话框中选择“多线特性”。在“多线特性”对话框中进行修改，然后选择“确定”，特性包括线段连接的显示、起点和端点的封口类型以及封口的角度和填充色。选择“保存”将样式保存到外部多线样式文件（默认文件名为 acad. mln），可以将多个多线样式保存到同一个文件中。如果要创建多个多线样式可在创建新样式之前保存当前样式，否则将丢失对当前样式所做的修改。

(23) 指定整个多线特性的步骤。从“格式”菜单中选择“多线样式”。在“多线样式”对话框中选择“多线特性”，如图 6.3.8 所示。在“多线特性”对话框中选择“显示连接”，以便在多线顶点处显示直线。在“封口”下为多线的每个端点选择直线或圆弧并输入角度，需要注意的是：直线穿过整个多线的端点；外弧连接最外层元素的端点；内弧连接成对元素，如果有奇数个元素则不连接中心线，例如，如果有 6 个元素则内弧连接元素 2 和 5、元素 3 和 4，如果有 7 个元素则内弧连接元素 2 和 6、元素 3 和 5，而不连接元素 4，如图 6.3.9 所示。在“填充”下选择“开”，显示背景色（此颜色不显示在“多线样式”对话框的图像控件上）。选择“颜色”。在“选择颜色”对话框中选择背景填充色，然后选择“确定”。在“多线特性”对话框中选择“确定”返回到“多线样式”对话框。在“多线样式”对话框的“名称”下输入样式的名称和说明（说明是可选的，最多可以输入 255 个字符，包括空格）。要将新创建的多线样式添加到图形中并将其设置为当前样式

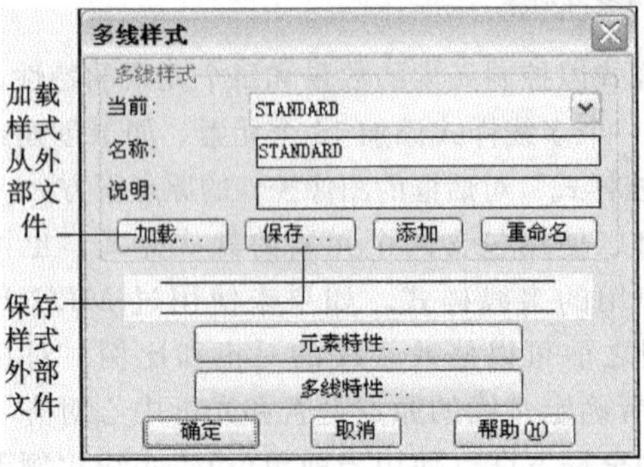

图 6.3.7　创建多线样式

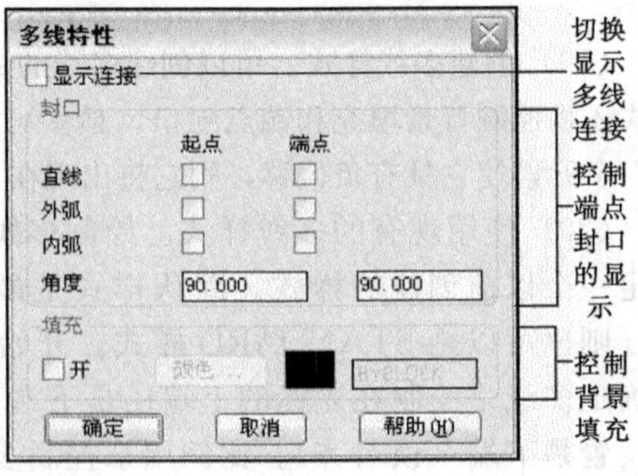

图 6.3.8　在“多线样式”对话框中选择“多线特性”

可选择“添加”。要将样式保存到外部 MLN 文件中可选择“保存”。选择“确定”。其命令行为“MLSTYLE”。

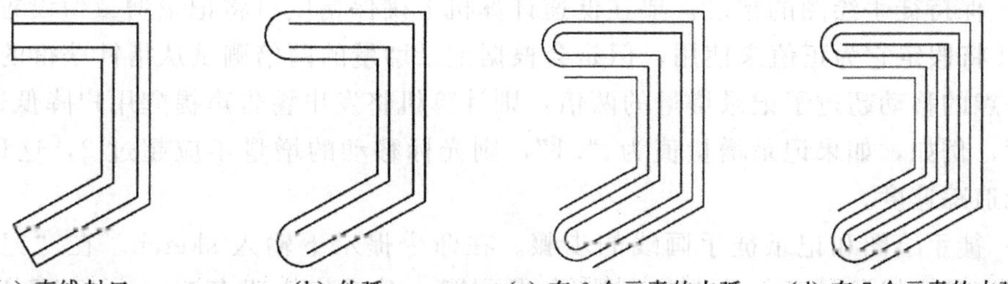

(a) 直线封口　(b) 外弧　(c) 有 6 个元素的内弧　(d) 有 7 个元素的内弧

图 6.3.9 在“封口”下为多线的每个端点选择直线或圆弧并输入角度

(24) 徒手画。可以使用 SKETCH 命令绘制徒手画。徒手绘制对于创建不规则边界或使用数字化仪追踪非常有用，如图 6.3.10 所示。

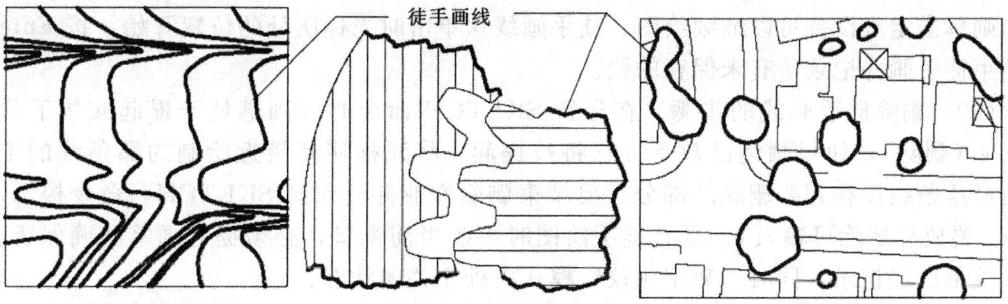

(a) 典型图形一　(b) 典型图形二　(c) 典型图形三

图 6.3.10 徒手画

(25) 创建徒手画。徒手画的时候定点设备就像画笔一样，单击定点设备将把“画笔”放到屏幕上，这时可以进行绘图，再次单击将提起画笔并停止绘图。徒手画由许多条线段组成。每条线段都可以是独立的对象或多段线。可以设置线段的最小长度或增量。使用较小的线段可以提高精度但会明显增加图形文件的大小，因此，要尽量少使用此工具。徒手绘图之前可检查 CELTYPE 系统变量并确保当前的线型为 BYLAYER。如果使用的是点划线型，同时徒手画线段设置得比虚线间距或虚线短，则看不到虚线间距或虚线。

(26) 删除徒手画线。使用 SKETCH 命令的“删除”选项可以删除徒手画线。在“删除”模式下无论光标在何处与徒手画线相交，交点到线末尾之间的部分都将被删除。一旦记录了徒手画线就不能使用 SKETCH 命令的“删除”选项编辑或删除它们。可在完成徒手画后使用 ERASE 命令。

(27) 在“数字化仪”模式下徒手绘图。可以在“数字化仪”模式下使用数字化仪。如果需要直接将图纸上的地图轮廓绘制到 AutoCAD 图形中，在“数字化仪”模式下徒手绘图是非常有用的。徒手绘图时不能关闭“数字化仪”模式。当“数字化仪”模式打开时可以将 AutoCAD 配置为将图纸图形的坐标系直接映射为 AutoCAD 世界坐标系，这样，十字光标所在位置的坐标、数字化仪上的坐标和图纸图形的原始坐标之间有着直接的对应关系。配置 AutoCAD 以匹配图纸图形的坐标后可能会发现屏幕上显示的区域并不是所需的区域，为了避免这一问题可在开始徒手绘图之前使用 ZOOM 命令显示整个工作区域。对于某些数字化仪，“数字化仪”模式打开时无法选择菜单，其详细信息可参考“数字化仪文档”。

（28）保持徒手绘图的精度。要在低速计算机上确保精度可将记录增量值设置为负值。SKETCH 将假定它为正值来使用，但是会根据记录增量的两倍测试从指针获得的每一点。如果某一点的移动超过了记录增量的两倍，则计算机将发出警告声提醒用户降低速度以免损失精度，例如，如果记录增量值为“.1”，则光标移动的增量不应超过 2，这种方法并不会降低追踪速度。

（29）徒手绘图和记录徒手画线的步骤。在命令提示下输入 sketch。在“记录增量”提示下输入最小线段长度。单击起点放下“画笔”，移动定点设备时 AutoCAD 以指定的长度绘制临时徒手画线段，SKETCH 不接受坐标输入，在命令运行期间徒手画线以另一种颜色显示。单击端点提起“画笔”，这样在屏幕上移动光标时就不会留下笔迹，单击新起点从新的光标位置重新开始绘图。任何时候输入 r 都可以将正在绘制和已经绘制的线记录（保存）到数据库中，如果画笔已放下，则可以在记录之后继续绘图，如果画笔已提起，则单击定点设备可以继续绘图，徒手画线从单击时光标所处的位置开始。按 Enter 键将结束徒手画并记录所有未保存的线。

（30）删除徒手画线的步骤。在运行 SKETCH 命令时（画笔处于提起或放下状态）输入 e（删除），如果画笔已放下，它将被提起。将光标移到最近绘制的那条线的末尾，然后沿这条线回移到要删除的部分。要结束删除作业并返回到 SKETCH，命令提示可输入 p，要放弃删除可输入 e。要在徒手绘图时更改当前视口，必须提起画笔并确保所有输入的线都已经记录，同时“数字化仪”模式应处于关闭状态。

6.3.2　绘制曲线对象

AutoCAD 曲线对象包括圆弧、圆、多段线圆弧、圆环、椭圆和样条曲线。

（1）绘制圆弧。可以使用多种方法创建圆弧。除下述第一种方法外，其他方法都是从起点到端点逆时针绘制圆弧的。

（2）通过指定三点绘制圆弧。通过指定三点可以绘制圆弧。如图 6.3.11 所示，圆弧的起点捕捉到直线的端点，在该示例中圆弧的第二点捕捉到中间的圆。

（3）通过指定起点、圆心、端点绘制圆弧。如图 6.3.12 所示，如果已知起点、中心点和端点，可以通过首先指定起点或中心点来绘制圆弧。中心点是指圆弧所在圆的圆心。

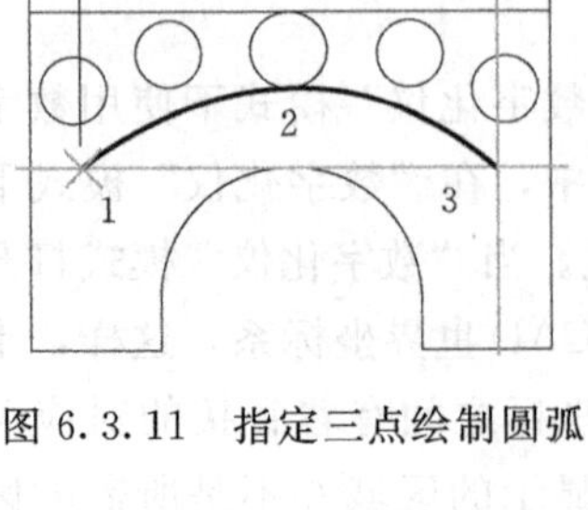

图 6.3.11　指定三点绘制圆弧

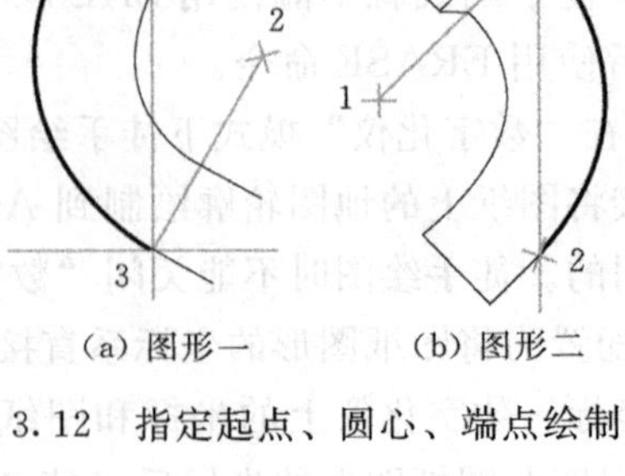

图 6.3.12　指定起点、圆心、端点绘制圆弧

(4) 通过指定起点、圆心、角度绘制圆弧。如图 6.3.13 所示，如果存在可以捕捉到的起点和圆心点，且已知包含角度可使用“起点、圆心、角度”或“圆心、起点、角度”选项，包含角度决定圆弧的端点。如果已知两个端点但不能捕捉到圆心，可以使用“起点、端点、角度”法，如图 6.3.14 所示。

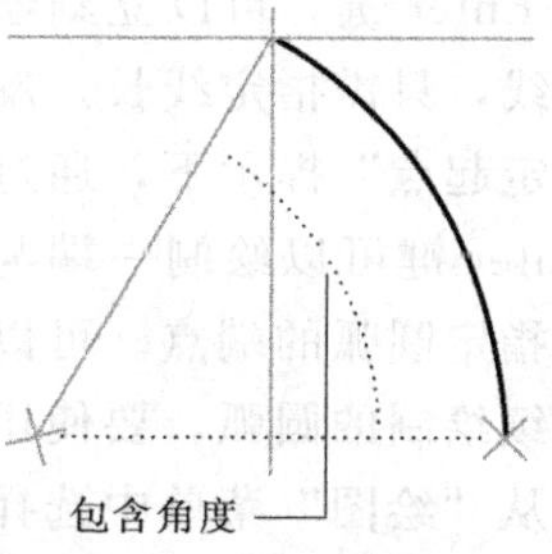

图 6.3.13 指定起点、圆心、角度绘制圆弧

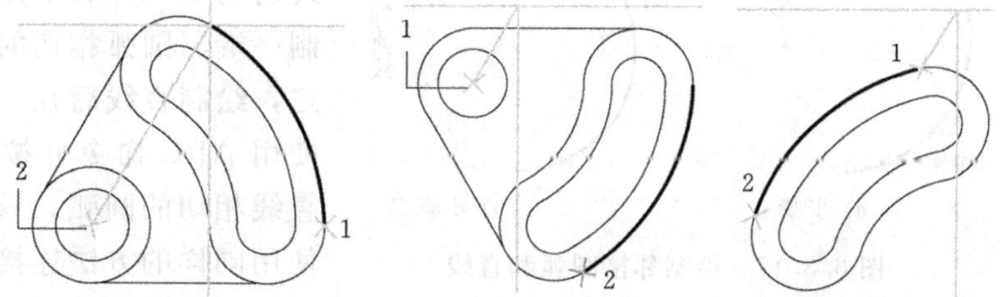

(a) 起点、圆心、角度 (b) 圆心、起点、角度 (c) 起点、端点、角度

图 6.3.14 使用“起点、端点、角度”法绘制圆弧

(5) 通过指定起点、圆心、长度绘制圆弧。如图 6.3.15 所示，如果存在可以捕捉到的起点和中心点，且已知弦长可使用“起点、圆心、长度”或“圆心、起点、长度”选项，弧的弦长决定包含角度。

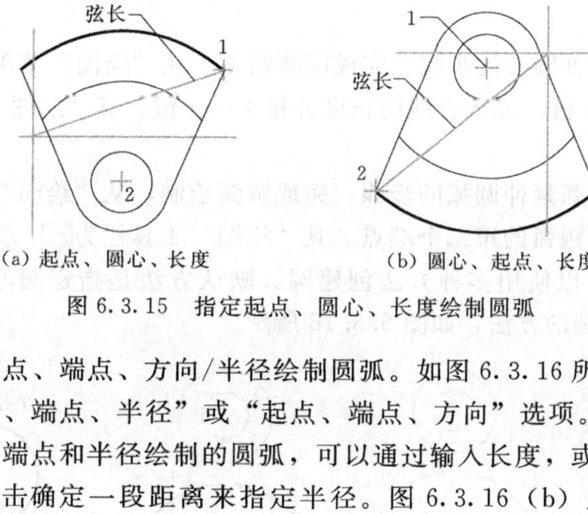

(a) 起点、圆心、长度 (b) 圆心、起点、长度

图 6.3.15 指定起点、圆心、长度绘制圆弧

(6) 通过指定起点、端点、方向/半径绘制圆弧。如图 6.3.16 所示，如果存在起点和端点，可使用“起点、端点、半径”或“起点、端点、方向”选项。图 6.3.16 (a) 显示的是通过指定起点、端点和半径绘制的圆弧，可以通过输入长度，或者通过顺时针或逆时针移动定点设备并单击确定一段距离来指定半径。图 6.3.16 (b) 显示的是通过指定起

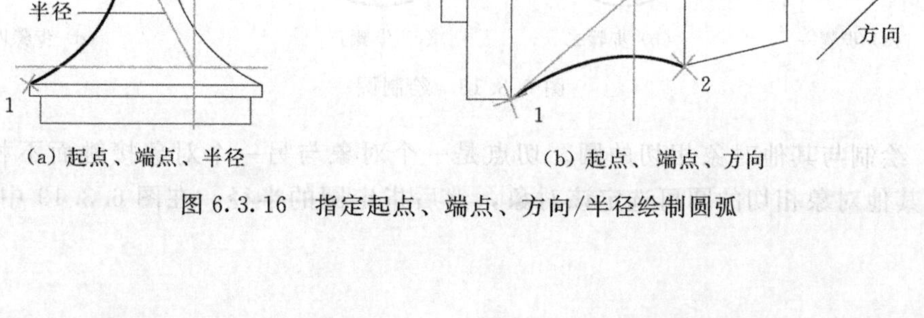

(a) 起点、端点、半径 (b) 起点、端点、方向

图 6.3.16 指定起点、端点、方向/半径绘制圆弧

点、端点和方向使用定点设备绘制的圆弧，向起点和端点的上方移动光标将绘制上凸的圆弧，向下移动光标将绘制上凹的圆弧。

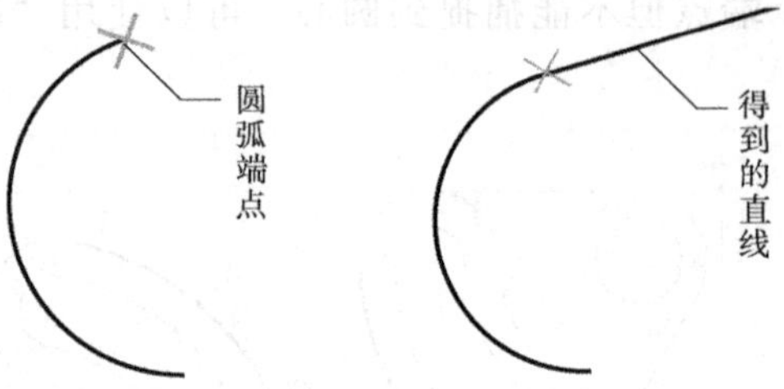

(a) 步骤一 (b) 步骤二

图 6.3.17 绘制邻接圆弧和直线

(7) 绘制邻接圆弧和直线。如图 6.3.17 所示，绘制圆弧后在“指定第一点”提示下通过启动 LINE 命令并按 Enter 键，可以立刻绘制一端与圆弧相切的直线，只需指定线长。反之，绘制直线后在“指定起点”提示下，通过使用 ARC 命令并按 Enter 键可以绘制一端与直线相切的圆弧，只需指定圆弧的端点。可以使用同样的方法连接后续绘制的圆弧。要使用菜单创建连接圆弧，可从“绘图”菜单中选择“圆弧”，然后选择“继续”。两种情况下结果对象都与前一对象相切。可以使用快捷菜单重复使用“继续”选项。具体可参考本书前述“绘制多段线”。

(8) 通过指定三点绘制圆弧的步骤。从“绘图”菜单中选择“圆弧” ➤ “三个点”。指定起点，在圆弧上指定点。指定端点。其“绘图”工具栏为，其命令行为“ARC”。

(9) 使用起点、圆心和端点绘制圆弧的步骤。从“绘图”菜单中选择“圆弧” ➤ “起点、圆心、端点”。指定起点，指定圆心，指定端点。其“绘图”工具栏为，其命令行为“ARC”。

(10) 使用切线延伸圆弧的步骤。完成圆弧绘制。从“绘图”菜单中选择“直线”。在第一个提示下按 Enter 键。输入直线的长度并按 Enter 键。其“绘图”工具栏为，其命令行为“LINE”。

(11) 使用相切圆弧延伸圆弧的步骤。完成圆弧绘制，从“绘图”菜单中选择“圆弧” ➤ “继续”，指定相切圆弧的第二个端点。其“绘图”工具栏为，其命令行为“ARC”。

(12) 绘制圆。可以使用多种方法创建圆。默认方法是指定圆心和半径。AutoCAD 还提供其他三种绘制圆的方法，如图 6.3.18 所示。

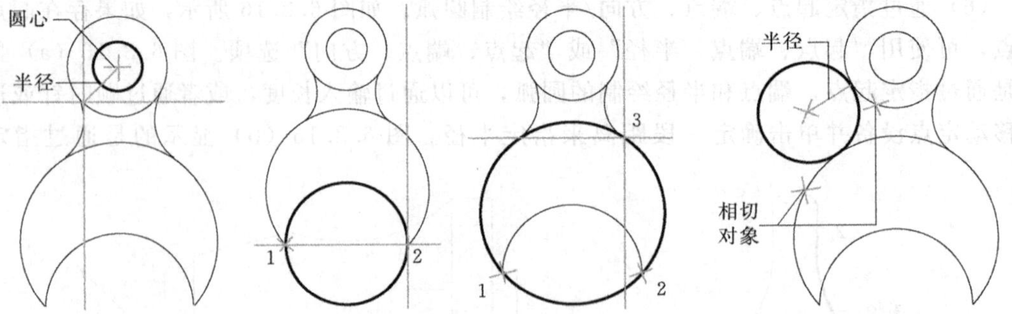

(a) 步骤一 (b) 步骤二 (c) 步骤三 (d) 步骤四

图 6.3.18 绘制圆

(13) 绘制与其他对象相切的圆。切点是一个对象与另一个对象接触而不相交的点。要创建与其他对象相切的圆可选定该对象，然后指定圆的半径。在图 6.3.19 中，加粗的圆是正在绘制的圆，点1和点2用来选择相切的对象。要创建三点相切的圆，可将运行对象捕捉（OSNAP）设置为“切点”，并使用三点方式创建该圆。具体可参考本书前述“使用对象捕捉”“绘制等轴测圆”中的相关内容。

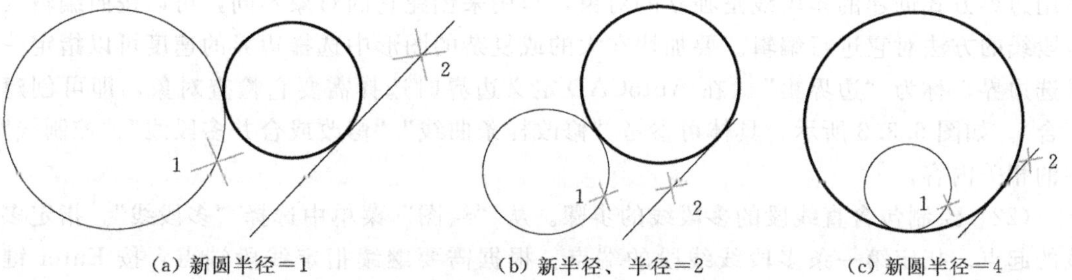

(a) 新圆半径=1　　(b) 新半径、半径=2　　(c) 新圆半径=4

图 6.3.19　绘制与其他对象相切的圆

（14）通过指定圆心和半径或直径绘制圆的步骤。从“绘图”菜单中选择“圆”➤“圆心、半径”或“圆心、直径”。指定圆心，指定半径或直径。其“绘图”工具栏为⊙，其命令行为“CIRCLE”。

（15）创建与两个对象相切的圆的步骤。从“绘图”菜单中选择“圆”➤“相切、相切、半径”，AutoCAD启动“切点”对象捕捉模式。选择与要绘制的圆相切的第一个对象。选择与要绘制的圆相切的第二个对象，指定圆的半径。其“绘图”工具栏为⊙，其命令行为“CIRCLE”。

（16）绘制多段线圆弧。如图6.3.1所示，多段线是作为单个对象创建的相互连接的序列线段。可以创建直线段、弧线段或两者的组合线段。多段线提供单个直线所不具备的编辑功能，如可以调整多段线的宽度和曲率。创建多段线之后可以使用 PEDIT 命令对其进行编辑，或者使用 EXPLODE 命令将其转换成单独的直线段和弧线段。用户可以使用 SPLINE 命令将样条拟合多段线转换为真正的样条曲线；使用闭合多段线创建多边形；从重叠对象的边界创建多段线。

（17）创建圆弧多段线。绘制多段线的弧线段时圆弧的起点就是前一条线段的端点。可以指定圆弧的角度、圆心、方向或半径。通过指定一个中间点和一个端点也可以完成圆弧的绘制。

（18）创建闭合多段线。可以通过绘制闭合多段线来创建多边形。要闭合多段线可指定对象最后一条边的起点，输入 c（闭合），然后按 Enter 键。

（19）创建宽多段线。使用“宽度”和“半宽”选项可以绘制各种宽度的多段线。可以依次设置每条线段的宽度，使它们从一个宽度到另一宽度逐渐递减。指定多段线的起点之后，即可使用这些选项，如图6.3.2所示。使用“宽度”和“半宽”选项可以设置要绘制的下一条多段线的宽度，零（0）宽度生成细线。大于零的宽度生成宽线，如果“填充”模式打开，则填充该宽线，如果关闭，则只画出轮廓。“半宽”选项通过指定宽多段线的中心到外边缘的距离来设置宽度。

（20）倾斜。使用“宽度”选项时 AutoCAD 将提示输入起点宽度和端点宽度。输入不同的宽度值可以使多段线从起点到端点逐渐变细。宽多段线线段的起点和端点位于直线的中心。相邻宽线段的相交处通常绘成倒角。但是，AutoCAD 对不相切的弧线段、锐角或使用点画线线型的线段不进行倒角。

（21）从对象的边界创建多段线。可以从形成闭合区域的重叠对象的边界创建多段线。使用边界方式创建的多段线是独立的对象，与用来创建它的对象不同，可以按照编辑其他多段线的方法对它进行编辑。要加快在大的或复杂的图形中选择边界的速度可以指定一组候选边界，称为“边界集”（在 AutoCAD 定义边界时选择需要它检查对象，即可创建此集合）。如图 6.3.3 所示，具体可参考“修改样条曲线”“修改或合并多段线”“控制线宽”中的相关内容。

（22）绘制包含直线段的多段线的步骤。从“绘图”菜单中选择“多段线”。指定多段线的起点。指定第一条多段线线段的端点。根据需要继续指定线段端点。按 Enter 键结束，或者输入 c 闭合多段线。要以最近绘制的多段线的端点为起点绘制新的多段线，可再次启动 PLINE 命令，然后在“指定起点”提示下按 Enter 键。其“绘图”工具栏为，其命令行为“PLINE”。

（23）绘制直线和圆弧组合多段线的步骤。从“绘图”菜单中选择“多段线”。指定多段线线段的起点，指定多段线线段的端点，即：在命令行上输入 a（圆弧）切换到“圆弧”模式，或输入 L（直线）返回到“直线”模式。根据需要指定其他多段线线段。按 Enter 键结束，或按 c 键闭合多段线。其“绘图”工具栏为，其命令行为“PLINE”。

（24）创建宽多段线的步骤。从“绘图”菜单中选择“多段线”。指定直线段的起点。输入 w（宽度）。输入直线段的起点宽度。使用下列方法之一指定直线段的端点宽度，即：要创建等宽度的直线段可按 Enter 键；要创建锥状线段可输入一个不同的宽度。指定多段线线段的端点，根据需要继续指定线段端点。按 Enter 键结束，或者输入 c 闭合多段线。其“绘图”工具栏为，其命令行为“PLINE”。

（25）创建边界多段线的步骤。从“绘图”菜单中选择“边界”。在“边界创建”对话框的“对象类型”下选择“多段线”。在“边界集”下执行下列操作之一，即：要从当前视口中显示的全部对象创建边界集可选择“当前视口”（不要在大型、复杂的图形中使用此选项）；要指定包括在边界集中的对象可选择“新建”（选择创建边界集时 AutoCAD 应检查对象。选择此选项后将自动选择“现有集合”选项），使用孤岛检测方式指定边界是包括孤岛（“填充”选项）还是不包括孤岛（“射线投射”选项），选择“拾取点”。在要形成边界多段线的每一个区域内指定点（此区域必须全部包围起来，也就是说，在包围的对象之间不能有空隙。可以选择多个区域）。按 Enter 键创建边界多段线并结束该命令（AutoCAD 根据边界的形状创建多段线，因为此多段线与用于创建它的对象重叠，所以它可能不显示。但是可以像操作其他任何多段线一样对其进行移动、复制或修改）。其命令行为“BOUNDARY”。

（26）绘制圆环。如图 6.3.20 所示，圆环是填充环或实体填充圆，即带有宽度的闭合多段线。要创建圆环，可指定它的内外直径和圆心。通过指定不同的中心点可以继续创建具有相同直径的多个副本。要创建实体填充圆可将内径值指定为 0。

（27）创建圆环的步骤。从“绘图”菜单中选择“圆环”。指定内直径（1）。指定外直径（2）。指定圆环的圆心（3）。指定另一个圆环的中心点，或者按 Enter 键结束命令。

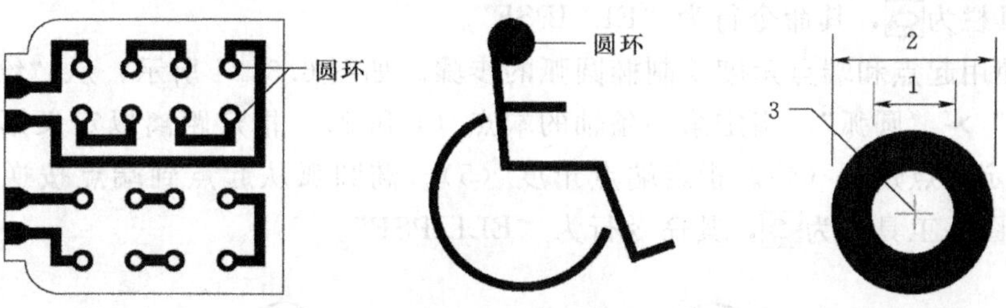

(a) 填充环　　(b) 实体填充圆　　(c) 相关尺寸

图 6.3.20　绘制圆环

(28) 绘制椭圆。见图 6.3.21，椭圆由定义其长度和宽度的两条轴决定。较长的轴称为长轴，较短的轴称为短轴。图 6.3.22 显示了通过指定轴和距离创建的两个不同的椭圆。第 3 点仅指定距离，不必指向轴端点。如果在等轴测平面上作图模拟三维空间，可以使用椭圆表示从倾斜角度观察的等轴测圆，首先需要打开“草图设置”对话框中的“等轴测捕捉”。具体可参考“绘制等轴测圆”中的相关内容。

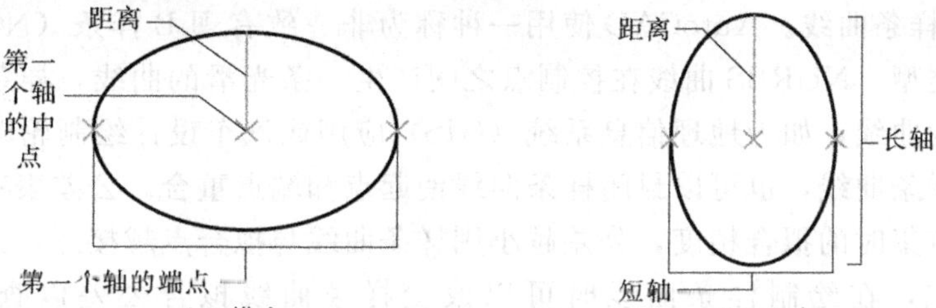

(a) 横扁　　(b) 立扁

图 6.3.21　椭圆绘图要素

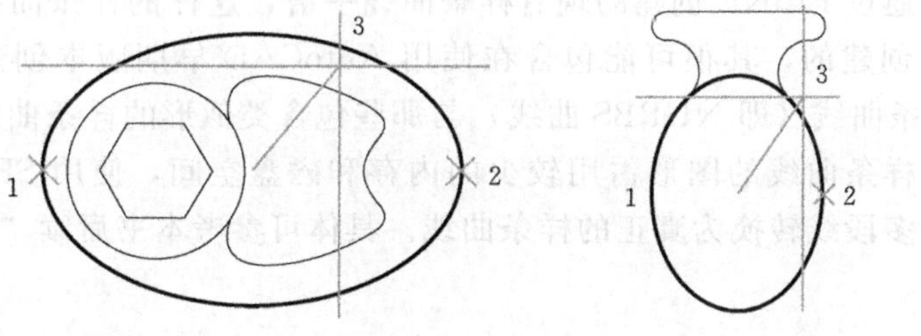

(a) 第一个轴作长轴　　(b) 第一个轴作短轴

图 6.3.22　指定轴和距离创建椭圆

(29) 绘制等轴测圆的步骤。从“工具”菜单中选择“草图设置”。在“捕捉”和“栅格”选项卡上的“捕捉类型和样式”下打开等轴测捕捉并选择“确定”。从“绘图”菜单中选择“椭圆”➤“轴、端点”。输入 i（等轴测圆）。指定圆的圆心，指定圆的半径或直径。其“绘图”工具栏为⬭，其命令行为“ELLIPSE”。

(30) 使用端点和距离绘制真正椭圆的步骤。如图 6.3.23 所示，从“绘图”菜单中选择“椭圆”➤“轴、端点”。指定第一条轴的第一个端点 (1)。指定第一条轴的第二个端点 (2)。从中点拖离定点设备，然后单击以指定第二条轴二分之一长度的距离 (3)。其

“绘图”工具栏为，其命令行为“ELLIPSE”。

(31) 使用起点和端点角度绘制椭圆弧的步骤。如图 6.3.24 所示，从“绘图”菜单中选择“椭圆”➤“圆弧”。指定第一条轴的端点（1 和 2）。指定距离以定义第二条轴的半长（3）。指定起点角度（4）。指定端点角度（5）。椭圆弧从起点到端点按逆时针方向绘制。其“绘图”工具栏为，其命令行为“ELLIPSE”。

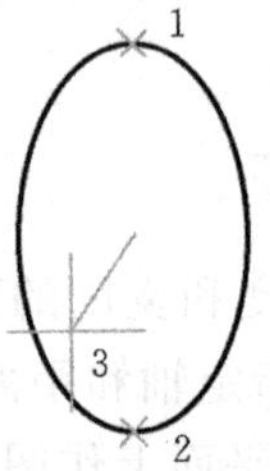

图 6.3.23　使用端点和距离绘制真正椭圆

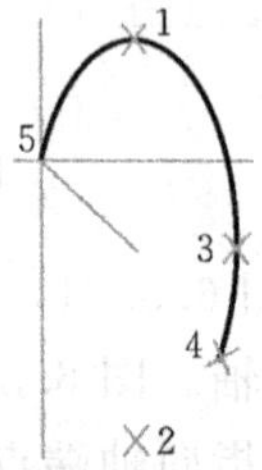

图 6.3.24　使用起点和端点角度绘制椭圆弧

(32) 绘制样条曲线。AutoCAD 使用一种称为非一致有理 B 样条（NURBS）曲线的特殊样条曲线类型。NURBS 曲线在控制点之间产生一条光滑的曲线，样条曲线可用于创建形状不规则的曲线，如为地理信息系统（GIS）应用或汽车设计绘制轮廓线。可以通过指定点来创建样条曲线，也可以封闭样条曲线使起点和端点重合。公差表示样条曲线拟合所指定的拟合点集时的拟合精度，公差越小则样条曲线与拟合点越接近，公差为 0 时样条曲线将通过该点，在绘制样条曲线时可以改变样条曲线拟合公差以查看效果，如图 6.3.25 所示。AutoCAD 有两种创建样条曲线的方法，即使用 PEDIT 的“样条曲线”选项创建样条曲线或使用 SPLINE 创建样条曲线。使用 PEDIT 的“样条曲线”选项创建样条曲线时可以使通过 PLINE 创建的现有样条曲线平滑，这样的样条曲线拟合多段线是使用统一节点矢量创建的，其很可能包含在使用 AutoCAD 早期版本创建的图形中。使用 SPLINE 创建样条曲线（即 NURBS 曲线）与那些包含类似形的样条曲线拟合多段线的图形相比，其包含样条曲线的图形占用较少的内存和磁盘空间，使用 SPLINE 可以很容易将样条曲线拟合多段线转换为真正的样条曲线。具体可参考本书后续“修改样条曲线”中的相关内容。

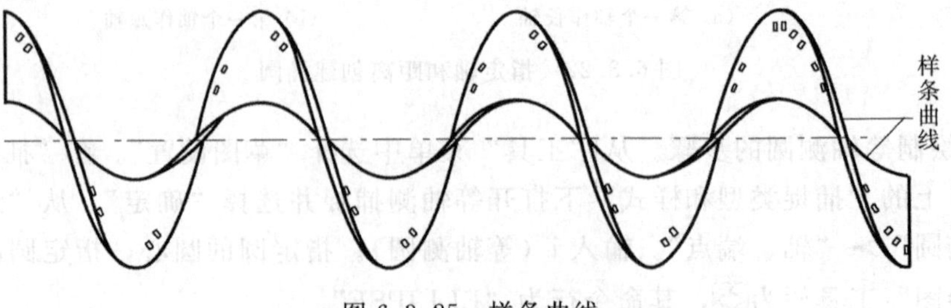

图 6.3.25　样条曲线

(33) 将样条曲线拟合多段线转换为样条曲线的步骤。从“绘图”菜单中选择“样条曲线”，输入 o（对象）。选定样条曲线拟合多段线并按 Enter 键，选定的对象由多段线变为样条曲线。

(34) 通过指定点转换样条曲线的步骤。如图 6.3.26 所示，从“绘图”菜单中选择“样条曲线”。指定样条曲线的起点 (1)。指定点 (2～5) 创建样条曲线，然后按 Enter 键。指定起点切线和端点切线 (6 和 7)。其“绘图”工具栏为，其命令行为“SPLINE”。图 6.3.27 (a) 的样条曲线使用的点相同，但起点切线和端点切线不同。图 6.3.27 (b) 的样条曲线使用的点相同，但公差较大且起点切线和端点切线不同。

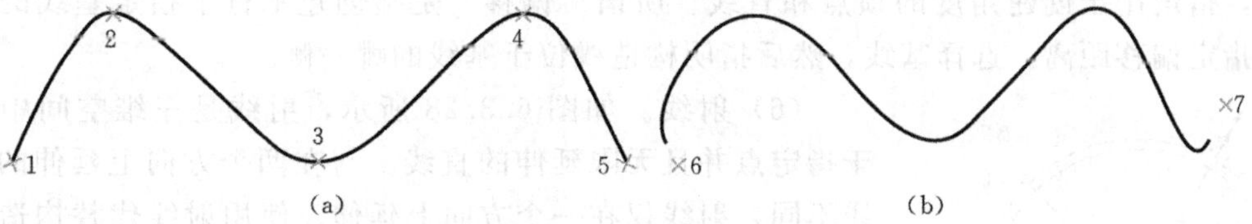

图 6.3.26　通过指定点转换样条曲线的步骤

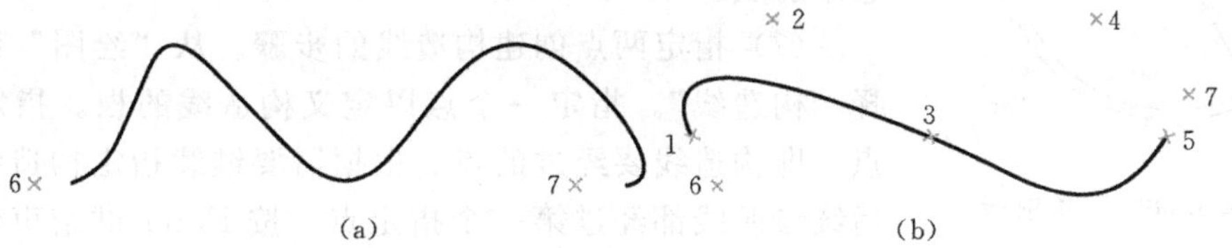

图 6.3.27　不同特征的样条曲线

6.3.3　绘制构造和参照几何图形

构造线和参照点是用户创建的用于帮助精确绘图的临时对象。

(1) 绘制参照点。作为节点或参照几何图形的点对象对于对象捕捉和相对偏移非常有用，可以相对于屏幕或使用绝对单位设置点的样式和大小．修改点的样式可使它们有更好的可见性，并更容易地与栅格点区分开，可影响图形中所有点对象的显示，可要求使用 REGEN 使修改可见。

(2) 设置点的样式和大小的步骤。从“格式”菜单中选择“点样式”，在“点样式”对话框中选择一种点样式。在“点大小”下，相对于屏幕或以绝对单位指定一个大小。选择“确定”。其命令行为“DDPTYPE”。

(3) 创建点对象的步骤。从“绘图”菜单中选择“点”➤“单点”。指定点的位置，使用“节点”对象捕捉可以捕捉到一个点。其“绘图”工具栏为，其命令行为“POINT”。

(4) 绘制构造线（和射线）。向一个或两个方向无限延伸的直线（分别称为射线和构造线）可用作创建其他对象的参照，如可使用构造线查找三角形的中心，准备同一个项目的多个视图，或创建临时交点用于对象捕捉。无限长线不会改变图形的总面积，因此，它们的无限长标注对缩放或视点没有影响，并被显示图形范围的命令所忽略。和其他对象一样无限长线也可以移动、旋转和复制。在打印之前可能需要在可以冻结或关闭的构造线图层上创建无限长线。

(5) 构造线。构造线可以放置在三维空间的任何地方。可以使用多种方法指定它的方向。创建构造线的默认方法是两点法，即指定两点以定义方向，第一个点（根）是构造线概念上的中点（即通过“中点”对象捕捉捕捉到的点）。也可以使用其他方法创建构造线，如水平和垂直、角度、二等分、偏移等。前述所谓“水平和垂直”是指创建一条经过指定点 1 并且与当前 UCS 的 X 或 Y 轴平行的构造线。所谓“角度”是指用两种方法中的一种创建构造线，或者选择一条参照线指定它与构造线的角度，或者通过指定角度和构造线必经的点来创建与水平轴成指定角度的构造线。所谓“二等分”是指创建二等分指定角的构造线，指定用于创建角度的顶点和直线。所谓“偏移”是指创建平行于指定基线的构造线，指定偏移距离，选择基线，然后指明构造线位于基线的哪一侧。

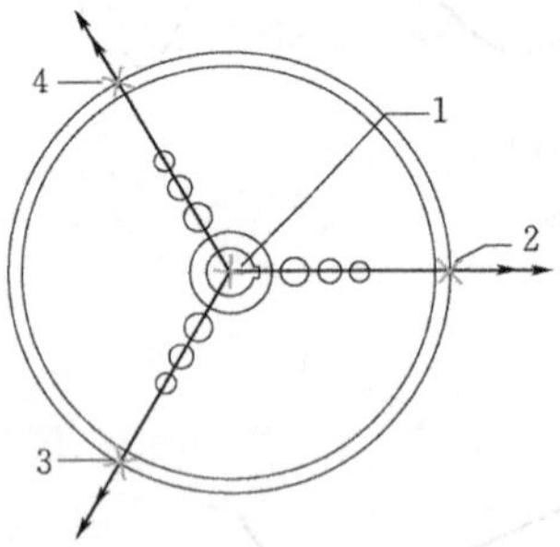

图 6.3.28　三条射线

(6) 射线。如图 6.3.28 所示，射线是三维空间中起始于指定点并且无限延伸的直线。与在两个方向上延伸的构造线不同，射线仅在一个方向上延伸。使用射线代替构造线有助于降低视觉混乱。与构造线一样，显示图形范围的命令将忽略射线。

(7) 指定两点创建构造线的步骤。从“绘图”菜单中选择“构造线”。指定一个点以定义构造线的根。指定第二个点，即构造线要经过的点。根据需要继续指定构造线，所有后续参照线都经过第一个指定点。按 Enter 键结束命令。其“绘图”工具栏为，其命令行为“XLINE”。

(8) 创建射线的步骤。从“绘图”菜单中选择“射线”。指定射线的起点，指定射线要经过的点。根据需要继续指定点创建其他射线，所有后续射线都经过第一个指定点。按 Enter 键结束命令。其命令行为“RAY”。

6.3.4 创建并合并区域（面域）

面域是使用形成闭合环的对象创建的二维闭合区域。环可以是直线、多段线、圆、圆弧、椭圆、椭圆弧和样条曲线的组合（图 6.3.29）。组成环的对象必须闭合或通过与其他对象共享端点而形成闭合的区域。面域可用于填充和着色，使用 MASSPROP 分析特性（如面积），提取设计信息（如形心）。可以通过多个环或者端点相连形成环的开曲线来创建面域，不能通过非闭合对象内部相交构成的闭合区域构造面域（如相交的圆弧或自交的曲线），也可以使用 BOUNDARY 创建面域。可以通过结合、减去或查找面域的交点创建组合面域，形成这些更复杂的面域后可以应用填充或者分析它们的面积。使用 UNION 组合的对象见图 6.3.30，使用 SUBTRACT 组合的对象见图 6.3.31，使用 INTERSECT 组

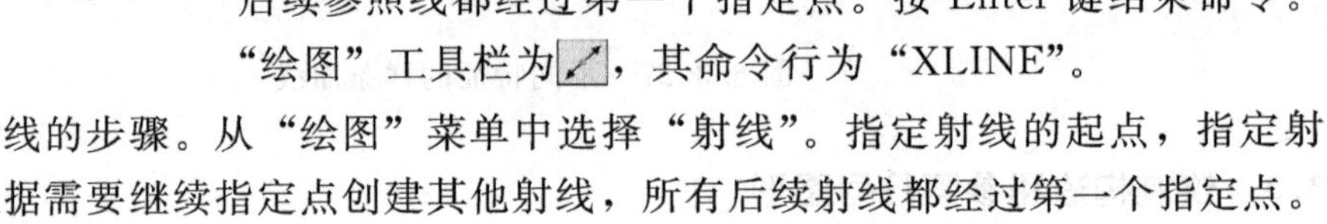
图 6.3.29　构成面域的形

合的对象见图 6.3.32。

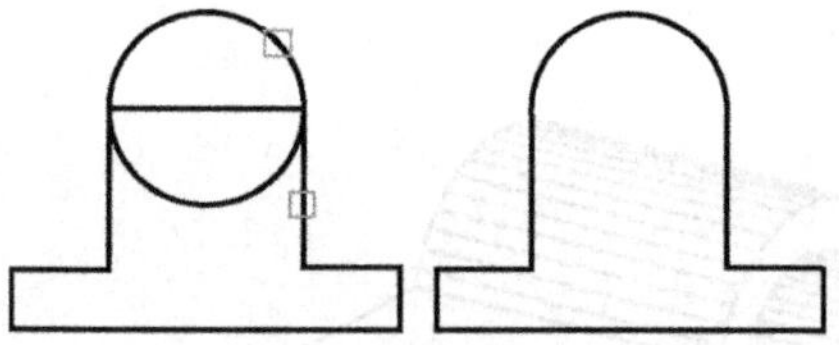

（a）选定面域　　（b）结果

图 6.3.30　使用 UNION 组合的对象

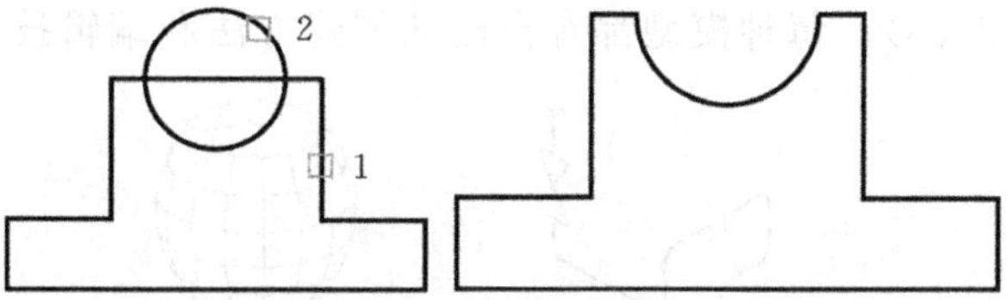

（a）选定面域　　（b）结果（一个组合面域）

图 6.3.31　使用 SUBTRACT 组合的对象

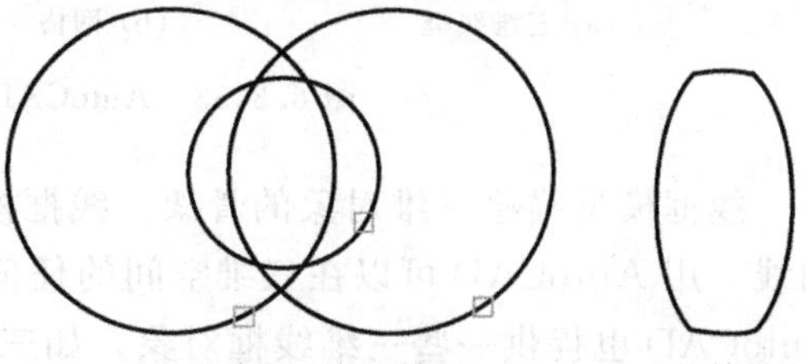

（a）选定相交的面域　　（b）结果

图 6.3.32　使用 INTERSECT 组合的对象

（1）定义面域的步骤。从“绘图”菜单中选择“面域”。选择对象以创建面域，这些对象必须各自形成闭合区域（如圆或闭合多段线）。按 Enter 键，命令行上的消息指出检测到了多少个环以及创建了多少个面域。其命令行为“REGION”。

（2）使用边界定义面域的步骤。从“绘图”菜单中选择“边界”，在“边界创建”对话框的“对象类型”中选择“面域”。选择“拾取点”，在每个要定义为面域的闭合区域内的图形中指定点（此点称为内部点），然后按 Enter 键。需要强调的是，可以创建新的边界集以限制用于确定边界的对象的数目。其命令行为“BOUNDARY”。

（3）通过添加合并面域的步骤。从“修改”菜单中选择“实体编辑”➤“并集”。为并集选择一个面域。选择另一个面域，可以按任何顺序选择要合并的面域。继续选择面域或按 Enter 键结束命令，AutoCAD 将选定的面域转换为新的组合面域。其命令行为“UNION”。

（4）通过减操作组合面域的步骤。从“修改”菜单中选择“实体编辑”➤“差集”。选择一个或多个要从其中减去的面域，然后按 Enter 键。选择要减去的面域然后按 Enter 键，已从第一个面域的面积中减去了所选定的第二个面域的面积。其命令行为“SUBTRACT”。

（5）通过查找交点组合面域的步骤。从“修改”菜单中选择“实体编辑”➤“交集”。选择一个相交面域。选择另一个相交面域，可以按任何顺序选择面域来查找它们的交点。继续选择面域或按 Enter 键结束命令，AutoCAD 将选定面域转换为按选定面域的交点定义的新面域。其命令行为“INTERSECT”。

6.3.5　创建三维对象

三维对象沿 Z 轴具有厚度或标高。

（1）三维对象的特点。虽然创建三维模型比创建二维对象的三维视图更困难、更费时间，但三维建模有诸多优势。例如：用户可以从任何有利位置查看模型；可自动生成可靠的标准或辅助二维视图；可创建二维轮廓（SOLPROF）；可消除隐藏线并进行真实感着色；可检查干涉检验；可输出模型创建动画；可进行工程分析；可提取工艺数据。

AutoCAD 支持三种类型的三维建模，即线框模型、曲面模型和实体模型（图 6.3.33），每种模型都有自己的创建方法和编辑技术。

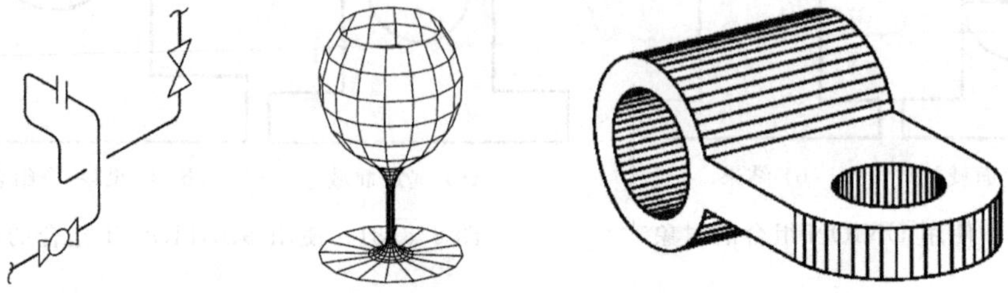

(a) 三维线框　　(b) 网格　　(c) 实体

图 6.3.33　AutoCAD 支持三种类型的三维建模

线框模型描绘三维对象的骨架。线框模型中没有面，只有描绘对象边界的点、直线和曲线。用 AutoCAD 可以在三维空间的任何位置放置二维（平面）对象来创建线框模型。AutoCAD 也提供一些三维线框对象，如三维多段线（只能显示 CONTINUOUS 线型）和样条曲线。由于构成线框模型的每个对象都必须单独绘制和定位，因此，这种建模方式可能最为耗时。

曲面建模比线框建模更为复杂，它不仅定义三维对象的边而且还定义面。AutoCAD 曲面模型使用多边形网格定义镶嵌面。由于网格面是平面的，因此网格只能近似于曲面。使用 Mechanical Desktop 可以创建真正的曲面。为了区分这两种曲面，AutoCAD 称镶嵌面为网格。

实体建模是最容易使用的三维建模类型。利用 AutoCAD 实体模型，可以通过创建长方体、圆锥体、圆柱体、球体、楔体和圆环体实体，基本三维形状来创建三维对象，然后对这些形状进行合并，找出它们差集或交集（重叠）部分，结合起来生成更为复杂的实体。也可以将二维对象沿路径延伸或绕轴旋转来创建实体。通过 Mechanical Desktop 还可以定义参数化实体，保留三维模型与从其中生成的二维视图之间的关联性。

需要强调的是，由于各种建模采用不同的方法来构造三维模型，且各种编辑方法对不同类型的模型产生的效果也不同，因此建议不要混合使用建模方法。不同的模型类型之间只能进行有限的转换，可以从实体到曲面或从曲面到线框，但不能从线框转换到曲面或从曲面转换到实体。

(2) 向对象添加拉伸厚度。如图 6.3.34 所示厚度是 AutoCAD 中模拟表面的对象的特性，对象的厚度是对象于所在的空间位置向上或向下拉伸或延伸的距离，正的厚度按 Z 轴正向向上拉伸，负的厚度按 Z 轴负向向下拉伸，零（0）厚度表示没有拉伸，Z 方向由创建对象时的 UCS 的方向确定，具有厚度的对象可以进行着色，还可以在其后面隐藏其他对象。厚度改变圆、直线、多段线（包括样条曲线拟合多段线、矩形、多边形、边界和圆环）、圆弧、二维实体和点的外观，更改其他类型对象的厚度不影响它们的外观。使用 THICKNESS 系统变量可以为 AutoCAD 中创建的新对象设置厚度，可使用 PROPERTIES 命令更改现有对象的厚度，AutoCAD 均匀拉伸对象时单个对象上各个点的厚度必须一致。可能需要改变三维视点，以查看对象上的厚度效果。

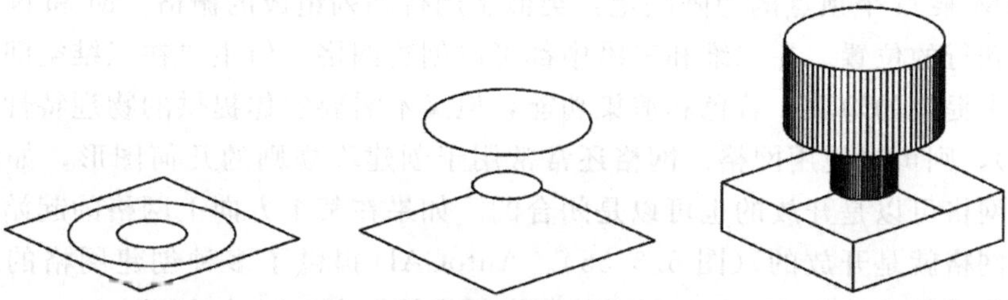

(a) 二维对象　　(b) 更改的标高　　(c) 添加的厚度

图 6.3.34　向对象添加拉伸厚度

(3) 设置新对象厚度的步骤。从“格式”菜单中选择“厚度”，在命令行上输入厚度值，使用当前厚度值创建新对象。其命令行为“THICKNESS”。

(4) 更改现有对象厚度的步骤。选择要改变其厚度的对象。右键单击某个对象，然后单击快捷菜单上的“特性”。在“特性”选项板中选择“厚度”并输入一个新值，其“标准”工具栏为▣，其命令行为“PROPERTIES”。

(5) 创建线框模型。线框模型是使用直线和曲线的真实三维对象的边缘或骨架表示。可以使用线框模型从任何有利位置查看模型；可自动生成标准的正交和辅助视图；可轻松生成分解视图和透视图；可分析空间关系，包括最近角点和边缘之间的最短距离以及干涉检查；可减少原型的需求数量。

(6) 使用线框模型的提示。创建三维线框模型可能比创建其二维视图更困难和更耗时。以下提示可以帮助用户提高工作效率，即：规划和组织模型以便可以关闭图层、减少模型的视觉复杂程度，且颜色有助于用户区分各个视图中的对象；创建构造几何图形以定义模型的基本外形；使用多个视图（特别是等轴测视图）使模型形象化和对象选择更加容易；熟悉三维空间中 UCS 的操作，将当前 UCS 的 XY 平面作为构造平面，以确定平面对象（比如圆和圆弧）的方向，UCS 还可以作为修剪与延伸、偏移以及旋转对象的操作平面；使用对象捕捉和栅格捕捉时要小心以确保模型的精度；使用坐标过滤器拖放垂足，再基于其他对象上点的位置轻松定位三维空间中的点。

(7) 创建线框模型的方法。在 AutoCAD 中将任意二维平面对象放置到三维空间的任何位置即可创建线框模型，可以使用下列几种方法，即：输入三维坐标（输入定义对象的 X、Y 和 Z 位置的坐标）；设置默认构造平面（XY 平面）且在该平面上通过定义 UCS 来绘制对象；创建对象后将它移动或复制到适当的三维位置。线框建模这一技巧需要实践和经验，掌握如何创建线框模型的最好途径是先从简单的模型开始，然后尝试较复杂的模型。

(8) 将垂足线从三维点拖放到 XY 平面的步骤。从“绘图”菜单中选择“直线”。使用对象捕捉指定对象上的一个点，该对象不能在 UCS 的 XY 平面上，此操作定义直线的第一个点。输入“. xy”然后在“属于”提示下输入“@”，此操作从第一点提取 X 和 Y 坐标值。输入 0 以指定 Z 值，使用坐标过滤器将从第一点提取的 X 和 Y 值与新的 Z 值 (0) 相结合以完成第二点的定义。按 Enter 键结束命令。

(9) 创建表面。网格使用平面镶嵌面表示对象的曲面。网格的密度（或镶嵌面的数目）由包含 M 乘 N 个顶点的矩阵决定，类似于用行和列组成的栅格。M 和 N 分别指定给定顶点的列和行的位置。在二维和三维中都可以创建网格，但主要在三维空间中使用。如果需要线框未提供的隐藏、着色和渲染功能，但又不需要实体提供的物理特性（质量、重量、重心等），则可以使用网格。网格还常常用于创建不规则的几何图形，如山脉的三维地形模型。网格可以是开放的也可以是闭合的。如果在某个方向上网格的起始边和终止边没有接触则网格就是开放的（图 6.3.35）。AutoCAD 提供了多种创建网格的方法，可以手动输入网格参数或使用 3D 命令（可以简化创建基本表面形的过程）。

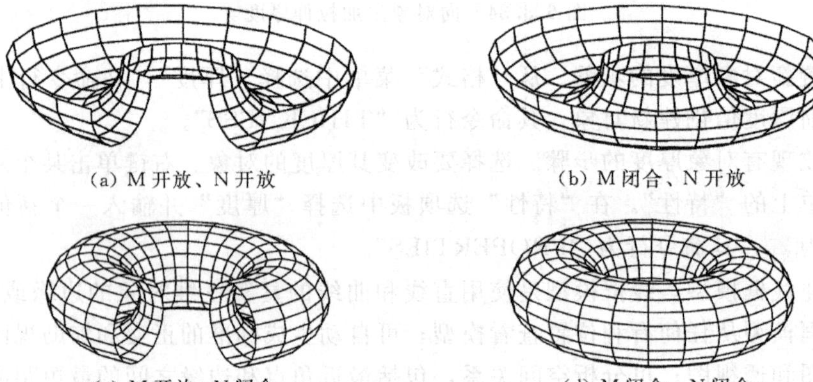

(a) M 开放、N 开放　(b) M 闭合、N 开放

(c) M 开放、N 闭合　(d) M 闭合、N 闭合

图 6.3.35　创建表面

(10) 创建预定义的三维曲面网格。3D 命令用于创建下列三维形，即长方体、圆锥体、下半球面、上半球面、网格、棱锥面、球体、圆环和楔体。除非使用了 HIDE、RENDER 或 SHADEMODE，否则这些网格都显示为线框形式。要更清楚地查看正使用 3D 命令创建的对象，可使用 3DORBIT、DVIEW 或 VPOINT 设置查看方向，创建三维形的过程和创建三维实体的过程相似，具体可参考本书前述“创建三维实体”中的相关内容。图 6.3.36 中数字表示创建网格需要指定的点的数目。

(11) 创建矩形网格。使用 3DMESH 命令可以在 M 和 N 方向（类似于 XY 平面的 X 轴和 Y 轴）上创建开放的多边形网格。可以使用 PEDIT 命令闭合网格。可以使用 3DMESH 命令构造极不规则的曲面。通常，如果已知网格点数，则可以将 3DMESH 命令与脚本或 AutoLISP 例程配合使用。

在图 6.3.37 中，在命令行中输入每个顶点的坐标创建图中的网格，其创建过程依次为：命令“3dmesh”、M 方向网格数目“4”、N 方向网格数目“3”、顶点（0，0）“10，1，3”、顶点（0，1）“10，5，5”、顶点（0，2）“10，10，3”、顶点（1，0）“15，1，0”、顶点（1，1）“15，5，0”、顶点（1，2）“15，10，0”、顶点（2，0）“20，1，0”、顶点（2，1）“20，5，－1”、顶点（2，2）“20，10，0”、顶点（3，0）“25，1，0”、顶点（3，1）“25，5，0”、顶点（3，2）“25，10，0”。

(12) 创建多面网格。PEACE 命令用于创建多面（多边形）网格，每个面可以有多个顶点。创建多面网格与创建矩形网格类似。要创建多面网格，首先要指定其顶点坐标，

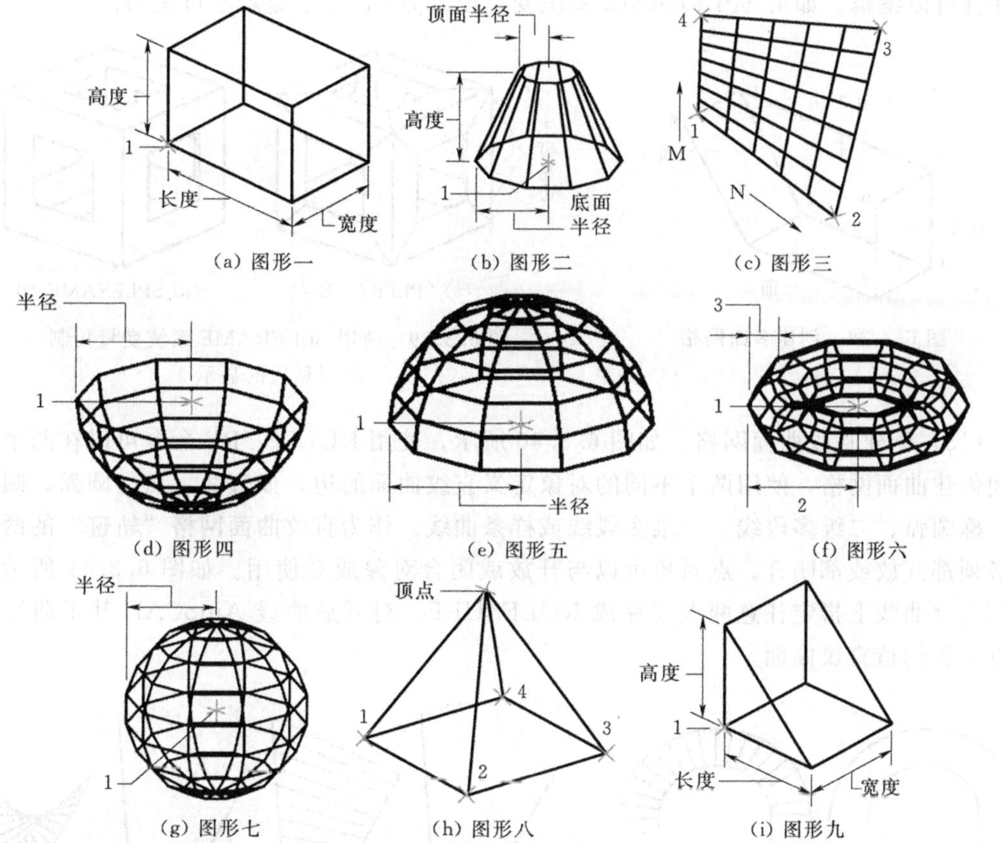

(a) 图形一 (b) 图形二 (c) 图形三
(d) 图形四 (e) 图形五 (f) 图形六
(g) 图形七 (h) 图形八 (i) 图形九

图 6.3.36 创建预定义的三维曲面网格

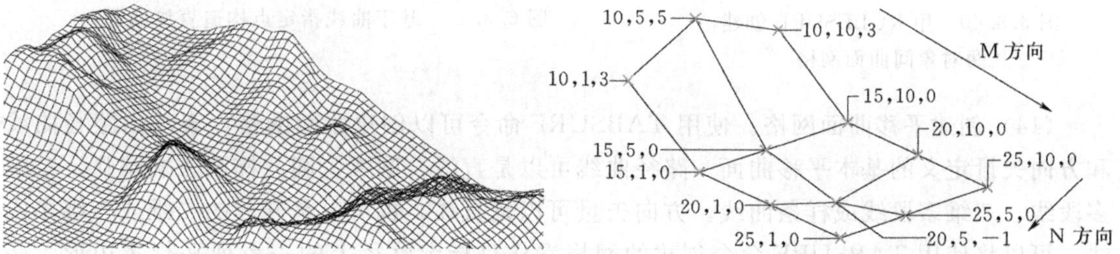

(a) 三维图 (b) 创建过程

图 6.3.37 在命令行中输入每个顶点的坐标创建网格

然后通过输入每个面的所有顶点的顶点号来定义每个面。创建多面网格时，可以将特定的边设置为不可见，指定边所属的图层或颜色。要使边不可见可输入负数值的顶点号，如在图 6.3.38 中，要使顶点 5 和 7 之间的边不可见，可以输入“面 3，顶点 3：－7”。在图 6.3.38 中，顶点 1、5、6 和 2 定义面 1，顶点 1、4、3 和 2 定义面 2，顶点 1、4、7 和 5 定义面 3，顶点 3、4、7 和 8 定义面 4。如图 6.3.39 所示，可以使用 SPLFRAME 系统变量控制不可见边的显示，如果 SPLFRAME 系统变量设置为非零值，则不可见边变为可见边并且可以编辑，如果 SPLFRAME 系统变量设置为 0，则不显示不可见边。

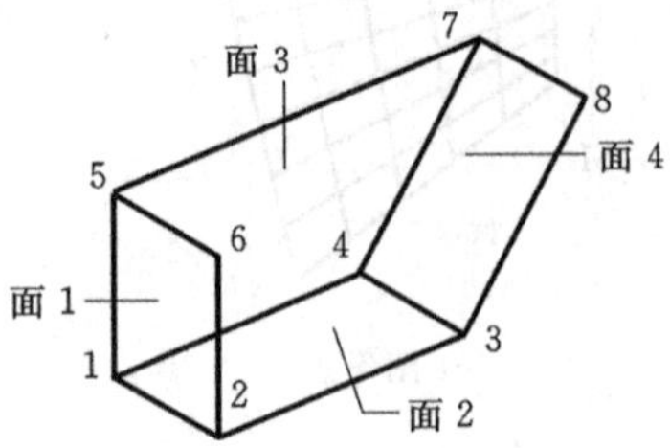

图 6.3.38　创建多面网格

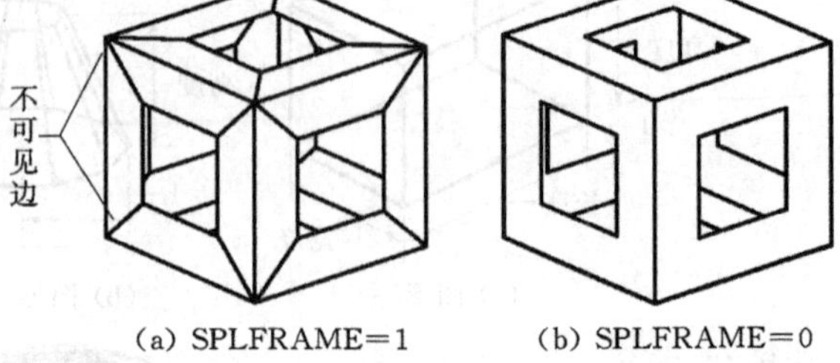

图 6.3.39　使用 SPLFRAME 系统变量控制不可见边的显示

（13）创建直纹曲面网格。如图 6.3.40 所示，使用 RULESURF 命令可以在两个对象之间创建曲面网格，使用两个不同的对象定义直纹曲面的边，如直线、点、圆弧、圆、椭圆、椭圆弧、二维多段线、三维多段线或样条曲线。作为直纹曲面网格“轨迹”的两个对象必须都开放或都闭合。点对象可以与开放或闭合对象成对使用。如图 6.3.41 所示，可以在闭合曲线上指定任意两点来完成 RULESURF，对开放曲线 AutoCAD 基于曲线上指定点位置构造直纹曲面。

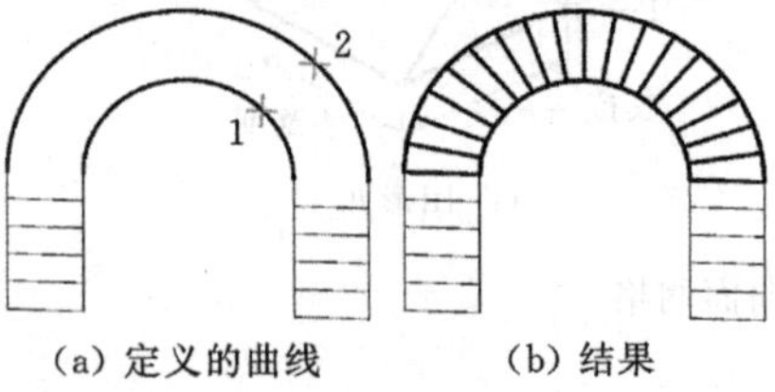

图 6.3.40　用 RULESURF 创建两对象间曲面网格

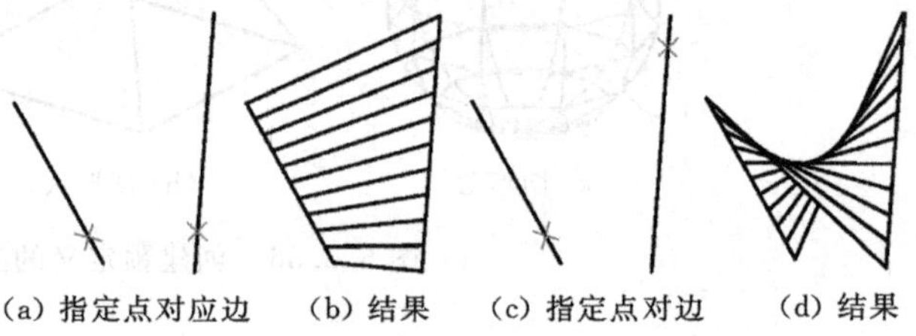

图 6.3.41　基于曲线指定点构造直纹曲面

（14）创建平移曲面网格。使用 TABSURF 命令可以创建曲面网格，表示由路径曲线和方向矢量定义的基本平移曲面。路径曲线可以是直线、圆弧、圆、椭圆、椭圆弧、二维多段线、三维多段线或样条曲线。方向矢量可以是直线，也可以是开放的二维或三维多段线。可以将使用 TABSURF 命令创建的网格看作是指定路径上的一系列平行多边形。必须事先绘制原对象和方向矢量（图 6.3.42）。

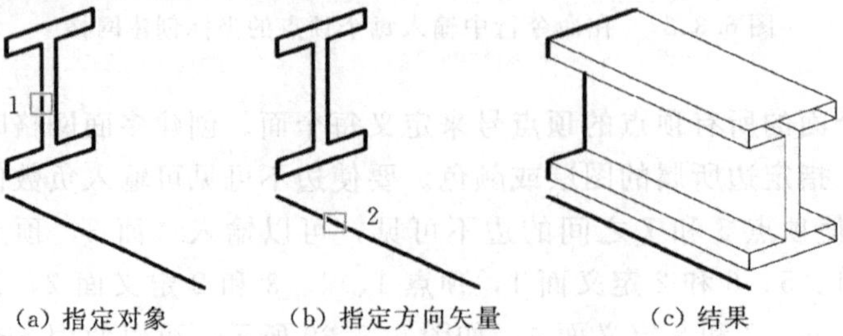

图 6.3.42　创建平移曲面网格

(15) 创建旋转网格的曲面。如图 6.3.43 所示，使用 REVSURF 命令，通过绕轴旋转对象的轮廓来创建旋转曲面。REVSURF 命令适用于对称旋转的曲面。

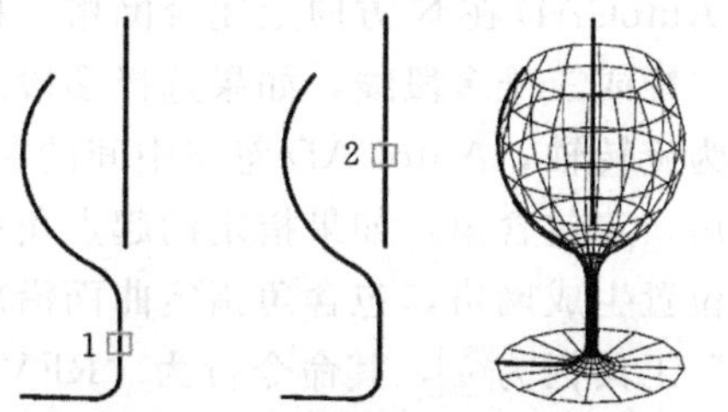

(a) 指定轮廓　(b) 指定旋转轴　(c) 结果

图 6.3.43　创建旋转网格的曲面

(16) 创建边界定义的曲面网格。使用 EDGESURF 命令可以通过称为边界的四个对象创建孔斯曲面片网格（图 6.3.44），边界可以是圆弧、直线、多段线、样条曲线和椭圆弧且必须形成闭合环和共享端点。孔斯曲面片是插在四个边界间的双三次曲面（一条 M 方向上的曲线和一条 N 方向上的曲线）。

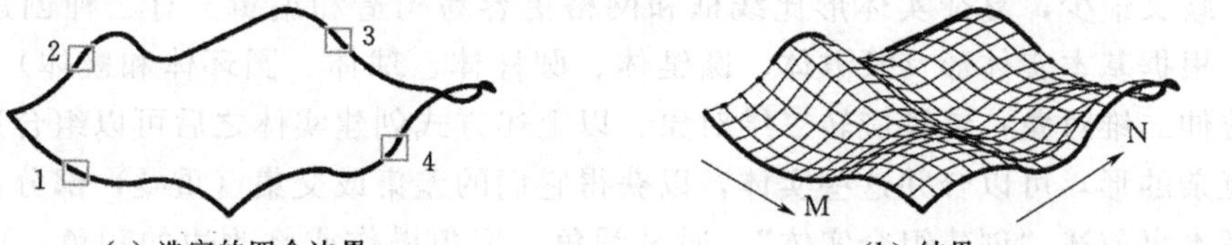

(a) 选定的四个边界　(b) 结果

图 6.3.44　创建边界定义的曲面网格

(17) 创建矩形网格的步骤。如图 6.3.45 所示，从“绘图”菜单中选择“曲面”➤“三维网格”。指定 M 方向网格数目（2～256 的整数）。指定 N 方向网格数目（2～256 的整数）。按提示指定顶点，指定最后一个顶点，完成网格的创建。其“曲面”工具栏为，其命令行为“3DMESH”。

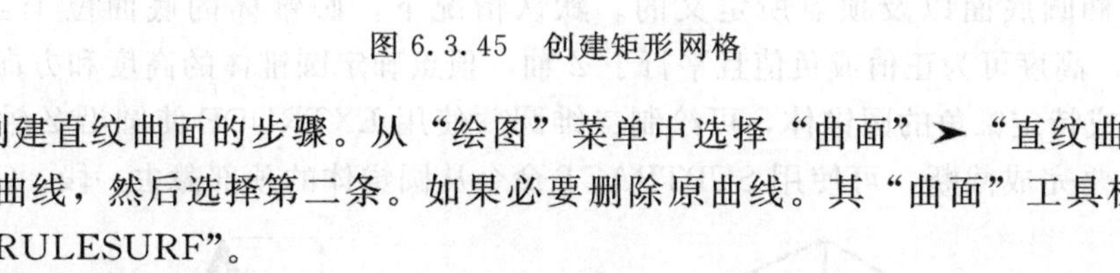

M 方向网格数目:2　N 方向网格数目:2　(a)

M 方向网格数目:2　N 方向网格数目:3　(b)

M 方向网格数目:3　N 方向网格数目:3　(c)

图 6.3.45　创建矩形网格

(18) 创建直纹曲面的步骤。从“绘图”菜单中选择“曲面”➤“直纹曲面”。选择第一条定义曲线，然后选择第二条。如果必要删除原曲线。其“曲面”工具栏为，其命令行为“RULESURF”。

(19) 创建平移曲面网格的步骤。从“绘图”菜单中选择“曲面”➤“平移曲面”。指定路径曲线。指定方向矢量。如果必要可删除原对象。其“曲面”工具栏为，其命令行为“TABSURF”。

(20) 创建旋转网格曲面的步骤。从“绘图”菜单中选择“曲面”➤“旋转曲面”。指定路径曲线，路径曲线定义了网格的 N 方向，路径曲线可以是直线、圆弧、圆、椭圆、椭圆弧、二维多段线、三维多段线或样条曲线，如果选择了圆、闭合椭圆或闭合多段线，则 AutoCAD 在 N 方向上闭合网格。指定旋转轴，方向矢量既可以是直线，也可以是开放的二维或三维多段线，如果选择多段线，则矢量设置从第一个顶点指向最后一个顶点的方向为旋转轴，AutoCAD 忽略中间的所有顶点，旋转轴确定网格的 M 方向。指定起点角度然后指定包含角，如果指定的起点角度不为零，则 AutoCAD 将在与路径曲线偏移该角度的位置生成网格，包含角指定曲面沿旋转轴的延伸程度。如果必要可删除原对象。其“曲面”工具栏为，其命令行为“REVSURF”。

(21) 创建边界定义孔斯曲面片网格的步骤。从“绘图”菜单中选择“曲面”➤“边界曲面”，按任意顺序选择四个边界，选择的第一个边界确定网格的 M 方向。其“曲面”工具栏为，其命令行为“EDGESURF”。

(22) 创建三维实体。实体对象表示整个对象的体积，在各类三维建模中实体的信息最完整，歧义最少，复杂实体形比线框和网格更容易构造和编辑。有三种创建实体的方法，即：根据基本实体形（长方体、圆锥体、圆柱体、球体、圆环体和楔体）创建实体；沿路径拉伸二维对象；绕轴旋转二维对象。以上述方式创建实体之后可以组合这些实体来创建更复杂的形，可以合并这些实体，以获得它们的差集或交集（重叠）部分，其详细信息可参考本书前述“创建组合实体”。通过圆角、倒角操作或修改边的颜色，可以对实体进行进一步修改，因为其既无需绘制新的几何图形，也无需对实体执行布尔操作，所以操作实体上的面较为容易。AutoCAD 还提供了将实体剖切为两部分的命令或者获得实体二维截面的命令，具体可参考本书后续“修改三维实体”中的相关内容。与网格类似，在进行消隐、着色或渲染之前实体显示为线框，另外，还可以分析实体的质量特性（体积、惯性矩、重心等），可以输出实体对象的数据供数控铣床使用或进行 FEM（有限元法）分析，或者将实体分解为网格和线框对象。ISOLINES 系统变量控制用于显示线框弯曲部分的素线数目，FACETRES 系统变量调整着色和消隐对象的平滑度。

(23) 创建实体长方体。如图 6.3.46 所示，可以使用 BOX 创建实体长方体。长方体的底面总与当前 UCS 的 XY 平面平行。RECTANG 或 PLINE 命令用于创建矩形或闭合多线，通过它们可以使用 EXTRUDE 创建长方体。3D 命令用于创建仅由表面定义的长方体形。

(24) 创建实体圆锥体。如图 6.3.47 所示，可以使用 CONE 创建实体圆锥体，圆锥体是由圆或椭圆底面以及顶点所定义的。默认情况下，圆锥体的底面位于当前 UCS 的 XY 平面上，高度可为正值或负值且平行于 Z 轴，顶点确定圆锥体的高度和方向。要创建截断的圆锥体或特定锥角的圆锥体，可绘制二维圆并使用 EXTRUDE 使圆沿 Z 轴按一定锥角形成锥形。要完成截断，可使用 SUBTRACT 命令从圆锥体的顶部截去一段。CIRCLE 命令

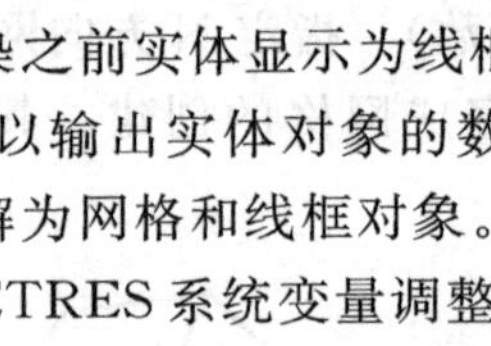

图 6.3.46　创建实体长方体

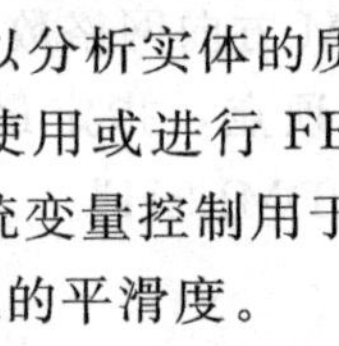

图 6.3.47　创建实体圆锥体

用于创建圆，然后可以使用 EXTRUDE 命令及其“倾斜”选项创建圆锥体。3D 命令用于创建仅由表面定义的圆锥形。

（25）创建实体圆柱体。如图 6.3.48 所示，可以使用 CYLINDER 命令以圆或椭圆作为底面创建圆柱体，圆柱的底面位于当前 UCS 的 XY 平面上。要构造具有特定细节的圆柱体（如沿其侧向有凹槽），可先使用关闭的 PLINE 创建圆柱底面的二维轮廓，然后使用 EXTRUDE 沿 Z 轴定义高度。CIRCLE 命令用于创建圆，然后使用 EXTRUDE 命令创建圆柱体。如图 6.3.49 所示，要创建上半球面或下半球面可先将球面和长方体组合起来，然后使用 SUBTRACT 命令，要创建具有附加细节的球面对象则先创建一个二维轮廓，然后使用 REVOLVE 定义绕 Z 轴的旋转角，3D 命令用于创建仅由表面定义的球形。

（26）创建实体环形体。如图 6.3.50 所示，可以使用 TORUS 命令创建与轮胎内胎相似的环形体，环形体与当前 UCS 的 XY 平面平行且被该平面平分。如图 6.3.51 所示，要创建纺锤形实体需要将圆环半径设置为负，管道半径设置为正且管道的半径要比圆环半径的绝对值大，例如，如果圆环体的半径为－2.0，则圆管的半径必须大于 2.0。圆环可能是自交的，自交的圆环没有中心孔，因为圆管半径比圆环半径的绝对值大。3D 命令用于创建仅由表面定义的环形。

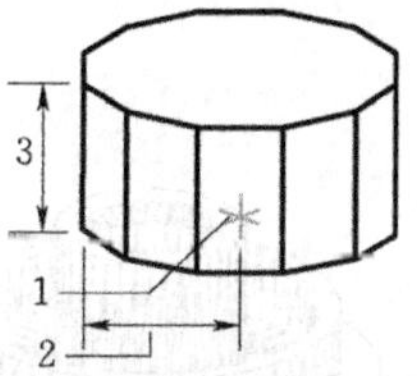

图 6.3.48 创建实体圆柱体

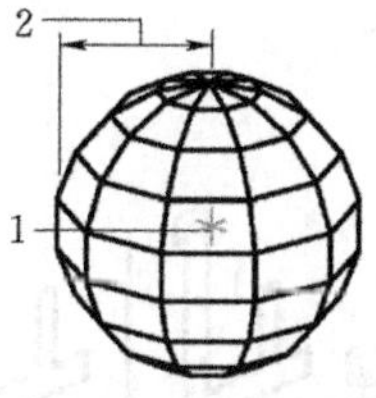

图 6.3.49 创建半球面

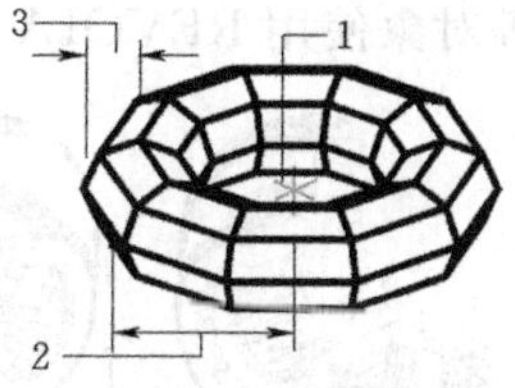

图 6.3.50 创建实体环形体

图 6.3.51 创建纺锤形实体

（27）创建实体楔体。如图 6.3.52 所示，可以使用 WEDGE 创建楔体。楔体的底面平行于当前 UCS 的 XY 平面，斜面正对第一个角点。高度可以为正值或负值，且平行于 Z 轴。3D 命令用于创建仅由表面定义的楔体形。

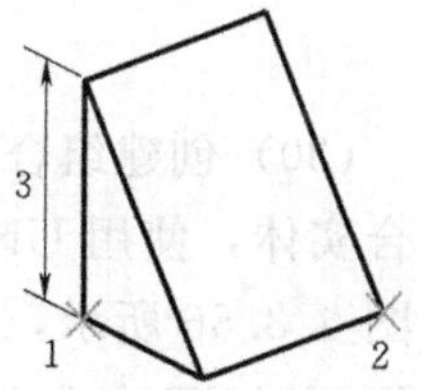

图 6.3.52 创建实体楔体

（28）创建拉伸实体。如图 6.3.53 所示，使用 EXTRUDE 命令可以通过拉伸（添加厚度）选定的对象来创建实体；可以拉伸闭合的对象，如多段线、多边形、矩形、圆、椭圆、闭合的样条曲线、圆环和面域；不能拉伸三维对象、包含在块中的对象、有交叉或横断部分的多段线或非闭合多段线；可以沿路径拉伸对象，也可以指定高度值和斜角。使用 EXTRUDE 命令可以从对象的公共轮廓创建实体，如齿轮或链轮，EXTRUDE 对包含圆角、倒角和其他细部的对象尤其有用，除非这些细部在一个轮廓上，否则很难复制；如果使用直线或圆弧创建轮廓，可使用 PEDIT 的“合并”选项将它们转换为单个多段线对象，或者在使用 EXTRUDE 命令之前将其转变为面域。对于侧面成一定角度的零件来说，倾斜拉伸特别有用，例如：铸造车间用来制造金属产品的铸模；可避免使用太大的倾斜角度；如果角度过大则轮廓可能在达到所指定高度以前就倾斜为一个点。

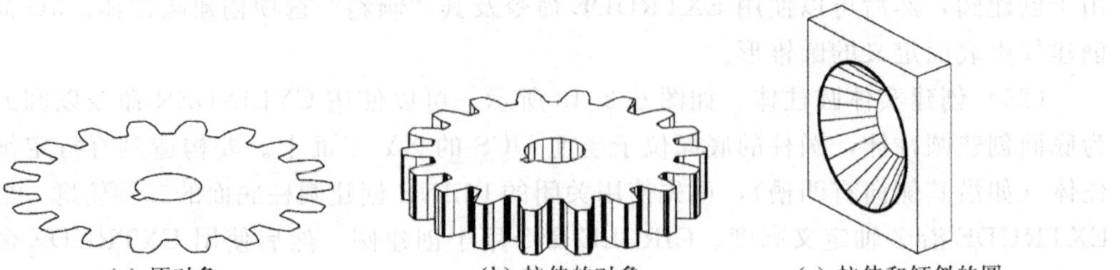

图 6.3.53 创建拉伸实体

(29) 创建旋转实体。使用 REVOLVE 命令，可以通过将一个闭合对象围绕当前 UCS 的 X 轴或 Y 轴旋转一定角度来创建实体，也可以围绕直线、多段线或两个指定的点旋转对象。与 EXTRUDE 类似，如果对象包含圆角或其他使用普通轮廓很难制作的细部图，那么可以使用 REVOLVE 命令。如果使用与多段线相交的直线或圆弧创建轮廓，可以使用 PEDIT 的“合并”选项将它们转换为单个多段线对象，然后使用 REVOLVE 命令。如图 6.3.54 所示，可以对闭合对象（如多段线、多边形、矩形、圆、椭圆和面域）使用 REVOLVE 命令，不能对三维对象、包含在块中的对象、有交叉或横断部分的多段线或非闭合多段线等对象使用 REVOLVE 命令。

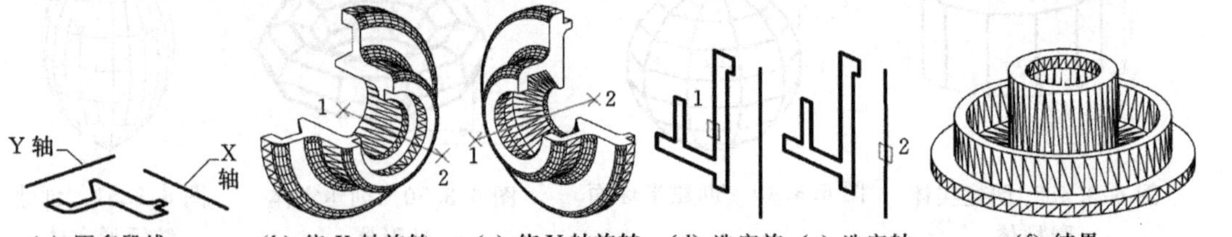

图 6.3.54 对闭合对象使用 REVOLVE 命令

(30) 创建组合实体。如图 6.3.55 所示，可以使用现有实体的并集、差集和交集创建组合实体，使用 UNION 命令可以合并两个或多个实体（或面域），构成一个组合对象。如图 6.3.56 所示，使用 SUBTRACT 命令可以删除两个实体间的公共部分，如可以使用 SUBTRACT 命令在对象上减去圆柱，从而在机械零件上增加孔。如图 6.3.57 所示，通过 INTERSECT 命令可以用两个或多个重叠实体的公共部分创建组合实体。INTERSECT 用于删除非重叠部分，用公共部分创建组合实体。INTERFERE 执行的操作与 INTERSECT 相同，但 INTERFERE 保留两个原始对象。

图 6.3.55 使用现有实体的并集、差集和交集创建组合实体

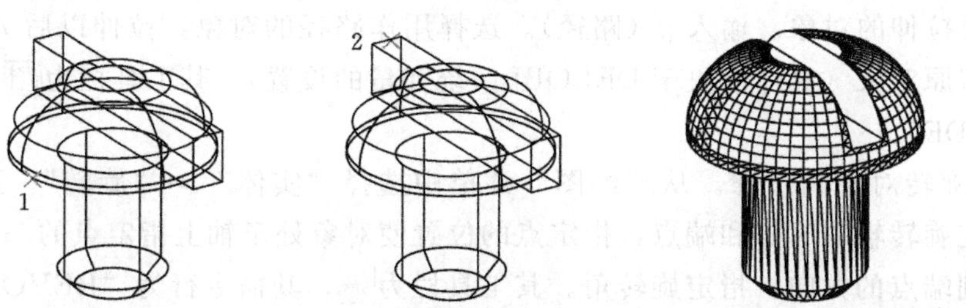

(a) 要减去的对象　(b) 选定要减去的对象　(c) 结果(为清楚起见而隐藏的线)

图 6.3.56　使用 SUBTRACT 命令删除两个实体间的公共部分

(31) 创建长方体的步骤。从“绘图”菜单中选择“实体”➤“长方体”。指定底面第一个角点的位置。指定底面对角点的位置。指定高度。其工具栏为，其命令行为“BOX”。

(32) 以圆作底面创建圆锥体的步骤。从“绘图”菜单中选择“实体”➤“圆锥体”。指定底面圆心。指定底面圆半径或直径，指定高度。其工具栏为，其命令行为“CONE”。

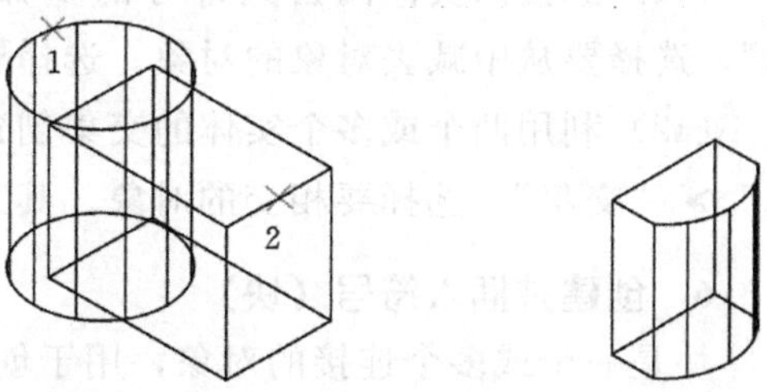

(a) 选定要相交的对象　(b) 结果

图 6.3.57　通过 INTERSECT 命令用两个或多个重叠实体的公共部分创建组合实体

(33) 以椭圆作底面创建圆锥体的步骤。从“绘图”菜单中选择“实体”➤“圆锥体”。输入 e（椭圆）。指定轴的端点，指定轴的第二个端点，指定另一个轴的长度，指定高度然后按 Enter 键。其工具栏为，其命令行为“CONE”。

(34) 以圆为底面创建圆柱体的步骤。从“绘图”菜单中选择“实体”➤“圆柱体”。指定底面圆心，指定底面圆半径或直径，指定高度。其工具栏为，其命令行为“CYLINDER”。

(35) 创建球体的步骤。从“绘图”菜单中选择“实体”➤“球体”。指定球体的球心，指定球体的半径或直径。其工具栏为，其命令行为“SPHERE”。

(36) 创建圆环体的步骤。从“绘图”菜单中选择“实体”➤“圆环体”。指定圆环体的圆心，指定圆环体的半径或直径，指定圆管的半径或直径。其工具栏为，其命令行为“TORUS”。

(37) 创建楔体的步骤。从“绘图”菜单中选择“实体”➤“楔体”。指定底面第一个角点的位置，指定底面对角点的位置，指定楔形高度。其工具栏为，其命令行为“WEDGE”。

(38) 沿路径拉伸对象的步骤。如图 6.3.58 所示，从“绘图”菜单中选择“实体”➤

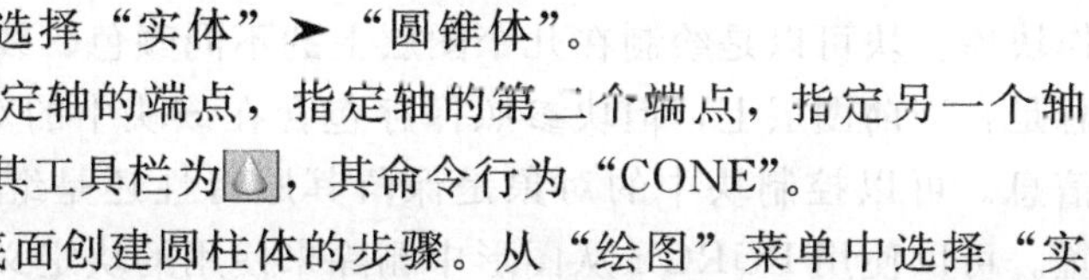

(a) 步骤一　(b) 步骤二　(c) 步骤三

图 6.3.58　沿路径拉伸对象的步骤

“拉伸”。选择要拉伸的对象。输入 p（路径）。选择用作路径的对象，拉伸以后 AutoCAD 可能删除或保留原对象（具体取决于 DELOBJ 系统变量的设置）。其工具栏为，其命令行为“EXTRUDE”。

（39）绕轴旋转对象的步骤。从“绘图”菜单中选择“实体”➤“旋转”。选择要旋转的对象。指定旋转轴的起点和端点，指定点的位置使对象处于轴上指定点的一侧，正轴方向即从起点到端点的方向。指定旋转角。其工具栏为，其命令行为“REVOLVE”。

（40）组合实体的步骤。从“修改”菜单中选择“实体编辑”➤“并集”。选择要组合的对象。其工具栏为。

（41）减去两实体间公共部分的步骤。从“修改”菜单中选择“实体编辑”➤“差集”。选择要从中减去对象的对象。选择要减去的对象。其工具栏为。

（42）利用两个或多个实体的交集创建实体的步骤。从“修改”菜单中选择“实体编辑”➤“交集”。选择要相交的对象。其工具栏为。

6.3.6　创建并插入符号（块）

块是一个或多个连接的对象，用于创建单个的对象。块帮助用户在同一图形或其他图形中重复使用对象。

（1）块的特点。可以使用若干种方法创建块，例如：合并对象以在当前图形中创建块定义；创建一个图形文件随后将它作为块插入到其他图形中；使用若干种相关块定义创建一个图形文件以用作块库。块可以是绘制在几个图层上的不同颜色、线型和线宽特性的对象的组合。尽管块总是在当前图层上，但块参照保存包含在该块中的对象的有关原图层、颜色和线型特性的信息。可以控制块中的对象是保留其原特性还是继承当前的图层、颜色、线型或线宽设置。可以使用 PURGE 从图形中删除未使用的块定义。

（2）如何存储并参照块。要理解块的操作、命令和选项，理解图形中块存储和参照的过程非常重要。使用块的关键在于理解块定义表，每个图形文件都具有一个称作块定义表的不可见数据区域。块定义表存储全部的块定义，包括块的全部关联信息。在图形中插入块时，所参照的就是这些块定义。图 6.3.59 是三个图形文件的概念性显示，每个矩形表示一个独立的图形文件，其分为两部分（较小部分表示块定义表，较大部分表示图形中的对象）。插入块的同时也就插入了块参照，因为 AutoCAD 并不是简单地将信息从块定义复制到绘图区域，相反它建立了块参照与块定义间的链接，因此，如果修改块定义则所有的块参照也自动更新。要减小图形大小可以清理未使用的块定义。

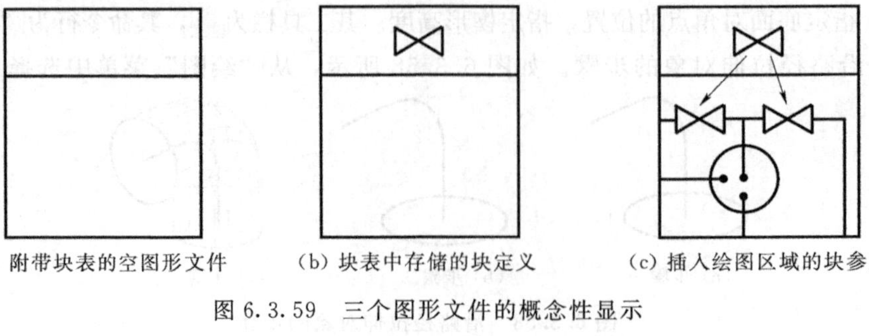

(a) 附带块表的空图形文件　　(b) 块表中存储的块定义　　(c) 插入绘图区域的块参照

图 6.3.59　三个图形文件的概念性显示

（3）创建块。可以通过关联对象并为它们命名来创建块。也可以将信息（属性）附着到块上。

（4）在图形中创建块。在图形中定义块后可以在图形中根据需要多次插入块参照，使用此方法可以快速创建块。每个块定义都包括块名、一个或多个对象、用于插入块的基点坐标值和所有相关的属性数据。插入块时将基点作为放置块的参照（建议用户指定基点位于块中对象的左下角，以后在插入块时将提示指定插入点），然后 AutoCAD 在指定的插入点处对齐块基点。图 6.3.60 中的块定义包括块名、PLUG_VALVE、四条直线和两条对角线交点处的基点。关于显示的示范演示文稿的说明可参考本书前述“块的特点”中的相关内容。图 6.3.61 显示了创建块定义的典型序列。

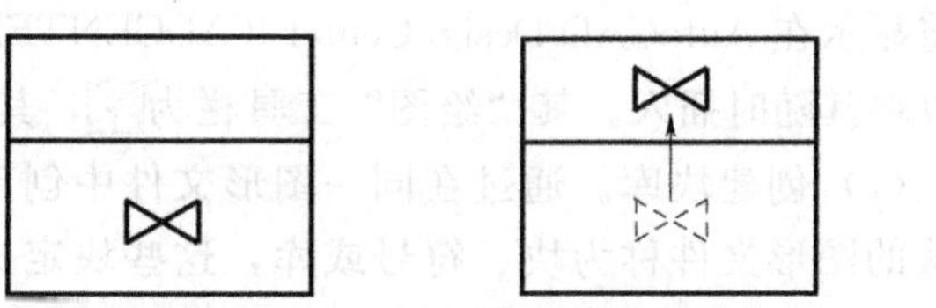

（a）对象绘图区域　（b）从选定的对象中创建的块定义

图 6.3.60　CAD 图中的块定义

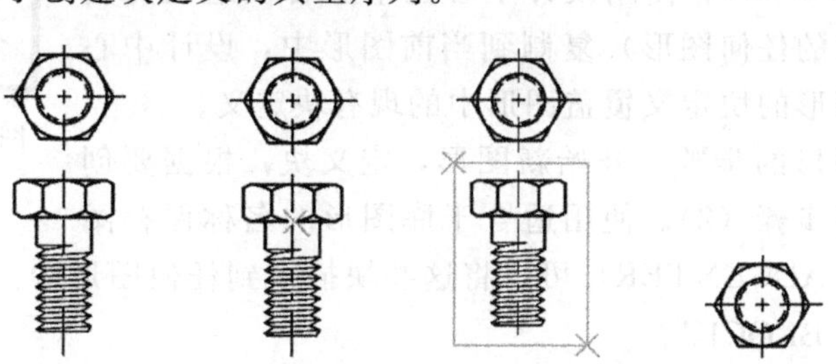

（a）对象创建　（b）选定的插入点　（c）选定的对象　（d）写入块表的块

图 6.3.61　创建块定义的典型序列

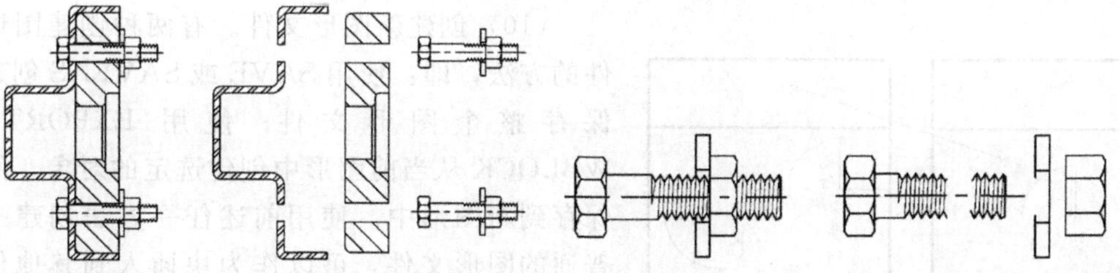

（a）装配块　（b）作为装配块的部件的块　（c）紧固件块　（d）作为紧固件块的部件的块

图 6.3.62　机械部件的装配图作为块插入

（5）嵌套块。包含其他块的块参照称作嵌套块。使用嵌套块可以简化复杂块定义的结构。使用嵌套块可以在几个部件外创建单个块，如可以将一个机械部件的装配图作为块插入（图 6.3.62），该部件包括机架、支架和紧固件，而紧固件又是由螺钉、垫片和螺母组成的块。嵌套块的唯一限制是不能插入参照自身的块。

（6）为当前图形定义块的步骤。创建要在块定义中使用的对象。从“绘图”菜单中选择“块”➤“创建”。在“块定义”对话框中的“名称”框中输入块名。在“对象”下选择“转换为块”，如果需要在图形中保留用于创建块定义的原对象可确保未选中“删除”选项（如果选择了该选项将从图形中删除原对象），如果必要可使用 OOPS 恢复它们。选择

“选择对象”。可使用定点设备选择要包括在块定义中的对象，按 Enter 键完成对象选择。在“块定义”对话框的“基点”下使用下列方法之一指定块插入点，即选择“拾取点”使用定点设备指定一个点或输入该点的（X，Y，Z）坐标。在“说明”框中输入块定义的说明，说明将显示在 AutoCAD DesignCenter（ADCENTER）中。选择“确定”。在当前图形中定义块可以将其随时插入。其“绘图”工具栏为，其命令行为“BLOCK”。

（7）创建块库。通过在同一图形文件中创建块可以组织一组相关的块定义，使用这种方法的图形文件称为块、符号或库，这些块定义可以单独插入正在其中工作的任何图形。除了使用方法外，块库图形与其他 AutoCAD 图形文件没有区别。使用 BLOCK 定义块库图形中的每个块定义时可以包括简短的块说明，说明可以在设计中心进行查看。也可以通过将其插入到库图形的绘图区域来阐述每个块定义说明，除块几何图形之外，还可以包括提供块名的文字、创建日期、最后修改的日期以及任何特殊的说明或约定，此操作在块库图形中创建块的形象化索引（图 6.3.63）。使用设计中心逐个查看块定义将其从块库图形（或现有的任何图形）复制到当前图形中，设计中心不会使用来自其他图形的块定义覆盖图形中的现有块定义。

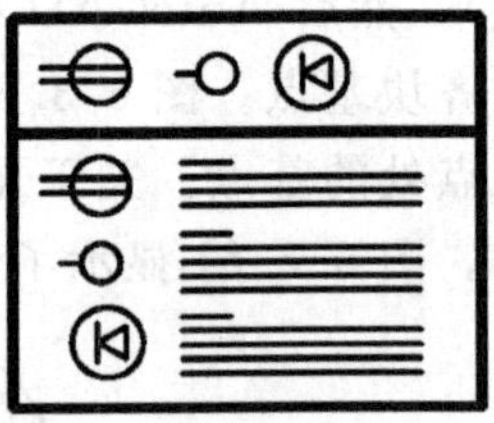

图 6.3.63　块的形象化索引

（8）创建块库图形的步骤。开始新图形，定义块，根据要创建的块定义数，重复步骤（2）。使用适合于库图形的名称保存图形。使用设计中心（ADCENTER）可以将这些块插入到任何图形中。其“绘图”工具栏为，其命令行为“BLOCK”。

（9）创建用作块的图形文件。可以创建图形文件用于作为块插入到其他图形中。作为块定义源，单个图形文件容易创建和管理。AutoCAD 的符号集可以作为单独的图形文件存储并编组到文件夹中，如图 6.3.64 所示。

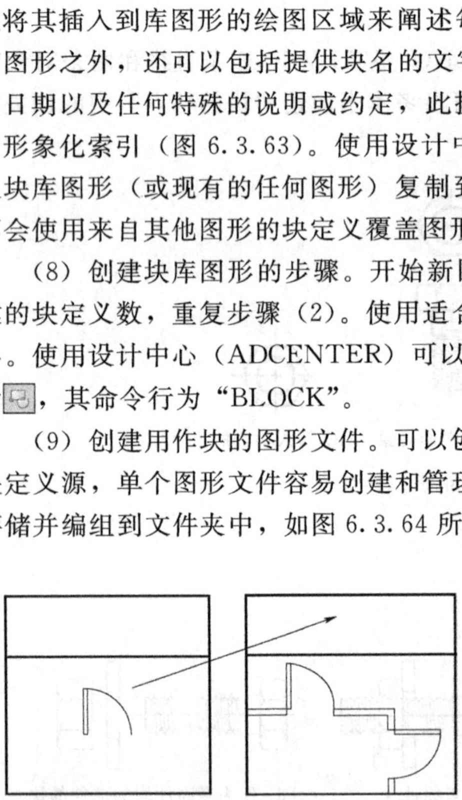

图 6.3.64　创建用作块的图形文件

（10）创建新图形文件。有两种创建图形文件的方法，即：使用 SAVE 或 SAVEAS 创建并保存整个图形文件；使用 EXPORT 或 WBLOCK 从当前图形中创建选定的对象，然后保存到新图形中。使用前述任一方法创建一个普通的图形文件，可以作为块插入到其他任何图形文件中。如果要以相互独立的图形文件创建几种版本的符号，或者要在创建图形文件后不保留当前图形，建议使用 WBLOCK。

（11）更改图形的基点以用作块。默认情况下 AutoCAD 使用 WCS（世界坐标系）的原点（0，0，0）作为以块插入的图形文件的基点，打开原图形并使用 BASE 指定不同的插入基点可以更改基点，下次插入此块时 AutoCAD 将使用新基点。

（12）更新原图形中的修改。如果插入后修改了原图形，则修改不会影响当前图形。如果希望更改原图形且使所做的更改反映在当前图形中，则可能要作为外部参照附着，而不是将它作为块插入。关于外部参照的详细信息可参考本书后续“参照其他图形文件（外部参照）”中的相关内容。

(13) 使用块中的图纸空间对象。将图形作为块插入时并不包括图纸空间中的对象。要将图纸空间对象传送到其他图形中，可将对象转变成块或将其保存为单独的图形文件，然后将块或图形文件插入到其他图形中。

(14) 由选定对象创建新图形文件的步骤。打开现有图形或创建新图形。在命令提示下输入 wblock。在“写块”对话框中选择“对象”，要在图形中保留用于创建新图形的原对象可确保未选中“从图形中删除”选项（如果选择了该选项将从图形中删除原对象），如果必要可使用 OOPS 恢复它们。单击“选择对象”。使用定点设备选择要包括在新图形中的对象，按 ENTER 键完成对象选择。在“写块”对话框中的“基点”下使用下列方法之一指定该点为新图形的原点（0，0，0），即单击“指定点”，使用定点设备指定一个点或输入该点的（X，Y，Z）坐标。在“目标”下输入新图形的文件名称和路径，或单击[...]按钮显示标准的文件选择对话框。单击“确定”，使用选定对象创建一个新图形。其命令行为“WBLOCK”。

(15) 从现有的块定义创建新图形文件的步骤。从“修改”菜单中选择“对象”➤“块说明”。在“块定义”对话框的“名称”框中选择要修改的块。在“名称”框中输入新的名称。在“说明”框中输入或修改新图形文件的说明。选择“确定”。其命令行为“BLOCK”。

(16) 控制块中的颜色和线型特性。插入块时块中对象的颜色、线型和线宽通常保留其原设置而忽略图形中的当前设置，但可以创建其对象继承当前颜色、线型和线宽设置的块，这些对象具有浮动特性。插入块参照时对于对象的颜色、线型和线宽特性的处理有三种选择（表 6.3.1）。第一种选择是块中的对象不从当前设置中继承颜色、线型和线宽特性，不管当前设置如何，其块中对象的特性都不会改变，对于此选择建议为块定义中每个对象单独设置颜色、线型和线宽特性（即创建这些对象时不要使用 BYBLOCK 或 BYLAYER颜色、线型和线宽设置）。第二种选择是块中的对象仅继承指定给当前图层的颜色、线型和线宽特性，对于此选择在创建要包括在块定义中的对象之前可将当前图层设置为 0，将当前颜色、线型和线宽设置为 BYLAYER。第三种选择是对象继承已明确设置的当前颜色、线型和线宽特性，同样可以设置该特性以取代指定给当前图层的颜色、线型和线宽，如果未进行明确设置，则继承指定给当前图层的颜色、线型和线宽特性，对于此选择，在创建要包括在块定义中的对象之前将当前颜色或线型设置为 BYBLOCK。如果嵌套块参照及其所包含的对象使用浮动特性需要的设置，浮动特性也适用于嵌套块。

表 6.3.1　　控制块中的颜色和线型特性

如果希望块中的对象	在这些层上创建对象	创建具有这些特性的对象
保留原特性	除 0（零）外的任何值	除 BYBLOCK 或 BYLAYER 外的任何值
继承当前图层的特性	0（零）	BYLAYER
先继承单独的特性，然后继承图层特性	任何值	BYBLOCK

(17) 为全部新对象设置颜色的步骤。在“特性”工具栏中单击“颜色”控件。单击一种颜色，用它绘制所有的新对象，或单击“选择颜色”，显示“选择颜色”对话框并执行下列五种操作之一，即：在“索引”选项卡中单击一种颜色或者在“颜色”框中输入 ACI 颜色数（1～255）或名称，然后单击“确定”；在“真彩色”选项卡的“颜色模式”

选项中选择 HSL 颜色模式，在“颜色”框中输入颜色值以指定颜色，或在“色调”“饱和度”和“亮度”框中指定值，然后选择“确定”；在“配色系统”选项卡中，从“配色系统”框中选择配色系统，浏览配色系统（使用上下箭头）选择颜色，单击色块，然后选择“确定”；单击“BYLAYER”，使用指定给当前图层的颜色绘制新对象；单击“BYBLOCK”以当前颜色绘制新对象直到将对象编组到块中，在图形中插入块时块中的对象将采用当前的颜色设置。选择“确定”，“颜色”控件显示当前的颜色。其命令行为“COLOR”。

(18) 为全部新对象设置线型的步骤。从“格式”菜单中选择“线型”。要加载其他线型可选择“加载”，选择一个或多个线型，然后选择“确定”，可以按住 Ctrl 键选择多个线型，或者按住 Shift 键选择一个范围的线型。在线型管理器中执行下列三项操作之一，即：选择一个线型并选择“当前”，以该线型绘制所有的新对象；选择“BYLAYER”用指定给当前图层的线型绘制新对象；选择“BYBLOCK”用当前线型绘制新对象，直到将对象编组到块中，在图形中插入块时块中的对象将采用当前的线型设置。选择“确定”，“线型”控件显示当前的线型，如果要使用的线型已经加载，可以单击“线型”控件并单击该线型使其成为当前线型。其命令行为“LINETYPE”。

(19) 插入块。如图 6.3.65 所示，插入块时可确定块的位置、比例因子和旋转角度。可以使用不同的 X、Y 和 Z 值指定块参照的比例。插入块操作将创建一个称作块参照的对象，因为参照了存储在当前图形中的块定义。

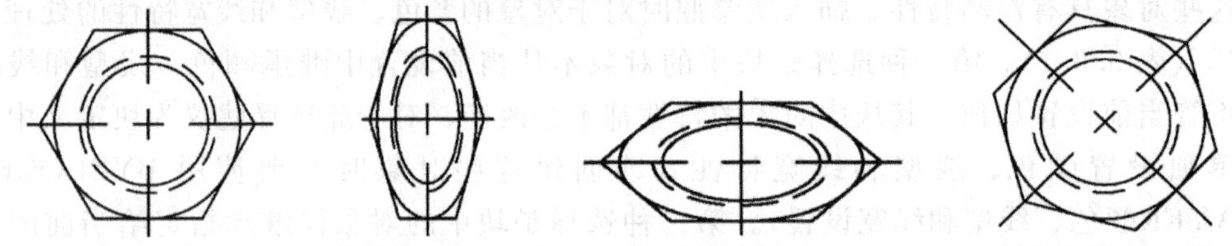

(a) 默认值　(b) X 缩放比例＝0.5、Y 缩放比例＝1　(c) X 缩放比例＝1、Y 缩放比例＝0.5　(d) 旋转角＝45°

图 6.3.65　插入块

(20) 作为块插入图形文件。将一个完整的图形文件插入到其他图形中时，AutoCAD 将把图形信息作为块定义复制到当前图形的块表中。后续插入参照具有不同位置、比例和旋转角度的块定义（图 6.3.66）。包含在插入图形中的外部参照可能不会正常显示，除非它已经插入或附着到目标图形中。

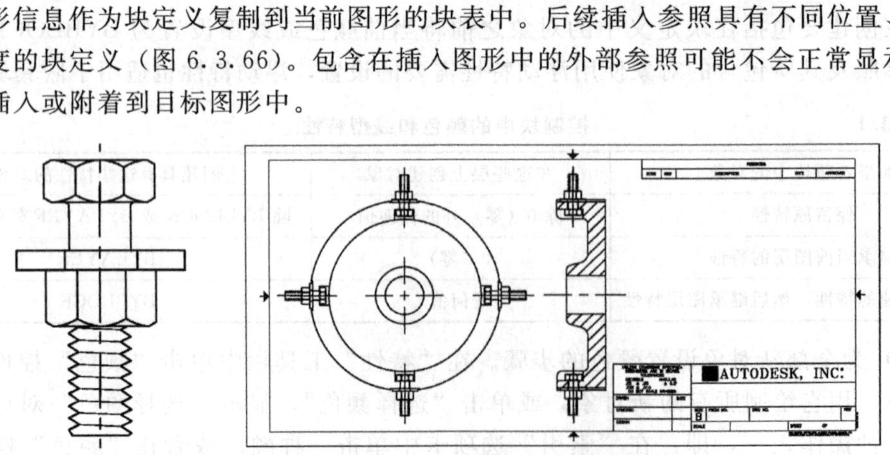

(a) 紧固件　(b) 紧固件的块参照

图 6.3.66　作为块插入图形文件

(21) 从块库中插入块。可以将一个或多个块定义从现有的图形文件插入到当前图形文件中。从块库图形中检索块时可选择此方法。块库图形包含具有类似功能的符号的块定义。为便于访问和管理，这些块定义全部存储在单个的图形文件中（图 6.3.67）。

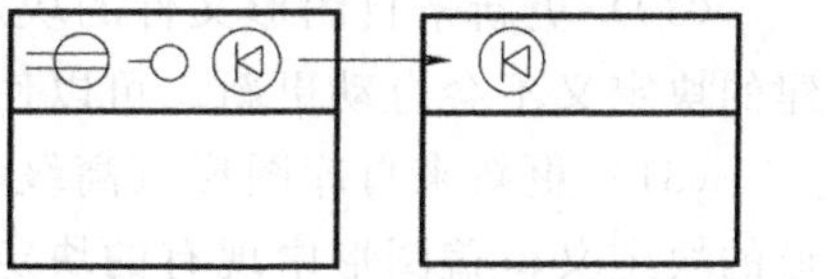

图 6.3.67 从块库图形中插入的块定义

(22) 间隔插入块。可以沿着选定的几何对象以一定间隔插入块。即使用 MEASURE 以等分间距插入块，或使用 DIVIDE，以成比例的间距（均匀间距）插入块。

(23) 使用设计中心插入块。使用设计中心从当前图形或其他图形中插入块，拖放块名以快速放置，双击块名以指定块的精确位置、旋转角度和比例。在使用其他命令的过程中不能向图形中添加块，每次只能插入或附着一个块。具体可参考本书前述“创建用作块的图形文件”“块的特点”“创建块库”“通过设计中心添加内容”“使用工具选项板插入块和图案填充”中的相关内容。

(24) 插入在当前图形中定义的块的步骤。从“插入”菜单中选择“块”。在“插入”对话框的“名称”框中，从块定义列表中选择名称。如果需要使用定点设备指定插入点、比例和旋转角度，可选择“在屏幕上指定”，否则可在“插入点”“缩放比例”和“旋转”框中分别输入值。如果要将块中的对象作为单独的对象而不是单个块插入，可选择“分解”。选择“确定”。其“插入”工具栏为，其命令行为“INSERT”。

(25) 通过拖放以块的形式插入图形文件的步骤。从 Windows 资源管理器或任一文件夹中将图形文件图标拖放到 AutoCAD 绘图区域，释放按钮时 AutoCAD 将提示指定插入点。指定插入点、缩放比例和旋转值。

(26) 使用设计中心插入块的步骤。从“工具”菜单中选择“设计中心”，显示“设计中心”窗口。执行下列两种操作之一列出要插入的内容，即：在设计中心工具栏上单击“树状图切换”，单击包含要插入图形的文件夹；单击显示在树状图中的图形文件的图标。执行下列两种操作之一插入内容，即：将图形文件或块拖放到当前图形中（如果以后要快速插入块并将此块移动或旋转到精确的位置可使用此选项）；双击要插入到当前图形中的图形文件或块（如果在插入块时要指定其确切的位置、旋转角度和比例可使用此选项，如果要从原来的源图形文件中更新图形中的块参照也可使用此选项）。其“标准”工具栏为，其命令行为“ADCENTER”。

(27) 修改块。可以修改已插入图形中的块定义或块参照。

(28) 修改块定义。可以在当前图形中重新定义块定义。重新定义块定义影响：在当前图形中已经和将要进行的块插入以及所有的关联属性。重新定义块定义有两种方法，即：在当前图形中修改块定义；修改源图形中的块定义并将其重新插入到当前图形中。选择哪种方法取决于是仅在当前图形中进行修改还是同时在源图形中进行修改。

(29) 在当前图形中修改块定义。要修改块定义可按下列步骤创建新的块定义，但要输入现有块定义的名称。此操作将替换现有的块定义，图形中所有对该块的参照也立即随之更新以反映新定义。要节省时间可以插入并分解原块的实例，然后在创建新的块定义的过程中使用结果对象。

(30) 更新来自图形文件的块定义。修改原图形时通过插入图形文件在当前图形中创建的块定义不会自动更新。可以使用 INSERT 更新来自图形文件的块定义。

(31) 更新来自库图形(高级)的块定义。AutoCAD DesignCenter. 不会使用其他图形的块定义覆盖图形中现有的块定义。要更新来自库图形的块定义可使用 WBLOCK 从库图形块中创建单独的图形文件，然后使用 INSERT 覆盖使用该块的图形中的块定义。需要强调的是，使用 INSERT 时块定义被分离，使用剪贴板将显示在“块定义”对话框中的块说明从一个块定义复制并粘贴到另一块定义。

(32) 修改块说明。要修改设计中心的块定义说明可使用 BLOCK。也可以在“块定义”对话框中将说明添加给任意数量的现有块。

(33) 重定义块属性。在定义或重定义块时可以将属性附着到块上。当 AutoCAD 提示选择要包含在块定义中的对象时，可将所需的属性添加到选择集中。重定义块定义的属性对先前插入的块参照有以下三方面影响，即：具有固定值的固定属性丢失，并可以被任何新的固定属性替换；即使新的块定义中没有属性设置，原来的可变属性也将保持不变；新属性不显示在现有的块参照中。具体可参考本书前述“将数据附着到块上(块属性)”中的相关内容。

(34) 修改现有块定义的步骤。选定要修改的块。在块上单击右键，然后单击快捷菜单上的“特性”。在“特性”选项板中选择并修改 X 和 Y 位置、比例、旋转值或其他特性。其命令行为“PROPERTIES”。

(35) 更新来自图形文件的块定义的步骤。在“工具”菜单上单击“设计中心”。在树状图中单击包含该块原来所在图形文件的文件夹。在内容区域(右侧)右键单击该图形文件。在快捷菜单上单击“插入为块”。在“插入”对话框中单击“确定”。在警告框中单击“是”覆盖现有的块定义。按 Esc 键退出命令。

(36) 修改块说明的步骤。从“修改”菜单中选择“对象” ➤ “块说明”。在“块定义”对话框的“名称”列表下选择要修改其说明的块。在“说明”框中输入或修改块的说明。选择“确定”。信息框显示警告“已定义块名。是否要重定义?”，选择“是”重定义块。其命令行为“BLOCK”。

(37) 修改块属性。可以使用块属性管理器修改块定义中的属性，如可以修改下列三类项目，即：在“特性”中定义如何将值指定给属性，以及指定的值在绘图区域是否可见；在“特性”中定义属性文字如何在图形中显示；在“特性”中定义属性所在的图层和属性行的颜色、宽度及类型。默认情况下，所做的属性更改将应用到当前图形中现有的所有块参照。更改现有块参照的属性特性不会影响指定给这些块的值，如在包含标记为 Cost、值为 19.99 的属性的块中如果将标记由 Cost 更改为 UnitCost 并不会影响 19.99 值。使用重复标记名更新属性将导致不可预料的结果，使用块属性管理器查找重复标记并更改标记名。如果固定属性或嵌套属性块受到所做更改的影响，可使用 REGEN 在绘图区域中更新这些块的显示。

(38) 更改属性值的提示顺序。定义块时选择属性的顺序决定了在插入块时提示属性信息的顺序。可以使用块属性管理器更改属性值的提示顺序。

(39) 删除块属性。可以从块定义和当前图形现有的块参照中删除属性。当使用 RE-

GEN 重新生成该图形，从现有块参照中删除的属性才会在绘图区域中消失。不能从块中删除所有属性，必须至少保留一个属性。如果需要删除所有属性则需要重定义块。

(40) 更新块参照。使用对块定义所做的更改可以在当前图形的所有块参照中更新属性。例如，用户可能使用块属性管理器修改了图形中几个块定义的属性特性，但却选择了在更改时不自动更新现有块定义的选项，现在如果对所做的属性更改感到满意，则可以将这些更改应用到当前图形中的所有块。还可以使用 ATTSYNC 更新块参照中的属性特性以便和块定义相匹配。更新块参照中的属性特性不会影响已指定给那些属性的任何值。

(41) 编辑块参照中的属性。可以使用增强属性编辑器修改块参照中的属性特性和值。如可以修改决定块中属性文字显示方式的选项，也可以修改设置图层、颜色、线宽或属性打印样式的特性。具体可参考本书“定义块属性”“修改块定义”中的相关内容。

(42) 编辑为块定义指定的属性的步骤。从“修改”菜单中选择“对象”➤“属性”➤“块属性管理器”。在“块属性管理器”中从“块”列表中选择一个块，或者选择“选择块”并在绘图区域中选择一个块。在属性列表中双击要编辑的属性，或者选择该属性并选择“编辑”。在“编辑属性”对话框中进行所需的修改，然后选择“确定”。其“修改Ⅱ”工具栏为，其命令行为“BATTMAN”。

(43) 指定是否将修改应用于现有块参照的步骤。从“修改”菜单中选择“对象”➤“属性”➤“块属性管理器”。在“块属性管理器”中选择“设置”。在“设置”对话框中执行下列两种操作之一，即：要将修改应用于现有块，参照选择“将修改应用到现有参照”选项；要将修改仅应用于新的插入块应清除“将修改应用到现有参照”选项。选择“确定”。其“修改Ⅱ”工具栏为，其命令行为“BATTMAN”。

(44) 在块中亮显重复属性标记的步骤。从“修改”菜单中选择“对象”➤“属性”➤“块属性管理器”。在“块属性管理器”中选择“设置”。在“设置”对话框中选择“突出显示重复的标记”。选择“确定”。其“修改Ⅱ”工具栏为，其命令行为“BATTMAN”。

(45) 更改属性值的提示顺序的步骤。从“修改”菜单中选择“对象”➤“属性”➤“块属性管理器”。在“块属性管理器”中从“块”列表中选择一个块，或者选择“选择块”并在绘图区域中选择一个块，对于选定的块属性将按提示顺序列出。要将提示顺序中的某个属性向上移动可选择该属性，然后选择“上移”；要将提示顺序中的某个属性向下移动可选择属性，然后选择“下移”。需要强调的是，“上移”和“下移”按钮不能用于含有常量值（Mode=C）的属性。其“修改Ⅱ”工具栏为，其命令行为“BATTMAN”。

(46) 从一个块定义和所有块参照中删除属性的步骤。从“修改”菜单中选择“对象”➤“属性”➤“块属性管理器”。在“块属性管理器”中从“块”列表中选择一个块，或者选择“选择块”并在绘图区域中选择一个块。如果不想从现有块实例中删除属性可选择“设置”，在“设置”对话框中清除“将修改应用到现有参照”。在“块属性管理器”中从属性列表中选择属性，然后选择“删除”。当使用 REGEN 重生成该图形时，从现有块实例中删除的属性才会消失（可选）。其“修改Ⅱ”工具栏为，其命令行为“BATTMAN”。

(47) 通过已修改的属性更新现有块参照的步骤。从“修改”菜单中选择“对象”➤“属性”➤“块属性管理器”。在“块属性管理器”中从“块”列表中选择一个块；或者选择“选择块”并在绘图区域中选择一个块，选择“同步”，在所有块参照中根据对选定块所做的修改进行属性更新。其“修改Ⅱ”工具栏为，其命令行为“BATTMAN”。

(48) 为选定的块定义更新块参照中的属性的步骤。在“修改Ⅱ”工具栏上选择“同步属性”。按照提示执行下列三种操作之一，即：输入 name，然后输入要更新其块参照的块的名称；输入?，查看块列表，然后输入 name，再输入块名；按 Enter 键，然后使用定点设备在绘图区域中选择一个块。如果指定了一个不存在的块，或者存在的块不包含属性，则屏幕上会显示错误信息。其“修改Ⅱ”工具栏为，其命令行为“ATTSYNC”。

(49) 替换。从“修改”菜单中选择“对象”➤“属性”➤“单个”。在绘图区域中选择要编辑的块。在增强属性编辑器中选择要编辑的属性，可以修改属性值或者选择另一选项卡并编辑其他属性特性。修改属性然后执行下列三种操作之一，即：选择“应用”保存所做的修改，增强属性编辑器依然打开（如果以后选择“取消”退出增强属性编辑器，选择“应用”之前所做的修改依然有效）；选择“确定”保存修改并关闭增强属性编辑器；选择“选择块”编辑其他块的属性（如果对当前块进行了修改但没有保存，则在选择一个新块之前系统会提示保存修改）。其“修改Ⅱ”工具栏为，其命令行为“EATTEDIT”。

(50) 修改块中的颜色和线型。仅当块中的对象具有浮动特性时才可以修改此块中对象的颜色和线型，包含具有浮动特性的对象的块继承其插入图层的颜色和线型。根据块中对象的创建方式，块也可以继承用户为覆盖图层设置而设定的当前显式颜色和线型特性。如果创建块时没有使用具有浮动颜色和线型特性的对象，则修改这些特性的唯一方法是重定义块。具体可参考本书“控制块中的颜色和线型特性”中的相关内容。

(51) 更改对象图层的步骤。选择要更改其图层的对象。在“图层”工具栏上单击“图层”控件。选择要指定给对象的图层。其命令行为“LAYER”。

(52) 更改指定给图层的颜色的步骤。在“图层”工具栏上单击“图层特性管理器”按钮。在图层特性管理器中单击要更改的颜色。在“选择颜色”对话框中执行下列三种操作之一，即：在“索引”选项卡中单击一种颜色，或者在“颜色”框中输入 ACI 颜色数（1～255）或名称，然后单击“确定”；在“真彩色”选项卡的“颜色模式”选项中选择 HSL 颜色模式，并在“颜色”框中输入颜色值以指定颜色（或在“色调”“饱和度”和“亮度”框中指定值），然后单击“确定”；在“配色系统”选项卡中，从“配色系统”框中选择配色系统，浏览配色系统（使用上下箭头）选择颜色，单击色块然后单击“确定”。单击“确定”。其“图层”工具栏为，其命令行为“LAYER”。

(53) 改变对象颜色并替代图层颜色的步骤。在“标准”工具栏上单击“特性”，选择要更改其颜色的对象。在“特性”选项板中选择“颜色”，一个箭头显示在右侧列中。单击该箭头并从列表中选择一种颜色。其“标准”工具栏为，其命令行为“PROPERTIES”。

(54) 更改指定给图层的线型的步骤。在“图层”工具栏上单击“图层特性管理器”按钮。在“图层特性管理器”中单击“加载”并单击要加载的一种或多种线型，然后选择

"确定"，可以按住 Ctrl 键选择多个线型，或者按住 Shift 键选择一个范围的线型。从列表中选择图层，然后选择"详细信息"以展开对话框。从"线型"列表中选择线型。选择"确定"关闭对话框。可以从"格式"菜单中选择"图层"，打开图层特性管理器。其"图层"工具栏为，其命令行为"LAYER"。

(55) 更改对象线型并替代图层线型的步骤。选择要更改其线型的对象。在"特性"工具栏中单击"线型"控件，选择要指定给对象的线型。其命令行为"LINETYPE"。

(56) 修改现有块定义的步骤。选定要修改的块。在块上单击右键，然后单击快捷菜单上的"特性"。在"特性"选项板中选择并修改 X 和 Y 位置、比例、旋转值或其他特性。其命令行为"PROPERTIES"。

(57) 分解块参照（分解）。如果需要在一个块中单独修改一个或多个对象，则可以将块定义分解为它的组成对象。修改之后可以创建新的块定义，可重定义现有的块定义，可保留组成对象不组合以供他用。通过选择"插入"对话框中的"分解"选项，可以在插入时自动分解块参照。

(58) 分解块参照的步骤。从"修改"菜单中选择"分解"。选择要分解的块并按 Enter 键。块参照已分解为其组成对象，但块定义仍存在于图形中供以后插入。其"修改"工具栏为，其命令行为"EXPLODE"。

(59) 为当前图形定义块的步骤。创建要在块定义中使用的对象。从"绘图"菜单中选择"块"➤"创建"。在"块定义"对话框中的"名称"框中输入块名。在"对象"下选择"转换为块"，如果需要在图形中保留用于创建块定义的原对象可确保未选中"删除"选项（如果选择了该选项将从图形中删除原对象），如果必要可使用 OOPS 恢复它们。选择"选择对象"。可使用定点设备选择要包括在块定义中的对象，按 Enter 键完成对象选择。在"块定义"对话框的"基点"下使用下列两种方法之一指定块插入点，即：选择"拾取点"，使用定点设备指定一个点；输入该点的（X，Y，Z）坐标。在"说明"框中输入块定义的说明，此说明显示在设计中心（ADCENTER）中。选择"确定"，在当前图形中定义块可以将其随时插入。其"绘图"工具栏为，其命令行为"BLOCK"。

(60) 修改现有块定义的步骤。选定要修改的块。在块上单击右键，然后单击快捷菜单上的"特性"。在"特性"选项板中选择并修改 X 和 Y 位置、比例、旋转值或其他特性。其命令行为"PROPERTIES"。

(61) 将数据附着到块上（块属性）。可以将信息附着到块上，以后还可以从块上提取附着的信息，以创建材质明细表或其他报表。

(62) 块属性的特点。属性是将数据附着到块上的标签或标记。属性中可能包含的数据包括零件编号、价格、注释和物主的名称等。标记相当于数据库表中的列名。图 6.3.68 显示了类型、制造商、型号和价格的标记。从图形中提取的属性信息可用于电子表格或数据库，以生成零件列表或材质清单，一个块可以与多个属性相关联（只要这些属性的标记各不相同）。插入带有变量属性的块时 AutoCAD 将提示用户输入要与块一起存储的数据，如果块只有固定属性（其值不改变的属性），则插入块时 AutoCAD 将不提示输入属性值。属性也可以"不可见"，不可见属性不能显示和打印，但其属性信息存储在图形文件中，且可以写入提取文件供数据库程序使用。

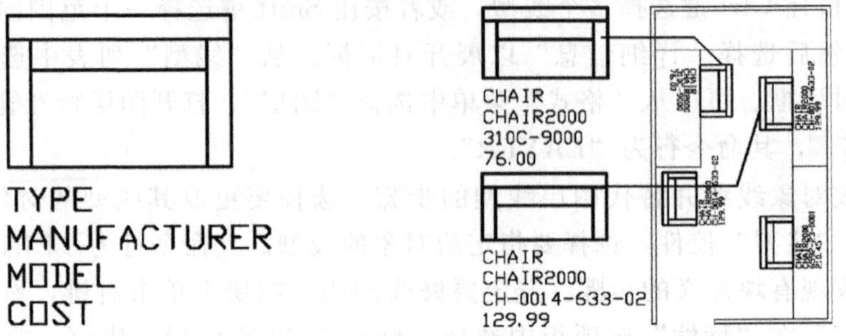

(a) 属性定义　　(b) 带属性的块

图 6.3.68 块属性的特点

(63) 定义块属性。要创建属性应首先创建描述属性特征的属性定义，特征包括标记(标识属性的名称)、插入块时显示的提示、值的信息、文字格式、位置和任何可选模式(不可见、固定、验证和预置)。创建属性定义之后在定义块时将它选为对象。然后，只要插入此块，AutoCAD 就会使用指定的文字提示用户输入属性。对于每个新的插入块可以为属性指定不同的值。要同时使用几个属性，可先定义这些属性，然后将它们包括在同一个块中。如可以定义带有“零件”“材质”和“厚度”标记的属性，然后将它们包括在名为 PARTS_DATA 的块中。如果计划提取属性信息在零件列表中使用可能需要保留所创建的属性标记列表，以后创建属性样板文件时将需要此标记信息。

(64) 纠正块属性定义中的错误。如果产生错误，在属性定义与块关联之前可以使用“特性”选项板或 DDEDIT 命令编辑它，如图 6.3.68 (a) 所示。可以改变标记、提示和默认值。

(65) 将属性附着到块上。在定义或重定义块时可以将属性附着到块上，当 AutoCAD 提示选择要包含到块定义中的对象时，可将要附着到块的所有属性包含到选择集中。要将几个属性附着到同一个块中可先定义属性，然后将它们包括在块定义中，选择属性的顺序决定插入块时提示属性信息的顺序。通常，属性提示顺序与创建块时选择属性的顺序相同，但如果使用交叉选择或窗口选择选择属性，则提示顺序与创建属性的顺序相反。选择顺序也取决于对象排序方式设置，如果计划使用交叉选择或窗口选择，可确保“选项”对话框（OPTIONS）中“用户系统配置”选项卡上的对象排序方式设置为对象选择。

(66) 使用属性而不将其附着到块中。也可以创建独立属性。定义属性并保存图形后即可将此图形文件插入到另一图形中。插入图形时 AutoCAD 将提示输入属性值。

(67) 创建属性定义的步骤。从“绘图”菜单中选择“块”➤“定义属性”。在“属性定义”对话框中，设置属性模式并输入标记信息、位置和文字选项。选择“确定”。创建属性定义后可以在创建块定义时将其选为对象，如果已经将属性定义合并到块中，那么只要插入块 AutoCAD，就会使用指定的文字字符串提示用户输入属性，该块的每个后续参照可以使用为该属性指定的不同的值。其命令行为“ATTDEF”。

(68) 将属性定义与块相关联之前对其进行编辑的步骤。从“修改”菜单中选择“对象”➤“文字”。选择要编辑的属性。在“编辑属性定义”对话框中指定属性标记、提示和默认值，然后选择“确定”。其命令行为“DDEDIT”。

（69）从块属性提取数据。使用“增强属性提取”功能可以查询图形的块属性信息并将其保存到外部文件中。可以按下列格式进行保存，即逗号分隔 ASCⅡ文本格式、制表符分隔 ASCⅡ文本格式、Microsoft Excel 或 Access 文件格式（如果系统中已安装了相应的应用程序）。使用“增强属性提取”功能可以方便地直接从图形数据中生产材质明细表，如简图中可能包含表示办公设备的块，如果每个块都有标识设备型号和制造商的属性，则可以生成一个对办公设备进行估价的报表。属性提取向导将引导用户完成选择图形、块和块属性的全过程。

（70）输出块属性的步骤。在“工具”菜单上选择“属性提取”。在属性提取向导的“选择图形”页面上，使用下列三种方法之一指定要从中提取信息的块的集合，完成后选择“下一步”。第一种方法是在当前图形中创建一个块选择集，即选择“选择对象”选项，在绘图区域中选择所需块时选择“选择对象”按钮，临时关闭向导，按 Enter 键完成选择并返回到属性提取向导；第二种方法是选择当前图形中的所有块，即选择“当前图形”；第三种方法是选择一个或多个图形文件中的所有块，即选择“选择图形”选项，然后选择[...] 按钮，显示“选择文件”对话框，从中查找所需的图形文件。在“设置”页面上执行下列两个步骤之一然后选择“下一步”，即：如果要从所选图形参照的外部文件中提取块属性，可选择“包括外部参照”；如果要从其他块内的嵌套块中提取属性，可选择“包括嵌套块”。在“使用样板”页面上执行下列两个步骤之一，然后选择“下一步”，即：如果不想从保存的样板文件中恢复向导中的设置，可选择“无样板”；要从样板中恢复向导中的设置，可选择“使用样板”，然后选择“使用样板”显示“打开”对话框从中查找样板文件（样板文件带有 .blk 扩展名）。在“选择属性”页面的“块”列表中选择包含要提取属性的块，在“属性”列表中选择要提取的属性，要指定块或属性的别名可使用相应的列输入别名，然后选择“下一步”。在“视图输出”页面上验证列表中显示的块和属性是要提取的那些块和属性，然后选择“下一步”。要将当前块属性提取设置保存为样板文件可在“保存样板”页面上选择“保存样板”，然后选择“下一步”。在“输出”页面的“文件名”区域中为要输出的文件（包含提取的属性信息）输入名称，也可以使用 [...] 按钮浏览所需文件，从“文件类型”列表中选择文件格式。选择“完成”，将提取的块属性信息输出到指定文件中。其“修改Ⅱ”工具栏为，其命令行为“EATTEXT”。

（71）提取块属性数据（高级）。可以从图形中提取属性信息，创建单独的文本文件供数据库软件使用。此功能用于使用已经输入图形数据库中的信息创建部件列表。提取属性信息不会对图形产生影响。创建部件列表的步骤依次为：创建和编辑属性定义；插入块时输入属性值；创建样板文件，然后将属性信息提取到文本文件中。要提取属性信息可先使用任意一种文本处理器创建一个属性样板文件，然后使用 AutoCAD 生成属性提取文件，最后在数据库应用程序中打开属性提取文件。要将属性信息提取到 DXF（图形交换格式）文件中，则不必先创建属性样板文件。需要强调的是，应确保属性提取文件的名称与属性样板文件的名称不同。

（72）创建属性提取样板文件。在提取属性信息之前必须创建一个 ASCII 样板文件，以定义将包含提取的属性信息的文件的结构。样板文件包含有关与要提取的信息关联的标记名、数据类型、字段长度和小数位数的信息。样板文件中的每个字段都从图形中的块参照提取信息。样板文件中的每行指定一个写入属性提取文件中的字段，包括字段名称、字符宽度和数值精度。属性提取文件中的每条记录都包含所有指定字段，这些字段按样板文件给定的顺序排列。下列样板文件包含以下可能的字段，即 BL：NAMECwww000（块名）、BL：LEVELNwww000（块嵌套层数）、BL：XNwwwddd（块插入点的 X 坐标）、BL：YNwwwddd（块插入点的 Y 坐标）、BL：ZNwwwddd（块插入点的 Z 坐标）、BL：NUMBERNwww000（块计数器，与 MINSERT 相同）、BL：HANDLECwww000（块句柄，与 MINSERT 相同）、BL：LAYERCwww000（块插入图层名）、BL：ORIENTNwwwddd（块旋转角度）、BL：XSCALENwwwddd（X 比例因子）、BL：YSCALENwwwddd（Y 比例因子）、BL：ZSCALENwwwddd（Z 比例因子）、BL：XEXTRUDENwwwddd（块拉伸方向的 X 分量）、BL：YEXTRUDENwwwddd（块拉伸方向的 Y 分量）、BL：ZEXTRUDENwwwddd（块拉伸方向的 Z 分量）、numericNwwwddd（数值属性标记）、characterCwww000（字符属性标记）。其中，N 表示数值，C 表示字符，www 表示字段的总宽度是 3 位数字，ddd 表示 3 位数字，代表在小数点右侧显示的小数位数。样板文件可以包含列出的任意或所有 BL：xxxxxxx 字段名，但必须至少包含一个属性标记字段。属性标记字段确定属性提取文件中包含哪个属性和哪个块。如果块包含部分（而不是全部）指定属性，缺少的属性值将用空格或零填充，这取决于字段是字符字段还是数值字段。属性样板文件中不应包含注释。图 6.3.68（a）和表 6.3.2 显示了用户可能会提取的信息类型的示例，包括块名、制造商、型号和价格。可以创建任意数量的样板文件，这取决于如何使用数据。样板文件的每行指定一个要写入属性提取文件的字段。可遵守下列三条附加原则，即：属性标记、字符或数字数据之间必须留有空格，应使用 SPACEBAR 键而不要使用 TAB 键输入空格；在每行（包括最后一行）结束时按 ENTER 键；每个属性提取样板文件必须包含至少一个属性标记字段，但是相同字段在同一文件中只能出现一次。BL：NAMEC008000（块名，8 个字符）、BL：XN007001（X 坐标，格式 nnnnnn. d）、BL：YN007001（Y 坐标，格式 nnnnnn. d）、SUPPLIERC016000（制造商名称，16 个字符）、MODELC009000（型号编号，9 个字符）、PRICEN009002（单价，格式 nnnnnnn. dd）就是一个典型的示例样板文件。需要强调的是，在数值字段的格式代码中字段总宽度包含小数点，如容纳数值 249.95 的字段的最小宽度是 6，被表示为 N006002，字符字段不使用格式代码的最后三位数字。

表 6.3.2　　用户可能会提取的信息类型

字　段	块名	制造商	模型	价格
字符（C）或数值数据（N）	C	C	C	N
最大字段长度	040	006	015	006
小数位数	000	000	000	002

（73）创建属性提取文件。创建样板文件之后可以使用下列三种格式之一提取属性信息，即：逗号分隔格式（CDF）、空格分隔格式（SDF）、图形交换格式（DXF）。CDF 格式生成一个文件，其中包含的记录与图形中的块参照一一对应，每个记录中的字段用逗号分隔，字符字段用单引号括起来，某些数据库应用程序可以直接读取这种格式。SDF 格

式也生成一个文件，其中包含的记录与图形中的块参照一一对应，每个记录中的字段宽度固定，不需要字段分隔符或字符串分隔符，“dBASEIII 复制…SDF”操作也生成 SDI 格式的文件，“附加自…SDF”操作可以读取 dBASEIV 格式的文件，使用 FORTRAN 编写的用户程序可以轻松地处理这种文件。DXF 生成图形交换格式的子集，其中只包括块参照、属性和序列结束对象，此选项不要求属性提取样板，文件扩展名 .dxx 将 DXF 格式的提取文件与普通 DXF 文件区分开。

(74) 使用属性提取文件。属性提取文件列出用户在样板文件中指定的属性标记的值和其他信息。如果使用示例样板指定了 CDF 格式则输出如下所示，即'DESK'，120.0，49.5，'ACMEINDUST.'，'51.793W'，379.95'CHAIR'，122.0，47.0，'ACMEINDUST.'，'34.902A'，199.95'DESK'，−77.2，40.0，'TOPDRAWERINC.'，'X-52.44'，249.95。默认情况下，字符字段用单引号括起来。默认的字段分隔符是逗号。可以使用下列两个样板记录替代这些默认值，即 C：QUOTEc（字符串分隔符）或 C：DELIMc（字段分隔符）。C：QUOTE 或 C：DELIM 字段名后面的第一个非空字符为各自的分隔字符，例如，如果要使用双引号括起字符串，可在属性提取样板文件中包含下面一行 C：QUOTE，不能将引号分隔符设置为可以在字符字段中出现的字符。同样，也不能将字段分隔符设置为可以在数值字段中出现的字符。如果使用示例样板指定了 SDF 格式，则文件类似于表 6.3.3。字段顺序对应于样板文件中的字段顺序，可以在其他应用程序（如电子表格）中使用这些文件，也可以根据需要排序或操作数据，例如，可以在 Microsoft Excel 中打开属性提取文件，还可以在其中为每个字段指定单独的列。有关如何使用其他应用程序的数据详细信息可参考电子表格程序的文档。如果在记事本或其他 Windows 文本处理器中打开文件，则可以将这些信息作为文本粘贴到图形中。

表 6.3.3　　示例样板的 SDF 格式文件

(名称)	(X)	(Y)	(供应商)	(型号)	(价格)
桌子	120.0	49.5	ACMEINDUST.	51.793W	379.95
椅子	122.0	47.0	ACMEINDUST.	34.902A	199.95
桌子	−77.2	40.0	TOPDRAWERINC.	X-52.44	249.95

(75) 嵌套块。样板文件中的 BL：LEVEL 行报告块参照的嵌套层数。图形中插入的块的嵌套层数是 1，如果一个块参照是另一个块的一部分（嵌套在其中），则它的嵌套层数是 2，以此类推。对于嵌套的块参照（X，Y，Z）坐标值、比例因子、拉伸方向和旋转角度，反映了世界坐标系中的嵌套块的实际位置、大小、方向和旋转。在某些复杂的情况下用两个比例因子和一个旋转角度不能正确表示嵌套块参照，例如，如果在三维中间旋转嵌套块，在这种情况下提取的文件记录中的比例因子和旋转角度被设置为零。

(76) 错误处理。如果字段宽度小于数据长度，数据将被截断并显示以下消息，即 * * 记录＜记录号＞中字段溢出。例如，如果 BL：NAME 字段的宽度为 8 位字符，而图形中的块名为 10 个字符长，就会发生这种情况。

(77) 创建属性提取样板文件的步骤。启动记事本，可以使用任何可以将文本文件保存为 ASCII 格式的文本编辑器和字处理器。在记事本中输入样板信息，关于格式的详细信息可参考本书前述“提取块属性数据（高级）”。使用扩展名.txt保存文件。要提取有关特定标记的数据可在“数值”或“字符”字段中插入标记名称。需要强调的是，在使用字处理器构造样板文件时不要使用制表符，如果使用制表符对齐将不能创建属性信息文件，要对齐列可按Spacebar键以插入普通空格，使用制表符可能会导致对齐矛盾。

(78) 提取属性信息的步骤。在命令提示下输入attext。在“属性提取”对话框中指定相应的文件格式CDF、SDF或DXF。选择“选择对象”指定要提取属性的对象，可以在图形中选择单个块或多个块。输入文件名或者选择“样板文件”，并浏览以指定属性样板文件。输入文件名或者选择“输出文件”，并浏览以指定输出属性信息文件。选择“确定”。其命令行为“ATTEXT”。

(79) 删除块定义。要减少图形尺寸可以删除未使用的块定义。通过擦除可以从图形中删除块参照，但块定义仍保留在图形的块定义表中。要删除未使用的块定义并减小图形尺寸，可在绘图过程中使用PURGE命令。在清理块定义之前必须先删除块的全部参照。具体可参考本书前述“块的特点”中的相关内容。

(80) 删除块定义的步骤。从“文件”菜单中选择“绘图实用程序”➤“清理”，“清理”对话框显示可以清理的命名对象的树状图。要清理块可使用下列两种方法之一，即：要清理所有未参照的块可选择“块”，要包含嵌套块可选择“清理嵌套项目”；要清理特定块可双击“块”展开“块”树状图、选择要清理的块，如果要清理的项目没有列出可选择“查看不能清理的项目”。系统将提示用户确认列表中的每个项目，如果不想确认每个清理项目，可清除“确认要清理的每个项目”选项。选择“清理”，要确认是否清理每个项目可选择“是”“否”或“全部”（如果选定了多个项目）以响应计算机的提示。选择要清理的其他项目或者选择“关闭”。其命令行为“PURGE”。

6.3.7　创建修订云线

在检查或用红线圈阅图形时可以使用修订云线功能亮显标记，以提高工作效率。REVCLOUD用于创建由连续圆弧组成的多段线以构成云线形对象。可以从头开始创建修订云线，也可以将闭合对象（如圆、椭圆、闭合多段线或闭合样条曲线）转换为修订云线。将闭合对象转换为修订云线时，如果DELOBJ设置为1（默认值），原始对象将被删除。可以为修订云线的弧长设置默认的最小值和最大值。如图6.3.69所示，绘制修订云线时可以使用拾取点选择较短的弧线段来更改圆弧的大小，也可以通过调整拾取点来编辑修订云线的单个弧长和弦长。REVCLOUD用于存储上一次使用的圆弧长度作为多个DIMSCALE系统变量的值，这样就可以统一使用不同比例因子的图形。在执行此命令之前可确保能够看见要使用REVCLOUD添加轮廓的整个区域。REVCLOUD不支持透明及实时平移和缩放。

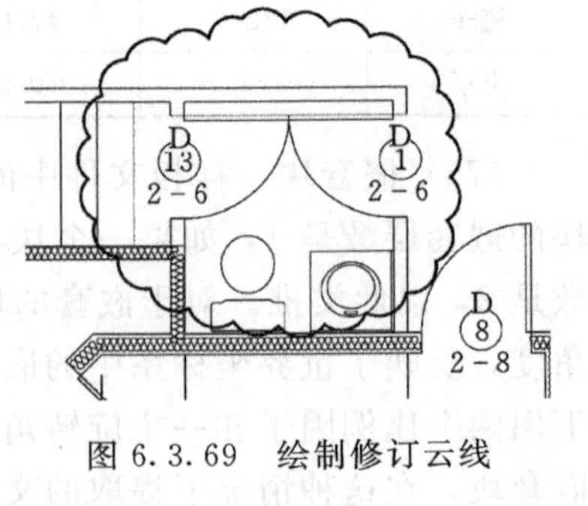

图 6.3.69　绘制修订云线

(1) 从头开始创建修订云线的步骤。在“绘图”菜单中单击“修订云线”。根据提示指定新的最大和最小弧长或者指定修订云线的起点，默认的弧长最小值和最大值设置为

0.5000 个单位，弧长的最大值不能超过最小值的三倍。沿着云线路径移动十字光标，要更改圆弧的大小可以沿着路径单击拾取点。可以随时按 Enter 键停止绘制修订云线。要闭合修订云线可返回到它的起点。其“绘图”工具栏为，其命令行为“REVCLOUD”。

(2) 将闭合对象转换为修订云线的步骤。在“绘图”菜单中单击“修订云线”。根据提示指定新的弧长最大值和最小值，或者按 Enter 键，默认的弧长最小值和最大值设置为 0.5000 个单位，弧长的最大值不能超过最小值的 3 倍。指定要转换为修订云线的圆、椭圆、闭合多段线或闭合样条曲线，要反转圆弧的方向可在命令行上输入 yes 并按 Enter 键。按 Enter 键将选定对象转换为修订云线。其“绘图”工具栏为，其命令行为“REVCLOUD”。

(3) 更改修订云线中弧长默认值的步骤。在“绘图”菜单中，单击“修订云线”。在命令提示下指定新的弧长最小值并按 Enter 键。在命令提示下指定新的弧长最大值并按 Enter 键，弧长的最大值不能超过最小值的三倍。按 Enter 键继续该命令，或者按 Esc 键结束命令。其“绘图”工具栏为，其命令行为“REVCLOUD”。

(4) 编辑修订云线中单个弧长或弦长的步骤。在图形中选择要编辑的修订云线。沿着修订云线的路径移动拾取点，更改弧长和弦长。

6.4　修改 AutoCAD 中的现有对象

AutoCAD 提供了两种编辑方式，既可以先启动命令然后选择要编辑的对象，也可以先选择对象然后启动命令。双击对象显示“特性”选项板，在某些情况下将显示一个特定于该类对象的对话框。应学会如何选择对象、查看和编辑对象特性以及如何执行一般的和针对特定对象的编辑操作。

6.4.1　选择对象

选择对象进行编辑时用户可以从多种选项中选择。

(1) 逐个选择对象。出现“选择对象”提示时，用户可以逐个选择一个或多个对象，选定的对象将亮显。也可以从选择的对象中删除对象。

(2) 使用拾取框光标。通过使用定点设备单击选择对象。此矩形拾取框光标必须与对象上的某一部分接触。如要选择圆，需要在圆周上单击，而不是在圆内部的某个位置单击。可以在“选项”对话框“选择”选项卡中控制拾取框的大小。

(3) 选择彼此接近的对象。选择彼此接近或重叠的对象通常是很困难的。图 6.4.1 显示了两条直线和一个圆在选择拾取框中重叠的情况。可以按下 Ctrl 键并循环单击这些对象，直到所需对象亮显为止。按 Esc 键关闭循环。

(4) 从选择的对象中删除对象。按住 Shift 键并再次选择对象可以将其从当前选择集中删除。可以无限制地在选择集中添加和删除对象。

(5) 选择单个对象的步骤。在任何命令的“选择对象”提示下移动矩形拾取框光标，使其接触要选择的对象。单击对象，选定的对象将亮显。按 Enter 键结束对象选择。需要强调的是，如果将 PICKFIRST 系统变量设置为 1（先选择后执行），则可以先输入命令然

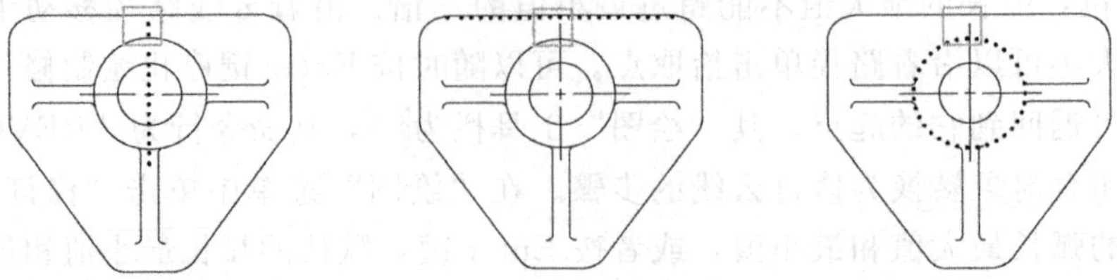

(a) 第一个选定的对象　(b) 第二个选定的对象　(c) 第三个选定的对象

图 6.4.1 两条直线和一个圆在选择拾取框中重叠的情况

后再选择对象。

(6) 更改拾取框光标大小的步骤。从“工具”菜单中选择“选项”，然后选择“选择”选项卡。在“拾取框大小”下移动拾取框尺寸滑动条至所需尺寸。选择“确定”。其命令行为“DSETTINGS”。

(7) 循环选择对象的步骤。在“选择对象”提示下按下 Ctrl 键并在尽可能接近要选择对象的地方单击。连续单击直到所需的对象亮显。按 Enter 键选择对象。

(8) 从选择的对象中删除对象的步骤。按下 Shift 键并单击要从选择集中删除的对象。

(9) 选择多个对象。出现“选择对象”提示时可以同时选择多个对象。如可以指定一个矩形区域以选择其中的所有对象，或指定一个选择栏以选择所经过的所有对象。

(10) 指定矩形选择区域。可以通过指定对角点定义矩形区域来选择对象。如图 6.4.2 所示，指定第一个角点之后既可以从左到右拖动光标创建封闭的窗口选择（仅选择完全包含在矩形窗口中的对象），也可以从右到左拖动光标创建交叉选择（选择包含于或经过矩形窗口的对象）。使用“窗口选择”选择对象时通常整个对象都要包含在窗口选择框中，但如果含有非连续（虚线）线型的对象在视口中仅部分可见，且此线型的所有可见矢量封闭在选择窗口内，则选定整个对象。

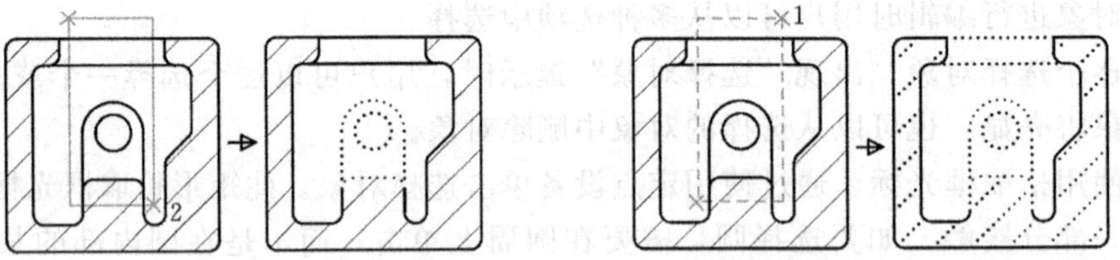

(a) 使用交叉选择框选定的对象　(b) 使用窗口选择框选定的对象

图 6.4.2 指定矩形选择区域

(11) 指定不规则形状的选择区域。可以通过指定若干点定义不规则形状的区域来选择对象。如图 6.4.3 所示，使用窗口多边形选择来选择完全封闭在选择区域中的对象。使用交叉窗口多边形选择可以选择完全包含于或经过选择区域的对象。

(12) 指定选择栏。使用选择栏可以很容易地选择复杂图形中的对象。选择栏看起来像多段线，仅选择它经过的对象；它并非通过封闭对象来选择它们。图 6.4.4 显示在电路板图上使用选择栏选择多个部件的结果。

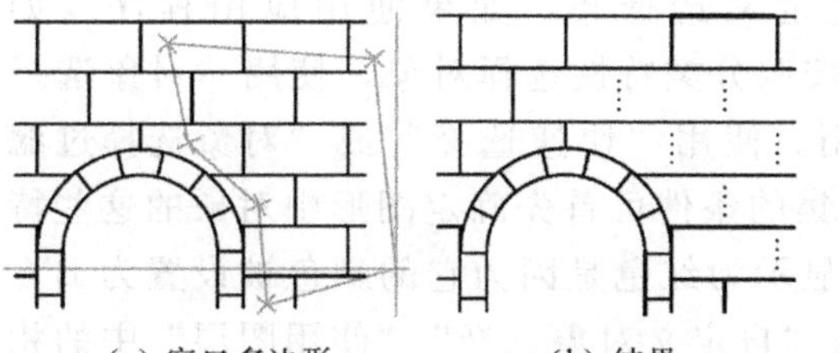

（a）窗口多边形　　（b）结果

图 6.4.3　指定不规则形状的选择区域

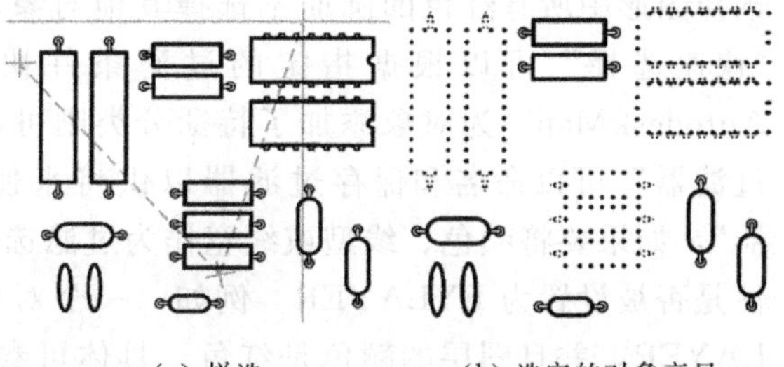

（a）栏选　　（b）选定的对象亮显

图 6.4.4　在电路板图上使用选择栏选择多个部件

（13）使用其他选择选项。在“选择对象”提示下输入？可以看到所有选择选项。关于每个选择选项的说明可参考 SELECT 命令。

（14）从多个对象中删除选择。可以在“选择对象”提示下输入 r（删除），并使用选择选项（如“交叉窗口多边形”和“选择栏”）从选择集中删除对象。如果使用“删除”选项并希望重新将对象添加到选择集中可输入 a（添加）。通过按下 Shift 键并再次选择对象，或者按住 Shift 键然后单击并拖动窗口或交叉选择，也可以从当前选择集中删除对象。可以在选择集中重复添加和删除对象。

（15）查看“选择对象”提示下的选项列表的步骤。在“选择对象”提示下输入“?”。

（16）选择不规则形状区域中的对象的步骤。在“选择对象”提示下输入 wp（窗口多边形）。指定几个点定义一个完全包含选择对象的区域。按 Enter 键闭合多边形选择区域并完成选择。

（17）选择经过不规则形状区域对象的步骤。在“选择对象”提示下输入 cp（交叉窗口多边形），指定几个点定义一个包含或经过选择对象的区域，按 Enter 键闭合多边形选择区域并完成选择。

（18）使用选择栏选择对象的步骤。在“选择对象”提示下，输入 f（栏选）。指定若干点创建经过要选择对象的选择栏，按 Enter 键完成选择。

（19）从选择集中删除几个对象的步骤。选定对象后，在“选择对象”提示下输入 r（删除）。输入任意选择选项（如 cp［交叉窗口多边形］或 f［选择栏］），然后从选择集中选择要删除的对象。要重新将对象添加到选择集中，可输入 a（添加）。

（20）防止对象被选中。可以通过锁定图层来防止指定图层上的对象被选中和修改。通常，可以通过锁定图层防止意外地编辑特定对象。锁定图层后仍然可以进行其他操作。如可以使锁定图层作为当前图层并为其添加对象。也可以使用查询命令（如 LIST），使用对象捕捉指定锁定图层中对象上的点，更改锁定图层上对象的显示次序。

（21）锁定或解锁图层的步骤。在“图层”工具栏上，单击“图层特性管理器”按钮。在“图层特性管理器”中，单击要锁定的图层的挂锁。单击“确定”。如果挂锁闭合，说明图层被锁定并且不能选择其上的对象。其“图层”工具栏为，其命令行为“LAYER”。

（22）过滤选择集。使用“特性”选项板中的“快速选择”（QSELECT）或“对象选择过滤器”（FILTER）对话框，可以根据特性（如颜色）和对象类型过滤选择集。如只选择图形中所有红色的圆而不选择其他对象，或者选择除红色圆以外的其他对象。使用“快速选择”可以根据指定的过滤条件快速定义选择集，如果使用应用程序（如 AutodeskMap）为对象添加了特征分类则可以按照分类特性选择对象，使用“对象选择过滤器”可以命名和保存过滤器以供将来使用。使用“快速选择”或“对象选择过滤器”，如果要将颜色、线型或线宽作为过滤选择集的条件可首先确定图形中对象的这些特性是否被设置为 BYLAYER。例如，一个对象显示为红色是因为它的颜色被设置为 BYLAYER，并且图层的颜色是红色。具体可参考“自定义对象选择”“使用图层”中的相关内容。

（23）使用“快速选择”创建选择集的步骤。下面的示例为使用“快速选择”选择图形中的红色对象，即：从“工具”菜单中选择“快速选择”；在“快速选择”对话框的“应用到”下选择“整个图形”；在“对象类型”下选择“所有图元”；在“特性”下选择“颜色”；在“运算符”下选择“等于”；在“值”下选择“红色”；在“如何应用”下选择“包括在新选择集中”；选择“确定”。AutoCAD 选择图形中所有红色的对象并关闭“快速选择”对话框。设置为 BYLAYER 的对象为红色是因为图层颜色为红色，它们并不包含在选择集中。需要强调的是，如果使用应用程序（如 AutodeskMap）为对象添加了特征分类，并且存在相关联的分类（XML）文件，则可以按照分类特性选择对象。也就是说，可以在“对象类型”框中选择分类，在“特性”框中选择特性。其命令行为“QSELECT”。

（24）从选择集中排除对象的步骤。可以使用“排除在新选择集之外”选项将对象排除在当前选择集外。下面的示例为从选定的对象集中排除所有半径大于 1 的圆，即：选定几个对象后从“工具”菜单中选择“快速选择”；在“快速选择”对话框的“应用到”下选择“当前选择”；在“对象类型”下选择“圆”；在“特性”下选择“半径”；在“运算符”下选择“大于”；在“值”下输入 1；在“如何应用”下选择“排除在新选择集之外”；选择“确定”。AutoCAD 从选择集中删除所有半径大于 1 的圆。其命令行为“QSELECT”。

（25）向选择集中附加对象的步骤。可以使用“快速选择”将对象附加到当前选择集中。在下面的示例中保留当前选择集并将图形中包含以 bld1 _ 开头的超链接的对象附加到当前选择集中。即从“工具”菜单中选择“快速选择”；在“快速选择”对话框中选择“附加到当前选择集”；在“对象类型”框中选择“所有图元”；在“特性”下选择“超链接”；在“运算符”下选择“通配符匹配”；在“值”下输入 bld1 _ *；在“如何应用”下选择“包括在新选择集中”；选择“确定”。其命令行为“QSELECT”。

（26）命名和保存已过滤列表的步骤。在命令提示下输入 filter。在“对象选择过滤器”对话框的“选择过滤器”下选择过滤器（如直线）；选择“添加至列表”；在“另存为”下输入过滤器的名称（如 Linefilter）；选择“另存为”；选择“应用”。AutoCAD 应用该过滤器，这样用户将只能选择图形中的直线。如果使用选择区域选择对象，AutoCAD 将过滤器应用于选择区域中的所有对象。其命令行为“FILTER”。

（27）使用命名过滤器的步骤。在“选择对象”提示下输入’filter（加单引号使其成为透明命令）。在“对象选择过滤器”对话框的“选择过滤器”下选择要使用的过滤器，然后选择“应用”。使用交叉窗口指定要选择的对象。仅选择由交叉窗口选定且符合过滤条件的对象。

(28) 自定义对象选择。对于使用“选择对象”提示的命令，既可以先输入命令然后选择对象，也可以先选择对象然后输入操作命令。还可以选择是否亮显选定对象，以及如何定义选择区域，如何创建选择集。

(29) 先选择命令。选择编辑命令时AutoCAD会提示用户选择对象并用拾取框代替十字光标。响应“选择对象”提示有以下5种方法，即：一次选择一个对象；在空白区域单击并拖动光标，定义矩形选择区域；输入选择选项，输入？显示所有选择选项，结合多种选择方法（如要选择图形区域中的大多数对象可先选择所有对象，然后再删除不想选择的对象）；输入’filter，使用命名选择过滤器。

(30) 先选择对象。运行命令之前可以使用以下两种方法选择对象：第一种方法是使用SELECT命令并输入？显示所有选择选项，所有选定对象都被置于“上一个”选择集中，要使用“上一个”选择集可在任何后续命令的“选择对象”提示下输入p；第二种方法是在“选项”对话框中打开“先选择后执行”选择模式时，在输入命令（如MOVE、COPY或ERASE）之前需要先在“命令”提示下选择对象，使用此方法只能通过逐个单击或使用自动选择来选择对象。还可以输入qselect以过滤选择，然后在任何后续命令的“选择对象”提示下输入p。

(31) 控制选择亮显。默认情况下AutoCAD会亮显选定对象。可以通过将HIGHLIGHT系统变量设置为0来提高程序的运行速度，但只有在大型图形中才需要这样做。关闭选择亮显并不影响选定对象上的夹点。

(32) 设置默认选择方法。通过设置替换选择方法、修改拾取框大小和使用对象排序方法来控制选择对象的方法。“选项”对话框“选择”选项卡上的选项控制是否可以在输入修改对象的命令之前选择对象（先选择后执行）；必须按Shift键才能将对象附加至选择集（PICKADD）；创建选择窗口时单击并拖动［否则必须单击两次来定义选择窗口（PICKDRAG）的角点］；单击空白区域时自动输入“窗口”或“交叉”选择［否则必须输入c或w来指定窗口交叉选择（PICKAUTO）］；更改拾取框大小（PICKBOX）；选择编组中的一个对象即选择了所有对象；选择图案填充时边界即包含在选择集中；更改处理重叠对象的方式（可以指定按图形中重叠对象的创建次序进行处理）。如果图形或应用程序取决于对象的创建次序，则需要使用这些选项（SORTENTS）。

(33) 更改拾取框光标大小的步骤。从“工具”菜单中选择“选项”，然后选择“选择”选项卡。在“拾取框大小”下，移动滑动条至所需尺寸，选择“确定”。其命令行为“OPTIONS”。

(34) 修改对象选择设置的步骤。从“工具”菜单中单击“选项”，然后单击“选择”选项卡。更改选择方法和拾取框大小。要确保按重叠对象的创建次序选择它们可单击“用户系统配置”选项卡，然后在“对象排序方式”区域中选择“对象选择”。单击“确定”。其命令行为“OPTIONS”。

(35) 编组对象。编组是保存的对象集，可以根据需要一起选择和编辑，也可以分别进行。编组提供了以组为单位操作图形元素的简单方法。具体可参考本书前述“创建并插入符号（块）”中的相关内容。

（36）编组的特点。编组是保存的对象集，可以根据需要一起选择和编辑，也可以分别进行。编组提供了以组为单位操作图形元素的简单方法。可以通过添加或删除对象来更改编组的部件。编组在某些方面类似于块，它是另一种将对象编组成命名集的方法，如创建的编组是按任务保存的。然而，在编组中可以更容易地编辑单个对象，而在块中必须先分解才能编辑。与块不同的是，编组不能与其他图形共享。

（37）创建编组。创建编组时可以为编组指定名称和说明。如果复制编组则副本将被指定默认名 Ax 并认为是未命名。“对象编组”对话框中不会列出未命名编组，除非选择了“包含未命名的”。如果选择某个可选编组中的一个成员将其包含到一个新编组中，那么该编组中的所有成员都将包含在新编组中。图形中的对象可能是多个编组的成员，同时这些编组本身也可能嵌套于其他编组中。可以对嵌套的编组进行解组，以恢复其原始编组配置。将图形作为外部参照使用或将它作为块插入时，命名编组将无效，但可以通过绑定然后分解外部参照或块使编组可以用作未命名编组。需要强调的是，不要创建包含成百或上千个对象的大型编组，大型编组会大大降低 AutoCAD 的运行速度。

（38）创建编组的步骤。在命令提示下输入 GROUP。在“对象编组”对话框的“编组标识”下输入编组名称和说明。在“创建编组”区域中单击“新建”，对话框暂时关闭。选择对象并按 Enter 键。单击“确定”。其命令行为“GROUP”。

（39）选择编组中的对象。可以在“选择对象”提示下按名称选择编组。如果将 PICKSTYLE 系统变量设置为 1 或 3，并选择可选编组中的一个成员，AutoCAD 将选择编组中所有符合选择条件的成员。也可以通过按 Ctrl＋H 键或 Shift＋Ctrl＋A 键打开或关闭编组选择。在循环使用对象选择时也可以选择可选编组中的所有成员（如选择直接位于另一个对象后面的对象），选择一个属于多个可选编组的对象时，将选择该对象所在的编组中的所有成员。要使用夹点选择要编辑的编组，可在命令提示下使用定点设备选择编组。

（40）切换编组选择的步骤。可以随时按 Ctrl＋H 键或 Shift＋Ctrl＋A 键打开或关闭编组选择。

（41）编辑编组。可以随时添加或删除编组成员并重命名编组。也可以复制、镜像和排列编组。删除编组成员将从编组定义中删除该对象。当编组成员包含在被删除的块中时将从图形和编组中删除该对象。如果从编组中删除对象使编组为空，则编组将仍保留定义状态。通过分解编组可以删除编组定义。分解编组将从图形中删除该编组，但编组中的对象仍保留在图形中。可以改变编组中成员的次序（对象被选定的次序）和说明，还可以设置其是否可选。对编组成员重排序的方法有两种，即：改变单个成员的编号或编组成员的范围；反向排列所有成员，编组的第一个对象编号为 0 而不是 1。需要强调的是，分解编组中的对象将删除编组定义中已分解的部件，其详细信息可参考本书后续“解除关联合成对象（分解）”中的相关内容。

（42）删除命名编组的步骤。在命令提示下输入 GROUP。在“对象编组”对话框中，从编组列表中选择编组名称。在“修改编组”下选择“分解”。选择“确定”，编组被删除。其命令行为“GROUP”。

(43) 重排序编组成员的步骤。在命令提示下输入 GROUP。在“对象编组”对话框的“修改编组”下选择“重排”。在“编组排序”对话框的“编组名”下，选择要重排的编组。要查看此编组的当前次序可选择“亮显”。在“对象编组”对话框中选择“下一组”或“上一组”来查看对象，查看完对象的次序后选择“确定”。在“编组排序”对话框的“删除的位置”下输入对象编号。然后在“输入对象新位置编号”下输入新位置。在“对象数目”下输入对象数目或重排的编号范围，然后选择“重排”。选择“确定”关闭各个对话框。其命令行为“GROUP”。

6.4.2 更正错误

使用 AutoCAD 可以通过以下几种方式恢复最近的操作，如：放弃单个操作；一次放弃几步操作；取消放弃的效果；删除对象；取消命令；放弃最近执行的操作的步骤；放弃指定数目操作的步骤；重做操作的步骤；重做指定数目操作的步骤等。

(1) 放弃单个操作。最简单的方法是使用“标准”工具栏上的“放弃”，或 U 命令放弃单个操作。许多命令包含自身的 U（放弃）选项，无需退出此命令即可更正错误，如创建直线或多段线时输入 u 即可放弃上一个线段。

(2) 一次放弃几步操作。使用 UNDO 命令的“标记”选项标记执行的操作，然后使用 UNDO 命令的“后退”选项放弃在标记的操作之后执行的所有操作。使用 UNDO 命令的“开始”和“结束”选项放弃一组预先定义的操作。还可以使用“标准”工具栏上的“放弃”列表立即放弃几步操作。

(3) 取消放弃的效果。可以在使用 U 或 UNDO 后立即使用 REDO 取消单个 U 或 UNDO 命令的效果。还可以使用“标准”工具栏上的“重做”列表立即重做几步操作。

(4) 删除对象。可以删除绘制的任何对象。如果意外删错了对象，可以使用 UNDO 命令或 OOPS 命令来恢复它。其详细信息可参考本书后续“删除对象”中的相关内容。

(5) 取消命令。可以通过按 Esc 键取消未完成的命令。要修改取消键指定，可清除“选项”对话框“用户系统配置”选项卡中的“Windows 标准加速键”选项。

(6) 放弃最近执行的操作的步骤。从“编辑”菜单中选择“放弃”。其“标准”工具栏为，其命令行为“U”。

(7) 放弃指定数目操作的步骤。在“标准”工具栏中单击“放弃”列表箭头，将列出从最近一次执行的操作开始所有可以放弃的操作。拖动以选择要放弃的操作，单击以放弃选中操作。其“标准”工具栏为，其命令行为“UNDO”。

(8) 重做操作的步骤。从“编辑”菜单中选择“重做”。REDO 命令只能恢复刚执行 UNDO 命令的操作，不能使用 REDO 命令重复另一命令。其“标准”工具栏为，其命令行为“REDO”。

(9) 重做指定数目操作的步骤。在“标准”工具栏中单击“重做”列表箭头，将列出从最近一次执行的操作开始所有可以重做的操作。拖动以选择要重做的操作。单击以重做选中操作。其“标准”工具栏为，其命令行为“MREDO”。

6.4.3 修改对象

可以轻易修改对象的大小、形状和位置。具体可参考本书后续“使用自定义对象和代理对象”中的相关内容。

(1) 修改对象功能的特点。使用 AutoCAD 可以轻松地修改对象的大小、形状和位置。可以先输入命令然后选择要修改的对象，也可以先选择对象然后输入命令修改它们。双击对象显示“特性”选项板，在某些情况下将显示一个特定于该类对象的对话框。具体可参考“选择对象”“使用自定义对象和代理对象”中的相关内容。

(2) 删除对象。从图形中删除对象的方法有以下三种。第一种方法是使用 ERASE 命令删除对象。第二种方法是剪切到剪贴板。第三种方法是按 Delete 键，ERASE 命令可用于所有可用的对象选择方法，可以使用 UNDO 命令恢复意外删除的对象，OOPS 命令可以恢复最近使用 ERASE、BLOCK 或 WBLOCK 命令删除的所有对象。要删除加号形状的标记（称为点标记）可使用 REDRAW 命令刷新屏幕。要删除不使用的命名对象（包括块定义、标注样式、图层、线型和文字样式）可使用 PURGE 命令。具体可参考本书前述“更正错误”中的相关内容。

(3) 删除对象的步骤。从“修改”菜单中选择“删除”。在“选择对象”提示下使用以下 4 种选择方法之一选择要删除的对象或输入选项，即：输入 L（上一个）删除绘制的上一个对象；输入 p（上一个）删除上一个选择集；输入 all 从图形中删除所有对象；输入？查看所有选择方法列表。按 Enter 键结束命令。其“修改”工具栏为，其命令行为“ERASE”。

(4) 恢复上一次删除的对象的步骤。在“命令”提示下输入 oops，恢复上一次通过 ERASE、BLOCK 或 WBLOCK 命令删除的对象。其命令行为“OOPS”。

(5) 将对象剪切到剪贴板的步骤。选择要剪切的对象。从“编辑”菜单中选择“剪切”，也可以按 Ctrl+X 组合键，这些对象可以粘贴到其他 Windows 应用程序中。其命令行为“CUTCLIP”。

(6) 删除加号形状的点标记的步骤。在“视图”菜单中选择“重画”。其命令行为“REDRAW”。

(7) 清理未使用的线型的步骤。从“文件”菜单中选择“图形实用程序”然后选择“清理”，“清理”对话框显示带有可清理项目的对象类型的树状图。要清理未参照的线型可使用以下两种方法之一，即：要清理所有未参照的线型可选择“线型”，要清理特定线型可双击“线型”展开树状图然后选择要清理的线型，如果要清理的项目没有列出，可选择“查看不能清理的项目”。系统将提示用户确认列表中的每个项目，如果不想确认每个清理项目，可清除“确认要清理的每个项目”选项。选择“清理”，要确认是否清理每个项目，可选择“是”“否”或“全部”（如果选定了多个项目）响应计算机的提示。选择“关闭”。其命令行为“PURGE”。

(8) 移动对象。可以移动对象而不改变其方向和大小，通过使用坐标和对象捕捉可以精确地移动对象，还可以通过在“特性”选项板中更改坐标值来重新计算对象。图 6.4.5 显示的是移动代表窗口块的过程，选择“移动”后再选择要移动的对象 1，指定移动基点 2，然后指定位移点 3，对象从点 2 移动到点 3。也可以通过输入第一点的坐标值并按 Enter 键输入第二位移点的坐标值，以其相对距离移动对象，这将提示 AutoCAD 将坐标值用作相对位移而不是基点，选定对象移动到由输入的相对坐标值决定的新位置，要输入

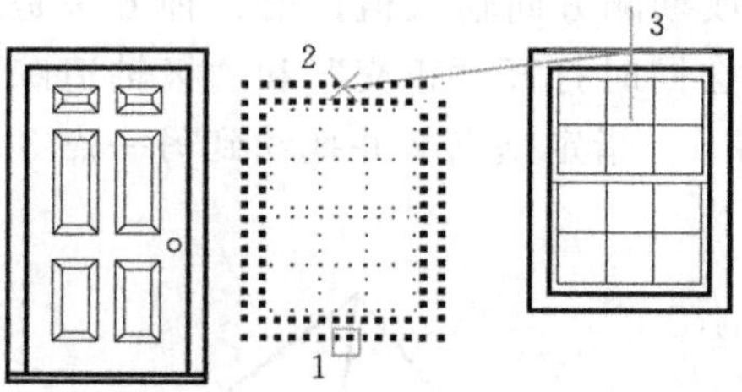

图 6.4.5　移动代表窗口的块

相对坐标勿像通常情况下那样包含@，因为相对坐标是假设的。如果对象的所有端点都在选择窗口内部，则还可以使用 STRETCH 命令移动对象，打开“正交”模式或“极轴追踪”可以按指定角度移动对象。如图 6.4.6 所示，门完全在选择区域内部因而移动到新位置，而墙壁仅与选择区域交叉，只有位于选择区域内部的端点发生了移动，因此，墙壁根据门的移动而拉伸，要按指定距离移动对象，可以在“正交”和“极轴追踪”模式打开的同时使用直接距离输入。

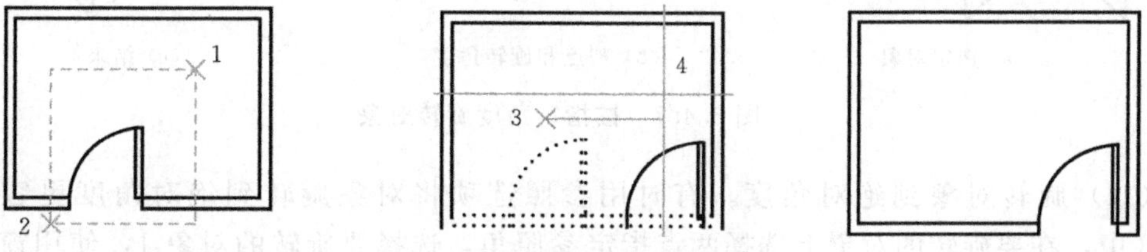

(a) 使用交叉选择选定的对象　(b)“正交”模式打开时拖动的对象　(c) 结果

图 6.4.6　选择区域内部移动到新位置

(9) 使用两点移动对象的步骤。从“修改”菜单中选择“移动”。选择要移动的对象。指定移动基点。指定第二点（即位移点），选定的对象移动到由第一点和第二点之间的方向和距离确定的新位置。其“修改”工具栏为，其命令行为“MOVE”。

(10) 使用位移移动对象的步骤。从“修改”菜单中选择“移动”。选择要移动的对象。以笛卡尔坐标值、极坐标值、柱坐标值或球坐标值的形式输入位移，无需包含@符号，因为相对坐标是假设的。提示输入第二位移点时按 Enter 键，只输入一个点的坐标值时，指示 AutoCAD 将其用作相对位移而不是基点，选定对象移动到由输入的相对坐标值决定的新位置。其“修改”工具栏为，其命令行为“MOVE”。

(11) 通过拉伸来移动的步骤。从“修改”菜单中选择“拉伸”。通过使用交叉选择选择对象，交叉窗口必须至少包含一个顶点或端点，通过单击从右到左移动定点设备，再次单击来指定交叉选择。执行下列 2 项操作之一，即：指定移动基点然后指定第二点（位移点）；以笛卡尔坐标值、极坐标值、柱坐标值或球坐标值的形式输入位移，无需包含@符号，因为相对坐标是假设的，提示输入第二位移点时按 Enter 键，拉伸至少有一个顶点或端点包含在交叉选择内部的任何对象，完全在交叉选择内部的任何对象被移动（并不进行拉伸）。其“修改”工具栏为，其命令行为“STRETCH”。

(12) 旋转对象。绕指定点旋转对象，要决定旋转角度可输入角度值或指定第二点，输入正角度值逆时针或顺时针旋转对象取决于“图形单位”对话框中的“方向控制”设置，旋转平面和零度角方向取决于用户坐标系的方位。

(13) 按指定角度旋转对象。通过选择基点和相对或绝对的旋转角来旋转对象，指定相对角度将对象从当前的方向围绕基点按指定角度旋转，指定绝对角度将对象从当前角度旋转到新的绝对角度。有两种方法可以按指定的相对角度旋转对象，第一种方法是输入旋转角度值（0°～360°），当然还可以按弧度、百分度或勘测方向输入值；第二种方法是绕基点拖动对象并指定第二点，使用此方法时通常还会同时打开“正交”和“极轴追踪”，或使用对象捕捉指定第二点。图 6.4.7 通过选择对象 1，指定基点 2 并拖动到另一点 3 指定旋转角度来旋转房子的平面视图。

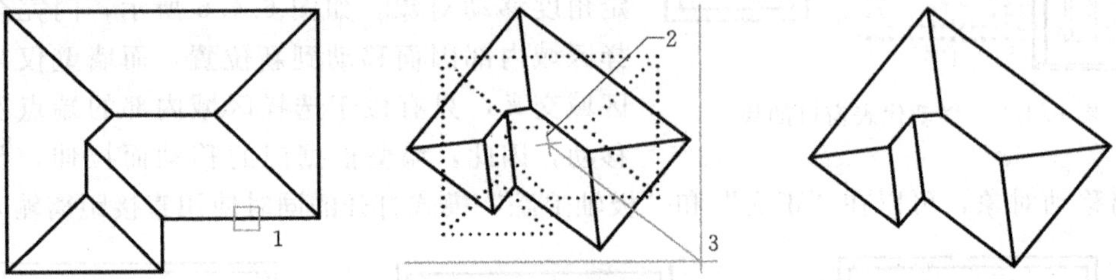

(a) 选定对象　　(b) 基点和旋转角度　　(c) 结果

图 6.4.7　按指定角度旋转对象

（14）旋转对象到绝对角度。有时用参照选项将对象旋转到绝对角度更容易。图 6.4.8 中，在要旋转的对象上选择两点指定参照角，选择要旋转的对象 1，使用窗口显示的“中点”对象捕捉指定基点 2，然后使用“参照”选项指定旋转角度，指定两点、确定参照角，即窗口中点 2 和窗口端点 3，通过拖动旋转窗口并指定墙的端点 4。

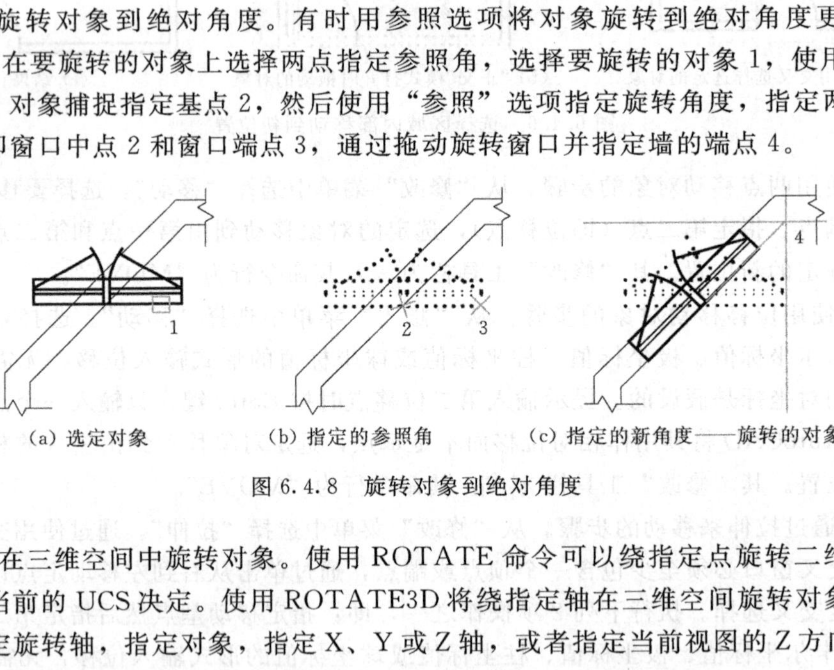

(a) 选定对象　　(b) 指定的参照角　　(c) 指定的新角度——旋转的对象

图 6.4.8　旋转对象到绝对角度

（15）在三维空间中旋转对象。使用 ROTATE 命令可以绕指定点旋转二维对象，旋转方向由当前的 UCS 决定。使用 ROTATE3D 将绕指定轴在三维空间旋转对象。可以根据两点指定旋转轴，指定对象，指定 X、Y 或 Z 轴，或者指定当前视图的 Z 方向。要旋转三维对象，可以使用 ROTATE 命令，也可使用 ROTATE3D 命令。

（16）旋转对象的步骤。从“修改”菜单中选择“旋转”。选择要旋转的对象。指定旋转基点。执行下列两项操作之一，即：输入旋转角度；绕基点拖动对象并指定旋转对象的终止位置点。其“修改”工具栏为，其命令行为“ROTATE”。

（17）使用参照角旋转对象的步骤。如图 6.4.8 所示，从“修改”菜单中选择“旋转”。选择要旋转的对象 1。指定旋转基点。输入 r（参照），现在通过选择被对齐的对象来定义参照角和新的角度。输入 int（交点对象捕捉），选择交点 2 开始定义参照角。输入 end（端点对象捕捉），选择被旋转的对象的端点 3 完成参照角的定义。再次输入 end，选择与之对齐的对象的端点 4。其“修改”工具栏为，其命令行为“ROTATE”。

(18) 绕轴旋转三维对象的步骤。如图 6.4.9 所示，从“修改”菜单中选择“三维操作”➤“三维旋转”。选择要旋转的对象 1。指定对象旋转轴的起点和端点 2 和 3，从起点到端点的方向为正方向并按右手定则旋转（具体可参考本书前述“在三维中使用世界坐标系和用户坐标系”），指定旋转角度。其命令行为“ROTATE3D”。

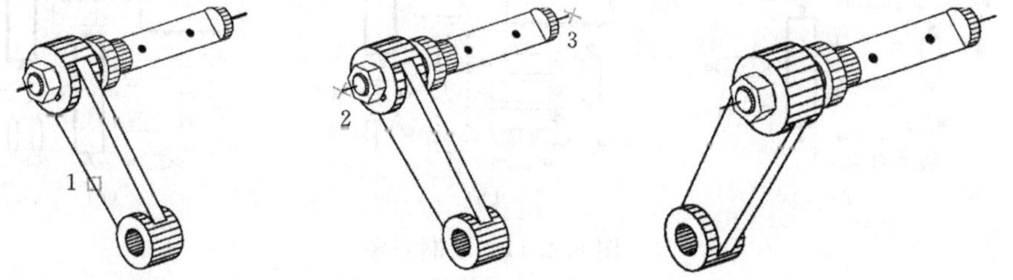

(a) 选定的要旋转的对象　(b) 指定的旋转轴　(c) 结果

图 6.4.9　绕轴旋转三维对象

(19) 对齐对象。可以通过移动、旋转或倾斜对象来使该对象与另一个对象对齐。在图 6.4.10 中，使用窗口选择框选择要对齐的对象来对齐管道段。通过端点对象捕捉精确地对齐管道段。

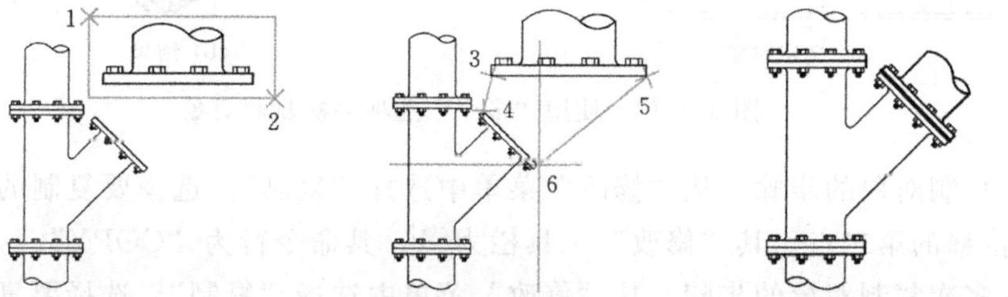

(a) 使用窗口选择选定的对象　(b) 源点和目标点　(c) 使用缩放选项的结果

图 6.4.10　对齐对象

(20) 对齐两个对象的步骤。从“修改”菜单中选择“三维操作”➤“对齐”。选择要对齐的对象。指定第一个源点，然后指定第一个目标点，如果现在按 Enter 键，则对象将从源点移到目标点。指定第二个源点，然后指定第二个目标点。指定第三个源点或按 Enter 键继续。指定是否缩放对象到对齐点，对象先对齐（移动和旋转到位）后缩放，第一个目标点是缩放的基点，第一个和第二个源点之间的距离是参照长度，第一个和第二个目标点之间的距离是新的参照长度。其命令行为“ALIGN”。

(21) 复制、偏移或镜像对象。可以在图形中创建对象的副本，副本可以与选定对象相同或相似。

(22) 复制对象。如图 6.4.11 所示，可以在距原始位置的指定距离处创建对象副本，通过两点指定距离和方向，源点 1 和目标点 2 分别称为基点和第二位移点，这两点可以处于图形中的任何位置。也可以通过输入第一点的坐标值并按 Enter 键输入第二位移点的坐标值，以其相对距离复制对象，这将提示 AutoCAD 将坐标值用作相对位移而不是基点，选定对象复制到由输入的相对坐标值决定的新位置，要输入相对坐标无需像通常情况下那样包含@，因为相对坐标是假设的。要按指定距离复制对象可以在打开“正交”和“极轴追踪”模式的同时使用直接距离输入功能。如图 6.4.12 所示，使用“多个”选项，可以多次复制对象或选择集而无需结束 COPY 命令。

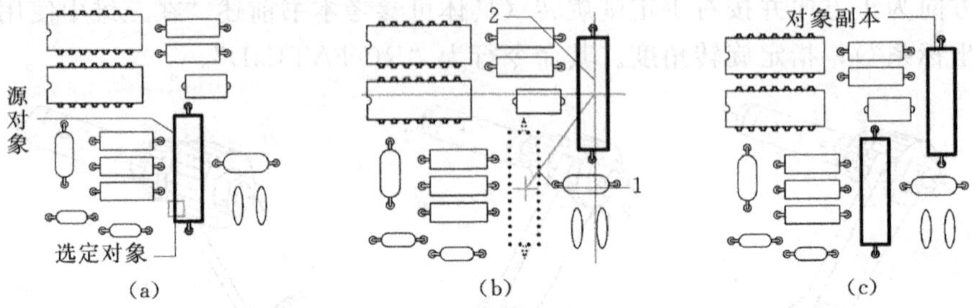

图 6.4.11 复制对象

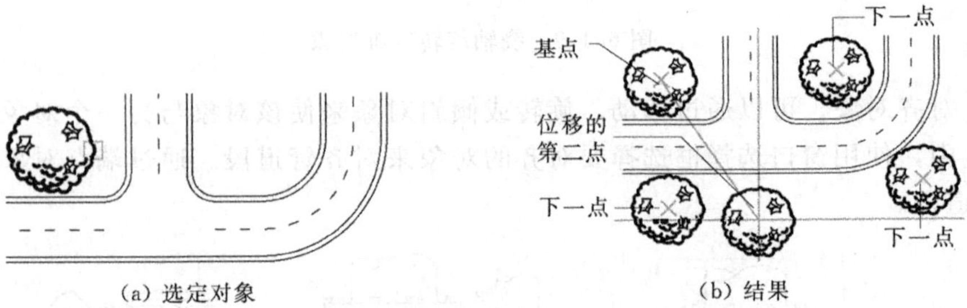

图 6.4.12 使用“多个”选项多次复制对象

(23) 复制对象的步骤。从“修改”菜单中选择“复制”。选择要复制的对象。指定基点。指定位移的第二点。其“修改”工具栏为，其命令行为“COPY”。

(24) 多次复制对象的步骤。从“修改”菜单中选择“复制”，选择要复制的对象。输入 m（多个），指定基点，指定位移的第二点。指定下一个位移点，继续插入副本或按 Enter 键结束命令。其“修改”工具栏为，其命令行为“COPY”。

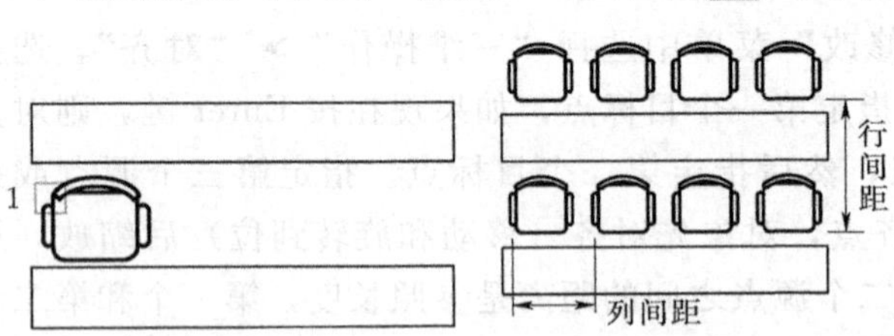

图 6.4.13 创建对象阵列

(25) 创建对象阵列。如图 6.4.13 所示，可以在矩形或环形（圆形）阵列中创建对象的副本。对于矩形阵列可以控制行和列的数目以及它们之间的距离。对于环形阵列可以控制对象副本的数目并决定是否旋转副本。对于创建多个定间距的对象，排列比复制要快。

(26) 创建矩形阵列。如图 6.4.14 所示，AutoCAD 沿当前捕捉旋转角定义的基线建立矩形阵列。该角度的默认设置为 0，因此矩形阵列的行和列与图形的 X 轴和 Y 轴正交。默认角度 0 的方向设置可以在 UNITS 命令中修改。

(27) 创建环形阵列。如图 6.4.15 所示，创建环形阵列时，阵列按逆时针或顺时针方向绘制，这取决于设置填充角度时输入的是正值还是负值。阵列的半径由指定中心点与参照点或与最后一个选定对象上的基点之间的距离决定，可以使用默认参照点（通常是与捕捉点重合的任意点）或指定一个要用作参照点的新基点。

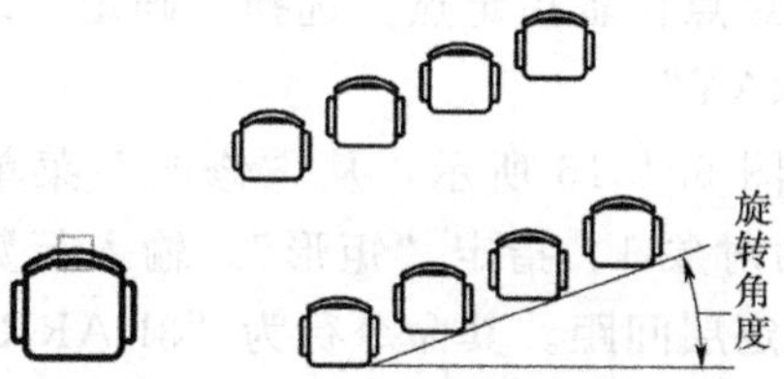

(a) 选定对象　　(b) 结果

图 6.4.14　创建矩形阵列

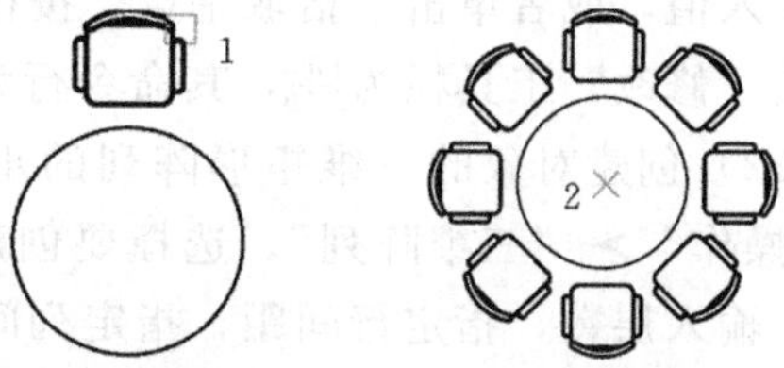

(a) 选定对象　　(b) 结果

图 6.4.15　创建环形阵列

(28) 三维空间中的阵列。使用 3DARRAY 命令可以在三维空间中创建对象的矩形阵列或环形阵列。除了指定列数（X 方向）和行数（Y 方向）以外，还要指定层数（Z 方向）。

(29) 限制阵列的大小。如果为阵列指定的行数和列数过多，AutoCAD 创建副本的时间可能会很长。默认情况下，可以由一个命令生成的阵列元素数目限制在 100000 个。此限制由注册表中的 MaxArray 设置控制。可以通过使用（setenv“MaxArray”“n”）设置 MaxArray 系统注册表变量来修改限制（n 代表 100～10000000 间的数值）。需要强调的是，修改 MaxArray 的值时必须按显示的 MaxArray 的大小写形式输入。

(30) 创建矩形阵列的步骤。从“修改”菜单中选择“阵列”。在“阵列”对话框中选择“矩形阵列”。选择“选择对象”，“阵列”对话框关闭、AutoCAD 提示选择对象。选择要创建阵列的对象并按 Enter 键。在“行”和“列”框中，输入阵列中的行数和列数。使用以下三种方法之一指定对象间水平和垂直间距（偏移）、样例框显示结果，即：在“行偏移”和“列偏移”框中输入行间距和列间距，添加加号＋或减号－确定方向；单击“拾取行列偏移”按钮，使用定点设备指定阵列中某个单元的相对角点，此单元决定行和列的水平和垂直间距；单击“拾取行偏移”或“拾取列偏移”按钮，使用定点设备指定水平和垂直间距。要修改阵列的旋转角度，可在“阵列角度”旁边输入新角度。默认角度 0 的方向设置也可以在 UNITS 中修改。选择“确定”以创建阵列。其“修改”工具栏为，其命令行为“ARRAY”。

(31) 创建环形阵列的步骤。从“修改”菜单中选择“阵列”。在“阵列”对话框中选择“环形阵列”。指定中点后执行以下两个操作之一，即：输入环形阵列中点的 X 坐标值和 Y 坐标值；单击“拾取中点”按钮、“阵列”对话框关闭、AutoCAD 提示选择对象、使用定点设备指定环形阵列的圆心。选择“选择对象”，“阵列”对话框关闭，AutoCAD 提示选择对象。选择要创建阵列的对象。在“方法”框中选择下列三种方法之一，即：项目总数和填充角度；项目总数和项目间的角度；填充角度和项目间的角度。如果可用，输入项目数目（包括原对象）。使用下列两种方法之一：第一种方法样例框显示结果，即输入填充角度和项目间角度（如果可用），“填充角度”指定围绕阵列圆周要填充的距离，“项目间角度”指定每个项目之间的距离；第二种方法是单击“拾取要填充的角度”按钮和“拾取项目间角度”按钮，然后使用定点设备指定填充角度和项目间角度。可以设置以下两个选项之一，即要沿阵列方向旋转对象可选择“复制时旋转项目”，样例区域显示结果；要指定 X 和 Y 基点可选择“其他”，清除“设为对象的默认值”选项并在 X 和 Y 框中输入值，或者单击“拾取基点”按钮并使用定点设备指定点。选择“确定”以创建阵列。其“修改”工具栏为，其命令行为“ARRAY”。

（32）创建对象的三维矩形阵列的步骤。如图 6.4.16 所示，从“修改”菜单中选择“三维操作”➤“三维阵列”。选择要创建阵列的对象 1。指定“矩形”。输入行数，输入列数，输入层数，指定行间距，指定列间距，指定层间距。其命令行为“3DARRAY”。

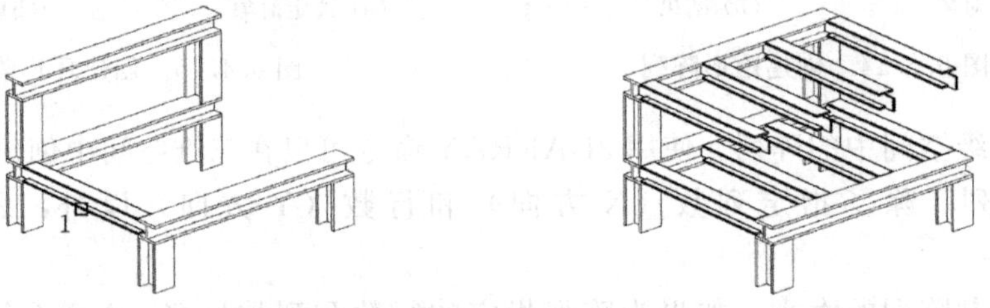

(a) 选定的要创建阵列的对象　　(b) 结果

图 6.4.16　创建对象的三维矩形阵列

（33）创建对象的三维环形阵列的步骤。如图 6.4.17 所示，从“修改”菜单中选择“三维操作”➤“三维阵列”。选择要创建阵列的对象 1。指定“环形”。输入要创建阵列的项目数。指定要填充的阵列对象的角度。按 Enter 键沿阵列方向旋转对象，或者输入 n 保留它们的方向。指定对象旋转轴的起点和端点 2 和 3。其命令行为“3DARRAY”。

（34）偏移对象。如图 6.4.18 所示，偏移对象可以创建其形状与选定对象形状平行的新对象。偏移圆或圆弧可以创建更大或更小的圆或圆弧，取决于向哪一侧偏移。如图 6.4.19 所示，一种高效的绘图技巧是偏移对象，然后修剪或延伸其端点。如图 6.4.20 所示，二维多段线和样条曲线在偏移距离大于可调整的距离时将自动进行修剪。可以偏移以下 7 种线型，即直线、圆弧、圆、椭圆和椭圆弧（形成椭圆形样条曲线）、二维多段线、构造线（参照线）和射线、样条曲线。

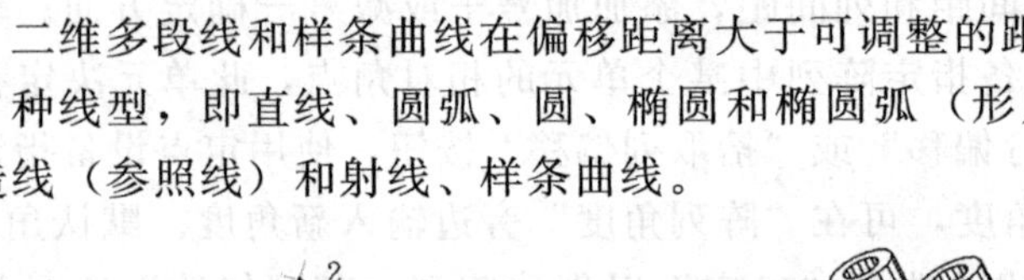

(a) 选定的要创建阵列的对象　　(b) 结果

图 6.4.17　创建对象的三维环形阵列

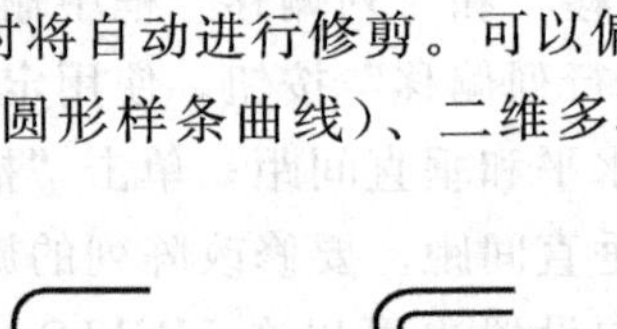

(a) 多段线　(b) 带有偏移的多段线

图 6.4.18　偏移对象

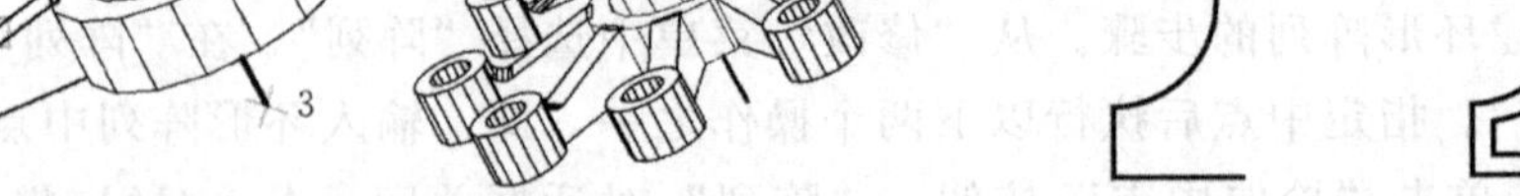

(a) 偏移　　(b) 修剪和延伸偏移直线　　(c) 结果

图 6.4.19　一种高效的绘图技巧

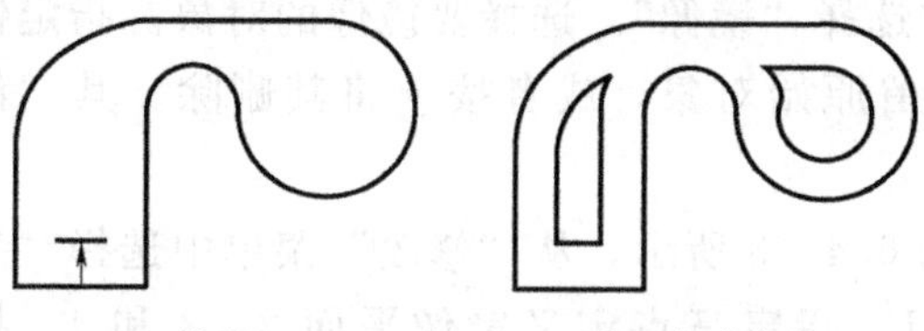

图 6.4.20 二维多段线和样条曲线偏移

(35) 以指定的距离偏移对象的步骤。从“修改”菜单中选择“偏移”。指定偏移距离，可以输入值或使用定点设备。选择要偏移的对象。指定要放置新对象的一侧上的一点。选择另一个要偏移的对象，或按 Enter 键结束命令。其“修改”工具栏为，其命令行为“OFFSET”。

(36) 使偏移对象通过一点的步骤。从“修改”菜单中选择“偏移”，输入 t（通过点），选择要偏移的对象，指定通过点。选择另一个要偏移的对象，或按 Enter 键结束命令。其“修改”工具栏为，其命令行为“OFFSET”。

(37) 镜像对象。镜像可以创建对象的镜像图像，这对创建对称的对象非常有用，因为这样可以快速地绘制半个对象，然后创建镜像，而不必绘制整个对象。如图 6.4.21 所示，绕轴（镜像线）翻转对象创建镜像图像，要指定临时镜像线可输入两点，可以选择是否删除或保留原对象，镜像作用于与当前 UCS 的 XY 平面平行的任何平面。创建文字、属性和属性定义的镜像时仍然按照轴对称规则进行生成被反转或倒置的图像，要避免出现这样的结果可将系统变量 MIRRTEXT 设置为 O（关），这样文字的对齐和对正方式在镜像前后相同，如图 6.4.22 所示。默认情况下 MIRRTEXT 为开，此系统变量影响由 TEXT、ATTDEF 或 MTEXT 命令、属性定义和变量属性创建的文字，插入块内的文字和固定属性也被镜像，因此整个块都得到镜像，不管 MIRRTEXT 的设置如何，这些对象都可以被倒置。

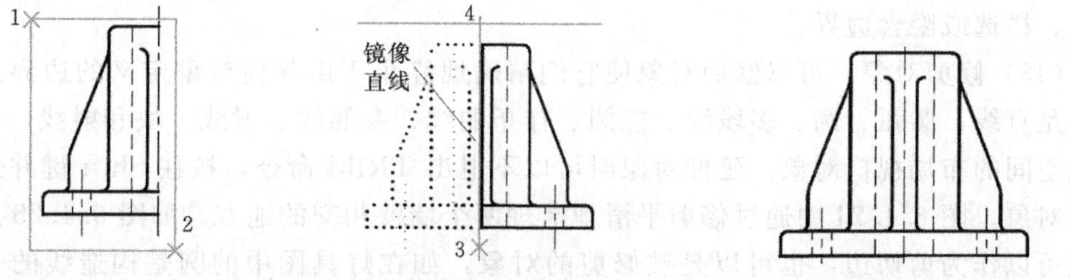

图 6.4.21 绕轴（镜像线）翻转对象创建镜像图像

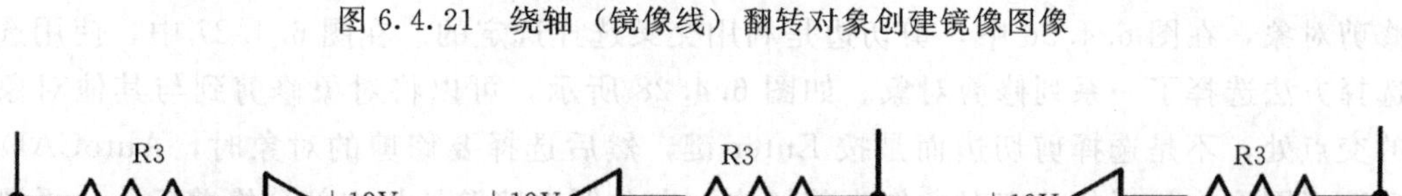

图 6.4.22 镜像前后文字的对齐和对正

(38) 三维空间中的镜像。使用 MIRROR3D 命令可以沿指定的镜像平面创建对象的镜像。镜像平面可以是下列 3 类平面，即：平面对象所在的平面；通过指定点且与当前 UCS 的 XY、YZ 或 XZ 平面平行的平面；由选定三点定义的平面。

（39）镜像对象的步骤。从“修改”菜单中选择“镜像”。选择要镜像的对象。指定镜像直线的第一点。指定第二点。按 Enter 键保留原始对象，或者按 y 将其删除。其“修改”工具栏为，其命令行为“MIRROR”。

（40）在三维空间中镜像对象的步骤。如图 6.4.23 所示，从“修改”菜单中选择“三维操作”➤“三维镜像”。选择要镜像的对象 1。指定三点定义镜像平面 2、3 和 4。按 Enter 键保留原始对象，或者按 y 将其删除。其命令行为“MIRROR3D”。

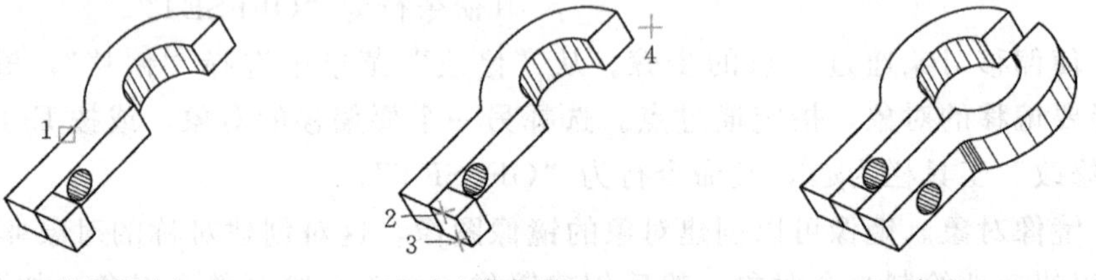

(a) 要镜像的对象　　(b) 定义镜像平面　　(c) 结果

图 6.4.23　在三维空间中镜像对象

（41）修改对象的形状和大小。可以使用几种方法调整现有对象相对于其他对象的长度，而无论是否对称。

（42）修剪或延伸对象。可以通过缩短或拉长使对象与其他对象的边相接。这意味着可以先创建一个对象（如直线），然后调整该对象，使其恰好位于其他对象之间。选择的剪切边或边界边无需与修剪对象相交。可以将对象修剪或延伸至投影边或延长线交点，即对象拉长后相交的地方。如果未指定边界而在“选择对象”提示下按 Enter 键，所有对象都将成为可能的边界，这称为隐含选择。要选择块内的几何对象作为边界必须使用单一、交叉、栏选或隐含边界。

（43）修剪对象。可以修剪对象使它们精确地终止于由其他对象定义的边界。剪切边可以是直线、圆弧、圆、多段线、椭圆、样条曲线、参照线、射线、块和射线，也可以是图纸空间的布局视口对象。延伸对象时可以不退出 TRIM 命令，按住 Shift 键并选择要延伸的对象。图 6.4.24 中通过修剪平滑地清理两个墙壁相交的地方。如图 6.4.25 所示，对象既可以作为剪切边，也可以是被修剪的对象，如在灯具图中的圆是构造线的一条剪切边，同时它也正在被修剪。修剪几个对象时使用不同的选择方法有助于选择当前的剪切边和修剪对象，在图 6.4.26 中，剪切边是利用交叉选择选定的。在图 6.4.27 中，使用选择栏选择方法选择了一系列修剪对象。如图 6.4.28 所示，可以将对象修剪到与其他对象最近的交点处，不是选择剪切边而是按 Enter 键，然后选择要修剪的对象时，AutoCAD 将自动选择图形中最近的选定对象作为剪切边，在此例中墙壁的相交部分修剪后十分平滑。

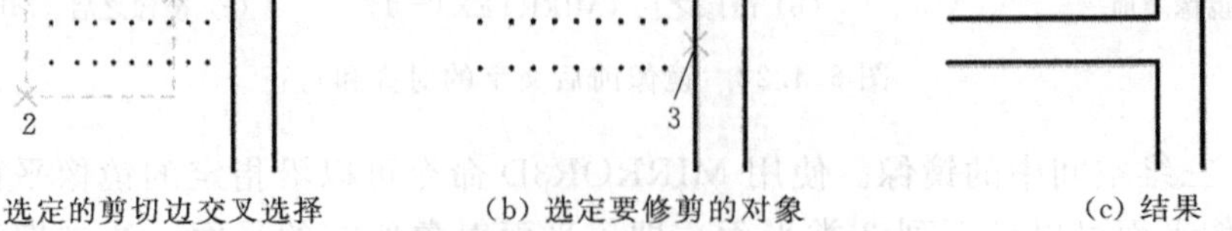

(a) 选定的剪切边交叉选择　　(b) 选定要修剪的对象　　(c) 结果

图 6.4.24　通过修剪平滑清理两个墙壁相交的地方

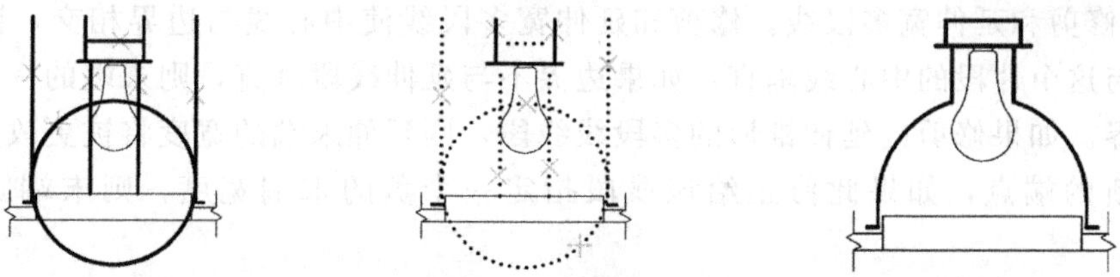

(a) 选定的剪切边　　(b) 选定要修剪的对象　　(c) 结果

图 6.4.25　对象既可作为剪切边也可是被修剪的对象

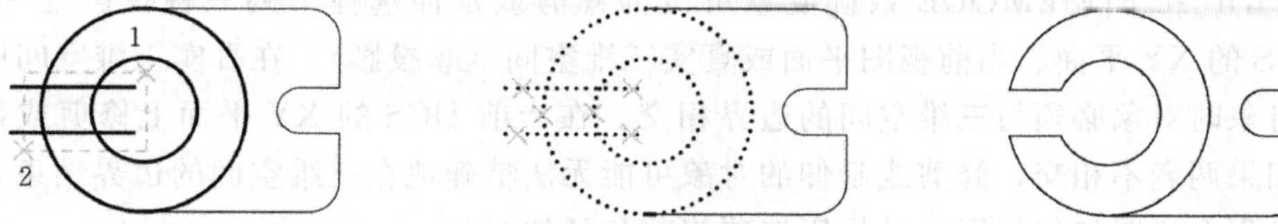

(a) 使用交叉选择选定的边　　(b) 选定要修剪的对象　　(c) 结果

图 6.4.26　利用交叉选择选定剪切边

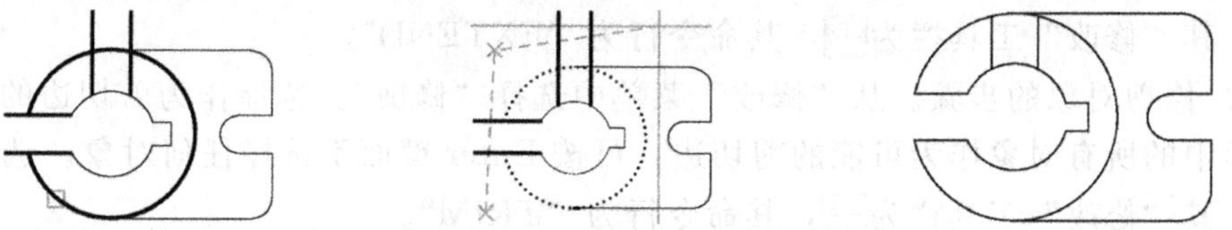

(a) 选定的剪切边　　(b) 用栏选选定的要修剪的对象　　(c) 结果

图 6.4.27　使用选择栏选择方法选择一系列修剪对象

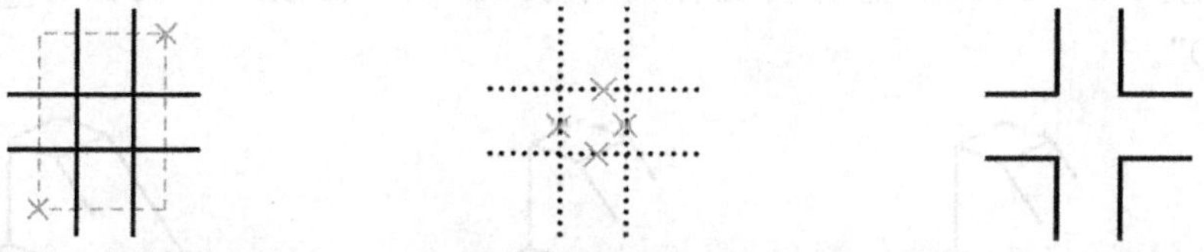

(a) 使用交叉选择选定的边　　(b) 选定要修剪的对象　　(c) 结果

图 6.4.28　将对象修剪到与其他对象最近的交点处

(44) 延伸对象。延伸与修剪的操作方法相同，可以延伸对象使它们精确地延伸至由其他对象定义的边界边，如图 6.4.29 中将直线精确地延伸到由一个圆定义的边界边。延伸对象时可以不退出 TRIM 命令，按住 Shift 键并选择要延伸的对象。

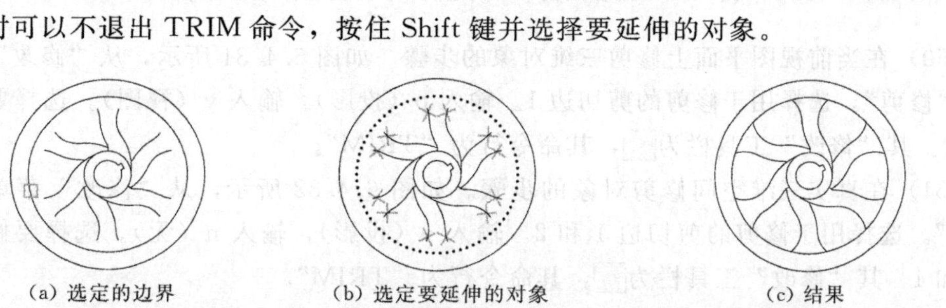

(a) 选定的边界　　(b) 选定要延伸的对象　　(c) 结果

图 6.4.29　将直线精确地延伸到由一个圆定义的边界边

（45）修剪和延伸宽多段线。修剪和延伸宽多段线使中心线与边界相交，因为宽多段线的末端与这个片段的中心线垂直，如果边界不与延伸线段垂直，则末端的一部分延伸时将越过边界。如果修剪或延伸锥形的多段线线段，则延伸末端的宽度将被更改，以将原锥形延长到新的端点，如果此修正给该线段指定一个负的末端宽度，则末端宽度被强制为 0。

（46）在三维空间中修剪或延伸。在三维空间中可以修剪对象，或将对象延伸到其他对象，而不必考虑对象是否在同一个平面上，或对象是否平行于剪切或边界的边。使用 PROJMODE 和 EDGEMODE 系统变量可以为修剪或延伸选择下列三种投影之一，即：当前 UCS 的 XY 平面、当前视图平面或真实三维空间（非投影）。在真实三维空间中修剪或延伸对象时对象必须与三维空间的边界相交。在当前 UCS 的 XY 平面上修剪或延伸对象时，如果两者不相交，修剪或延伸的对象可能无法精确地在三维空间的边界结束。下面的操作过程会说明如何使用三种投影选项修剪和延伸对象。

（47）延伸对象的步骤。从“修改”菜单中选择“延伸”。选择作为边界边的对象，要选择图形中的所有对象作为可能的边界边，可按 Enter 键而不选择任何对象。选择要延伸的对象。其“修改”工具栏为，其命令行为“EXTEND”。

（48）修剪对象的步骤。从“修改”菜单中选择“修剪”。选择作为剪切边的对象，要选择图形中的所有对象作为可能的剪切边，可按 Enter 键而不选择任何对象。选择要修剪的对象。其“修改”工具栏为，其命令行为“TRIM”。

（49）在当前 UCS 的 XY 平面上延伸三维对象的步骤。如图 6.4.30 所示，从“修改”菜单中选择“延伸”。选择用于延伸的边界边 1。输入 e（边），输入 e（延伸），输入 p（投影），输入 u（UCS），选择要延伸的对象 2。其“修改”工具栏为，其命令行为“EXTEND”。

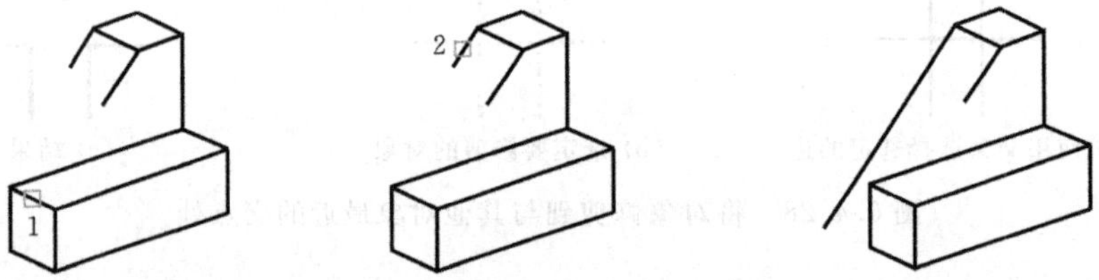

(a) 第一步　　(b) 第二步　　(c) 第三步

图 6.4.30　在当前 UCS 的 XY 平面上延伸三维对象

（50）在当前视图平面上修剪三维对象的步骤。如图 6.4.31 所示，从“修改”菜单中选择“修剪”。选择用于修剪的剪切边 1。输入 p（投影），输入 v（视图）。选择要修剪的对象 2。其“修改”工具栏为，其命令行为“TRIM”。

（51）在真实三维空间修剪对象的步骤。如图 6.4.32 所示，从“修改”菜单中选择“修剪”。选择用于修剪的剪切边 1 和 2。输入 p（投影），输入 n（无）。选择要修剪的对象 3 和 4。其“修改”工具栏为，其命令行为“TRIM”。

（52）调整对象大小或形状。可以调整对象大小，使其在一个方向上按比例增大或缩小。还可以通过移动端点、顶点或控制点来拉伸某些对象。

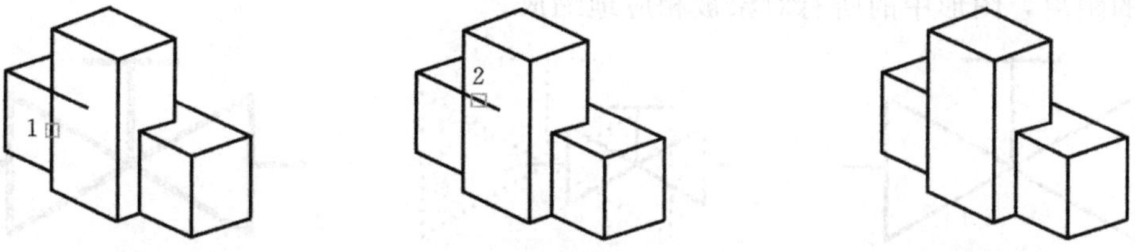

(a) 第一步　　(b) 第二步　　(c) 第三步

图 6.4.31 在当前视图平面上修剪三维对象

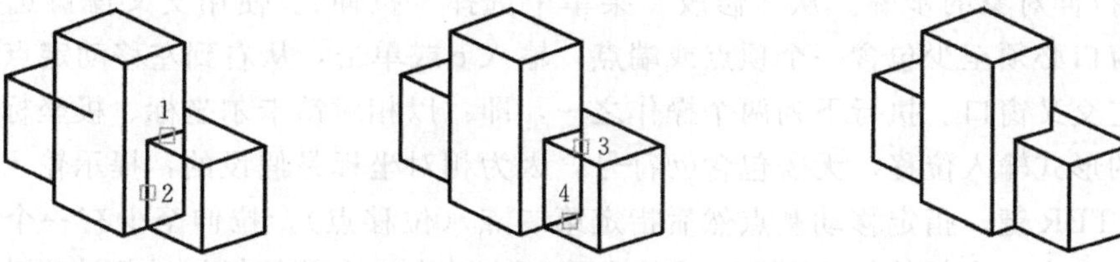

(a)　　(b)　　(c)

图 6.4.32 在真实三维空间修剪对象

(53) 拉长对象。可以修改圆弧的包含角和某些对象的长度。可以修改开放直线、圆弧、开放多段线、椭圆弧和开放样条曲线的长度。结果与延伸和修剪相似。可以使用多种方法改变长度，如：动态拖动对象的端点；按总长度或角度的百分比指定新长度或角度；指定从端点开始测量的增量长度或角度；指定对象的总绝对长度或包含角。

(54) 拉伸对象。如图 6.4.33 所示，要拉伸对象可首先为拉伸指定一个基点，然后指定位移点。由于拉伸移动位于交叉选择窗口内部的端点，因此必须用交叉选择选择对象。要更精确地拉伸，可以在进行对象捕捉、栅格捕捉和相对坐标输入的同时使用夹点编辑。

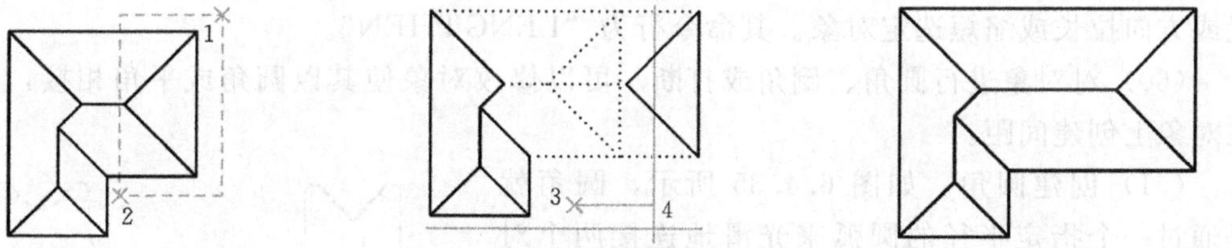

(a) 使用交叉选择选定的对象　　(b) 指定用于拉伸的点　　(c) 结果

图 6.4.33 拉伸对象

(55) 缩放对象。如图 6.4.34 所示，通过缩放可以使对象变得更大或更小，但不改变它的比例，可以通过指定基点和长度（被用作基于当前图形单位的比例因子）或输入比例因子来缩放对象，也可以为对象指定当前长度和新长度。缩放可以修改选定对象的所有标注尺寸，比例因子大于1时将放大对象，比例因子小于1时将缩小对象。还可以利用参照进行缩放，利用参照缩放将现有测量值作为新尺寸的基础，要利用参照缩放可指定当前测量值和新的所需尺寸。例如，如果对象的一边是 4.8 个单位长度，要将它扩张到 7.5 个单位长度，则用 4.8 作为参照长度。可以使用“参照”选项缩放整个图形，如可以在原图形单位需要修改时使用此选项，选择图形中的所有对象，然后使用“参照”选择两个点并指定所需的距离，图形中的所有对象被相应地缩放。

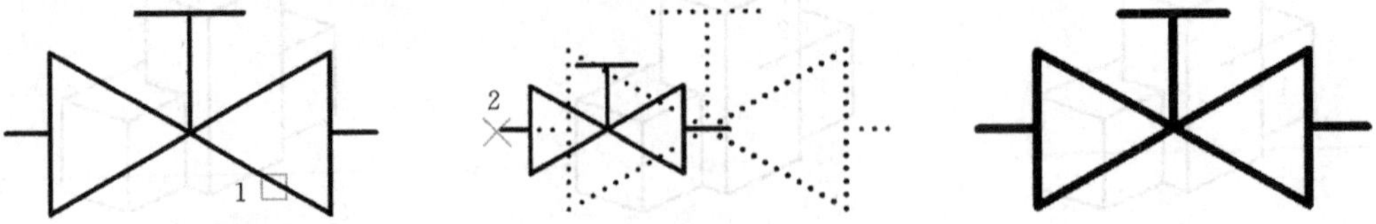

(a) 选定对象　　(b) 按比例因子缩放的对象 0.5　　(c) 结果

图 6.4.34　缩放对象

(56) 拉伸对象的步骤。从“修改”菜单中选择“拉伸”。使用交叉窗口选择选择对象，交叉窗口必须至少包含一个顶点或端点，输入 c 或单击，从右到左移动定点设备，再次单击指定交叉窗口。执行下列两个操作之一，即：以相对笛卡尔坐标、极坐标、柱坐标或球坐标的形式输入位移，无需包含@符号，因为相对坐标是假设的，提示输入第二位移点时按 ENTER 键；指定移动基点然后指定第二点（位移点）。拉伸至少有一个顶点或端点包含在交叉窗口内部的任何对象，完全包含于交叉窗口内部的任何对象被移动（并不进行拉伸）。其“修改”工具栏为，其命令行为“STRETCH”。

(57) 按比例因子缩放对象的步骤。从“修改”菜单中选择“缩放”。选择要缩放的对象。指定基点。输入比例因子或拖动并单击指定新比例。其“修改”工具栏为，其命令行为“SCALE”。

(58) 利用参照缩放对象的步骤。从“修改”菜单中选择“缩放”。选择要缩放的对象。选择基点。输入 r（参照）。选择第一个和第二个参照点，或输入参照长度的值。其“修改”工具栏为，其命令行为“SCALE”。

(59) 通过拖动改变对象长度的步骤。从“修改”菜单中单击“拉长”。输入 dy（动态拖动模式）。选择要拉长的对象。拖动端点接近选择点，指定一个新端点，不改变其位置或方向拉长或缩短选定对象。其命令行为“LENGTHEN”。

(60) 对对象进行圆角、倒角或打断。可以修改对象使其以圆角或平角相接，也可以在对象上创建间距。

(61) 创建圆角。如图 6.4.35 所示，圆角就是通过一个指定半径的圆弧来光滑地连接两个对象，内部角点称为内圆角，外部角点称为外圆角，在 AutoCAD 中均可使用 FILLET 创建。可以圆角的线型包括圆弧、圆、椭圆和椭圆弧、直线、多段线、射线、样条曲线、构造线。使用 FILLET 还是一种用指定半径创建与两个选定对象相切的圆弧的方便途径。FILLET 使用单个命令便可以为多段线的所有角点加圆角。如果要进行圆角的两个对象位于同一图层上，则将在该图层创建圆角弧，否则将在当前图层创建圆角弧，此图层影响对象的特性（包括颜色和线型）。使用“多个”选项可以圆角多组对象而无需结束命令。

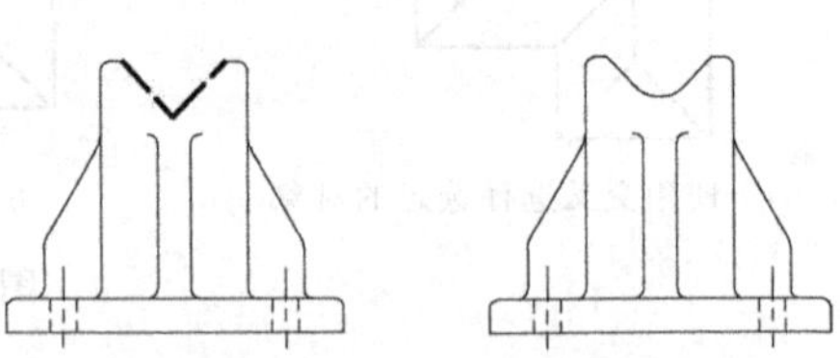

(a) 选定的直线　　(b) 结果

图 6.4.35　创建圆角

(62) 设置圆角半径。如图 6.4.36 所示，圆角半径是连接被圆角对象的圆弧半径，修改圆角半径将影响后续的圆角操作，如果将圆角半径设为 0，则被圆角的对象将被修剪或延伸直到它们相交且不创建圆弧。

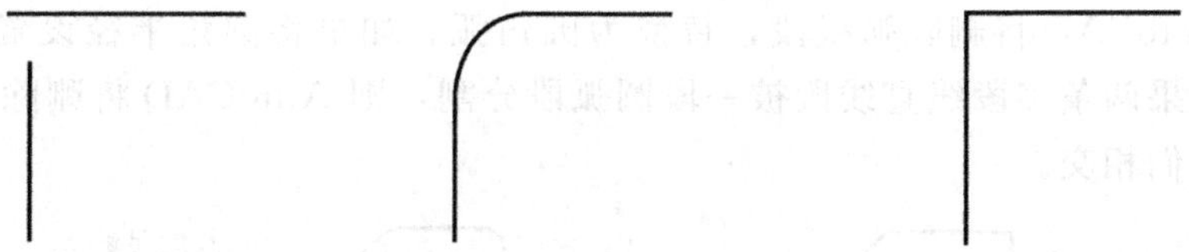

(a) 圆角前的两条直线　(b) 圆角后的两条直线半径　(c) 圆角后的两条直线半径为 0

图 6.4.36　设置圆角半径

(63) 修剪和延伸圆角对象。如图 6.4.37 所示，可以使用“修剪”选项指定是否修剪选定对象，将对象延伸到创建的弧的端点，或不作修改。默认情况下，除圆、完整椭圆、闭合多段线和样条曲线以外的所有对象在圆角时都将进行修剪或延伸。

(a) 圆角后的两条直线设置了“修剪”选项　(b) 设置了“不修剪”选项的两条已圆角的直线

图 6.4.37　修剪和延伸圆角对象

(64) 控制圆角位置。根据指定的位置，选定的对象之间可以存在多个可能的圆角。可比较图 6.4.38 和图 6.4.39 中的选择点和圆角效果。

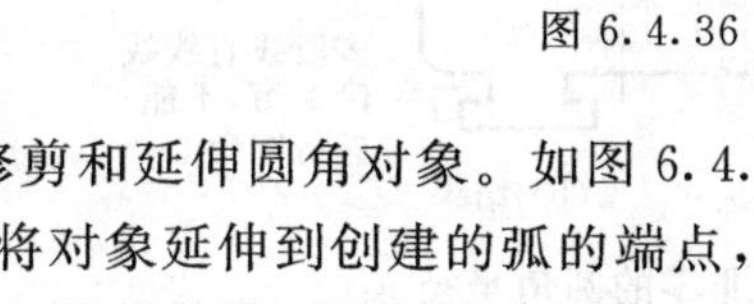

(a) 选定的圆角位置点　(b) 结果

图 6.4.38　控制圆角位置之一

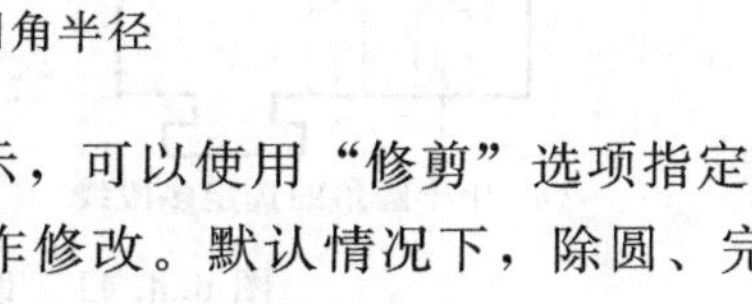

(a) 选定的圆角位置点　(b) 结果

图 6.4.39　控制圆角位置之二

(65) 为直线和多段线的组合加圆角。如图 6.4.40 所示，要对直线和多段线的组合进行圆角，直线或其延长线必须与多段线的直线段之一相交。如果打开“修剪”选项，则进行圆角的对象和圆角弧合并形成单独的新多段线。

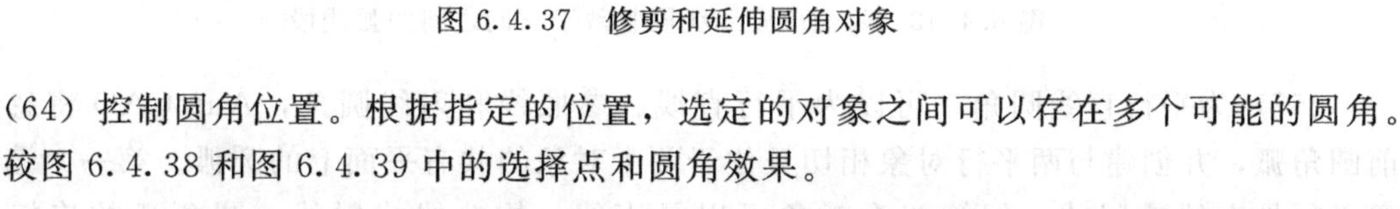

(a) 选定的多段线　(b) 选定的直线　(c) 结果

图 6.4.40　为直线和多段线的组合加圆角

(66) 为整个多段线加圆角。可以为整个多段线加圆角或从多段线中删除圆角。如图 6.4.41 所示，如果设置一个非零的圆角半径，AutoCAD 将在足够容纳圆角半径的每一多段线线段的顶点处插入圆角弧。如图 6.4.42 所示，如果两个多段线线段收敛于它们之间的弧线段，AutoCAD 将删除弧线段，替换为圆角弧。如果将圆角半径设置为 0，则不插入圆角弧，如果两条多段线直线段被一段圆弧段分割，则 AutoCAD 将删除这段圆弧并延伸直线直到它们相交。

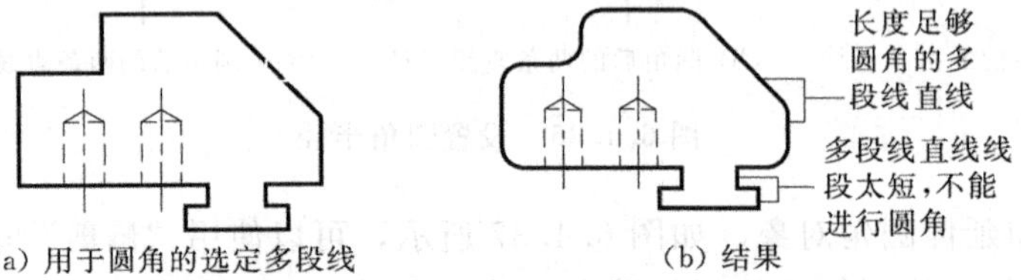

(a) 用于圆角的选定多段线　　(b) 结果

图 6.4.41　设置一个非零的圆角半径

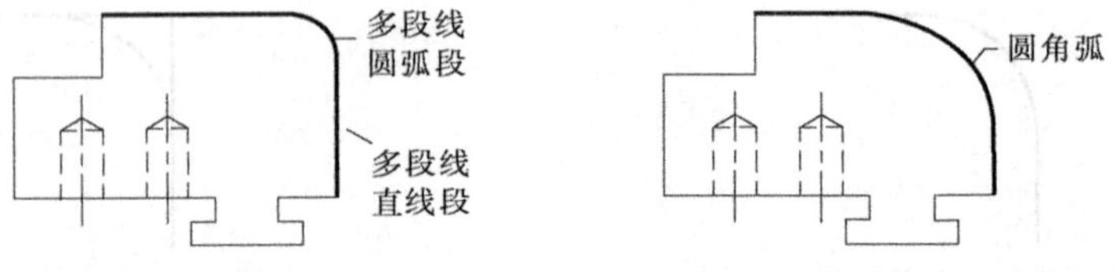

(a) 用于圆角的选定多段线　　(b) 结果——圆角弧替代圆弧段

图 6.4.42　两个多段线线段收敛于它们之间的弧线段

(67) 为平行直线圆角。可以为平行直线、参照线和射线圆角，AutoCAD 将忽略当前圆角弧，并创建与两平行对象相切且位于两个对象的共有平面上的圆弧。第一个选定对象必须是直线或射线，但第二个对象可以是直线、构造线或射线。圆角弧的连接如图 6.4.43 所示。

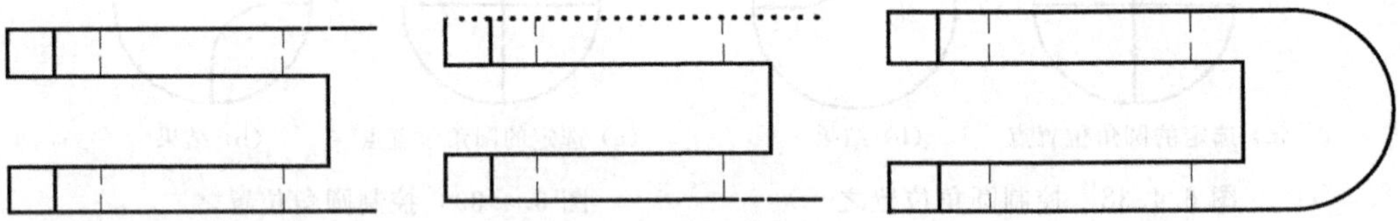

(a) 选定的第一条平行线　　(b) 第二条平行线选定的直线　　(c) 结果

图 6.4.43　圆角弧的连接

(68) 为三维对象圆角。如果对象共面且拉伸方向与当前 UCS 的 Z 轴不平行，则可以进行圆角。在三维空间中 AutoCAD 按如下方式确定圆角弧的拉伸方向：同一平面上的对象，如果拉伸方向相同且垂直于该平面，则圆角弧也位于该平面上，而且拉伸方向相同。如果对象在同一平面上但拉伸方向相反或不同，则圆角弧也位于该对象平面，其拉伸方向垂直于该对象平面，并朝当前 UCS 的正 Z 方向倾斜。例如，假设三维空间中的两个圆弧 A 和 B 位于同一平面上，但是相对于当前 UCS 的拉伸方向相反（0，0.5，0.8）和（0，－0.5，－0.8），则圆角弧的拉伸方向为（0，0.5，0.8）。

(69) 设置圆角半径的步骤。从“修改”菜单中选择“圆角”。输入 r（半径），输入圆角半径，选择要进行圆角的对象。其“修改”工具栏为，其命令行为“FILLET”。

(70) 为两条直线段圆角的步骤。从“修改”菜单中选择“圆角”，选择第一条直线，选择第二条直线。其“修改”工具栏为，其命令行为“FILLET”。

(71) 圆角而不修剪的步骤。从“修改”菜单中选择“圆角”。必要时输入 t（修剪），然后输入 n（不修剪），选择要进行圆角的对象。其“修改”工具栏为，其命令行为“FILLET”。

(72) 为整个多段线圆角的步骤。从“修改”菜单中选择“圆角”，输入 p（多段线），选择多段线。其“修改”工具栏为，其命令行为“FILLET”。

(73) 圆角多组对象的步骤。在“修改”菜单中单击“圆角”。输入 u（多个），系统将显示主要提示。可选择第一条直线，或者输入选项并根据提示完成该选项，然后选择第一条直线。选择第二条直线，系统将再次显示主要提示。选择下一个圆角的第一条直线，或者按 Enter 键或 Esc 键结束命令。其“修改”工具栏为，其命令行为“FILLET”。

(74) 创建倒角。使用 CHAMFER 是在两条非平行线之间创建直线的快捷方法，它通常用于表示角点上的倒角边，CHAMFER 还可用于为多段线所有角点加倒角。可以为直线、多段线、参照线和射线加倒角。利用距离法可以指定每一条直线应该被修剪或延伸的总量。利用角度法可以指定倒角的长度以及它与第一条直线形成的角度。可以使被倒角的对象保持倒角前的形状，或者将对象修剪或延伸到倒角线。如果正在被倒角的两个对象在同一图层上，则倒角线将位于该图层上，否则倒角线将位于当前图层上，此图层影响对象的特性（包括颜色和线型）。如图 6.4.44 所示，使用“多个”选项可以为多组对象倒角而无需结束命令。

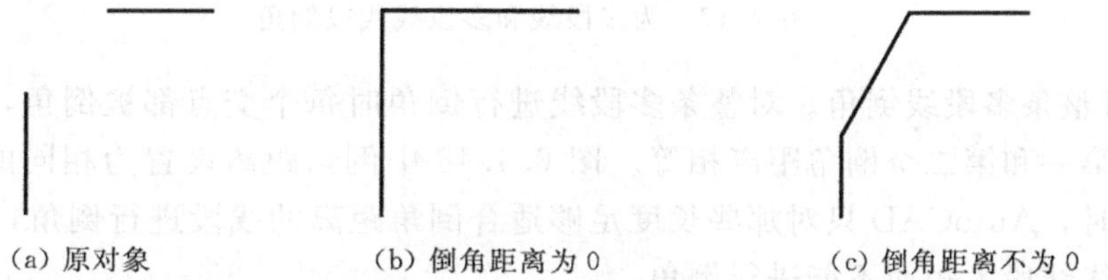

(a) 原对象　　(b) 倒角距离为 0　　(c) 倒角距离不为 0

图 6.4.44 创建倒角

(75) 通过指定距离进行倒角。倒角距离是每个对象与倒角线相接或与其他对象相交而进行修剪或延伸的长度，如果两个倒角距离都为 0，则倒角操作将修剪或延伸这两个对象直至它们相交，但不创建倒角线。第一个距离的默认设置是上一次指定的距离。因为对称距离较为常用，所以第二个距离的默认设置是为第一个距离选定的任意设置。当然，可以重置倒角距离。在图 6.4.45 中，将第一条直线的倒角距离设置为 0.5，将第二条直线的倒角距离设置为 0.25，指定倒角距离后图显示选择两条直线。

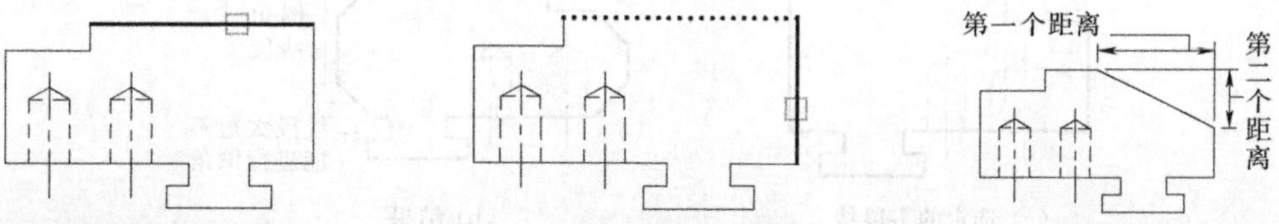

(a) 选定的第一条直线　　(b) 选定的第二条直线　　(c) 结果

图 6.4.45 通过指定距离进行倒角

(76) 修剪和延伸被倒角对象。默认情况下，对象在倒角时被修剪，但可以使用“修剪”选项指定保持不修剪的状态。

(77) 按指定长度和角度进行倒角。可以通过指定第一个选定对象的倒角线起点及其形成的角度来为两个对象倒角。在图 6.4.46 中，将对两条直线进行倒角，使倒角线沿第一条直线距交点 1.5 个单位处开始，并与该直线成 30°。

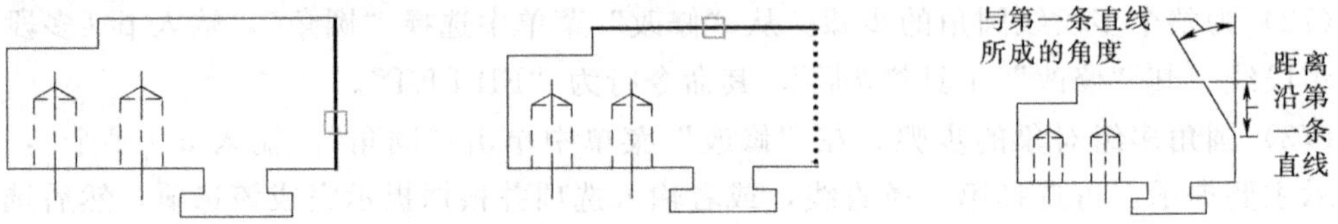

(a) 选定的第一条直线　　(b) 选定的第二条直线　　(c) 结果

图 6.4.46　按指定长度和角度进行倒角

(78) 为多段线和多段线线段倒角。如果选择的两个倒角对象是一条多段线的两个线段，则它们必须相邻或仅隔一个弧线段。如图 6.4.47 所示，如果它们被弧线段间隔，倒角将删除此弧并用倒角线替换它。

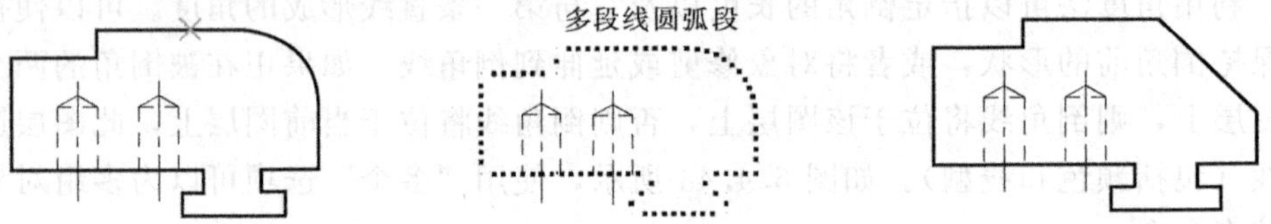

(a) 选定第一条多段线线段　　(b) 选定第二条多段线线段　　(c) 结果——倒角线替换多段线圆弧

图 6.4.47　为多段线和多段线线段倒角

(79) 对整条多段线倒角。对整条多段线进行倒角时每个交点都被倒角，要得到最佳效果可保持第一和第二个倒角距离相等。图 6.4.48 中倒角距离设置为相同的值。对整条多段线倒角时，AutoCAD 只对那些长度足够适合倒角距离的线段进行倒角，如图 6.4.49 中某些多段线线段太短而不能进行倒角。

(a) 倒角距离相等时选定的多段线　　(b) 结果

图 6.4.48　对整条多段线倒角时倒角距离设置为相同的值

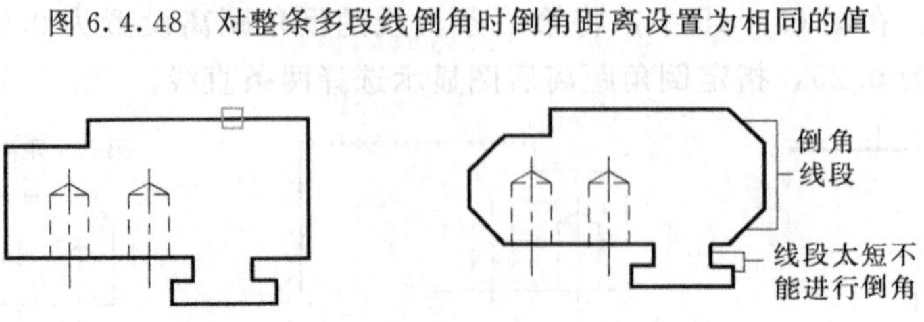

(a) 选定的多段线　　(b) 结果

图 6.4.49　对整条多段线倒角时某些多段线线段太短而不能进行倒角

(80) 设置倒角距离的步骤。从“修改”菜单中选择“倒角”，输入 d（距离），输入第一个倒角距离，输入第二个倒角距离，选择倒角直线。其“修改”工具栏为，其命令行为“CHAMFER”。

(81) 为两条非平行线段倒角的步骤。从“修改”菜单中选择“倒角”。选择第一条直线。选择第二条直线。其“修改”工具栏为，其命令行为“CHAMFER”。

(82) 通过指定长度和角度进行倒角的步骤。从“修改”菜单中选择“倒角”。输入 a（角度）。从倒角角点输入沿第一直线的距离，输入倒角角度，选择第一条直线，然后选择第二直线。其“修改”工具栏为，其命令行为“CHAMFER”。

(83) 倒角而不修剪的步骤。从“修改”菜单中选择“倒角”。输入 t（修剪控制），输入 n（不修剪）。选择要倒角的对象。其“修改”工具栏为，其命令行为“CHAMFER”。

(84) 为整个多段线倒角的步骤。从“修改”菜单中选择“倒角”。输入 p（多段线）。选择多段线，使用当前的倒角方法和默认的距离对多段线进行倒角。其“修改”工具栏为，其命令行为“CHAMFER”。

(85) 为多组对象倒角的步骤。从“修改”菜单中单击“倒角”。输入 u（多个），系统将显示主要提示。可选择第一条直线，或者输入选项，并根据提示完成该选项，然后选择第一条直线。选择第二条直线，系统将再次显示主要提示。选择下一个倒角的第一条直线，或者按 Enter 键或 Esc 键结束命令。其“修改”工具栏为，其命令行为“CHAMFER”。

(86) 创建打断。如图 6.4.50 所示，使用 BREAK 是在对象上创建间距，使分开的两个部分之间有空间的方便途径。BREAK 经常用于为块或文字插入创建空间。可以创建打断的对象包括圆弧、圆、椭圆和椭圆弧、直线、多段线、射线、样条曲线、构造线。打断对象时，既可以在第一个打断点选择对象并指定第二个打断点，也可以选择整个对象然后指定两个打断点。

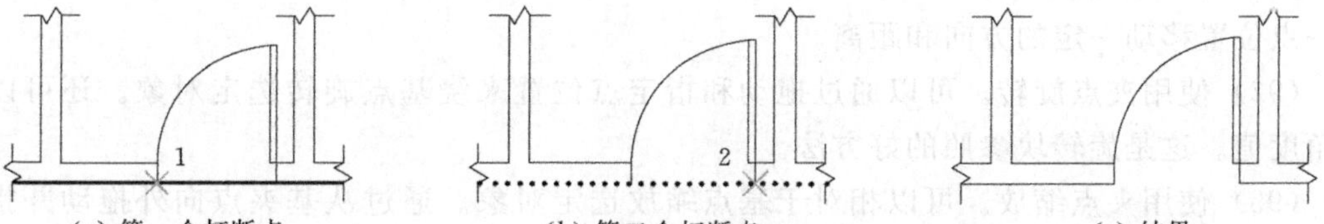

(a) 第一个打断点　　(b) 第二个打断点　　(c) 结果

图 6.4.50　创建打断

(87) 打断对象的步骤。从“修改”菜单中选择“打断”。选择要打断的对象，默认情况下在其上选择对象的点为第一个打断点，要选择另外两个打断点可输入 f（第一个），然后指定第一个打断点。指定第二个打断点。其“修改”工具栏为，其命令行为“BREAK”。

(88) 使用夹点编辑对象。夹点是一些小方框，使用定点设备指定对象时，对象关键点上将出现夹点。可以拖动夹点直接而快速地编辑对象。

(89) 使用夹点模式。如图 6.4.51 所示，夹点是一些实心的小方框，使用定点设备指定对象时，对象关键点上将出现夹点。可以拖动这些夹点快速拉伸、移动、旋转、缩放或镜像对象。夹点打开后，可以在输入命令之前选择所需对象，然后使用定点设备操作对象。要使用栅格可选择作为操作基点的夹点，然后选择一种夹点模式，可以通过按 Enter 键或图形画面中的 Spacebar 键循环选择这些模式，还可以使用快捷键或单击右键查看所有模式和选项。可以使用多个夹点作为基夹点来使选定夹点之间的对象形状保持不变，选择夹点时按下 Shift 键。对于圆和椭圆上的象限夹点通常从中心点而不是选定的夹点测量距离，例如，在“拉伸”模式中可以选择象限夹点拉伸圆，然后在新半径的命令行中指定距离，距离从圆心而不是选定的象限进行测量，如果选择圆心点拉伸圆则圆会移动。当二维对象位于当前 UCS 之外的其他平面上时，将在创建对象的平面上（而不是当前 UCS 平面上）拉伸对象。可以限制夹点在选定对象上的显示，当初始选择集包含的对象数目大于指定数目时，GRIPOBJLIMIT 系统变量将抑制夹点的显示，如果将对象添加到当前选择集中则该限制不适用，例如，如果将 GRIPOBJLIMIT 设置为 20，则可以选择 15 个对象，然后将 25 个对象添加到选择中，这时所有的对象都显示夹点。

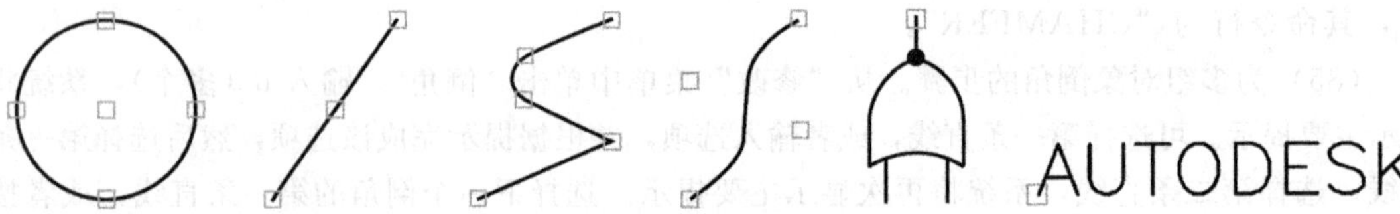

(a) 圆　(b) 直线　(c) 多段线　(d) 样条曲线　(e) 块　(f) 文字

图 6.4.51　使用夹点模式

(90) 使用夹点拉伸。可以通过将选定夹点移动到新位置来拉伸对象。文字、块参照、直线中点、圆心和点对象上的夹点将移动对象而不是拉伸它。这是移动块参照和调整标注的好方法。

(91) 使用夹点移动。可以通过选定的夹点移动对象。选定的对象被亮显并按指定的下一点位置移动一定的方向和距离。

(92) 使用夹点旋转。可以通过拖动和指定点位置来绕基点旋转选定对象。还可以输入角度值。这是旋转块参照的好方法。

(93) 使用夹点缩放。可以相对于基点缩放选定对象。通过从基夹点向外拖动并指定点位置来增大对象尺寸，或通过向内拖动减小尺寸。也可以为相对缩放输入一个值。

(94) 使用夹点创建镜像。可以沿临时镜像线为对象创建镜像。打开“正交”有助于指定垂直或水平的镜像线。

(95) 打开夹点的步骤。从“工具”菜单中选择“选项”。在“选项”对话框的“选择”选项卡中选择“启用夹点”，选择“确定”。其命令行为“OPTIONS”。

(96) 设置光标下面未选中夹点颜色的步骤。在“工具”菜单中单击“选项”，在“选项”对话框的“选择”选项卡中，单击“悬停夹点颜色”下面的箭头。选择一种颜色，或者单击“选择颜色”显示“选择颜色”对话框。

(97) 限制显示夹点的最初选择集中对象数目的步骤。在“工具”菜单中，单击“选项”。在“选项”对话框的“选择”选项卡中，在“显示夹点时限制对象选择”框中输入一个值（最大值为 32767），如果将对象添加到当前选择集中则该限制不适用。

(98) 显示支持夹点提示的自定义对象的夹点提示的步骤。在“工具”菜单中，单击“选项”。在“选项”对话框的“选择选项卡”中，选择“启用夹点提示”复选框。

(99) 取消夹点选择的步骤。按 Esc 键取消夹点选择。

(100) 使用夹点拉伸对象的步骤。选择要拉伸的对象，在对象上选择基夹点，亮显选定夹点并激活默认夹点模式“拉伸”。移动定点设备并单击，随着夹点的移动拉伸选定对象。

(101) 使用多个夹点拉伸的步骤。选择要拉伸的几个对象。按下 Shift 键并单击几个夹点使其亮显。松开 Shift 键并通过单击选择一个夹点作为基夹点，激活默认夹点模式“拉伸”。移动定点设备并单击，选定夹点行动一致，选定对象被拉伸。

(102) 使用夹点移动对象的步骤。选择要移动的对象，在对象上通过单击选择基夹点，亮显选定夹点并激活默认夹点模式“拉伸”。按 Enter 键遍历夹点模式直到显示夹点模式“移动”，另外，可以单击右键显示模式和选项的快捷菜单。移动定点设备并单击，选定对象随夹点移动。

(103) 使用夹点旋转对象的步骤。选择要旋转的对象。在对象上通过单击选择基夹点，亮显选定夹点并激活默认夹点模式“拉伸”。按 Enter 键遍历夹点模式直到显示夹点模式“旋转”，另外，可以单击右键显示模式和选项的快捷菜单。移动定点设备并单击，选定对象绕基夹点旋转。

(104) 使用夹点缩放对象的步骤。选择要缩放的对象。在对象上通过单击选择基夹点，亮显选定夹点并激活默认夹点模式“拉伸”。按 Enter 键遍历夹点模式直到显示夹点模式“缩放”，另外，可以单击右键显示模式和选项的快捷菜单。移动定点设备并单击。

(105) 使用夹点为对象创建镜像的步骤。选择要镜像的对象，在对象上通过单击选择基夹点，亮显选定夹点并激活默认夹点模式“拉伸”。按 Enter 键遍历夹点模式直到显示夹点模式“镜像”，另外，可以单击右键显示模式和选项的快捷菜单。单击指定镜像线的第二点，为对象创建镜像时打开“正交”模式常常是很有用的。

(106) 使用夹点创建多个副本。如图 6.4.52 所示，利用任何夹点模式修改对象时均可以创建对象的多个副本，例如通过使用“复制”选项可以旋转选定对象并将其副本放置在定点设备指定的每一位置。还可以通过选择第一点时按下 Shift 键创建多个副本，如通过“拉伸”夹点模式可以拉伸对象（如直线），然后将其复制到图形区域的任意点，AutoCAD 继续创建多个副本直到夹点关闭。

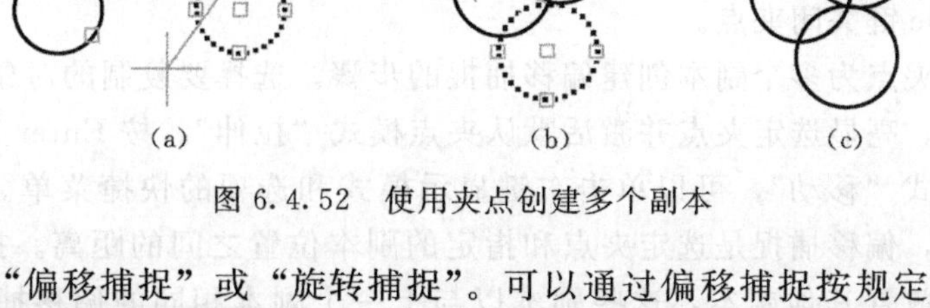

图 6.4.52 使用夹点创建多个副本

(107) 定义“偏移捕捉”或“旋转捕捉”。可以通过偏移捕捉按规定间距放置多个副本对象。偏移捕捉由对象和下一个副本对象之间的距离定义。在图 6.4.53 的照明设备布

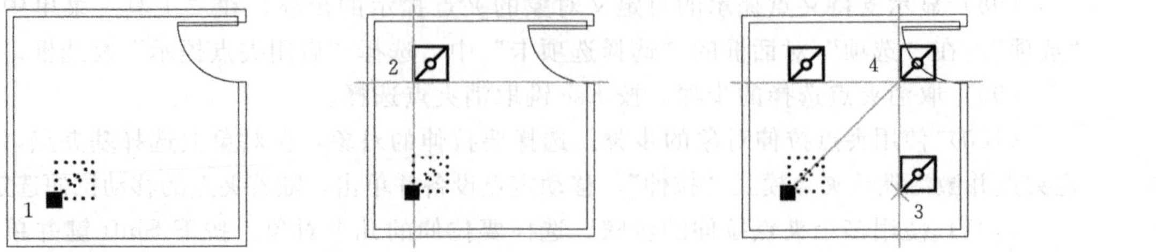

(a) 选定的基夹点　　(b) 定义的副本偏移　　(c) 结果

图 6.4.53　定义“偏移捕捉”

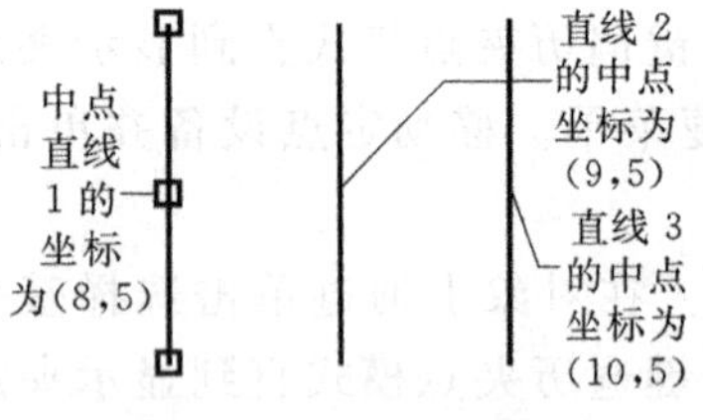

图 6.4.54　使用定点设备“偏移捕捉”

局图中，第一个灯具符号副本偏移两个单位放置，所有后续的副本依次以两个单位的间距放置。使用定点设备选择多个复制点时按下 Shift 键，图形光标将捕捉到依赖于选定的上两点的偏移点。在图 6.4.54 中，直线 1 的中点坐标为（8，5），根据此中点，在“拉伸”模式下使用 Shift 键复制直线 2，它的中点坐标为（9，5），第三条直线根据这两个坐标捕捉到一个偏移（10，5）。如图 6.4.55 所示，同样，通过旋转捕捉可以绕基夹点按间隔角度放置多个副本，使用“旋转”夹点模式时旋转捕捉定义为对象及其下一个副本之间的角度，按下 Shift 键使用旋转捕捉。

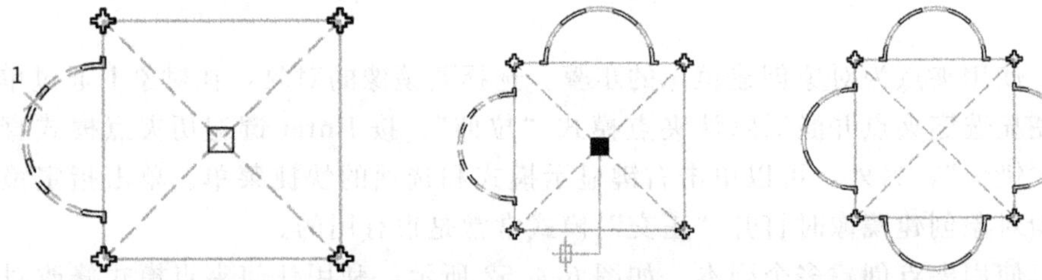

(a) 通过夹点选定的复制多个副本的块　　(b) 复制并旋转的块　　(c) 结果——复制并旋转四个块

图 6.4.55　“旋转捕捉”

（108）以任意一种夹点模式创建副本的步骤。选择要复制的对象。在对象上通过单击选择基夹点，亮显选定夹点并激活默认夹点模式“拉伸”。按 Enter 键遍历夹点模式，直到显示所需的夹点模式，可以单击右键显示模式和选项的快捷菜单。输入 c（复制），AutoCAD 将创建副本直到夹点关闭。输入或指定当前夹点模式所需的附加输入。按 Enter 键、空格键或 Esc 键关闭夹点。

（109）使用夹点为多个副本创建偏移捕捉的步骤。选择要复制的对象。在对象上通过单击选择基夹点，亮显选定夹点并激活默认夹点模式“拉伸”。按 Enter 键遍历夹点模式，直到显示夹点模式“移动”，可以单击右键显示模式和选项的快捷菜单。输入 c（复制）。移动光标并单击，偏移捕捉是选定夹点和指定的副本位置之间的距离。按下 Shift 键并通过指定其他位置放置其他副本，这些副本以与上一个副本相同的偏移捕捉距离创建。按 Enter 键、空格键或 Esc 键关闭夹点。

(110) 使用夹点为多个旋转副本创建旋转捕捉的步骤。选择要旋转的对象。在对象上通过单击选择基夹点，亮显选定夹点并激活默认夹点模式“拉伸”。按 Enter 键遍历夹点模式，直到显示夹点模式“旋转”，可以单击右键显示模式和选项的快捷菜单。输入 c（复制）。移动定点设备并单击，旋转捕捉是选定夹点和指定的副本位置之间的角度。按下 Shift 键并通过指定其他位置放置其他副本，这些副本以与上一个副本相同的旋转捕捉角度创建。按 Enter 键、空格键或 Esc 键关闭夹点。

(111) 使用夹点为对象创建镜像并保留原对象的步骤。选择要镜像的对象。在对象上通过单击选择基夹点，亮显选定夹点并激活默认夹点模式“拉伸”。按 Enter 键遍历夹点模式，直到显示夹点模式“镜像”，另外，可以单击右键显示模式和选项的快捷菜单。按下 Shift 键（或输入 c 复制）保留原对象，然后指定镜像线的第二点，为对象创建镜像时打开“正交”模式常常是很有用的。按 Enter 键、空格键或 Esc 键关闭夹点。

(112) 控制块中的夹点。如图 6.4.56 所示，可以指定选定块，参照其插入点，可显示单个夹点或者显示块内与编组对象关联的多个夹点。

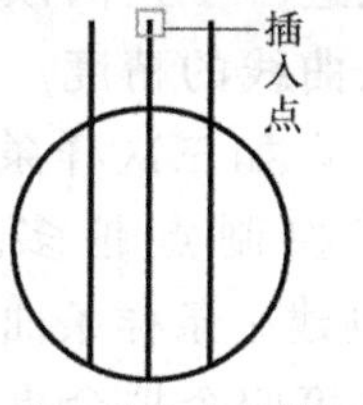

(a) 块中的夹点被关闭

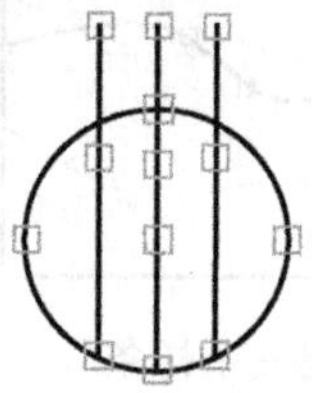

(b) 块中的夹点被打开

图 6.4.56 控制块中的夹点

(113) 打开或关闭块中的夹点的步骤。从“工具”菜单中选择“选项”。在“选项”对话框“选择”选项卡中，选择或清除“在块中启用夹点”，选择“确定”。其命令行为“OPTIONS”。

(114) 修改样条曲线。除了在大多数对象上使用的一般编辑操作外，使用 SPLINEDIT 编辑样条曲线时还可以使用其他选项，如拟合数据、闭合、移动顶点、细化、反转等。“拟合数据”的特点是编辑定义样条曲线的拟合点数据，包括修改公差。“闭合”的特点是将开放样条曲线修改为连续闭合的环。“移动顶点”的特点是将拟合点移动到新位置。“细化”的特点是通过添加、权值控制点并提高样条曲线阶数来修改样条曲线定义。“反转”的特点是修改样条曲线方向。还可以修改样条曲线的公差。公差表示样条曲线拟合所指定的拟合点集时的拟合精度，公差越小则样条曲线与拟合点越接近。

(115) 使用夹点编辑样条曲线。选择样条曲线时夹点显示在其拟合点上（GRIPS 系统变量必须设置为 1），可以使用夹点修改样条曲线的形状和位置。如图 6.4.57 所示，执行完某个操作后拟合点被放弃，夹点显示在控制点上，这些操作包括修剪样条曲线、移动控制点和清理拟合数据，如果样条曲线的控制框架打开（SPLFRAME 系统变量设置为 1），则夹点同时在样条曲线控制点和其拟合点上显示（可用时）。可以删除样条曲线的拟合点，也可以为提高精度而添加拟合点，或者移动拟合点修改样条曲线的形状。还可以打开或闭合样条曲线，编辑样条曲线的起点切向和端点的切向。样条曲线的方向是可反转的。也可以改变样条曲线的公差。公差表示样条曲线拟合所指定的拟合点集时的拟合精度。公差越小则样条曲线与拟合点越接近。

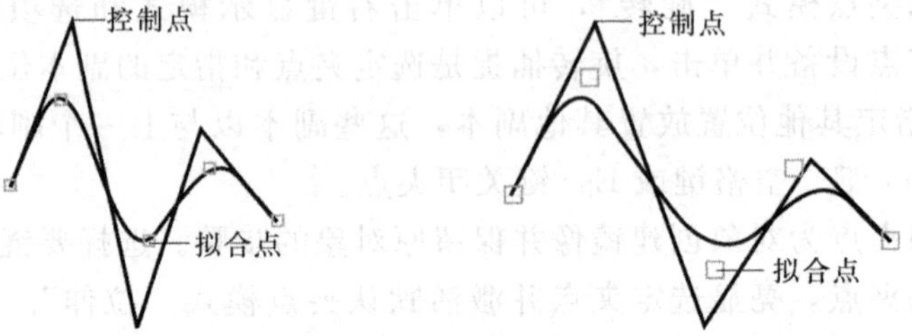

(a) 拟合公差为 0 时的样条曲线　　(b) 拟合公差为 0.5 时的样条曲线

图 6.4.57　使用夹点编辑样条曲线

(116) 细化样条曲线的形状。可以在一段样条曲线中增加控制点的数目或改变指定的控制点的权值来控制样条曲线的精度，增加控制点的权值将把样条曲线进一步拉向该点，也可以通过改变它的阶来控制样条曲线的精度，样条曲线的阶是样条多项式的次数加一，如三次样条曲线的阶为 4，样条曲线的阶越高其控制点越多。如图 6.4.58 和图 6.4.59 所示，已创建一条样条曲线表示地形轮廓，夹点被打开并要移动第四个拟合点以提高精确度，选择样条曲线时夹点出现在控制点的位置上，如果穿过一系列点以拟合样条曲线而没有使用 SPLINEDIT 命令的“清理”选项，可清理这些信息同时还选择“拟合数据”选项，则夹点将出现在选定样条曲线的拟合点上，而不是控制点上。

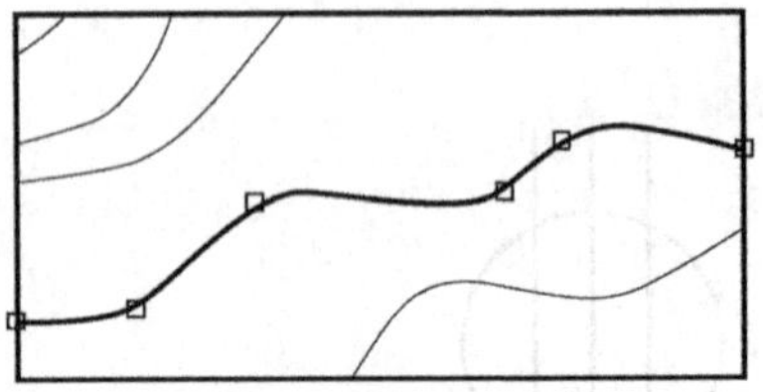

图 6.4.58　创建一条样条曲线表示地形轮廓

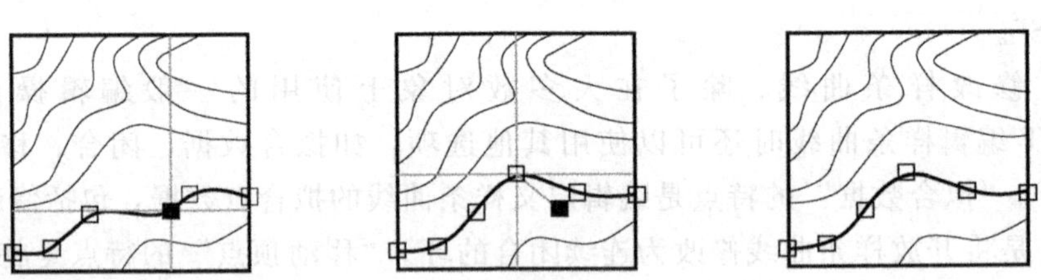

(a) 选定的第四个拟合点　　(b) 移动的拟合点　　(c) 结果

图 6.4.59　细化样条曲线

(117) 编辑样条曲线的步骤。从“修改”菜单中选择“对象”，然后选择“样条曲线”。选择要修改的样条曲线。通过输入一个或多个以下选项编辑样条曲线，即：输入 f（拟合）编辑定义样条曲线的拟合数据；输入 c（闭合）将开放样条曲线修改为连续闭合的环；输入 m（移动顶点）将拟合点移动到新位置；输入 r（细化）通过添加、权值控制点并提高样条曲线阶数来修改样条曲线定义；输入 e（反转）反转样条曲线的方向；输入 u（放弃）取消上一次编辑操作。输入 x（退出）结束命令。其“修改Ⅱ”工具栏为，其命令行为“SPLINEDIT”。

6.4.4 修改合成对象

对于块、标注、图案填充和多段线合成对象还可以使用其他编辑操作。

(1) 解除关联合成对象（分解）。可以分解多段线、标注、图案填充或块参照等合成对象，将其转换为单个元素。如分解多段线，将其分为简单的线段和圆弧。分解块参照或关联标注使其替换为组成块或标注的对象副本。

(2) 分解标注和图案填充。分解标注或图案填充后将失去其所有的关联性，标注或填充对象被替换为单个对象（如直线、文字、点和二维实面）。

(3) 分解多段线。分解多段线时，AutoCAD 将放弃任何关联的宽度信息。所得直线和圆弧将沿原多段线的中心线放置。如果分解包含多段线的块，则需要单独分解多段线。如果分解一个圆环其宽度将变为 0。

(4) 分解块参照。如果使用属性分解块，则属性值将丢失且只剩下属性定义。分解的块参照中的对象的颜色和线型可以改变。关于块参照特性的详细信息可参考本书“使用符号”中关于“块”的相关内容。

(5) 分解外部参照。外部参照是链接（附加）至另一图形的图形文件。不能分解外部参照和它们依赖的块。关于外部参照特性的详细信息可参考本书“参照其他图形文件”中关于“外部参照”的相关内容。

(6) 分解对象的步骤。从“修改”菜单中选择“分解”。选择要分解的对象，对大多数对象而言其分解的效果并不是看得见的。其“修改”工具栏为 ，其命令行为“EXPLODE”。

(7) 修改图案填充和实体填充区域。可以修改填充图案和填充边界。还可以修改实体填充区域，使用的方法取决于实体填充区域是实体图案、二维实面还是宽多段线或圆环。

(8) 控制填充图案密度。图案填充可以生成大量的线和点对象。尽管存储为图案填充对象，这些线和点对象使用磁盘空间并要花一定时间才能生成。如果在填充区域时使用很小的比例因子，图案填充需要成千上万的线和点，因此要花很长时间完成并且很可能耗尽可用资源。要避免出现这种问题，可以限制用单个的 HATCH 或 BHATCH 命令创建的对象数目。如果特定的图案填充所需对象的大概数量（考虑边界范围、图案和比例）超过此界限，AutoCAD 会显示信息，提示填充比例太小或是虚线长度太短，拒绝此填充要求。如果出现这种情况可仔细检查图案填充设置，比例因子可能不合理而需要调整。填充对象限制由存储在系统注册表中的 MaxHatch 环境设置，其默认值是 10000，通过使用 (setenv “MaxHatch”“n”) 设置 MaxHatch 系统注册表变量可以修改此限制，其中 n 是 100～10000000 的数字。

(9) 修改现有填充图案填充。可以修改现有图案填充的图案特性（比例和填充角度），或者为它选择一个新的图案。还可以将填充图案分解为它的组成对象。

(10) 修改填充边界。填充边界可以被复制、移动和拉伸。像处理其他对象一样，使用夹点可以拉伸、移动、旋转、缩放和镜像填充边界以及和它们关联的填充图案。如果所做的编辑保持边界闭合，关联填充会自动更新。如果编辑中生成了开放边界，图案填充将失去任何边界关联性并保持不变。如果填充图案文件在编辑时不可用，则在编辑填充边界的过程中可能会失去关联性。图案填充的关联性取决于是否在“边界图案填充”（BHATCH）和“图案填充编辑”（HATCHEDIT）对话框中选择了“关联”，当原边界被修改时，非关联图案填充将不被更新。可以随时删除图案填充的关联，一旦删除了现有图案填充的关联就不能再重建，必须重新创建图案填充才能恢复关联。

（11）修改实体填充区域。实体填充区域可以表示为以下 4 种方式，即图案填充（使用实体填充图案）、二维实面、渐变填充、宽多段线或圆环。修改这些实体填充对象的方式与修改任何其他图案填充、二维实面、宽多段线或圆环的方式相同。除了 PROPERTIES 外，还可以使用 HATCHEDIT 进行实体填充和渐变填充、为二维实面编辑夹点，使用 PEDIT 编辑宽多段线和圆环。

（12）修改填充图案角度的步骤。选择填充图案。右键单击图案填充，然后在快捷菜单上单击“特性”。在“特性”选项板中输入新的“角度”值。其“标准”工具栏为，其命令行为“PROPERTIES”。

（13）在填充图案中设定对象界限的步骤。在命令提示下输入（setenv “MaxHatch” “n”）。其中，n 是 100～10000000 的数字，值越大则填充图案越密。需要强调的是，MaxHatch 区分大小写。

（14）修改渐变填充的步骤。双击需要修改的渐变填充。在“编辑图案填充”对话框的“渐变色”选项卡中进行修改。要查看渐变填充的外观效果可单击“预览”，按 Enter 键或单击右键返回对话框并进行调整。对调整结果满意后，可在“边界图案填充”对话框中单击“确定”创建渐变填充。

（15）修改或合并多段线。可以通过闭合和打开多段线以及移动、添加或删除单个顶点来编辑多段线。可以在任何两个顶点之间拉直多段线，也可以切换线型以便在每个顶点前或后显示虚线。可以为整个多段线设置统一的宽度，也可以分别控制各个线段的宽度。还可以通过多段线创建线性近似样条曲线。

（16）合并多段线线段。如果直线、圆弧或另一条多段线的端点相互连接或接近，则可以将它们合并到打开的多段线。如果端点不重合而是相距一段可设定的距离（称为模糊距离），则通过修剪、延伸或将端点用新的线段连接起来的方式来合并端点。

（17）修改的多段线的特性。如果被合并到多段线的若干对象的特性不相同，则得到的多段线将继承选定的第一个对象的特性。如果两条直线与一条多段线相接构成 Y 型，则 AutoCAD 选择其中先选定的一条直线并将它与多段线合并，这样的合并将导致非曲线化，且 AutoCAD 将丢弃原多段线和与之合并的多段线的样条曲线信息，一旦完成了合并就可以拟合新的样条曲线生成多段线。

（18）多段线的其他编辑操作。除大多数对象使用的一般编辑操作外，通过 PEDIT 编辑及合并多段线还可以使用其他的编辑操作，如闭合、合并、宽度、编辑顶点、拟合、样条曲线、非曲线化、线型生成等。“闭合”是指创建多段线的闭合线将首尾连接，除非使用选项“闭合”来闭合多段线，否则 AutoCAD 将会认为它是打开的。“合并”是指在开放的多段线的尾端点添加直线、圆弧或多段线和从曲线拟合多段线中删除曲线拟合，要将对象合并至多段线则其端点必须接触。“宽度”是指为整个多段线指定新的统一宽度，使用“编辑顶点”选项中的“宽度”选项修改线段的起点宽度和端点宽度，如图 6.4.60 所示。“编辑顶点”是指在屏幕上绘制 X 标记多段线的第一个顶点，如果已指定此顶点的切线方向，则在此方向上绘制箭头。“拟合”是指创建连接每一对顶点的平滑圆弧曲线，曲线经过多段线的所有顶点并使用任何指定的切线方向。“样条曲线”是指将选定多段线的顶点用作样条曲线拟合多段线的控制点或控制框架，除非原始多段线闭合，否则曲线经过第一个和最后一个控制点，如图 6.4.61 所示。“非曲线化”是指删除圆弧拟合，或样条曲线拟合多段线插入的其他顶点，并拉直所有多段线线段。“线型生成”是指生成经过多段线顶点的连续图案线型，此选项关闭时 AutoCAD 生成始末顶点处为虚线的线型。具体可参考本书前述“修剪或延伸对象”中的相关内容。

(a) 选定的多段线　　(b) 起点和端点宽度不同的线段

图 6.4.60　为整个多段线指定新的统一宽度

(a) 多段线　　(b) 样条多段线

图 6.4.61　样条曲线拟合多段线

(19) 修改多段线的步骤。在“修改”菜单上，单击“对象”➤“多段线”。选择要修改的多段线，如果选定的对象是直线或圆弧，则 AutoCAD 提示“选定的对象不是多段线。是否将其转换为多段线？<Y>：输入 y 或 n 或按 Enter 键”，如果输入 y 则对象被转换为可编辑的单段二维多段线，使用此操作可以将直线和圆弧合并为多段线，如果 PEDITACCEPT 系统变量设置为 1，将不显示该提示且选定对象将自动转换为多段线。通过输入一个或多个以下选项编辑多段线，即：输入 c（闭合）创建闭合的多段线；输入 j（合并）合并连续的直线、圆弧或多段线；输入 w（宽度）指定整个多段线的新的统一宽度；输入 e（编辑顶点）编辑顶点；入 f（拟合）创建一系列的圆弧合并每对顶点；输入 s（样条曲线）创建样条曲线的近似线；输入 d（非曲线化）删除由拟合或样条曲线插入的其他顶点并拉直所有多段线线段；输入 L（线型生成）生成经过多段线顶点的连续图案的线型；输入 u（放弃）返回 PEDIT 的起始处。输入 x（退出）结束命令。其“修改Ⅱ”工具栏为，其命令行为“PEDIT”。

(20) 使单独的多段线线段宽度逐渐变小的步骤。从“修改”菜单中选择“对象”➤“多段线”。选择要编辑的多段线。输入 e（编辑顶点），第一个顶点用 X 标记，按“下一个”或“上一个”按钮移动到适当的顶点。输入 w（宽度）。输入新的始末宽度，然后按 Enter 键移动到下一个顶点，对每一线段重复步骤（4）和（5）。输入 u（放弃）返回

PEDIT 的起始处。输入 x（退出）结束编辑顶点。再次输入 x（退出）结束命令。其“修改Ⅱ”工具栏为，其命令行为“PEDIT”。

（21）修改多线。可以通过添加或删除顶点并且控制角点接头的显示来编辑多线。可以使用多种方法使多线相交，也可以编辑多线样式来改变单个直线元素的特性，或改变多线的末端封口和背景填充。

（22）添加和删除多线顶点。如图 6.4.62 所示，可以在多线中添加或删除任何顶点。

(a) 多线中要删除的顶点　　(b) 多线删除的顶点

图 6.4.62　添加和删除多线顶点

（23）编辑多线交点。如图 6.4.63 所示，如果图形中有两条多线，则可以控制它们相交的方式。多线可以相交成“十”字形或“T”字形，并且“十”字形或“T”字形可以被闭合、打开或合并。

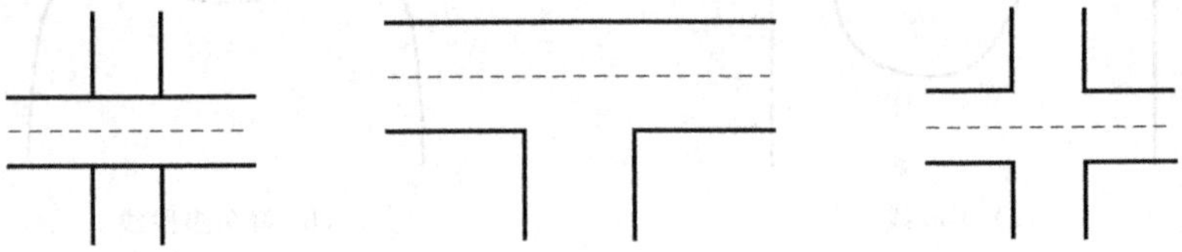

(a) 闭合十字　　(b) 打开的“T”字　　(c) 合并的十字

图 6.4.63　编辑多线交点

（24）编辑多线样式。多线样式控制多线中直线元素的数目、颜色、线型、线宽以及每个元素与多线起点之间的偏移量，这些特性都可以修改。还可以修改合并的显示、端点封口和背景填充。被修改的多线样式将永久地保留修改。不能编辑 STANDARD 多线样式的元素和特性，也不能修改任何正在图形中使用的多线样式，如果试图编辑“元素特性”对话框或“多线特性”对话框中的选项，则该选项将不可用，要编辑现有的多线样式必须在用此样式绘制多线之前进行。如果使用 MLSTYLE 命令创建多线样式而没有保存，然后选择另一个样式或创建新样式，则第一个 MLSTYLE 特性将丢失，要保持特性可在创建新样式之前将每个多线样式保存到 MLN 文件中。

（25）从多线中删除顶点的步骤。从“修改”菜单中选择“对象”➤“多线”。在“多线编辑工具”对话框中选择“删除顶点”（在最下一行图像中），然后选择“确定”。在图形中指定要删除的顶点，然后按 Enter 键。其命令行为“MLEDIT”。

（26）创建闭合的十字形交点的步骤。从“修改”菜单中选择“对象”➤“多线”。在“多线编辑工具”对话框中单击“十字闭合”（在最顶行图像中），然后选择“确定”。为前景选择多线。为背景选择多线，交点被修改，可以继续选择要修改的相交多线或按 Enter 键结束命令，再次按 Enter 键将重新显示“多线编辑工具”对话框。

（27）编辑多线样式的步骤。在下面的步骤中将删除一个直线元素，修改末端封口直线的角度和多线的背景填充，即：从“格式”菜单中选择“多线样式”；在“多线样式”对话框中从列表里选择样式名，选择包含两个以上元素的样式；选择“元素特性”；在“元素特性”对话框的“元素”下选择要删除的直线元素，再选择“删除”，然后选择“确定”；在“多线样式”对话框中选择“多线特性”；在“多线特性”对话框的“封口”下为起点和端点封口线输入新角度；在“填充”下选择“颜色”，从“选择颜色”对话框中选择新颜色，然后选择“确定”两次；在“多线样式”对话框中选择“保存”，将对样式的修改保存到 MLN 文件中；选择“确定”，保存修改后的符号表条目并退出对话框。其命令行为“MLSTYLE”。

6.4.5　修改三维实体

创建三维实体模型后，可以使用 AutoCAD 中的 ShapeManager 建模修改模型的形状和外观。

（1）修改三维实体的特点。创建实体模型后可以通过圆角、倒角、切割、剖切和分割操作修改模型的外观。也可以编辑实体模型的面和边。可以轻松删除由 FILLET 或 CHAMFER 创建的过渡。也可以将实体的面或边作为体、面域、直线、圆弧、圆、椭圆或样条曲线对象来改变颜色或进行复制。压印现有实体上的几何图形可以创建新的面或合并多余的面。偏移可以相对实体的其他面修改某些面，如将孔的直径修改得更大或更小。分割已分解的组合实体可以创建三维实体对象。抽壳创建具有指定厚度的薄壁。

（2）为三维实体圆角和倒角。使用 FILLET 命令可以为选定对象抛圆或圆角。默认方法是指定圆角半径，然后选择要进行圆角的边。其他方法为每个被圆角的边单独指定参数，并为一系列相切的边圆角。CHAMFER 命令为实体的相邻面加倒角。

(a) 选定要圆角的边　　　(b) 结果

图 6.4.64　为实体对象圆角

（3）为实体对象圆角的步骤。如图 6.4.64 所示，从“修改”菜单中选择“圆角”。选择要进行圆角的实体的边（1）。指定圆角半径。选择其他边或按 Enter 键进行圆角。其工具栏为，其命令行为“FILLET”。

（4）为实体对象倒角的步骤。如图 6.4.65 所示，从“修改”菜单中选择“倒角”。选择要倒角的基面的边 1，AutoCAD 亮显与选定边相邻的两个曲面之一。要选择其他曲面，可输入 n（下一个），或按 Enter 键使用当前曲面。指定基面距离，基面距离是指从选定

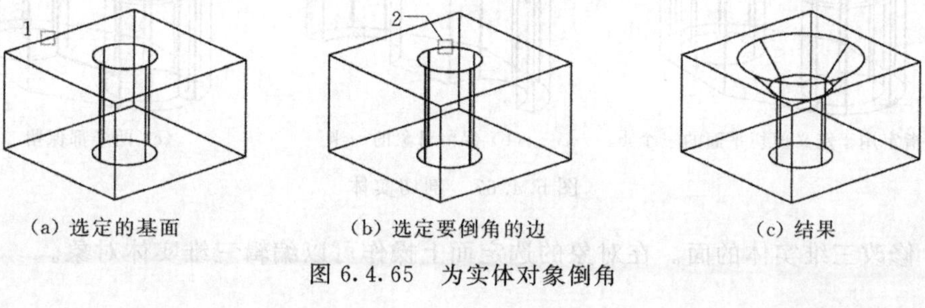

(a) 选定的基面　　　(b) 选定要倒角的边　　　(c) 结果

图 6.4.65　为实体对象倒角

边到基面上一点的距离，另一个曲面距离是指从选定边到相邻曲面上一点的距离。指定相邻曲面距离，“环”将选择基面的所有边，“选择边”将选择单独的边。指定要倒角的边2。其工具栏为，其命令行为“CHAMFER”。

（5）切割和剖切三维实体。使用 SECTION 命令可以创建穿过面域或无名块等实体的相交截面。默认方法是指定三个点定义一个面。也可以通过其他对象、当前视图、Z 轴或 XY、YZ 或 ZX 平面来定义相交截面平面。AutoCAD 在当前图层上放置相交截面平面。使用 SLICE 命令可以切开现有实体并移去指定部分从而创建新的实体，可以保留剖切实体的一半或全部，剖切实体保留原实体的图层和颜色特性，剖切实体的默认方法是先指定三点定义剪切平面，然后选择要保留的部分，也可以通过其他对象、当前视图、Z 轴或 XY、YZ 或 ZX 平面来定义剪切平面。

（6）创建实体的相交截面的步骤。如图 6.4.66 所示，从“绘图”菜单中选择“实体”➤“截面”，选择要创建相交截面的对象。指定三个点定义相交截面平面，第一点定义剪切平面的原点（0，0，0），第二点定义 X 轴，第三点定义 Y 轴。其工具栏为，其命令行为“SECTION”。需要强调的是，如果要对相交截面的剪切平面进行图案填充，则必须先将相交截面的剪切平面与 UCS 对齐。

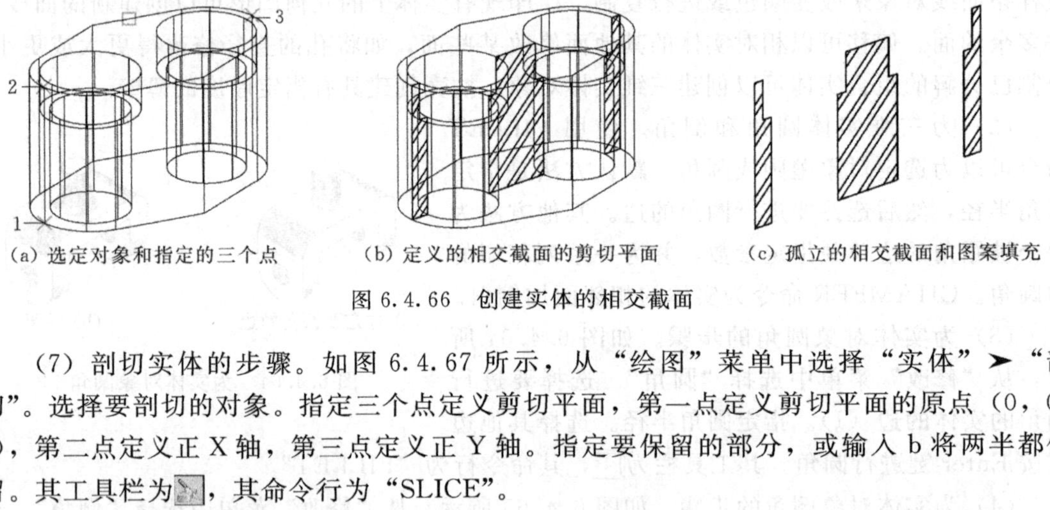

(a) 选定对象和指定的三个点　(b) 定义的相交截面的剪切平面　(c) 孤立的相交截面和图案填充

图 6.4.66　创建实体的相交截面

（7）剖切实体的步骤。如图 6.4.67 所示，从“绘图”菜单中选择“实体”➤“剖切”。选择要剖切的对象。指定三个点定义剪切平面，第一点定义剪切平面的原点（0，0，0），第二点定义正 X 轴，第三点定义正 Y 轴。指定要保留的部分，或输入 b 将两半都保留。其工具栏为，其命令行为“SLICE”。

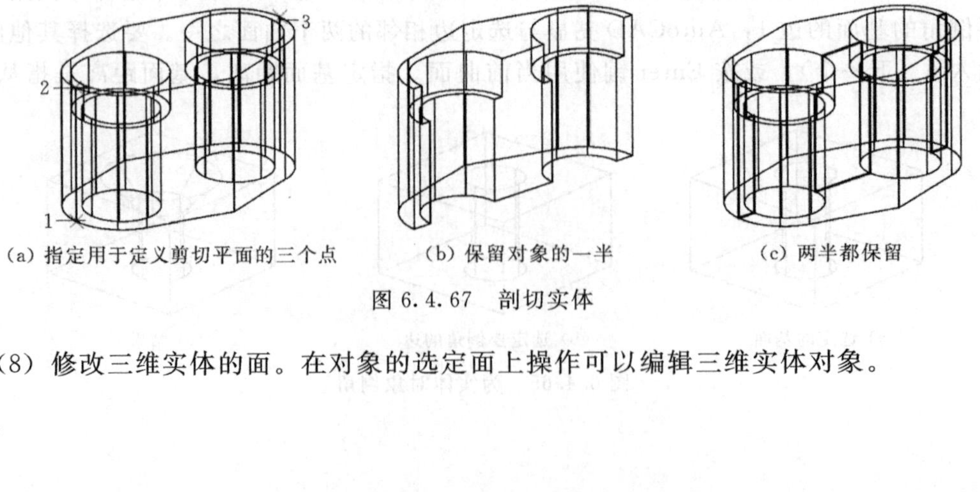

(a) 指定用于定义剪切平面的三个点　(b) 保留对象的一半　(c) 两半都保留

图 6.4.67　剖切实体

（8）修改三维实体的面。在对象的选定面上操作可以编辑三维实体对象。

(9) 修改三维实体面的功能的特点。编辑实体对象时可以拉伸、移动、旋转、偏移、倾斜、删除或复制实体对象，或者改变面的颜色。可以选择三维实体对象上单独的面，或者使用以下 AutoCAD 选择方法之一，如边界集、交叉窗口多边形、交叉窗口、栏选等。边界集是由闭合边界定义的面的集合，它由直线、圆、圆弧、椭圆弧和样条曲线组成。在实体对象上定义边界集时首先选择实体上的一个内部点，亮显该面。如果再次选择面上的同一个点，AutoCAD 将亮显相邻的面。也可以用定点设备或通过交叉窗口、不规则的多边形或栏选（选择它通过的面或边）选择单独的面或边。

(10) 拉伸三维实体上的面。可以沿一条路径拉伸平面，或者指定一个高度值和倾斜角。每个面都有一个正边，该边在面（正在处理的面）的法线上。输入一个正值可以沿正方向拉伸面（通常是向外），输入一个负值可以沿负方向拉伸面（通常是向内）。以正角度倾斜选定的面将向内倾斜面，以负角度倾斜选定的面将向外倾斜面。默认角度为 0°，可以垂直于平面拉伸面。如果指定了过大的倾斜角度或拉伸高度，可能使面在到达指定的拉伸高度之前先倾斜成为一点，AutoCAD 拒绝这种拉伸。面沿着一个基于路径曲线（直线、圆、圆弧、椭圆、椭圆弧、多段线或样条曲线）的路径拉伸。可以沿指定的直线或曲线拉伸实体对象的面。选定面上的所有轮廓都沿着选定的路径拉伸，可以选择直线、圆、圆弧、椭圆、椭圆弧、多段线或样条曲线作为路径。路径不能和选定的面位于同一个平面，也不能有大曲率的区域。

(11) 拉伸实体对象上的面的步骤。如图 6.4.68 所示，从“修改”菜单中选择“实体编辑”➤“拉伸面”。选择要拉伸的面 1。选择其他面或按 Enter 键进行拉伸。指定拉伸高度，指定倾斜角度，按 Enter 键完成命令。其命令行为“SOLIDEDIT”。

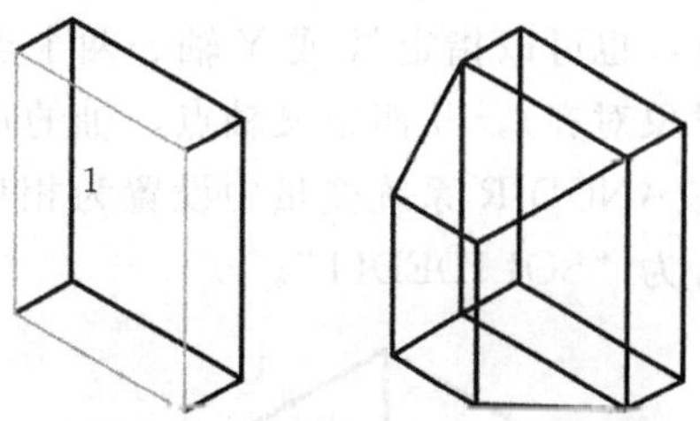

(a) 选定的面　(b) 拉伸的面

图 6.4.68　拉伸实体对象上的面

(12) 沿实体对象上的路径拉伸面的步骤。如图 6.4.69 所示，从“修改”菜单中选择“实体编辑”➤“拉伸面”。选择要拉伸的面 1。选择其他面或按 Enter 键进行拉伸。输入 p（路径）。选择用作路径的对象 2。按Enter键完成命令。其命令行为“SOLIDEDIT”。

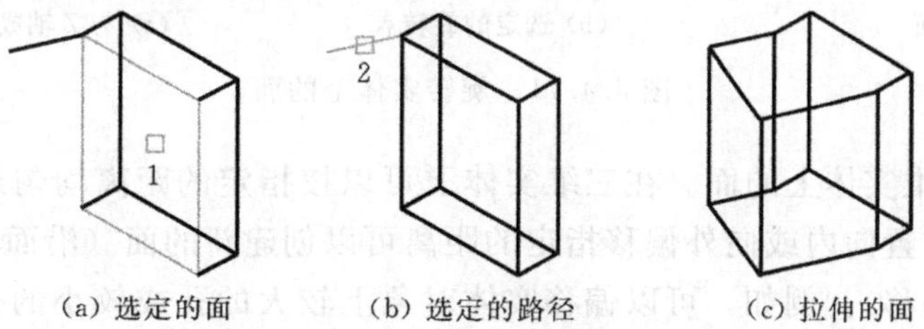

(a) 选定的面　(b) 选定的路径　(c) 拉伸的面

图 6.4.69　沿实体对象上的路径拉伸面

(13) 移动三维实体上的面。可以通过移动面来编辑三维实体对象。AutoCAD 只移动选定的面而不改变其方向。使用 AutoCAD 可以方便地移动三维实体上的孔。可以使用“捕捉”模式、坐标和对象捕捉以精确地移动选定的面。

(14) 移动实体对象上的面的步骤。如图 6.4.70 所示，从“修改”菜单中选择“实体编辑”➤“移动面”。选择要移动的面 1。选择其他面或按 Enter 键移动面。指定移动的基点 2。指定位移的第二点 3。按 Enter 键完成命令。其命令行为“SOLIDEDIT”。

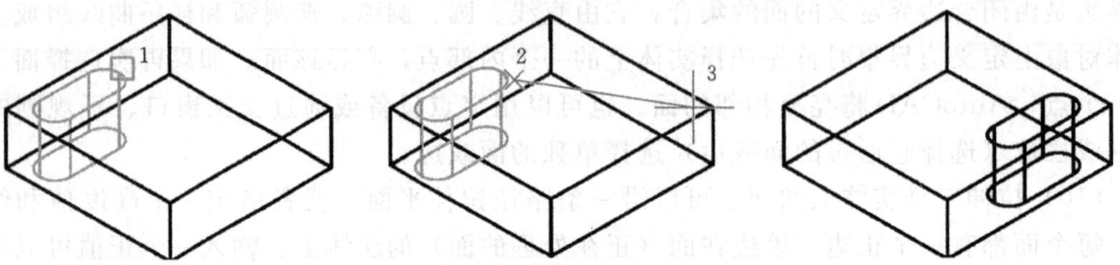

(a) 选定的面　　(b) 基点和第二点选定的点　　(c) 移动的面

图 6.4.70　移动实体对象上的面

(15) 旋转三维实体上的面。通过选择基点和相对（或绝对）旋转角度可以旋转实体上选定的面或特征集合，如孔。所有三维面都绕指定轴旋转。当前 UCS 和 ANGDIR 系统变量设置确定旋转的方向。可以根据两点指定旋转轴的方向、指定对象、X、Y 或 Z 轴或者当前视图的 Z 方向。

(16) 旋转实体上的面的步骤。如图 6.4.71 所示，从“修改”菜单中选择“实体编辑”➤“旋转面”。选择要旋转的面 1。选择其他面或按 Enter 键进行旋转。输入 z 表示轴点，也可以指定 X 或 Y 轴、两个点（定义旋转轴），或通过对象指定轴（将旋转轴与现有对象对齐），从而定义轴点，轴的正方向是从起点到端点并按照右手定则进行旋转，除非在 ANGDIR 系统变量中设置为相反方向。指定旋转角度。按 Enter 键完成命令。其命令行为“SOLIDEDIT”。

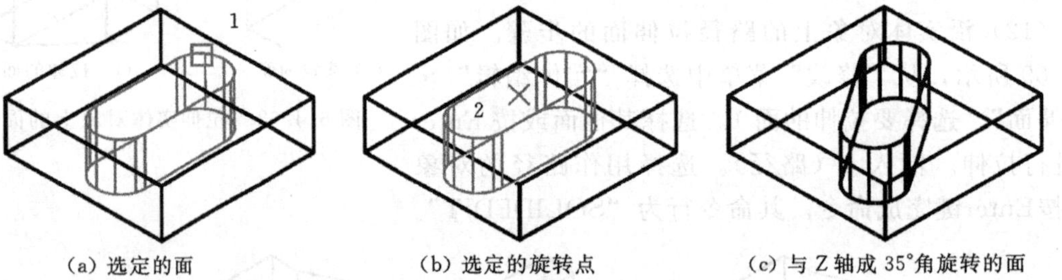

(a) 选定的面　　(b) 选定的旋转点　　(c) 与 Z 轴成 35°角旋转的面

图 6.4.71　旋转实体上的面

(17) 偏移三维实体上的面。在三维实体上可以按指定的距离均匀地偏移面。通过将现有的面从原始位置向内或向外偏移指定的距离可以创建新的面（沿面的法线偏移，或向曲面或面的正侧偏移）。例如，可以偏移实体对象上较大的孔或较小的孔，指定正值将增大实体的尺寸或体积，指定负值将减小实体的尺寸或体积，也可以用一个通过的点来指定偏移距离。

(18) 偏移实体对象上的面的步骤。如图 6.4.72 所示，从“修改”菜单中选择“实体编辑”➤“偏移面”。选择要偏移的面 1。选择其他面或按 Enter 键进行偏移。指定偏移距离。按 Enter 键完成命令。其命令行为“SOLIDEDIT”。需要强调的是，实体的体积较大时实体对象内的孔的偏移较小。

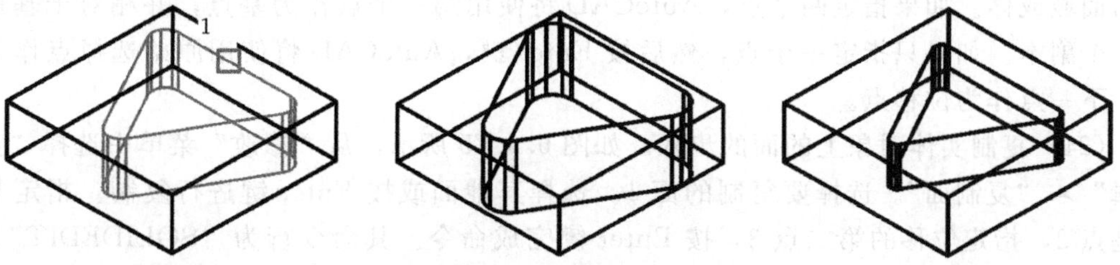

(a) 选定的面　　(b) 面偏移=1　　(c) 面偏移=−1

图 6.4.72　偏移实体对象上的面

(19) 倾斜三维实体上的面。可以沿矢量方向以扫掠斜角倾斜面。以正角度倾斜选定的面将向内倾斜面，以负角度倾斜选定的面将向外倾斜面。避免使用太大的倾斜角度。如果角度过大，轮廓在到达指定的高度前可能就已经倾斜成一点，AutoCAD 将拒绝这种倾斜。

(20) 倾斜实体对象上的面的步骤。如图 6.4.73 所示，从“修改”菜单中选择“实体编辑”➤“倾斜面”。选择要倾斜的面 1。选择其他面或按 Enter 键进行倾斜。指定倾斜的基点 2。指定轴上第二点 3。指定倾斜角度。按 Enter 键完成命令。其命令行为“SOLIDEDIT”。

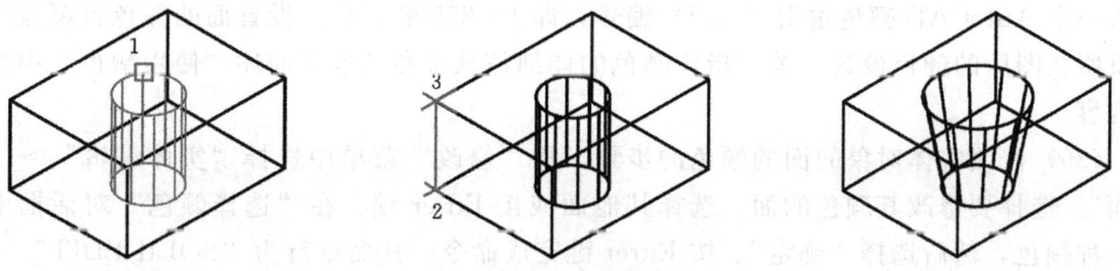

(a) 选定的面　　(b) 基点和选定的第二点　　(c) 倾斜 10°的面

图 6.4.73　倾斜实体对象上的面

(21) 删除三维实体上的面。可以从三维实体对象上删除面和圆角，如使用 SOLIDEDIT 命令从三维实体对象上删除钻孔或圆角。

(22) 删除对象上的面的步骤。如图 6.4.74 所示，从“修改”菜单中选择“实体编辑”➤“删除面”。选择要删除的面 1。选择其他面或按 Enter 键进行删除。按 Enter 键完成命令。其命令行为“SOLIDEDIT”。

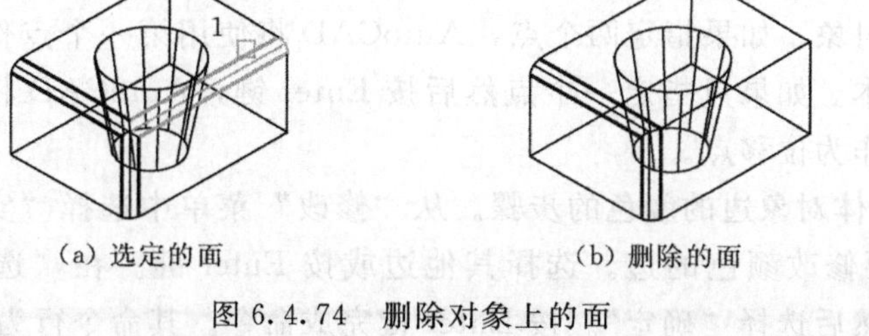

(a) 选定的面　　(b) 删除的面

图 6.4.74　删除对象上的面

(23) 复制三维实体上的面。可以复制三维实体对象上的面。AutoCAD 将选定的面作为面域或体。如果指定两个点，AutoCAD 将使用第一个点作为基点，并相对于基点放置一个副本。如果只指定一个点，然后按 Enter 键，AutoCAD 将使用原始选择点作为基点，下一点作为位移点。

(24) 复制实体对象上的面的步骤。如图 6.4.75 所示，从“修改”菜单中选择“实体编辑”➤“复制面”。选择要复制的面 1。选择其他面或按 Enter 键进行复制。指定复制的基点 2，指定位移的第二点 3，按 Enter 键完成命令。其命令行为“SOLIDEDIT”。需要强调的是，使用 EXTRUDE 命令拉伸复制的面。

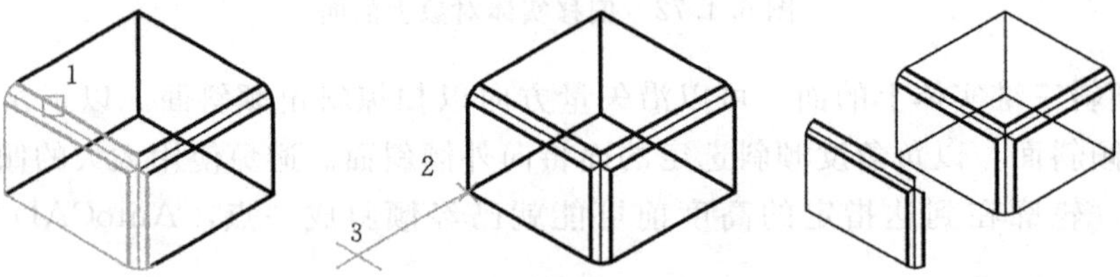

(a) 选定的面　　(b) 基点和选定的第二点　　(c) 复制的面

图 6.4.75　复制实体对象上的面

(25) 为三维实体上的面着色。可以修改三维实体对象上的面的颜色。可以从七种标准颜色中选择颜色，也可以从“选择颜色”对话框中选择。指定颜色时可以输入颜色名或输入一个 AutoCAD 颜色索引（ACI）编号，即 1～255 的整数。设置面的颜色将覆盖实体对象所在图层的颜色设置。关于指定颜色的详细信息可参考本书前述“使用颜色”中的相关内容。

(26) 修改实体对象的面的颜色的步骤。从“修改”菜单中选择“实体编辑”➤“着色面”。选择要修改其颜色的面。选择其他面或按 Enter 键。在“选择颜色”对话框中选择一种颜色，然后选择“确定”。按 Enter 键完成命令。其命令行为“SOLIDEDIT”。

(27) 修改三维实体的边。可以改变边的颜色或复制三维实体对象的各个边。从“选择颜色”对话框中选择颜色。所有三维实体的边都复制为直线、圆弧、圆、椭圆或样条曲线对象。

(28) 修改边的颜色。可以为三维实体对象的独立边指定颜色。可以从七种标准颜色中选择颜色，也可以从“选择颜色”对话框中选择。指定颜色时，可以输入颜色名或一个 AutoCAD 颜色索引（ACI）编号，即 1～255 的整数。设置边的颜色将覆盖实体对象所在图层的颜色设置。关于指定颜色的详细信息可参考本书前述“使用颜色”中的相关内容。

(29) 复制边。可以复制三维实体对象的各个边。所有的边都复制为直线、圆弧、圆、椭圆或样条曲线对象。如果指定两个点，AutoCAD 将使用第一个点作为基点，并相对于基点放置一个副本。如果只指定一个点然后按 Enter 键，AutoCAD 将使用原始选择点作为基点，下一点作为位移点。

(30) 修改实体对象边的颜色的步骤。从“修改”菜单中选择“实体编辑”➤“着色边”。选择面上要修改颜色的边。选择其他边或按 Enter 键。在“选择颜色”对话框中选择一种颜色，然后选择“确定”。按 Enter 键完成命令。其命令行为“SOLIDEDIT”。

（31）复制实体对象的边的步骤。如图 6.4.76 所示，从“修改”菜单中选择“实体编辑”➤“复制边”。选择面上要复制的边 1。选择其他边或按 Enter 键。指定移动的基点 2。指定位移的第二点 3。按 Enter 键完成命令。其命令行为“SOLIDEDIT”。

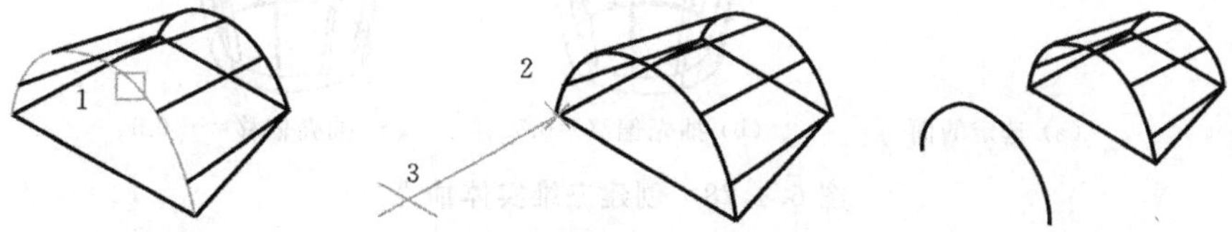

(a) 选定的边　　(b) 基点和选定的第二点　　(c) 复制的边

图 6.4.76　复制实体对象的边

（32）压印三维实体。通过压印圆弧、圆、直线、二维/三维多段线、椭圆、样条曲线、面域、体和三维实体来创建三维实体的新面，例如，如果圆与三维实体相交，则可以压印实体上的相交曲线。可以删除原始压印对象，也可以保留下来以供将来编辑使用。压印对象必须与选定实体上的面相交，这样才能压印成功。

（33）压印三维实体对象的步骤。如图 6.4.77 所示，从“修改”菜单中选择“实体编辑”➤“压印”。选择三维实体对象 1。选择要压印的对象 2。按 Enter 键保留原始对象，或者按 y 将其删除。选择要压印的其他对象或按 Enter 键。按 Enter 键完成命令。其命令行为“SOLIDEDIT”。

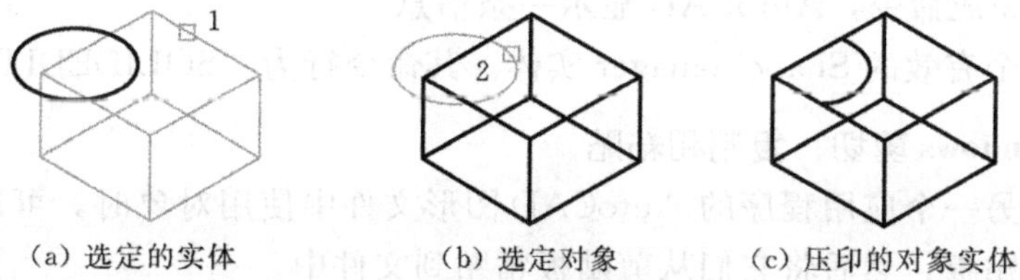

(a) 选定的实体　　(b) 选定对象　　(c) 压印的对象实体

图 6.4.77　压印三维实体对象

（34）分割三维实体。可以将组合实体分割成零件。组合三维实体对象不能共享公共的面积或体积。将三维实体分割后，独立的实体将保留原来的图层和颜色。所有嵌套的三维实体对象都将分割成最简单的结构。

（35）将三维组合实体分割为单独实体的步骤。从“修改”菜单中选择“实体编辑”➤“分割”。选择三维实体对象。按 Enter 键完成命令。其命令行为“SOLIDEDIT”。

（36）抽壳三维实体。可以从三维实体对象中以指定的厚度创建壳体或中空的薄壁。AutoCAD 通过将现有的面向原位置的内部或外部偏移来创建新的面。偏移时，AutoCAD 将连续相切的面看作一个面。

（37）创建三维实体抽壳的步骤。如图 6.4.78 所示，从“修改”菜单中选择“实体编辑”➤“抽壳”。选择三维实体对象。选择不抽壳的面 1。选择其他不抽壳的面或按 Enter 键。指定抽壳偏移值，正的偏移值在面的正方向上创建抽壳，负的偏移值在面的负方向上创建抽壳。按 Enter 键完成命令。其命令行为“SOLIDEDIT”。

（38）清除和检查三维实体。如果边的两侧或顶点共享相同的曲面或顶点定义，那么

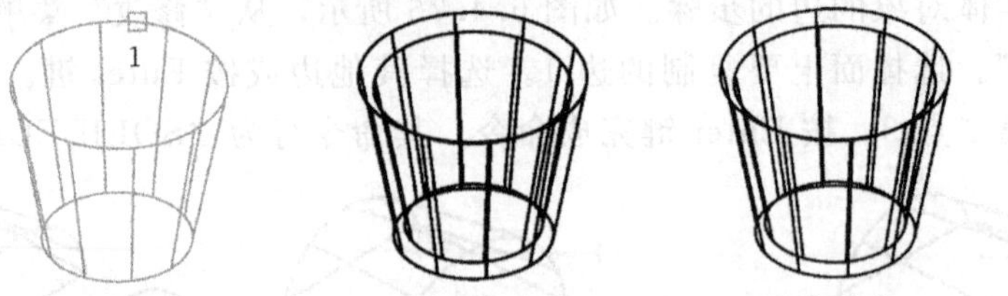

(a) 选定的面　(b) 抽壳偏移=0.5　(c) 抽壳偏移=-0.5

图 6.4.78 创建三维实体抽壳

可以删除这些边或顶点。AutoCAD 将检查实体对象的体、面或边，并且合并共享相同曲面的相邻面。三维实体对象上所有多余的、压印的以及未使用的边都将被删除。可以检查实体对象是否是有效的三维实体对象。对于有效的三维实体，对其进行修改不会导致出现失败错误信息。如果三维实体无效，则不能编辑对象。

(39) 清除三维实体对象的步骤。如图 6.4.79 所示，从"修改"菜单中选择"实体编辑"➤"清除"。选择三维实体对象 1。按 Enter 键完成命令。其命令行为"SOLIDEDIT"。

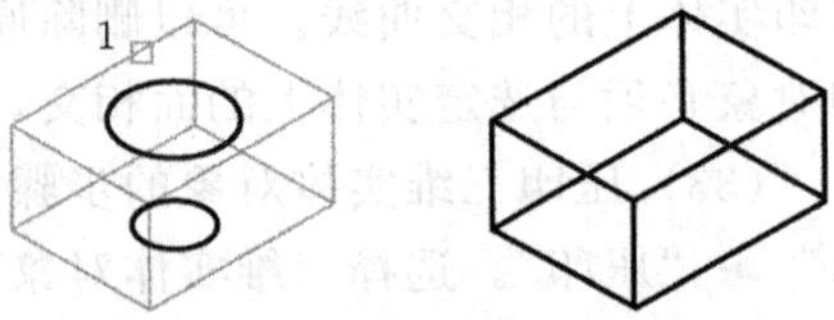

(a) 选定的实体　(b) 清除的实体

图 6.4.79 清除三维实体对象

(40) 校验三维实体对象的步骤。从"修改"菜单中选择"实体编辑"➤"检查"。选择三维实体对象。按 Enter 键完成命令，AutoCAD 显示一条信息说明该实体是一个有效的 ShapeManager 实体。其命令行为"SOLIDEDIT"。

6.4.6 使用 Windows 剪切、复制和粘贴

当用户要从另一个应用程序的 AutoCAD 图形文件中使用对象时，可以先将这些对象剪切或复制到剪贴板，然后将它们从剪贴板粘贴到文件中。

(1) 剪切对象。剪切将从图形中删除选定对象并将它们存储到剪贴板上。然后便可以将对象粘贴到其他 Windows 文档中。

(2) 复制对象。可以使用剪贴板将图形的部分或全部复制到其他应用程序创建的文档。AutoCAD 对象以矢量格式复制，在其他应用程序中将保持高分辨率。这些对象以 WMF（Windows 图元文件）格式存储在剪贴板中。然后可以将剪贴板中存储的信息嵌入其他文档。更新原始图形并不更新嵌入其他应用程序的副本。

(3) 粘贴对象。应用程序使用不同的内部格式存储剪贴板信息。将对象复制到剪贴板时，AutoCAD 以所有可用格式存储信息。将剪贴板中的内容粘贴到 AutoCAD 图形中时，AutoCAD 使用保留最多信息的格式。当然，可以撤销此设置并将粘贴信息转换成 AutoCAD 格式。因为 AutoCAD 格式是最简单的可编辑格式，所以从 AutoCAD 中复制内容或将内容复制到 AutoCAD 中时，最好使用这种格式，它将保留所有相关的对象信息，包括块参照和三维对象要素。Windows 图元文件（图片）格式包含了屏幕矢量信息，而且此类文件可以在不降低分辨率的情况下进行缩放和打印，可使用这种格式将对象粘贴到支持 WMF 文件的 Windows 应用程序中，粘贴到 AutoCAD 中的图元文件比位图图像（BMP 文件）的分辨率高，但不如 AutoCAD 对象那么容易操作。对象的颜色在复制到剪贴板时

不会改变，如白色对象粘贴到白色背景时不可见，使用 WMFBKGND 和 WMFFOREGND 系统变量控制背景或前景，对于粘贴到其他应用程序中的图元文件对象是否透明。位图图像是光栅图像，由不同颜色的像素排列而成，通常用于图形应用程序。使用 PASTESPEC 命令可以将链接或嵌入的对象从剪贴板插入到 AutoCAD 图形中，如果将粘贴的信息转换为 AutoCAD 格式，则对象将作为块参照插入，要编辑粘贴信息可将块参照分解为其部件对象，将存储在剪贴板中的 Windows 图元文件转换为 AutoCAD 格式时，可能会丢失一定的比例缩放精度，要保持正确的缩放比例，可将原始图形中的对象保存为块（WBLOCK），然后使用 INSERT 命令插入到 AutoCAD 中。

（4）将对象剪切到剪贴板的步骤。选择要剪切的对象。从“编辑”菜单中选择“剪切”，也可以按 Ctrl＋X 组合键，这些对象可以粘贴到其他 Windows 应用程序中。其命令行为“CUTCLIP”。

（5）将对象复制到剪贴板的步骤。选择要复制的对象。从“编辑”菜单中选择“复制”，也可以按 Ctrl＋C 组合键。其命令行为“COPYCLIP”。

（6）从剪贴板粘贴对象的步骤。从“编辑”菜单中选择“粘贴”，也可以按 Ctrl＋V 组合键，剪贴板上的当前对象被粘贴到图形中。其命令行为“PASTECLIP”。

（7）将粘贴信息转换为 AutoCAD 格式的步骤。从“编辑”菜单中选择“选择性粘贴”。在“选择性粘贴”对话框中选择“粘贴”。从格式列表中选择“图片”。选择“确定”。其命令行为“PASTESPEC”。

思考题与习题

1. 简述 AutoCAD 是如何控制对象特性的。
2. 如何使用 AutoCAD 的精度工具？
3. 简述 AutoCAD 是如何绘制几何对象的。
4. 如何修改 AutoCAD 中的现有对象？

第7章 AutoCAD的图案填充、注释和标注方法

7.1 图案填充、填充和擦除

许多绘图应用程序通过图案填充的过程使用图案填充区域。可以使用预定义的填充图案、当前的线型定义简单的直线图案，或者创建更加复杂的填充图案。也可以使用图案填充功能创建实体填充。还可以使用渐变填充方法填充区域，从而在图形中模拟光在对象上的反射效果。在某些图形中，用户可能希望使用擦除对象在现有对象上生成一个空白区域，用于添加注释或详细的屏蔽信息。

7.1.1 填充图案和填充功能的特点

可以从工具选项板拖放图案填充或使用具有附加选项的对话框。可以选择多种方法指定图案填充的边界，还可以控制图案填充是否随边界的更改而自动调整（关联填充）。为了缩小文件的大小，填充图案在图形数据库中定义为单一的图形对象。

（1）添加填充图案和实体填充。可以使用多种方法向图形中添加填充图案。BHATCH命令提供的选项最多。使用工具选项板，可以更快、更方便地工作。“工具选项板”窗口处于打开状态时，右键单击图案工具可以从快捷菜单中访问“工具特性”对话框，该对话框包括七个填充图案选项，这些选项也可以通过BHATCH进行访问，如可以指定填充图案的比例和间距。

（2）创建关联图案填充。关联图案填充随边界的更改自动更新。默认情况下，使用BHATCH命令创建的图案填充区域是关联的。任何时候都可以删除图案填充的关联性，或者使用HATCH创建无关联填充。如果通过编辑创建了开放的边界，AutoCAD将自动删除关联性。填充图形时将忽略不在对象边界内的整个对象或局部对象。如果图案填充线遇到文字、属性、形或实体填充对象，而且这些对象被选定为边界集的一部分，AutoCAD将填充这些对象的周围部分，因此，如果绘制一个饼图，用文字标记并进行填充时，文字将不会被填充图案覆盖（形成“孤岛”）而保持清晰易读，可以忽略文字的自动排除。如图7.1.1所示，可以使用HATCH创建独立于边界的无关联图案填充，HATCH对于填充非封闭边界的区域非常有用。

（3）选择填充图案。AutoCAD提供实体填充以及50多种行业标准填充图案，可以使用它们区分对象的部件或表现对象的材质。AutoCAD还提供14种符合ISO（国际标准化组织）标准的填充图案。当选择ISO图案时，可以指定笔宽。笔宽确定图案中的线宽。“边界图案填充”对话框“图案”区域的“图案填充”选项卡显示acad.pat文本文件中定义的所有填充图案的名称，通过将填充图案的定义添加到acad.pat文件中，可以将新的填充图案添加到此对话框中。

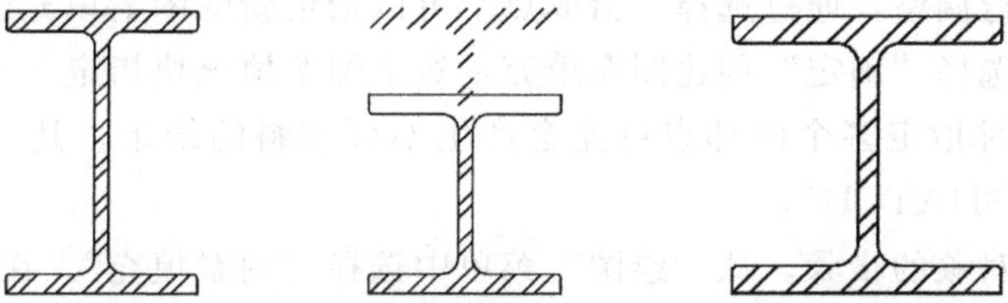

(a) 填充的对象　(b) 编辑结果边界无关联图案填充　(c) 编辑边界的结果关联图案填充

图 7.1.1 使用 HATCH 创建独立于边界的无关联图案填充

(4) 限制填充图案密度。如果创建高密度的图案填充，AutoCAD 可能拒绝此图案填充并显示指示填充比例太小或虚线太短的信息。可以通过使用（setenvMaxHatch n）设置 MaxHatch 系统注册表变量来改变填充直线的最大数目，其中 n 是 100～10000000 之间的数字。需要强调的是，更改 MaxHatch 的值时必须按 MaxHatch 中所显示的大小写形式进行输入。

(5) 编辑图案填充边界。由于可填充的对象组合非常多，所以编辑填充的几何图形可能会产生不可预料的结果。如果创建了不需要的图案填充可以将其放弃，或者删除填充块并重新填充。

(6) 创建自定义填充图案。通过“用户定义的图案”选项，可以使用当前线型定义自己的填充图案，也可以创建更复杂的填充图案。具体可参考《自定义手册》中的“填充图案定义概述”中的相关介绍。

(7) 将填充图案拖到图形中的步骤。在“工具”菜单上单击“设计中心”，此过程描述了如何使用设计中心将填充图案拖动到图形中，也可以从工具选项板中拖动填充图案。显示“文件夹”选项卡时，单击“搜索”按钮。在“搜索”对话框中输入以下条目，即在“查找”中选择“填充图案文件”；在“搜索”框中选择安装 AutoCAD 的驱动器；选择“包含子文件夹”选项；在“填充图案文件”选项卡的“搜索名称”中输入“*”。单击“立即搜索”，默认填充图案文件是 acad. pat 或 acadiso. pat，搜索结果可能显示位于不同位置的同一个文件，为了便于访问，可以选择文件并单击“收藏夹”按钮将文件添加到收藏夹中，文件的快捷方式显示在设计中心“文件夹”选项卡的“收藏夹”文件夹中。在搜索结果中双击文件将填充图案加载到设计中心的内容区域。（可选）右键单击图案显示具有下列选项的快捷菜单，即 BHATCH（打开“边界图案填充”对话框）、复制（在剪贴板中存储填充图案）、创建工具选项板（用显示的选定图案创建新的工具选项板）。将填充图案从内容区域拖动到图形中的封闭对象或工具选项板中。需要强调的是，如果填充图案的比例太大或太小将显示一条错误信息，通过双击填充图案显示“边界图案填充”对话框可以调整填充图案的比例。其“标准”工具栏为，其命令行为“ADCENTER”。

(8) 填充区域的步骤。从“绘图”菜单中选择“图案填充”。在“边界图案填充”对话框中，选择“拾取点”。在图形中，在要填充的每个区域内指定一点并按 Enter 键，此点称为内部点。在“边界图案填充”对话框“图案填充”选项卡的样例框内验证该样例图案是否是要使用的图案，要更改图案可从“图案”列表中选择另一个图案，要查看填充图案的外观可选择“图案”旁边的 [...]，完成预览后选择“确定”。必要时在“边界图案填充”对话框中进行调整，通过选择“拾取点”可以指定新的图案填充边界。在“边界图案填充”对话框中选择“确定”创建图案填充，每个图案填充块指定一个内部点，如果在编辑图案填充边界时指定多个内部点可能会产生不可预料的结果。其“绘图”工具栏为，其命令行为“BHATCH”。

（9）填充选定对象的步骤。从“绘图”菜单中选择“图案填充”。在“边界图案填充”对话框中选择“选择对象”。指定要填充的对象，对象不必构成闭合边界，也可以指定任何不应被填充的孤岛。在“边界图案填充”对话框中选择“确定”，应用图案填充。其“绘图”工具栏为，其命令行为“BHATCH”。

7.1.2　定义填充边界

通过选择要填充的对象，或通过定义边界然后指定内部点来创建图案填充。

（1）图案填充边界的特点。通过选择要填充的对象，或通过定义边界然后指定内部点来创建图案填充。图案填充边界可以是形成封闭区域的任意对象的组合，如直线、圆弧、圆和多段线。也可以指定点定义边界。如果在复杂图形上填充小区域，可以使用边界集加快填充速度。每个边界的组成部分至少应部分处于当前视图内。图案填充区域内的封闭区域被称作孤岛，可以填充它们或使其保持原状。可使用 BHATCH 和 HATCH 命令填充封闭区域或在指定的边界内填充，BHATCH 创建关联图案填充并可以随边界更改而自动更新。仅可以填充与当前 UCS 的 XY 平面平行的平面上的对象，不能填充具有宽度和实体填充的多段线的内部，因为它们的轮廓是不可接受的边界。

（2）控制孤岛中的填充。可以决定如何使用以下三种填充样式填充孤岛（填充边界内的封闭区域），即：普通、外部和忽略。可以通过选择“预览”在“高级选项”对话框中预览这些填充样式。“普通”填充样式（默认）将从外部边界向内填充，如果填充过程中遇到内部边界则填充将关闭直到遇到另一个边界为止。如果使用“普通”填充样式进行填充将不填充孤岛，但是孤岛中的孤岛将被填充，如图 7.1.2 所示。“外部”填充样式也是从外部边界向内填充并在下一个边界处停止。“忽略”填充样式将忽略内部边界，填充整个闭合区域，如图 7.1.3 所示。也可以从图案填充区域中删除任何孤岛，如图 7.1.4 所示。

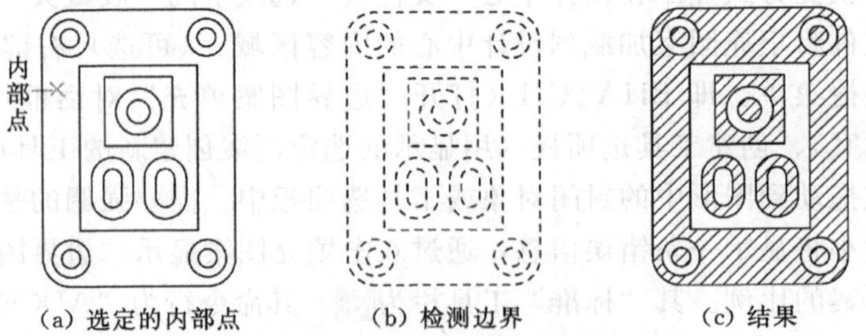

(a) 选定的内部点　　(b) 检测边界　　(c) 结果

图 7.1.2　孤岛中的孤岛被填充

（3）从图案填充区域中删除孤岛的步骤。从“绘图”菜单中选择“图案填充”。在“边界图案填充”对话框中，选择“拾取点”。在图案填充区域内的图形中指定一点。在“边界图案填充”对话框中选择“删除孤岛”。选择不希望从填充中排除的区域的边界。在

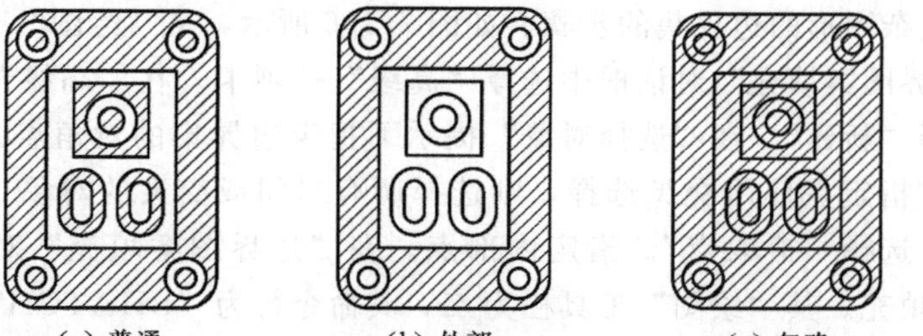

(a) 普通　　(b) 外部　　(c) 忽略

图 7.1.3 忽略内部边界，填充整个闭合区域

(a) 检测边界　(b) 要删除的孤岛(实体边界)　(c) 结果

图 7.1.4 从图案填充区域中删除任何孤岛

“边界图案填充”对话框中选择“确定”，应用图案填充。其“绘图”工具栏为，其命令行为“BHATCH”。

(4) 在大型图形中定义图案填充边界。默认情况下，AutoCAD 通过分析图形中所有闭合的对象来定义边界。对屏幕中的所有完全可见或局部可见的对象进行分析以定义边界，在复杂的图形中可能耗费大量时间。要填充复杂图形的小区域，可以在图形中定义一个对象集，称作边界集。如果在边界集中指定内部点，AutoCAD 将不分析边界集外的对象。对于在图形的不同区域将不同的填充样式应用到孤岛，边界集也非常有用。为清楚起见，首先放大要填充的区域，如图 7.1.5 所示。“边界图案填充”对话框的“高级”选项卡上的“视图选择”选项，将亮显图形中定义边界的对象。

图 7.1.5 放大要填充的区域

（5）定义复杂图形的边界集的步骤。如图 7.1.6 所示，从“绘图”菜单中选择“图案填充”。在“边界图案填充”对话框中选择“高级”选项卡。在“高级”选项卡上的“边界集”下，选择“新建”。在“选择对象”提示下指定边界集的对角点并按 Enter 键，如果通过从右向左指定点使用交叉选择，则选择所有封闭或交叉的对象。在“边界图案填充”对话框中，选择“拾取点”。指定内部点。在“边界图案填充”对话框中选择“确定”，应用图案填充。其“绘图”工具栏为▨，其命令行为“BHATCH”。

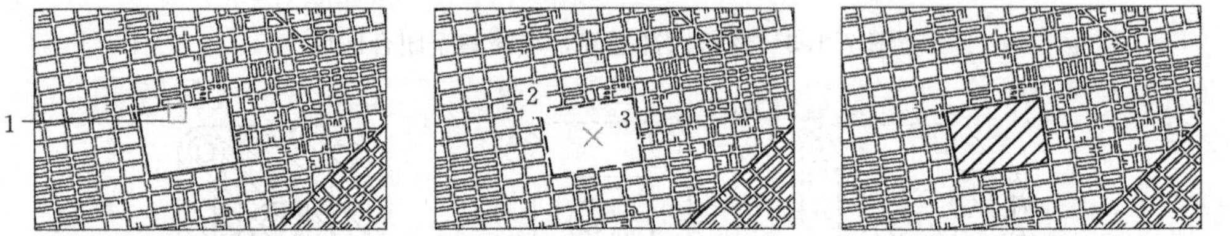

(a) 新边界集　　(b) 内部点　　(c) 结果

图 7.1.6　定义复杂图形的边界集

（6）创建无边界的图案填充。可以通过指定边界点使用 HATCH 定义图案填充边界。例如，也许希望只通过填充图形中较大区域的一小部分，来显示较大区域被图案填充，如图 7.1.7 所示，通过直接指定点定义要填充的区域，填充图案为 EARTH、旋转 45°，可以选择创建图案填充后是否保留多段线边界，此处多段线边界没有保留。

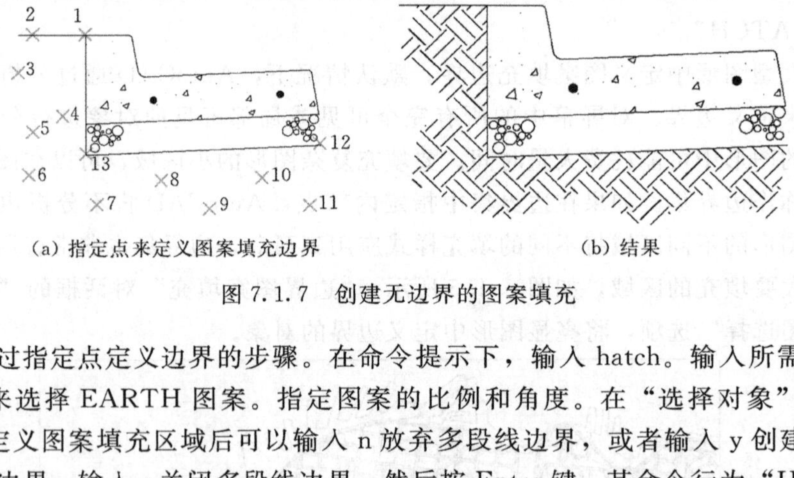

(a) 指定点来定义图案填充边界　　(b) 结果

图 7.1.7　创建无边界的图案填充

（7）通过指定点定义边界的步骤。在命令提示下，输入 hatch。输入所需的图案，如输入 earth 来选择 EARTH 图案。指定图案的比例和角度。在“选择对象”提示下，按 Enter 键。定义图案填充区域后可以输入 n 放弃多段线边界，或者输入 y 创建多段线。指定点以定义边界，输入 c 关闭多段线边界，然后按 Enter 键。其命令行为“HATCH”。

7.1.3　选择填充图案和实体填充

可以使用预定义的填充图案或实体填充，也可以创建自己的填充图案。

（1）创建实体填充区域。如图 7.1.8 所示，在 AutoCAD 中可以使用以下几种方法创建实体填充区域，即：使用实体填充图案的图案填充（BHATCH）；二维填充（SOLID）；宽多段线或圆环（PLINE 和 DONUT）。具体可参考本书“修改图案填充和实体填充区域”“绘制多段线”“绘制圆环”中的相关内容。

（2）使用实体图案创建图案填充的步骤。从“绘图”菜单中选择“图案填充”。在“边界图案填充”对话框中选择“拾取点”。在要填充的每个图形区域中指定点，此点称为

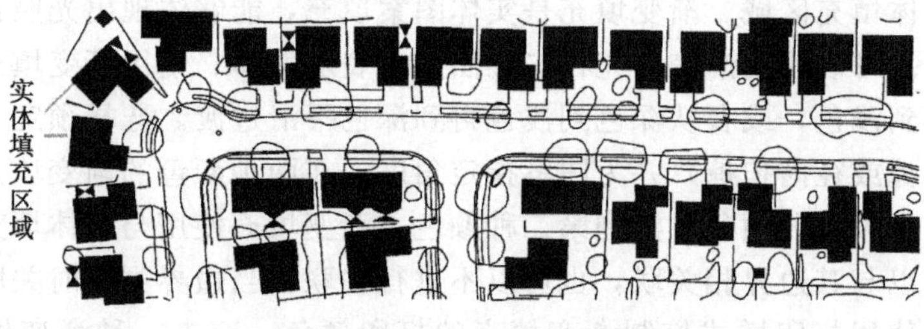

图 7.1.8 创建实体填充区域

内部点。按 Enter 键返回“边界图案填充”对话框。在“边界图案填充”对话框“图案填充”选项卡的“类型”下，选择“预定义”。选择“图案”旁边的[...]按钮，显示“填充图案选项板”对话框。在“填充图案选项板”对话框的“其他预定义”选项卡上选择“实体”，然后选择“确定”。要查看填充图案的外观，可选择“预览”。预览填充图案后，右键单击或按 Enter 键应用图案填充，或按任何其他按钮或按键返回“边界图案填充”对话框。必要时在“边界图案填充”对话框中进行调整（可以通过选择“拾取点”，指定新的图案填充边界）。在“边界图案填充”对话框中选择“确定”，创建图案填充，每个图案填充块指定一个内部点，如果在编辑图案填充边界时指定多个内部点可能会产生不可预料的结果。其“绘图”工具栏为，其命令行为“BHATCH”。

（3）创建二维填充对象的步骤。在命令提示下输入 solid，指定第一点。从左向右移动，指定第二点。继续指定点，完成对象后按 Enter 键，创建四边形实体填充区域时第三点和第四点的顺序将决定它的形状（见图 7.1.9）。需要强调的是，要创建四边形区域必须从左向右指定顶部和底部边缘，如果在右侧指定第一点而在左侧指定第二点，则第三点和第四点也必须从右向左指定，继续指定点时应务必持续这种“之”字形顺序，以确保得到预期的结果。其命令行为“SOLID”。

（4）创建宽多段线的步骤。从“绘图”菜单中选择“多段线”。指定直线段的起点。输入 w（宽度）。输入直线段的起点宽度。使用下列两种方法之一指定直线段的端点宽度，即：要创建等宽度的直线段可按 Enter 键；要创建锥状线段可输入一个不同的宽度。指定多段线线段的端点。根据需要继续指定线段端点。按 Enter 键结束，或者输入 c 闭合多段线。其“绘图”工具栏为，其命令行为“PLINE”。

（5）创建圆环的步骤。见图 7.1.10，从“绘图”菜单中选择“圆环”。指定内直径 1。指定外直径 2。指定圆环的圆心 3。指定另一个圆环的中心点，或者按 Enter 键结束命令。其命令行为“DONUT”。

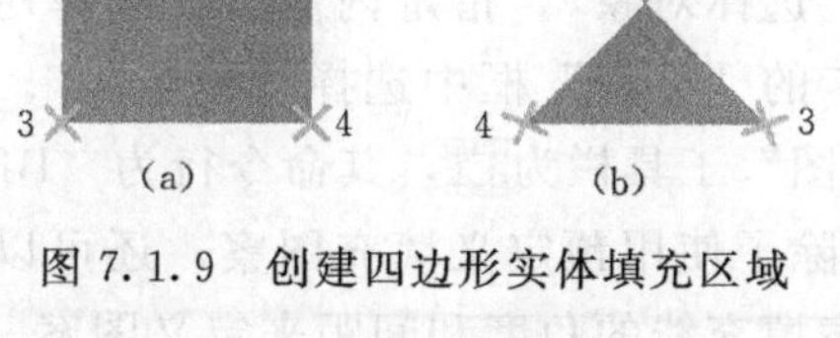

图 7.1.9 创建四边形实体填充区域

图 7.1.10 创建圆环

(6) 创建实体填充区域。渐变填充是实体图案填充，能够体现出光照在平面上而产生的过渡颜色效果。可以使用渐变填充在二维图形中表示实体。使用渐变填充中的颜色可以从浅色到深色再到浅色，或者从深色到浅色再到深色平滑过渡。选择预定义的图案（如线性扫掠、球状扫掠或径向扫掠）并为图案指定角度。在两种颜色的渐变填充中，都是从浅色过渡到深色，从第一种颜色过渡到第二种颜色。渐变填充使用与实体填充相同的方式应用到对象，并可以与其边界相关联，也可以不进行关联。当边界更改时关联的填充将自动随之更新。无法使用打印样式控制渐变填充的打印颜色。双击一种渐变填充，对其进行修改。

(7) 创建单色渐变填充的步骤。在“绘图”菜单中单击“图案填充”。在“边界图案填充”对话框中单击“拾取点”或“选择对象”。指定内部点或选择对象，然后按 Enter 键。在“边界图案填充”对话框的“渐变”选项卡中，选择“单色”。如果要更改颜色，可单击该颜色旁的 [...] 按钮打开“选择颜色”对话框。使用“着色/渐浅”滑动条调节颜色，即将滑动条向“渐浅”一端滑动，可以创建逐渐变成白色的颜色过渡；将滑动条移向“着色”一端可以创建逐渐变成黑色的颜色过渡。单击一种图案然后设置以下两个选项，即选择“居中”可以创建对称的填充、清除“居中”可以将亮显区域向左上方移动；为亮显区域指定角度。要查看渐变填充的外观效果可单击“预览”，按 Enter 键或单击鼠标右键返回对话框并进行调整。对调整结果满意后可在“边界图案填充”对话框中单击“确定”创建渐变填充。其“绘图”工具栏为，其命令行为“BHATCH”。

(8) 创建双色渐变填充的步骤。在“绘图”菜单中单击“图案填充”。在“边界图案填充”对话框中单击“拾取点”或“选择对象”。指定内部点或选择对象，然后按 Enter 键。在“边界图案填充”对话框的“渐变”选项卡中选择“双色”，第二种颜色是渐变填充中的亮显区域的颜色。如果要更改其中的一种颜色，可单击该颜色旁的 [...] 按钮打开“选择颜色”对话框。单击一种图案然后设置以下两个选项，即：选择“居中”可以创建对称的填充、清除“居中”可以将亮显区域向左上方移动；为亮显区域指定角度。要查看渐变填充的外观效果可单击“预览”，按 Enter 键或单击鼠标右键返回对话框并进行调整。对调整结果满意后可在“边界图案填充”对话框中单击“确定”创建渐变填充。其“绘图”工具栏为，其命令行为“BHATCH”。

(9) 使用预定义的填充图案。AutoCAD 提供了实体填充和 50 多个符合工业标准的填充图案（可以表现泥土、砖或陶瓷等材质）。14 种填充图案符合国际标准化组织（ISO）标准。当选择 ISO 图案时可以指定笔宽，笔宽决定了图案中的线宽。除了 AutoCAD 提供的图案以外，还可以使用外部图案库中的图案，这些图案也按名称列出并显示在“填充图案选项板”对话框中。

(10) 使用预定义填充图案的步骤。从“绘图”菜单中选择“图案填充”。在“边界图案填充”对话框中选择“拾取点”或“选择对象”。指定内部点或选择对象。在“边界图案填充”对话框的“图案填充”选项卡的“类型”框中选择“预定义”。从“图案”框中选择一个图案。选择“确定”。其“绘图”工具栏为，其命令行为“BHATCH”。

(11) 创建用户定义的填充图案。除了使用预定义填充图案，还可以基于当前线型定义简单的填充图案。可以通过修改图案填充线的角度和间距来定义图案。

(12) 创建用户定义的填充图案的步骤。通过将该线型置为“当前”，可以指定用户定义的填充图案的线型，具体可参考本书前述“设置当前线型”中的相关内容。从“绘图”菜单中选择“图案填充”。在“边界图案填充”对话框中选择“拾取点”或“选择对象”。指定内部点或选择对象。在“边界图案填充”对话框的“图案填充”选项卡的“类型”框中选择“用户定义”。指定填充图案的角度和间距。要使用图案中的相交直线可选择“双线”，然后选择“确定”。其“绘图”工具栏为▨，其命令行为“BHATCH”。

7.1.4 创建空白区域以覆盖对象

使用擦除对象可以在现有对象上生成一个空白区域，用于添加注释或详细的屏蔽信息。擦除对象是一块多边形区域，它可以使用当前背景色屏蔽底层的对象。此区域由擦除边框进行绑定，可以打开此区域进行编辑，也可以关闭此区域进行打印。如图 7.1.11 所示，通过使用一系列点来指定多边形的区域可以创建擦除对象，也可以将闭合多段线转换成擦除对象。

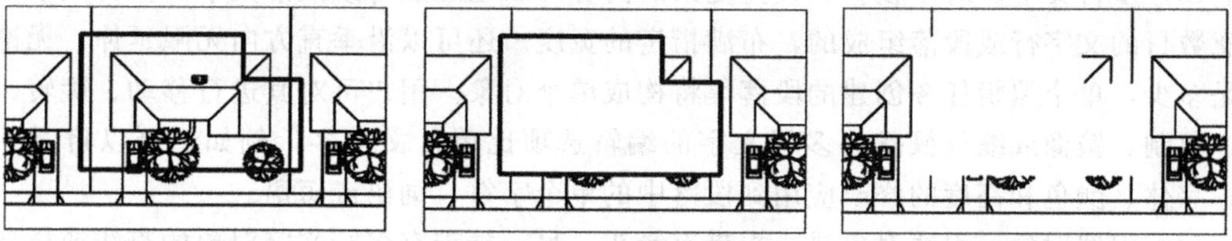

(a) 创建的闭合多段线　　(b) 从多段线创建的擦除对象　　(c) 擦除边框关闭

图 7.1.11　通过使用一系列点来指定多边形的区域创建擦除对象

(1) 要求和限制。如果使用多段线创建擦除对象则多段线必须闭合、只包括直线段且宽度为零。可以在图纸空间的布局上创建擦除对象，以便在模型空间中屏蔽对象，但必须在打印之前清除“打印”对话框“打印设置”选项卡上的“最后打印图纸空间”选项，以确保擦除对象可以正常打印。由于擦除对象与光栅图像相似，因而它与光栅图像的打印要求相同，即需要一台带有 ADI4.3 光栅驱动程序或系统打印驱动程序的光栅打印机。

(2) 使用空白区域覆盖现有对象的步骤。在“绘图”菜单中单击“擦除”。在定义被屏蔽区域周边的点序列中指定点。按 Enter 键结束。其命令行为“WIPEOUT”。

(3) 将所有擦除边框打开或关闭的步骤。在“绘图”菜单中单击“擦除”。在命令行中输入 f（边框）。输入 on 或 off 并按 Enter 键。其命令行为“WIPEOUT”。

7.2 注 释 和 标 签

AutoCAD 提供了多种创建文字的方法，对简短的输入项使用单行文字，对带有内部格式的较长的输入项使用多行文字。也可创建带有引线的多行文字。虽然所有输入的文字都使用建立了默认字体和格式设置的当前文字样式，但也可以使用几种方法自定义文字外观。AutoCAD 还提供一些工具以方便用户修改文字比例和对齐、查找和替换文字，以及检查拼写错误。

7.2.1 注释和标签概述

AutoCAD 提供了多种创建文字的方法。对简短的输入项使用单行文字，对带有内部格式的较长的输入项使用多行文字。也可创建带有引线的多行文字。虽然所有输入的文字都使用建立了默认字体和格式设置的当前文字样式，但也可以使用几种方法自定义文字外观。AutoCAD 还提供一些工具以方便用户更改文字比例和对齐，查找和替换文字，以及检查拼写错误。包含在标注或公差中的文字是使用标注命令创建的。

7.2.2 创建文字

根据用户需要可以使用若干种方法创建文字。

(1) 创建文字和引线功能的特点。添加到图形中的文字可以表达各种信息。它可能是复杂的技术要求、标题栏信息、标签或者是图形的一部分。

(2) 单行文字。对于不需要多种字体或多行的内容可以创建单行文字。单行文字对于标签非常方便。

(3) 多行文字。对于较长、较为复杂的内容可以创建多行或段落文字。多行文字是由任意数目的文字行或段落组成的，布满指定的宽度。还可以沿垂直方向无限延伸。无论行数是多少，单个编辑任务创建的段落集将构成单个对象。用户可对其进行移动、旋转、删除、复制、镜像或缩放操作。多行文字的编辑选项比单行文字多，例如，可以将对下划线、字体、颜色和高度的修改应用到段落中的单个字符、词语或短语。

(4) 引线对象。引线对象是一端带有箭头、另一端带有多行文字对象的直线或样条曲线。引线对象与多行文字对象关联，因此，当文字对象移动、旋转或缩放时引线对象相应更新。类似地，当打开关联标注并使用对象捕捉确定引线箭头的位置时，引线对象也与附着箭头的任何对象相关联。可以复制图形中任何位置使用的文字并可以为其附加引线。需要强调的是，引线对象不应与 AutoCAD 自动生成的作为尺寸线一部分的引线混淆。

(5) 创建单行文字。使用单行文字（TEXT）创建单行或多行文字，按 Enter 键结束每行。每行文字都是独立的对象，可以重新定位、调整格式或进行其他修改。创建单行文字时要在命令行指定文字样式和设置对齐方式，文字样式设置文字对象的默认特征，对齐决定字符的哪一部分与插入点对齐。用于单行文字的文字样式与用于多行文字的文字样式相同，创建文字时通过在“样式”提示下输入样式名来指定现有样式，如果需要将格式应用到独立的词语和字符，则使用多行文字而不是单行文字。也可以通过压缩在指定的点之间调整单行文字，也就是在指定的空间中拉伸或压缩文字以满足需要。

(6) 对齐单行文字。创建文字时可以使它们对齐，即根据图 7.2.1 所示的对齐选项之一对齐文字，默认设置为左对齐，因此，要左对齐文字不必在“对正”提示下输入选项。

(7) 创建单行文字的步骤。从“绘图”菜单中选择“文字”，然后选择“单行文字”。指定第一个字符的插入点，如果按 Enter 键则 AutoCAD 将紧接最后创建的文字对象（如果有）定位新的文字。指定文字高度，此提示只有文字高度在当前文字样式中设置为 0 时才显示，一条拖引线从文字插入点附着到光标上，单击以将文字的高度设置为拖引线指定的高度。指定文字旋转角度，可以输入角度值或使用定点设备。输入文字，在每行的结尾按 Enter 键，按照需要输入更多文字，如果在此命令中指定了另一个点则光标将移到该点

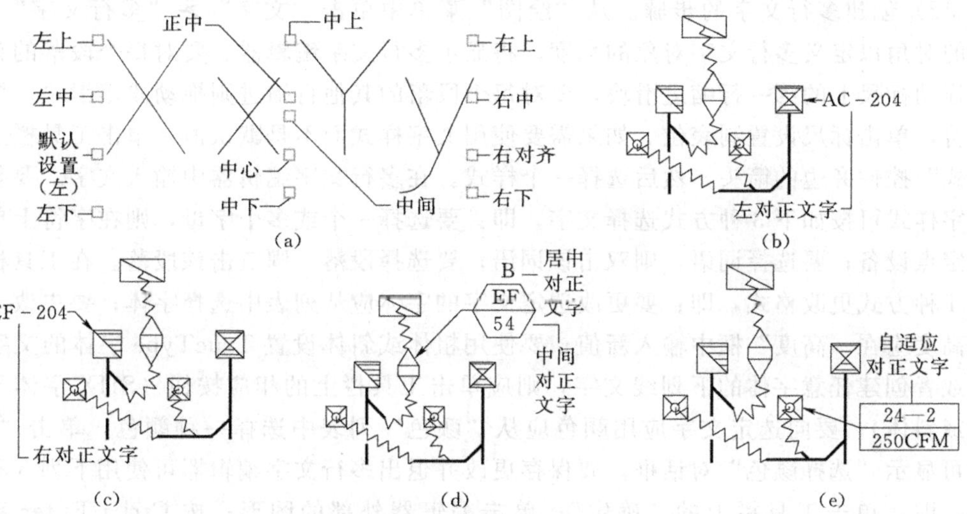

图 7.2.1　对齐单行文字

上，可以继续键入，每次按 Enter 键或指定点时都创建了新的文字对象。在空行处按 Enter 键结束命令。其命令行为“TEXT”。

(8) 创建单行文字时指定文字样式的步骤。从“绘图”菜单中选择“文字”，然后选择“单行文字”。输入 s（样式）。在“样式名”提示下输入现有文字样式名，如果要先查看文字样式的列表则应输入“?”并按两次 Enter 键。继续创建文字。其命令行为“TEXT”。

(9) 在创建单行文字时对齐的步骤。从“绘图”菜单中选择“文字”，然后选择“单行文字”。输入 j（对正）。输入一个对齐选项，如输入 br 在右下角对齐文字。继续创建文字。其命令行为“TEXT”。

(10) 创建多行文字。多行文字对象包含一个或多个文字段落，可作为单一对象处理。

(11) 多行文字概述。可以在多行文字编辑器（或其他文字编辑器）中或使用命令行上的提示创建一个或多个多行文字段落，还可以从以 ASCII 或 RTF 格式保存的文件中插入文字。输入文字之前应指定文字边框的对角，文字边框用于定义多行文字对象中段落的宽度，多行文字对象的长度取决于文字量而不是边框的长度。多行文字编辑器显示一个顶部带标尺的边框和“文字格式”工具栏，多行文字编辑器是透明的，因此用户在创建文字时可看到文字是否与其他对象重叠，要关闭透明度可单击标尺的底边。文字的大多数特征由文字样式控制，文字样式设置默认字体和其他选项，如行距、对正和颜色，可以使用当前文字样式或选择新样式，STANDARD 文字样式是默认值。可以使用“特性”选项板查看和更改多行文字对象的设置，可以用夹点移动或旋转多行文字对象，应对正设置确定文字相对于边框的插入位置，以及输入文字时文字流的方向，行距控制文字行之间的空间大小，宽度定义边框的宽度，因此控制文字自动换行到新行的位置。在多行文字对象中可以通过将格式（如下划线、粗体和不同的字体）应用到单个字符来替代当前文字样式，还可以创建堆叠文字（如分数或形位公差）并插入特殊字符，包括用于 TrueType 字体的 Unicode 字符。可以设置制表符和缩进文字来控制多行文字对象的外观并创建列表。

(12) 创建多行文字的步骤。从“绘图”菜单中单击“文字”➤“多行文字”。指定边框的对角以定义多行文字对象的宽度，将显示多行文字编辑器。要对每个段落的首行缩进则拖动标尺上的第一行缩进滑块，要对每个段落的其他行缩进则拖动段落滑块。要设置制表符，单击标尺设置制表位。如果需要使用文字样式而不是默认值，单击工具栏上“文字样式”控件旁边的箭头，然后选择一个样式。在多行文字编辑器中输入文字。要替代当前文字样式可按如下 3 种方式选择文字，即：要选择一个或多个字母，则在字符上单击并拖动定点设备；要选择词语，则双击该词语；要选择段落，则三击该段落。在工具栏上按以下 4 种方式更改格式，即：要更改选定文字的字体应从列表中选择字体；要更改选定文字的高度应在“高度”框中输入新值；要使用粗体或斜体设置 TrueType 字体的文字的格式，或者创建任意字体的下划线文字，则应单击工具栏上的相应按钮（SHX 字体不支持粗体或斜体）；要向选定文字应用颜色应从“颜色”列表中选择一种颜色，单击“其他”选项可显示“选择颜色”对话框。要保存更改并退出多行文字编辑器可使用下列 3 种方法之一，即：单击工具栏上的“确定”；单击编辑器外部的图形；按 Ctrl＋Enter 键。其“绘图”工具栏为 A，其命令行为“MTEXT”。

(13) 在多行文字中插入符号或特殊字符的步骤。在多行文字编辑器中单击鼠标右键并单击“符号”。单击菜单上的选项之一，或单击“其他”显示“字符映射”对话框。要插入 TrueType 字体的 Unicode 字符应单击鼠标右键并单击“符号”➤“其他”，要访问“字符映射”对话框必须先在系统上安装 charmap. exe，具体可参考 Windows 帮助中有关在系统中添加程序的内容。其“绘图”工具栏为 A，其命令行为“MTEXT”。

(14) 对正多行文字。对正同时控制相对于文字插入点的文字对齐和文字走向。文字相对于定义文字宽度的边界框靠左对齐和靠右对齐。文字自插入点排列，插入点可以在结果文字对象的中间、顶部和底部。AutoCAD 为多行文字提供了九种对正设置。如图 7.2.2 所示，当一个词语长于段落的宽度时此词语将延伸出段落边界。

(15) 对正多行文字的步骤。从“工具”菜单中单击“特性”，显示“特性”选项板。选择要更改的多行文字对象。在“特性”选项板上选择其中的一个“对正”选项。在“特性”选项板外部进行单击。其命令行为“PROPERTIES”。

(16) 在多行文字中设置字符格式。创建多行文字时可以替代文字样式并将不同的格式应用于单个词语和字符。格式的更改只影响选定的文字，当前的文字样式不变。可以指定不同的字体和文字高度，可以应用粗体、斜体、下划线和颜色。文字高度设置指定大写文字的高度。显示在多行文字编辑器中的文字高度的更改与显示在图形中的实际字符的高度的更改成比例。关于高度的计算方式的详细信息可参考“MTEXT”及“使用替换文本编辑器”中的相关内容。

(17) 在多行文字中设置字符格式的步骤。从“绘图”菜单中单击“文字”➤“多行文字”。指定边框的对角以定义多行文字对象的宽度。在多行文字编辑器中输入文字。采用以下 3 种方式选择要格式化的文字，即：要选择一个或多个字母，则在字符上单击并拖动定点设备；要选择词语，则双击该词语；要选择段落，则三击该段落。在工具栏上按以下 4 种方式更改格式，即：要更改选定文字的字体应从列表中选择字体；要更改选定文字的高度应在“高度”框中输入新值；要使用粗体或斜体设置 TrueType 字体的文字的格

(a) 左上:左对齐　(b) 中上:居中　(c) 右上:右对齐

(d) 左中:左对齐　(e) 正中:居中　(f) 右中:右对齐

(g) 左下:左对齐　(h) 中下:居中　(i) 右下:右对齐

图 7.2.2　当一个词语长于段落的宽度时此词语将延伸出段落边界

式，或者创建任意字体的下划线文字，则应单击工具栏上的相应按钮，SHX 字体不支持粗体或斜体；要向选定文字应用颜色应从“颜色”列表中选择一种颜色，单击“其他”选项可显示“选择颜色”对话框。要保存更改并退出多行文字编辑器可使用下列 3 种方法之一，即：单击工具栏上的“确定”；单击编辑器外部的图形；按 Ctrl+Enter 键。其“绘图”工具栏为[A]，其命令行为“MTEXT”。

(18) 对多行文字缩进并使用制表符。可以对多行文字对象中的文字进行缩进（如将列表中的项目对齐或创建简单的表），多行文字编辑器中的标尺显示当前段落的设置。输入文字前设置的制表符和缩进将应用于整个多行文字对象。要向不同段落应用不同制表符和缩进，可以单击单个段落或选择多个段落，然后更改设置。标尺上的滑块显示相对于边框左侧的缩进，上滑块对段落的首行进行缩进，下滑块对段落的其他行进行缩进。如图 7.2.3 所示，标尺上长的小标记表示默认的制表位，如果单击标尺自行设置制表符，则标尺上每个自定义制表位的位置将显示一个“L”形的小标记，可以通过将标记拖离标尺来删除自定义制表符。

(19) 使用悬挂缩进创建列表的步骤。从“绘图”菜单中单击“文字”➤“多行文字”。指定边框的对角以定义多行文字对象的宽度。在多行文字编辑器中根据需要设置文

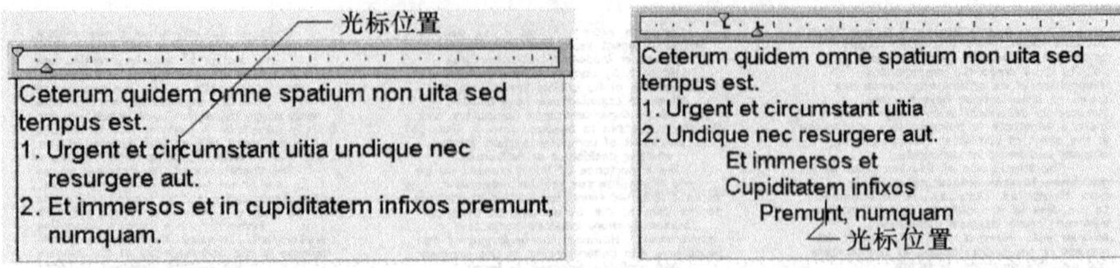

(a) 编号列表的缩进　　(b) 列表中项目的缩进

图 7.2.3　对多行文字缩进并使用制表符

字样式和其他多行文字特性。对于创建的列表按以下 3 种方式输入每个项目，即：输入项目编号；按 Tab 键；输入项目的文字。按 Ctrl＋A（全部选择）键选择列表。在标尺上将上面的缩进标记滑动到左边距，这样可将数字置于左边距，标尺显示为选定段落（如果未选择文字，则为光标所在的段落）设置的制表符和缩进、标尺上长的小标记是默认制表位，要设置自定义制表位单击标尺设置制表位。将下面的缩进标记滑动到第一个制表位，这样可对文字（包括项目中不止一行的换行文字）进行缩进。要更改整个列表或单个项目的缩进选择要更改的段落，单击标尺设置新制表位并移动缩进标记（如果需要）。要保存更改并退出多行文字编辑器可使用下列 3 种方法之一，即：单击工具栏上的“确定”；单击编辑器外部的图形；按 Ctrl＋Enter 键。其“绘图”工具栏为A，其命令行为“MTEXT”。

（20）指定多行文字中的行距。多行文字的行距是一行文字的基线（底部）与下一行文字基线之间的距离，行距比例适用于整个多行文字对象而不是选定的行。可以将间距增量设置为单倍行距的倍数，或者设置为绝对距离，单倍行距是文字的字符高度乘以 1.66。有些字符可能过大而不适合为多行文字对象设置的行距，默认行距样式“至少”将自动增加其行距，使用另一个行距样式“精确”可以为表中的文字设置行距。要确保多个多行文字对象使用相同的行距可以使用“精确”并将每个多行文字对象的“行距比例”设置为相同的值。需要强调的是，使用“精确”可能会导致位于较大字符文字行的上面或下面行中的文字与较大字符行发生重叠。

（21）更改多行文字中行距的步骤。从“工具”菜单中单击“特性”，显示“特性”选项板。选择要编辑的多行文字对象。在“特性”选项板中对于“行距样式”选择“至少”或“精确”两个项目之一，“至少”是指根据行中最大字符的高度自动调整文字行，字符越高则文字行之间的距离越大，这是默认设置；“精确”是指强制所有文字行用同样的间距而不管其格式（如字体或文字高度）是否相同。更改“行距比例”旁边的数字，如果将“间距样式”设置为“至少”则该值将指示多个单行距，如果将“行距样式”设置为“精确”则该值将指示行之间的距离（以图形单位为度量单位）。其“标准”工具栏为，其命令行为“PROPERTIES”。

（22）在多行文字中创建堆叠字符。堆叠文字是用来标记公差或测量单位的文字或分数（堆叠文字功能目前不支持中文字符），使用特殊字符可以指示选定文字的堆叠位置。见图 7.2.4，斜杠（/）垂直地堆叠文字，由水平线分隔；磅符号（#）对角地堆叠文字，由对角线分分隔；插入符（^）创建公差堆叠，不用直线分隔。可以将 AutoCAD 设置为自动堆叠斜杠、磅符号或插入符前后的数字字符，例如，如果输入1＃3并后接非数字字符或空格，则将显示出“自动堆叠特性”对话框，也可以更改设置以指示格式化配置。“自动堆叠”只堆叠斜杠、磅符号和插入符前后紧邻的数字字符，要堆叠非数字字符或包含空格的文字，可选择要堆叠的文字，然后单击“文字格式”工具栏上的“堆叠”按钮。需要强调的是，AutoCAD 2000 和 AutoCAD LT 2000 的早期版本不支持斜分数，如果将图形保存为以前版本的 AutoCAD 格式，则斜分数将被转换为水平分数，图形在 AutoCAD 2000 或更高版本中重新打开时所有分数都将被转换为斜分数，即使多行文字对象在保存为早期版本的格式之前包含水平分数和斜分数两种分数形式。具体可参考本书后续“使用替换文本编辑器”中的相关内容。

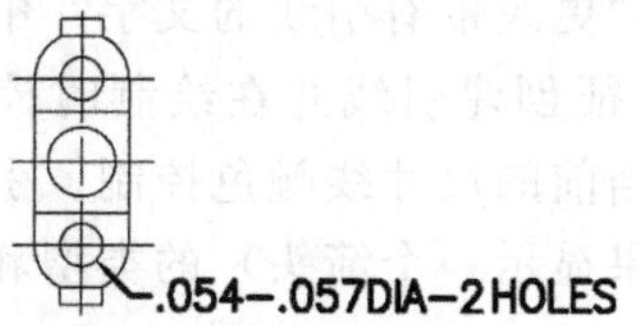

(a) 纯文本

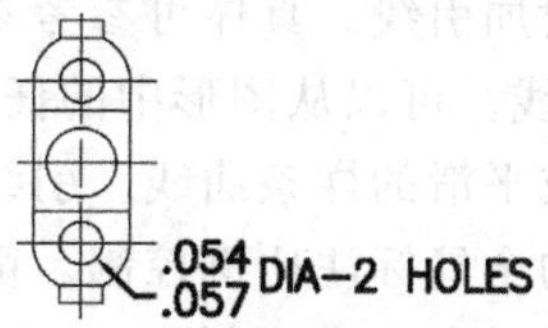

(b) 公差堆叠

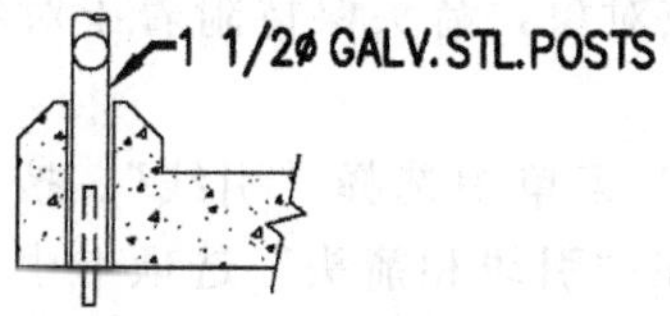

(c) 斜分数

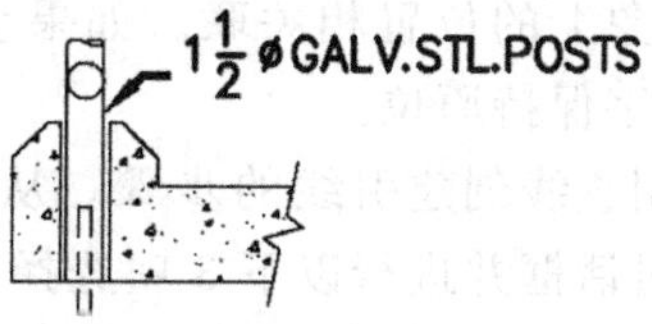

(d) 水平分数

图 7.2.4　在多行文字中创建堆叠字符

(23) 创建堆叠文字的步骤。从“绘图”菜单中单击“文字”➤“多行文字”。指定边框的对角以定义多行文字对象的宽度。在多行文字编辑器中根据需要设置文字样式和其他多行文字特性。输入要堆叠的文字并用以下 3 类字符中的一个作为分隔符，即：斜杠 (/) 垂直地堆叠文字，由水平线分隔；磅符号（#）对角地堆叠文字，由对角线分隔；插入符 (^) 创建公差堆叠，不用直线分隔。如果输入由堆叠字符分隔的数字，然后输入非数字字符或按图形中的 Spacebar 键，将显示“自动堆叠特性”对话框。在“自动堆叠特性”对话框中可以选择自动堆叠数字（不包括非数字文字）并删除前导空格，也可以指定用斜杠字符创建斜分数还是水平分数，如果不想使用“自动堆叠”可单击“取消”退出该对话框。选择要堆叠的文字，然后在工具栏上单击“堆叠”按钮。要保存更改并退出多行文字编辑器可使用下列三种方法之一，即：单击工具栏上的“确定”；单击编辑器外部的图形；按 Ctrl＋Enter 键。其“绘图”工具栏为[A]，其命令行为“MTEXT”。

(24) 更改堆叠特性的步骤。双击要编辑的多行文字对象。在多行文字编辑器中选择堆叠文字。单击右键显示快捷菜单，然后单击“特性”。在“堆叠特性”对话框中根据需要修改设置。要设置自动堆叠的特性单击“自动堆叠”。要保存更改并退出多行文字编辑器可使用下列三种方法之一，即：单击工具栏上的“确定”；单击编辑器外部的图形；按 Ctrl＋Enter 键。其“绘图”工具栏为[A]，其命令行为“MTEXT”。

(25) 非堆叠文字的步骤。双击要编辑的多行文字对象。在多行文字编辑器中，选择堆叠文字。单击“文字格式”工具栏上的“堆叠”。要保存更改并退出多行文字编辑器可使用下列 3 种方法之一，即：单击工具栏上的“确定”；单击编辑器外部的图形；按 Ctrl+Enter 键。其“绘图”工具栏为A，其命令行为“MTEXT”。

(26) 创建带引线的文字。可创建带有一个或多个引线的文字。

(27) 带引线文字的特点。引线对象是一端带有箭头、另一端带有多行文字对象的直线或样条曲线。引线与多行文字对象相关联，因此，在重定位文字对象时引线相应拉伸。当打开关联标注并使用对象捕捉确定引线箭头的位置时，引线则与附着箭头的对象相关联。如果重定位该对象则箭头也重定位且引线相应拉伸。可以复制图形中任何位置使用的文字并可以为其附加引线。具体可参考本书后续“更改带有引线的文字”中的相关内容。

(28) 创建引线。可以从图形中的任意点或特征创建引线并在绘制时控制其外观。引线可以是直线段或平滑的样条曲线。引线颜色由当前的尺寸线颜色控制。引线比例由当前标注样式中设置的全局标注比例控制。箭头（如果显示一个箭头）的类型和尺寸由当前标注样式中定义的第一个箭头控制。

(29) 使引线与对象相关联。当打开关联标注时（DIMASSOC），使用对象捕捉可将引线箭头与对象上的位置相关联。如果重定位该对象，箭头保持附着于对象上且引线拉伸，但多行文字保持原位。

(30) 使用直线创建引线的步骤。从“标注”菜单中选择“引线”。按 Enter 键显示“引线设置”对话框并进行以下 3 项选择，即：在“引线和箭头”选项卡中选择“直线”，在“点数”下选择“无限制”；在“注释”选项卡中选择“多行文字”；选择“确定”。指定引线的“第一个”引线点和“下一个”引线点。按 Enter 键结束选择引线点。指定文字宽度。输入该行文字，按 Enter 键根据需要输入新的文字行。按两次 Enter 键结束命令，完成 QLEADER 命令后其文字注释将变成多行文字对象。其“标注”工具栏为，其命令行为“QLEADER”。

(31) 创建带文字的双段样条引线的步骤。如图 7.2.5 所示，从“标注”菜单中选择“引线”。按 Enter 键显示“引线设置”对话框然后进行以下 2 项选择，即在“注释”选项卡中选择“多行文字”；在“引线和箭头”选项卡中选择“样条曲线”、在“点数”下的“最大值”框中输入 3，如果必要可清除选择“无限制”选项。选择“确定”。指定第一个、第二个和第三个（可选）引线点。指定文字列的宽度。输入第一行文字，要添加其他行文字可按一次 Enter 键。按两次 Enter 键结束命令。其“标注”工具栏为，其命令行为“QLEADER”。

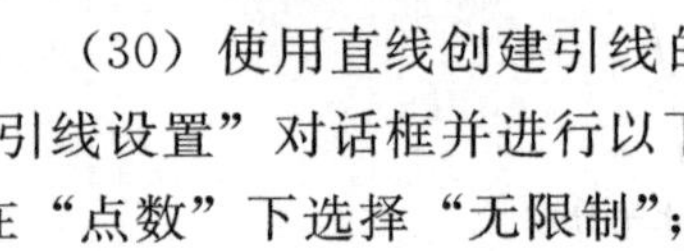

图 7.2.5　创建带文字的双段样条引线

(32) 从相同注释创建多条引线的步骤。选择引线，然后选择引线箭头的夹点。在命令提示下，输入 c 以选择“复制”选项。为多条引线指定端点，然后按 Enter 键。要将新引线的端点移动到钩线（折线或直线），先按 Esc 键清除所有夹点，选择新引线，再选择引线夹点，然后将夹点移动到钩线。其“标注”工具栏为，其命令行为“QLEADER”。

(33) 将文字添加到引线的步骤。AutoCAD 有两种方式可创建引线文字，可在命令行上输入文字，或使用多行文字编辑器创建文字段落。如果创建多行文字可以将格式应用到单个的词语或字母。也可以将现有注释的副本附加至引线。文字将自动以指定的偏移放置到引线的端点，在修改标注样式管理器的“文字”选项卡的“文字位置”下指定此偏移值，特征控制框也自动放置在引线的端点处，块被以指定的比例和旋转插入到指定的位置。使用“垂直”设置（位于修改标注样式管理器的“文字”选项卡中的“文字位置”下）将注释与引线垂直对齐，图 7.2.6 中使用的垂直对正选项是“上方”。要在文字周围创建方框可将 DIMGAP 系统变量设置为负值，方框和文字之间的偏移是 DIMGAP 的绝对值。

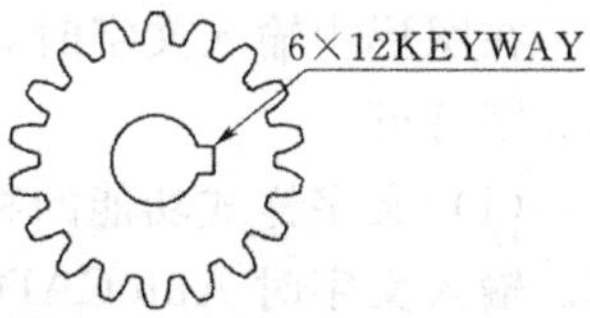

图 7.2.6　将文字添加到引线

（34）使用多行文字编辑器创建引线的步骤。从“标注”菜单中选择“引线”。指定引线的“第一个”引线点和“下一个”引线点。按 Enter 键结束引线。指定文字宽度。在“输入注释的第一条引线”提示下，按 Enter 键。在多行文字编辑器中输入文字并设置文字格式。要保存更改并退出多行文字编辑器可使用下列 3 种方法之一，即：单击工具栏上的“确定”；单击编辑器外部的图形；按 Ctrl＋Enter 键。文字将以在标注样式管理器（DIMSTYLE）中指定的偏移距离附加至引线端点。其“标注”工具栏为，其命令行为“QLEADER”。

（35）从外部文件输入文字。可以通过输入文字或者从 Windows 资源管理器中拖动文件图标，将字处理器中创建的 TXT 或 RTF 文本文件插入到 AutoCAD 图形中。输入其他来源中的 TXT 或 RTF 文件可提供最大的灵活性，如可以为要包括在图形中的标准注释创建文本文件，输入的文字将变为 AutoCAD 多行文字对象，用户可以对其进行编辑或重新设置格式，从 TXT 文件中输入的文字继承当前的文字样式，从 RTF 文件中输入的文字继承当前的文字样式名称，但是仍保留原始的字体和格式，输入的文本文件的最大为 32KB，且必须使用文件扩展名 .txt 或 .rtf。如果将文本文件拖到图形中，则文字宽度由原始文档中的换行符和回车符决定，将 RTF 文件拖到图形中时文字作为 OLE 对象插入。如果使用剪贴板粘贴来自于另一个应用程序的文字，则文字变成 OLE 对象，如果使用剪贴板粘贴来自于另一个 AutoCAD 文件的文字时，文字将作为块参照插入，并保留原始的文字样式。

（36）输入文本文件的步骤。从“绘图”菜单中单击“文字”➤“多行文字”。指定边框的对角以定义多行文字对象的宽度。在多行文字编辑器中单击右键并单击“输入文字”，输入的文件最大不能超过 32KB。在“选择文件”对话框中双击要输入的文件，或者先选择文件然后单击“打开”，AutoCAD 将文字插入到多行文字编辑器中光标所在的位置。根据需要修改文字。要保存更改并退出多行文字编辑器可使用下列 3 种方法之一，即：单击工具栏上的“确定”；单击编辑器外部的图形；按 Ctrl＋Enter 键。其“绘图”工具栏为A，其命令行为“MTEXT”。

（37）使用拖放方法插入文本文件的步骤。打开 Windows 资源管理器并确保窗口没有最大化。显示所需的包含 TXT 或 RTF 文件的文件夹。将 TXT 或 RTF 文件图标拖到 AutoCAD 图形中，AutoCAD 使用当前的文字样式将 TXT 文件作为多行文字对象插入，AutoCAD 将 RTF 文件作为 OLE 对象插入。

7.2.3　使用文字样式

在图形中输入文字时，当前的文字样式决定输入文字的字体、字号、角度、方向和其他文字特征。

（1）文字样式功能的特点。AutoCAD 图形中的所有文字都具有与之相关联的文字样式。输入文字时 AutoCAD 使用当前的文字样式，该样式设置了字体、字号、角度、方向和其他文字特征。如果要使用其他文字样式来创建文字，可以将其他文字样式置于当前。表 7.2.1 中的样例显示用于 STANDARD 文字样式的设置。当前文字样式的设置显示在命令行提示中，可以使用或修改当前文字样式，或者创建和加载新的文字样式，一旦创建了文字样式就可以修改其特征，更改其名称，或在不再需要它时将其删除。

表 7.2.1　　用于 STANDARD 文字样式的设置

设置	默认	说　明
样式名	STANDARD	名称最长为 255 个字符
字体名	txt. shx	与字体相关联的文件（字符样式）
大字体	无	用于非 ASCII 字符集（如 Kanji）的特殊形定义文件
高度	0	字符高度
宽度比例	1	扩展或压缩字符
倾斜角度	0	倾斜字符
反向	否	反向文字
倒置	否	倒置文字
垂直	否	垂直或水平文字

（2）创建和修改文字样式。除了默认的 STANDARD 文字样式外，必须创建任何所需的文字样式。文字样式名称最长可达 255 个字符，其中可包含字母、数字和特殊字符，如美元符号（$）、下划线（_）和连字符（-)。如果不输入文字样式名，AutoCAD 自动将文字样式命名为 Stylen，其中 n 表示从 1 开始的数字。通过修改设置可以在“文字样式”对话框中修改现有的文字样式，也可以更新使用该文字样式的现有文字来反映修改的效果。某些样式设置对多行文字和单行文字对象的影响不同，例如，修改“倒置”和“反向”选项对多行文字无影响，修改“宽度比例”和“倾斜”对单行文字无影响。如果重命名现有文字样式，任何使用旧名称的文字都采用新的文字样式名。可以使用 PURGE 命令或通过从“文字样式”对话框中删除文字样式，从图形中删除未参照的文字样式，不能删除 STANDARD 文字样式。

（3）更改文字样式。更改多行文字对象的文字样式时，已更新的设置被应用到整个对象中且单个字符的某些格式可能没有保留。表 7.2.2 描述了文字样式更改对字符格式的影响。

表 7.2.2　　文字样式更改对字符格式的影响

格式化	粗体	颜色	字体	高度	斜体	堆叠	下划线
是否保留	否	是	否	否	否	是	是

(4) 设置当前文字样式的步骤。在“样式”工具栏上的“文字样式”控件中单击箭头并从列表中选择文字样式。其命令行为“STYLE”。

(5) 指定文字字体。可将文字字体指定为文字样式定义的部分。用户使用的文字类型取决于几个相关因素。

(6) 指定文字字体的特点。字体定义了构成每个字符集的文字字符的形。在AutoCAD中除了编译的SHX字体以外，还可以使用TrueType字体。在多个样式中可以使用同一种字体。假如用户的公司具有标准字体类型，可以修改其他文字样式设置来创建一个以不同的方式使用标准字体的样式集。图7.2.7显示了在不同的文字样式中使用同一字体的情况，这些样式使用不同的倾斜设置定义文字的倾斜。可以通过从“文字样式”对话框的列表中选择字体文件将字体指定给文字样式。

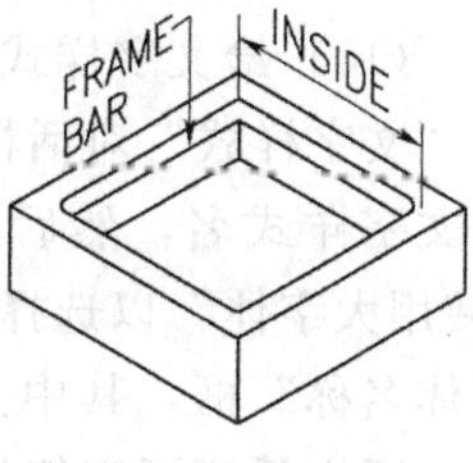

图7.2.7 不同文字样式中使用同一字体

(7) 使用TrueType字体。图形中的TrueType字体总是以填充方式显示，而在打印时TEXTFILL系统变量控制是否填充该字体。默认情况下，TEXTFILL系统变量的默认设置为1，这时打印出填充的字体。多行文字编辑器仅显示Windows能够识别的字体。由于Windows不能识别AutoCAD的SHX字体，所以在选择SHX或其他非TrueType字体进行编辑时，AutoCAD在多行文字编辑器中提供等效的TrueType字体。具体可参考本书前述“设置文字高度”中的相关内容。

(8) 给文字样式指定TrueType字体的步骤。从“格式”菜单中单击“文字样式”。在“文字样式”对话框的“样式名”下单击“新建”。在“新建文字样式”对话框中输入新文字样式名，然后单击“确定”。在“字体名”下的列表中选择一种TrueType字体，TrueType在其名称前显示一个TrueType图标。要查看不同字符的效果，在“预览”按钮左侧的文字样例框中输入一个文字字符串，然后单击“预览”。要更新图形中使用当前样式的文字可单击“应用”。单击“关闭”。其“样式”工具栏为，其命令行为“STYLE”。

(9) 使用Unicode和大字体。AutoCAD支持Unicode字符编码标准。Unicode字体可包含65535个字符和为多种语言设计的形。Unicode字体包含的字符比系统中定义的多，因此，要想使用不能直接从键盘上输入的字符，可以输入转义序列\U+nnnn，其中nnnn表示字符的Unicode十六进制值。现在AutoCAD的所有SHX形字体都是Unicode字体。某些字母表文本文件（如Kanji）包含数千个非ASCII字符。为适应这种文字，AutoCAD支持一种称为大字体文件的特殊类型的形定义。可以用常规字体和大字体文件来设置样式。当使用-STYLE命令指定字体时，AutoCAD假定第一个名称是普通字体，而第二个名称（用逗号分开）是大字体，如果只输入一个名称则AutoCAD认为它是普通字体并删除任何相关联的大字体，在指定字体文件名时通过使用前导或后续逗号可以在不影响其他字体的情况下修改字体（表7.2.3）。需要强调的是，AutoCAD不接受字体文件名中包含逗号的长文件名，逗号被解释为SHX字体和大字体的分隔符，详细信息可参考《命令参考》中的“-STYLE”。使用Unicode和大字体的细节可参考本书“替换字体”中的相关内容。

表 7.2.3　在命令行中指定字体和大字体

输入…	要指定…	输入…	要指定…
[字体名]，[大字体名]	普通字体和大字体	[字体名]	仅普通字体（如有大字体则删除）
[字体名]，	仅普通字体（大字体不变）	Enter（空响应）	不修改
，[大字体名]	仅大字体（普通字体不变）		

（10）给文字样式指定亚洲语言字体的步骤。从“格式”菜单中，单击“文字样式”。在“文字样式”对话框的“样式名”下单击“新建”。在“新建文字样式”对话框中输入新文字样式名，然后单击“确定”。在“字体名”下选择 SHX 字体文件的名称并复选“使用大字体”以选择亚洲语言大字体，选择“使用大字体”时“字体样式”框变为“大字体名称”框，其中只有 SHX 字体可供选择，并且在“大字体”框中也只显示大字体名。要查看不同字符的效果，在“预览”按钮左侧的文字样例框中输入一个文字字符串，然后单击“预览”。要更新图形中使用当前样式的文字可单击“应用”。单击“关闭”。其“样式”工具栏为，其命令行为“STYLE”。

（11）替换字体。AutoCAD 通过替换字体来处理当前系统上不提供的字体。

（12）指定替换字体。如果图形中指定的某种字体在当前系统中不可获取，AutoCAD 将自动使用替换字体取代该字体。默认情况下，AutoCAD 使用 simplex. shx 文件。如果要指定不同的字体，可通过更改 FONTALT 系统变量输入替换字体文件名。如果文字样式中使用的是大字体，可以用 FONTALT 系统变量将其映射为另一种字体，此系统变量使用默认的 txt. shx、bigfont. shx 的字体文件时，详细信息可参考本书前述“使用 Unicode 和大字体”中的相关内容。在 AutoCAD 的早期版本中可以在图形中显示 PostScript字体，因为 AutoCAD R14、AutoCAD LT97 和更高版本不能显示 PostScript 字体，所以 Autodesk 提供了等效的 TrueType 字体，这些 PostScript 字体被映射为 AutoCAD 提供的字体映射文件中等效的 TrueType 字体。

（13）显示代理字体。对于无等效 TrueType 字体的第三方或自定义 SHX 字体，AutoCAD使用一种不同的 TrueType 字体进行替代，这种字体称为代理字体。在“多行文字编辑器”对话框中，代理字体具有与它们所表示的字体不同的外观，以表明它们是图形中使用的字体的替代字体。自定义 SHX 字体不在“多行文字编辑器”对话框的“字符”选项卡上的列表中显示，如果要通过指定其中的一种字体设置字符格式，可首先创建使用该字体的文字样式，然后将此文字样式应用于字符。

（14）使用字体映射文件。在某些情况下，用户可能要确保图形只使用某些特定的字体，或者要将所使用的字体转换为其他字体，为达到这些目的可以使用任意文本编辑器来创建字体映射表。可以使用这些字体映射文件以实施一致的字体标准或者用于脱机打印，例如，如果和其他人共享图形，则当遇到用其他字体创建的文字对象时可以使用字体映射表指定 AutoCAD 使用的替换字体。同样，可以使用绘制速度较快的 SHX 字体编辑图形并在最终打印时切换到比较复杂的字体，为此，可以设置一个字体映射文件将每个 SHX 字体转换为对应的字体。字体映射文件是纯 ASCII 文本（FMP）文件，每一行包含一个字体映射，由字体文件的名称（不含目录名或路径）、分号（；）及其替换字体文件的名称构成。替换字体文件名包含如 .ttf 这样的扩展名。如可以在字体映射表中输入下列内容指定用 times.ttfTrueType 字体文件替代 romanc.shx 字体文件“romanc.shx; times.ttf”。AutoCAD 提供了默认的字体映射文件，可以使用任意 ASCII 文本编辑器编辑该文件，也可以通过使用 FONTMAP 系统变量在“选项”对话框中指定其他的字体映射文件，当图形打开找不到字体文件时可按表 7.2.4 所显示的 AutoCAD 使用的字体替换规则进行替换。

表 7.2.4　　AutoCAD 使用的字体替换规则

文件扩展名	第一映射次序	第二映射次序	第三映射次序	第四映射次序
.ttf	使用字体映射表	使用文字样式中定义的字体	Windows 使用类似的字体进行替换	—
.shx	使用字体映射表	使用文字样式中定义的字体	使用 FONTALT	提示输入新字体
.pfb	使用字体映射表	使用 FONTALT	提示输入新字体	—

(15) 指定字体映射文件的步骤。从“工具”菜单中选择“选项”，然后选择“文件”选项卡。在“文件”选项卡的列表中双击“文字编辑器、词典和字体文件名称”。双击“字体映射文件”，默认情况下指定的是 acad.fmp 文件。要更改字体映射文件可双击箭头打开“选择文件”对话框，选择文件并选择“打开”，然后选择“确定”。在命令提示下输入 regen 以使用新的字体映射转换现有的文字。其命令行为“OPTIONS”。

(16) 指定默认替换字体的步骤。在命令提示下，输入 fontalt。输入要作为替换字体的字体文件名。

(17) 设置文字高度。文字高度是用户所用的字体中的字母大小（以图形单位计算）。除了在 TrueType 字体中，该值通常表示大写字母的大小。如果将固定高度指定为文字样式的一部分，则在创建单行文字时 AutoCAD 不会提示输入“高度”，如果文字样式中的高度设置为 0，则每次创建单行文字时 AutoCAD 都要提示输入高度，要在创建文字时指定其高度可将高度设置为 0。

(18) TrueType 字体。对于 TrueType 字体，指定的文字高度值表示首字母的高度加上上方字符区的高度，上方字符区用于标注重音符号和其他非英语语言中使用的符号。指定给首字母部分和上方字符部分的相对高度由字体设计者在设计字体时决定，因此，各种字体之间会有所不同。除了构成用户指定的文字高度的首字母的高度和上方字符区的高度，TrueType 字体的字符还有延伸到文字插入线下方的字符部分（如 y、j、p、g 和 q）。将文字高度替代应用于多行文字编辑器中的所有文字时，整个多行文字对象按比例缩放，包括它的宽度。

(19) 在文字样式中设置文字高度的步骤。从“格式”菜单中，选择“文字样式”。在“文字样式”对话框的“样式名”列表中选择一种样式。在“字体”下的“高度”框内输入文字的高度（按图形单位）。要更新使用此文字样式的现有文字可选择“应用”。选择“关闭”。其“样式”工具栏为，其命令行为“STYLE”。

(20) 设置文字倾斜角。如图 7.2.8 所示，倾斜角决定了文字是向前还是向后倾斜，倾斜角表示的是相对于 90°角方向的偏移角度。输入一个－85～85 的数值使文字倾斜，倾斜角的值为正时文字向右倾斜，倾斜角的值为负时文字向左倾斜。

（21）在文字样式中设置倾斜角的步骤。从“格式”菜单中，选择“文字样式”。在“文字样式”对话框的“样式名”列表中选择一种文字样式。在“效果”下的“倾斜角度”框中输入一个角度，值为正时文字向右倾斜，值为负时文字向左倾斜。要更新使用此文字样式的现有文字可选择“应用”。选择“关闭”。其“样式”工具栏为，其命令行为“STYLE”。

（22）设置水平方向或垂直文字方向。如图 7.2.9 所示，AutoCAD 确定文字行的方向为垂直或水平。文字只有在关联的字体支持双向时才能具有垂直的方向。可创建多列垂直的文字。每个后续的文字列都绘制在前一列的右边。垂直文字旋转角通常是 270°。需要强调的是，TrueType 字体不支持垂直方向。

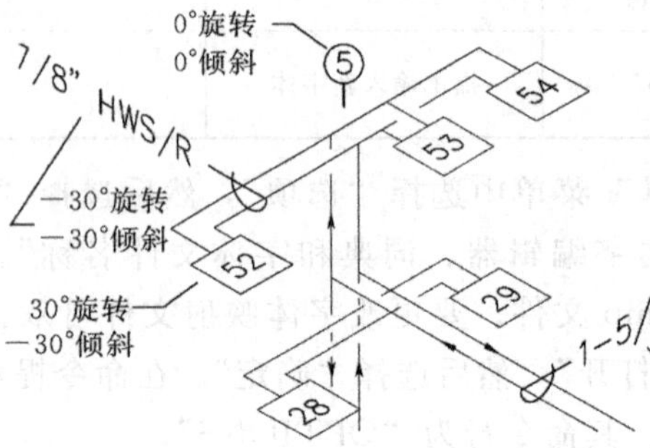

图 7.2.8　设置文字倾斜角

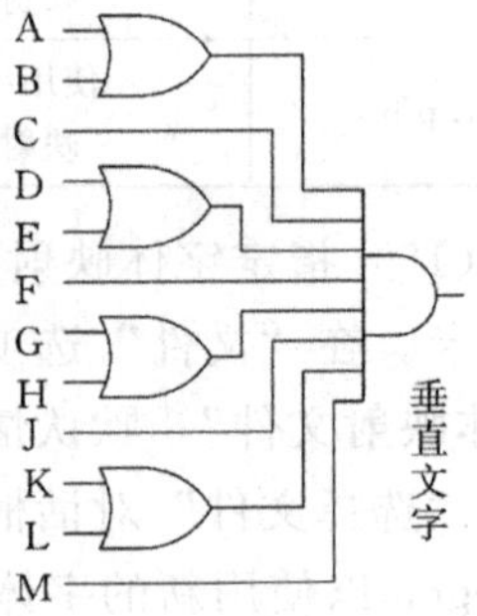

图 7.2.9　设置水平方向或垂直文字方向

（23）在文字样式中设置垂直方向的步骤。在“格式”菜单中单击“文字样式”。在“文字样式”对话框的“样式名”列表中选择一种文字样式。在“效果”下选择“垂直”。要更新使用此文字样式的现有文字可单击“应用”。单击“关闭”。其“样式”工具栏为，其命令行为“STYLE”。

7.2.4　更改文字

可以更改文字内容、格式和特性，如比例和对齐。

（1）更改文字功能的特点。无论是使用 TEXT、MTEXT、LEADER 还是 QLEADER 创建的文字都可以像其他对象一样修改，可以移动、旋转、删除和复制它，可以在“特性”选项板中更改文字特性。也可以编辑现有文字的内容和创建它的镜像图像，MIRRTEXT 系统变量控制的作用是在图形中为对象创建镜像过程中是否同时反转文字。修改文字的过程略有不同，这取决于创建文字的方式。

（2）更改单行文字。可以使用 DDEDIT 和 PROPERTIES 更改单行文字。当只需要更改文字的内容而不是文字对象的格式和特性时可使用 DDEDIT。当要更改内容、文字样式、位置、方向、大小、对正和其他特性时可使用 PROPERTIES。如图 7.2.10 所示，文字对象还具有夹点，可用于移动、缩放和旋转。文字对象在基线左下角和对齐点有夹点。命令的效果取决于所选择的夹点。

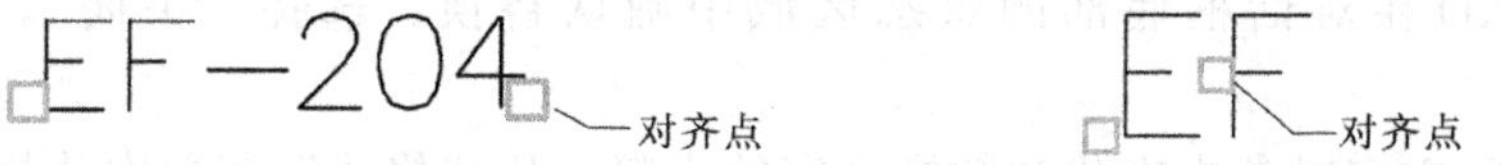

(a) 用于右对正单行文字的夹点　　(b) 用于中间对正单行文字的夹点

图 7.2.10　更改单行文字

(3) 编辑单行文字的步骤。从“修改”菜单中选择“对象”。选择“文字”，然后选择“编辑”。选择要编辑的单行文字对象。在“编辑文字”对话框中输入新文字，然后选择“确定”。选择要编辑的另一个文字对象，或者按Enter键结束命令。其命令行为“DDEDIT”。

(4) 修改单行文字对象特性的步骤。选择一个单行文字对象。在选定对象上单击右键，然后从快捷菜单中单击“特性”。在“特性”选项板中，输入任何新文字并根据需要修改格式和其他特性。其“标准”工具栏为，其命令行为“PROPERTIES”。

(5) 更改多行文字。创建多行文字后可以使用“特性”选项板进行更改，如文字样式指定、对正、宽度、旋转、行距。另外，可以使用多行文字编辑器修改单个格式，如粗体和下划线，还可以更改多行文字对象的宽度。

(6) 更改文字位置。可以使用夹点快速移动多行文字或调整行的宽度。多行文字对象在文字边界的四个角点（某些情况下是在对正点处）显示夹点。诸如DIMLINEAR或LEADER之类的命令自动创建多行文字而不需要指定边框，这些多行文字对象在对正点处只显示一个夹点。如果使用“特性”选项板移动多行文字，可以同时编辑内容和修改特性。

(7) 查找和替换文字。要快速地逐字查找和替换文字可使用多行文字编辑器的查找和替换功能。替换的只是文字内容，字符格式和文字特性不变。具体可参考本书前述“使用文字样式”“控制多段线、图案填充、渐变填充、线宽和文字的显示”中的相关内容。

(8) 更改多行文字的步骤。选择一个多行文字对象。在选定对象上单击右键，然后从快捷菜单中单击“特性”。在“特性”选项板中输入任何新文字，并根据需要修改格式和其他设置。其“标准”工具栏为，其命令行为“PROPERTIES”。

(9) 在图形中查找指定文字的步骤。从“编辑”菜单中选择“查找”。在“查找字符串”中输入要查找的文字。在“搜索范围”中选择“整个图形”或“当前选择”来定义搜索的范围。选择“选项”指定要包含在搜索中的文字类型，可以指定是否需要全字匹配以及是否区分大小写。选择“查找”，AutoCAD在“上下文”区域中显示查找到的文字及其上下文。要缩放到图形中找到的文字处，选择“缩放为”。选择“关闭”。其命令行为“FIND”。

(10) 替换文字的步骤。从“编辑”菜单中选择“查找”。在“查找字符串”中输入要查找的文字。在“搜索范围”中选择“整个图形”或“当前选择”来定义搜索的范围。选择“选项”指定要包含在搜索中的文字类型，可以指定是否需要全字匹配以及是否区分大小写。在“替换为”中输入用来替换找到的文字的文字。选择“查找”，AutoCAD在“上下文”区域中显示查找到的文字及其上下文。执行下列两个操作之一，即：只替换已查找到的文字串实例可选择“替换”；要替换“查找字符串”中的所有实例可选择“全部替换”。AutoCAD 在对话框底部的状态区域中确认替换。选择“关闭”。其命令行为“FIND”。

（11）在多行文字对象中查找和替换文字的步骤。从“修改”菜单中选择“对象”。选择“文字”，然后选择“编辑”。选择要编辑的多行文字对象。在多行文字编辑器中选择“查找/替换”选项卡。在“查找”框中输入要替换的文字。在“替换”框中输入要替换为的文字。单击“查找”按钮。当找到要替换的文字时单击“替换”按钮。重复步骤（2）和步骤（3），将替换所有需要修改的文字。选择“确定”。其命令行为“DDEDIT”。

（12）修改多行文字对象宽度的步骤。双击多行文字对象。在多行文字编辑器中使用下列 2 种方法之一，即：将光标移动到标尺右端直到光标变为双箭头，当拖动到右端以拉伸标尺时工具栏提示将显示其宽度，释放光标以设置新宽度；右键单击标尺的底部，在快捷菜单上单击“设置多行文字宽度”，在对话框中输入以图形单位表示的宽度。要保存修改并退出多行文字编辑器可使用下列 3 种方法之一，即：单击工具栏上的“确定”；单击编辑器外部的图形；按 Ctrl+Enter 键。

（13）更改带有引线的文字。要调整引线的大小可以对其进行拉伸或缩放，拉伸将修改引线端点与其注释之间的偏移，缩放只更新选定对象的比例。例如，如果缩放引线则注释仍停留在相对于引线端点的同一位置，其本身不会缩放。引线可以用作修剪和延伸的边界，但不能被修剪或延伸。

（14）编辑引线文字的步骤。从“修改”菜单中选择“对象”➤“文字”➤“编辑”。选择引线文字以显示多行文字编辑器。编辑多行文字编辑器中的文字。还可以在选定对象上单击右键，在快捷菜单中单击“特性”，然后在“特性”选项板中编辑文字。任何改变注释位置或注释附着点的修改都会影响引线端点的位置，旋转注释会导致引线的钩线（如果有）随同旋转。其命令行为“DDEDIT”。

（15）更改文字比例和对正。可以更改一个或多个文字对象、属性和属性定义（或其插入点）的比例，同时不更改对象的位置。

（16）更改多行文字对象的比例。一个图形可能包含数以百计的需要设置比例的文字对象，如果对这些比例单独进行设置会很浪费时间。使用 SCALETEXT 命令可以更改一个或多个文字对象（如文字、多行文字和属性）的比例。可以指定相对比例因子或绝对文字高度，或者调整选定文字的比例，以匹配现有文字的高度。每个文字对象使用同一个比例因子设置比例，并且保持当前的位置。

（17）在模型空间和图纸空间之间转换文字高度。SPACETRANS 命令转换模型空间单位和图纸空间单位之间的距离。通过透明使用 SPACETRANS 命令可以给命令提供相对于其他空间的距离条目，例如，要在模型空间中创建匹配布局中其他文字高度的文字对象。从模型空间中可以输入命令“text”；指定文字的起点或［对正/样式］“1，3”；指定高度＜0.375＞“spacetrans”；＞＞指定图纸空间距离＜1.000＞“3/8”；恢复执行 TEXT 命令；指定高度＜0.375＞“1.173”。结束命令后就在模型空间创建了一个文字对象，高度为 1.173，从布局中查看时显示为 3/8。关于透明输入命令的详细信息可参考本书前述“在命令行中输入命令”。

（18）更改文字对象的对正方式而不更改其位置。使用 JUSTIFYTEXT 命令重定义文字的插入点而不移动文字。例如，某个表或表格中包含的文字可能可以正确找到，但是表中的每个文字对象为了将来的条目或修改，必须靠右对齐而不是靠左对齐。

7.2.5 检查拼写

可以检查图形中所有文字的拼写，包括单行文字、多行文字、属性值中的文字、块参照及其关联的块定义中的文字、嵌套块中的文字。拼写只在当前的选择集的对象中检查。如果在选择对象时输入了"所有"选项，则拼写将在模型空间和所有布局的对象中检查。拼写不在未选定的块参照的块定义或标注中的文字中检查。

（1）切换词典。AutoCAD提供了几种主词典用于不同的语言。主词典使用可自定义的标准词列表。在拼写检查过程中AutoCAD使图形中的词语与当前主词典中的词语相匹配。新添的词语存储在执行拼写检查时的当前自定义词典里。例如，可以添加正确的名称以使AutoCAD不再把它们标识为拼错的词语。要检查其他语言的拼写时可切换至另一个主词典，也可以创建一些自定义词典并在需要时切换。可以在对话框中修改词典，或者通过在DCTMAIN或DCTCUST系统变量中指定词典名称修改词典。关于词典文件名列表可参考"DCTMAIN"中的相关规定。

（2）创建和编辑自定义词典。自定义词典会记录一个用户已知的拼写例外的列表。包含自定义词典的文件可以通过.cus文件扩展名识别。可以使用任何ASCII文本编辑器来增删词语或者合并词典。如果某个词语前有一个波浪号（～），AutoCAD始终将其标记为错误词语。也可以从AutoCAD内部创建和编辑词典。

（3）拼写检查的步骤。从"工具"菜单选择"拼写"。选择要检查的文字对象，或输入all选择所有文字对象。如果AutoCAD找不到拼错的词语，则显示一条信息，如果AutoCAD找到错误拼写，则"拼写检查"对话框会标识出拼错的词语。执行下列3项操作之一，即：要更正某个词语应从"建议"列表中选择一个替换词语或在"建议"框中键入一个词语，然后选择"修改"或"全部修改"；要保留某个词语不改变应选择"忽略"或"全部忽略"；要保留某个词语不改变并将它添加到自定义的词典中应选择"添加"（只有当指定了自定义词典时此选项才有效）。为每个拼错的词语重复相关步骤，选择"确定"或"取消"退出。其命令行为"SPELL"。

（4）在拼写检查时切换词典的步骤。从"工具"菜单选择"拼写"。选择要检查的文字，然后按Enter键。在"拼写检查"对话框中选择"修改词典"。执行下列3项操作之一，即：要修改主词典应从"主词典"列表中选择一个词典；要修改自定义词典应在"自定义词典"下选择或输入名称；要从词典列表中选择词典则选择"浏览"。选择"应用并关闭"。其命令行为"SPELL"。

（5）在拼写检查过程中创建或编辑自定义词典的步骤。从"工具"菜单选择"拼写"。选择要检查的文字，然后按Enter键。在"拼写检查"对话框中选择"修改词典"。在"修改词典"对话框的"自定义词典"中，使用下列3种方法之一指定要编辑的词典，即：要指定词典应输入扩展名为.cus的文件名；要从词典列表选择词典可选择"浏览"；要创建新的自定义词典应输入一个新名称（使用.cus文件扩展名）。要添加一个词语应在"自定义词典词语"下输入该词语，然后选择"添加"。要删除一个词语则从列表中选择该词语，然后选择"删除"。选择"确定"。其命令行为"SPELL"。

7.2.6　使用替换文本编辑器

默认文本编辑器为多行文字编辑器，但是可以选择使用以 ASCII 格式保存文件的任意替换编辑器。

（1）使用替换文字编辑器的特点。默认文字编辑器为多行文字编辑器，但是可以通过使用 MTEXTED 系统变量指定编辑器来选择使用替换编辑器。可以使用任何以 ASCII 格式保存文件的文本编辑器，如选择 Microsoft Notepad。如果将替换文本编辑器用于多行文字，则首先在命令行指定多行文字对象的特性。AutoCAD 然后打开文本编辑器来输入文字。关闭文本编辑器时，AutoCAD 将文字插入到指定的宽度范围内。如果使用替换编辑器，需要输入特定的标记以表示格式。要使用替换文本编辑器编辑文字可使用相同的格式代码。为了避免修改文字时丢失格式信息可用创建文字时所用的文本编辑器。

（2）在替换文本编辑器中设置多行文字的格式。如果使用替换文本编辑器则通过输入格式代码应用格式。可为文字加下划线、删除线和创建堆叠文字。还可以更改颜色、字体和文字高度。还可以更改文字字符间距或增加字符本身宽度。要应用格式可使用表 7.2.5 中列出的格式代码。大括号最多可以嵌套八层。也可以使用控制代码添加特殊的字符，如公差和标注符号。具体可参考“MTEXT”。在替换文本编辑器中设置文字格式见图 7.2.11，图 7.2.11 中的文字的创建过程如下，即：在替换文本编辑器中输入下面各行“{{\H1.5x;Big-text}\A2;overtext\A1;/\A0;undertext}\P”“{\A0;Baseline:1\S1/2;}\P”“{\A1;Center:1\S1/2;}\P”“{\A2;Topline:1\S1/2;}\P”“{Tolerances:\A1;1.000\H.75x;\S+0.010^-0.000;}\P”“{Architectural:9-{\H.666x;\A2;11\A1;/\A0;16}\A2;"}\P”。

表 7.2.5　　　　段落格式代码

格式代码	作　用	输入…	要生成…
\O…\o	打开和关闭删除线	Autodesk\OAutoCAD\o	Autodesk AutoCAD
\L…\l	打开和关闭下划线	Autodesk\LAutoCAD\l	Autodesk AutoCAD
\~	插入不间断空格	AutodeskAutoCAD\~LT	Autodesk AutoCAD LT
\\	插入反斜杠	Autodesk\\AutoCAD	Autodesk \AutoCAD
\{…\}	插入左大括号和右大括号	Autodesk\{AutoCAD\}	Autodesk {AutoCAD}
\Cvalue;	更改为指定的颜色	Autodesk\C2;AutoCAD	Autodesk AutoCAD
\Filename;	更改为指定的字体文件	Autodesk\Filenames;AutoCAD	Autodesk AutoCAD
\Hvalue;	更改为以图形单位表示的指定文字高度	Autodesk\H2;AutoCAD	Autodesk AutoCAD
\Hvaluex;	将文字高度更改为当前样式文字高度的数倍	Autodesk\H3x;AutoCAD	Autodesk AutoCAD
\S…^…;	堆叠\、#或^符号后的文字	1.000\S+0.010^-0.000;	1.000 +0.010 -0.000
\Tvalue;	调整字符间距，从 0.75 到 4 倍	\T2;Autodesk	A u t o d e s k
\Qangle;	更改倾斜角度	\Q20;Autodesk	*Autodesk*
\Wvalue;	修改宽度比例生成宽字	\W2;Autodesk	Autodesk
\A	设置对齐方式值，有效值为：0、1、2（底端对正、居中对正、顶端对正）	\A1;1\S1/2	1 1/2
\P	结束段落	Autodesk\PAutoCAD	Autodesk AutoCAD

图 7.2.11 在替换文本编辑器中设置文字格式

（3）指定替换文本编辑器的步骤。在命令提示下输入 mtexted。在提示下执行下列两项操作之一，即：为要用来创建或编辑多行文字的 ASCII 文本编辑器输入可执行文件的路径和名称；输入 internal 以恢复 AutoCAD 文本编辑器。

（4）在替换文本编辑器中创建多行文字的步骤。如果需要指定文本编辑器，则在命令提示下输入 mtexted，然后输入要使用的编辑器的路径。从“绘图”菜单中选择“文字”，然后选择“多行文字”。指定多行文字边界框的第一个角点。指定多行文字边界框的对角点。在文本编辑器中输入文字，输入 \P 结束段落并在下一行开始新段落（可记住 P 要大写）。输入完文字后，保存所做的修改并退出文本编辑器。其“绘图”工具栏为 A，其命令行为“MTEXT”。

7.3 标注和公差

标注是向图形中添加测量注释的过程。AutoCAD 提供许多标注对象及设置标注格式的方法。可以在各个方向上为各类对象创建标注。也可以创建标注样式，以快速地设置标注格式，并确保图形中的标注符合行业或项目标准。

7.3.1 关于标注的相关概念

可以创建几种标注类型，还可通过设置标注样式或编辑单独的标注来控制标注的外观。

（1）标注的特点。标注显示了对象的测量值、对象之间的距离或角度，或者特征距指定原点的距离。AutoCAD 提供了线性、半径和角度三种基本标注类型。标注可以是水平、垂直、对齐、旋转、坐标、基线或连续的。图 7.3.1 中给出了几种简单的标注示例。可以标注诸如直线、圆弧和多段线线段之类的对象，或者在点位置之间标注。AutoCAD 将标注置于当前图层。每一个标注都采用当前标注样式，用于控制诸如箭头样式、文字位置和尺寸公差等的特性。使用标注样式可以对不同类型标注的基本标注样式稍作修改。使用标注样式替代可以为特定标注修改这些特性。也可以使用“快速标注”（QDIM）一次标注多个对象或者编辑现有标注，但使用这种方式创建的标注是无关联的。

（2）标注部件。如图 7.3.2 和图 7.3.3 所示，标注具有以下独特的元素，即标注文字、尺寸线、箭头和尺寸界线。标注文字是用于指示测量值的字符串，文字还可以包含前缀、后缀和公差。尺寸线用于指示标注的方向和范围，对于角度标注其尺寸线是一段圆弧。箭头也称终止符号、显示在尺寸线的两端，可以为箭头或标记指定不同的尺寸和形

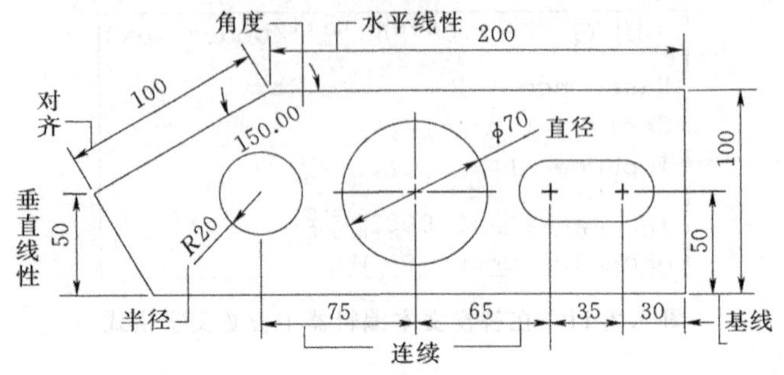

图 7.3.1　几种简单的标注形式

状。尺寸界线也称为投影线或证示线，其从部件延伸到尺寸线。中心标记是标记圆或圆弧中心的小十字。中心线是标记圆或圆弧中心的虚线。

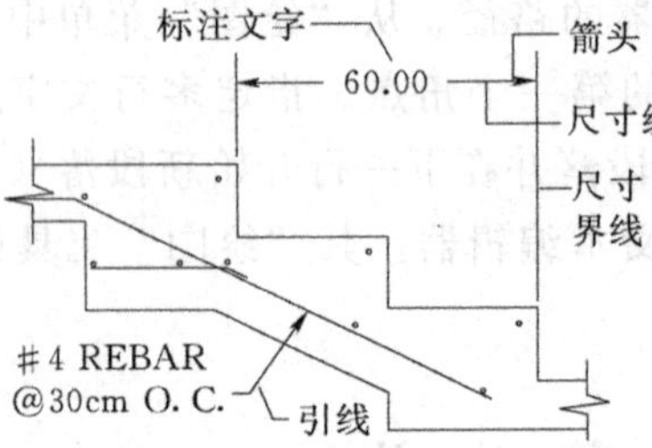

图 7.3.2　标注部件标注

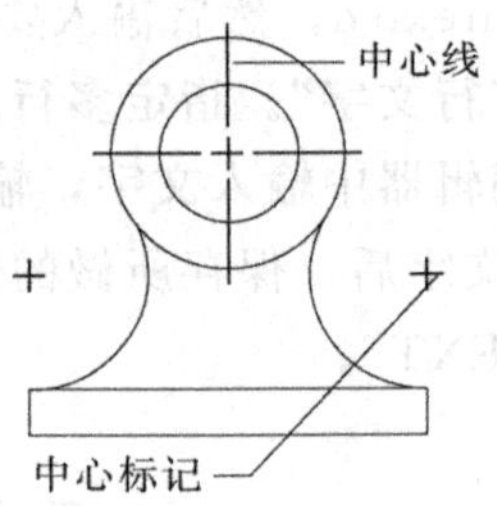

图 7.3.3　中心标记

（3）关联标注。标注关联性定义几何对象和为其提供距离及角度的标注间的关系。AutoCAD 提供了关联标注、无关联标注、分解的标注等三种关联性（几何对象和标注之间的关联性）。“关联标注”的特点是当与其关联的几何对象被修改时，关联标注将自动调整其位置、方向和测量值，布局中的标注可以与模型空间中的对象相关联，DIMASSOC 系统变量设置为 2。“无关联标注”的特点是与其测量的几何图形一起选定和修改，无关联标注在其测量的几何对象被修改时不发生改变，标注变量 DIMASSOC 设置为 1。“分解的标注”的特点是包含单个对象而不是单个标注对象的集合，DIMASSOC 系统变量设置为 0。可以通过执行以下两个步骤之一确定某个标注是关联的还是无关联的，即选择标注并使用“特性”选项板显示标注的特性；使用 LIST 命令显示标注的特性。也可以使用“快速选择”对话框过滤关联或无关联的标注的选择，即使只是标注的一头与几何对象关联该标注也被认为是关联的，DIMREASSOCIATE 命令显示标注的关联和无关联元素。

（4）特殊情况和限制。在以下情况下可能需要使用 DIMREGEN 命令更新关联标注，即：使用滑轮鼠标进行平移或缩放后；打开使用早期版本修改的图形后；打开其外部参照已被修改的图形后。虽然关联标注支持大多数用户希望进行标注的对象类型，但是它们不支持多线对象或厚度不为零的对象。选择要标注的对象时可确保所选对象不包含、不支持关联标注的直接重叠对象，如二维实面。如果已重定义块，标注和块参照之间将不再存在关联性。如果三维实体的形被修改，标注和三维实体间将不再存在关联性。使用 QDIM 命令创建的标注不是关联的，但是可以单独地与 DIMREASSOCIATE 关联。需要强调的是，在 AutoCAD 2002 之前的版本中，关联标注和无关联标注的定义不同，并通过 DIMASO系统变量控制，现在版本中标注的方式由 DIMASSOC 系统变量控制。关于更改标注对象的关联性特性的信息可参考本书后续的“修改标注关联性”中的相关内容。关于使用关联标注与早期版本组合的信息可参考本书后续“以早期图形文件格式保存图形”中的相关内容。

(5) 更改标注关联性默认设置的步骤。从“工具”菜单中选择“选项”。在“选项”对话框中选择“用户系统配置”选项卡。在“关联标注”下选择或清除“使新标注与对象关联”。执行下面两项中的一项或两项操作，即：选择“应用”将当前“选项”设置记录到系统注册表中；选择“确定”将当前“选项”设置记录到系统注册表中并关闭“选项”对话框。图形中所有后来创建的标注将使用新设置，与大多数其他选项设置不同，标注关联性保存在图形文件中而不是系统注册表中。其命令行为“OPTIONS”。

7.3.2 使用标注样式

可以通过更改设置控制标注的外观。为了便于使用、维护标注标准可以将这些设置存储在标注样式中。

(1) 标注样式功能的特点。通过修改标注样式可以更新以前由该标注样式创建的所有现有标注以反映新设置。标注样式管理器允许修改以下 3 方面设置，即：尺寸界线、尺寸线、箭头、中心标记或中心线及其之间的偏移；标注部件位置间的相互关系以及标注文字的方向；标注文字的内容和外观。

(2) 设置当前标注样式的步骤。在“样式”工具栏“标注样式”控件中单击箭头并从列表中选择标注样式。其命令行为“DIMSTYLE”。

(3) 比较标注样式和变量。可以列出当前图形中的标注样式，还可以列出所有尺寸标注系统变量及其当前状态或只列出受标注样式影响的变量。列出所有尺寸标注系统变量的当前状态时，AutoCAD 将列出应用到当前标注样式的所有整体替代，可以列表显示已命名的标注样式和当前标注样式的区别。

(4) 使用外部参照标注样式。AutoCAD 使用与其他外部依赖命名对象所用的相同语法显示外部参照标注样式名。使用标注样式管理器查看外部参照标注样式时，外部参照的名称将在“样式”列表中显示为“Xref：图形名称”，同时每一种外部参照样式显示在图形名的下方。例如，如果图形文件 baseplat.dwg 有一个称为 FRACTIONAL－1 的标注样式，并且将 baseplat.dwg 作为外部参照附着到新图形，那么，外部参照标注样式将在标注样式管理器的“样式”列表中显示为 Xref：baseplat.dwg，同时 FRACTIONAL－1 显示在图形名的下方。可以检验外部参照标注样式，但不能修改或将其置为当前状态，可以将外部参照标注样式作为样板使用，以便在当前图形中创建新的标注样式。

(5) 列出当前标注样式的所有标注设置的步骤。从“标注”菜单中选择“样式”。在“标注样式管理器”中的“样式”列表中，选择样式，然后选择“比较”。AutoCAD 列出了标注系统变量、其当前设置和简短说明（包括替代）。“标注”或“样式”工具栏为，其命令行为“DIMSTYLE”。

(6) 列出现有标注样式的设置的步骤。从“标注”菜单中选择“样式”。在“标注样式管理器”中输入标注样式名，或者选择其标注样式需要检验的标注，然后选择“比较”。AutoCAD 列出受到影响的变量、其设置和简短说明（不包括替代在内）。“标注”或“样式”工具栏为，其命令行为“DIMSTYLE”。

（7）列出当前图形中的标注样式的步骤。从“标注”菜单中选择“样式”。在“标注样式管理器”中的“列表”下，选择“所有样式”或“正在使用的样式”。“标注”或“样式”工具栏为，其命令行为“DIMSTYLE”。

（8）比较标注样式的步骤。从“标注”菜单中选择“样式”。在“标注样式管理器”中选择“样式”列表中要进行比较的样式，然后选择“比较”。AutoCAD 将该标注样式与当前标注样式相比较。“标注”或“样式”工具栏为，其命令行为“DIMSTYLE”。

（9）控制标注要素。可以控制尺寸线、尺寸界线、箭头和中心标记的外观。还可以设置标注大小的比例、距离和偏移。

（10）修改尺寸线。可以控制尺寸线的几个特征，对于小斜线箭头可以设置尺寸线伸出尺寸界线的距离，还可以为尺寸线指定特定的颜色。对于基线标注可以控制连续尺寸线之间的间距，如果文字拆分尺寸线，可以控制尺寸线每一部分的可见性。

（11）修改尺寸线显示的步骤。从“标注”菜单中选择“样式”。在“标注样式管理器”中选择要修改的样式，然后选择“修改”。在“修改标注样式”对话框的“直线和箭头”选项卡上根据需要修改“尺寸线”下的设置。选择“确定”退出。选择“关闭”退出标注样式管理器。“标注”或“样式”工具栏为，其命令行为“DIMSTYLE”。

（12）修改尺寸界线。如图 7.3.4 和图 7.3.5 所示，可以控制尺寸界线几个方面的特性，可以为其指定特定颜色，如果不需要尺寸界线或没有空间容纳，则可以禁止一个或全部界线，可以指定尺寸界线超出尺寸线的长度。可以控制尺寸界线原点和尺寸界线起点之间的距离，此距离也称为尺寸界线原点偏移。第一条尺寸界线位于指定第一条尺寸界线原点的那一侧。如果选择要标注的直线而不是指定两条尺寸界线的原点，离选定点最近的直线端点会成为第一条尺寸界线的原点。尺寸界线通常垂直于尺寸线，但在空间不够大时可使它们倾斜。具体可参考本书后续“创建尺寸界线倾斜的标注”中的相关内容。

图 7.3.4　修改尺寸界线

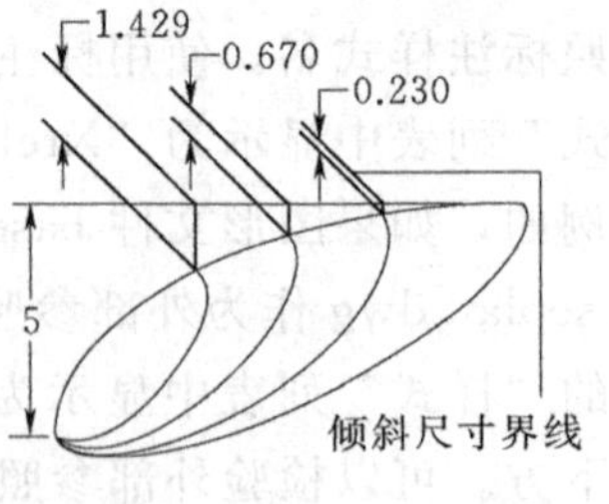

图 7.3.5　倾斜尺寸界线

（13）修改尺寸界线显示的步骤。从“标注”菜单中选择“样式”。在“标注样式管理器”中选择要修改的样式，然后选择“修改”。在“修改标注样式”对话框的“直线和箭头”选项卡上，根据需要修改“尺寸界线”下的设置。选择“确定”退出。选择“关闭”退出标注样式管理器。“标注”或“样式”工具栏为，其命令行为“DIMSTYLE”。

（14）选择标注箭头。终止符号的绘图标准各不相同，AutoCAD 提供了七种标准类型的箭头，可以将不同类型应用到尺寸线的两端并控制每一端箭头的尺寸，箭头的次序取决于尺寸界线的次序，第一条尺寸界线位于创建标注时指定第一条尺寸界线的原点，对于角度应标注其第二条尺寸界线，从第一条尺寸界线按逆时针方向旋转，引线只使用第一个箭头。第一个箭头类型会自动应用到第二个箭头，除非为第二个箭头选择了其他类型。可以选择不使用任何箭头或只使用一个箭头，也可以创建自定义箭头。具体可参考本书后续“自定义箭头”中的相关内容。

(15) 选择箭头的步骤。从“标注”菜单中选择“样式”。在“标注样式管理器”中选择要修改的样式，然后选择“修改”。在“修改标注样式”对话框的“直线和箭头”选项卡的“箭头”下为尺寸线的第一个端点选择箭头类型，第二个箭头将自动设置为相同类型。要将尺寸线的第二个端点设置为其他箭头类型，可从第二个列表中选择箭头类型。在“尺寸”框中输入箭头的尺寸。选择“确定”退出。选择“关闭”退出标注样式管理器。“标注”或“样式”工具栏为，其命令行为“DIMSTYLE”。

(16) 自定义箭头。AutoCAD 所提供的箭头存储为块定义。要使用自定义箭头可给出现有块定义的名称。关于创建块的详细信息可参考本书前述“在图形中创建块”中的相关内容。箭头大小取决于全局标注的比例因子。创建标注时 AutoCAD 会将块插入到箭头通常所处的位置。对象的 X 和 Y 比例因子设置为箭头大小×全局比例。尺寸线的两端以文字间距×全局比例单位修剪。要修剪尺寸线，AutoCAD 使用相对于水平标注为零的旋转角度插入最右侧的块。最左侧的块绕其插入点作 180°旋转。如果使用图纸空间缩放，则 AutoCAD 在将比例因子应用到箭头尺寸值之前要先进行计算。

(17) 使用自定义箭头符号的步骤。从“标注”菜单中选择“样式”。在“标注样式管理器”中选择要修改的样式，然后选择“修改”。在“标注样式管理器”的“直线和箭头”选项卡的“箭头”下，从第一个箭头列表中选择“用户箭头”。在“选择自定义箭头块”对话框中输入块的名称，然后选择“确定”。要为第二个箭头选择其他自定义箭头应重复步骤 3 和 4，在第二个箭头列表中选择“用户箭头”（可选）。选择“确定”，退出“修改标注样式”对话框。选择“关闭”退出。“标注”或“样式”工具栏为，其命令行为“DIMSTYLE”。

(18) 控制标注文字。可以控制标注文字、箭头和引线相对于尺寸线和尺寸界线的位置。

(19) 在尺寸界线内调整标注文字。许多因素（如尺寸界线间距的大小和箭头大小）都会影响标注文字和箭头在尺寸界线内的调整方式。一般而言，AutoCAD 会自动应用最佳效果（如果指定可用空间）。如果可能，将在尺寸界线之间放置文字和箭头，而不考虑所选的调整选项。创建新的标注时可以选择通过输入坐标或使用定点设备放置文字，称为用户定义的文字位置。另外，AutoCAD 可以计算文字位置。自动调整文字和箭头的选项列在“标注样式管理器”的“调整”选项卡上。例如，可以指定文字和箭头在一起，这种情况下如果在尺寸界线之间容纳不下两者，会将它们置于尺寸界线之外。如果尺寸界线之间仅能容纳文字或箭头，则可以指定在尺寸界线之间只放置文字或箭头。图 7.3.6 显示了 AutoCAD 为箭头和文字应用“最佳效果”的方式。如果尺寸界线之间没有空间容纳文字，则会自动创建引线，当尺寸界线之外的文字可能会与其他几何图形发生干涉时（如在连续标注中）这样做非常有用，将文字绘制到引线的右侧还是左侧取决于“文字”选项卡上的水平对正设置，还可以通过改变其大小来调整文字和箭头。即使箭头位于尺寸界线之外也可以在尺寸界线之间绘制直线，这称为强制界内放置尺寸线，如图 7.3.7 所示。

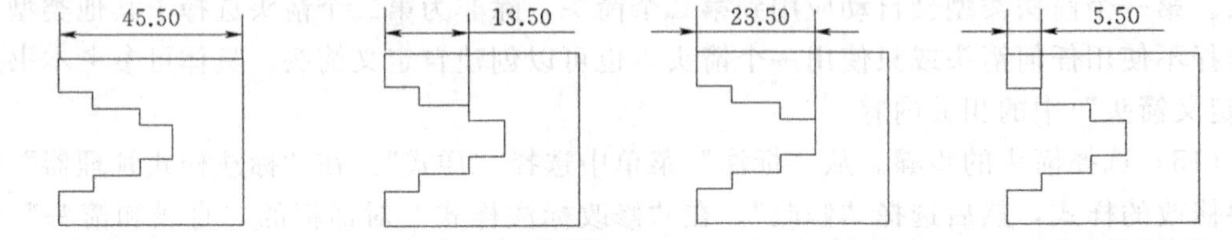

(a) 文字和箭头内部　(b) 箭头内部、文字外部　(c) 文字内部、箭头外部　(d) 文字和箭头外部

图 7.3.6　AutoCAD 箭头和文字应用的“最佳效果”

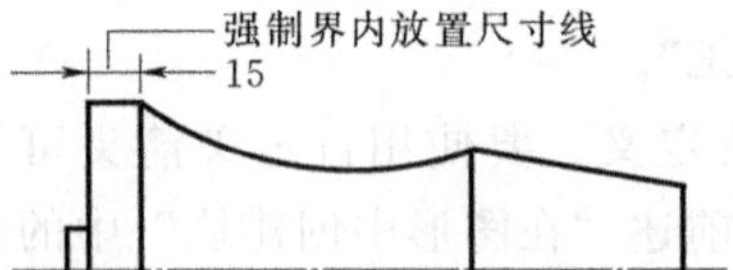

图 7.3.7　强制界内放置尺寸线

（20）调整直径标注文字。根据“文字”选项卡上的文字位置、水平设置，以及是否选定“调整”选项卡的“始终在尺寸界线之间绘制尺寸线”选项，可以绘制一些不同的直径标注。如图 7.3.8 所示，其中图 7.3.8（a）为默认水平放置——圆外的文字、中心标记、非强制界内尺寸线；图 7.3.8（b）为用户定义的水平放置——尺寸线和箭头、非中心标记、强制界内尺寸线；图 7.3.8（c）为选定“内侧水平”选项时，文字和箭头在内侧。

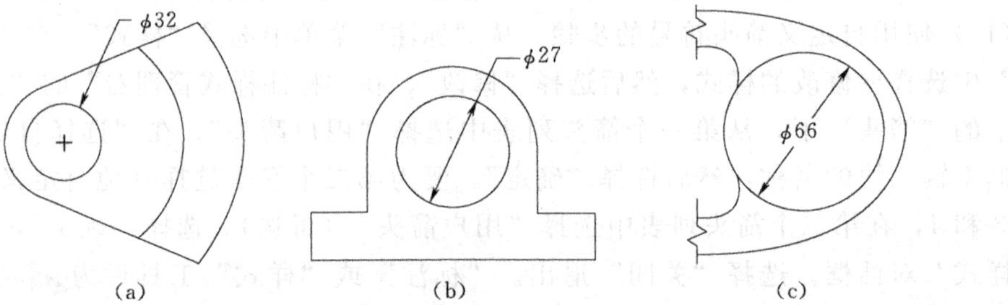

(a)　(b)　(c)

图 7.3.8　调整直径标注文字

（21）在尺寸界线内放置文字的步骤。从“标注”菜单中选择“样式”，在“标注样式管理器”中选择要修改的样式，然后选择“修改”。在“修改标注样式”对话框的“调整”选项卡的“调整选项”下，选择一个选项；选择“确定”，退出“修改标注样式”对话框；选择“关闭”退出。如果有足够的空间，文字将放置在尺寸界线之间。“标注”或“样式”工具栏为，其命令行为“DIMSTYLE”。

（22）强制界内放置尺寸线和选择调整选项的步骤。从“标注”菜单中选择“样式”。在“标注样式管理器”中选择要修改的样式，然后选择“修改”。在“修改标注样式”对话框的“调整”选项卡的“调整”下，选择“始终在尺寸界线界之间绘制尺寸线”。在“调整选项”下选择一个选项。选择“确定”，退出“修改标注样式”对话框；选择“关闭”退出。“标注”或“样式”工具栏为，其命令行为“DIMSTYLE”。

（23）控制标注文字的位置。如图 7.3.9 所示，AutoCAD 提供了几种对正设置，使用户遵循国际标准，用户也可以为文字选择自己的位置。许多设置是相互依赖的。修改设置时“标注样式管理器”中的样例图像将动态更新，以显示文字的显示结果。

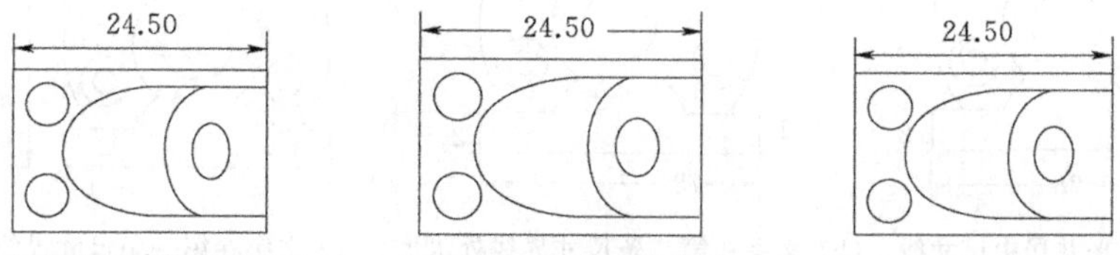

(a) 文字在尺寸线上方居中　(b) 文字水平和垂直居中　(c) 文字在尺寸线上方靠左对齐

图 7.3.9　控制标注文字的位置

(24) 对齐标注文字。无论文字在尺寸界线之内或之外，都可以选择文字与尺寸线是否对齐或保持水平。图 7.3.10 显示了这些选项的两种结合方式。AutoCAD 默认对齐是水平标注文字（即使对于垂直标注而言）。

(a) 尺寸界线内部的文字方向水平　(b) 尺寸界线外部的文字与尺寸线对齐

图 7.3.10　对齐标注文字的两种结合方式

(25) 水平放置标注文字。如图 7.3.11 所示，与尺寸界线相关的尺寸线上的文字位置称为文字位置。要在创建标注时手动放置文字，可使用“调整”选项卡的“标注时手动放置文字”选项。使用文字位置选项可以将文字自动放置在尺寸线的中心、尺寸界线之内或尺寸界线上方。第一条和第二条尺寸界线由创建标注时指定尺寸界线原点的次序决定。对于角度标注，第二条尺寸界线从第一条尺寸界线按逆时针方向旋转。在图 7.3.12 中，1 是第一条尺寸界线的原点，2 是第二条尺寸界线的原点。如果手动放置文字，在创建标注时可以沿尺寸线在尺寸界线之内或之外将标注文字放置在任意位置。此选项提供了灵活性，同时在空间不够时非常有用。然而，“水平”对齐选项为标注之间提供了更好的精确性和一致性。

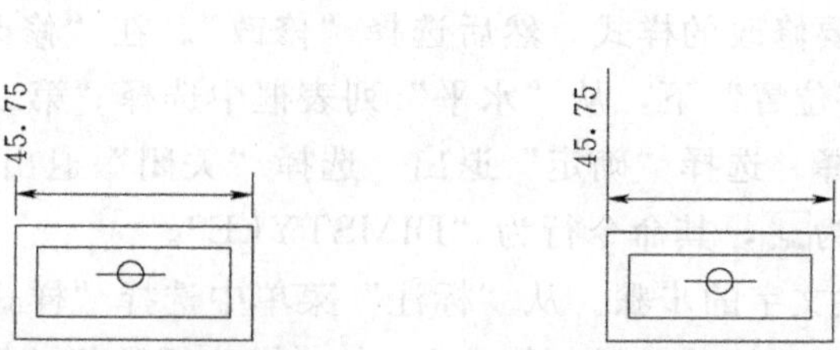

(a) 水平对正 / 垂直对正 / 居中　(b) 水平对正 / 垂直对正 / 上方

图 7.3.11　水平放置标注文字

(26) 垂直放置标注文字。如图 7.3.13 所示，相对于尺寸线的文字位置称为垂直文字位置。可以将文字放置在尺寸线的上方、下方或居中位置。在 ANSI 标准中，居中文字通

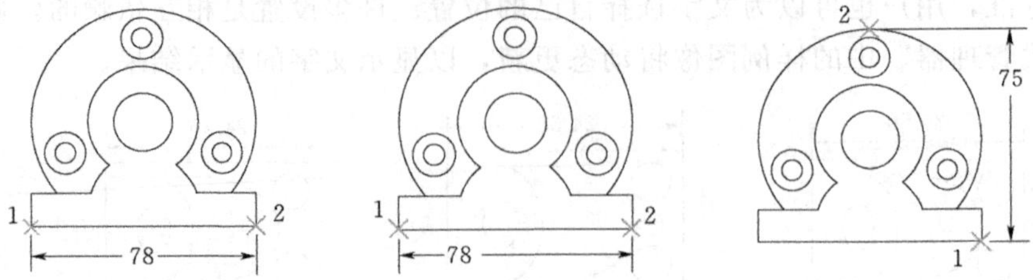

(a) 文字水平并居中尺寸线　(b) 文字在第二条尺寸界线处水平　(c) 文字在第一条尺寸界线处水平

图 7.3.12　角度标注

常拆分尺寸线。在 ISO 标准中，居中文字通常位于尺寸线的上方或外侧。如 ISO 标准允许角度标注文字如以下任意方式显示。其他设置（如“文字对齐”）可以影响文字的垂直对齐。例如，如果选定“水平对齐”，尺寸界线之内和尺寸线内居中的文字将为水平，如图 7.3.13（a）所示。即使尺寸线自身不是水平，文字也是水平放置。

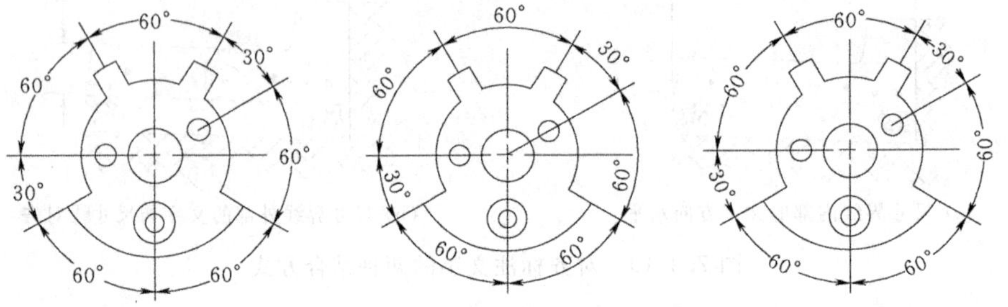

(a) ANSI 标准文字在尺寸线内居中　(b) ISO 标准文字在尺寸线上方　(c) 文字在尺寸线内对齐并居中

图 7.3.13　垂直放置标注文字

（27）将文字与尺寸线对齐的步骤。从“标注”菜单中选择“样式”。在“标注样式管理器”中选择要修改的样式，然后选择“修改”。在“修改标注样式”对话框的“文字”选项卡的“文字对齐”下，选择“与尺寸线对齐”。选择“确定”，退出“修改标注样式”对话框。选择“关闭”退出。“标注”或“样式”工具栏为，其命令行为“DIMSTYLE”。

（28）在第二条尺寸界线上放置文字的步骤。从“标注”菜单中选择“样式”。在“标注样式管理器”中选择要修改的样式，然后选择“修改”。在“修改标注样式”对话框的“文字”选项卡的“文字位置”下，从“水平”列表框中选择“第二条尺寸界线上方”，样例区域将反映所做的选择。选择“确定”退出。选择“关闭”退出标注样式管理器。“标注”或“样式”工具栏为，其命令行为“DIMSTYLE”。

（29）手动放置标注文字的步骤。从“标注”菜单中选择“样式”。在“标注样式管理器”中选择要修改的样式，然后选择“修改”。在“修改标注样式”对话框“调整”选项卡的“调整”下，选择“标注时手动放置文字”。选择“确定”，退出“修改标注样式”对话框。选择“关闭”退出。创建标注时可以沿尺寸线移动文字，使用定点设备或输入坐标指定尺寸线和文字位置。“标注”或“样式”工具栏为，其命令行为“DIMSTYLE”。

（30）将文字放在尺寸线上方。从“标注”菜单中选择“样式”。在“标注样式管理器器”中选择要修改的样式，然后选择“修改”。在“修改标注样式”对话框“文字”选项卡的“文字位置”下，从“垂直”列表框中选择“上方”，样例区域将反映所做的选择。选择“确定”退出。选择“关闭”退出标注样式管理器。“标注”或“样式”工具栏为▲，其命令行为“DIMSTYLE”。

(31) 控制标注文字的外观。AutoCAD 支持混合使用用户提供的文字、标注样式提供的前缀和后缀以及 AutoCAD 生成的测量值。例如，可以将一个直径符号作为前缀添加到测量值中，或者添加一个单位缩写作为后缀，如 mm。这种情况下的文字指的是所有标注文字、前缀和后缀、主单位和换算单位以及尺寸公差。形位公差是单独控制的。将标注文字作为可以使用文本编辑器创建和设置格式的单个字符串处理。

(32) 控制标注中的文字样式。标注文字的外观由“标注样式管理器”的“文字”选项卡中选定的文字样式控制。可以在创建标注样式的同时选择文字样式，并指定文字颜色和与当前文字样式高度设置无关的高度。还可以指定基本标注文字与其包围线框之间的间距。用于标注的文字样式与图形中创建的所有文字使用的文字样式相同。详细信息可参考本书前述“使用文字样式”中的相关内容。

(33) 为标注提供“用户文字”。除了为主单位和换算单位指定的前缀和后缀之外，还可以在创建标注时提供自定义文字。因为前缀、后缀和用户提供的文字是单个字符串，因此可以表示公差堆叠，还可以将更改应用到字体、文字大小和使用文本编辑器的其他特性。要在尺寸线的上方和下方添加用户文字，可使用分隔符\X。该符号之前的文字将位于尺寸线上方并与之对齐。\X 符号后面的文字将位于尺寸线下方并与之对齐。尺寸线和文字之间的间距取决于“注释”对话框中“间距”下所输入的值。图 7.3.14 反映的是标注中的用户文字，其中主标注的测量值是 5.08，换算标注的测量值是 2.00，主单位的后缀为 H7/h6，换算单位的后缀为 inches。创建标注时，在文字提示下输入以下格式的字符串“＜ ＞H7/h6\XSeeNote26\P[]”，尖括号表示主单位、方括号表示换算单位，\X 将文字分隔在尺寸线之上和之下，\P 是段落分隔符，得到的文字显示如图 7.3.14 所示。

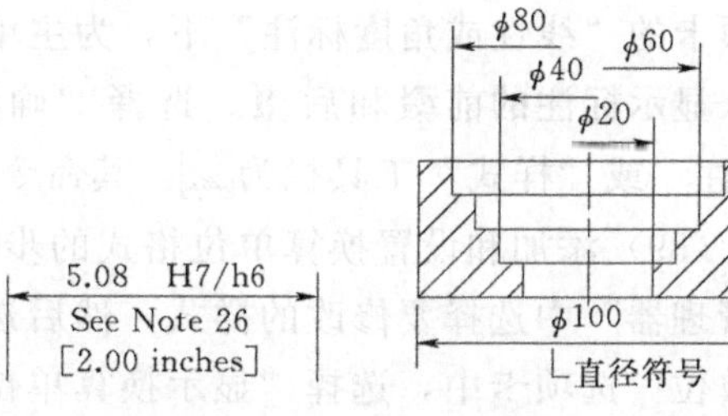

图 7.3.14 标注中用户文字

(34) 控制标注中文字样式的步骤。从“标注”菜单中选择“样式”。在“标注样式管理器”中选择要修改的样式，然后选择“修改”。在“修改标注样式”对话框“文字”选项卡的“文字外观”下，选择文字样式。如果当前文字样式不具有固定的高度，则需在“文字高度”框中输入标注文字的高度。在“公差”下的“高度比例”框中输入公差值的高度。在“从尺寸线偏移”框中，输入基本标注文字周围的间距值。从“文字颜色”框中选择一种颜色。选择“确定”退出。选择“关闭”退出标注样式管理器。“标注”或“样式”工具栏为▲，其命令行为“DIMSTYLE”。

(35) 控制标注值。标注中显示的数值可以以几种格式显示，并且可以控制数字距离的表示方式。

(36) 控制标注单位的显示。主单位的设置控制标注值的显示，包括单位格式、数值精度和十进制分隔符样式。如可以输入直径符号作为前缀，如图 7.3.15 所示。任何指定的前缀将替换通常用于直径和半径标注（分别为 ϕ 和 R）的前缀。这些设置可以在“标注样式管理器”的“主单位”选项卡上获得。

（37）控制换算单位的显示。可以同时创建两种系统测量值的标注，此特性常用于将英尺和英寸标注添加到使用公制单位创建的图形中，标注文字的换算单位用方括号（[]）括起来，不能将换算单位应用到角度标注。在编辑线性标注时，如果已打开换算单位标注，则所指定的换算比例值应该乘以测量值，该值表示每一当前测量值单位相当于多少换算单位，英制单位的默认值是 25.4（指 1in 相当于 25.4mm），公制单位的默认值是 0.0394（指 1mm 相当于 0.0394in），小数位数取决于换算单位的精度值。例如，对于英制单位，如果换算比例设置为默认值 25.4 并且换算精度为 0.00 则标注如图 7.3.16 所示。

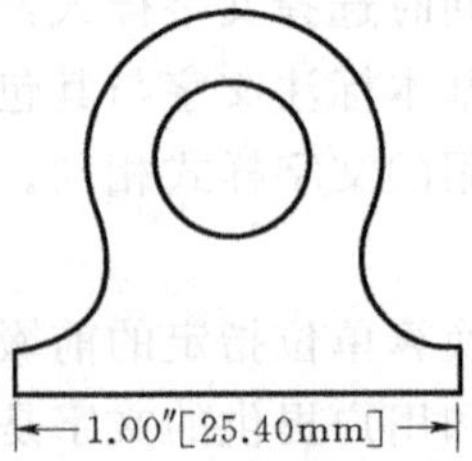

(a)

图 7.3.15　输入直径符号作前缀

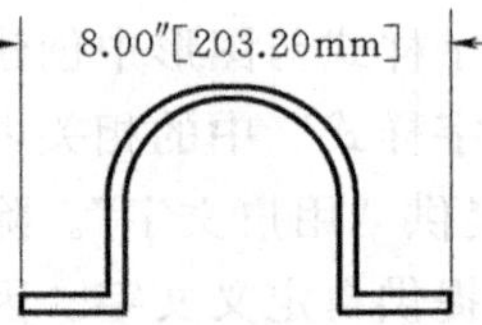

(b)

图 7.3.16　控制换算单位的显示

（38）添加和设置主单位格式的步骤。从“标注”菜单中选择“样式”。在“标注样式管理器”中选择要修改的样式，然后选择“修改”。在“修改标注样式”对话框“主单位”选项卡的“线性或角度标注”下，为主单位选择单位格式和精度值。在“线性标注”下，输入显示标注的前缀和后缀。选择“确定”退出。选择“关闭”退出标注样式管理器。“标注”或“样式”工具栏为，其命令行为“DIMSTYLE”。

（39）添加和设置换算单位格式的步骤。从“标注”菜单中选择“样式”。在“标注样式管理器”中选择要修改的样式，然后选择“修改”。在“修改标注样式”对话框的“换算单位”选项卡中，选择“显示换算单位”。在“换算单位”下从列表中选择以下两种格式中的一个单位格式，即：选择换算单位的精度值；输入显示标注的前缀和后缀（如果标注和前缀或后缀之间需要间距，则可以包含空格字符）。选择“确定”退出。选择“关闭”退出标注样式管理器。“标注”或“样式”工具栏为，其命令行为“DIMSTYLE”。

（40）舍入标注值。如图 7.3.17 所示，可以对除角度标注外的所有标注值进行舍入处理。例如，指定舍入值为 0.25，则所有的距离都舍入到最接近 0.25 单位的值。小数点后显示的数字位数取决于主单位和换算单位及尺寸公差值的精度设置。

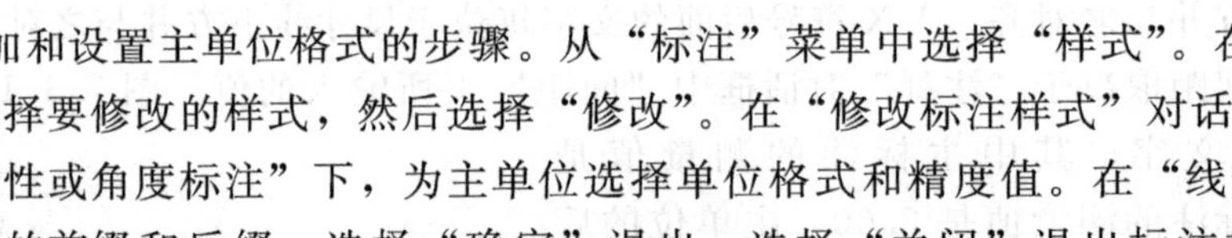

(a) 舍入值默认设置为 0　(b) 舍入值设置为 0.25　(c) 舍入值设置为 1

图 7.3.17　舍入标注值

（41）舍入标注值的步骤。从“标注”菜单中选择“样式”。在“标注样式管理器”中选择要修改的样式，然后选择“修改”。在“修改标注样式”对话框“主单位”选项卡的“线性标注”下，输入舍入值。选择“确定”退出。选择“关闭”退出标注样式管理器。“标注”或“样式”工具栏为，其命令行为“DIMSTYLE”。

（42）标注中的消零。如果不输出十进制标注中的前导零，则 0.500 表示为 .500。如果不输出后续零，则 0.500 表示为 0.5。如果同时消除前导零和后续零，则 0.5000 变为 .5，0.0000 变为 0。表 7.3.1 中显示了选择每一个选项的结果，并提供了建筑单位样式的样例，如果英尺包含分数形式，则无论选择什么选项英寸数均被认为是零，因此，标注 4′-3/4″变为 4′-03/4″。

表 7.3.1　英尺和英寸的消零

选　项	效　果	样	例		
未选择选项	包括 0ft 和 0in	0′-01/2″	0′-6″	1′-0″	1′-03/4″
选择 0in	不显示 0in(包括 0ft)	0′-01/2″	0′-6″	1′	1′-03/4″
0ft 选择	不显示 0ft(包括 0in)	1/2″	6″	1′-0″	1′-03/4″
选择 0ft 和 0in	不显示 0ft 和 0in	1/2″	6″	1′	1′-03/4″

（43）在标注值中消零的步骤。从“标注”菜单中选择“样式”。在“标注样式管理器”中选择要修改的样式，然后选择“修改”。在“修改标注样式”对话框“主单位”选项卡或“换算单位”选项卡的“消零”下，进行如下 4 项选择，即：前导、后续、0ft、0in，所谓“前导”是指不输出十进制值中的前导零；“后续”是指不输出十进制值中的后续零；“0ft”是指不输出英尺和英寸值中的 0ft；“0in”是指不输出英尺和英寸值中的 0in。选择“确定”退出。选择“关闭”退出标注样式管理器。“标注”或“样式”工具栏为，其命令行为“DIMSTYLE”。

（44）显示尺寸公差。尺寸公差指定标注可以变动的数目。通过指定生产中的公差可以控制部件所需的精度等级。特征是部件的一部分，如点、线、轴或表面。可以通过为标注文字附加公差的方式直接将公差应用到标注中，这些标注公差指示标注的最大和最小允许尺寸。还可以应用形位公差用于指示形状、轮廓、方向、位置以及跳动的极限偏差。尺寸公差可以通过理论上精确的测量值指定，它们被称为基本尺寸且用框围起来。如图 7.3.18 和图 7.3.19 所示，如果标注值可以在两个方向上变化，所指定的正值和负值将作为极限公差附加到标注值中；如果两个极限公差值相等，则 AutoCAD 将在它们前面加上±符号（也称为对称），否则正值将位于负值上方。如果将公差作为界限应用，AutoCAD 将使用所提供的正值和负值计算最大和最小值，这些值将替换标注值，如果指定界限则上界将位于下界上方，如图 7.3.20 所示。

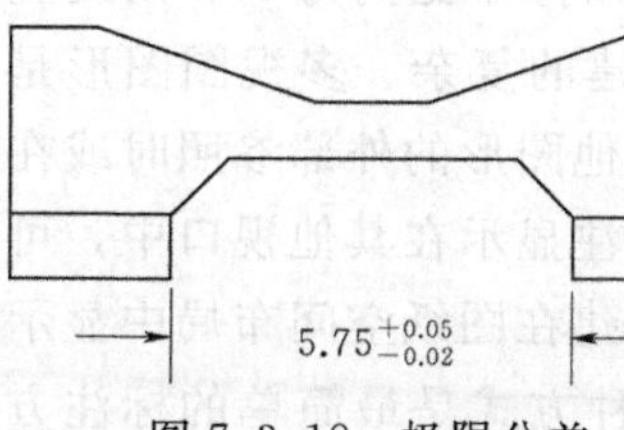

图 7.3.18　极限公差

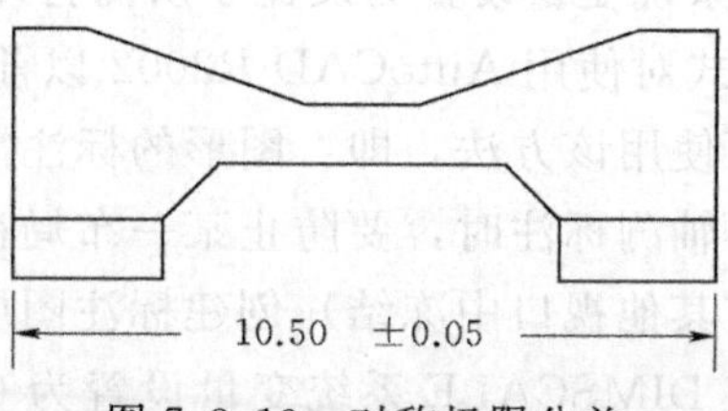

图 7.3.19　对称极限公差

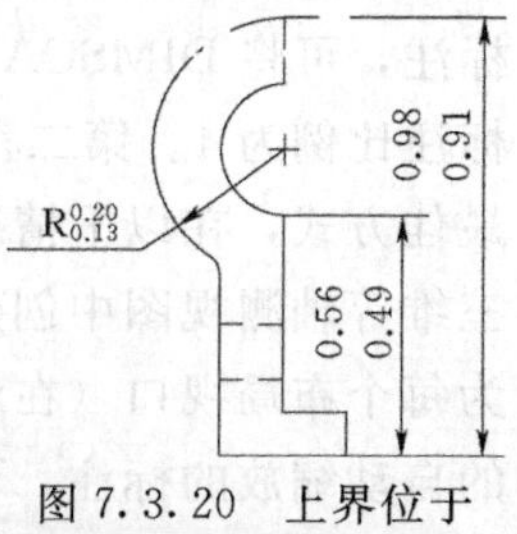

图 7.3.20　上界位于下界上方

(45) 设置尺寸公差的格式。见图 7.3.21，可以控制公差值相对于主标注文字的垂直位置，可以将公差与标注文字的上、中或下位置对齐。还可以控制消零（与在主单位和换算单位中的处理方式相同），消除尺寸公差中的零与在主单位和换算单位中消零效果相同，如果不输出前导零则 0.5 表示为 .5，如果不输出后续零则 0.5000 表示为 0.5。具体可参考本书后续“添加形位公差”中的相关内容。

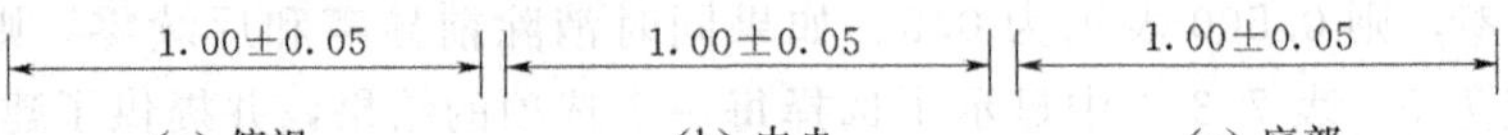

(a) 俯视　　(b) 中央　　(c) 底部

图 7.3.21　设置尺寸公差的格式

(46) 指定尺寸公差方式的步骤。从“格式”菜单中选择“标注样式”。在“标注样式管理器”中选择要修改的样式，然后选择“修改”。在“修改标注样式”对话框“公差”选项卡的“公差格式”下，从“方式”列表中选择一种方式，然后执行下列 3 种操作之一，即：如果选择“界限”，可在“上偏差”和“下偏差”框中输入上下极限公差；如果选择“对称”公差，则“下偏差”将不可用（因为只需输入一个公差值）；如果选择“基本”，可在“从尺寸线偏移”（在“文字”选项卡上）中输入一个值表示文字及其包围框之间的间距。选择“确定”退出。选择“关闭”退出标注样式管理器。“标注”或“样式”工具栏为，其命令行为“DIMSTYLE”。

(47) 在公差值中进行对齐和消零的步骤。从“标注”菜单中选择“样式”。在“标注样式管理器”中选择要修改的样式，然后选择“修改”。在“修改标注样式”对话框“公差”选项卡的“公差格式”下，从“垂直位置”列表中选择对齐方式。要在主单位或换算单位中消零，可在“消零”下选择“前导”即可消除前导零，选择“后续”即可消除后续零。选择“确定”退出。选择“关闭”退出标注样式管理器。“标注”或“样式”工具栏为，其命令行为“DIMSTYLE”。

7.3.3　设置标注比例

标注比例可以影响标注要素相对于图形中对象的大小。标注比例可以影响大小，如文字高度和箭头大小，还可影响偏移，如尺寸界线原点偏移。应该将这些尺寸和偏移设置为表示其实际打印尺寸的值。标注比例不能将全局比例因子应用到公差或测量长度、坐标或角度。设置标注比例取决于布置图形的方式。有三种方式用于创建图形布局中的标注，即：在模型空间标注，以便在模型空间打印；在模型空间标注，以便在图纸空间打印；在布局中标注。第一种方式是与单视图图形一起使用的传统方式，要为打印创建缩放正确的标注，可将 DIMSCALE 系统变量设置为反比于所需打印比例，如打印比例为 1/4 则设置标注比例为 4。第二种方式对使用 AutoCAD R2002 以前版本创建的复杂、多视图图形是最佳方式，在以下情况下使用该方法，即：图形的标注需用作其他图形的外部参照时或在三维等轴测视图中创建等轴测标注时，要防止某一布局视口的标注显示在其他视口中，可为每个布局视口（在所有其他视口中冻结）创建标注图层，要创建在图纸空间布局中显示的自动缩放的标注，可将 DIMSCALE 系统变量设置为 0。第三种方式是最简单的标注方法，通过选择模型空间对象，或通过在模型空间对象上指定对象捕捉位置在图纸空间创建标注，默认情况下图纸空间标注和模型空间对象之间保持关联性，在图纸空间布局中创建的标注无需附加缩放比例，无需修改 DIMLFAC 和 DIMSCALE 的默认值。需要强调的是，使用关联标注在图纸空间标注模型空间对象时，AutoCAD 根据每个视口的显示比例自动调整标注值，此调整与 DIMLFAC 的当前设置结合，并由 LIST 命令报告为标注样式替代，至于非关联标注则必须手动设置 DIMLFAC。具体可参考本书前述“按比例绘图”及后续“编辑布局视口”中的相关内容。

(1) 设置全局标注比例的步骤。从“标注”菜单中选择“样式”。在“标注样式管理器”中选择要修改的样式，然后选择“修改”。在“修改标注样式”对话框“调整”选项卡的“标注特征比例”下，输入全局比例的值。选择“确定”退出。选择“关闭”退出标注样式管理器。“标注”或“样式”工具栏为，其命令行为“DIMSTYLE”。

(2) 在布局中为模型空间标注设置标注比例的步骤。从“标注”菜单中选择“样式”。在“标注样式管理器”中选择要修改的样式，然后选择“修改”。在“修改标注样式”对话框“调整”选项卡的“标注特征比例”下，选择“按布局（图纸空间）缩放标注”。选择“确定”退出。选择“关闭”退出标注样式管理器。“标注”或“样式”工具栏为，其命令行为“DIMSTYLE”。

(3) 设置标注比例以便在布局中创建标注的步骤。选择布局选项卡切换到图纸空间。要使用合适的模型空间标注值创建图纸空间中的标注，可使用对象捕捉模式从图纸空间捕捉模型空间中的点，或直接选择对象。如果需要在英制和公制测量系统之间转换线性标注值，可以修改 DIMLFAC 系统变量。

7.3.4 创建标注

通过“创建标注”功能可以创建标注的所有标准类型。

(1) 创建线性标注。可以创建尺寸线水平、垂直和对齐的线性标注。这些线性标注也可以堆叠或首尾相接地创建。

(2) 创建线性标注功能的特点。线性标注可以水平、垂直或对齐放置。使用对齐标注时，尺寸线将平行于两尺寸界线原点之间的直线（想象或实际）。基线（或平行）和连续（或链）标注是一系列基于线性标注的连续标注。在图 7.3.22 中分别将尺寸界线原点明确指定为 1 和 2，尺寸线位置指定为 3。创建线性标注时可以修改文字内容、文字角度或尺寸线的角度。

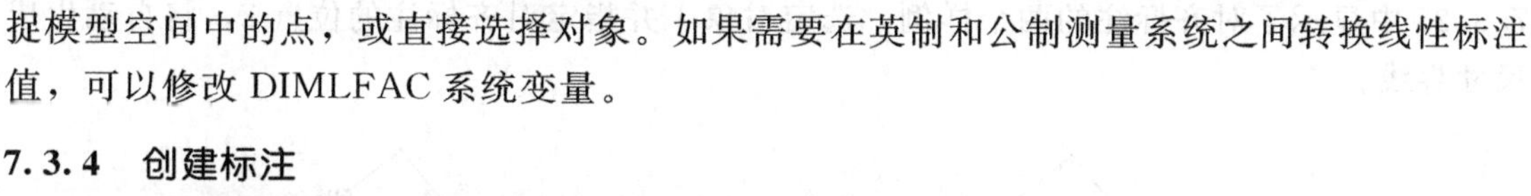

(a) 水平　(b) 垂直　(c) 对齐　(d) 旋转 315°

图 7.3.22 创建线性标注

(3) 创建水平和垂直标注。AutoCAD 根据所指定的尺寸界线原点或选定对象的位置自动应用水平或垂直标注。然而，可以通过指定标注为水平或垂直创建标注替代这种做法。如在图 7.3.23 和图 7.3.24 中，在默认情况下标注为水平，除非指定垂直标注。

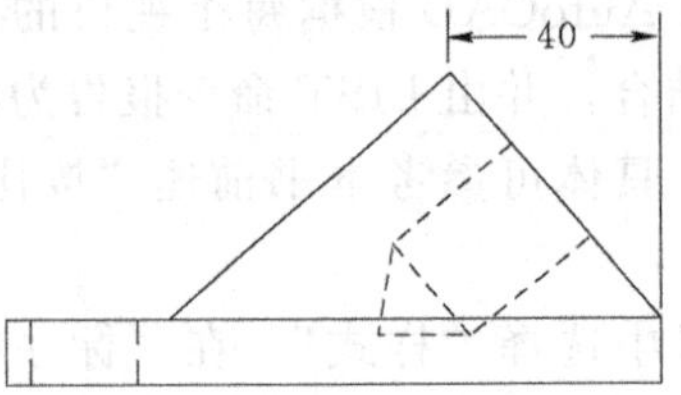

图 7.3.23　水平标注在默认情况下创建

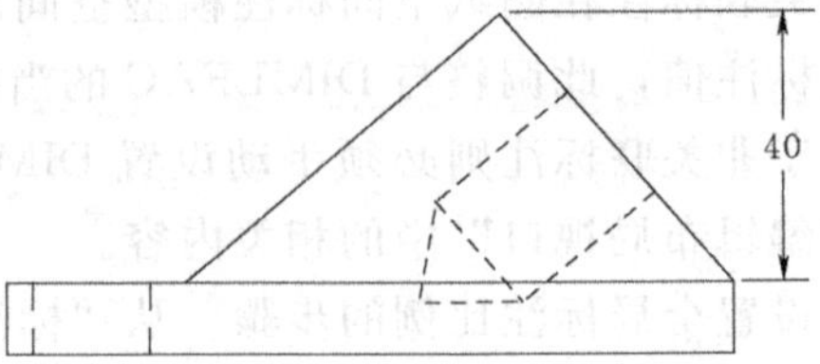

图 7.3.24　指定的垂直标注

(4) 创建水平或垂直标注的步骤。从“标注”菜单中选择“线性”。按 ENTER 键选择要标注的对象，或指定第一或第二尺寸界线原点。在指定尺寸线位置之前可以替代标注方向并编辑文字、文字角度或尺寸线角度，即要旋转尺寸界线可输入 r（旋转），然后输入尺寸线角度；要编辑文字可输入 m（多行文字），在多行文字编辑器中修改文字，然后选择“确定”，在括号内编辑或覆盖括号（< >）将修改或删除 AutoCAD 计算的标注值，通过在括号前后添加文字可以在标注值前后附加文字；要旋转文字可输入 a（角度），然后输入文字角度。指定尺寸线的位置。“标注”工具栏为⊢⊣，其命令行为“DIMLINEAR”。

(5) 创建对齐标注。在对齐标注中，尺寸线平行于尺寸界线原点连成的直线。图 7.3.25 中显示了对齐标注的两个样例，选定对象 1 并指定对齐标注的位置 2，将自动生成尺寸界线。

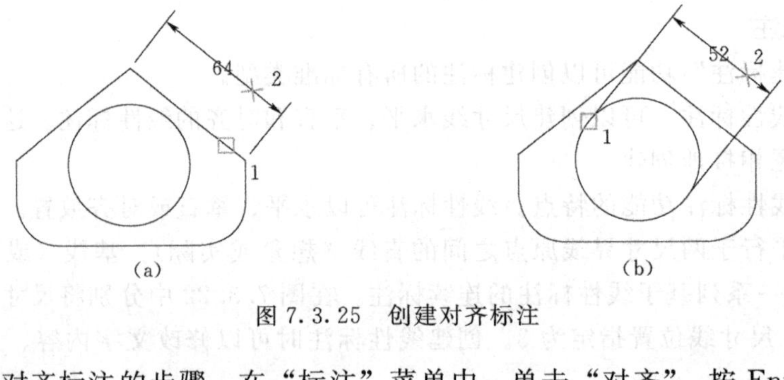

图 7.3.25　创建对齐标注

(6) 创建对齐标注的步骤。在“标注”菜单中，单击“对齐”。按 Enter 键选择要标注的对象，或指定第一或第二尺寸界线原点。指定尺寸线位置之前可以编辑文字或修改文字角度，即在括号内编辑或覆盖括号（< >）将修改或删除 AutoCAD 计算的标注值，通过在括号前后添加文字可以在标注值前后附加文字；要使用多行文字编辑文字可输入 m（多行文字），在多行文字编辑器中修改文字，然后单击“确定”；要使用单行文字编辑文字可输入 t（文字），修改命令行上的文字，然后按 Enter 键；要旋转文字可输入 a（角度），然后输入文字角度。指定尺寸线的位置。“标注”工具栏为↖，其命令行为“DIMALIGNED”。

(7) 创建基线标注和连续标注。如图 7.3.26 所示，基线标注是自同一基线处测量的多个标注。连续标注是首尾相连的多个标注。在创建基线或连续标注之前必须创建线性、对齐或角度标注。可自当前任务的最近创建的标注中以增量方式创建基线标注。基线标注和连续标注都是从上一个尺寸界线处测量的，除非指定另一点作为原点。

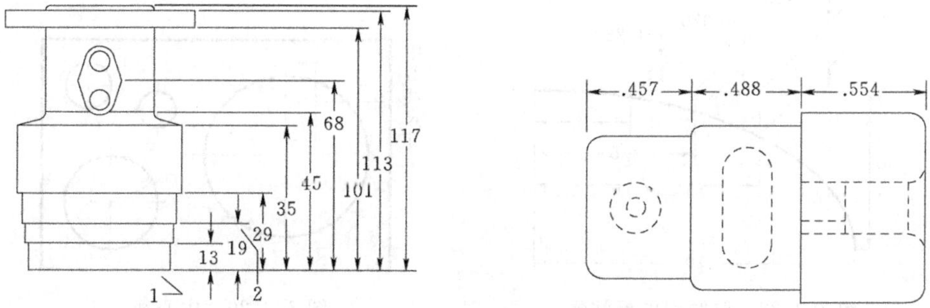

(a) (b)

图 7.3.26 创建基线标注和连续标注

(8) 创建基线线性标注的步骤。从“标注”菜单中选择“基线”，默认情况下上一个创建的线性标注的原点用作新基线标注的第一尺寸界线，AutoCAD 提示指定第二条尺寸线。使用对象捕捉选择第二条尺寸界线原点或按 Enter 键选择任意标注作为基准标注，AutoCAD 在指定距离（在“标注样式管理器”的“直线和箭头”选项卡的“基线间距”选项中所指定）自动放置第二条尺寸线。使用对象捕捉指定下一个尺寸界线原点。根据需要可继续选择尺寸界线原点。按两次 Enter 键结束命令。“标注”工具栏为，其命令行为“DIMBASELINE”。

(9) 创建连续线性标注的步骤。从“标注”菜单中选择“连续”，AutoCAD 使用现有标注的第二条尺寸界线的原点作为第一条尺寸界线的原点。使用对象捕捉指定其他尺寸界线原点。按两次 Enter 键结束命令。“标注”工具栏为，其命令行为“DIMCONTINUE”。

(10) 创建转角标注。在转角标注中尺寸线与尺寸界线原点成一定的角度。图 7.3.27 为转角标注的样例，在此样例中标注旋转的指定角度等于此槽的角度。

(11) 创建转角标注的步骤。从“标注”菜单中选择“线性”。按 Enter 键选择要标注的对象，或指定第一或第二尺寸界线原点。要旋转尺寸线可输入 r（旋转），然后输入尺寸线角度。指定尺寸线的位置。“标注”工具栏为，其命令行为“DIMLINEAR”。

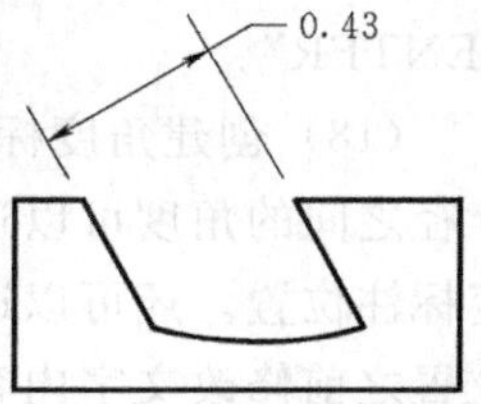

图 7.3.27 创建转角标注

(12) 创建尺寸界线倾斜的标注。AutoCAD 创建与尺寸线垂直的尺寸界线。如果尺寸界线与图形中的其他对象发生冲突，标注后可以修改它们的角度，使现有的标注倾斜不会影响新的标注，如图 7.3.28 所示。

(13) 使尺寸界线倾斜的步骤。从“标注”菜单中选择“倾斜”。选择标注。输入倾斜角度，或指定两点。“标注”工具栏为，其命令行为“DIMEDIT”。

(14) 创建半径标注。半径标注使用可选的中心线或中心标记测量圆弧和圆的半径和直径。如果“文字位置”设置为“在尺寸线之上”并带有引线，则同时应用标注与引线。如图 7.3.29 所示，中心标记和中心线仅应用到直径和半径标注，仅在将尺寸线置于圆或圆弧之外时才绘制它们。中心线的大小是指从中心标记处延伸的中心线线段的长度。具体可参考本书前述“在尺寸界线内调整标注文字”中的相关内容。

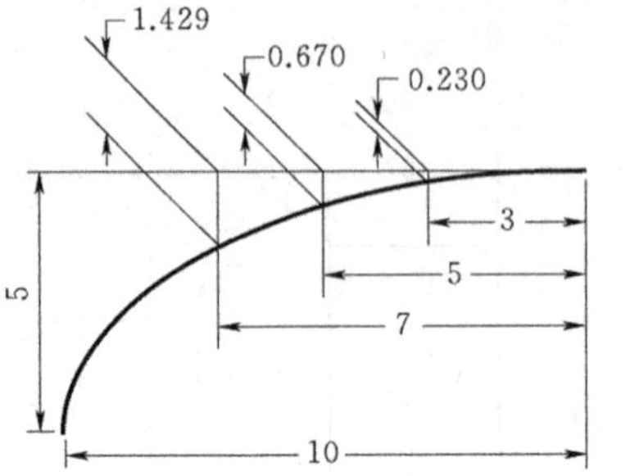

图 7.3.28　要倾斜的标注集

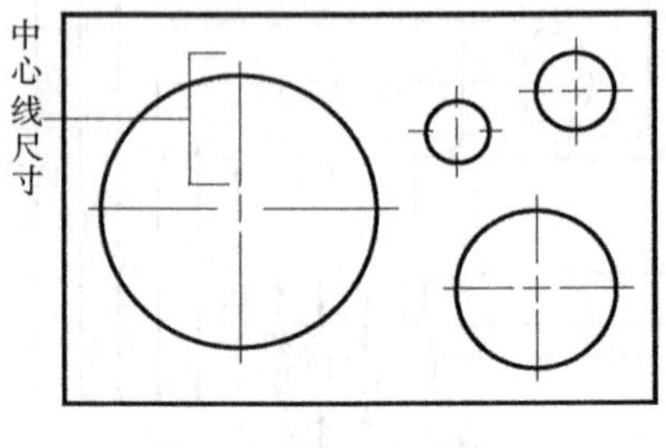

图 7.3.29　中心线

（15）创建直径标注的步骤。从“标注”菜单中选择“直径”。选择要标注的圆或圆弧。根据需要输入选项，即要编辑标注文字内容可输入 t（文字）或 m（多行文字），在括号内编辑或覆盖括号（＜＞）将修改或删除 AutoCAD 计算的标注值，通过在括号前后添加文字可以在标注值前后附加文字，要改变标注文字角度可输入 a（角度）。指定引线的位置。“标注”工具栏为，其命令行为“DIMDIAMETER”。

（16）创建半径标注的步骤。从“标注”菜单中选择“半径”。选择要标注的圆或圆弧。根据需要输入选项，即要编辑标注文字内容可输入 t（文字）或 m（多行文字），在括号内编辑或覆盖括号（＜＞）将修改或删除 AutoCAD 计算的标注值，通过在括号前后添加文字可以在标注值前后附加文字，要编辑标注文字角度可输入 a（角度）。指定引线的位置。“标注”工具栏为，其命令行为“DIMRADIUS”。

（17）与半径标注一起创建中心线的步骤。从“标注”菜单中选择“样式”。在“标注样式管理器”中选择要修改的样式，然后选择“修改”。在“修改标注样式”对话框“直线和箭头”选项卡的“圆的中心标记”下的“类型”框中选择“直线”，样例区域将反映所做的选择。在“尺寸”框中输入中心线尺寸。“标注”工具栏为，其命令行为“DIMCENTER”。

（18）创建角度标注。角度标注测量两条直线或三个点之间的角度。要测量圆的两条半径之间的角度可以选择此圆，然后指定角度端点。对于其他对象，需要选择对象然后指定标注位置。还可以通过指定角度顶点和端点标注角度。创建标注时，可以在指定尺寸线位置之前修改文字内容和对齐方式。需要强调的是，可以相对于现有角度标注创建基线和连续角度标注，基线和连续角度标注不大于 180°，要获得大于 180°的基线和连续角度标注可使用夹点编辑拉伸现有基线或连续标注的尺寸界线的位置。

（19）尺寸线。如果使用两条非平行直线指定角，尺寸线圆弧跨过两条直线间的角度。假如尺寸线圆弧没有与一条或两条被标注的线相交，AutoCAD 将绘制一条或两条尺寸界线与尺寸线圆弧相交。圆弧总是小于 180°。

（20）标注圆和圆弧。如果使用圆弧或圆或三点指定角，AutoCAD 将在尺寸界线之间绘制尺寸线圆弧。从角的端点到尺寸线圆弧的交点绘制尺寸界线。AutoCAD 使用为尺寸线圆弧指定的位置在角顶点和尺寸界线指定的最小和最大角之间进行选择，如图

7.3.30 所示。

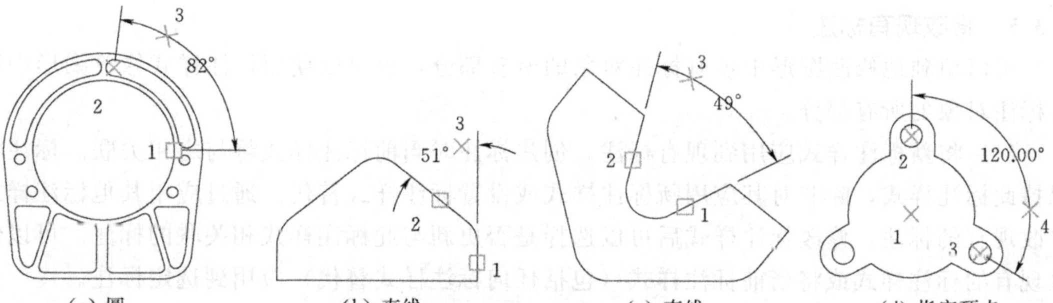

(a) 圆　(b) 直线　(c) 直线　(d) 指定顶点

图 7.3.30　标注圆和圆弧

(21) 创建角度标注的步骤。从“标注”菜单中选择“角度”。使用下列两种方法之一，即：要标注圆可在角的第一端点选择圆，然后指定角的第二端点；要标注其他对象可选择第一条直线，然后选择第二条直线。根据需要输入选项，即要编辑标注文字内容可输入 t（文字）或 m（多行文字)，在括号内编辑或覆盖括号（< >）将修改或删除 AutoCAD 计算的标注值，通过在括号前后添加文字可以在标注值前后附加文字；要编辑标注文字角度可输入 a（角度）。指定尺寸线圆弧的位置。“标注”工具栏为，其命令行为“DIMANGULAR”。

(22) 创建坐标标注。如图 7.3.31 所示，坐标标注测量原点（称为基准）到标注特征（如部件上的一个孔）的垂直距离。这种标注保持特征点与基准点的精确偏移量，从而避免增大误差。坐标标注由 X 或 Y 值和引线组成，X 基准坐标标注沿 X 轴测量特征点与基准点的距离，Y 基准坐标标注沿 Y 轴测量距离。如果指定一个点，AutoCAD 将自动确定它是 X 基准坐标标注还是 Y 基准坐标标注。这称为自动坐标标注。如果 Y 值距离较大则标注测量 X 值，否则测量 Y 值，如图 7.3.32 所示。AutoCAD 使用当前 UCS 的绝对坐标值确定坐标值，在创建坐标标注之前通常需要重设 UCS 原点与基准相符，如图 7.3.33 所示。不管当前标注样式定义的文字方向如何，坐标标注文字总是与坐标引线对齐，可以接受默认文字或提供自己的文字。

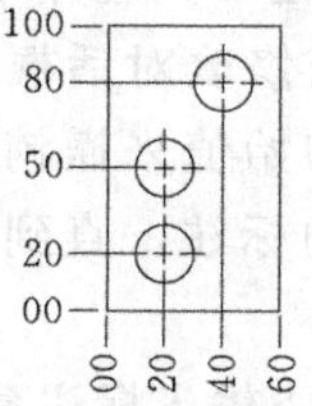

图 7.3.31　坐标标注

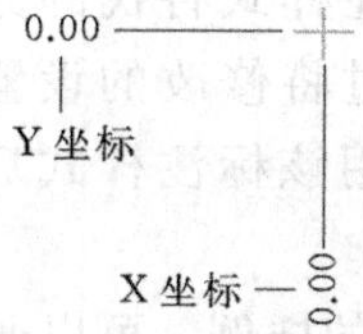

图 7.3.32　自动坐标标注

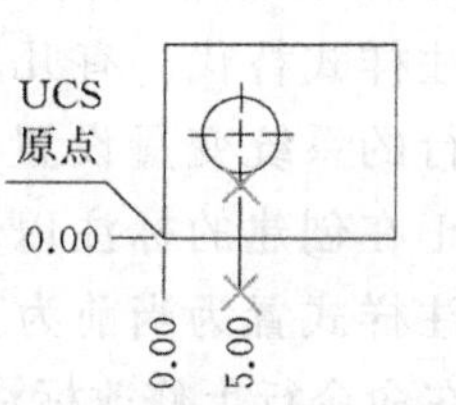

图 7.3.33　重设 UCS 原点与基准相符

(23) 创建坐标标注的步骤。从“标注”菜单中选择“坐标”。如果需要直线坐标引线可打开正交模式。在“选择功能位置”提示下指定点位置。输入 x（X 基准）或 y（Y 基准），在确保坐标引线端点与 X 基准近似垂直，或与 Y 基准近似水平的情况下，可以跳过此步骤。指定坐标引线端点。“标注”工具栏为，其命令行为“DIMORDINATE”。

7.3.5 修改现有标注

可以单独地修改图形中现有标注对象的所有部分，也可以使用标注样式修改图形中现有标注对象的所有部分。

（1）将新标注样式应用到现有标注。创建标注时当前标注样式将与之相关联。标注将保持此标注样式，除非对其应用新标注样式或设置标注样式替代。通过应用其他标注样式修改现有的标注，修改标注样式后可以选择是否更新与此标注样式相关联的标注。可以恢复现有的标注样式或将当前标注样式（包括任何标注样式替代）应用到选定标注。

（2）将当前标注样式应用到现有标注的步骤。从“标注”菜单中选择“更新”。选择要更新为当前标注样式的标注。按 Enter 键。“标注”工具栏为，其命令行为“- DIMSTYLE”。

（3）恢复标注样式的步骤。从“标注”菜单中选择“样式”。在“标注样式管理器”中选择要恢复的标注样式，然后选择“置为当前”。选择“关闭”。“标注”工具栏为，其命令行为“DIMSTYLE”。

（4）替换。在“样式”工具栏的“标注样式”控件中单击箭头并选择标注样式。

（5）替代标注样式。标注样式替代是对当前标注样式中的指定设置所做的修改，它与在不修改当前标注样式的情况下修改尺寸标注系统变量等效。可以为单独的标注或当前的标注样式定义标注样式替代。对于单独的标注，用户可能希望创建替代样式，以便不显示标注的尺寸界线，或者修改文字和箭头位置，使它们不要与图形中的几何元素重叠，但不希望创建不同的标注样式。也可以为当前标注样式设置替代，以该样式创建的所有标注都将包含替代，直到删除替代，将替代保存到新的样式中，或将另一种标注样式置为当前，例如，如果选择“标注样式管理器”中的“替代”，然后在“直线和箭头”选项卡中改变尺寸界线的颜色，则当前标注样式将保持不变，但颜色的新值存储在 DIMCLRE 系统变量中，创建的下一个标注的尺寸界线将以新颜色显示，可以将标注样式替代保存为新标注样式。某些标注特性对于图形或尺寸标注的样式来说是通用的，因此适合作为永久标注样式设置。其他标注特性一般基于单个基准应用，因此可以作为替代以便更有效地应用。如图形通常使用单一箭头类型，因此将箭头类型定义为标注样式的一部分是有意义的。但是，隐藏尺寸界线通常只应用于个别情况，更适于标注样式替代。有几种设置标注样式替代的方式，可以修改对话框中的选项或修改命令行的系统变量设置，可以通过将修改的设置返回其初始值来撤销替代，替代将应用到正在创建的标注以及所有使用该标注样式后所创建的标注，直到撤销替代或将其他标注样式置为当前为止。

（6）在命令行上修改标注样式替代的样例。可以通过在提示下输入标注系统变量的名称创建标注的同时替代当前标注样式。尺寸线颜色会发生改变，改变将影响随后创建的标注，直到撤销替代或将其他标注样式置为当前。其操作过程依次为：命令“dimlinear”；指定第一尺寸界线原点或＜选择对象＞“dimclrd”；输入标注变量＜byblock＞的新值“5”；指定第一尺寸界线原点＜选择对象＞“指定第一个尺寸界线原点，或选择要标注的对象”。

(7) 设置标注样式替代的步骤。从“标注”菜单中选择“样式”。在“标注样式管理器”的“样式”下，选择要为其创建替代的标注样式，选择“替代”。在“替代当前样式”对话框中选择选项卡以修改标注样式。选择“确定”返回“标注样式管理器”，在标注样式名称列表中修改的样式下列出了标注样式替代。选择“关闭”。标注样式和替代存储在标注样式名称列表中，其格式为+STYLENAME。“标注”或“样式”工具栏为，其命令行为“DIMSTYLE”。

(8) 应用标注样式替代的步骤。从“标注”菜单中选择“样式”。在“标注样式管理器”中选择“替代”。在“替代当前样式”对话框中输入样式替代，然后选择“确定”。AutoCAD在标注样式名下显示<样式替代>，创建标注样式替代后可以继续修改标注样式，将它们与其他标注样式进行比较，或删除或重命名该替代。“标注”或“样式”工具栏为，其命令行为“DIMSTYLE”。

(9) 修改标注文字。创建标注后可以旋转现有文字或用新文字替换，可以将文字移动到新位置或返回其初始位置，后者是由当前标注样式定义的。图 7.3.34 中，初始位置在尺寸线上方且居中。旋转或替换标注文字时，需要先指定修改，如以某角度旋转文字。移动标注文字时，选择要移动的单一标注。可以将标注文字沿尺寸线移动到左、右、中心或尺寸界线之内或之外的任意位置。快速而简单的方法是使用夹点。如果向上或向下移动文字，当前文字相对于尺寸线的垂直对齐不会改变，因此尺寸线和尺寸界线会有相应的改变。图 7.3.35 显示了向上和向右移动文字的结果，文字相对于尺寸线保持居中垂直。具体可参考本书前述“控制标注文字”中的相关内容。

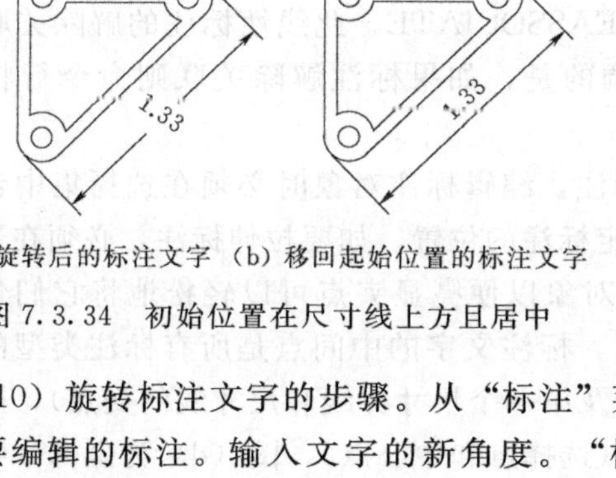

(a) 旋转后的标注文字 (b) 移回起始位置的标注文字

图 7.3.34 初始位置在尺寸线上方且居中

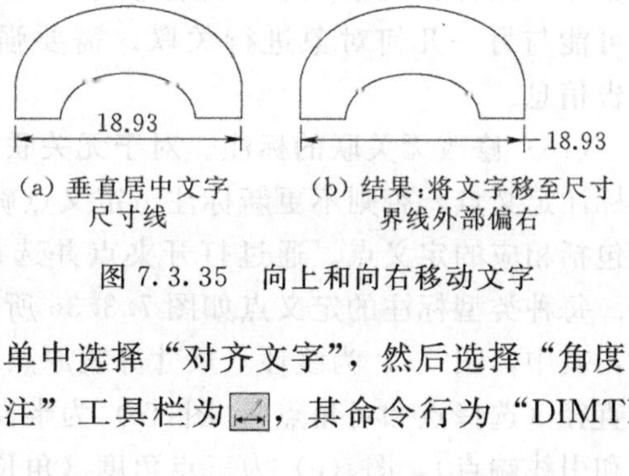

(a) 垂直居中文字尺寸线 (b) 结果：将文字移至尺寸界线外部偏右

图 7.3.35 向上和向右移动文字

(10) 旋转标注文字的步骤。从“标注”菜单中选择“对齐文字”，然后选择“角度”。选择要编辑的标注。输入文字的新角度。“标注”工具栏为，其命令行为“DIMTEDIT”。

(11) 将标注文字返回其起始位置的步骤。从“标注”菜单中选择“对齐文字”，然后选择“起始位置”。选择要返回其起始位置的标注文字。“标注”工具栏为，其命令行为“DIMTEDIT”。

(12) 用新文字替换现有标注文字的步骤。在“修改”菜单中依次单击“对象”➤“文字”➤“编辑”。选择要编辑的标注文字，在多行文字编辑器中输入新标注文字然后单击“确定”。选择“文字”工具栏，其命令行为“DDEDIT”。

(13) 将标注文字移动到尺寸线左侧的步骤。从“标注”菜单中选择“对齐文字”，然后选择“左侧”。选择标注，标注文字在尺寸界线界内沿尺寸线左对齐，可以选择“居中”

或“右对齐”选项将文字移动到尺寸线的中心或右侧。“标注”工具栏为，其命令行为“DIMTEDIT”。

（14）为基准和连续标注设置尺寸线间距的步骤。从“标注”菜单中选择“样式”。在“标注样式管理器”中选择要修改的样式，然后选择“修改”。在“修改标注样式”对话框“直线和箭头”选项卡的“尺寸线”下，在“基线间距”框中为基线和连续标注输入尺寸线之间的偏移距离。选择“确定”退出。选择“关闭”退出标注样式管理器。“标注”或“样式”工具栏为，其命令行为“DIMSTYLE”。

（15）修改尺寸界线原点偏移的步骤。从“标注”菜单中选择“样式”。在“标注样式管理器”中选择要修改的样式，然后选择“修改”。在“修改标注样式”对话框的“直线和箭头”选项卡的“尺寸界线”下，在“起点偏移量”中输入新值。选择“确定”退出。选择“关闭”退出标注样式管理器。“标注”或“样式”工具栏为，其命令行为“DIMSTYLE”。

（16）修改标注要素。可以通过 AutoCAD 编辑命令和夹点编辑修改标注。夹点编辑是修改标注最快、最简单的方法。编辑标注的方式取决于标注是否关联。

（17）修改关联标注。如果选定标注及其关联图形并用单个命令操作，在许多编辑命令中关联标注按标注对象保留关联性。例如，如果用相同的命令移动、复制或阵列标注及其关联图形，每个标注与其各自标注图形保留关联性。在以下 4 种情况下标注将自动解除关联，即：标注关联图形对象被删除；标注关联图形对象进行布尔运算（如 UNION 或 SUBTRACT）；栅格编辑用于拉伸与其尺寸线平行的标注；使用“外观交点”对象捕捉指定与几何对象的关联，并且移动几何对象，使外观交点不再出现。在其他情况下标注可能局部关联，例如，如果线性标注与两个几何对象的端点关联并且其中一个对象被删除，则保留剩余关联，通过使用 DIMREASSOCIATE，此线性标注的解除关联的端点可能与另一几何对象进行关联。需要强调的是，如果标注解除关联则命令行将显示警告信息。

（18）修改无关联的标注。对于无关联标注，编辑标注对象时必须在选择集中包括相关标注定义点，否则不更新标注。定义点确定标注的位置。如要拉伸标注，必须在选择集中包括相应的定义点。通过打开夹点并选择对象以便亮显夹点可以轻松地将它们包括在内。每种类型标注的定义点如图 7.3.36 所示，标注文字的中间点是所有标注类型的定义点，其中，图（a）为线性（尺寸界线原点以及第一个尺寸界线和尺寸线的交点），图（b）为直径（选择点和对角点），图（c）为半径（选择点和中心点），图（d）为坐标（特征位置和引线端点），图（e）为三点角度（角顶点、尺寸界线原点和尺寸线圆弧），图（f）为两直线角度（尺寸界线原点和尺寸线圆弧）。如果未显示角的顶点，AutoCAD 会将定义点放置在构成角的两条直线的端点，在两线角样例中 AutoCAD 将定义点放置在标注圆弧的中心点。需要强调的是，定义点绘制在特殊的 DEFPOINTS 图层上，不打印出来。

（19）修改分解标注。可以像编辑其他对象一样编辑分解标注，因为分解标注是分隔对象直线、二维实面和文字的集合。有时需要分解标注进行修改（如打断尺寸线或尺寸界线）。标注分解后便无法使其与标注对象重新关联。

（20）修改标注关联性。在某些情况下可能需要修改关联性，如：重定义图形中有效编辑的标注的关联性；为局部解除关联的标注添加关联性；在传统图形中为标注添加关联

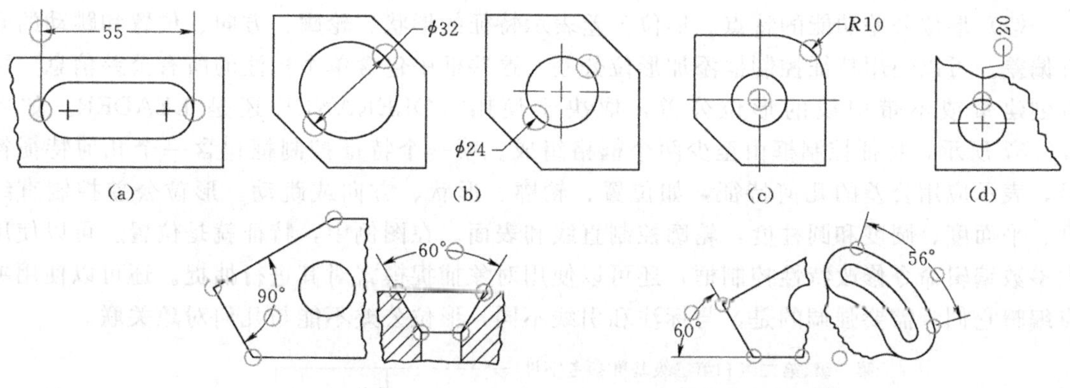

图 7.3.36 每种类型标注的定义点

性；对于要在 AutoCAD 2002 以前的版本中使用的图形，如果用户要使用图形但不需要任何代理对象，则可以删除标注中的关联。

(21) 为不同对象重新建立关联。使用 DIMREASSOCIATE，可以选择一个或多个标注，并逐步执行每个标注的尺寸界线原点的相关操作。可以为每个尺寸界线原点在几何对象上指定一个新的关联点。关联点确定尺寸界线在几何对象上的附着位置。需要强调的是，创建或修改关联标注时务必仔细定位关联点，以便在将来修改设计时使几何对象与其关联标注一起改变。使用 DIMREASSOCIATE 命令时出现指示标注的每个连续尺寸界线原点是否关联的标记，内部有 X 的矩形表示此点与对象上的某一位置关联，单个 X 表示此点与对象无关联，使用对象捕捉为尺寸界线原点指定新关联，或按 Enter 键跳至下一个尺寸界线原点。需要强调的是，如果用滑轮鼠标平移或缩放，则标记消失。

(22) 将无关联标注改为关联标注。可以将图形中所有的无关联标注改为关联标注。使用 QSELECT 选择所有无关联标注，然后使用 DIMREASSOCIATE 使每个标注与几何对象上的某个位置关联。

(23) 将关联标注改为无关联标注。可以将图形中的所有关联标注转换为无关联标注。使用 QSELECT 选择所有关联标注，然后使用 DIMDISASSOCIATE 将其转换为无关联标注。具体可参考本书前述“关联标注”及后续“以早期图形文件格式保存图形”中的相关内容。

(24) 关联或重新关联标注的步骤。从“标注”菜单中选择“重新关联标注”。选择一个或多个要关联或重新关联的标注。执行下列 4 项操作之一，即：指定尺寸界线原点的新位置；输入 s 并选择要与标注关联的几何对象；按 Enter 键跳至下一个尺寸界线原点；按 Esc 键结束命令并保存为此点建立的关联。必要时重复上一步。其命令行为“DIMREASSOCIATE”。

(25) 解除标注关联的步骤。在命令行上输入 DIMDISASSOCIATE。选择一个或多个要解除关联的标注，完成后按 Enter 键。

7.3.6 添加形位公差

可以添加形位公差以表示特征的形状、轮廓、方向、位置和跳动的允许偏差。

(1) 形位公差功能的特点。形位公差表示特征的形状、轮廓、方向、位置和跳动的允许偏差。可以使用特征控制框添加形位公差。这些框中包含单个标注的所有公差信息。可以创建带或不带引线的形位公差，取决于使用 TOLERANCE 还是 LEADER。如图 7.3.37 所示，特征控制框由至少两个框格组成。第一个特征控制框包含一个几何特征符号，表示应用公差的几何特征，如位置、轮廓、形状、方向或跳动。形位公差控制直线度、平面度、圆度和圆柱度，轮廓控制直线和表面。在图例中，特征就是位置。可以使用大多数编辑命令修改特性控制框，还可以使用对象捕捉模式对其进行捕捉。还可以使用夹点编辑它们。需要强调的是，与标注和引线不同，形位公差不能与几何对象关联。

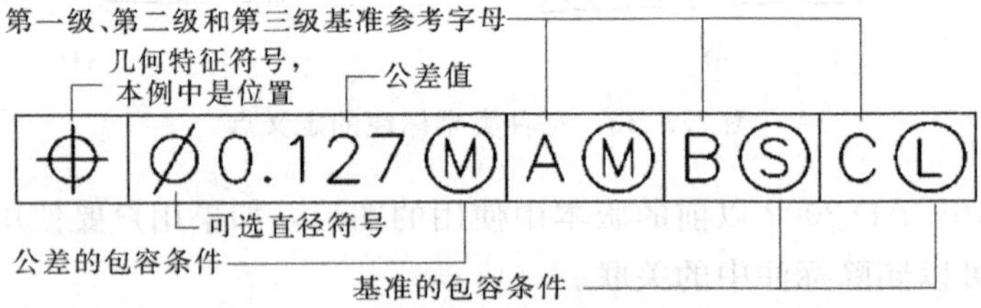

图 7.3.37　形位公差

(2) 创建形位公差的步骤。从“标注”菜单中选择“公差”。在“形位公差”对话框中单击“符号”下的第一个矩形，然后选择一个插入符号。在“公差 1”下单击第一个黑框，插入直径符号。在“文字”框中输入第一个公差值。要添加包容条件（可选）单击第二个黑框，然后单击“包容条件”对话框中的符号以进行插入。在“形位公差”对话框中，加入第二个公差值（可选并且与加入第一个公差值方式相同）。在“基准 1”“基准 2”和“基准 3”下输入基准参考字母。单击黑框，为每个基准参考插入包容条件符号。在“高度”框中输入高度。单击“投影公差带”方框，插入符号。在“基准标识符”框中，添加一个基准值。选择“确定”。在图形中，指定特征控制框的位置。“标注”工具栏为 ，其命令行为“TOLERANCE”。

(3) 创建带有引线的形位公差的步骤。在命令行上输入 leader。指定引线的起点。指定引线的第二点。按两次 Enter 键显示“注释”选项。输入 t（公差），然后创建特征控制框。特征控制框将附着到引线的端点。其命令行为“LEADER”。

(4) 包容条件。第二个框格包含公差值。根据控制类型，可在公差值前加一个直径符号，在公差值后加一个包容条件符号。包容条件应用于大小可变的几何特征，即对于最大包容条件（符号为 M，也称为 MMC）几何特征包含极限尺寸内的最大包容量；在 MMC 中，孔具有最小直径而轴具有最大直径，对于最小包容条件（符号为 L，也称为 LMC）几何特征包含极限尺寸内的最小包容量，在 LMC 中孔具有最大直径而轴具有最小直径；不考虑特征尺寸（符号为 S，也称为 RFS）是指几何特征可以是极限尺寸内的任何尺寸。

(5) 基准参考框。特征控制框中的公差值最多可跟随三个可选的基准参考字母及其修饰符号。基准是用来进行测量和验证标注的理论上精确的点、轴或平面。通常，两个或三个相互垂直的平面效果最佳。它们共同称作基准参考框。图 7.3.38 中表示了验证零件标注的一个基准参考框。

（6）投影公差带。除指定位置公差外，还可以指定投影公差以使公差更加明确。如使用投影公差控制嵌入零件的垂直公差带。如图 7.3.39 所示，投影公差符号（Ⓟ）的前面是高度值，它指定最小的投影公差带。投影公差带的高度和符号出现在特征控制框下的边框中。

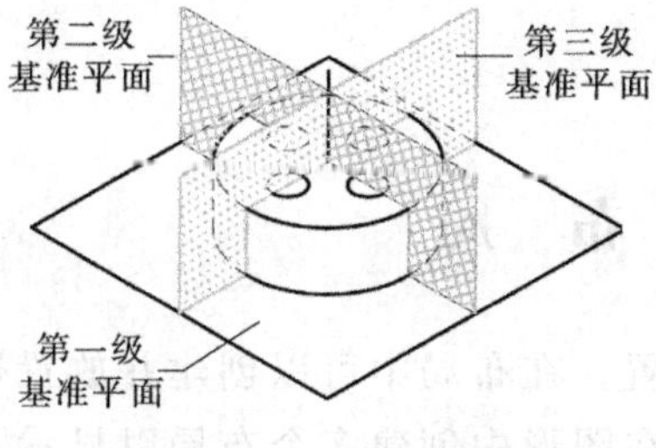

图 7.3.38 基准参考框

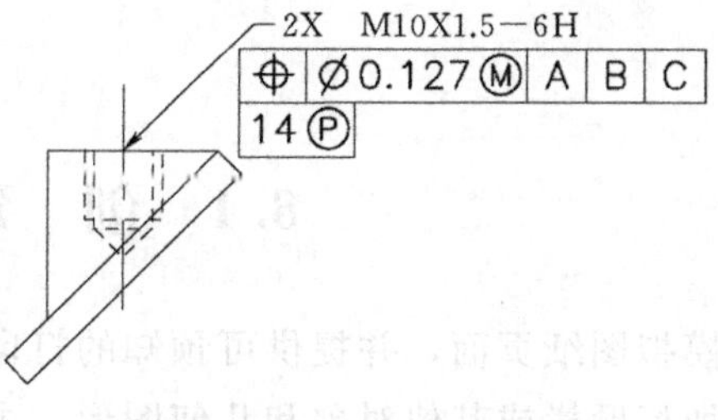

图 7.3.39 投影公差带

（7）混合公差。混合公差为某个特征的相同几何特征，或为有不同基准需求的特征指定两个公差。一个公差与特征组相关，另一个公差与组中的每个特征相关。单个特征公差比特征组公差具有更多的限制。在图 7.3.40 中，基准 A 和 B 相交的点称为基准轴，从这个点开始计算图案的位置。混合公差可以指定孔组的分布直径和每个单独孔的直径，如图 7.3.41 所示。把混合公差添加到图形中时，首先指定特征控制框的第一行，然后为第二行选择相同的几何特征符号，AutoCAD 将几何符号框格延伸覆盖每行，然后可以创建第二行公差符号。

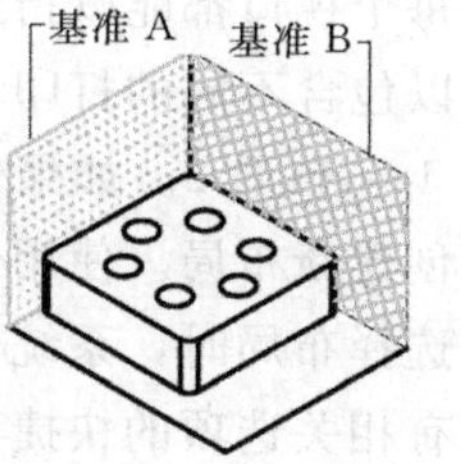

图 7.3.40 混合公差

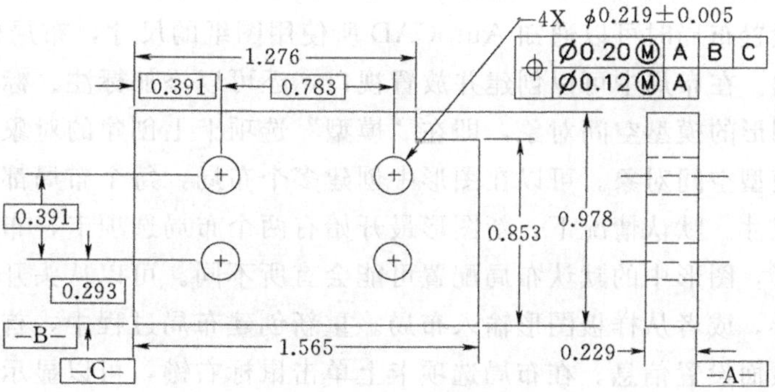

图 7.3.41 把混合公差添加到图形中

思考题与习题

1. 如何利用 AutoCAD 完成图案填充、填充和擦除工作？
2. 如何利用 AutoCAD 完成注释和标签工作？
3. 如何利用 AutoCAD 完成标注和公差工作？

第 8 章　AutoCAD 的创建布局和打印图形方法

8.1　创　建　布　局

布局模拟图纸页面，并提供可预知的打印设置。在布局中可以创建并放置视口对象，还可以添加标题栏或其他对象和几何图形。可以在图形中创建多个布局以显示不同视图，每个布局可以使用不同的打印比例和图纸尺寸。布局显示的图形与图纸页面上打印出来的图形完全一样。

8.1.1　布局功能的特点

AutoCAD 窗口提供了两个并行的工作环境，即“模型”选项卡和布局选项卡。在“模型”选项卡上工作时，可以绘制主题的模型。在布局选项卡上，可以布置模型的多个“快照”。一个布局代表一张可以使用各种比例显示一个或多个模型视图的图纸。“模型”选项卡具有无限大的图形区域，在模型空间中可以按 1∶1 的比例绘制，还可以决定是采用英寸单位（用于支架）还是采用米单位（用于桥梁）。通过布局选项卡可以访问虚拟图纸，设置布局时可以通知 AutoCAD 所使用图纸的尺寸，布局代表图纸，布局环境称为图纸空间。在布局中可以创建并放置视口，还可以添加标注、标题栏或其他几何图形。视口显示图形的模型空间对象，即在“模型”选项卡上创建的对象。每个视口都能以指定比例显示模型空间对象。可以在图形中创建多个布局，每个布局都可以包含不同的打印设置和图纸尺寸。默认情况下，新图形最开始有两个布局选项卡，布局 1 和布局 2。如果使用样板图形，图形中的默认布局配置可能会有所不同。可以从头开始创建新布局。使用创建布局向导，或者从样板图形输入布局。重新创建布局过程中，首次选择布局时，系统会提示输入页面设置信息。在布局选项卡上单击鼠标右键，可以显示带有相关选项的快捷菜单。

（1）创建新布局的步骤。从“插入”菜单中选择“布局”，然后选择“新建布局”。在命令行上输入新布局的名称。已创建新布局选项卡。要切换到新布局可选择布局选项卡。“布局”工具栏为，其命令行为“LAYOUT”。

（2）从样板输入布局的步骤。从“插入”菜单中选择“布局”，然后选择“来自样板的布局”。在“选择文件”对话框中，选择 DWT 或 DWG 文件以输入布局。选择“打开”。在“插入布局”对话框中选择要输入的布局。已创建新布局选项卡。要切换到新布局可选择布局选项卡。“布局”工具栏为，其命令行为“LAYOUT”。

（3）删除布局的步骤。可在要删除布局的布局选项卡上单击鼠标右键，然后从快捷菜单中选择“删除”。在 AutoCAD 警告框中，选择“确定”删除布局。不能删除“模型”选项卡。其命令行为“LAYOUT”。

(4) 重命名布局的步骤。可在要重命名布局的布局选项卡上单击鼠标右键，然后从快捷菜单中选择“重命名”。在“重命名布局”对话框中，输入布局的新名称。选择“确定”。不能重命名“模型”选项卡。其命令行为“LAYOUT”。

(5) 重新排列布局选项卡的步骤。可在要重新放置的布局选项卡上单击鼠标右键，然后从快捷菜单中选择“移动或复制”。在“移动或复制”对话框中，选择要放在所移动或复制的布局选项卡之后的布局选项卡，如果要将布局选项卡移动到布局选项卡列表的结尾处可选择“移到结尾”。选择“确定”，不能重新定位“模型”选项卡。其命令行为“LAYOUT”。

(6) 使某一布局成为当前布局的步骤。执行下列两项操作之一使布局成为当前布局，即：单击要置为当前布局的布局选项卡；按 Ctrl＋PageDown 组合键在布局选项卡中从左到右循环切换，或者按 Ctrl＋PageUp 组合健在布局选项卡中从右到左循环切换，停在要置为当前的布局选项卡上。

(7) 激活上一个布局的步骤。右键单击任何布局选项卡或“模型”选项卡。在快捷菜单上单击“激活上一个布局”。

(8) 激活“模型”选项卡的步骤。执行下列 2 项操作之一使“模型”选项卡成为当前选项卡，即：单击“模型”选项卡；右键单击任何布局选项卡或“模型”选项卡，在快捷菜单上单击“激活模型选项卡”。

(9) 复制布局的步骤。在要复制布局的布局选项卡上单击鼠标右键，然后从快捷菜单中选择“移动或复制”。在“移动或复制”对话框中，选择新布局选项卡的位置。可确保已选中“创建副本”。选择“确定”，不能复制“模型”选项卡。其命令行为“LAYOUT”。

(10) 选择所有布局的步骤。在任一布局选项卡上单击鼠标右键，然后从快捷菜单中选择“选择所有布局”。其命令行为“LAYOUT”。

(11) 运行当前布局的页面设置的步骤。在当前布局选项卡上单击鼠标右键，并从快捷菜单中选择“页面设置”。“布局”工具栏为，其命令行为“PAGESETUP”。

(12) 打印布局的步骤。单击要打印的布局选项卡，按下 Shift 键以选择多个选项。在布局选项卡上单击鼠标右键，然后从快捷菜单中选择“打印”。选择“确定”，使用新设置打印图形。“标准”工具栏为，其命令行为“PLOT”。

8.1.2 在图纸空间和模型空间中工作

通常在模型空间中设计图形，在图纸空间中进行打印准备。用于布局和准备图形打印的环境在视觉上接近于最终的打印结果。图形窗口底部有一个“模型”选项卡和一个或多个布局选项卡。可以通过在当前布局选项卡上创建视口或在命令行上输入 model 在“模型”选项卡上获取模型空间，创建和编辑图形的大部分工作都是在“模型”选项卡中完成的，打开“模型”选项卡时则一直在模型空间中工作，如果图形不需要打印多个视口可以从“模型”选项卡中打印图形。

如果要设置图形以便于打印可以使用布局选项卡。每个布局选项卡都提供一个图纸空间，在这种绘图环境中，可以创建视口并指定诸如图纸尺寸、图形方向以及位置之类的页面设置，并与布局一起保存。为布局指定页面设置时，可以保存并命名页面设置。保存的页面设置可以应用到其他布局中。也可以根据现有的布局样板（DWT 或 DWG）文件创建新的布局。如图 8.1.1 所示，在“模型”选项卡上可以查看并编辑模型空间对象，十字光标在整个图形区域都处于激活状态。如图 8.1.2 所示，在布局选项卡上可以查看并编辑图纸空间对象，比如标题栏。如图 8.1.3 所示，在布局视口中可以查看并编辑模型空间对象，要从布局访问模型空间可在布局视口中双击，十字光标和亮显标识出当前的布局视口。

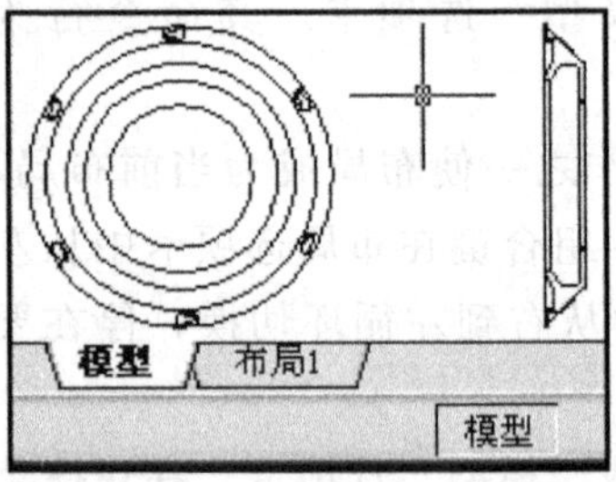

图 8.1.1 “模型”选项卡查看

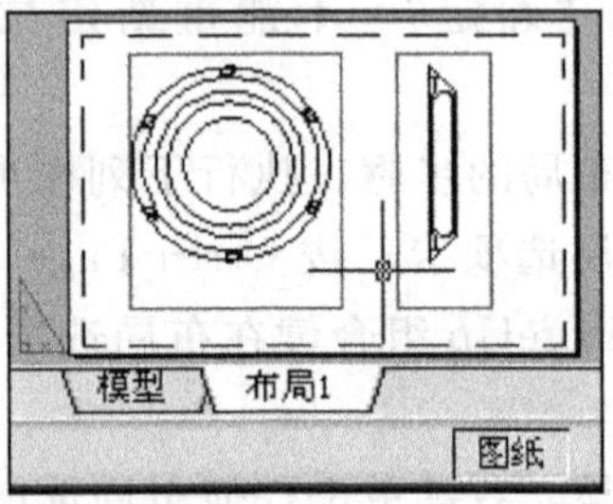

图 8.1.2 布局选项卡查看

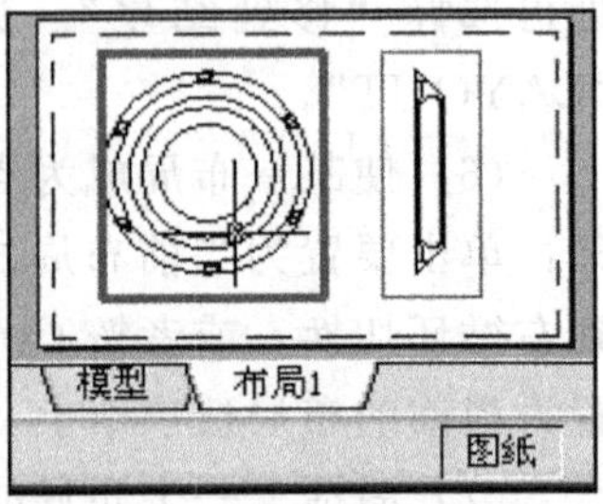

图 8.1.3 布局视口中查看

要使其他视口成为当前视口可在此视口中单击，也可以按 Ctrl＋R 键搜索现有视口。通常需要执行以下步骤，即：在“模型”选项卡上创建图形；配置打印设备；创建布局选项卡；指定布局页面设置（如打印设备、图纸尺寸、打印区域、打印比例和图形方向）；将标题栏插入到布局中（除非使用已具有标题栏的样板图形）；创建布局视口并将其置于布局中；设置布局视口的视图比例；根据需要在布局中添加标注、注释或创建几何图形；打印布局。

8.1.3　设置布局

在“模型”选项卡中完成图形之后可以通过选择布局选项卡开始创建要打印的布局。具体可参考 8.2.4 节“为布局指定打印样式表”中的相关内容。

（1）布局设置功能的特点。在“模型”选项卡中完成图形之后可以通过选择布局选项卡开始创建要打印的布局。首次选择布局选项卡时将显示单一视口，其中带有边界的图纸表明当前配置的打印机的图纸尺寸和图纸的可打印区域。AutoCAD 显示“页面设置”对话框，从中可以指定布局和打印设备的设置。指定的设置与布局一起存储为页面设置。创建布局后可以修改其设置，见图 8.1.4。

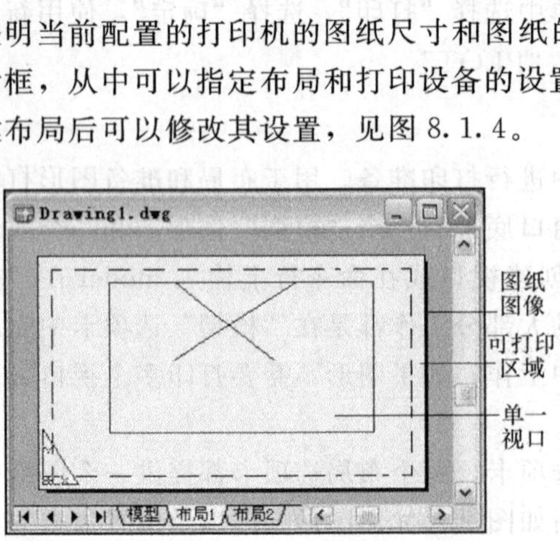

图 8.1.4 创建布局

可以从头开始创建布局、从样板图形中输入或使用布局向导，布局向导将引导用户完成设置页面、插入标题栏以及创建视口。如果不希望每次创建新图形布局时都出现“页面设置”对话框，可以在“选项”对话框的“显示”选项卡中清除“新建布局时显示‘页面设置’对话框”选项。如果不需要 AutoCAD为每个新布局自动创建视口，可以在“选项”对话框的“显示”选项卡中清除

“在新布局中创建视口”选项。

（2）选择布局的图纸尺寸。可以从标准列表中选择图纸尺寸，指定使用英寸或毫米为单位。列表中可用的图纸尺寸由当前配置的打印设备决定。如果配置打印机进行光栅输出，则必须按像素指定输出尺寸。可以使用打印机配置编辑器添加自定义图纸尺寸。如果使用系统打印机，则图纸尺寸是根据 Windows 控制面板中的默认纸张设置决定的。为已配置的设备创建新布局时，默认图纸尺寸显示在“页面设置”对话框中。如果在“页面设置”对话框中更改了图纸尺寸，新的图纸尺寸将保存在布局中并替代打印机配置文件（PC3）中的图纸尺寸。具体可参考《驱动程序和外围设备手册》中“控制 PC3 文件设备和文档设置”的相关内容。

（3）启动打印机配置编辑器的步骤。从“文件”菜单中选择“打印机管理器”。在“打印机管理器”中双击要编辑的打印机配置（PC3）文件，显示打印机配置编辑器。其命令行为“PAGESETUP”。

（4）为布局设置图纸尺寸的步骤。从“文件”菜单中选择“页面设置”。在“页面设置”对话框中选择“布局设置”选项卡。在“图纸尺寸和图纸单位”下从“图纸尺寸”列表中选择图纸选项。选择“确定”。“布局”工具栏为，其命令行为“PAGESETUP”。其快捷菜单为在布局选项卡上单击鼠标右键，然后选择“页面设置”。

（5）从头开始添加自定义图纸尺寸的步骤。从“文件”菜单中选择“打印机管理器”。在“打印机管理器”中双击要编辑的打印机配置（PC3）文件。在“打印机配置编辑器”中选择“设备和文档设置”选项卡。双击“用户定义图纸尺寸与校准”，显示校准和图纸尺寸选项。选择“自定义图纸尺寸”。在“自定义图纸尺寸”下，选择“添加”。在自定义图纸尺寸向导的“开始”屏幕上选择“从头开始”，选择“下一步”。在“介质边界”屏幕的“单位”列表中选择“英寸”或“毫米”作为图纸尺寸单位，在打印非标注光栅图像（如 BMP 或 TIFF）时打印尺寸由像素而非英寸或毫米决定。在“宽度”和“长度”列表中指定图纸的宽度和长度，选择“下一步”（需要强调的是，每台打印机都有一个最大可打印区域，取决于打印机夹图纸的位置和打印笔往返所及的距离。如果正在创建的图纸尺寸稍大于由自定义图纸尺寸向导提供的图纸尺寸可验证该打印机能够打印的新的尺寸）。在“可打印区域”屏幕上使用“上”“下”“左”和“右”指定可打印区域的页边距，选择“下一步”。在“图纸尺寸名称”屏幕上输入图纸尺寸的名称，选择“下一步”。在“文件名”屏幕上输入 PMP 文件的名称。在“完成”屏幕上指定纸张来源是“单页送纸”还是“卷筒送纸”。选择“打印测试页面”、验证自定义尺寸，AutoCAD 打印一个定义图纸尺寸的十字和一个定义可打印区域的矩形，如果未打印出矩形的四条边则需要增大页边距。选择“完成”，退出自定义图纸尺寸向导。其命令行为“PLOTTERMANAGER”。

（6）从现有图纸尺寸添加新的自定义图纸尺寸的步骤。从“文件”菜单中选择“打印机管理器”。在“打印机管理器”中双击要编辑的打印机配置（PC3）文件。在“打印机配置编辑器”中，选择“设备和文档设置”选项卡。双击“用户定义图纸尺寸与校准”，显示校准和图纸尺寸设置。选择“自定义图纸尺寸”。在“自定义图纸尺寸”下，选择“添加”。在自定义图纸尺寸向导的“开始”屏幕上选择“使用现有图纸”。在现有标准图纸尺寸列表中，选择创建自定义图纸尺寸所需的图纸尺寸。按照本书前述“从头开始添加自定义图纸尺寸的步骤”中的说明继续自定义图纸尺寸向导，新图纸尺寸是用户定义的尺寸而不是标准尺寸。选择“完成”，退出自定义图纸尺寸向导。其命令行为“PLOTTER-MANAGER”。

（7）编辑自定义图纸尺寸的步骤。从“文件”菜单中选择“打印机管理器”。在“打印机管理器”中双击要编辑的打印机配置（PC3）文件。在“打印机配置编辑器”中，选择“设备和文档设置”选项卡。双击“用户定义图纸尺寸与校准”，显示校准和图纸尺寸设置。选择“自定义图纸尺寸”。在“自定义图纸尺寸”下从列表中选择图纸尺寸，选择“编辑”。在自定义图纸尺寸向导中修改图纸尺寸、可打印区域、自定义图纸尺寸名称和来源。选择“完成”，退出自定义图纸尺寸向导。其命令行为“PLOTTERMANAGER”。

（8）删除自定义图纸尺寸的步骤。从“文件”菜单中选择“打印机管理器”。在“打印机管理器”中双击要编辑的打印机配置（PC3）文件。在“打印机配置编辑器”中选择“设备和文档设置”选项卡。双击“用户定义图纸尺寸与校准”，显示校准和图纸尺寸设置。选择“自定义图纸尺寸”。在“自定义图纸尺寸”下，从列表中选择图纸尺寸。选择“删除”。其命令行为“PLOTTERMANAGER”。

（9）修改标准图纸尺寸的步骤。从“文件”菜单中选择“打印机管理器”。在“打印机管理器”中，双击要编辑的打印机配置（PC3）文件。在“打印机配置编辑器”中选择“设备和文档设置”选项卡。双击“用户定义图纸尺寸与校准”，显示校准和图纸尺寸设置。选择“修改标准图纸尺寸”。在“修改标准图纸尺寸”下选择要调整的图纸尺寸，然后选择“修改”。在自定义图纸尺寸向导中根据需要调整可打印区域，选择“完成”，退出自定义图纸尺寸向导。其命令行为“PLOTTERMANAGER”。

（10）确定布局的图纸方向。可以使用“横向”和“纵向”设置图形在图纸上的打印方向。使用“横向”设置时图纸的长边是水平的，使用“纵向”选项时图纸的短边是水平的。修改图纸方向的效果就像是在图形下面旋转图纸。在横向或纵向方向上可以选择“反向打印”控制首先打印的是图形的顶部还是底部。尽管在“页面设置”对话框和“打印”对话框中都可以指定图形方向，“页面设置”指定的设置始终保存并反映在布局中。在“打印”对话框中，可以替代某一单个打印的页面设置，但所应用的设置并不保存在布局中。要保存“打印”对话框中应用的设置可在“打印设备”选项卡中选择“将修改保存到布局”选项。如果改变图形方向，打印原点仍位于旋转后的页面的左下角。

（11）设置打印图形方向的步骤。从“文件”菜单中选择“页面设置”。在“页面设置”对话框中选择“布局设置”选项卡。如果要水平打印图形则选择“横向”，如果图形是在竖直方向上的则选择“纵向”。要将图形旋转 180°，先选择“纵向”或“横向”，然后选择“反向打印”。选择“确定”。“布局”工具栏为，其命令行为“PAGESETUP”。其快捷菜单为在布局选项卡上单击鼠标右键，然后选择“页面设置”。

（12）调整布局中的打印原点。可以更改图形距原点的偏移以调整图形在图纸上的位置。打印原点位于指定打印区域的左下角。通常，相对于原点的打印偏移在 X 方向和 Y 方向上都设为 0。如果选择打印区域而不是整个布局，还可以使图形在图纸上居中。居中打印改变了打印原点的位置。如图 8.1.5 所示，指定正的或负的打印偏移可以相对图纸的左下角移动图形。要将图形移动到左下角之下则输入负值，这样可能使打印区域被剪裁掉。

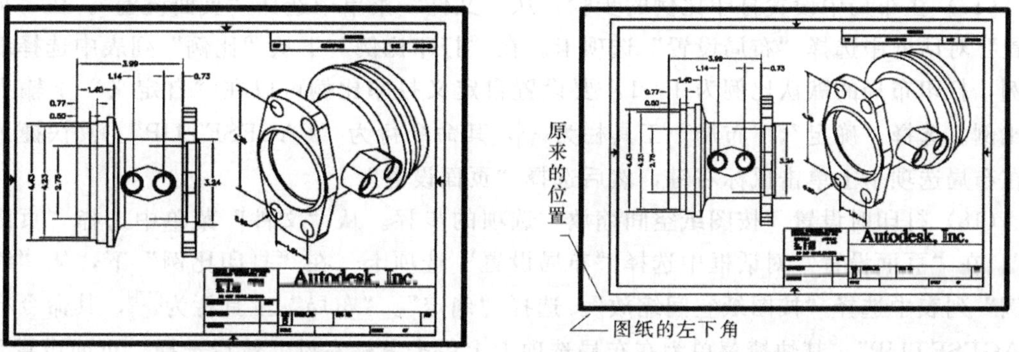

(a) 以(0,0)为原点打印　　(b) 以(−1.0,−0.5)为原点打印

图 8.1.5　指定正的或负的打印偏移

(13) 偏移打印原点的步骤。从“文件”菜单中选择“页面设置”。在“页面设置”对话框中选择“布局设置”选项卡。在“打印偏移”中输入 X 和/或 Y 值，按输入的单位偏移原点，输入正值将原点向右上方移动，输入负值将原点向左下方移动。选择“确定”。“布局”工具栏为，其命令行为“PAGESETUP”。其快捷菜单为在布局选项卡上单击鼠标右键，然后选择“页面设置”。

(14) 在布局上设置打印区域。从“模型”选项卡或布局选项卡中进行打印之前可以指定打印区域、确定打印内容。在创建新布局时默认的打印选项为“布局”，即打印指定图纸尺寸边界内的所有对象。打印原点为 (0, 0)，也就是页面的左下角。“显示”选项将打印图形区域中显示的所有对象。“范围”选项将打印图形中所有可见的对象。“视图”选项将打印保存的视图。可以使用“窗口”选项定义要打印的区域。需要强调的是，如果打开在 AutoCAD Release14 或早期版本的图纸空间中保存的图形，“打印区域”的默认值是“范围”，“打印比例”的默认值是“按图纸空间缩放”。

(15) 设置打印区域和调整打印显示的步骤。从“文件”菜单中选择“页面设置”。在“页面设置”对话框中选择“布局设置”选项卡。在“打印区域”下选择下列 6 个选项之一，即“布局”“界限”“范围”“显示”“视图”“窗口”，其中，“布局”是指打印图纸边界中的所有对象（此选项仅在布局选项卡中可用）；“界限”是指打印当前的图形界限（此选项仅能在“模型”选项卡中可用）；“范围”是指打印图形中的所有对象；“显示”是指打印图形区域中显示的所有对象；“视图”是指打印已保存的视图（从提供的列表中选择命名视图）；“窗口”是指打印用户定义的区域中的对象（选择“窗口”选项，然后选择“窗口”按钮定义区域）。选择“确定”。“布局”工具栏为，其命令行为“PAGESETUP”。其快捷菜单为在布局选项卡上单击鼠标右键，然后选择“页面设置”。

(16) 在布局上设置打印比例。绘制对象时通常使用实际的尺寸。打印图形时可以指定精确比例，或者使图像根据图纸尺寸进行调整。要指定比例可以输入打印单位与图形单位的比率，或者输入标准或自定义打印比例。从布局打印时模型空间的对象将以其布局视口的比例显示，要以该视口比例打印模型空间对象，可以采用 1∶1 比例的打印布局。查看草图时精确的比例通常不是很重要，可以使用“按图纸空间缩放”设置，按照能够布满图纸的最大可能尺寸打印布局。具体可参考本书前述“按比例绘图”中的相关内容。

(17) 在布局中设置打印比例的步骤。从“文件”菜单中选择“页面设置”。在“页面设置”对话框中选择“布局设置”选项卡。在“打印比例”下从“比例”列表中选择缩放比例，打印布局的默认比例为 1∶1，要设置自定义打印比例可以在“自定义”下输入打印比例。选择“确定”。“布局”工具栏为，其命令行为“PAGESETUP”。其快捷菜单为在布局选项卡上单击鼠标右键，然后选择“页面设置”。

(18) 打印时设置“按图纸空间缩放”选项的步骤。从“文件”菜单中选择“页面设置”。在“页面设置”对话框中选择“布局设置”选项卡。在“打印比例”下，从“缩放比例”列表中选择“按图纸空间缩放”。选择“确定”。“布局”工具栏为，其命令行为“PAGESETUP”。其快捷菜单为在布局选项卡上单击鼠标右键，然后选择“页面设置”。

(19) 设置布局的线宽比例。在具有打印比例的布局中，线宽可以按比例缩放。通常，线宽指定打印对象的线条宽度，在打印时不受打印比例的影响。在更多情况下，打印布局时会使用默认的打印比例 1∶1。但是，如果要在 E 号图纸上打印按 A 号图纸缩放的布局就需要按比例缩放线宽以适应新的打印比例。具体可参考本书前述“控制线宽”中的相关内容。

(20) 缩放布局中线宽的步骤。从“文件”菜单中选择“页面设置”。在“页面设置”对话框中选择“布局设置”选项卡。在“打印比例”下选择“缩放线宽”。选择“确定”，当前布局中的线宽按指定的打印比例缩放（此选项在“模型”选项卡上不可用）。“布局”工具栏为，其命令行为“PAGESETUP”。其快捷菜单为在布局选项卡上单击鼠标右键，然后选择“页面设置”。

(21) 使用布局向导指定布局设置。可以使用创建布局向导创建新布局。向导会提示关于布局设置的信息，包括：新布局的名称；与布局相关联的打印机；布局要使用的图纸尺寸；图形在图纸上的方向；标题栏；视口设置信息；布局中视口配置的位置。选择布局并从“文件”菜单选择“页面设置”之后，可以编辑向导中输入的信息。

(22) 使用向导创建布局的步骤。从“插入”菜单中选择“布局”，然后选择布局向导。在创建布局向导的每一页为新布局选择适当的设置，完成后新布局将成为当前布局选项卡。其命令行为“LAYOUTWIZARD”。

8.1.4　重复使用布局和布局设置

在图形中创建布局后可以在相同图形或其他图形中重复使用。

(1) 复制布局。可以在图形中复制布局和布局选项卡，不能复制“模型”选项卡。如果有许多布局或者布局名很长，图形区域的底部不能容纳所有选项卡，AutoCAD 将使用箭头显示选项卡（可以通过箭头更改显示的选项卡），带有一条横线的箭头显示第一个和最后一个选项卡。需要强调的是，改变选项卡的显示时可能不显示当前布局选项卡。

(2) 复制布局的步骤。在要复制布局的布局选项卡上单击鼠标右键，然后从快捷菜单中选择“移动或复制”。在“移动或复制”对话框中，选择新布局选项卡的位置，可确保已选中了“创建副本”。选择“确定”，不能复制“模型”选项卡。其命令行为“LAYOUT”。

(3) 使用样板创建布局。布局样板是从 DWG 或 DWT 文件中输入的布局。可以利用现有样板中的信息创建新的布局。AutoCAD 提供了样例布局样板，以供设计新布局环境时使用。现有样板的图纸空间对象和页面设置将用于新布局中。这样，将在图纸空间中显示布局对象（包括视口对象）。用户可以保留从样板中输入的现有对象，也可以删除对象。在这个过程中不能输入任何模型空间对象。AutoCAD 提供的布局样板文件的扩展名为 .dwt。来自任何图形或图形样板的布局样板或布局都可以输入到当前图形中。

（4）使用布局样板创建布局的步骤。从“插入”菜单中选择“布局”，然后选择“来自样板的布局”。在“从文件选择样板”对话框中，从列表中选择图形样板文件。选择“打开”。在“插入布局”对话框的列表中选择布局样板，然后选择“确定”。使用选定的样板创建新布局。为新布局指定的名称为“布局”，后面是布局序列的下一个数字和所输入布局的名称。比如，从布局样板插入名为 ANSID 的布局并且图形中已经有两个称为“布局 1”和“布局 2”的布局，则新布局称为“布局 3. ANSID”。“布局”工具栏为，其命令行为“LAYOUT”。其快捷菜单为在布局选项卡上单击鼠标右键，然后选择“来自样板”。

（5）保存布局样板。任何图形都可以保存为样板图形（DWT 文件），包括所有对象和布局设置。选择 LAYOUT 命令的“另存为”选项，可以将布局保存为新的 DWT 文件。样板文件保存在“选项”对话框“支持”选项卡中定义的图形样板文件夹中。布局样板与图形样板或图形文件一样带有 .dwt 或 .dwg 扩展名，但是它包含一些对布局无关紧要的信息。创建新的布局样板时布局中使用的所有命名对象（如块、图层和标注样式）将与样板一起保存，将样板输入到新布局中时这些定义表项可以作为布局设置的一部分输入，建议使用 LAYOUT 命令的“另存为”选项创建新布局样板，使用“另存为”选项时未使用的定义表项不会与文件一起保存，因为未将它们添加到输入样板的新布局中。如果从不是使用 LAYOUT 命令的“另存为”选项创建的图形或样板插入布局，则图形（而不是布局）使用的定义表项将与布局一起插入，要清除不需要的定义表项可使用 PURGE 命令。

（6）保存布局样板的步骤。在命令提示下输入 layout。在提示下输入 sa 将当前布局保存为样板。输入正在保存的布局的名称。在“创建图形文件”对话框中输入要保存的图形样板文件的名称。在“文件类型”中选择“图形样板文件（*.dwt）”。选择“保存”。

（7）使用设计中心（Design Center）插入布局。使用 DesignCenter 可以将任何图形中的布局及其对象拖到当前图形中。如果使用设计中心将布局插入到图形中则创建一个新的布局，包括源布局中的所有图纸空间对象、定义表及块定义，可以删除不需要的图纸空间对象，要清除新布局中不需要的定义表信息可使用 PURGE 命令。要插入布局而且不包括不需要的定义表项（如图层和块），可插入来自布局样板的布局，因为未使用的定义表项和块不与样板一起复制，所以无需清除新建布局中不必要的信息。

（8）使用设计中心插入布局的步骤。从“工具”菜单中选择“设计中心”。在树状图中查找包含要重复使用的布局的图形。双击图形名称展开其下面的选项。选择“布局”图标，在选项板中显示单独的布局。使用以下 3 种方法将布局插入到当前图形中，即将布局图标从选项板拖至图形区域；选择选项板中的布局，单击鼠标右键，然后从快捷菜单中选择“添加布局”；在选项板的布局上单击鼠标右键。其“标准”工具栏为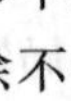，其命令行为“ADCENTER”。

(9) 将 PCP 或 PC2 设置输入布局。如果要处理在 AutoCAD 14 或更早版本中创建的图形，可以输入 PCP 或 PC2 文件中包含的布局和打印设置，然后将其应用到当前布局中。保存在 PCP 或 PC2 文件中的打印设置包括打印区域、旋转、图纸尺寸、打印比例、打印原点、打印偏移。此外，PC2 文件还包含已被打印机校准修改的任何分辨率信息，使用添加打印样式表向导可以输入笔指定信息并将其保存在打印样式表中。要输入打印设备和笔设置信息可以使用输入 PCP 或 PC2 打印设置向导以选择需要输入其设置的 PCP 或 PC2 文件，使用“页面设置”对话框还可以修改输入的设置。

(10) 将 PCP 或 PC2 设置输入当前布局的步骤。在命令提示下输入 PCINWIZARD。在输入 PCP 或 PC2 打印设置向导中选择要将其设置输入到当前布局的 PCP 或 PC2 文件。

(11) 创建和使用命名页面设置。可以将打印设备、打印样式表和页面设置的设置保存为命名页面设置，可以选择命名页面设置替换“页面设置”对话框中的当前设置。可以将不同命名页面设置应用到同一布局获得特定的打印结果，比如，可以创建表 8.1.1 中的命名页面设置，控制比例缩放和图纸尺寸。创建布局时只能为布局指定一次页面设置，页面设置保存在图形中，无需在每次打印时再次指定这些设置，当多次打印相同布局或为多个布局指定输出选项时可以使用命名页面设置。

表 8.1.1　　创建和使用命名页面设置

页面设置名称	说　明
NoScaling	以 1∶1 的比例打印，使用 E 尺寸图纸
Scale 1to2	以 1∶2 的比例打印，使用 C 尺寸图纸
Draft	打印到草图质量打印机
Final	打印到高质量打印机
Scale - to - Fit	按比例缩放，使用 A 尺寸图纸

(12) 保存页面设置的步骤。从“文件”菜单中选择“页面设置”。在“页面设置”对话框的“打印设备”选项卡中选择打印机或绘图仪，选择“布局设置”选项卡可以根据需要修改设置。在“页面设置名”中，选择“添加”。在“用户定义的页面设置”对话框中，输入页面设置的名称。选择“确定”，输入的名称作为当前名称显示在“页面设置”对话框中。其“布局”工具栏为，其命令行为“PAGESETUP”。

(13) 删除页面设置的步骤。在“文件”菜单中选择“页面设置”。在“页面设置”对话框的“页面设置名”下选择“添加”。在“用户定义的页面设置”对话框中选择页面设置然后选择“删除”。选择“确定”。其“布局”工具栏为，其命令行为“PAGESETUP”。

(14) 重命名页面设置的步骤。在“文件”菜单中选择“页面设置”。在“页面设置”对话框的“页面设置名”下，选择“添加”。在“用户定义的页面设置”对话框中选择页面设置然后选择“重命名”或按 F2 键，输入新名称，然后按 Enter 键。选择“确定”。其“布局”工具栏为，其命令行为“PAGESETUP”。

(15) 从其他图形输入页面设置的步骤。在“文件”菜单中选择“页面设置”。在“页面设置”对话框的“页面设置名”下选择“添加”。在“用户定义的页面设置”对话框中选择“输入”。在“选择文件”对话框中选择要输入其页面设置的文件，选择“打开”。在“输入用户定义的页面设置”对话框中，选择要输入的页面设置，选择“确定”，如果页面设置的名称与图形中现有页面设置的名称相同系统将提示使用输入的页面设置重新定义。选择“确定”。其“布局”工具栏为▢，其命令行为“PAGESETUP”。

8.1.5 创建布局视口

创建布局时可以在模型空间中添加与窗口起类似作用的布局视口。

(1) 使用布局视口。构造布局时可以将布局视口视为可查看模型空间的对象，还可以对其进行移动和尺寸调整。布局视口可以相互重叠或者分离。在图纸空间中排列布局时不能编辑模型。要编辑模型必须使用下列 3 种方法之一切换到模型空间，即：选择“模型”选项卡；在布局视口内双击（在状态栏上“图纸”切换为“模型”）；在状态栏上单击“图纸”。将布局视口置为当前后即进入模型空间，对模型的修改会体现在所有图纸空间视口中，在图纸空间中创建的对象不会影响模型空间或其他布局。使用布局视口的好处之一是可以在每个视口中有选择地冻结图层，因此，可以查看每个视口中的不同对象，通过在每个视口中平移和缩放还可以显示不同的视图。通过使用夹点更改模型空间几何图形在视口中的显示比例可以调整视口的大小，使用 SCALE 命令缩放视口可以改变视口的尺寸，同时不影响视图的比例。创建和放置布局视口时，附着到布局的所有打印样式表都将自动附着到用户创建的布局视口上，如果要将另一个打印样式表附着到布局视口可选择要修改的视口，然后打开“特性”选项板。

(2) 放置布局视口。可以创建布满整个布局的单一视口，也可以在布局中放置多个视口。使用“视口”对话框可以将各种标准的或已命名的视口配置插入到布局中，所选择的这些配置取决于查看图形的方式和最终打印的情况。图 8.1.6 显示了不同的配置选项。“模型”选项卡中保存和命名的模型视口配置可以放置在布局中，保存和命名视口排列时名称被添加到可用视口排列的列表中。通过使用夹点更改模型空间几何图形在视口中的显示比例可以调整视口的大小，使用 SCALE 命令缩放视口可以改变视口的尺寸，同时不影响视图的比例。要调整视口内的视图比例可以更改缩放比例，通过选择“标准比例”或在“特性”窗口输入“自定义比例”还可以修改视口对象的打印比例。

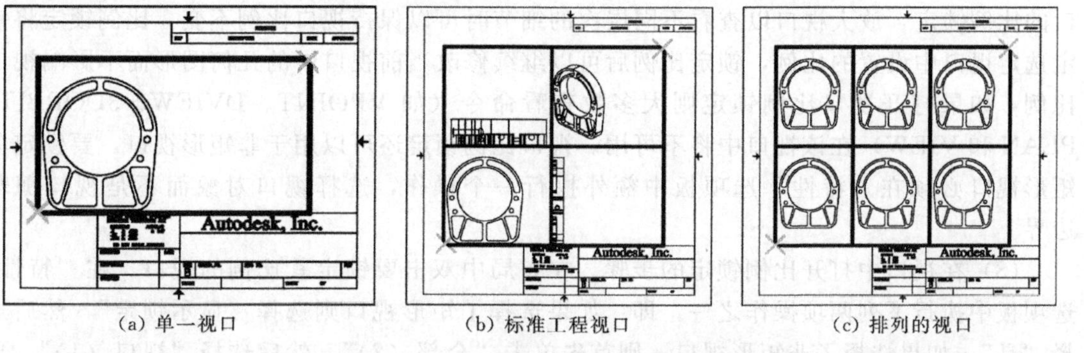

(a) 单一视口 (b) 标准工程视口 (c) 排列的视口

图 8.1.6 不同配置选项的布局视口

(3) 创建布局视口的步骤。选择布局选项卡。在“视图”菜单中选择“视口”，然后选择“新建视口”。在“视口”对话框的“新建视口”选项卡中，从列表中选择视口配置。在“设置”中选择“二维”或“三维”，如果选择了“三维”则配置中的每一视口都使用标准三维视图。在“视口间距”中选择各个视口的间距。要改变视口可在预览图像中选择一个视口，在“修改视图”中从标准视图列表中选择视图，列表中包括俯视图、仰视图、主视图、后视图、左视图、右视图、等轴测视图和所有保存在图形中的命名视图，“预览”中将显示选定的视图。选择“确定”。在图形区域中指定两点表示包含视口配置的区域。“视口”工具栏为，其命令行为“VPORTS”。

（4）将命名视口放置到布局中的步骤。在布局选项卡中，从“视图”菜单中选择“视口”➤“新建视口”。在“视口”对话框中选择“命名视口”选项卡。从列表中选择命名视口配置，然后选择“确定”。在布局中指定视口配置的位置。“视口”工具栏为，其命令行为“VPORTS”。

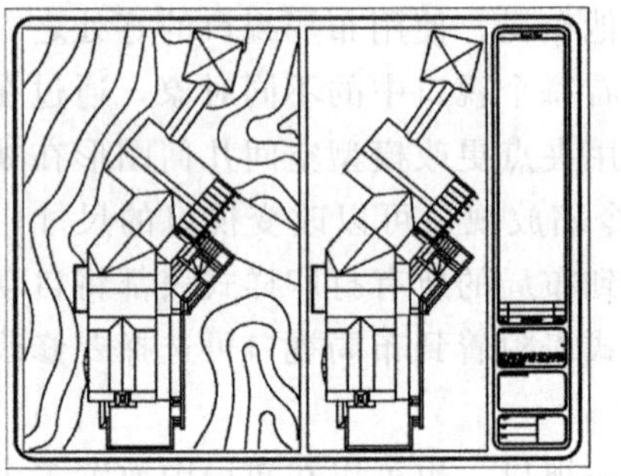

图 8.1.7　更改布局视口

（5）更改布局视口的特性。视口是 AutoCAD 对象，因此其边界具有对象特性，比如颜色、图层、线型、线型比例、线宽和打印样式，忽略线宽和线型，视口还具有比例特性，可以使用“特性”选项板修改视口的特性。如图 8.1.7 所示，视口通常位于其自身的图层上以便控制其边界的可见性，可以冻结或设置图层的“打印”特性以便不打印视口，如果视口边界的可见性与视口内容位于不同图层则它们不相关联。

（6）使用“特性”选项板修改视口特性的步骤。双击要修改其特性的布局视口的边界。在“特性”选项板中选择要修改的特性的值，然后输入新值，或者从提供的列表中选择新的设置，新的特性设置或特性值被指定给当前视口。“标准”工具栏为，其命令行为“PROPERTIES”。其快捷菜单为选择视口，在绘图区域中单击鼠标右键，然后选择“特性”。

（7）锁定布局视口的比例。在创建布局视口时可能需要在某些视口中应用其他比例以显示不同层次的细节。设置视口比例后，如果放大视口将同时改变视口比例。如果先将视口的比例锁定，放大视口以查看不同层次的细节时可以保持视口比例不变。比例锁定将锁定选定视口中设置的比例，锁定比例后可以继续修改当前视口中的几何图形而不影响视口比例，如果打开视口比例锁定则大多数查看命令（如 VPOINT、DVIEW、3DORBIT、PLAN 和 VIEW）在该视口中将不可用。视口比例锁定还可以用于非矩形视口。要锁定非矩形视口必须在“特性”选项板中额外执行一个操作，选择视口对象而不是视口剪裁边界。

（8）在视口中打开比例锁定的步骤。在布局中双击要锁定其比例的视口。在“特性”选项板中执行下列两项操作之一，即：如果选择了矩形视口则选择“显示锁定”，然后选择“是”；如果选择了非矩形视口，则首先单击“全部（2）”，然后选择“视口（1）”，再选择“显示锁定”，最后选择“是”。锁定当前视口的比例，修改视口中的缩放因子，只会影响图纸空间对象。其“标准”工具栏为，其命令行为“PROPERTIES”。其快捷菜单为选择视口，在绘图区域中单击鼠标右键，然后选择“特性”。

8.1.6 控制布局视口的可见性

可以使用多种方法控制布局视口中对象的可见性。这些方法有助于限制屏幕重生成以及突出显示或隐藏图形中的不同元素。

（1）布局视口中的屏幕对象。淡显是指在打印对象时使用较少的墨水。在打印图纸和屏幕上淡显的对象显得比较暗淡。淡显有助于区分图形中的对象，而不必修改对象的颜色特性。要指定对象的淡显值，必须先指定对象的打印样式，然后在打印样式中定义淡显值。淡显值可以为 0～100 的数字。默认设置为 100，表示不使用淡显，而是按正常的墨水浓度显示。淡显值设置为 0，表示对象不使用墨水，在视口中不可见。

（2）打开或关闭布局视口。重新生成每个视口的内容时，显示较多数量的活动布局视口会影响系统性能，可以通过关闭一些视口或限制活动视口数量来节省时间，图 8.1.8（b）显示的是关闭两个视口的结果。新视口默认情况下处于打开状态，如果关闭不使用的视口则复制视口时无需等待重新生成每个视口。如果不希望打印视口可以将其关闭。如果要在工作或打印时消隐视口边界可为视口创建一个特定图层，然后关闭或冻结该图层。具体可参考本书后续“为打印对象设置选项”中的相关内容。

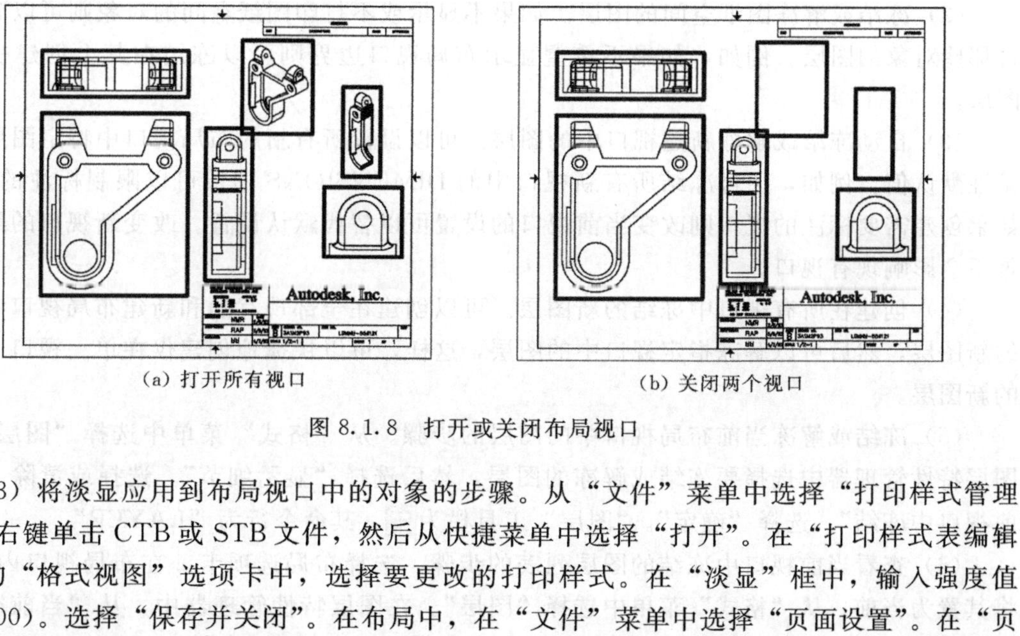

(a) 打开所有视口　　(b) 关闭两个视口

图 8.1.8 打开或关闭布局视口

（3）将淡显应用到布局视口中的对象的步骤。从“文件”菜单中选择“打印样式管理器”。右键单击 CTB 或 STB 文件，然后从快捷菜单中选择“打开”。在“打印样式表编辑器”的“格式视图”选项卡中，选择要更改的打印样式。在“淡显”框中，输入强度值（1～100）。选择“保存并关闭”。在布局中，在“文件”菜单中选择“页面设置”。在“页面设置”对话框的“打印设备”选项卡中，从“打印样式表（笔指定）”列表中选择编辑的打印样式表。双击包含要修改其淡显的对象的布局视口。选择要修改其打印样式的对象。在绘图区域中单击鼠标右键，然后从快捷菜单中选择“特性”。在“特性”选项板中使用以下两种方法中的一种，即：如果使用命名打印样式表，可在“打印样式”旁的“打印样式表编辑器”中选择编辑的打印样式，如果未列出此打印样式可选择“其他”并将“活动打印样式表”设置为在“打印样式表编辑器”中编辑的打印样式，在“打印样式”对话框的“打印样式”列表中选择已编辑的打印样式；如果使用颜色相关的打印样式表，可在“颜色”旁的“打印样式表编辑器”中选择编辑其打印样式的颜色。

（4）使用“特性”选项板打开或关闭视口的步骤。可确保处在图纸空间的布局选项卡上。双击要打开或关闭的视口的边界。在“特性”选项板的“其他”下选择“开”，然后选择“是”或“否”以打开或关闭视口。对于非矩形视口，在“特性”选项板中选择“全部（2）”，然后在更改视口特性之前选择“视口（1）”。其“标准”工具栏为，其命令行为“PROPERTIES”。其快捷菜单为选择视口，在绘图区域中单击鼠标右键，然后选择“显示视口对象”。

8.1.7　管理布局中图层可见性

可以分别在每个布局视口中控制图层的可见性，还可以为新视口和新图层指定默认可见性设置。

（1）冻结布局视口中的图层。可以冻结或解冻当前和以后布局视口中的图层而不影响其他视口。冻结的图层是不可见的，它们不能被重生成或打印。冻结图层非常有用，例如，用于仅在特定视口中显示注释。图 8.1.7 中的图层显示了在一个视口中冻结的地形。解冻图层可以恢复可见性，在当前视口中冻结或解冻图层的最简单方法是使用图层特性管理器。

（2）冻结或解冻图纸空间的图层。如果不显示或不打印图纸空间的对象则可以冻结包含那些对象的图层。例如，如果不希望显示布局视口边界则可以冻结在其上创建视口的图层。

（3）自动冻结或解冻新建视口中的图层。可以设置所有新的布局视口中特定图层的可见性默认值。例如，通过冻结所有新视口中的 DIMENSIONS 图层可以限制标注的显示。如果创建需要标注的视口则改变当前视口的设置可以替代默认设置。改变新视口的默认设置不会影响现有视口。

（4）创建在所有视口中冻结的新图层。可以创建在全部现有的和新建布局视口中冻结的新图层，然后可以解冻指定视口中的图层，这样，可以快捷地创建仅在单一视口中显示的新图层。

（5）冻结或解冻当前布局视口中的图层的步骤。从“格式”菜单中选择“图层”。在图层特性管理器中选择要冻结或解冻的图层，然后选择“显示细节”。选择或清除“在当前视口中冻结”。选择“确定”。“图层”工具栏为，其命令行为“LAYER”。

（6）查看当前视口中冻结的图层列表的步骤。选择布局选项卡。在布局视口内双击，将其置为当前。从“格式”菜单中选择“图层”。在图层特性管理器中，从“当前视口冻结”列中查找“在当前视口中冻结或解冻”图标。选择“确定”。其“图层”工具栏为，其命令行为“LAYER，VPLAYER”。

（7）冻结或解冻所有视口中图层的步骤。选择布局选项卡。在布局视口内双击，将其置为当前。从“格式”菜单中选择“图层”。在图层特性管理器中选择“显示细节”。选择一个图层，按下 Shift 键以选择多个选项。在“详细信息”下选择“在所有视口中冻结”。其“图层”工具栏为，其命令行为“LAYER”。

（8）冻结或解冻图纸空间中图层的步骤。选择布局选项卡，可确保其处在图纸空间中

（在状态栏上 PAPER 处于打开状态）。从“格式”菜单中选择“图层”。在图层特性管理器中选择要冻结或解冻的一个或多个图层。在第三列“在所有视口冻结”中单击“在所有视口中冻结或解冻”图标以改变图层状态，太阳图标表示图层解冻，雪花图标表示图层冻结。选择“确定”。其“图层”工具栏为，其命令行为“LAYER”。

（9）在所有新视口中冻结或解冻图层的步骤。选择布局选项卡。从“格式”菜单中选择“图层”。在图层特性管理器中选择要在创建的新视口中自动冻结或解冻的一个或多个图层。在第十一列“在新视口中冻结新视口”中单击图标改变图层状态，太阳图标表示图层解冻，雪花图标表示图层冻结。选择“确定”。其“图层”工具栏为，其命令行为“LAYER”。

（10）在所有视口中创建冻结的新图层的步骤。选择布局选项卡。从“格式”菜单中选择“图层”。选择“新建”，然后重命名新图层。如果需要可选择“显示细节”。在“详细信息”下选择“在所有视口中冻结”。选择“确定”。其“图层”工具栏为，其命令行为“LAYER，VPLAYER”。

8.1.8　编辑布局视口

如果在图纸空间中工作要编辑模型空间的对象，可以通过将布局视口置为当前，返回到模型空间。在布局视口中所做的修改将影响模型，因此也影响显示修改对象的全部其他视口。

（1）根据图纸空间缩放视图。要在打印图形中精确地、一致地缩放每一个显示视图，可设置每一个视图相对于图纸空间的比例。缩放或拉伸布局视口的边界不会改变视口中视图的比例。在布局中工作时，比例因子代表显示在视口中的模型的实际尺寸与布局尺寸的比率。图纸空间单位除以模型空间单位即可以得到此比率。例如，对于 1/4 比例的图形，该比率就是一个图纸空间单位相当于 4 个模型空间单位的比例因子（1：4）。可以使用“特性”选项板、ZOOM 命令或“视口”工具栏更改视口的打印比例。

（2）使用“特性”选项板修改视口缩放比例，可确保其处在图纸空间的布局选项卡上。双击要修改其比例的视口的边界。在“特性”选项板中选择“标准比例”，然后从列表中选择新的缩放比例，选定的缩放比例将应用到视口中。其“标准”工具栏为，其命令行为“PROPERTIES”。其快捷菜单为选择视口，在绘图区域中单击鼠标右键，然后选择“特性”。

（3）在布局视口中缩放线型，这样可以在创建对象的空间中利用图形单位缩放线型，也可以在基于图纸空间单位的图纸空间中缩放线型。可以设置 PSLTSCALE 系统变量的值，使在布局和布局视口中按不同比例显示的对象具有相同的线型缩放比例，例如，在 PSLTSCALE 设置为 1（默认值）的情况下将当前线型设置为虚线，然后在图纸空间布局中绘制直线。在布局中创建缩放比例为 1x 的视口，将此布局视口置为当前，然后使用同样的虚线线型绘制直线。这两条虚线外观应该相同。如果将视口的缩放比例改为 2x，那么布局和布局视口中虚线的线型缩放比例仍旧一致，而不受缩放比例的影响。在 PSLTSCALE 命令打开时仍可以使用 LTSCALE 和 CELTSCALE 控制虚线的长度。图 8.1.9（a）中线型图案的比例已调整为相同，而不考虑视图的比例。图 8.1.9（b）中各线型的比例与每一个视图的比例相匹配。

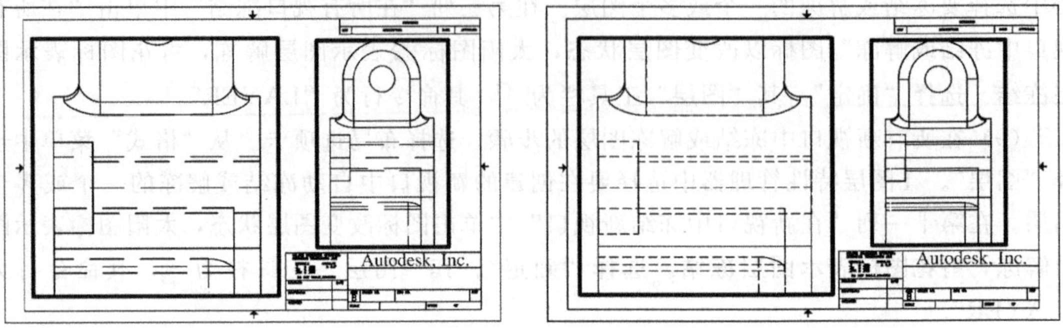

(a) PSLTSCALE＝1，虚线按图纸空间缩放　　(b) PSLTSCALE＝0，虚线按创建它的空间缩放

图 8.1.9　在布局视口中缩放线型

(4) 在图纸空间中全局地缩放线型的步骤。从“格式”菜单中选择“线型”。在“线型管理器”中选择“显示细节”。在“全局比例因子”下输入全局缩放比例值。选择“确定”。其命令行为“LINETYPE”。

(5) 在布局视口中对齐视图。可以通过对齐两个布局视口中的视图来排列图形中的元素。如图 8.1.10 所示，采用水平、垂直和角度对齐方式可以相对一个视口中指定的基点平移另一个视口中的视图。

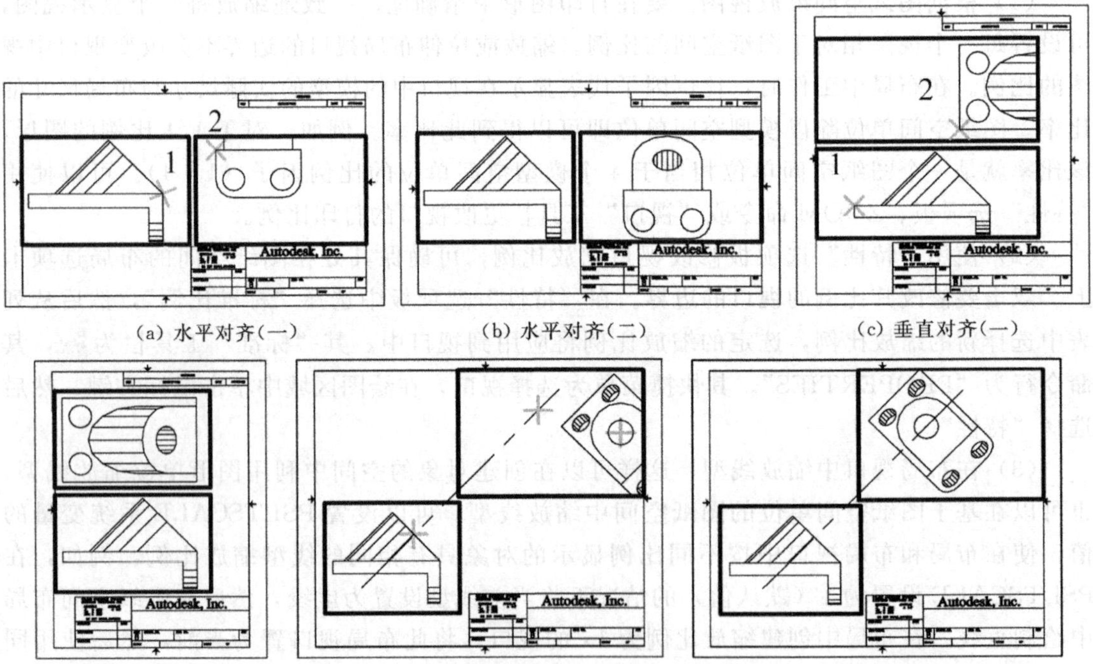

(a) 水平对齐(一)　　(b) 水平对齐(二)　　(c) 垂直对齐(一)

(d) 垂直对齐(二)　　(e) 角度对齐(一)　　(f) 角度对齐(二)

图 8.1.10　在布局视口中对齐视图

(6) 使用构造线在视口之间对齐对象的步骤。通过对齐可确保其处在布局选项卡上。

从“绘图”菜单中选择“构造线”。在第一个视口中指定点、指定第二点以确定对齐直线，在第二个视口中选择可以与对象对齐的点，使用对象捕捉可以使对齐精确无误。从“修改”菜单中选择“移动”。选择要与第一个视口对齐的视口，按 Enter 键。当提示指定基点时，可在第二个视口指定一个点，选择与第一个视口中选择的点相应的点。当提示指定第二个点时，按下 Shift 键并单击鼠标右键，然后从“对象捕捉”菜单中选择“垂直”，单击所创建的构造线，第一个视口、第二视口个以及视口中的对象已经对齐。需要强调的是，对齐视口中的对象时视口的比例应保持一致。“修改”工具栏为。

(7) 使用 MVSETUP 命令在视口之间对齐对象的步骤。在命令提示下输入 mvsetup。输入 a（对齐）。选择下列 3 种对齐方式之一，即水平、垂直、角度。其中，水平是使一个视口中的点与另一个视口中的基点水平对齐；垂直是使一个视口中的点与另一个视口中的基点垂直对齐；角度是使一个视口中的点按指定的距离和角度与另一个视口中的基点对齐。应确保视图中固定的视口为当前视口，然后指定基点。选择要重新对齐视图的视口，然后在该视图中指定对齐点。对于按角度对齐方式，指定从基点到第二个视口中对齐点的距离和位移角。

(8) 在布局视口中旋转视图。如图 8.1.11 所示，可以通过改变 UCS 并使用 PLAN 命令在布局视口内旋转整个视图，ROTATE 命令只能旋转单个对象。需要强调的是，旋转的只是视图，视口边界不旋转。

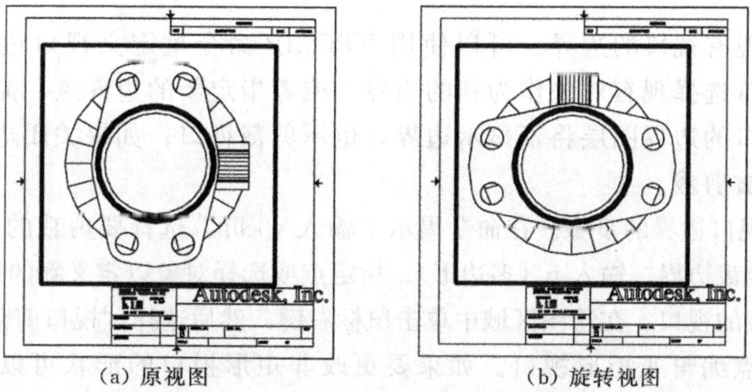

(a) 原视图　　(b) 旋转视图

图 8.1.11　在布局视口中旋转视图

(9) 通过修改 UCS 旋转视图的步骤。修改可确保其处在布局选项卡上。在要旋转其对象的视口中双击。可确保当前 UCS 与旋转平面平行（UCS 图标显示正常），如果 UCS 与旋转平面不平行，可从“工具”菜单中选择“新建 UCS”，然后选择“查看”。从“工具”菜单中选择“新建 UCS”然后选择“Z”，要顺时针旋转视图 90°可输入 90；要逆时针旋转视图 90°可输入－90。从“查看”菜单中选择“三维视图”，然后选择“平面视图”，选择“当前 UCS”。整个视图在视口中旋转，可能还需要重新指定视口的比例。“UCS”工具栏为，其命令行为“UCS”。

(10) 使用 MVSETUP 命令旋转视图的步骤。在命令提示下输入 mvsetup。输入 a（对齐）。输入 r 旋转视图。选择要旋转视图的视口。指定旋转基点。指定旋转角度，整个视图在视口中旋转。

8.1.9 创建非矩形视口

可以将在图纸空间中绘制的对象转换为视口，这样可以创建具有不规则边界的新视口。MVIEW 命令的“对象”和“多边形”选项有助于定义形状不规则的视口，将在图纸空间中绘制的对象转换为视口即可创建具有不规则边界的新视口。使用“对象”选项可以选择对象并将其转换为视口。定义不规则边界的多段线可以包含弧线或直线段，它们可以自交，但必须包含至少 3 个顶点。视口创建之后，定义不规则边界的多段线将与这个视口关联起来。如图 8.1.12 所示，定义不规则视口的边界时，AutoCAD 将计算选定对象所在的范围，在边界的角上放置视口对象，然后根据边界中指定的对象剪裁视口。“多边形”选项用于根据指定的点创建不规则视口，其命令提示序列与创建多段线一样。

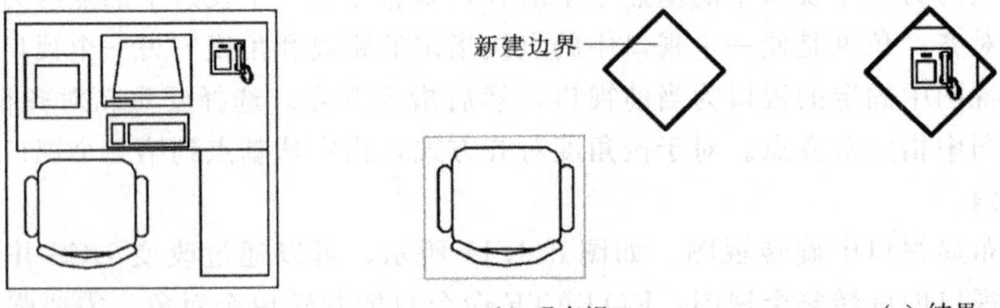

(a) 模型空间几何图形　(b) 现有视口　(c) 结果

图 8.1.12　创建非矩形视口

(1) 重定义现有视口的边界。可以使用 VPCLIP 命令重定义视口边界。要剪裁视口可以使用定点设备选择现有对象作为新的边界，或者指定新的边界点。需要强调的是，如果冻结非矩形视口的边界图层将不显示边界，也不剪裁视口；如果关闭边界图层而不是冻结它则视口仍会被剪裁。

(2) 重定义视口边界的步骤。在命令提示下输入 vpclip。选择要剪裁的视口。输入 d（删除）以删除视口剪裁边界。输入 p（多边形）。指定点或选择对象以定义新的视口边界。其快捷菜单为选择要剪裁的视口，在绘图区域中单击鼠标右键，然后选择“视口剪裁”。

(3) 使用夹点编辑非矩形视口。如果要更改非矩形视口的形状可以使用夹点编辑顶点，就像使用夹点编辑任何其他对象一样。如图 8.1.13 所示，创建不规则视口时，AutoCAD 计算选定对象所在的范围，然后在这一范围的边界角点上放置视口对象。由于边界的形状不同，有些几何图形可能不能在不规则视口内完全显示。

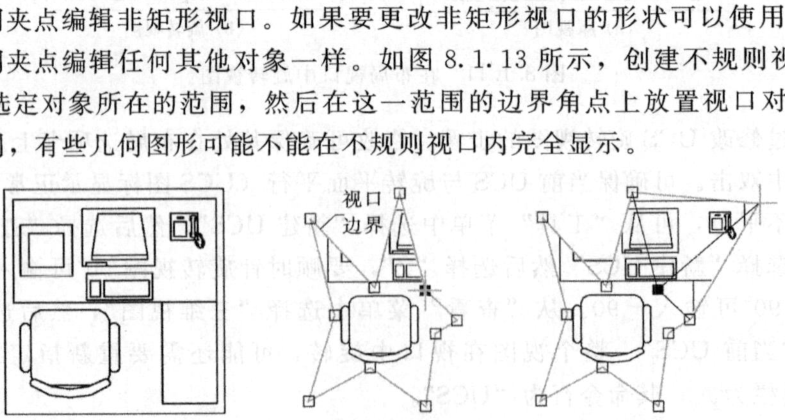

(a) 模型空间几何图形　(b) 视口边界　(c) 夹点编辑后的视口

图 8.1.13　使用夹点编辑非矩形视口

（4）在非矩形视口中缩放和平移。在非矩形视口中缩放或平移时，AutoCAD将实时剪裁模型空间中的几何图形。矩形视口（位于剪裁边界下）边界之外的几何图形不会显示出来。如果在不规则视口中的剪裁对象上使用“缩放”➤“范围”，AutoCAD将根据剪裁边界的范围进行缩放，并非视口中所有的几何图形都可见。

8.2 打 印 图 形

绘制图形后，可以使用多种方法输出。可以将图形打印在图纸上，也可以创建成文件以供其他应用程序使用。以上两种情况都需要进行打印设置。

8.2.1 打印的特点

了解与打印有关的术语和概念有助于用户更轻松地在AutoCAD中进行首次打印。

（1）打印机管理器。打印机管理器是一个窗口，其中列出了用户安装的所有非系统打印机的配置（PC3）文件。如果希望AutoCAD使用的默认打印特性不同于Windows使用的打印特性，也可以为Windows系统打印机创建打印机配置文件。打印机配置设置指定端口信息、光栅图形和矢量图形的质量、图纸尺寸以及取决于打印机类型的自定义特性。打印机管理器包括添加打印机向导，此向导是创建打印机配置的基本工具，添加打印机向导提示用户输入关于要安装的打印机的信息。

（2）布局。布局代表打印的页面。用户可以根据需要创建任意多个布局。每个布局都保存在自己的布局选项卡中，可以与不同图纸尺寸和不同打印机相关联。只在打印页面上出现的元素（如标题栏和注释）是在布局的图纸空间绘制的。图形中的对象是在“模型”选项卡上的模型空间创建的。要在布局中查看这些对象可创建布局视口。

（3）页面设置。创建布局时需要指定打印机和设置（如图纸尺寸和打印方向）。使用“页面设置”对话框可以控制布局和“模型”选项卡中的设置，可以命名并保存页面设置以便在其他布局中使用。如果在创建布局时没有指定“页面设置”对话框中的所有设置，也可以在打印之前设置页面，或者在打印时替换页面设置。可以对当前打印任务临时使用新的页面设置，也可以保存新的页面设置。

（4）打印样式。打印样式通过确定打印特性（如线宽、颜色和填充样式）来控制对象或布局的打印方式。打印样式表中收集了多组打印样式。打印样式管理器是一个窗口，显示了AutoCAD中可用的所有打印样式表。打印样式表有两种，即颜色相关打印样式表和命名打印样式表。一个图形只能使用一种打印样式表，用户可以在两种打印样式表之间转换，也可以在设置图形的打印样式表类型之后更改所设置的类型。对于颜色相关打印样式表，对象的颜色决定打印方式，这些打印样式表文件的扩展名为.ctb，不能直接为对象指定颜色相关打印样式，相反，要控制对象的打印颜色必须修改对象的颜色，比如图形中所有被指定为红色的对象均以相同打印方式打印。命名打印样式表使用直接指定给对象和图层的打印样式，这些打印样式表文件的扩展名为.stb，使用这些打印样式表可以使图形中的每个对象以不同颜色打印，与对象本身的颜色无关。

（5）打印戳记。打印戳记是添加到打印边界的一行文字。打开此选项可以将指定的打印戳记信息（包括图形名称、布局名称、日期和时间等）添加到打印的任意设备的图形中。可以选择将打印戳记信息记录到日志文件中而不打印它，或既记录又打印。需要强调的是，用 AutoCAD 教育版创建的图形文件或图形模板文件打印时总带有以下打印戳记："由 Autodesk 教育版产品制作。用 AutoCAD 教育版创建、在商业版中使用的块和外部参照打印时也会带有教育版打印戳记"。具体可参考本书前述"布局的特点"中的相关内容。

(6) 打印图形的步骤。在"文件"菜单中选择"打印"。在"打印"对话框"打印设备"选项卡"打印机配置"下的"名称"框中选择打印机，如图 8.2.1 所示。(可选）在"打印样式表（笔指定）"下，从"名称"框中选择打印样式表。(可选）在"打印戳记"下选择"开"，打开打印戳记，选择"设置"指定打印戳记设置（打印戳记只在打印时出现，不与图形一起保存）。选择"打印设置"选项卡。在"图纸尺寸和图纸单位"下，从"图纸尺寸"框中选择图纸尺寸。在"图形方向"下，选择一种方向。在"打印区域"下，指定要打印的图形部分。在"打印比例"下，从"比例"框中选择缩放比例。选择"确定"。其"标准"工具栏为，其命令行为"PLOT"。其快捷菜单为在"模型"选项卡或布局选项卡上单击右键，然后选择"打印"。要通过命令行而不是对话框进行打印可使用 PLOT 命令。

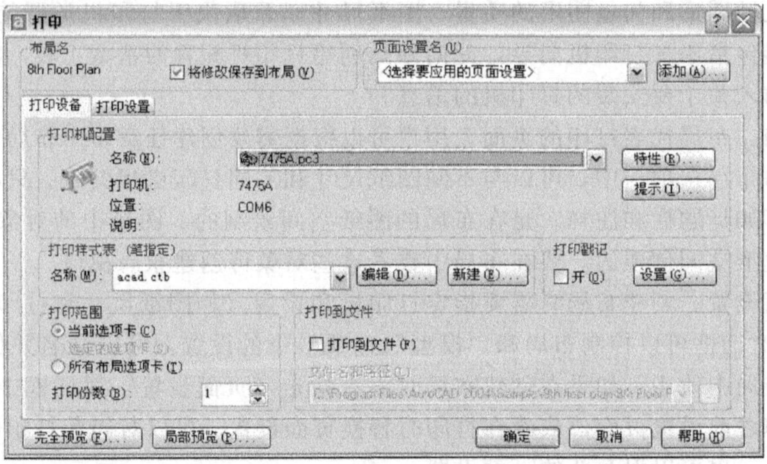

图 8.2.1　打印图形的界面

8.2.2　对早期版本中打印功能的改进

从 AutoCAD 2000 开始已经对 AutoCAD 中的打印功能做了改进。

(1) 对早期版本中打印功能的改进情况。从 AutoCAD 2000 开始，新的版本中添加了以下 5 种打印功能：使用多个图纸空间布局可以为每个图形设置并保存多个打印配置，每个布局都与一种输出设备和页面设置相关联；向导将指导用户完成打印机配置和打印设置；以前由打印配置文件（PCP 和 PC2 文件）执行的任务现在由布局、打印配置文件（PC3 文件）和打印样式表（CTB 和 STB 文件）分担，打印样式表控制对象的笔指定、线宽以及其他打印特性；颜色相关打印样式表保持对象的颜色与打印外观之间的联系，如果在早期版本的 AutoCAD 中使用笔指定控制线宽则可以输入那些设置来创建颜色相关打印样式表；命名打印样式表删除了颜色与打印线宽之间的关系，现在可以将打印样式指定给对象来控制对象的打印线宽和颜色，使用命名打印样式表可以按指定的颜色打印对象。使用新的模块化打印部件可以自定义打印过程的每一部分，输入早期版本中使用的配置，以及共享布局和配置以确保打印效果一致，见图 8.2.2。

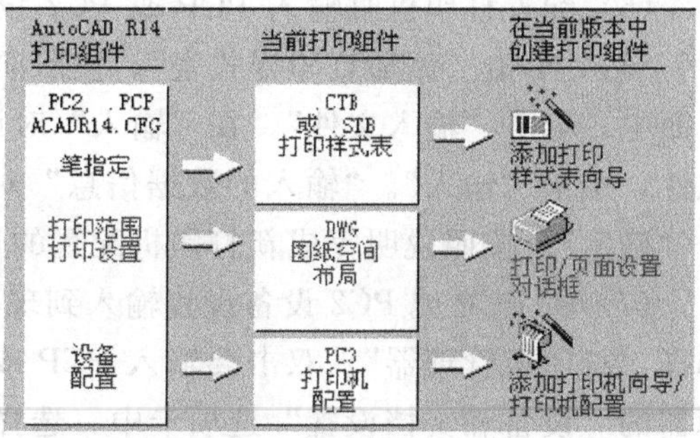

图 8.2.2　对早期版本中打印功能的改进

(2) 打印早期版本中的图形。可以使用与打印新图形完全相同的方法打印在 AutoCAD Release 14 或早期版中创建的图形。关于图形的打印有以下 3 方面的变化：模型空间的对象被放在“模型”选项卡中；所有图纸空间设置都用于设置布局选项卡“布局 1”，图纸空间对象被放在“布局 1”中；根据“选项”对话框中指定的打印样式表类型，图形将使用命名打印样式表或颜色相关打印样式表，如果指定了笔设置并使用 PCP 或 PC2 文件，或者有 AutoCAD Release 14 或早期版本的 CFG 文件，则可以创建打印样式表并重新创建 AutoCAD 2004 格式图形中的笔设置信息。

(3) 从早期版本转换笔设置。在 AutoCAD R14 和更早版本中通过将颜色映射到笔来设置线宽，可以在 AutoCAD 2000 和更高版本中使用那些笔指定。如果用户在 PCP 或 PC2 文件中存储了笔指定信息则可以使用添加打印样式表向导创建颜色相关（CTB）或包含原始笔设置的命名（STB）打印样式表，如果没有包含笔设置的 PCP 或 PC2 文件也可以从配置文件（acad∗.cfg）中获取笔设置。需要强调的是，如果分别使用 CCONFIG、HPCONFIG 或 OCECONFIG 命令配置 CalComp、HP 和 Océ 设备则可以使用此向导从 PCP、PC2 或 acad∗.cfg 文件中提取线型和线宽信息，然而，要使用驱动程序特有的自定义设置（比如端点样式、连接样式、填充样式和淡显）进行打印，必须使用打印样式表编辑器手动输入这些设置，因为它们不会自动进行转换。

(4) 将笔设置转换为打印样式的步骤。从“工具”菜单中选择“向导”，然后选择“添加打印样式表”。选择“下一步”。要使用现有 AutoCAD 配置文件（acad∗.cfg）可选择“使用 R14 打印机配置”，要使用部分或全部打印机配置文件可选择“使用 PCP 或 PC2 文件”，选择“下一步”。选择“颜色相关打印样式表”或“命名打印样式表”。浏览并选择要输入其设置的文件。为新打印样式表键入一个说明性的文件名，然后选择“下一步”。（可选）可以设置新的打印样式表以便用于新图形和在 AutoCAD 早期版本中创建的图形，选择“打印样式表编辑器”按钮对打印样式表进行更改。选择“完成”。

(5) 使用早期版本的打印机配置文件。使用添加打印机向导可以从早期版本输入以下打印机配置设置，即笔优化、打印到文件配置、图纸尺寸和方向、分辨率、设备名、打印目标（包括端口或网络共享名）。AutoCAD R13 和 R14 使用 PC2 文件存储配置设置。所有 AutoCAD 早期版本都使用 PCP 文件。AutoCAD 2000 和更高版本使用 PC3 文件。需要强调的是，如果有 PCP 和 PC2 文件，用户可以将笔指定信息输入到打印样式表中，还可以将打印区域和比例信息输入到布局的页面设置中，分别使用添加打印样式表向导和输入 PCP 或 PC2 打印设置向导。

(6) 配置打印机时输入 PCP 或 PC2 设备设置的步骤。在“工具”菜单上单击“向导”，然后单击“添加打印样式表”。按照向导中的说明进行操作。在“输入 PCP 或 PC2”页面中，单击“输入文件”。在“输入”对话框中查找并选择要输入其内容的 PCP 或 PC2 文件，单击“输入”。“输入的数据信息”对话框概括了输入 PCP 或 PC2 文件的结果，单击“确定”。按照说明完成新打印机配置的创建。其命令行为“PLOTTERMANAGER”。

(7) 将 PCP 或 PC2 设备设置输入到现有打印机配置文件的步骤。在“文件”菜单中选择“打印机管理器”。双击要输入 PCP 或 PC2 文件设置的 PC3 文件。在打印机配置编辑器的“设备和文档设置”选项卡中，选择“输入”。在“打印部件”对话框中选择“确定”。在“输入”对话框中查找并选择要输入其内容的 PCP 或 PC2 文件，选择“输入”。选择“确定”。其命令行为“PLOTTERMANAGER”。

(8) 将 PCP 或 PC2 打印区域和比例设置应用于当前布局的步骤。在“工具”菜单中单击“向导”，然后单击“输入打印设置”。在输入 PCP 或 PC2 打印设置向导中选择“下一步”，选择要将其设置输入到当前布局中的 PCP 或 PC2 文件。在“浏览文件名”对话框中选择“浏览”。在“输入”对话框中查找并选择要输入其内容的 PCP 或 PC2 文件，选择“输入”。选择“下一步”，显示“完成”对话框。（可选）要修改页面设置可选择“页面设置”，根据需要修改设置然后选择“确定”。选择“完成”。其命令行为“PCIN-WIZARD”。

8.2.3　设置打印页面

在打印图形之前必须确定图纸尺寸和图形在图纸上的放置方式。用户也可以使用默认设置打印图形。

(1) 选择打印设备的步骤。在“文件”菜单中选择“打印”。在“名称”框（位于“打印”对话框“打印设备”选项卡的“打印机配置”）中选择打印机，如果用户选择的打印机不支持所选的图纸尺寸，则 AutoCAD 将出现警告信息要求用户使用打印机支持的图纸尺寸，如果出现警告消息应选择“确定”。选定打印机后可以继续选择图纸尺寸，如果图纸尺寸正确则可以选择“确定”，打印图形。其“标准”工具栏为，其命令行为“PLOT”。

(2) 设置图纸尺寸。如果从布局打印应该事先在“页面设置”对话框中指定图纸尺寸，但如果从“模型”选项卡打印则需要在打印时指定图纸尺寸。在“打印”对话框的“打印设置”选项卡上选择要使用的图纸尺寸，列出的图纸尺寸取决于用户在两个对话框的“打印设备”选项卡上选定的打印机或绘图仪。可用打印机列表包括所有当前配置的 Windows 系统打印机和使用非系统驱动程序的打印机。也可以设置默认图纸尺寸，通过编辑与打印机关联的 PC3 文件，为大多数打印机创建新布局。对于 Windows 系统打印机，可以使用此技术为 Windows 和 AutoCAD 指定不同的默认图纸尺寸。需要强调的是，如果 PAPERUPDATE 系统变量设置为 1，当选定的打印机不支持布局中现有的图纸尺寸时将出现提示，图纸尺寸将自动更新以反映选定打印机的默认图纸尺寸。

(3) 使用自定义图纸尺寸。如果需要指定“打印”对话框和“页面设置”对话框中均未列出的图纸尺寸，可以使用打印机配置编辑器为非系统打印机添加自定义图纸尺寸。通常，不能将自定义图纸尺寸添加到 Windows 系统打印机，因为 Windows 系统打印机允许的图纸尺寸和可打印区域由制造商决定。但用户可以针对与 Windows 系统打印机关联的图纸尺寸来修改可打印区域。

(4) 为当前打印选择图纸尺寸的步骤。在“文件”菜单中选择“打印”。在“名称”框（位于“打印”对话框“打印设备”选项卡的“打印机配置”）中选择打印机。在“打印设置”选项卡上从“图纸尺寸”框中选择图纸尺寸，列出的图纸尺寸取决于选定的打印机。其“标准”工具栏为，其命令行为“PLOT”。

(5) 为布局设置默认图纸尺寸的步骤。在“文件”菜单中选择“页面设置”。在“名称”框（位于“页面设置”对话框“打印设备”选项卡的“打印机配置”）中选择打印机。在“布局设置”选项卡上从列表中选择图纸尺寸，列出的图纸尺寸取决于选定的打印机。选择“确定”，布局将反映所做的修改。“布局”工具栏为，其命令行为“PAGESETUP”。

(6) 为打印机设置默认图纸尺寸的步骤。在“文件”菜单中选择“页面设置”。在“页面设置”对话框的“打印设备”选项卡中选择“特性”，显示打印机配置编辑器。要指定默认图纸尺寸可使用下列两种方法之一，即：对于非系统打印机，在“介质”下选择“源和大小”；对于系统打印机，在树状图中选择“自定义特性”，然后在“访问自定义对话框”下选择“自定义特性”。选择适当的图纸尺寸。选择“确定”，退出所有对话框。需要强调的是，可用图纸尺寸取决于打印机或绘图仪，某些打印机制造商可能通过不同的方式在打印机配置编辑器中控制图纸尺寸。其“布局”工具栏为，其命令行为“PAGESETUP”。

(7) 为非系统打印机创建或编辑自定义图纸尺寸的步骤。从“文件”菜单中选择“打印机管理器”。在打印机管理器中，双击要更改其配置的 PC3 文件。在打印机配置编辑器的“设备和文档设置”选项卡上，在“用户定义的图纸尺寸与校准”下选择“自定义图纸尺寸”。使用下列两种方法之一设置新的图纸尺寸，即：要添加自定义图纸尺寸，可选择“添加”并按照自定义图纸尺寸向导中的步骤进行操作，指定图纸尺寸、可打印区域和新图纸尺寸的名称；要编辑现有图纸尺寸，可在“自定义图纸尺寸”下选择一种图纸尺寸，然后选择“编辑”，自定义图纸尺寸向导打开，修改任意图纸尺寸的设置。完成后选择“确定”，选定 PC3 文件时在“打印”对话框和“页面设置”对话框中都可以使用新的或编辑过的图纸尺寸。需要强调的是，为非系统驱动程序创建自定义图纸尺寸会将打印模型参数（PMP）文件附加到打印机配置（PC3）文件中，PMP 文件包括自定义打印机校准和自定义图纸尺寸信息，默认情况下 PMP 文件存储在 Drv 文件夹中。其命令行为“PLOTTERMANAGER”。

(8) 在图纸上放置图形。在图纸上放置图形有多种方法。

(9) 指定可打印区域。可打印区域在布局中通过虚线边框显示，选定的打印机和图纸尺寸决定可打印区域。需要强调的是，如果将打印机设置为使用省纸功能（如打印着墨区域或嵌套），打印机可能不使用 AutoCAD 可打印区域和打印指定偏移。如果打印机报告图纸尺寸的可打印区域不正确，可以在打印机配置编辑器的“设备和文档设置”选项卡中选择“修改标准图纸尺寸（可打印区域）”选项，在“修改标准图纸尺寸”区域调整可打印区域。需要强调的是，“修改标准图纸尺寸”选项并非页边距功能，要指定在图纸上打印图形的位置，可使用“打印”对话框“打印设置”选项卡上的“打印偏移”区域。

（10）设置打印位置。选定图纸尺寸和可打印区域后即可指定在图纸上打印图形的位置，用户可以在“打印”对话框的“打印设置”选项卡中设置 X（水平）偏移和 Y（垂直）偏移。如果打印非“布局”图形区域（“范围”“显示”“视图”或“窗口”），还可以选择“居中打印”选项。如果要精确控制标题栏的位置，可能需要修改打印偏移，通过将标题栏的左下角与图纸的左下角重新对齐来补偿图纸的页边距，用户可以通过测量图纸边缘与打印信息之间的距离来确定打印偏移，这些偏移量通常为负值。

（11）设置图形方向。图形方向决定了图形的打印位置是横向（图形的长边为水平方向）还是纵向（图形的长边为垂直方向），这取决于选定图纸的尺寸，还可以选择倒置打印。

（12）打印时在图纸上放置图形的步骤。从“文件”菜单中选择“打印”。在“打印”对话框的“打印设置”选项卡上使用下列 3 个选项来放置图形，即：要指定图形中要打印的区域，可在“打印区域”下选择一个选项；要将图形放置在图纸的左下角，可在“打印偏移”下输入 X 偏移量和 Y 偏移量；要使打印部分在图纸上居中，可在“打印偏移”下选择“居中打印”。选择“确定”，使用新设置打印图形。其“标准”工具栏为，其命令行为“PLOT”。

8.2.4　控制对象的打印方式

通过设置打印比例、使用打印样式和打印样式表、设置对象的图层特性，用户可以控制对象的打印方式。

（1）设置打印比例。当指定输出图形的比例时可以从实际比例列表中选择、输入所需的比例，或者选择“按图纸空间缩放”以便缩放图形并使其与选定的图纸尺寸匹配。绘制对象时通常使用实际的尺寸，即用户决定使用何种单位（英寸、毫米或米）并按 1∶1 的比例绘制图形，比如，如果测量单位为毫米，则图形中的一个单位即代表一毫米，打印图形时既可以指定精确比例，也可以根据图纸尺寸调整图像。大多数最终图形以精确的比例打印，设置打印比例的方法取决于用户是从“模型”选项卡打印还是布局选项卡打印。在“模型”选项卡上可以在“打印”对话框中的“打印设置”选项卡上设置比例，此比例代表打印的单位与绘制模型所使用的实际单位之比。在布局选项卡中可以使用两个比例，第一个比例影响图形的整体布局，它通常基于图纸尺寸且比例为 1∶1；第二个比例是模型本身的比例，它显示在布局视口中，各视口中的比例代表图纸尺寸与视口中的模型尺寸之比。

（2）设置指定比例。打印时可以在“图纸尺寸和图纸单位”下选择单位类型（英寸或毫米）。比如，如果选择毫米则在“打印的毫米”下输入 1，然后在“图形单位”下输入 10，则打印的图形中每毫米代表 10 个实际毫米。图 8.2.3 显示了以三种不同比例打印的灯泡。

（3）按图纸尺寸缩放图形。在审阅草图时通常不需要精确的比例，可以使用“按图纸空间缩放”选项按照能够布满图纸的最大可能尺寸打印视图，AutoCAD 将使图形的高度

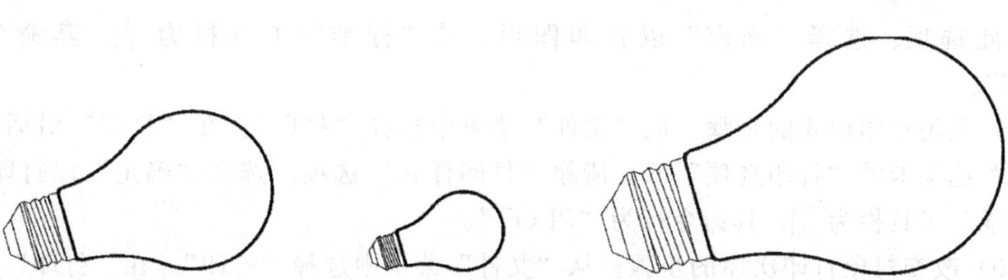

(a) 1∶1 比例打印　　(b) 0.5∶1 比例打印　　(c) 1.5∶1 比例打印

图 8.2.3　以三种不同比例打印的灯泡

和宽度与图纸的高度和宽度相适应。打印模型空间的透视视图时，无论是否输入了比例，其视图都将按图纸尺寸缩放。如果选择了“按图纸空间缩放”选项，则文本框将改变以反映打印单位与图形单位之比，每当用户在“打印”对话框中修改单位类型、图纸尺寸、打印机、打印原点、方向或打印区域的大小时，AutoCAD 都将更新该比例。

（4）使用实际比例打印的步骤。从“文件”菜单中选择“打印”。在“打印”对话框“打印设置”选项卡中的“打印比例”下，从“比例”框中选择一个比例。选择“确定”以打印图形。其“标准”工具栏为，其命令行为“PLOT”。

（5）使用自定义比例打印的步骤。从“文件”菜单中选择“打印”。在“打印”对话框“打印设置”选项卡中的“打印比例”下输入自定义比例，比例要求有两个值，即打印单位（英寸或毫米）数量/图形单位数量，如果输入自定义比例，则即使输入的比例与列表中的标准比例相同，其“比例”框中也将自动选定“自定义”，自定义比例是打印单位与图形单位之比，比如，1∶12 和 2∶24 将以相同比例打印。完成时，选择“确定”以打印图形。其“标准”工具栏为，其命令行为“PLOT”。

（6）按图纸尺寸缩放图形的步骤。从“文件”菜单中选择“打印”。在“打印”对话框“打印设置”选项卡中的“打印比例”下，从“比例”框中选择“按图纸空间缩放”，AutoCAD 自动计算缩放结果并在自定义比例框中显示打印单位与图形单位之比。选择“确定”以打印图形。其“标准”工具栏为，其命令行为“PLOT”。

（7）为打印对象设置选项。在“打印”和“页面设置”对话框中，用户可以选择若干影响对象打印方式的选项，比如，“打印对象线宽”“按打印样式打印”“最后打印图纸空间”“着色打印”“隐藏图纸空间对象”等。所谓“打印对象线宽”是指指定打印对象和图层的线宽；“按打印样式打印”是指指定使用打印样式来打印图形，指定此选项将自动打印线宽，如果不选择此选项则将按指定给对象的特性打印对象而不是按打印样式打印；“最后打印图纸空间”是指指定先打印模型空间的对象，后打印图纸空间的对象；“着色打印”是指指定着色打印选项：“按显示”“线框”“消隐”或“渲染”，此设置的效果反映在打印预览中而不反映在布局中；“隐藏图纸空间对象”是指指定“消隐”操作是否应用于图纸空间视口中的对象，此选项仅在布局选项卡中可用，此设置的效果反映在打印预览中而不反映在布局中。

（8）打印线宽的步骤。从“文件”菜单中选择“打印”。在“打印”对话框“打印设置”选项卡的“打印选项”下选择“打印对象线宽”，只有清除“打印样式”选项后才可以修改此选项。选择“确定”以打印图形。其“标准”工具栏为，其命令行为“PLOT”。

（9）关闭打印样式的步骤。从“文件”菜单中选择“打印”。在“打印”对话框“打印设置”选项卡的“打印选项”下，清除“打印样式”选项。选择“确定”以打印图形。其“标准”工具栏为，其命令行为“PLOT”。

（10）改变对象打印次序的步骤。从“文件”菜单中选择“打印”。在“打印”对话框“打印设置”选项卡的“打印选项”下选择“最后打印图纸空间”，要先打印图纸空间可清除“最后打印图纸空间”选项。选择“确定”以打印图形。其“标准”工具栏为，其命令行为“PLOT”。

（11）从“模型”选项卡设置着色打印选项的步骤。在“文件”菜单中单击“打印”。在“着色打印”下拉列表（位于“打印”对话框“打印设置”选项卡的“着色视口选项”区域）中选择一个选项。其“标准”工具栏为，其命令行为“PLOT”。

（12）从布局选项卡设置着色打印选项的步骤。选择一个布局视口。双击视口边界显示“特性”选项板。在“特性”选项板上，单击“着色打印”。在“着色打印”下拉列表中，选择选项。其“标准”工具栏为，其命令行为“PROPERTIES”。其快捷菜单为选择视口，在绘图区域中单击右键，然后选择“着色打印”。

（13）从“模型”选项卡打印时删除隐藏线的步骤。在“文件”菜单中，单击“打印”。在“着色打印”下拉列表（位于“打印”对话框“打印设置”选项卡的“着色视口选项”区域）中，选择“消隐”，效果对比如图 8.2.4 和图 8.2.5 所示。单击“确定”以打印图形。其“标准”工具栏为，其命令行为“PLOT”。

（14）从布局选项卡打印时删除隐藏线的步骤。选择一个布局视口。双击视口边界显示“特性”选项板。在“特性”选项板上，单击“着色打印”。在“着色打印”下拉列表中，选择“隐藏”，效果对比如图 8.2.4 和图 8.2.5 所示。单击“确定”以打印图形。其“标准”工具栏为，其命令行为“PROPERTIES”。其快捷菜单为选择视口，在绘图区域中单击右键，然后选择“着色打印”。

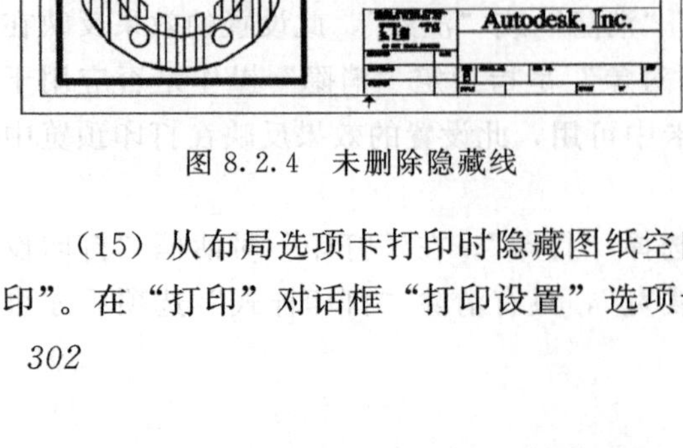

图 8.2.4　未删除隐藏线

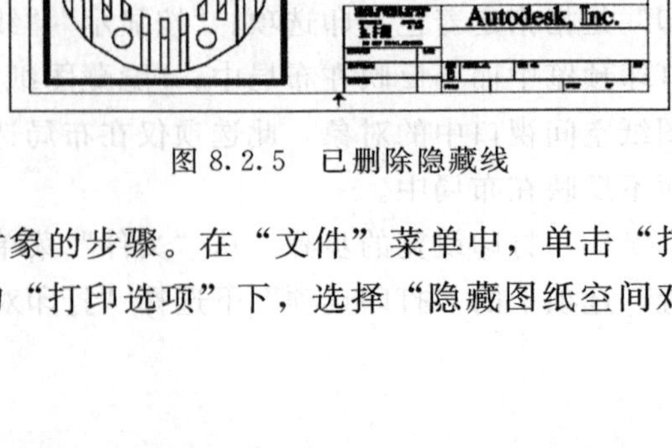

图 8.2.5　已删除隐藏线

（15）从布局选项卡打印时隐藏图纸空间对象的步骤。在“文件”菜单中，单击“打印”。在“打印”对话框“打印设置”选项卡的“打印选项”下，选择“隐藏图纸空间对象”。单击“确定”以打印图形。其“标准”工具栏为，其命令行为“PLOT”。

(16) 设置着色视口选项。可以选择若干用于打印着色和渲染视口的选项，可以按显示、在线框中、删除隐藏线或按渲染打印视口。可以指定每个视口的打印方式并可以将该打印设置与图形一起保存，还可以从各种分辨率（最大为打印机分辨率）中进行选择并可以将该分辨率设置与图形一起保存。

(17) 着色视口打印的特点。着色视口打印选项为用户向他人展示三维设计提供了很大的灵活性，用户可以通过选择视口的打印方式并指定分辨率级别来展示设计。使用着色打印选项，用户可以选择使用“按显示”“线框”“消隐”或“渲染”选项打印着色对象集，着色和渲染视口包括打印预览、打印、打印到文件和包含全着色和渲染的批处理打印。通过按照屏幕或其他环境中显示的视口进行打印，可以在演示文稿中使用真实打印。着色视口打印选项将应用于视口和模型空间中的所有对象，如果使用“着色”或“渲染”选项则页面设置中包含的打印样式表不会影响打印效果，如果使用“渲染”选项则不会打印二维线框对象（如直线、圆弧和文字）。需要强调的是，着色视口打印需要具备光栅功能的设备，现在大多数绘图仪和打印机都具备光栅功能。

(18) 指定着色打印设置。如果打印一个包含三维着色实体的图形则可以控制图形的打印方式。具体而言，可从下列 4 个选项中选择，即“按显示”“线框”“消隐”“渲染”。所谓“按显示”是指按显示打印设计，保留所有着色；“线框”是指显示直线和曲线以表示对象边界；”消隐”是指不打印位于其他对象之后的对象；“渲染”是指根据打印前设置的“渲染”选项，在打印前对对象进行渲染。可以从模型空间或布局中为图形选择一个选项，从模型空间的“特性”选项板和“打印”对话框中可以获得这些选项，从布局中选择视口后可以从快捷菜单和“特性”选项板中获得这些选项。无论通过哪种方法都可以将设置与图形一起保存。需要强调的是，如果选择“渲染”选项则需要在打印前指定“渲染”设置，如果对非常复杂的对象集使用“渲染”选项则硬拷贝输出可能只包括视口边界。

(19) 修改视口的着色打印设置的步骤。确保处于布局选项卡上。双击要更改的视口的边框。在“特性”选项板的“其他”下，选择“着色打印”，然后选择打印选项。其快捷菜单是选择视口，在绘图区域中单击右键，然后从“着色打印”选项中选择一个设置。

(20) 修改模型空间中的着色打印设置的步骤。确保处于“模型”选项卡上且未选择任何对象。在“文件”菜单中，单击“打印”。在“着色打印”下拉列表（位于“打印”对话框“打印设置”选项卡的“着色视口选项”区域）中，选择一个选项。其命令行为“PLOT”。

(21) 指定着色打印的分辨率级别。可以设置着色打印分辨率以获得更高的速度或保真度。选择适当的打印机后可以指定打印输出的质量级别，质量级别决定 DPI，与质量级别对应的 DPI 基于选定的打印机。最大的可用 DPI 也基于选定的打印机，可以指定自定义质量级别并将 DPI 直接更改为位于 100 与最大的打印机 DPI 之间的设置。保真度越高则占用的计算机内存就越多，因此打印时间也就越长，并非所有打印都需要高保真度，300～600DPI 的设置通常可以满足大多数打印的需要。

(22) 指定着色打印的分辨率级别的步骤。在“文件”菜单上，单击“打印”。在“质量”下拉列表（位于“打印”对话框“打印设置”选项卡的“着色视口选项”区域）中选择一个选项，如果要输入自定义 DPI，可在“DPI”框中选择“自定义”并指定 DPI。选择“确定”。其命令行为“PLOT”。

(23) 使用打印样式控制打印对象。使用打印样式可以从多方面控制对象的打印方式。

(24) 打印样式的特点。与线型和颜色一样，打印样式也属于对象特性，可以将打印样式指定给对象或图层，打印样式控制对象的打印特性，包括颜色、抖动、灰度、笔号、虚拟笔、淡显、线型、线宽、线条端点样式、线条连接样式、填充样式等。使用打印样式给用户提供了很大的灵活性，因为用户可以设置打印样式来替代其他对象特性，也可以按用户需要关闭这些替代设置。打印样式组保存在下面两类打印样式表中，即颜色相关打印样式表（CTB）和命名打印样式表（STB），颜色相关打印样式表根据对象的颜色设置样式，命名打印样式可以指定给对象而与对象的颜色无关。

(25) 选择打印样式表的类型。打印样式表是打印样式的集合，这些打印样式被指定给布局或“模型”选项卡。打印样式表分为两类，即颜色相关打印样式表和命名打印样式表。颜色相关打印样式表（CTB）使用对象的颜色决定打印特征（如线宽），比如图形中所有红色的对象均以相同方式打印，可以在颜色相关打印样式表中编辑打印样式，但不能添加或删除打印样式，颜色相关打印样式表中有 256 种打印样式，且每种样式对应一种 AutoCAD颜色，在 AutoCAD 2000 以前的版本中经常使用打印机配置文件将颜色用于控制对象的打印外观（通常是线宽），这一技术与使用颜色相关打印样式表类似，创建颜色相关打印样式表时可以输入包含在以前的 PCP、PC2 或 AutoCAD 配置文件（CFG）中的打印机配置信息。需要强调的是，要打印使用真彩色或配色系统中的颜色绘制的对象建议使用命名打印样式而不要使用颜色相关打印样式，打印时选择“使用图元颜色”选项将使用最近的 AutoCAD 颜色索引（ACI）颜色打印颜色对象。命名打印样式表（STB）包括用户定义的打印样式，使用命名打印样式表时具有相同颜色的对象可能会以不同方式打印，这取决于指定给对象的打印样式，命名打印样式表的数量取决于用户的需要量，可以将命名打印样式像所有其他特性一样指定给对象或布局。

(26) 设置新图形打印样式表类型的步骤。从“工具”菜单中选择“选项”。在“选项”对话框的“打印”选项卡中选择“使用颜色相关打印样式”或“使用命名打印样式”。(可选) 在“默认打印样式表”框中选择默认打印样式表。(可选) 如果选定“使用命名打印样式”则选择要指定给图层 0 和新对象的打印样式。选择“确定”。需要强调的是，设置新图形的打印样式表类型不会影响现有图形。其命令行为“OPTIONS”。

(27) 切换打印样式表类型。用户可以更改图形中使用的打印样式表类型（颜色相关打印样式表或命名打印样式表）。从使用颜色相关打印样式表转换为使用命名打印样式表时，图形中附着于布局的所有颜色相关打印样式表将被删除，其位置由命名打印样式取代，用户应该首先将所有颜色相关打印样式表转换为命名打印样式表。从命名打印样式表转换为颜色相关打印样式表时，图形中指定给对象的打印样式名将丢失。

(28) 将图形转换为使用命名打印样式的步骤。在命令提示下，输入 convertpstyles。出现警告框时选择“确定”。在“选择文件”对话框中，选择用于“模型”选项卡和所有使用同名打印样式表的布局的命名打印样式表。选择“打开”，AutoCAD 显示一条信息，确认图形已被转换。需要强调的是，如果已经在对话框中选定“显示打印样式”选项，则必须在命令行中输入 regen 才会显示打印样式设置。

(29) 将图形转换为使用颜色相关打印样式的步骤。在命令提示下，输入 convertp-styles。选择“确定”，AutoCAD 显示一条信息，确认图形已被转换。

(30) 将颜色相关打印样式表转换到命名打印样式表中的步骤。在命令提示下输入 convertctb。在“选择文件”对话框中选择要转换的打印样式表名称，然后选择“打开”，默认情况下打印样式表保存在 Plot Styles 文件夹中。输入新的打印样式表名称，然后选择“保存”。出现警告框时选择“确定”。需要强调的是，将打印样式表应用到任何图形中之前，应确保使用打印样式表编辑器将新打印样式表中打印样式的名称更改为有意义的名称。其命令行为“CONVERTCTB”。

(31) 为布局指定打印样式表。通过为图形中的每个布局指定不同的打印样式表可以控制布局中对象的打印方式。打印样式表既影响模型空间的对象又影响图纸空间的对象，要打印图形而不应用打印样式特性可从打印样式表列表中选择“无”。如果使用命名打印样式表，可直接为图形中的每个对象直接指定打印样式，否则它们将从其图层继承打印样式。要在布局中显示打印样式表的效果，可在“页面设置”对话框的“打印设备”选项卡上选择“显示打印样式”。需要强调的是，如果将外部参照插入到当前图形中同时也会插入定义的所有打印样式表，通过使用打印样式表编辑器编辑附着的打印样式表可以修改对象的外观。

(32) 为布局指定打印样式表的步骤。选择要为其指定打印样式表的“模型”选项卡或布局选项卡。在“文件”菜单中选择“页面设置”。在“页面设置”对话框中选择“打印设备”选项卡。在“打印样式表”下的列表中选择一种打印样式表。在“问题”对话框中选择“是”或“否”，以说明选择的设置是只应用于当前选项卡还是应用于所有布局，此选项只能在“模型”选项卡中使用。要在布局中预览打印样式表的效果可选择“显示打印样式”，此选项仅对布局可用。选择“确定”。需要强调的是，如果已在对话框中选定“显示打印样式”选项，则必须在命令行中输入 regen 才会显示打印样式设置。其“布局”工具栏为，其命令行为“PAGESETUP”。

(33) 在布局中预览打印样式表效果的步骤。选择要在其中预览打印样式表效果的布局选项卡。在“文件”菜单中选择“页面设置”。在“页面设置”对话框中选择“打印设备”选项卡。选择“显示打印样式”。选择“确定”，在布局中预览打印样式表的效果。“布局”工具栏为，其命令行为“PAGESETUP”。

(34) 管理打印样式表。默认情况下，颜色相关（CTB）打印样式表和命名（STB）打印样式表存储在 Plot Styles 文件夹中，此文件夹也称为打印样式管理器。可以使用打印样式管理器来添加、删除、重命名、复制和编辑打印样式表，打印样式管理器列出了 AutoCAD 所有可用的打印样式表。

(35) 创建打印样式表的步骤。从“工具”菜单中选择“向导”，然后选择“添加打印样式表”。阅读第一个对话框，然后选择“下一步”。在“开始”对话框中可以选择使用 AutoCAD 配置文件（CFG）或打印机配置文件（PCP 或 PC2）来输入笔设置、基于现有打印样式表创建新的打印样式表或从头开始创建，如果使用现有打印样式表，新的打印样式表的类型将与原来的打印样式表的类型相同，选择“下一步”。在“选择打印样式表”

对话框中选择“颜色相关打印样式表”或“命名打印样式表”。如果从 PCP、PC2 或 CFG 文件中输入笔设置或基于现有打印样式表创建新打印样式表，可在“浏览文件名”对话框中指定文件，如果使用 CFG 文件，则可能需要选择要输入的打印机配置，选择“下一步”。在“文件名”对话框中输入新打印样式表的名称，选择“下一步”。在“完成”对话框中可以选择“打印样式表编辑器”来编辑新打印样式表，可以指定新打印样式表以便在所有图形中使用，但对于 AutoCAD 2000 以前版本的图形只能指定颜色相关打印样式表。选择“完成”。对于所有使用颜色相关打印样式表的图形，新打印样式表在“打印”和“页面设置”对话框中都可用。

(36) 重命名颜色相关打印样式表的步骤。从“文件”菜单中选择“打印样式管理器”。在要修改其名称的打印样式表上单击右键，然后选择“重命名”。输入新文件名，确保添加了相同的文件扩展名（.ctb 或 .stb），完成后按 ENTER 键。对于所有使用颜色相关打印样式表的图形，重命名的打印样式表在“打印”和“页面设置”对话框中都可用。其命令行为“STYLESMANAGER”。

(37) 修改打印样式表说明的步骤。从“文件”菜单中选择“打印样式管理器”。双击要修改其说明的打印样式表文件。在打印样式表编辑器的“基本”选项卡中为打印样式表输入新的说明。选择“保存并关闭”。其命令行为“STYLESMANAGER”。

(38) 在打印样式表中编辑打印样式的步骤。在“文件”菜单中选择“打印样式管理器”。双击要修改的打印样式表。在打印样式表编辑器的“格式视图”选项卡中的“打印样式”下，选择打印样式并编辑设置。选择“保存并关闭”。其命令行为“STYLESMANAGER”。

(39) 使用颜色相关打印样式表。通过使用颜色相关打印样式来控制对象的打印方式，确保所有颜色相同的对象以相同的方式打印。当图形使用颜色相关打印样式表时，用户不能为单个对象或图层指定打印样式，要为单个对象指定打印样式特性可修改该对象或图层的颜色。需要强调的是，要打印使用真彩色或配色系统中的颜色绘制的对象时，建议使用命名打印样式而不要使用颜色相关打印样式，打印时选择“使用图元颜色”选项，将使用最近的 AutoCAD 颜色索引（ACI）颜色打印颜色对象。可以为布局指定颜色相关打印样式表，可以使用多个预定义的颜色相关打印样式表、编辑现有的打印样式表或创建用户自己的打印样式表。颜色相关打印样式表存储在 Plot Styles 文件夹中，其扩展名为 .ctb。

(40) 使用预定义颜色相关打印样式表。AutoCAD 在 AutoCAD Plot Styles 文件夹（也称为打印样式管理器）中安装了多个颜色相关打印样式表，见表 8.2.1。需要强调的是，只有在图形被设置为使用颜色相关打印样式表时才可以为布局指定颜色相关打印样式表。具体可参考本节前述“为布局指定打印样式表”中的相关内容。

表 8.2.1　　相关打印样式表

表	说　明
acad. ctb	默认打印样式表
fillPatterns. ctb	设置前 9 个颜色使用前 9 个填充图案，所有其他颜色使用对象的填充
grayscale. ctb	打印时将所有颜色转换为灰度
monochrome. ctb	将所有颜色打印为黑色

续表

表	说 明
无	不应用打印样式表
screening100%.ctb	对所有颜色使用 100%墨水
screening75%.ctb	对所有颜色使用 75%墨水
screening50%.ctb	对所有颜色使用 50%墨水
screening25%.ctb	对所有颜色使用 25%墨水

(41) 使用命名打印样式表。在命名打印样式表中只能创建、删除和应用打印样式。在图形中可以按需要定义打印样式的数量。

(42) 使用命名打印样式。命名打印样式指定给对象和图层的方式与线型和颜色指定给对象的方式相同。打印样式被设置为“随层”的对象将继承指定给其图层的打印样式。使用“特性”选项板更改对象的打印样式，使用图层特性管理器更改图层的打印样式。因为可以为每个布局指定不同的打印样式，而且命名打印样式表可以包含任意数量的打印样式，所以指定给对象或图层的打印样式可能不包含在所有打印样式表中。在这种情况下，AutoCAD 将在“选择打印样式”对话框中报告该打印样式丢失并使用对象的默认打印特性。例如，命名打印样式表“样式 1”包括打印样式 A 和 B，命名打印样式表“样式 2”包括打印样式 B 和 C，在使用“样式 1”的布局中所有使用打印样式 C 的对象将被作为包含丢失打印样式的对象列出，在该布局中被指定使用打印样式 C 的对象将使用默认设置打印。

(43) 修改对象打印样式的步骤。仅当图形使用命名打印样式表时才可以更改对象的打印样式。如果图形使用颜色相关打印样式表，更改对象的颜色将改变其打印外观。相关操作依次为选择一个或多个要修改其打印样式的对象；在绘图区域中单击右键，然后在快捷菜单中单击“特性”；在“特性”选项板中从可用打印样式列表中选择打印样式，单击“打印样式”旁边的列，列出的打印样式是对象正在使用的以及当前布局附着的打印样式表中的打印样式；要从其他打印样式表中选择打印样式可选择“其他”，在“选择打印样式”对话框中可以将其他打印样式表附着于当前布局并从该打印样式表中选择打印样式；要编辑当前打印样式表可选择“编辑器”；完成后选择“确定”，在“特性”窗口中所做的任何更改都将立即生效，如果更改附着到当前布局的打印样式中，模型空间和图纸空间都将受到影响。其“标准”工具栏为，其命令行为“PROPERTIES”。

(44) 修改图层打印样式的步骤。从“格式”菜单中选择“图层”。在图层特性管理器中选择要更改其打印样式的图层。在“打印样式”列单击当前打印样式，选择要使用的打印样式。要从其他打印样式表中选择打印样式，可从“活动打印样式表”列表中选择活动的打印样式表，打印样式列表将更改为选定打印样式表中的打印样式。要编辑选定的打印样式表可选择“编辑器”，根据需要更改设置，然后选择“保存并关闭”。选择“确定”，仅当图形使用命名打印样式表时才可以更改图层的打印样式，如果图形使用颜色相关打印样式表，则更改图层的颜色将改变此图层上对象的打印外观。需要强调的是，可以将对象的打印样式特性设置为 BYLAYER 以便继承其图层的打印样式。“图层”工具栏为，其命令行为“LAYER”。

（45）设置当前打印样式的步骤。从“格式”菜单中选择“打印样式”。从“当前打印样式”对话框的列表中选择一种打印样式，显示的打印样式是当前打印样式表中可用的打印样式。要从其他打印样式表中选择打印样式，可在“活动打印样式表”下选择一种打印样式表，打印样式列表将更改为选定打印样式表中的打印样式。要编辑选定的打印样式表可选择“编辑器”，根据需要更改设置，然后选择“保存并关闭”。选择“确定”，设置为当前的打印样式将用于图形中创建的所有新对象，仅当图形使用命名打印样式表时才可以更改当前打印样式，如果图形使用颜色相关打印样式表，则更改颜色将改变对象和图层的打印外观。需要强调的是，可以将当前打印样式特性设置为 BYLAYER 以便继承当前图层的打印样式。其命令行为“PLOTSTYLE”。

（46）管理命名打印样式。可以使用打印样式表编辑器添加、删除、重命名和复制命名打印样式表中的打印样式。还可以使用打印样式表编辑器更改命名打印样式表和颜色相关打印样式表的打印样式设置。需要强调的是，不能删除或编辑“普通”打印样式，而且，如果颜色映射表已附着到打印样式表中则不能添加、删除、复制或重命名打印样式表中的打印样式，颜色映射表将每个打印样式与 AutoCAD 颜色关联。具体可参考本节后续“更改打印样式设置”中的相关内容。

（47）创建命名打印样式的步骤。从“文件”菜单中选择“打印样式管理器”。双击要添加打印样式的 STB 文件。（可选）要在列表中放置打印样式，可在“格式视图”选项卡上选择应位于新打印样式之前的打印样式。在“格式视图”或“表视图”选项卡上选择“添加样式”。在“添加打印样式”对话框中输入打印样式的名称。选择“保存并关闭”。其命令行为“STYLESMANAGER”。

（48）复制命名打印样式的步骤。从“文件”菜单中选择“打印样式管理器”。双击要编辑的 STB 文件。在打印样式表编辑器的“格式视图”选项卡中，在要复制的打印样式上单击右键，然后选择“复制”。在打印样式上单击右键并选择“粘贴”，如果要在列表中定位新打印样式，可在位于新打印样式前面的打印样式上单击右键。在“添加打印样式”对话框中输入打印样式的名称。选择“保存并关闭”。其命令行为“STYLESMANAGER”。

（49）修改打印样式说明的步骤。从“文件”菜单中选择“打印样式管理器”。双击包括要更改其说明的打印样式的打印样式表。在打印样式表编辑器的“格式视图”选项卡中，选择要更改其说明的打印样式。在“说明”下更改打印样式说明，可以选择附加的打印样式并修改其说明或设置。选择“保存并关闭”。其命令行为“STYLESMANAGER”。

（50）重命名打印样式的步骤。从“文件”菜单中选择“打印样式管理器”。双击包含要重命名的打印样式的 STB 文件。在打印样式表编辑器的“格式视图”选项卡中，在要更改名称的打印样式上单击右键，然后选择“重命名样式”。为打印样式输入新名称。选择“保存并关闭”。其命令行为“STYLESMANAGER”。

（51）删除命名打印样式的步骤。从“文件”菜单中选择“打印样式管理器”。双击要编辑的 STB 文件。在打印样式表编辑器的“格式视图”选项卡中，选择要从打印样式列表中删除的打印样式。选择“删除样式”。选择“保存并关闭”。其命令行为“STYLES-MANAGER”。

(52) 使用预定义的命名打印样式表。除了默认打印样式表之外，AutoCAD还安装了一个附加命名打印样式表以供用户使用，所有命名打印样式表的扩展名均为.stb。其中，“acad.stb”为默认打印样式表；“Monochrome.stb”为将所有颜色打印为黑色；“无”为不应用打印样式。需要强调的是，只有将图形设置为使用命名打印样式表时才能使用命名打印样式表。具体可参考本节前述“为布局指定打印样式表”中的相关内容。

(53) 删除颜色映射表。使用CFG、PCP或PC2文件创建的命名打印样式表具有颜色映射表，这些颜色映射表是从AutoCAD早期版本的笔映射创建的。颜色相关打印样式表也具有颜色映射表。当打开AutoCAD 2000以前版本的图形时，AutoCAD用颜色映射表将打印样式映射到颜色，进一步映射到具有这种颜色的对象。这使用户能够模拟在早期版本中打印图形的方法。当存在颜色映射表时，不能添加、删除或重命名该打印样式表中的打印样式。如果删除该映射表，该打印样式表将成为普通打印样式表，并且不能将打印样式再应用于旧图形，但对新图形仍然有用。需要强调的是，如果删除颜色映射表，当第一次打开AutoCAD 2000以前版本的图形时，AutoCAD不能自动为对象指定打印样式。

(54) 删除颜色映射表的步骤。从“文件”菜单中选择“打印样式管理器”。双击要修改的打印样式表。在打印样式表编辑器中选择“基本”选项卡。选择“删除AutoCAD R14颜色映射表”。阅读警告，选择“是”删除颜色映射表，选择“否”将保留颜色映射表。选择“保存并关闭”。其命令行为“STYLESMANAGER”。

(55) 更改打印样式设置。可以使用打印样式编辑器来修改打印样式。对打印样式所做的修改将影响使用该打印样式的对象。

(56) 打印样式设置的特点。用户可以在打印样式管理器中双击CTB或STB文件，打开打印样式表编辑器。打印样式表编辑器显示指定打印样式表中包含的打印样式。“基本”选项卡列出了打印样式表的基本信息，“表视图”和“格式视图”选项卡提供两种修改打印样式设置的方法。通常，如果打印样式的数量较少则使用“表视图”选项卡比较方便，如果打印样式的数目很大则使用“格式视图”选项卡可能更方便。在命名打印样式表中，“普通”打印样式代表对象的默认特性（未应用打印样式），用户不能编辑或删除“普通”打印样式。

(57) 编辑打印样式设置的步骤。从“文件”菜单中选择“打印样式管理器”。双击要修改的打印样式表。在打印样式表编辑器的“格式视图”选项卡中的“打印样式”下，选择要修改的打印样式。在“特性”下单击要修改的特性旁边的箭头，然后从列表中选择选项。根据需要编辑其他特性或打印样式。选择“保存并关闭”。其命令行为“STYLESMANAGER”。

(58) 在打印样式表中设置颜色、淡显、灰度和抖动。可以使用打印样式指定颜色、淡显、灰度和抖动特性。

(59) 指定打印样式颜色。打印样式颜色的默认设置是“使用对象颜色”。使用此设置，对象将保留其图层颜色或单独设置的颜色。如果指定了打印样式颜色，在打印时该颜色将替代对象的颜色。可以指定255种AutoCAD颜色索引（ACI）颜色、真彩色或配色系统颜色。如果要打印“真彩色”打印样式，打印机必须配置为“真彩色”。需要强调的是，如果使用 AutoCAD 2000 或更高版本中保存的打印样式表，“真彩色”值将更改为当前 AutoCAD 版本的选项板中最接近的匹配值。

（60）使用淡显。可以选择颜色强度设置以确定 AutoCAD 在图纸上打印时的用墨量。有效值为 0～100，选择 0 将使颜色淡化为白色，选择 100 则按照真实颜色强度显示颜色。只有在打印机被配置为打印彩色或灰度时淡显设置才有效，而且必须启用抖动。

（61）使用抖动。打印机使用抖动通过点图案来模拟颜色，从而使打印图形的色彩比打印机中可用的墨水颜色更为丰富。如果打印机不支持抖动，将忽略抖动设置。关闭抖动通常是为了避免由于细小矢量的抖动而造成错误的线型，或者要使暗淡的颜色更加明显。关闭抖动后，AutoCAD 将颜色映射为最相近的颜色，从而限制打印颜色的范围。无论使用对象颜色还是指定打印样式颜色，都可以使用抖动。需要强调的是，抖动禁用合并控制。

（62）转换为灰度。如果选择“转换为灰度”且打印机支持灰度，则 AutoCAD 将对象的颜色转换为灰度。黄色等浅颜色将以低灰度值打印。深颜色以高灰度值打印。如果清除“转换为灰度”，AutoCAD 将使用对象颜色的 RGB 值。无论使用对象颜色还是指定打印样式颜色都可以使用转换为灰度。

（63）指定打印样式颜色的步骤。在“文件”菜单中单击“打印样式管理器”。右键单击 CTB 或 STB 文件，然后在快捷菜单中单击“打开”。在打印样式表编辑器的“表视图”选项卡中单击要更改的打印样式的“颜色”字段。在“颜色”下拉列表中，单击要使用的颜色或单击“选择颜色”显示“选择颜色”对话框，执行下列 3 种操作之一，即：在“索引”选项卡上单击一种颜色或者在“颜色”框中输入 ACI 颜色编号（1～255）或名称，单击“确定”；在“真彩色”选项卡的“颜色模式”框中指定一种颜色（在“颜色”框中输入一种颜色值，或在“色调”“饱和度”和“亮度”框中指定值），单击“确定”；在“配色系统”选项卡的“配色系统”框中选择一种颜色（使用上下箭头，并在所需颜色块上单击），单击“确定”。其命令行为“STYLESMANAGER”。

（64）使用淡显的步骤。从“文件”菜单中选择“打印样式管理器”。双击要修改的打印样式表。在打印样式表编辑器的“格式视图”选项卡中，选择要更改的打印样式。在“淡显”框中，输入强度值（1～100）。完成后选择“保存并关闭”，在打印样式表编辑器中可以编辑多个打印样式的特性。需要强调的是，使用淡显的常见用途是将每个样式的打印颜色设置为黑色以便淡显成不同程度的黑色。其命令行为“STYLESMANAGER”。

（65）启用或禁用抖动的步骤。从“文件”菜单中选择“打印样式管理器”。双击要修改的打印样式表。在打印样式表编辑器的“格式视图”选项卡中，选择要修改的打印样式并选择“抖动”。选择“开”或“关”。完成后选择“保存并关闭”，在打印样式表编辑器中可以编辑多个打印样式的特性。其命令行为“STYLESMANAGER”。

（66）启用或禁用转换为灰度的步骤。从“文件”菜单中选择“打印样式管理器”。双击要修改的打印样式表。在打印样式表编辑器的“格式视图”选项卡中，选择要修改的打印样式并选择“灰度”。选择“开”或“关”。完成后选择“保存并关闭”，在打印样式表编辑器中可以编辑多个打印样式的特性。其命令行为“STYLESMANAGER”。

(67) 在打印样式表中指定笔号和虚拟笔。根据使用笔式绘图仪还是其他类型的打印机（比如激光打印机），打印机将使用不同的笔指定。

(68) 为打印样式指定笔。打印样式表编辑器中的“使用指定的笔号”设置指定每种打印样式所使用的物理笔。打印机中的物理笔在打印机的配置（PC3）文件中说明。如果使用笔式绘图仪，必须在打印机配置编辑器的“物理笔配置”区域提供关于每种笔的颜色、速度和宽度的信息。比如，在打印机配置编辑器中指定笔信息时，可以指定1号笔的颜色为黑色，笔宽为 0.010in；2 号笔的颜色为红色，笔宽为 0.020in。在打印样式表编辑器中可以把 1 号笔指定给名为 WATERPIPES 的打印样式，把 2 号笔指定给名为 SEWERPIPES的打印样式。要将笔指定给打印样式，可以在“使用指定的笔号”字段中从 32 种笔号中进行选择，默认值为 1。如果打印样式颜色设置为“使用对象颜色”，或者正在编辑颜色相关打印样式表中的打印样式，则不能修改指定的笔号。如果指定 0 则此字段更新为“自动”读取，AutoCAD 使用打印机配置编辑器中“物理笔特性”下提供的信息来选择颜色与要打印的对象颜色最接近的笔。

(69) 为无笔打印机指定笔设置。许多不使用笔的打印机可以使用虚拟笔来模拟笔式绘图仪的功能。对于大多数设备可以使用软件控制设备中的虚拟笔，或使用硬件从打印机控制面板配置虚拟笔。如果使用软件控制笔，打印样式表中线宽、线型、淡显、线条端点样式、线条连接样式和填充样式设置值有效并替代打印机控制面板中的设置。如果关闭笔属性的软件控制（通常在打印机上进行），那么软件可以选择虚拟笔，但不能控制线宽、线型、端点样式、连接样式、填充样式或颜色。在 AutoCAD 中，选择硬件（虚拟笔）控制优先于软件（通常）控制的方法是在打印机配置编辑器中的“设备和文档设置”选项卡选择“矢量图形”选项，在其中的“颜色深度”区域选择“255 虚拟笔”。选择其他任意颜色深度指定软件控制。在“打印样式表编辑器”的“虚拟笔号”下面可以指定1～255的虚拟笔号，输入 0 或“自动”以指定 AutoCAD 从 AutoCAD 颜色索引（ACI）中执行虚拟笔指定。创建打印样式表时应注意它可能用于许多不同的打印机，打印机和模式决定启用打印样式表的哪一部分。当使用具有用户指定的笔的笔式绘图仪时虚拟笔号和任何颜色指定将被忽略。当使用具有自动指定的笔的笔式绘图仪时笔的选择基于颜色和图元线宽，虚拟笔号将被忽略。当以光栅模式使用光栅打印机时物理笔号和虚拟笔号将被忽略。当以虚拟笔模式使用光栅打印机时除虚拟笔号以外的所有设置都将被忽略。需要强调的是，如果在 AutoCAD 中创建了打印文件之后又使用其他应用程序进行处理并修改了笔属性，则不使用虚拟笔打印将导致打印文件中的笔号与 AutoCAD 中的对象颜色无任何关联，这将使应用附加笔特性变得困难。

(70) 指定虚拟笔号的步骤。从“文件”菜单中选择“打印样式管理器”。双击要修改的打印样式表。在打印样式表编辑器的“格式视图”选项卡中，选择要修改的打印样式并选择“虚拟笔号”。在“虚拟笔号”下输入 1～255 的数字，或者输入 0 或“自动”，使 AutoCAD 将要打印的对象的 ACI 颜色指定给虚拟笔。完成后选择“保存并关闭”。在打印样式表编辑器中可以编辑多个打印样式的特性。其命令行为“STYLESMANAGER”。

(71) 控制打印线宽和线型。线宽和线型都可以设置为对象的特性或在打印时由打印样式控制。打印时，打印样式中的线宽或线型设置将替代对象的线宽或线型。

（72）指定并显示线宽。在打印样式表编辑器中选择“线宽”字段时，AutoCAD 显示线宽样例及其数值。打印样式线宽的默认设置为“使用对象线宽”。如果现有的线宽不能满足需要，可以修改现有的线宽。要查看布局中的打印样式线宽，可在“页面设置”对话框的“打印设备”选项卡中选择“显示打印样式”。

（73）指定线型。在打印样式表编辑器中选择“线型”字段时 AutoCAD 显示一个列表，其中包含一个样例和每一种线型的说明，打印样式线型的默认设置为“使用对象线型”。无论将线型指定为对象特性还是指定为打印样式，都可以设置“自适应调整”选项，此选项调整线型的缩放比例以完成该线型图案。如果未选择“自适应调整”，直线将有可能在图案的中间结束。如果线型缩放比例更重要可关闭“自适应调整”。如果完整的线型图案比正确的线型比例更重要可打开“自适应调整”。可以对打印样式中的非 ISO 线型和填充图案应用全局比例因子。具体可参考本书前述“使用线型”“控制线宽”中的相关内容。

（74）设置打印线宽的步骤。从“文件”菜单中选择“打印样式管理器”。双击要修改的打印样式表。在打印样式表编辑器的“格式视图”选项卡中，选择要更改的打印样式。单击“线宽”箭头并从列表中选择线宽，要指定 AutoCAD 使用对象的线宽可选择“使用对象线宽”。选择“保存并关闭”。在打印样式表编辑器中可以编辑多个打印样式的特性。其命令行为“STYLESMANAGER”。

（75）设置打印线型的步骤。从“文件”菜单中选择“打印样式管理器”。双击要修改的打印样式表。在打印样式表编辑器的“格式视图”选项卡中，选择要更改的打印样式。单击“线型”箭头并从列表中选择线型，要指定 AutoCAD 使用对象的线型可选择“使用对象线型”。要调整线型缩放比例以显示完整的图案，可在“格式视图”选项卡的“自适应”框中选择“开”。选择“保存并关闭”，在打印样式表编辑器中可以编辑多个打印样式的特性。其命令行为“STYLESMANAGER”。

（76）对非 ISO 线型和填充图案应用缩放比例的步骤。从“文件”菜单中选择“打印样式管理器”。双击要修改的打印样式表。在打印样式表编辑器的“基本”选项卡中选择“向非 ISO 线型应用全局比例因子”，此选项根据用户指定的值缩放线型和填充图案。在“比例因子”框中输入要应用的比例因子。选择“保存并关闭”。其命令行为“STYLESMANAGER”。

（77）指定打印线条端点样式和连接样式。可以为已指定线宽的对象设置线条端点样式和连接样式，此设置既可作为对象特性也可作为打印样式替代。

（78）指定线条端点样式。AutoCAD 提供了下列线条端点样式选项，即柄形、方形、圆形、菱形。线条端点样式的默认设置为“使用对象端点样式”，即圆形。指定在打印时打印样式中的线条端点样式将替代对象的默认线条端点样式。需要强调的是，SHX 文字最好以圆形端点和圆形合并样式打印。

（79）指定线条连接样式。AutoCAD 提供了下列线条连接样式选项，即斜接、斜角、圆形、菱形。线条连接样式的默认设置为“使用对象连接样式”，即圆形。指定在打印时打印样式中的线条连接样式将替代对象的默认线条连接样式。

（80）指定直线端点或线条连接样式的步骤。在“文件”菜单中，单击“打印样式管理器”。右键单击 CTB 或 STB 文件，然后在快捷菜单中单击“打开”。在打印样式表编辑器的“表视图”选项卡中，单击要更改的打印样式的“线条端点样式”或“线条连接样式”字段。从下拉列表中选择一个选项。其命令行为“STYLESMANAGER”。

(81) 指定打印填充样式。打印宽多段线、圆环、用实体填充的对象和实体时 AutoCAD提供下列填充样式，即实体、棋盘形、交叉线、菱形、水平线、左斜线、右斜线、方形、点、垂直线。填充样式的默认设置为“使用对象填充样式”。指定在打印时打印样式中的填充样式将替代对象的填充样式。可以对打印样式中的非 ISO 线型和填充图案应用全局比例因子。具体可参考本书前述“选择填充图案和实体填充”中的相关内容。

(82) 指定填充样式的步骤。在“文件”菜单中，单击“打印样式管理器”。右键单击 CTB 或 STB 文件，然后在快捷菜单中单击“打开”。在打印样式表编辑器的“表视图”选项卡中，单击要更改的打印样式的“填充样式”字段，从下拉列表中选择一种填充样式。其命令行为“STYLESMANAGER”。

8.2.5 指定打印区域

打印图形时必须指定图形的打印区域。在“打印”对话框“打印设置”选项卡的“打印区域”下提供了 5 个选项，即“布局或图形界限”“范围”“显示”“视图”“窗口”。所谓“布局或图形界限”是指打印布局时，将打印指定图纸尺寸的页边距内所有内容的原点由布局中的 (0，0) 点计算得出，打印“模型”选项卡时将打印图形界限所定义的整个图形区域，如果当前视口不显示平面视图则该选项与“范围”选项效果相同。所谓“范围”是指打印包含对象的图形的部分当前空间，当前空间内的所有几何图形都将被打印，打印之前 AutoCAD 可能重生成图形以便重新计算图形范围。所谓“显示”是指打印“模型”选项卡中当前视口中的视图或布局选项卡中的当前图纸空间视图。所谓“视图”是指打印以前使用 VIEW 命令保存的视图，可以从提供的列表中选择命名视图，如果图形中没有已保存的视图则此选项不可用。所谓“窗口”是指打印指定的图形的任何部分，单击“窗口”按钮使用定点设备指定打印区域的对角或输入坐标值。

设置要打印的图形区域的步骤依次为从“文件”菜单中选择“打印”；在“打印”对话框的“打印设置”选项卡中，在“打印区域”下指定要打印的图形部分；根据需要修改其他设置，然后选择“确定”以打印图形。其“标准”工具栏为，其命令行为“PLOT”。

8.2.6 预览打印

在将图形发送到打印机或绘图仪之前最好先生成打印图形的预览，生成预览可以节约时间和材料。用户可以从“打印”对话框生成完全预览。完全预览显示图形在打印时的确切外观，包括线宽、填充图案和其他打印样式选项。在“打印”对话框中还可以生成局部预览，它显示图形在图纸上的位置并提供关于图纸面积和打印的信息。

(1) 生成部分打印预览的步骤。从“文件”菜单中选择“打印”。在“打印”对话框中选择“局部预览”，AutoCAD 显示关于打印的图纸的信息并显示图形在图纸上的位置。选择“确定”。如果需要，继续调整其他打印设置，然后再次预览打印图形。设置正确之后，选择“确定”以打印图形。其“标准”工具栏为，其命令行为“PLOT”。

（2）生成完全打印预览的步骤。从“文件”菜单中选择“打印”。在“打印”对话框中选择“完全预览”，生成预览后光标将改变为实时缩放光标。单击右键，显示具有下列选项的快捷菜单：打印、平移、缩放、缩放窗口或还原缩放（缩放至原来的预览缩放比例）。按 Esc 键退出预览并返回到“打印”对话框。如果需要，继续调整其他打印设置，然后再次预览打印图形。设置正确之后，选择“确定”以打印图形。其“标准”工具栏为，其命令行为“PLOT”。

8.2.7　以其他格式打印文件

用户可以以多种格式［包括 DXF 和 Windows 图元文件（WMF）］输出图形。还可以使用专门设计的打印机驱动程序以图像格式输出图形。在这种情况下，非系统打印机驱动程序被配置为输出文件信息。用户可以在打印机配置编辑器中控制各个非系统驱动程序的自定义特性。还可以通过在打印机配置编辑器中选择“帮助”来获得各个驱动程序的特定帮助。具体可参考本书后续“发布图形集”中的相关内容。

（1）打印到 DXB 文件格式。DXB（图形交换二进制）文件格式可以使用 DXB 非系统文件驱动程序，通常用于将三维图形“平面化”，成为二维图形。其输出内容与 AutoCADDXBIN命令以及随 AutoCAD 早期版本一起分发的 ADIDXB 驱动程序兼容。DXB 驱动程序和 ADI 驱动程序均有下列限制，即：驱动程序生成的 16 位整数 DXB 文件仅包含矢量；DXB 输出是单色的，所有矢量均为颜色 7；不支持光栅图像和嵌入的 OLE 对象；驱动程序将忽略对象和打印样式线宽。具体可参考《驱动程序和外围设备手册》“配置文件输出”中“DXB 驱动程序帮助”的相关内容。

（2）创建 DXB 文件的步骤。确保已将打印机驱动程序配置为 DXB 文件输出（具体可参考《驱动程序和外围设备手册》中“配置文件输出”中的相关内容）。在“文件”菜单中，单击“打印”。在“打印”对话框“打印设备”选项卡上的“名称”框中，从列表中选择 DXB 格式配置。在“打印到文件”下，输入 DXB 文件的文件名和路径，或单击［...］按钮显示一个标准文件选择对话框。根据需要为 DXB 文件选择打印设置。单击“确定”。其“标准”工具栏为，其命令行为“PLOT”。

（3）打印到光栅文件格式。非系统光栅驱动程序支持若干光栅文件格式，包括 Windows BMP、CALS、TIFF、PNG、TGA、PCX 和 JPEG。光栅驱动程序最常用于打印到文件以便进行桌面发布。几乎所有由该驱动程序支持的文件格式都产生“无量纲”光栅文件，该文件有像素大小而无英寸大小或毫米大小。量纲 CALS 格式用于可以接受 CALS 文件的打印机。如果打印机接受 CALS 文件，则必须指定真实的图纸尺寸和分辨率。在打印机配置编辑器的“矢量图形”窗格中以点/英寸指定分辨率。默认情况下，光栅驱动程序只打印到文件。然而，用户可以在添加打印机向导的“端口”对话框上或打印机配置编辑器中的“端口”选项卡中选择“显示所有端口”，使计算机上的所有端口均可用于配置。配置打印端口时该驱动程序打印到文件，然后将文件复制到指定端口。要成功打印，可确保与配置端口相连的设备可以接受和处理文件。详细信息可参见设备制造商提供的文档。光栅文件的类型、大小和颜色深度决定最终的文件大小。光栅文件可以变得非常大。可仅使用像素量纲和需要的颜色。用户可以在打印机配置编辑器的“自定义特性”

对话框中为光栅打印配置背景色。如果改变此背景色，所有以此颜色打印的对象将不可见。具体可参考《驱动程序和外围设备手册》“配置文件输出”中“光栅驱动程序帮助”中的相关内容。

(4) 创建光栅文件的步骤。确保已为光栅文件输出配置了打印机驱动程序（具体可参考《驱动程序和外围设备手册》中的“配置文件输出”中的相关内容）。在“文件”菜单中单击“打印”。在“打印”对话框的“打印设备”选项卡上，在“名称”框中选择光栅格式配置。在“打印到文件”下，输入光栅文件的文件名和路径，或单击［...］按钮显示一个标准文件选择对话框。根据需要为光栅文件选择打印设置。单击“确定”。其“标准”工具栏为，其命令行为“PLOT”。

(5) 创建 Adobe PostScript 文件。使用 AdobePostScript 驱动程序可以将 DWG 与许多页面布局程序和存档工具［如 Adobe Acrobat 便携式文档格式（PDF)］一起使用。用户可以使用非系统 PostScript 驱动程序将图形打印到 PostScript 打印机和 PostScript 文件。PS 文件格式用于打印到打印机，而 EPS 文件格式用于打印到文件。如果打印到硬件端口，PS 输出将自动进行。如果打印到文件并且要将文件复制到打印机，可配置为 PS 输出。使用打印机配置编辑器中的“自定义特性”对话框自定义输出，要显示此对话框可在“设备和文档设置”选项卡的树状图中选择“自定义特性”，然后在“访问自定义对话框”下选择“自定义特性”按钮。PostScript 驱动程序支持三类 PostScript，即 1 级、1.5 级、2 级，1 级用于大多数打印机；1.5 级用于支持彩色图像的打印机；如果打印机支持 2 级 PostScript，2 级用于生成可以快速打印的较小的文件。“PostScript 自定义特性”对话框中的“标记 PostScript 代码”和“压缩”选项可以减小输出文件的大小并提高打印速度，前提是所用设备支持这些选项，如果打印时出现问题可清除所有这些选项，如果打印时没有优化可以试着一次打开一个选项以确定打印机支持的选项。某些桌面发布应用程序仅支持 1 级 PostScript，如果在使用 EPS 文件时出现问题可试着降低 PostScript 级别并关闭上面所说的优化设置。如果 EPS 文件中包含预览略图会使文件显著增大，但可以为许多应用程序提供快速预览，WMF 预览用于 Windows；EPSF 预览用于 Macintosh 和其他平台。需要强调的是，如果包含两种预览图像，将使文件大小增加两倍。具体可参考《驱动程序和外围设备手册》“配置文件输出”中的“PostScript 驱动程序帮助”。

(6) 创建 PostScript 文件的步骤。确保已为 PostScript 文件输出配置了打印机驱动程序（具体可参考《驱动程序和外围设备手册》中的“配置文件输出”)。在“文件”菜单中，单击“打印”。在“打印”对话框“打印设备”选项卡的“名称”框中，选择 PostScript 格式配置。在“打印到文件”下输入 PostScript 文件的文件名和路径，或单击［...］按钮显示一个标准文件选择对话框。根据需要为 PostScript 文件选择其他打印设置。单击“确定”。其“标准”工具栏为，其命令行为“PLOT”。

(7) 创建打印文件。用户可以使用任意打印机配置创建打印文件，并且该打印文件可以使用后台打印软件进行打印，也可以送到打印服务公司进行打印。例如，HP-GL 和 HP-GL/2 格式作为过渡格式，用于图例和制造业应用程序、存档以及与各种不同输出设备一起使用。HP-GL 非系统驱动程序支持 HP-GL（HP 图形语言），HP-GL 是一种广泛使用的笔式绘图仪语言，具有纯矢量功能。HP-GL 设备驱动程序不支持光栅对象。非系统 HP-GL/2 驱动程序支持各种 HP-GL/2 笔式绘图仪和喷墨打印机。这是通用的 HP-GL/2 驱动程序，没有针对任何特定品牌的设备进行优化。例如，它不像实际的 HP 驱动程序那样将 PJL 命令发送至设备。HP-GL/2 驱动程序支持 HP 之外的制造商生产的旧式笔式绘图仪和新型设备。具体可参考《驱动程序和外围设备手册》中的“配置 HPHP-GL 打印机”和“配置 HPHP-GL/2 设备”。

(8) 创建打印文件的步骤。确保已为文件输出配置了适当的打印机驱动程序（具体可参考《驱动程序和外围设备手册》中的“设置设备特有的配置”或“配置文件输出”）。在“文件”菜单中，单击“打印”。在“打印”对话框“打印设备”选项卡的“名称”框中，选择打印机配置。在“打印到文件”下，输入打印文件的文件名和路径，或单击 [...] 按钮显示一个标准文件选择对话框。根据需要为打印文件选择打印设置。单击“确定”。其“标准”工具栏为，其命令行为“PLOT”。

8.2.8 图形的批处理打印

批处理打印实用程序建立要打印的 AutoCAD 图形的列表。用户可以使用此列表立即打印，或将其保存在批处理打印列表（BP3）文件中。批处理打印实用程序(batchplt.exe) 位于 AutoCAD 程序文件夹中。强烈建议用户使用 DesignPublisher (PUBLISH) 打印多个图形。可以将 BP3（批处理打印列表）文件与 DesignPublisher 一起使用。在批处理打印过程中，除非打印机因加载图形或打印出现问题而等待用户输入，否则可能无法访问与批处理打印关联的 AutoCAD 窗口。需要强调的是，批处理打印实用程序不能与 R14 或 AutoCAD 早期版本一起使用。批处理打印实用程序主窗口为每个所添加的图形显示下列信息，即“图形文件”“路径”“布局”“页面设置”“打印设备”。所谓“图形文件”是指要打印的图形的名称；“路径”是指图形文件的完整路径；“布局”是指要打印的布局的名称；“页面设置”是指用于打印该图形的页面设置的名称，用户可以在图形中选择任意页面设置；“打印设备”是指用于打印该图形的 PC3 文件名称，用户可以选择任意可用的 PC3 文件并替代页面设置中的设备设置。批处理打印实用程序不提供编辑图形或修改现有设备配置的方法，也不提供打印多个视图的方法，所以，最好按下列 4 种方法设置 AutoCAD 中的批处理打印，即：检查每个图形，确保它们已绘制完成并与要打印的视图一起保存，批处理打印实用程序打印默认视图；如果使用一台打印机进行批处理打印可验证默认打印机配置，如果要使用一台设备的多个配置可在创建批处理之前创建配置并将其保存为 PC3 文件；如果使用多台设备进行批处理打印可验证设备的配置并将其保存为 PC3 文件；批处理实用程序在批处理列表中保存 AutoCAD 窗口大小以便在使用“显示”选项打印时保持打印宽高比，如果必要，在打印或保存批处理之前调整 AutoCAD 窗口的大小。完成上述这些初始步骤后选择图形文件，然后为每个图形指定所用的布局、页面设置和打印设备，以创建批处理文件列表。用户可以在打印之前测试批处理打印，AutoCAD 加载批处理中的所有图形但不打印，用户可以检查是否丢失了外部参照、字体或形，如果遇到错误则退出批处理打印实用程序，打开图形、解决问题然后保存图形。通过创建日志文件用户也可以记录每个图形的打印者和打印时间以及打印过程中遇到的错误。具体可参考本书后续“发布图形集”中的相关内容。

(1) 启动批处理打印实用程序的步骤。打开 AutoCAD 的安装文件夹。双击批处理打印实用程序 batchplt. exe。需要强调的是，要终止进行中的批处理打印，可在“打印进度”对话框中单击“取消”，打印完当前图形后批处理打印实用程序将停止。

(2) 将图形添加到批处理打印列表中的步骤。从批处理打印实用程序的“文件”菜单中选择“添加图形”。在“添加图形文件”对话框中，选择要添加的图形。选择“打开”，图形被添加到列表中。

(3) 将图形列表附加到当前批处理的步骤。从批处理打印实用程序的“文件”菜单中选择“附加列表”。在“附加批处理打印列表文件”对话框中选择要添加的批处理打印列表文件（BP3）。选择“打开”，列表被添加到当前列表的末端。

(4) 从批处理打印列表中删除图形的步骤。在“批处理打印”列表中选择要删除的图形。从批处理打印实用程序的“文件”菜单中选择“删除”。

(5) 打开现有 BP3 文件的步骤。从批处理打印实用程序的“文件”菜单中选择“打开列表”，如果“批处理打印”窗口中包含列表则系统会提醒用户保存该列表。在“打开批处理打印列表文件”对话框中，选择要打开的 BP3 文件。选择“打开”。

(6) 创建新 BP3 文件的步骤。从批处理打印实用程序的“文件”菜单中选择“新建列表”。如果“批处理打印”窗口中包含列表，系统会提醒用户保存该列表。“批处理打印”窗口被清除，用户可以将新图形添加到列表中。

(7) 保存 BP3 文件的步骤。从批处理打印实用程序的“文件”菜单中选择“保存列表”。在“保存批处理打印列表文件”对话框中输入批处理打印列表文件的名称，批处理打印实用程序在文件名称后添加 . bp3 扩展名。

(8) 测试批处理打印的步骤。从批处理打印实用程序的“文件”菜单中选择“打印测试”，“打印测试结果”窗口将显示状态、警告和错误信息。要将结果存储到日志文件中，可选择“附加到日志”。要将结果保存为文本文件可选择“另存为”。选择“确定”。

(9) 执行批处理打印的步骤。从批处理打印实用程序的“文件”菜单中选择“打印”。如果图形成功打印，列表中的图形名旁边将显示复选标记。如果图形打印失败，图形名旁边将显示 X。

(10) 创建批处理打印日志的步骤。从批处理打印实用程序的“文件”菜单中选择“日志”。在“日志”对话框的“打印日志”下选择“启用定期日志”。在“文件名”下输入日志文件的名称和位置。选择“覆盖”将覆盖现有日志文件；选择“附加”将结果添加到现有日志文件中。在“页眉”和“注释”下输入要添加在日志文件开头的说明文字。选择“确定”。

(11) 创建批处理打印错误日志的步骤。从批处理打印实用程序的“文件”菜单中选择“日志”。在“日志”对话框的“错误日志”下选择“启用错误日志”。在“文件名”下输入错误日志文件的名称和位置。选择“覆盖”将覆盖现有错误日志文件；选择“附加”将结果添加到现有错误日志文件中。在“页眉”下，输入要添加到错误日志文件开头的说明文字。选择“确定”。

(12) 指定打印布局的步骤。在“批处理打印”窗口中选择一个或多个图形。从批处理打印实用程序的“选项”菜单中选择“布局”。如果已选定了一个图形可执行下列两项操作之一，即：选择“显示所有布局”，更新布局列表，此列表中包含图形中所有的可用布局，从列表中选择要打印的布局；从布局列表中选择“当前选项卡”“模型选项卡”或“上一个激活的布局选项卡”。如果选择了多个图形，从布局列表中选择“当前选项卡”“模型选项卡”“上一个激活的布局选项卡”或“所有布局”。选择“确定”。

(13) 指定打印时使用的页面设置的步骤。在“批处理打印”窗口中选择一个或多个图形。从批处理打印实用程序的“选项”菜单中选择“页面设置”。在“页面设置”对话框中选择打印批处理打印列表时使用的页面设置。

(14) 使用批处理打印列表以外的图形或样板中的页面设置的步骤。在“批处理打印”窗口中选择一个或多个图形。在“选项”菜单上单击“页面设置”。在“页面设置”对话框中，在“从图形或样板中加载页面设置”下，单击 [...] 按钮，选择包含要使用的页面设置的图形。单击“打开”，图形的页面设置将显示在“页面设置”列表中。

(15) 指定打印设备的步骤。在“批处理打印”窗口中选择一个或多个图形。从批处理打印实用程序的“选项”菜单中选择“打印设备”。在“打印设备”对话框中的“打印设备”下为选定的图形选择打印机。要查看列表中各个打印机的说明可选择“显示打印设备说明”。如果要使用的打印机不在打印设备列表中，可选择“浏览”，查找要使用的打印机的打印机配置（PC3）文件。选择“确定”。

(16) 调整打印设置的步骤。在“批处理打印”窗口中选择一个或多个图形。从批处理打印实用程序的“选项”菜单中选择“打印设置”。在“打印设置”对话框中调整下列3方面设置，即：在“打印区域”下选择要打印的图形部分；在“打印比例”下指定打印的缩放比例，打印布局时默认缩放比例设置为 1∶1，打印“模型”选项卡时默认设置为“按图纸空间缩放”；如果要打印到文件，可在“打印到文件”下指定文件名和位置。选择“确定”。

(17) 打开或关闭图层打印的步骤。在“批处理打印”窗口中选择一个图形。从批处理打印实用程序的“选项”菜单中选择“打印设置”。选择“图层”选项卡。从“图层名”列表中选择图层。在“打印图层”下打开或关闭图层打印。

思考题与习题

1. 简述如何利用 AutoCAD 创建布局。
2. 简述如何利用 AutoCAD 打印图形。

第 9 章　借助 AutoCAD 在图形和应用程序间共享数据

9.1　参照其他图形文件（外部参照）

可以将整个图形作为外部参照附着到当前图形中。通过外部参照，参照图形中的更改将反映到当前图形中。附着的外部参照链接至另一图形，并不真正插入。因此，使用外部参照可以生成图形而不会显著增加图形文件的大小。

9.1.1　外部参照功能的特点

通过使用外部参照，用户可以达到以下四方面目的，即：通过在图形中参照其他用户的图形协调用户之间的工作从而与其他用户所做的修改保持同步，用户也可以使用组成图形装配一个主图形，主图形将随工程的开发而被修改；确保显示参照图形的最新版本，打开图形时 AutoCAD 将自动重载每个外部参照，从而反映参照图形文件的最新状态；无法在图形中使用与参照图形相同的图层名、标注样式、文字样式和其他命名元素；当工程完成并准备归档时将附着的外部参照和用户图形永久合并（绑定）到一起。需要强调的是，与块参照相同，外部参照在当前图形中以单个对象的形式存在，但必须首先绑定外部参照才能将其分解。具体可参考本书前述“设计中心”中的相关内容。

9.1.2　附着、更新和绑定外部参照

用户可以在参照图形文件上执行操作，包括附着、更新和拆离它们。

(1) 附着外部参照。AutoCAD 将外部参照作为一种块定义类型，但外部参照与块有一些重要区别。将图形作为块参照插入时，它存储在图形中，但并不随原始图形的改变而更新。将图形作为外部参照附着时会将该参照图形链接至当前图形，打开外部参照时对参照图形所做的任何修改都会显示在当前图形中。一个图形可以作为外部参照同时附着到多个图形中，同样，也可以将多个图形作为外部参照附着到单个图形中。用于定位外部参照的已保存路径可以是绝对（完全指定）路径，也可以是相对（部分指定）路径，或者没有路径。如果外部参照包含任何可变块属性，AutoCAD 将忽略它们。需要强调的是，外部参照必须是模型空间对象，可以任何比例、位置和旋转角度附着这些外部参照。

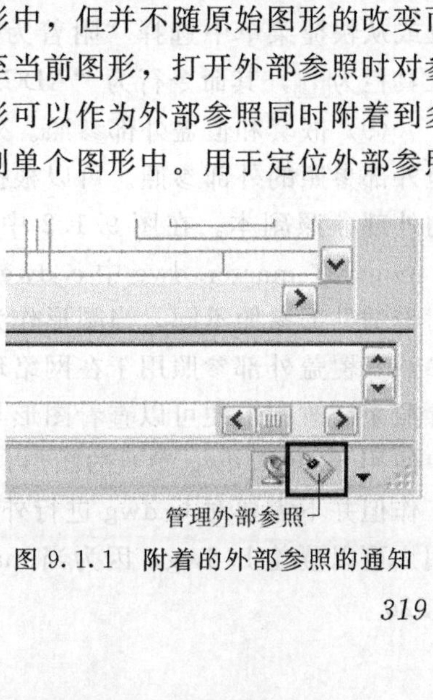

图 9.1.1　附着的外部参照的通知

(2) 附着的外部参照的通知。如图 9.1.1 所示，外部参照附着到图形时，应用程序窗口的右下角（状态栏托盘）将显示一个外部参照图标。如果未找到一

个或多个外部参照或需要重载任何外部参照则外部参照图标中将出现一个叹号，单击“外部参照”图标将显示外部参照管理器。

(3) 用于附着外部参照的工具。要附着外部参照，可使用 XREF 命令显示外部参照管理器或使用 XATTACH 命令。也可以使用 DesignCenter 将外部参照附着到图形，使用设计中心可以进行简单附着、预览外部参照及其描述以及通过拖动快速地放置。可以通过从设计中心拖动外部参照，或通过单击快捷菜单中的“附着为外部参照”来附着外部参照。

(4) 可见性、颜色和线型。可以控制外部参照图层的可见性、颜色、线型和其他特性，并使这些更改成为临时或永久设置。如果 VISRETAIN 系统变量设置为 0，则这些修改仅应用于当前的绘图任务。当结束绘图任务或是重载或拆离外部参照时，将放弃所做的修改。

(5) 外部参照剪裁边界。使用 AutoCAD R14 或更高版本创建的图形可以包含剪裁的外部参照。如果要查看 AutoCAD 中的剪裁边界，可以打开 XCLIPFRAME 系统变量。

(6) 教育产品附件。如果打开、插入或附着 Autodesk 教育产品的外部参照，打印的图形将带有以下标题：“由 Autodesk 教育版产品制作”。具体可参考本书“设计中心”“嵌套和覆盖外部参照”“剪裁外部参照和块”“设置外部参照图形的路径”中的相关内容。

(7) 附着外部参照的步骤。从“插入”菜单中选择“外部参照”。在“选择参照文件”对话框中选择要附着的文件，然后选择“打开”。在“外部参照”对话框的“参照类型”下选择“附加型”。指定插入点、缩放比例和旋转角度，选择“在屏幕上指定”以使用定点设备，“附加型”包含所有嵌套的外部参照。选择“确定”。“参照”工具栏为，其命令行为“XATTACH”。

(8) 使用设计中心附着或覆盖外部参照的步骤。在“工具”菜单上单击“设计中心”。在内容区域或“搜索”对话框中定位要附着或覆盖的外部参照。单击右键并将外部参照拖动到打开的图形中。释放定点设备右键，在快捷菜单上单击“附着为外部参照”。在“外部参照”对话框的“参照类型”下选择“附加型”或“覆盖型”。输入插入点、缩放比例和旋转角度的值，或选择“在屏幕上指定”以使用定点设备。单击“确定”，可以通过拖放或从快捷菜单中选择“附着为外部参照”来附着外部参照。单击“确定”。其“标准”工具栏为，其命令行为“ADCENTER”。

(9) 嵌套和覆盖外部参照。外部参照可以嵌套在其他外部参照中，即可以附着包含其他外部参照的外部参照。可以根据需要附着任意多个具有不同位置、缩放比例和旋转角度的外部参照副本。在图 9.1.2 中，master. dwg 参照 a. dwg 和 b. dwg，图形 a. dwg 参照 c. dwg，在 master. dwg 中 c. dwg 是嵌套的外部参照。也可以覆盖图形中的外部参照。与附着的外部参照不同，当图形作为外部参照附着或覆盖到另一图形中时不包括覆盖的外部参照。覆盖外部参照用于在网络环境中共享数据。通过覆盖外部参照，无需通过附着外部参照来修改图形便可以查看图形与其他编组的图形的相关方式。在图 9.1.3 中，有多个用户使用 master. dwg 参照的图形，使用 a. dwg 的用户需要查看使用 b. dwg 的用户完成的工作但并不需要对 b. dwg 进行外部参照（否则 b. dwg 将在 master. dwg 中显示两次），但用户可以覆盖 b. dwg，因为当 master. dwg 参照 a. dwg 时并不包括 b. dwg。

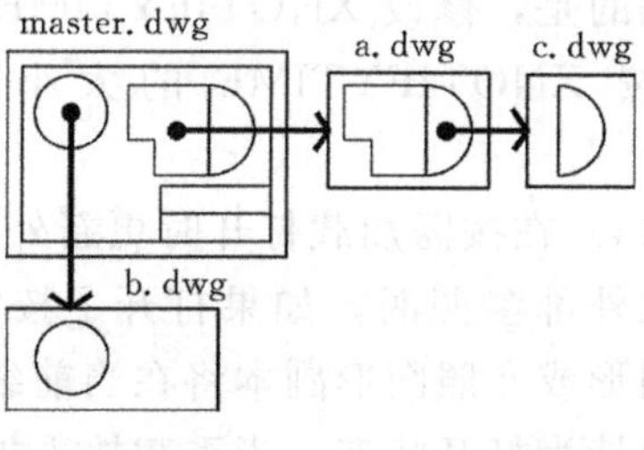

图 9.1.2 嵌套和覆盖外部参照之一

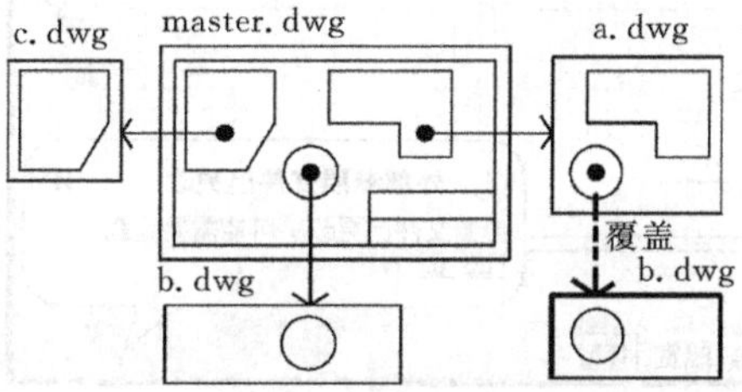

图 9.1.3 嵌套和覆盖外部参照之二

（10）已保存的相对路径和嵌套的外部参照。外部参照的已保存路径可以是绝对（完全指定）路径，也可以是相对（部分指定）路径或者没有路径。对于嵌套的外部参照而言，相对路径始终参照其直接主机的位置，并不一定参照当前打开的图形。

（11）覆盖外部参照的步骤。在“插入”菜单中单击“外部参照”。在“选择参照文件”对话框中选择要覆盖的文件，然后单击“打开”。在“外部参照”对话框的“参照类型”下选择“覆盖型”，使用“覆盖型”选项将排除任何嵌套的外部参照。指定插入点、缩放比例和旋转角度，或者单击“在屏幕上指定”以使用定点设备。单击“确定”。其“参照”工具栏为，其命令行为“XREF”。

（12）更新附着的外部参照。如图 9.1.4～图 9.1.6 所示，可以随时使用“XREF 重载”选项更新外部参照以确保使用最新版本。打开图形时更新也出现：AutoCAD 重载每个外部参照，使其反映参照图形的最新版本。在网络环境中，无论何时修改和保存外部参照图形，其他人都可以通过重载外部参照立即访问所做的修改，如果更改外部参照图形的位置或文件夹，可确保使用“XREF 路径”选项指示 AutoCAD 在哪里可以找到该文件。

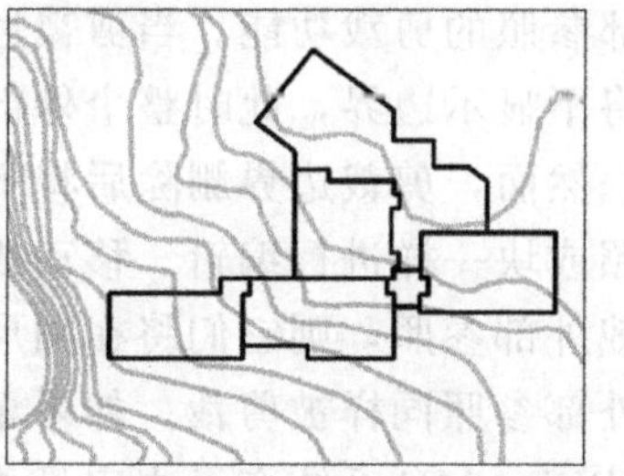

图 9.1.4 附着的外部参照

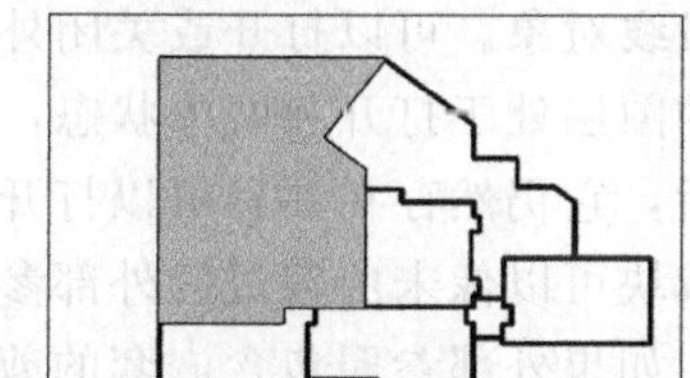

图 9.1.5 编辑的外部参照文件

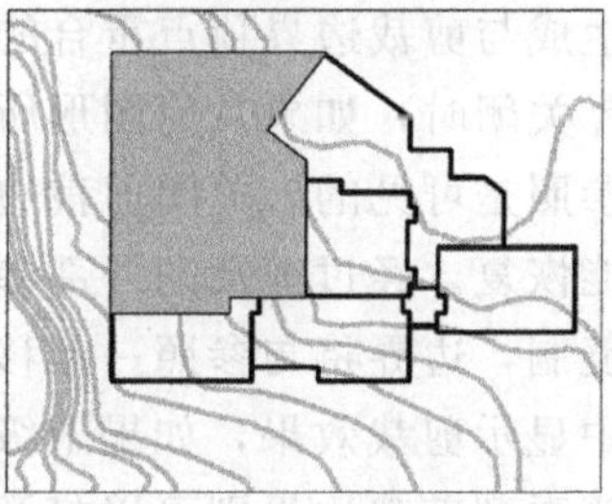

图 9.1.6 更新的外部参照

（13）更改的外部参照的通知。将外部参照附着到图形时，AutoCAD 将定期检查从最后一次加载或重载外部参照时起参照作用的文件是否已经更改。外部参照通知行为由 XREFNOTIFY 系统变量控制。默认情况下，如果参照的文件已经更改，则应用程序窗口的右下角（状态栏托盘）的外部参照图标旁将显示一个气泡信息，气泡信息将列出最多三个已更改的参照图形的名称，并且在信息可用时还将列出使用外部参照的每个用户的姓名，见图 9.1.7。气泡信息消失后外部参照图标中将出现一个叹号，如果单击气泡信息或“外部参照”图标将显示外部参照管理器。默认情况下，AutoCAD 每隔五分钟检查是否有更改的外部参照，可以使用“XNOTIFYTIME”“n”[其中 n 表示 1～10080（七天）之间的分钟数] 设置 XNOTIFYTIME 系统注册表变量、更改检查间隔的分钟数。需

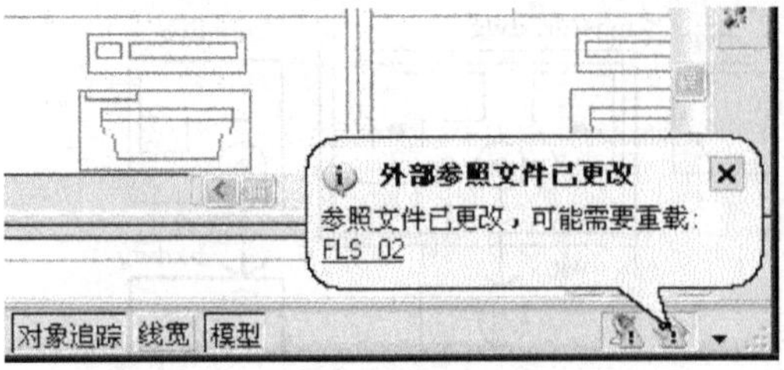

图 9.1.7　更改的外部参照的通知

要强调的是，修改 XNOTIFYTIME 的值时必须按 XNOTIFYTIME 的大小写形式输入。

(14) 在按需加载打开时更新外部参照。在加载外部参照时，如果打开了按需加载，参照图形或参照图形副本将在当前编辑任务期间保持为打开状态。当重载按需加载的外部参照时，如果 XLOADCTL 系统变量设置为 1，所有其他用户都不能访问该参照文件。如果 XLOADCTL 设置为 2，则 AutoCAD 加载参照文件最新版本的一个临时副本。关于按需加载的详细信息可参考 9.1.7 节“改善使用大型外部参照时的性能”中的相关内容。

(15) 更新附着的外部参照的步骤。从“插入”菜单中选择“外部参照管理器”。在外部参照管理器中，选择要重载的参照名。选择“重载”并单击“确定”。需要强调的是，如果所选图形自从打开后已被修改，则重载外部参照。其“参照”工具栏为，其命令行为“XREF”。

(16) 剪裁外部参照和块。将图形作为外部参照进行附着或插入块后，可以定义剪裁边界以便仅显示外部参照或块的一部分。将图形作为外部参照进行附着或插入块后，可以使用 XCLIP 命令定义剪裁边界。剪裁边界可以定义块或外部参照的一部分，而不显示边界外的几何图形。剪裁只适用于外部参照的单个实例，而不是外部参照定义本身。外部参照或块在剪裁边界内的部分仍然可见，而剩余部分则变为不可见。参照几何图形本身并没有改变，只是编辑了其显示。可以使用 XCLIP 创建新的剪裁边界，删除现有的边界，或生成与剪裁边界顶点重合的多段线对象。可以打开或关闭外部参照的剪裁功能。当剪裁边界关闭时，如果几何图形所在的图层处于打开和解冻状态，将不显示边界，此时整个外部参照是可见的。关闭剪裁边界后，它仍然存在并且可以打开。然而，剪裁边界删除后将不能恢复。经过剪裁的外部参照或块可以像未剪裁过的外部参照或块一样进行编辑、移动或复制，边界将与参照一起移动，如果外部参照包含嵌套的剪裁外部参照，则它们将在图形中显示剪裁效果，如果上级外部参照是经过剪裁的，则嵌套外部参照同样被剪裁。如果希望看到剪裁边界则可以打开 XCLIPFRAME 系统变量，XCLIPFRAME 系统变量决定是否显示剪裁边框，当剪裁边框打开（设置为 1）时，可以将它作为对象的一部分进行选择和打印。

(17) 剪裁边界选项。可以将外部参照剪裁边界指定为矩形窗口或多边形边界。还可以选择多段线来定义剪裁边界。在三维空间的任何位置都能指定边界，但通常平行于当前 UCS。如果选择了多段线，剪裁边界将应用于此多段线所在的平面。

(18) 矩形窗口剪裁边界。指定矩形剪裁边界时，将提示输入窗口角点的坐标。所绘制的窗口将与当前 UCS 平行，并且剪裁边界将应用到它所在平面的法线方向。

(19) 多边形剪裁边界。指定多边形剪裁边界时，将提示输入定义边界的点，指定剪裁点时，AutoCAD 自动绘制多边形的最后一条线段以使边界闭合。在将多边形剪裁用于外部参照图形中的图像时，剪裁边界应用于多边形边界的矩形范围内，而不是用在多边形自身范围内。

（20）多段线剪裁边界。指定多段线剪裁边界时将提示选择二维多段线对象，所创建的剪裁边界与多段线是一致的，有效的边界是由直线段或样条曲线构成的二维多段线。带有圆弧段的多段线或拟合曲线多段线都可以作为剪裁边界，但创建剪裁边界时会创建直线段来代表该多段线。如果多段线中包含圆弧，那么在创建剪裁边界时，假设其在用作剪裁边界之前已被非曲线化。开放的多段线将被当作封闭多段线处理。

（21）剪裁深度。如图 9.1.8 所示，可以设置外部参照的前后剪裁平面。在指定剪裁深度之前，外部参照必须包含剪裁边界。剪裁深度总是按剪裁边界的法向计算。定义剪裁深度时，AutoCAD 提示用户指定前后向剪裁平面上的点或与剪裁平面的相对距离。剪裁深度应用在平行于剪裁边界的方向上，与当前 UCS 无关。

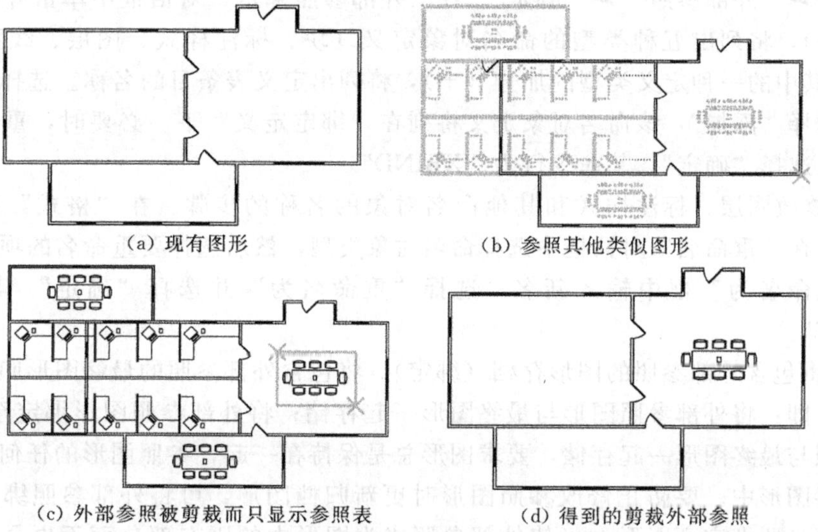

(a) 现有图形　(b) 参照其他类似图形

(c) 外部参照被剪裁而只显示参照表　(d) 得到的剪裁外部参照

图 9.1.8　剪裁深度

（22）剪裁参照的步骤。在命令行中输入 xclip。选择参照。在命令提示下，按 Enter 键以选择“新建边界”。选择矩形或多边形剪裁边界，然后指定边界的角点或顶点。AutoCAD 根据用户指定的区域剪裁图像并隐藏外部参照在剪裁边界之外的部分。其工具栏为，其命令行为“XCLIP”。

（23）融入外部参照中的名称冲突。典型外部参照定义应包括直线或圆弧，还包括块、标注样式、图层、线型和文字样式的依赖外部参照的定义。附着外部参照时，AutoCAD 通过以下方法区分依赖外部参照的命名图形的名称和当前图形中的名称，即在名称前添加外部参照图形名和竖线符号（|）。例如，如果某个依赖外部参照的命名对象是名为 stair.dwg 的外部参照图形中名为 STEEL 的图层，则它在图层特性管理器中将以名称 STAIR | STEEL 列出。附着外部参照时其依赖的命名对象的定义并不永久性地添加到图形中，相反，每次重载时这些定义将从参照图形文件中加载。

（24）绑定依赖外部参照的定义。如果参照的图形文件已被修改，则依赖外部参照的命名对象的定义也将更改。例如，如果参照图形已被修改，来自该参照图形的图层名也将

更改。如果该图层名从参照图形中被清除，它甚至会消失。这就是 AutoCAD 不允许用户直接使用依赖外部参照的图层或其他命名对象的原因。例如，不能插入依赖外部参照的块，或将依赖外部参照的图层设置为当前图层并在其中创建新对象。要避免这种对依赖外部参照的命名对象的限制，可以将其绑定到当前图形，绑定可以使选定的依赖外部参照的命名对象成为当前图形的永久部分。通过绑定将依赖外部参照的命名对象合并到图形中后，可以像使用图形自身的命名对象一样对其进行使用。绑定依赖外部参照的命名对象后，AutoCAD 从每个对象名称中删除竖线符号（|），并使用由数字（通常为零）分隔的两个美元符号（$ $）替换它。例如，参照图层 STAIR | STEEL 将变为 STAIR $ 0 $ STEEL，这时可以使用 RENAME 命令将 STAIR $ 0 $ STEEL 更改为 STEEL。

（25）将依赖外部参照的命名对象绑定到当前图形中的步骤。从“修改”菜单中，选择“对象”➤“外部参照”➤“绑定”。在“外部参照绑定”对话框中单击外部参照旁边的加号（+），将列出五种类型的命名对象定义（块、标注样式、图层、线型和文字样式）。单击其中的一种定义类型的加号（+），将列出定义表条目的名称。选择命名对象定义，然后选择“添加”，该命名对象定义将列在“绑定定义”下。必要时，重复步骤前述相关步骤。选择“确定”。其命令行为“XBIND”。

（26）修改图层、标注样式和其他命名对象的名称的步骤。在“格式”菜单中选择“重命名”。在“重命名”对话框中选择命名对象类型，然后选择要重命名的项目。在原名称下的“重命名为”框中输入新名。选择“重命名为”并选择“确定”。其命令行为“RENAME”。

（27）将包含外部参照的图形存档（绑定）。将包含外部参照的最终图形归档时有以下两种选择，即：将外部参照图形与最终图形一起存储；将外部参照图形绑定至最终图形。将外部参照与最终图形一起存储，要求图形总是保持在一起，参照图形的任何修改将继续反映在最终图形中。要防止修改参照图形时更新归档图形，可将外部参照绑定到最终图形。把外部参照绑定到图形上可使外部参照成为图形中的固有部分而不再是外部参照文件，可以通过使用“XREF 绑定”选项绑定外部参照图形的整个数据库，包括其所有依赖外部参照的命名对象（块、标注样式、图层、线型和文字样式），具体可参考本节前述“融入外部参照中的名称冲突”中的相关内容。将外部参照绑定到图形有助于将图形发送给审阅者，用户可以使用“绑定”选项将外部参照合并到主图形中，而不必发送主图形及其参照图形。需要强调的是，无法绑定包含代理对象的外部参照，具体可参考本书后续“使用自定义对象和代理对象”中的相关内容。

（28）将外部参照绑定到当前图形的步骤。从“插入”菜单中选择“外部参照管理器”。在外部参照管理器中，选择外部参照并选择“绑定”。在“绑定外部参照”对话框中，选择下列两种选项之一，即：绑定将外部参照中的对象转换为块参照，命名对象定义将添加到带有 $ n $ 前缀的当前图形；插入也将外部参照中的对象转换为块参照，命名对象定义将合并到当前图形中但不添加前缀。选择“确定”两次。其“参照”工具栏为，其命令行为“XREF”。

9.1.3　拆离外部参照

要从图形中完全删除外部参照需要拆离它们，比如，删除外部参照不会删除与其关联的图层定义。使用“拆离”选项将删除外部参照和所有关联信息。

拆离外部参照的步骤依次为从“插入”菜单中选择“外部参照管理器”；在外部参照管理器中选择外部参照，然后选择“拆离”；选择“确定”。其“参照”工具栏为，其命令行为“XREF”。

9.1.4　在位编辑外部参照和块

有以下两种方法可用于编辑外部参照，即可以打开参照图形，也可以从当前图形中在位编辑外部参照。可以从任何选定的块参照直接编辑块定义。

（1）在单独的窗口中编辑外部参照。编辑外部参照最简单、最直接的方法是在单独的窗口中打开参照的图形文件。这样，用户可以访问该参照图形中的所有对象。可以选择外部参照并打开参照图形，而不用使用“选择文件”对话框浏览该外部参照。要使用这种方法编辑外部参照可使用“外部参照管理器”对话框或 XOPEN 命令。

（2）在单独的窗口中编辑外部参照的步骤。在命令行中输入 xopen。在外部参照中选择一个对象。在新窗口中编辑参照的图形文件，然后保存该文件并关闭窗口。

（3）在上下文中编辑外部参照和块。通过在位编辑参照可以在当前图形的可视上下文中修改参照。

（4）编辑外部参照和块中的选定对象。可以使用在位参照编辑来修改当前图形中的外部参照，或者重定义当前图形中的块定义。块和外部参照都被视为参照。通过在位编辑参照，可以在当前图形的可视上下文中修改参照。一般说来，每个图形都包含一个或多个外部参照和多个块参照，在处理块参照时可以选定块进行修改并更新块定义，不能编辑使用 MINSERT 命令插入的块参照。在处理外部参照时可以选择要处理的参照，修改其中的对象，然后将修改存回参照图形，进行较小修改时不需要在图形之间来回切换。需要强调的是，如果打算对参照进行较大修改可打开参照图形直接修改，如果使用在位参照编辑进行较大修改会使在位参照编辑任务期间当前图形文件的大小明显增加。

（5）了解工作集。在绘图区域中只能选择选定参照的组成对象，AutoCAD 临时从选定参照中提取选择的对象以供在当前图形中编辑。提取的对象集合称为工作集，可以对其进行修改并存回以更新外部参照或块定义。构成工作集的对象与图形中的其他对象明显不同。除工作集中的对象外，当前图形中的所有对象都褪色显示。

（6）控制对象的褪色。XFADECTL 系统变量控制在位编辑参照时对象的显示方式。从参照中提取的对象集合以正常方式显示。而图形中的其他对象，包括当前图形和其他参照中不属于工作集的对象，都褪色显示。该值设定工作集以外的对象的显示强度。XFADECTL 的值越大，不在工作集中的对象褪色越严重，见图 9.1.9。需要强调的是，在位编辑参照期间只有 SHADEMODE 的值被设置为“二维线框”后，工作集外的对象才会被褪色显示。

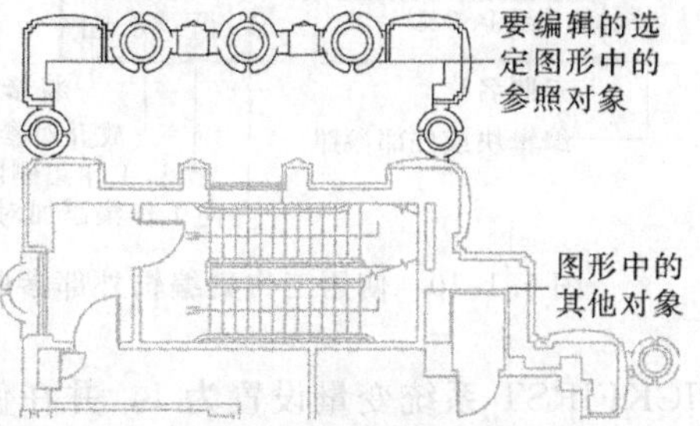

图 9.1.9　控制对象的褪色

（7）使用“参照编辑”工具栏。选择要编辑的嵌套对象的参照时将显示并激活“参照编辑”

工具栏。用户可以使用“参照编辑”工具栏中的按钮向工作集内添加对象或从工作集删除对象，还可以放弃或存回对参照所做的修改。除非“参照编辑”被固定，否则存回或放弃对工作集所做的修改之后“参照编辑”工具栏将自动关闭。

(8) 在位编辑外部参照或块参照的步骤。从“修改”菜单中单击“外部参照和块编辑”➤“在位编辑参照”。在当前图形中选择要编辑的参照，如果在参照中选择的对象属于嵌套参照，则所有可供选择的参照都将显示在“参照编辑”对话框中。在“参照编辑”对话框中选择要进行编辑的特定参照，AutoCAD 锁定该参照文件以防止多个用户同时打开该文件，如果另一个用户正在使用参照所在的图形文件则不能在位编辑参照。单击“确定”。在参照中选择要编辑的对象并按 Enter 键，选定的对象将成为工作集，默认情况下所有其他对象都将锁定和褪色。编辑工作集中的对象，然后单击“将修改保存到参照”，工作集中的对象将保存到参照、外部参照或块将被更新。其命令行为“REFEDIT”。

(9) 使用工作集编辑外部参照和块。在位编辑参照时可以添加或删除工作集中的对象，如果在位编辑参照时创建了新对象，则这一新对象几乎总被自动添加到工作集中，未添加到工作集中的对象在图形中以褪色显示。如果新对象是在修改工作集之外的对象时生成的，则新对象不会被添加到工作集中，例如，图形中包含两条不属于工作集的直线，如果使用 FILLET 命令编辑直线，将在两条直线间生成新的弧线，弧线不会被加入工作集。如果参照对象是工作集的一部分，那么即使对象被绘制在参照文件的锁定图层中也可以被选择用于编辑。可以先解除锁定对象的图层，然后修改该对象。可以保存对对象的修改，但是在参照文件中图层状态保持一致，无论其是否锁定。在存回修改时，从工作集中删除的对象将从参照中删除，并添加到主图形中，而添加到工作集中的对象将从主图形中删除并添加到参照中。如果创建或删除对象，它们将被自动添加到工作集或从工作集中删除。比如，如果在位编辑参照时使用 ERASE 命令，则被删除的对象也随之从工作集中删除。可以通过对象的显示方式辨别它是否在工作集中，褪色的对象不在工作集中。进入在位编辑状态后将显示“参照编辑”工具栏，选定参照的名称出现在工具栏上，工具栏上的编辑按钮（“向工作集添加对象”“从工作集删除对象”“放弃对参照的修改”和“将修改保存参照”）仅在在位编辑参照时激活，只要工具栏已被初始化并且当前图形中没有正在进行的参照编辑任务则“编辑块或外部参照”按钮就被激活，保存或放弃对参照的修改之后“参照编辑”工具栏将自动消失，见图 9.1.10。

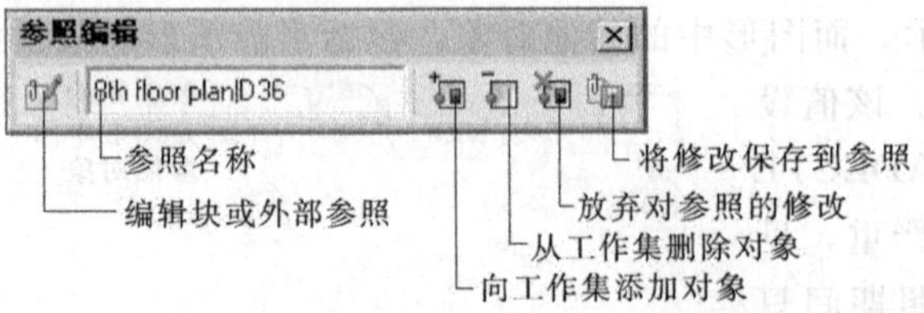

图 9.1.10　使用工作集编辑外部参照和块

(10) 向工作集中添加对象的步骤。从“修改”菜单中选择“外部参照和块编辑”➤“添加到工作集”，或在命令提示下输入 refset。如果在命令提示下输入 refset，则选择“参照编辑”工具栏上的“向工作集添加对象”按钮。选择要添加的对象，也可以将 PICKFIRST 系统变量设置为 1，并在使用“添加”选项之前创建选择集。REFSET 仅用于初始化了 REFEDIT 的空间、布局（图纸）空间或模型空间中的对象。其工具栏为。

(11) 从工作集中删除对象的步骤。从“修改”菜单中选择“外部参照和块编辑”➤

“从工作集中删除”，或在命令提示下输入 refset。如果在命令提示下输入 refset，则选择“参照编辑”工具栏上的“从工作集删除对象”按钮。选择要删除的对象，也可以将 PICKFIRST 系统变量设为 1，并在使用“删除”选项之前创建选择集。REFSET 仅用于初始化了 REFEDIT 的布局空间或模型空间中的对象。其工具栏为。

（12）保存编辑的外部参照和块。在位编辑块参照时可以保存或放弃对参照的修改。如果将修改存回参照，AutoCAD 将重生成图形。在 AutoCAD 存回修改时将重新定义块定义并重生成所有的块实例以反映修改，如果放弃修改将删除工作集并将块参照恢复到原始状态。同样，在位编辑外部参照时可以保存回或放弃修改，如果工作集中的对象继承了原先未在外部参照中定义的特性，则这些对象将保留新特性，例如，某外部参照包含图层 A、B 和 C，而参照它的图形包含图层 D，如果在位编辑参照过程中在图层 D 上绘制了新对象并将修改存回参照，AutoCAD 将图层 D 复制到外部参照图形中。如果从工作集中删除对象并保存修改，则该对象将从参照中删除并添加到当前图形中，对当前图形（不是外部参照或块）中的对象所做的任何修改都没有被放弃；如果删除不在工作集中的对象，则即使选择放弃修改也不能恢复该对象，可以使用 UNDO 命令将图形恢复到原始状态；如果对外部参照做了不需要的修改并已使用 REFCLOSE 命令将修改存回外部参照，则必须使用 UNDO 命令才能放弃在参照编辑期间所做的修改，放弃不需要的修改之后可使用 REFCLOSE 命令保存修改且将外部参照文件恢复到原始状态。需要强调的是，当在位编辑参照时，如果删除了不在工作集中的对象并且在结束参照编辑任务时放弃修改，则该对象不能恢复。如果当前图形中的对象继承了在外部参照中定义的特性，则这些对象将保留这些新特性，来自外部参照的特性被绑定到当前图形中。例如，名为 SITE 的外部参照图层在指定给不在工作集中的对象时将以 \$＃\$SITE 的名称显示在当前图形中，如果将 BINDTYPE 系统变量设为 0，则 AutoCAD 为当前图形中的外部参照名称添加前缀 \$＃\$，如果将 BINDTYPE 系统变量设为 1，则跟插入的对象名称一样，当前图形中的外部参照名称保持不变。需要强调的是，在位编辑和保存外部参照时，在打开和保存被参照的图形前不能使用原始图形预览。

（13）从编辑的外部参照和块保存回修改的步骤。从“修改”菜单中选择“外部参照和块编辑”➤“保存参照编辑”或者选择“参照编辑”工具栏上的“将修改保存到参照”按钮。其“参照编辑”工具栏为，其命令行为“REFCLOSE”。其快捷菜单为在位编辑参照时不选择对象，在绘图区域单击右键，然后选择“关闭 REFEDIT 任务”。

（14）放弃对编辑的外部参照和块的所有修改的步骤。在“参照编辑”工具栏上，单击“放弃对参照的修改”按钮。其“参照编辑”工具栏为，其命令行为“REFCLOSE”。

（15）使用嵌套、OLE 或属性编辑外部参照和块。如果当前图形中包含嵌套的对象，则从当前图形中编辑外部参照和块时有一定的限制。如果选定要编辑的参照中已附着外部参照或块定义，则参照及其嵌套参照都显示在“参照编辑”对话框中并可用于选择，只有在选定对象是嵌套参照的一部分时嵌套参照才会显示，每次只能选择一个参照进行编辑。如果正在编辑的参照包含 OLE 对象，则 OLE 对象可以显示但不能被选择用来进行编辑，见图 9.1.11。如果选择了带有属性的块参照进行编辑，则可以选择显示该参照中的特性定义并且使它们可用于编辑，属性是不可见的，但属性定义可以和选定的参照几何图形一起编辑，将修改保存回块参照时原参照的属性保持不变，新的（修改后）属性定义仅影响以后插入的块，但不影响现有块实例的属性。

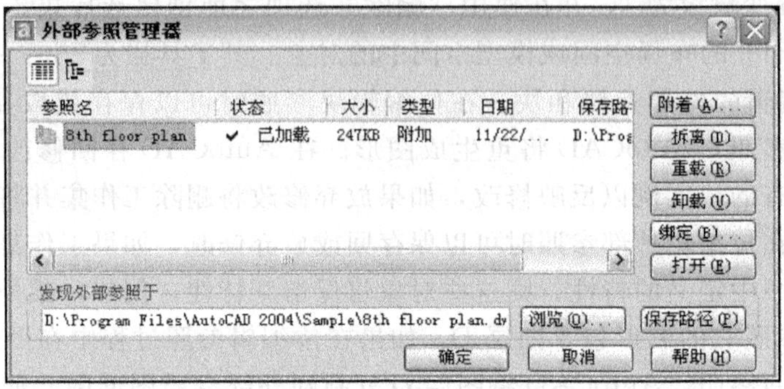

图 9.1.11　使用嵌套、OLE或属性编辑外部参照和块

9.1.5　设置外部参照图形的路径

加载外部参照时可以查看和编辑 AutoCAD 使用的文件名称和路径，如果首次附着图形文件后该文件被移动到其他文件夹或被重命名可使用此选项。可以从以下三种类型的文件夹路径信息中进行选择，即绝对路径、相对路径、无路径，将其同附着的外部参照一起保存。

（1）指定绝对路径。绝对路径是确定外部参照位置的文件夹的完整指定的层次结构。绝对路径包括本地硬盘驱动器号或网络服务器驱动器号，这是最明确的选项，但缺乏灵活性。

（2）指定相对路径。相对路径是使用当前驱动器号或宿主图形文件夹的部分指定的文件夹路径。这是灵活性最大的选项，可以使用户将图形集从当前驱动器移动到使用相同文件夹层次结构的其他驱动器中。如果所参照的图形文件位于本地其他硬盘上或位于网络服务器上，相对路径选项将无法使用。指定相对文件夹路径的规则有以下 6 条，即："\"查看宿主图形驱动器的根文件夹；"路径"从宿主图形的文件夹中按照指定的路径；"\路径"从根文件夹中按照指定的路径；".\路径"从宿主图形的文件夹中按照指定的路径；"..\路径"从宿主图形的文件夹中向上移动一层文件夹并按照指定的路径；"..\..\路径"从宿主图形的文件夹中向上移动两层文件夹并按照指定的路径。需要强调的是，如果包含外部参照的图形被移动或保存到不同的路径、不同的本地硬盘或者不同的网络服务器，则必须编辑所有相对路径使其适应宿主图形的新位置或者必须重新定位参照文件。

（3）指定无路径。如果附着的外部参照没有保存的路径信息，则搜索将按以下 4 个顺序进行，即：宿主图形的当前文件夹；在"选项"对话框的"文件"选项卡以及 PROJECTNAME系统变量中定义的工程搜索路径；在"选项"对话框的"文件"选项卡上定义的支持搜索路径；在 Windows 应用程序快捷方式中指定的起始文件夹。将图形集移动到其他文件夹层次结构或未知的文件夹层次结构时，指定"无路径"选项是很有帮助的。

（4）了解何时外部参照被重新定位。如果使用的图形中包含已移动到另一文件夹的外部参照，则当用户加载图形时 AutoCAD 将在外部参照的位置上显示信息，此信息指示不能使用原路径加载外部参照，指定新路径后 AutoCAD 将外部参照重载到图形中。

（5）使用工程名称定义外部参照路径。当与客户交换图形，或者服务器上同一位置映射为不同的驱动器时，工程名称使得外部参照的管理更为方便。此工程名称指向注册表中的一段，其中包含每个已定义工程名称的一个或多个搜索路径。如果 AutoCAD 在搜索路径指定的位置找不到外部参照，将去掉路径中的前缀（如果有）；如果图形中的 PROJECTNAME的值已被设置且注册表中存在相应的条目，则 AutoCAD 将沿工程搜索路径来搜索文件；如果仍未找到外部参照文件，则将再次搜索 AutoCAD 搜索路径。可以添加、删除或修改注册表中的工程名称，也可以添加、删除或修改工程名称下的文件夹搜索路径。添加、删除或修改工程名称下的搜索路径的方法与对工程名称进行操作的方法相同，也可以修改文件夹搜索的顺序，但只能在“选项”对话框的“文件”选项卡中编辑工程及其搜索路径，而无法在命令行中编辑工程名称。建立工程名称及其相关联的搜索路径后就可以将其设置为当前活动工程。AutoCAD 搜索与当前活动工程相关联的路径以查找在全搜索路径、当前图形文件夹或 AutoCAD 支持路径中未找到的外部参照。

（6）修改外部参照路径的步骤。从“插入”菜单中选择“外部参照管理器”。在外部参照管理器中选择参照名。在“发现外部参照于”下执行下列两种操作之一，即：直接编辑外部参照路径；选择“浏览”，然后选择新路径中的外部参照。选择“确定”，AutoCAD 重载外部参照然后重生成带有外部参照的图形。其“参照”工具栏为，其命令行为“XREF”。

（7）显示当前定义的工程名称的步骤。从“工具”菜单中选择“选项”。在“选项”对话框的“文件”选项卡上，双击“工程文件搜索路径”。单击每个工程名称文件夹以显示相关的搜索路径。选择“确定”（或“应用”）。

（8）添加工程名称的步骤。从“工具”菜单中选择“选项”。在“选项”对话框的“文件”选项卡上，双击“工程文件搜索路径”然后选择“添加”，AutoCAD 创建名为工程 x（x 代表下一个有效数字）的文件夹且该文件夹缩进到工程文件夹下。输入新名称或按 Enter 键接受工程 x，工程名称的长度不能超过 31 个字符且首尾不能使用空格。选择“确定”（或“应用”）。

（9）删除工程名称的步骤。从“工具”菜单中选择“选项”。在“选项”对话框的“文件”选项卡上双击“工程文件搜索路径”。选择工程名称并选择“删除”。选择“确定”（或“应用”）。

（10）修改工程名称的步骤。从“工具”菜单中选择“选项”。在“选项”对话框的“文件”选项卡上，选择工程名称，然后输入新名称。选择“确定”（或“应用”）。可以在工程文件夹中选择名称，然后按 F2 键来修改工程名称。

（11）添加搜索路径的步骤。从“工具”菜单中选择“选项”。在“选项”对话框的“文件”选项卡上，选择工程名称，然后选择“添加”。输入新路径，在工程名称下添加一个新搜索路径，或者选择“浏览”来选择新路径。选择“确定”（或“应用”），新路径将缩进并放置到工程名称中。

（12）删除搜索路径的步骤。从“工具”菜单中选择“选项”。在“选项”对话框的

“文件”选项卡上，选择工程名称，然后选择“删除”。选择“确定”。

(13) 修改搜索路径的步骤。从“工具”菜单中选择“选项”。在“选项”对话框的“文件”选项卡上，选择工程名称，然后选择“浏览”。在“浏览文件夹”对话框中，选择新路径。选择“确定”，退出所有对话框，还可以选择工程路径，然后按 F2 键来修改搜索路径。

(14) 使某一工程成为当前工程的步骤。从“工具”菜单中选择“选项”。在“选项”对话框的“文件”选项卡上，双击“工程文件搜索路径”。选择工程名称，然后选择“置为当前”。选择“确定”(或“应用”)。也可以在命令行中输入 projectname，然后输入工程名称来设置当前工程。

(15) 清除当前工程的步骤。从“工具”菜单中选择“选项”。在“选项”对话框的“文件”选项卡上，单击“工程文件搜索路径”。选择“清除当前”，这样就清除了当前图形的设置。选择“确定”(或“应用”)。也可以在命令提示下输入 projectname，然后输入句点(.)清除当前工程。

9.1.6　融入外部参照错误

如果无法在打开图形时加载外部参照，将显示一条错误信息。

(1) 融入丢失的外部参照文件。AutoCAD 存储了用于创建外部参照的图形的路径，每次加载或打印图形或者使用外部参照管理器中的外部参照“重载”选项更新外部参照时，AutoCAD 将检查该路径以确定参照图形文件的名称和位置，如果图形文件的名称或位置有所更改，AutoCAD 无法重载外部参照。如果 AutoCAD 加载图形时不能加载外部参照，将显示一条错误信息。在下例中 AutoCAD 无法找到外部参照 HOUSE，即{"\acad\dwg\house. dwg"：无法打开文件}、“＊＊”融入外部参照 HOUSE 时出错。每次插入外部参照时 AutoCAD 都会显示包含缺少外部参照的路径的文字(以原始参照的位置、缩放比例和旋转角度)，可以使用“XREF 路径”选项更新或更正路径。避免这些错误的一种方法是，确保将附着外部参照的文件给其他人时，还要给他们所有的参照文件。

(2) 修改嵌套的外部参照路径。当重新打开图形并加载嵌套的外部参照时，AutoCAD 首先尝试按外部参照的原路径查找外部参照。如果找不到外部参照，AutoCAD 将搜索当前图形保存的路径，然后搜索工程路径和支持文件搜索路径。这样，就能确保对外部参照的最新修改反映在当前图形中。并且，即使路径已被修改仍能找到外部参照。比如，当前图形 A 的外部参照树状图为 A＞B＞C，且图形 B 的所有者修改外部参照 C 的路径以指向 C1. dwg，当图形 A 重新打开时反映出图形 B 中的路径修改，同时显示 C1. dwg，然而，如果未找到 C1. dwg，AutoCAD 将根据外部参照 C 最后一次保存在图形 A 中的位置进行查找。具体可参考 9.1.2 节“更新附着的外部参照”中的相关内容。

(3) 修改外部参照路径的步骤。从“插入”菜单中选择“外部参照管理器”。在“外部参照管理器”对话框中选择外部参照。在“发现外部参照于”下执行下列两项操作之一，即：直接编辑外部参照路径；选择“浏览”然后选择新路径中的外部参照。选择“确定”，AutoCAD 重载外部参照，然后重生成带有外部参照的图形。其“参照”工具栏为，其命令行为“XREF”。

（4）融入循环的外部参照。包含指向自己的嵌套参照的参照文件称为循环参照。例如，图形 A 附着了图形 B，图形 B 附着了图形 C，而图形 C 又附着了图形 A，参照序列 A＞B＞C＞A 就是循环参照。如果 AutoCAD 在附着外部参照时检测到循环参照将显示警告来询问是否继续，如果回答“是”，AutoCAD 将读取外部参照和所有嵌套的外部参照直到检测到循环的位置；如果回答“否”，AutoCAD 将停止此进程且不再附着外部参照。如果 AutoCAD 在加载图形时遇到了循环参照，它将显示错误信息并且中断当前任务中的循环参照。比如，如果存在循环参照 A＞B＞C＞A，当打开图形 a. dwg 时，AutoCAD 将检测并中断 c. dwg 与 a. dwg 之间的循环，显示以下错误信息：“中断从 C 到当前图形的循环参照”。

（5）追踪外部参照操作（日志文件）。AutoCAD 附着、拆离、重载外部参照和加载包含有外部参照的图形时可以保留一个记录操作的日志文件，只有当 XREFCTL 系统变量设置为 1 时才会保留此日志。系统默认设置为 0。日志文件是一个普通的 ASCII 文本文件，其名称与当前图形相同，文件扩展名为 . xlg。例如，加载名为 sample. dwgAutoCADsample. xlg 的日志文件，如果此文件不存在，则 AutoCAD 使用此名创建新文件。一旦为图形创建了日志文件，AutoCAD 就不断向其中添加信息，每次打开文件时 AutoCAD 将标题块写入到日志文件中，如果日志文件太大可以将其删除。外部参照日志文件的样例标题栏块见图 9.1.12，标题块中包括当前图形的名称、日期和时间以及所执行的操作，拆离或重载操作期间，AutoCAD 立即在标题块后面打印所有受操作影响的外部参照的嵌套层，要在当前图形中查看一组外部参照的参照树形结构，可使用“拆离”或“重载”并在日志文件中检查结果。显示嵌套的外部参照的样例日志文件见图 9.1.13，外部参照 ENTRY_DR 包括两个嵌套的外部参照 HARDWARE 和 PANELS，外部参照 HARDWARE 和 PANELS 各自也包含两个外部参照，AutoCAD 在日志文件中为每个临时添加到当前图形中的依赖外部参照的命名对象和产生的任何错误记录一个条目，绝大多数错误信息不仅显示在屏幕中而且会写入日志文件。显示附着外部参照结果的样例日志文件见图 9.1.14，该样例展示了外部参照 STAIR 被附着到工作图形 test. dwg 时所生成的局部日志文件的列表条目，此日志文件随状态信息一起列出受影响的定义（符号）表和添加的定义名称。

```
=============================
Drawing: detail
Date/Time: 09/28/15 10:45:20
Operation: Attach Xref
=============================
```

图 9.1.12　外部参照日志文件的样例标题栏块

```
==============================
Drawing: detail
Date/Time: 10/05/15 15:47:39
Operation: Reload Xref
==============================
Reference tree for ENTRY_DR:
ENTRY_DR          Xref
-HARDWARE         Xref
—LOCKSET          Xref
—HINGES           Xref
-PANELS           Xref
—UPPER            Xref
—LOWER            Xref
```

图 9.1.13　显示嵌套的外部参照的样例日志文件

（6）使用外部参照日志文件的步骤。在命令提示下，输入 xrefctl。输入 1 打开记录，输入 0 关闭记录。按 Enter 键。默认的记录为关闭。

```
==============================
Drawing: test
Date/Time: 12/18/16 14:06:34
Operation: Attach Xref
==============================
Attach Xref STAIR:\ACAD\DWGS\STAIR.dwg
    Searching in ACAD search path
    Update block symbol table:
      Appending symbol: STAIR|BOLT
      Appending symbol: STAIR|BOLT-HALF
      ...
    block update complete.
    Update Ltype symbol table:
      Appending symbol: STAIR|DASHED
      Appending symbol: STAIR|CENTER
      Appending symbol: STAIR|PHANTOM
    Ltype update complete.
    Update Layer symbol table:
      Appending symbol: STAIR|STEEL-HIDDEN
      Appending symbol: STAIR|OAK
      ...
    Layer update complete.
STAIR loaded.
```

图 9.1.14　显示附着外部参照结果的样例日志文件

9.1.7　改善使用大型外部参照时的性能

有几种功能可用来改善大型外部参照的性能，具体如下。

(1) 按需加载功能的特点。AutoCAD 使用按需加载和保存包含索引的图形以改善使用大型外部参照时系统的性能，这些外部参照可被 AutoCAD 剪裁或在冻结层上携带许多对象。使用按需加载时，AutoCAD 仅将被参照图形的数据加载到内存中，这些数据是重生成当前图形所必需的。换句话说，被参照的材料是根据需要读取的。按需加载要与 INDEXCTL、XLOADCTL 和 XLOADPATH 系统变量一起使用。

(2) 卸载外部参照。从当前图形中卸载外部参照后，图形的打开速度将大大加快，内存占用量也会减少。外部参照定义将从图形文件中卸载，但指向参照文件的指针仍然保留。这时，不显示外部参照，非图形对象信息也不显示在图形中。但当重载该外部参照时，所有信息都可以恢复。如果 XLOADCTL（按需加载）系统变量设置为 1，卸载图形将解锁原始文件。如果当前绘图任务中不需要参照图形但可能会用于最终打印，则应该卸载此参照文件，可以在图形文件中保持已卸载的外部参照的工作列表以便在需要时加载。

(3) 卸载外部参照的步骤。从“插入”菜单中选择“外部参照管理器”。在外部参照管理器中，选择外部参照并选择“卸载”。选择“确定”。其“参照”工具栏为，其命令行为“XREF”。

(4) 使用按需加载。要发挥按需加载的最大优势，需要将参照图形与图层和空间索引一起保存。执行以下两种操作之一时按需加载的性能优势表现得非常明显，即：使用 AutoCAD剪裁外部参照以显示它的一小部分，并将空间索引保存在外部参照图形中；冻结外部参照的几个图层，并将外部参照图形与图层索引一起保存。需要强调的是，剪裁的外部参照仅在使用 AutoCAD R14 或更高版本创建的图形中才可得到。如果已打开按需加载且剪裁了与空间索引一起保存的外部参照，则剪裁范围内的外部参照数据库中的对象包含大多数读入图形中的对象。同样，如果修改了剪裁范围，将会有更多的对象根据需要从参照图形中加载。同样，如果某个外部参照包含多个冻结图层并且这些图层随图层索引一起保存，那么只有那些解冻图层上的对象被读入当前图形。如果这些依赖外部参照的图层解冻，AutoCAD 根据要求从参照图形中读取几何图形。当按需加载打开时，AutoCAD 将锁定所有参照图形以便按需读取几何图形，其他用户可以打开这些参照图形，但不能保存对其所做的修改，如果希望其他用户能够修改正被其他图形按需加载的参照图形，可使用“复制”选项设置按需加载。如果使用“使用副本”选项打开按需加载，则 AutoCAD 将创建外部参照文件的临时副本，并按需加载临时文件。这样，在按需加载外部参照的同时又可以允许其他用户修改原参照图形，当关闭按需加载时，AutoCAD 读入整个参照图形而不管图层的可见性或剪裁实例。图层和空间索引是在 AutoCAD R14 和 AutoCAD 97

中添加的，如果外部参照的图形保存在 AutoCAD 的以前版本中，则其性能不如与索引一起保存的图形，要获得最高性能可对与图层索引和空间索引一起保存的参照图形（在 AutoCAD R14、AutoCAD 97 或更高版本中打开）使用按需加载。

（5）打开按需加载的步骤。从“工具”菜单中选择“选项”。在“选项”对话框中选择“打开和保存”选项卡。在“打开和保存”选项卡的“外部参照”中选择“禁用”“启用”或“使用副本”。选择“确定”。

（6）使用图层和空间索引。为了最大限度地发挥按需加载的优势，可将用作外部参照的图形与图层索引和空间索引一起保存。图层索引是一个列表，列出对象位于哪一个图层。AutoCAD 在按需加载参照图形时将根据这一列表判断需要读取和显示哪些对象。如果外部参照具有图层索引并被按需加载，则 AutoCAD 不读取外部参照图形中位于冻结图层上的对象。空间索引根据对象在三维空间中的位置来组织对象，在按需加载图形并将其作为外部参照剪裁时，这种组织方法可有效地判断需要读取哪些对象。如果打开按需加载而图形作为外部参照附着并且被剪裁，则 AutoCAD 使用外部参照图形中的空间索引确定哪些对象位于剪裁边界内部，AutoCAD 只将这些对象读入当前任务。需要强调的是，剪裁的外部参照仅在使用 AutoCAD R14 或更高版本创建的图形中才可得到。如果图形用作其他图形的外部参照且启用了按需加载，则使用空间和图层索引最为适宜；如果并不打算把图形用作外部参照，使用图层和空间索引或者按需加载就不会带来什么好处。

（7）将图形与图层和空间索引一起保存的步骤。从“文件”菜单中，选择“另存为”。在“图形另存为”对话框中选择“工具”菜单，然后选择“选项”。如图 9.1.15 所示，在“另存为选项”对话框的“索引类型”下选择“图层”“空间”或“图层和空间”，然后选择“确定”，但如果保存的局部打开图形中没有图层和空间索引，则该选项不可用。选择“保存”。

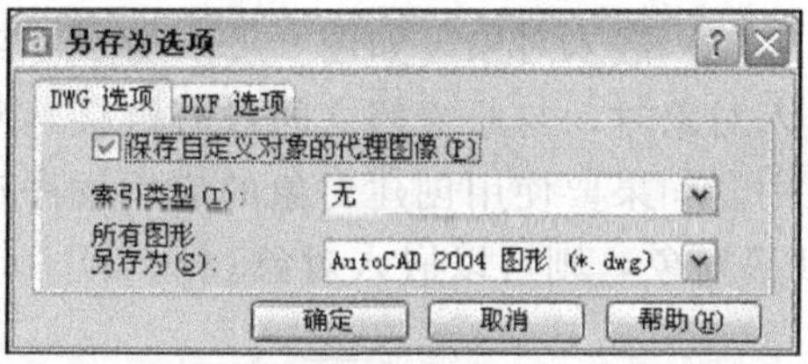

图 9.1.15　将图形与图层和空间索引一起保存

（8）设置临时外部参照文件副本的路径。在打开按需加载的“使用副本”选项时，可以使用 XLOADPATH 系统变量指定外部参照文件副本的存放路径。在指定其他路径以前，该路径在所有绘图任务中均有效。如果没有指定 XLOADPATH 的值，临时文件副本将存放在 AutoCAD 保存临时文件的标准文件夹中。如果通过网络参照图形的速度非常慢，可以设置 XLOADPATH 来参照本地文件夹，同时，可以将 XLOADCTL 设置为 2，指定从本地按需加载参照文件。如果有多个用户参照同一图形，则可以设置 XLOADPATH 指向公共文件夹，从而最大限度地减小创建的临时文件数。这样，多个 AutoCAD 任务可以共享参照图形的同一临时副本。可以在“选项”对话框中设置 XLOADPATH 并指定外部参照文件副本的存放位置。

（9）设置外部参照副本的文件路径的步骤。从“工具”菜单中选择“选项”。在“选项”对话框中选择“文件”选项卡。在“文件”选项卡中选择“临时外部参照文件位置”文件夹，展开的树状图显示存放外部参照文件副本的路径，如果没有指定路径则

AutoCAD 将临时副本存放在“临时图形文件位置”指定的位置中。通过选择路径并输入一个新路径来编辑路径。选择“确定”或“应用”设置路径。

9.2 链接和嵌入数据（OLE）

对象链接和嵌入（OLE）是 Windows 的一个功能，可用于将不同应用程序的数据合并到一个文档中。比如，可以创建包含 AutoCAD 图形的 Adobe Page Maker 布局，或者创建包含全部或部分 Microsoft Excel 电子表格的 AutoCAD 图形。

9.2.1 对象链接和嵌入功能的特点

对象链接和嵌入（OLE）是 Windows 的一个功能，可用于将不同应用程序的数据合并到一个文档中。例如，可以创建包含 AutoCAD 图形的 AdobePageMaker 布局，或者创建包含全部或部分 Microsoft Excel 电子表格的 AutoCAD 图形。要使用 OLE，需要支持 OLE 的服务器和储存器应用程序。源应用程序称为服务器，用于创建要嵌入或链接的 OLE 对象。目标应用程序称为容器，用于接受这些 OLE 对象。AutoCAD 支持 OLE 作为服务器（源）以及储存器（目标）应用程序。尽管 AutoCAD 对象（比如圆或块）可用作 OLE 对象，但这两个词的含义并不相同。关于 OLE 术语和 OLE 一般概念的信息可参考 Microsoft Windows 文档。链接和嵌入都是把信息从一个文档插入另一个文档中，同时，使用链接和嵌入 OLE 对象可在储存器应用程序内编辑对象，但链接和嵌入存储信息的方式不同。嵌入和链接之间的关系类似于 AutoCAD 中插入块和创建外部参照之间的关系。

（1）嵌入对象。如图 9.2.1 所示，嵌入的 OLE 对象是来自其他文档的信息副本。当嵌入对象时，与原文档之间没有链接，对原文档所做的修改也不反映在其他（储存器）文档中。如果要使用创建对象的应用程序进行编辑，但在原文档中编辑信息时又不希望更新 OLE 对象，则可以嵌入对象。

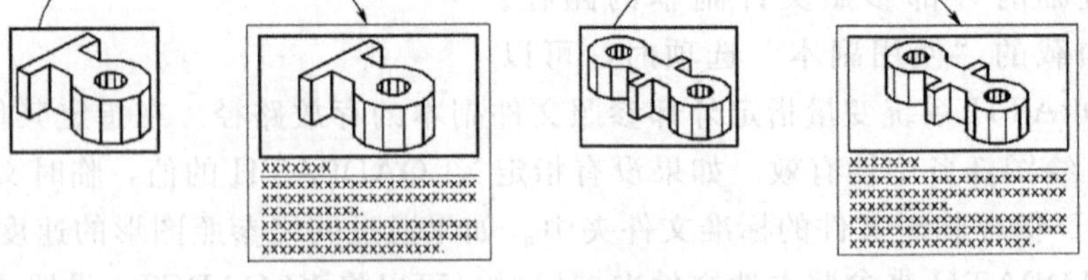

(a) 源文档　(b) 合成文档　(c) 源文档修改　(d) 未修改的合成文档

图 9.2.1　嵌入对象

（2）链接对象。如图 9.2.2 所示，链接对象是对其他文档中信息的一种引用。需要在多个文档中使用同样的信息时可以链接对象。这样，如果修改了原始信息，只需更新链接即可更新包含 OLE 对象的文档。也可以将链接设置为自动更新。在链接图形时需要保持对服务器应用程序和链接文档的访问，如果进行重命名或移动操作则必须重新建立链接。具体可参考本书前述“使用 Windows 剪切、复制和粘贴”中的相关内容。

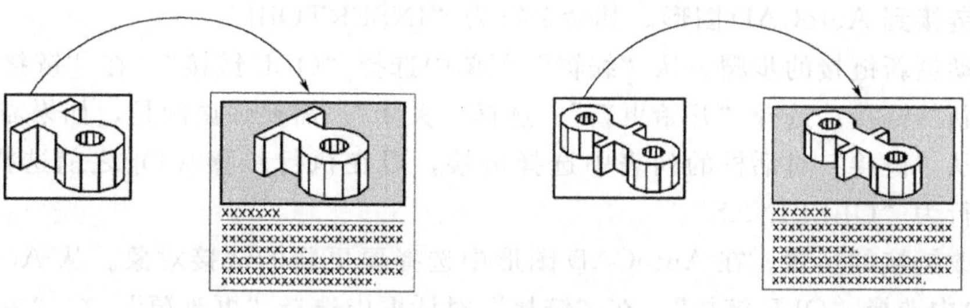

(a) 源文档　(b) 合成文档　(c) 已修改的源文档　(d)合成已修改的文档

图 9.2.2　链接对象

9.2.2　输入 OLE 对象

可以从支持 OLE 的其他应用程序向 AutoCAD 图形中输入信息。

(1) 向图形中输入 OLE 对象的特点。可以使用两种方法从支持 OLE 的其他应用程序向 AutoCAD 图形中输入信息，这两种方法为嵌入或链接。原文档更改时不更新嵌入信息。原文档更改时更新链接信息。控制 OLE 对象的显示有以下两种方式，即：OLE 对象被插入到当前图层上的 AutoCAD 图形中，关闭或冻结图层以禁止在该图层上显示 OLE 对象；设置系统变量 OLEHIDE 以显示或禁止显示图纸空间和/或模型空间中的所有 OLE 对象。

(2) 在图形中链接 OLE 对象。可以将信息从其他应用程序创建的文档链接到 AutoCAD 图形。比如，可能需要在可自动更新的图形中插入时间表。也可以安装通过双击激活的多媒体图标。

(3) 更新链接。可以设置 AutoCAD 在链接文档中的信息改变时自动或手动更新链接。默认情况下，AutoCAD 将自动更新链接。使用 OLELINKS 命令指定自动或是手动更新。

(4) 重建链接。链接指向链接文档所在的位置，当文档的位置改变或重命名时需重建链接。在对包含链接的信息或对象进行替换时也要重建链接。

(5) 中断链接。如果断开链接，插入到 AutoCAD 图形的信息并不会被删除。但会删除与链接文档的连接。不再需要更新信息时可以断开链接。

(6) 在图形中链接对象的步骤。启动服务器应用程序，打开新文档或现有文档。选择要链接的信息，将其复制到剪贴板上。打开 AutoCAD 图形。从 AutoCAD 的“编辑”菜单中选择“选择性粘贴”。在“选择性粘贴”对话框中选择“粘贴链接”，“粘贴链接”将剪贴板的内容粘贴到当前图形中并创建到原文件的链接，如果选择“粘贴”则将嵌入而不是链接剪贴板中的内容。在“作为”框中选择要使用的数据格式，“图片”类型采用 Windows 图元文件格式且该格式主要用于矢量图形。选择“确定”。其命令行为“PASTESPEC”。

(7) 在图形中链接整个文件的步骤。打开 AutoCAD 图形。从 AutoCAD 的“插入”菜单中选择“OLE 对象”。在“插入对象”对话框中选择“从文件创建”，对话框更新以便选择 OLE 服务器文件。选择“链接”，然后选择“浏览”。在“浏览”对话框中选择要链接的文件，然后选择“打开”。在“插入对象”对话框中选择“确定”。选择“确定”，整个文件将链接到 AutoCAD 图形。其命令行为“INSERTOBJ”。

（8）手动更新链接的步骤。从“编辑”菜单中选择“OLE 链接”。在“链接”对话框中选择要更新的链接。选择“开始更新”。选择“关闭”。需要强调的是，如果需要从图形区域而不是从“链接”对话框的列表中选择链接，可在执行步骤（1）之前选择 OLE 对象。其命令行为“OLELINKS”。

（9）更改链接的步骤。在 AutoCAD 图形中选择要更新的链接对象。从 AutoCAD 的“编辑”菜单中选择“OLE 链接”。在“链接”对话框中选择“更改源”。在“更改源”对话框中搜索文件夹找到文件名或文件位置。选择 OLE 服务器文件并选择“打开”，如果所选文件没有链接，则 AutoCAD 仍将尝试查找该文件，如果文件来自不同应用程序或者应用程序找不到命名对象，链接将失败。选择“确定”。其命令行为“OLELINKS”。

（10）断开链接的步骤。选择要断开其链接的链接对象。从“编辑”菜单中选择“OLE 链接”。在“OLE 链接”对话框中选择“断开链接”。选择“是”，然后选择“关闭”。其命令行为“OLELINKS”。

（11）在图形中嵌入 OLE 对象。将信息从其他文档嵌入到图形中时信息不会随源文档中的信息一起更新。将对象复制到剪贴板，然后粘贴到 AutoCAD 图形文件，即可将该对象嵌入到 AutoCAD 图形中。比如，可以将使用其他应用程序创建的公司徽标嵌入到 AutoCAD 图形中。大部分非 AutoCAD OLE 对象以嵌入 OLE 对象的形式粘贴到 AutoCAD 图形中，除非该文件的扩展名为 .txt，否则 AutoCAD 将显示“OLE 特性”对话框，.txt 文件变成多行文字对象。“OLE 特性”对话框显示 OLE 对象的当前尺寸，可以按照图形单位或当前尺寸的百分比调整该对象的大小，也可以通过给包含在 OLE 对象中的字体指定磅值来缩放文字。如果不希望“OLE 特性”对话框自动显示则可以清除“OLE 特性”对话框中的“粘贴新 OLE 对象时显示对话框”选项，也可以在“选项”对话框的“系统”选项卡中清除“显示 OLE 比例对话框”。

（12）将对象拖动到 AutoCAD 中。可以将选定的数据和图形从其他活动应用程序窗口拖动到 AutoCAD 中。AutoCAD 和其他的应用程序都应处于运行状态而且显示在屏幕上。其他应用程序必须支持 ActiveX 才能在应用程序之间拖动信息。被拖动的对象将嵌入到 AutoCAD 中，而不是链接到 AutoCAD 中。拖动数据相当于对其进行剪切和粘贴，信息从一个文档中删除并粘贴到另一文档中，拖动时按下 Ctrl 键相当于复制及粘贴操作，可以在不影响原文档的情况下创建信息的副本。

（13）控制对象的质量。现在大多数绘图仪和打印机都具备光栅功能。当使用光栅绘图仪时，AutoCAD 将 OLE 对象作为光栅进行渲染。因为大型、高分辨率和颜色丰富的光栅打印比较昂贵，所以用户可以控制 AutoCAD 显示每一个对象的方式及其打印方式。通过“选项”对话框中的“打印”选项卡可以指定 OLE 对象的打印质量值。“线条艺术”是打印质量的最低设置，但打印速度最快，占用内存最少。“高质量照片”是打印质量的最高设置，但在打印 OLE 对象时需要较多的内存和时间。

（14）在图形中嵌入 OLE 对象的步骤。在服务器应用程序中打开文档。复制要嵌入到剪贴板中的信息。打开 AutoCAD 图形。从“编辑”菜单中选择“粘贴”。在“OLE 特性”对话框中为链接的 OLE 对象指定尺寸、比例、文字大小和打印质量。选择“确定”。

其命令行为“PASTECLIP”。

(15) 从 AutoCAD 开始创建和嵌入对象的步骤。打开 AutoCAD 图形。从“插入”菜单中选择“OLE 对象”。在“插入对象”对话框的“对象类型”下选择“新建”。在“对象类型”下选择一个应用程序，然后选择“确定”，服务器应用程序将打开。使用服务器应用程序可创建要插入的信息并保存该文档。从服务器应用程序的“文件”菜单中选择“退出并返回”。关闭该服务器应用程序，“OLE 特性”对话框显示该对象的当前尺寸信息。指定该对象的尺寸、比例、文字大小和打印质量，然后选择“确定”，OLE 对象已嵌入到 AutoCAD 图形中。其命令行为“INSERTOBJ”。

(16) 为 OLE 对象指定新的高度或宽度的步骤。在 OLE 对象上单击鼠标右键，然后从快捷菜单上选择“特性”，“OLE 特性”对话框显示该对象的当前尺寸信息。在“尺寸”下以图形单位输入新的高度或宽度，或者在“比例”下输入当前高度或宽度的百分比，OLE 对象边框的高度和宽度将改变。选择“确定”以应用修改。需要强调的是，如果选择“锁定宽高比”，在“大小”或“缩放比例”下更改“高度”或“宽度”中的一个，另一个将自动改变以保持两者之间的当前比例，比如，把“高度”改为 50%，则“宽度”自动变为 50%，如果只希望修改“高度”或“宽度”，则应当清除“锁定宽高比”。其命令行为“OLESCALE”。

(17) 根据字体缩放 OLE 对象中的文字的步骤。在 OLE 对象上单击鼠标右键，然后从快捷菜单上选择“特性”，“OLE 特性”对话框显示该对象的当前尺寸信息。从“文字大小”下的字体列表中选择一种字体，字体列表包含所有在选定的 OLE 对象中出现的字体。从列表中选择磅值，磅值列表包含选定字体的所有大小。在等号后面的框中输入一个以图形单位为单位的值，此值就是具有选定字体和磅值的文字的高度，比如，如果选择 Arial 字体和 10 磅，然后在等号后输入 .5，则选定的 OLE 对象中所有高度为 10 磅、字体为 Arial 的文字的高度变为 0.5 个图形单位，对象中其他文字的大小将相对选定的字体作相应地改变，边框也将调整大小以适应新的文字大小。其命令行为“OLESCALE”。

(18) 图形中 OLE 对象的限制。在 AutoCAD 图形中链接和嵌入 OLE 对象有一些限制，这些限制是设计 OLE 时所固有的。AutoCAD 图形中的 OLE 对象不在外部参照或块参照中显示或打印。在 Microsoft Windows 系统打印机上 OLE 对象不反映对打印旋转所做的修改，要解决这个问题可在“Windows 打印系统配置”对话框中更改打印方向。以 OLE 方式输入到 AutoCAD 图形中的电子表格有大小限制，如果电子表格太大可以减小列宽、行高和字体尺寸，或将电子表格分成几部分进行粘贴，以便将 OLE 对象分成几个较小的对象。在将 OLE 对象输入到 AutoCAD 或其他任何应用程序之前，可以使用 Windows 剪贴板查看器预览此 OLE 对象。

9.2.3 从图形中输出 OLE 对象

可以在其他支持 OLE 的应用程序中链接或嵌入 AutoCAD 图形的视图。

(1) 把视图和其他文档相链接。AutoCAD 图形可以是链接到一个或多个其他应用程序中的文档的源文档。COPYLINK 命令可将当前视口中的视图或图纸空间视图复制到剪贴板中，然后可将该视图粘贴到储存器文档中。如果将未命名视图粘贴到文档中，AutoCAD 将为其指定一个视图名称（如 OLE1)。退出图形时，AutoCAD 将提示保存对新命名视图的修改。要建立链接并保存该视图名称 OLE1，必须保存该图形。

（2）在其他文档中嵌入 AutoCAD 对象。可以选择 AutoCAD 对象并将其嵌入到其他文档中。嵌入就是将 AutoCAD 对象的副本放到其他文档中。然而，编辑储存器应用程序中的 OLE 对象不会更新原 AutoCAD 图形中的对象。如果要保留 AutoCAD 中的原图形而修改其他应用程序文档中的该图形可使用嵌入。

（3）在其他文档中嵌入对象的步骤。从 AutoCAD 的“编辑”菜单中选择“复制”。在图形区域中选择要嵌入的 AutoCAD 对象，然后按 Enter 键，选定的对象将复制到剪贴板上。启动储存器应用程序以打开新文档或现有文档。按储存器应用程序中有关嵌入剪贴板内容的说明操作，将剪贴板中的内容粘贴到该文档中。其命令行为“COPYCLIP”。

（4）将视图链接到另一文档的步骤。首先保存要链接的 AutoCAD 图形，使其有一个图形名称。如果显示了多个视口，可选择一个。从 AutoCAD 的“编辑”菜单中选择“复制链接”，AutoCAD 将该视图复制到剪贴板上。在储存器应用程序中打开新文档或现有文档。按应用程序中有关插入链接数据的说明操作，将剪贴板中的内容粘贴到文档中，插入的 OLE 对象显示在该文档中并可以在 AutoCAD 中通过储存器应用程序对其进行编辑。其命令行为“COPYLINK”。

9.2.4　在图形中编辑 OLE 对象

双击链接或嵌入的 OLE 对象即可方便地对其进行编辑。此操作将打开服务器应用程序，用户可在其中进行修改。是否可进行编辑操作取决于 AutoCAD 是服务器应用程序还是储存器应用程序。

（1）当 AutoCAD 是服务器应用程序时编辑 OLE 对象。包含链接的 AutoCAD 图形的文档中存储了 AutoCAD 图形的文件位置。可以通过贮存器应用程序或在 AutoCAD 中编辑链接的 AutoCAD 图形。AutoCAD 必须和当前编辑的文档同时加载到系统上或可以同时访问。嵌入文档的 AutoCAD 图形只能从储存器应用程序中编辑，在 AutoCAD 中编辑原图形不会影响嵌入了该图形的其他文档。

（2）当 AutoCAD 是储存器应用程序时编辑 OLE 对象。即使 OLE 对象位于 AutoCAD 对象之后也可以单击 OLE 对象选中它。要选择重叠的 AutoCAD 对象必须使用快捷菜单禁止选择 OLE 对象。AutoCAD 的编辑命令和捕捉模式对于 OLE 对象无效，要缩放 OLE 对象和调整其尺寸可使用 OLE 夹点，使用定点设备在一个 OLE 对象上单击鼠标右键时，可以通过显示的快捷菜单剪切、复制、编辑或清除 OLE 对象，使用快捷菜单还可以控制 OLE 对象的图形次序、显示和可选性。具体可参考本书前述“复制对象”中的相关内容。

（3）编辑储存器应用程序中链接的图形的步骤。打开包含 AutoCAD 图形链接的文档（例如，Microsoft Word 文件）。双击链接的图形，该图形将在 AutoCAD 中打开。根据需要修改图形。从 AutoCAD 的“文件”菜单中选择“保存”以保存对图形的修改。从 AutoCAD的“文件”菜单中选择“退出”以返回到储存器应用程序，图形在与其相链接的全部文档中已被修改。链接的更新方式取决于储存器应用程序，某些应用程序支持链接的自动更新，某些应用程序则需要手动更新链接，在许多应用程序中可以选择手动更新链接或自动更新链接。

（4）在 AutoCAD 中编辑链接图形的步骤。启动 AutoCAD，打开链接图形。根据需要修改图形和视图。从 AutoCAD 的“文件”菜单中选择“保存”，保存对 AutoCAD 图形的修改。必要时可更新合成文档的链接。如何更新合成文档中的链接取决于创建该文档的应用程序，某些应用程序支持链接的自动更新，某些应用程序则需要手动更新链接。

（5）编辑嵌入的 AutoCAD 对象的步骤。打开包含嵌入的 AutoCAD 对象的文档（比如，Microsoft Word 文件）。双击嵌入对象以启动 AutoCAD 并显示该对象。根据需要修改对象。从“文件”菜单中选择“更新”，保存对嵌入对象所做的修改。从“文件”菜单中选择“退出”，关闭 AutoCAD。

（6）缩放 OLE 对象或调整其尺寸的步骤。选择要调整尺寸或缩放的 OLE 对象。拖动尺寸控点改变对象尺寸，拖动中心控点在某个方向上拉伸对象；拖动角控点按比例缩放对象并保持宽高比。

（7）移动 OLE 对象的步骤。选择要移动的 OLE 对象。在对象边框上移动光标直到出现移动光标（4 个箭头）。将 OLE 对象拖到新位置。

（8）剪切、复制或清除 OLE 对象的步骤。在 OLE 对象上单击鼠标右键。从快捷菜单中选择要使用的以下 4 个选项，即：“剪切”把对象从图形中删除并将其放到剪贴板上；“复制”将对象复制到剪贴板；“清除”可将对象从图形中删除但不放在剪贴板上；“放弃”可取消上一个编辑操作。关于其他选项可从菜单底部选择“对象”选项。

（9）将 OLE 对象移动到 AutoCAD 对象之前或之后的步骤。在 OLE 对象上单击鼠标右键。从快捷菜单中选择“前置”或“后置”。

（10）将 OLE 对象恢复到原始尺寸和形状的步骤。在 OLE 对象上单击鼠标右键。从快捷菜单中选择“剪切”。从“编辑”菜单中选择“粘贴”，OLE 对象将以其原始尺寸和形状粘贴到图形中。其命令行为“CUTCLIP，PASTECLIP”。

（11）改变 OLE 对象图层的步骤。在 OLE 对象上单击鼠标右键。从快捷菜单中选择“剪切”。使用“图层”工具栏或 LAYER 命令改变当前图层。从“编辑”菜单中选择“粘贴”，OLE 对象将以原始尺寸和形状粘贴到新图层中。其命令行为“CUTCLIP，PASTECLIP”。

（12）控制 OLE 对象显示的步骤。在命令提示下，输入 olehide。输入“0”“1”“2”或“3”，其中：“0”在图纸空间和模型空间中都显示 OLE 对象；“1”仅在图纸空间中显示 OLE 对象；“2”仅在模型空间中显示 OLE 对象；“3”不显示 OLE 对象。

（13）打开或关闭 OLE 对象的可选性的步骤。在 OLE 对象上单击鼠标右键。从快捷菜单中选择“可选择”。复选标记表示 OLE 对象可选择。

9.3 使用其他格式的数据

AutoCAD 有多种类型的文件可供使用，其中包括用其他应用程序创建的文件和在当前或早期版本的 AutoCAD 中创建的文件，还可以指定图形和支持文件的搜索路径。

9.3.1 输入以其他格式创建的文件

用户可以用指定格式打开并使用其他应用程序生成的图形或图像。AutoCAD 可以处理 DXF 和 WMF 格式的转换，可以使用与每个文件类型相关的命令来转换格式，也可以通过打开或输入文件来转换它。

（1）输入 DXF 文件。DXF 文件是图形文件的 ASCII 或二进制表示形式，它用于在应用程序之间共享图形数据。打开 DXF 文件，并以 DWG 格式将其保存，即可输入该文件，然后，可以将其输入到任何其他的图形文件并分解。

（2）输入 DXB 文件。DXBIN 命令可以打开由 AutoShade 等程序生成的特殊编码的二进制 DXB 文件。

（3）输入 ACISSAT 文件。可以输入存储在 SAT（ASCII）文件中的几何图形对象。AutoCAD 将模型转换为体对象。如果体是真正的实体或面域，将相应地转换为实体和面域。转换完成后，AutoCAD 使用其 Shape Manager 建模程序创建新对象以及进行三维操作和实体编辑。

（4）输入 3DStudio 文件。可以输入使用 3DStudio 创建的文件。3DSIN 读取 3DStudio 几何图形和渲染数据，包括网格、材质、贴图、光源和相机等。3DSIN 不能输入 3DStudio 过程化材质或平滑编组。

（5）输入 WMF 文件。WMF（Windows 图元文件格式）文件经常用于生成图形所需的剪贴画和其他非技术性图像。可以将 WMF 文件作为块插入到 AutoCAD 中。与位图不一样，WMF 文件包含矢量信息，该信息在调整大小和打印时不会造成分辨率下降。如果 WMF 文件包含二维实体或宽线，可以关闭它们的显示以加快绘图速度。WMF 文件可以包含矢量和光栅信息，但 AutoCAD 只读取矢量信息，当 AutoCAD 读入包含光栅信息的 WMF 文件时光栅信息被忽略。具体可参考本书前述“从外部文件输入文字”中的相关内容。

（6）打开 DXF 文件的步骤。从“文件”菜单中选择“打开”。在“选择文件”对话框的“文件类型”框中选择“DXF（*.dxf）”。查找并选择要输入的 DXF 文件，或者在“文件名”处输入 DXF 文件的名称。选择“打开”。

（7）打开 DXB 文件的步骤。从“插入”菜单中选择“图形交换二进制”。在“选择 DXB 文件”对话框中，查找并选择要输入的 DXB 文件。选择“打开”，文件将在 AutoCAD 中打开。其命令行为“DXBIN”。

（8）输入 ACIS 文件的步骤。从“插入”菜单中选择“ACIS 文件”。在“选择 ACIS 文件”对话框中选择要输入的文件。选择“打开”。其命令行为“ACISIN”。

（9）输入 3DStudio 文件的步骤。从“插入”菜单中选择“3DStudio”。在“3DStudio 文件输入”对话框中，找到并选择要输入的文件。选择“打开”。其命令行为“3DSIN”。

（10）输入 WMF 文件的步骤。从“插入”菜单中选择“Windows 图元文件”。在“输入 WMF”对话框中，选择要打开的 WMF 文件，然后选择“打开”。指定 WMF 文件的插入点。要指定缩放比例可使用以下 3 种方法之一，即：要指定其尺寸与比例因子一致的假想框可在命令行上输入 c（角点），在插入点的右上方指定对角点以避免插入镜像图像；要指定三维比例因子可输入 xyz；要设置 X 和 Y 比例设置可在命令行上输入比例，可以设置不同的水平和垂直比例，输入 1 保留当前比例，输入更高的数值可以扩大图元文件图像（输入 2，双倍扩大图像的大小），输入小于 1 的正数将缩小图像（输入 .5，减半图像的大小)，使用此选项将使以特定的比例或大小输入 WMF 文件变得非常困难。指定旋转角度。其命令行为“WMFIN”。

(11) 控制 WMF 文件中实体填充和宽线显示的步骤。从“插入”菜单中选择“Windows 图元文件”。在“输入 WMF”对话框中，选择“工具”➤“选项”。在“WMF 输入选项”对话框中选择或清除“线框图（不填充）”和“宽线”以设置实体填充和宽线的显示，默认情况下将打开这些选项。选择“确定”。以正常方式输入 WMF 文件。其命令行为“WMFIN”。

9.3.2　将图形以其他文件格式输出

如果在另一个应用程序中需要使用 AutoCAD 图形，可以将其输出转换成指定的格式，还可以使用剪贴板。

(1) DXF 文件。可以将图形输出为 DXF（图形交换格式）文件。DXF 文件是包含图形信息的文本文件，其他的 CAD 系统可以读取文件中的信息。如果其他人正使用能够识别 DXF 文件的 CAD 程序，那么以 DXF 格式保存图形就可以共享该图形。控制 DXF 格式的浮点精度最多可达 16 位小数。并可以 ASCII 格式或二进制格式保存该图形，如果不想保存整个图形则可以只输出选定对象以删除无关的材质。

(2) 创建 DXF 文件的步骤。从“文件”菜单中选择“另存为”。在“图形另存为”对话框的“文件类型”框中选择 DXF 格式，要以 DXF 格式保存整个图形可直接转至相关步骤；要以 DXF 格式保存特定对象可选择“工具”➤“选项”，在“另存为选项”对话框中选择所需的 DXF 格式，然后选择“选择对象”，输入一个值作为精度的小数位数，然后选择“确定”。在“图形另存为”对话框中选择一个文件夹，输入文件名，然后选择“保存”，AutoCAD 可以为文件附加扩展名 .dxf。如果选择保存特定对象可选定该对象并按 Enter 键。其命令行为“SAVEAS”。

(3) WMF 文件特点。许多 Windows 应用程序都使用 WMF 格式。WMF（Windows 图元文件格式）文件包含矢量图形或光栅图形格式。AutoCAD 只在矢量图形中创建 WMF 文件。矢量格式与其他格式相比，能实现更快地平移和缩放。

(4) 创建 Windows 图元文件（WMF）的步骤。从“文件”菜单中选择“输出”。在“输出数据”对话框的“文件类型”框中选择“图元文件（*.wmf）”。选择一个文件夹，输入文件名，然后选择“保存”，AutoCAD 可以为文件附加扩展名 .wmf。其命令行为“EXPORT”。

(5) 光栅文件。可以使用若干命令将对象输出到与设备无关的光栅图像中，光栅图像的格式可以是位图、JPEG、TIFF 和 PNG。当对象（包括着色视口和渲染视口中的对象）出现在屏幕上时即显示在光栅图像中。某些文件格式在创建时即为压缩形式，比如 JPEG 格式。压缩文件占据的磁盘空间较少，但有些应用程序可能无法读取这些文件。

(6) 创建位图文件（BMP）的步骤。在命令行上输入 bmpout。在“创建光栅文件”对话框中选择一个文件夹，输入文件名，然后单击“保存”，AutoCAD 可以为文件附加扩展名 .bmp。选择要保存的对象。其命令行为“BMPOUT”。

(7) 创建 JPEG 文件（JPG）的步骤。在命令行上输入 jpgout。在“创建光栅文件”对话框中选择一个文件夹，输入文件名，然后单击“保存”，AutoCAD 可以为文件附加

扩展名 .jpg。选择要保存的对象。其命令行为“JPGOUT”。

(8) 创建 TIFF 文件（TIF）的步骤。在命令行上输入 tifout。在“创建光栅文件”对话框中选择一个文件夹，输入文件名，然后单击“保存”，AutoCAD 可以为文件附加扩展名 . tif。选择要保存的对象。其命令行为“TIFOUT”。

(9) 创建便携式网络图形文件（PNG）的步骤。在命令行上输入 pngout。在“创建光栅文件”对话框中选择一个文件夹，输入文件名，然后单击“确定”，AutoCAD 可以为文件附加扩展名 . png。选择要保存的对象。其命令行为“PNGOUT”。

(10) PostScript 文件。许多桌面发布应用程序使用 PostScript 文件格式类型。其高分辨率的打印能力使其更适用于光栅格式，如 GIF、PCX 和 TIFF。将图形转换为 PostScript 格式后也可以使用 PostScript 字体。通过编辑 AutoCAD PostScript 支持文件 acad. psf，可以通过多种方式自定义 PostScript 输出的外观，这在执行输出功能（如为不同颜色指定不同线宽或使用 PostScriptsetdash 功能创建特定线型时）非常有用。

(11) 用 PostScript 格式输出。当用 PostScript 格式将文件输出为 EPS 文件时，一些 AutoCAD 对象将被渲染，如文字、属性定义和属性；加粗的文字和文字控制代码；ISO8859Latin/1 字符集；圆、圆弧、椭圆、椭圆弧；填充实体；二维多段线。如果在 PostScript 支持文件 acad. psf 的字体替换映射表中指定了转换文字对象的字体文件，则 AutoCAD 使用指定的 PostScript 字体打印文字，否则，AutoCAD 使用轮廓字符渲染文字，acad. psf 文件必须位于在“选项”对话框中指定的支持目录中。如果 AutoCAD 文字的厚度超过 0 或包含控制代码（如%%O 或%%D），虽然该文字已准确渲染但并不以 PostScript 文字打印，国际符号和特殊符号（如%%213）以 PostScript 文字输出。当 AutoCAD 文字使用 127～255 的字符代码时将按照 ISO8859Latin/1 字符集解释该文字，如果在映射到 PostScript 的文字中出现这种字符，则 AutoCAD 将重新映射一个编码矢量生成这种字体的版本以显示 ISO 字符集，得到的文字将以 PostScript 字体的兼容格式输出。对圆、圆弧、椭圆、椭圆弧，除非它们具有厚度，否则 AutoCAD 将圆弧和圆转换成相应的 PostScript 路径对象。实体填充以 PostScript 填充路径打印。具有统一宽度的二维（平面的）多段线以 PostScript 不连续路径输出，PostScript 端点封口和斜接限制变量设置为 AutoCAD 执行的近似的线段合并。

(12) 创建 PostScript 文件的步骤。从“文件”菜单中选择“打印”。在“打印”对话框“打印设备”选项卡上的“名称”框中，选择 PostScript 格式配置。在“打印到文件”下的“文件名”框中输入 PostScript 文件名。在“位置”下，为 PostScript 文件选择位置。根据需要为 PostScript 文件选择其他打印设置。选择“确定”。其命令行为“PLOT”。

(13) ACIS 文件。可将代表修剪过的 NURBS 曲面、面域和三维实体的 Shape Manager 对象输出到 ASCII（SAT）格式的 ACIS 文件中。其他一些对象（如线和圆弧）将被忽略。

(14) 创建 ACIS 文件的步骤。从“文件”菜单中选择“输出”。在“输出数据”对话框中输入文件名。在“文件类型”下，选择“ACIS（*. sat)”，然后选择“保存”。选择要保存为 ACIS 文件的对象，AutoCAD 将自动附加文件扩展名 . sat。其命令行为“EX-

PORT，ACISOUT”。

（15）3DStudio 文件。可以创建 3DStudio（3DS）格式的文件，此过程保存三维几何图形、视图、光源和材质。3DSOUT 命令输出圆、多边形网格、多面网格和具有表面特征的对象。关于输出规则的完整列表可参考“命令参考”中的 3DSOUT 命令。

（16）创建 3DS 文件的步骤。从“文件”菜单中选择“输出”。在“输出数据”对话框中输入文件名。在“文件类型”下，选择“3DStudio（*.3ds）”，然后选择“保存”。选择要输出的对象，然后按 ENTER 键。在“3DStudio 输出文件”对话框中，输入文件名。选择“保存”，AutoCAD 将自动给文件附加扩展名 .3ds。其命令行为“EXPORT，3DSOUT”。

（17）Stereolithograph 文件。可以用平板印刷设备（SLA）兼容的文件格式输出 AutoCAD实体对象。实体数据以三角形网格面的形式转换为 SLA。SLA 工作站使用该数据来定义代表部件的一系列图层。

（18）在 SLA 文件中存储实体的步骤。从“文件”菜单中选择“输出”。在“输出数据”对话框中输入文件名。在“文件类型”下，选择“平板印刷（*.stl）”，然后选择“保存”。选择一个或多个实体对象，所有对象必须完全处于世界坐标系（WCS）的正 XYZ 象限内，即它们的 X、Y 和 Z 坐标必须均大于 0，AutoCAD 将自动给文件附加扩展名 .stl。其命令行为“STLOUT”。

（19）DWF 文件。可以使用 AutoCAD 创建 Web 图形格式（DWF）文件。DWF 文件是二维矢量文件，用户可使用这种格式在 Web 或 Intranet 网络上发布 AutoCAD 图形。任何人都可以使用 Volo View 3 或 Autodesk Express Viewer 打开、查看和打印 DWF 文件。使用 VoloView 3 或 Autodesk Express Viewer，还可以在 Microsoft Internet Explorer 5.01 或更高版本中查看 DWF 文件。DWF 文件支持实时平移和缩放以及对图层和命名视图显示的控制。具体可参考 10.4 节“发布图形集”中的相关内容。

9.3.3 使用不同版本和应用程序中的图形

可以共享 AutoCAD 和 AutoCAD LT 的图形文件、早期版本的图形文件和包含自定义对象的图形文件，但在某些情况下有限制。

（1）以早期图形文件格式保存图形。可以采用与 AutoCAD 早期版本兼容的格式保存由当前版本 AutoCAD 创建的图形。该过程创建了包含当前版本的 AutoCAD 所特有的信息的图形（从其他对象类型提取或转换为其他对象类型）。当输出该图形时，日志将列出改变或丢失的信息。如果使用当前版本的 AutoCAD 打开以早期版本创建的图形并且不在当前版本中添加任何特定信息，那么可以早期版本的格式保存图形而不丢失数据。需要强调的是，要使用以 AutoCAD R12 或 AutoCAD R2 创建的文件可使用“AutoCAD R12/LT2 DXF”选项保存该图形。如果需要保持以早期版本创建的图形的初始格式可将该文件标记为只读，或者在当前版本的 AutoCAD 中打开该文件，然后使用“另存为”对话框中的“文件类型”选项以其初始格式保存。以早期的版本格式保存图形可能会引起数据丢失，所以务必指定一个不同的名称以避免覆盖当前的图形，如果覆盖了 AutoCAD 2004 版本的图形还可以从保存过程中创建的备份文件（文件名 .bak）中恢复已覆盖的版本。

（2）保持标注的关联性。在 AutoCAD 2002 或更高版本中所创建的关联标注通常在以早期版本保存，然后在当前版本中重新打开时仍保持其关联性。然而，如果使用早期版本将标注对象修改为形成新对象的范围，标注的关联性将在图形被加载到当前版本时变更。例如，如果修剪一条标注的直线，以便删除此直线的一部分，将得到两个线性对象，并且关联标注仅应用到其中一个线性对象中。当图形保存为 AutoCAD R12/LT2 DXF 文件，然后在当前版本下重新打开时，将不保持标注的关联性。需要强调的是，以 AutoCAD 2002 之前的版本格式保存的图形保留 DIMASSOC 系统变量的设置，当在 AutoCAD 2002 或更高版本中重新打开图形时将恢复标注的关联性设置，如果在 AutoCAD 2002 中打开传统图形，则 DIMASSOC 系统变量将采用传统图形的 DIMASO 系统变量的值。

(3) 以早期版本格式保存 AutoCAD 图形的步骤。从“文件”菜单中选择“另存为”。在“图形另存为”对话框中的“文件名”框中输入新的图形名。在“文件类型”下选择所需要的 AutoCAD 或 AutoCAD LT 文件格式。选择“确定”。其命令行为“SAVEAS”。

(4) 在 AutoCAD LT 中使用 AutoCAD 图形。AutoCAD LT 完全兼容 AutoCAD 图形。然而，用户必须了解 AutoCAD LT 处理 AutoCAD 2000i 和更高版本中新功能或增强功能的方式，包括：非矩形布局视口；在单个图形文件中的多个用户坐标系统；二维和三维实体对象着色。

(5) 编辑非矩形布局视口。在 AutoCAD 中，将图纸空间中绘制的对象转换到视口中，就可以创建具有不规则边界的布局视口。当在 AutoCAD LT 中打开包含这些非矩形视口的图形时，可以编辑这些视口。比如，可以移动、复制或旋转非矩形视口，也可以标注、平移或缩放视口中显示的模型，然而，不能在 AutoCAD LT 中创建非矩形视口。

(6) 使用多个用户坐标系。在 AutoCAD 中，对于单个图形文件的每个视口可选择使用不同的用户坐标系（UCS)。在 AutoCAD LT 中，在每个图形文件中只能使用一个 UCS。AutoCAD LT 的表现与早期版本的相同。当在 AutoCAD LT 中打开 AutoCAD 图形文件时，AutoCAD LT 只使用当前视口的 UCS。如果在 AutoCAD LT 中编辑并保存图形，然后在 AutoCAD 中重新将其打开，可能会发现 UCS 的使用存在一些差异。如果在 AutoCAD 中单独设置用户坐标系，而在 AutoCAD LT 任务中激活使用该坐标系的视口，则这些坐标系有可能更改。

(7) 使用 AutoCAD 二维和三维实体对象着色。在 AutoCAD 中，SHADEMODE 命令为当前视口中的对象提供着色和线框选项。AutoCAD 的 7 个可用选项之中，只有两个可在 AutoCAD LT 中使用：二维线框和消隐。在 AutoCAD LT 中，可使用 SHADEMODE 命令在使用其余 5 个选项于 AutoCAD 中创建的视口上关闭渲染。此操作可显示出基本的几何图形，因此可以轻松编辑图形，并将该几何图形与精确的绘图工具（比如对象捕捉）结合使用。

(8) 使用自定义对象和代理对象。自定义对象是由 ObjectARX（AutoCAD 运行扩展）应用程序创建的对象类型，它具有的特定功能通常比标准 AutoCAD 对象多。自定义对象包括参数化的实体（Autodesk Mechanical Desktop)、智能交互门符号（Autodesk Architectural Desktop)、多边形对象（Autodesk Map）和关联标注对象（AutoCAD 和 AutoCAD LT)。除 Autodesk 外，许多软件供应商都使用 ObjectARX 编写能够创建图形自定义对象和非图形自定义对象的程序，这些对象在 AutoCAD 应用程序中很有用。

(9) 代理对象。当 AutoCAD 或其他宿主应用程序无法使用创建自定义对象的 ObjectARX 应用程序时，将以代理对象代替自定义对象。此后，如果 ObjectARX 应用程序对 AutoCAD 可用，代理对象将被自定义对象取代。与相应的自定义对象相比，代理对象的功能明显减少。代理对象可编辑的范围由 ObjectARX 应用程序决定。例如，根据创建对象的应用程序，可以决定能否对代理对象进行删除对象、移动对象或更改对象属性等操作。在打开图形时可能会看到“代理信息”对话框，对话框将显示图形中代理对象（图形对象和非图形对象）的总数、缺少的应用程序的名称，并提供有关代理对象的类型和显示状态的附加信息，可用此对话框控制代理对象的显示。

(10) Object Enabler。Object Enabler 是一种工具，当未提供创建自定义对象的 ObjectARX 应用程序时，可用来对 AutoCAD 或其他宿主应用程序中的自定义对象进行特定查看和执行标准编辑操作。Object Enabler 可使图形中的自定义对象的行为比代理图形更加智能。在使用 AutoCAD、AutoCAD LT、Volo View 3 和 3D Studio Max 时，Object Enabler 还便于工作组的协作。如果系统中没有安装 ObjectARX 应用程序，AutoCAD 将检查 Web 上可用的 Object Enabler。例如，如果收到一个包含对象的图形，该图形在 AutoCAD Architectural Desktop 中创建，但是系统上没有安装此应用程序，AutoCAD 将下载 AEC Object Enabler，这样可以在需要的时候查看这些图形。要控制 AutoCAD 是否检查 Object Enabler，可使用“选项”对话框“系统”选项卡上的“Live Enabler”设置。关于当前可用 Object Enabler 的完整列表可访问 AutodeskWeb 站点：http：//www.autodesk.com/liveenablers。

(11) 对象分类。AutoCAD 并不应用或更改对象分类（也称为功能分类），但如果应用程序（如 Autodesk Map）用于向对象添加功能（对象）分类，则可以在“类名”项目的“特性”选项板下查看分类。如果对象分类从关联的分类（XML）文件或关联的分类文件中丢失，“类名”栏目中将显示叹号。关于创建特征分类时所需的信息可参考 Autodesk Map 文档。也可以使用“快速选择”功能根据“类名”和“类特性”选择对象。

9.4 访问外部数据库

可以使用 AutoCAD 将 AutoCAD 图形对象与存储在外部数据库程序（如 dBASE、Oracle 和 Microsoft Access）中的数据进行关联或链接。即使在使用之前不了解数据库或查询语言，也可以使用所有的外部数据库特性。但本节不包括数据库设计的理论细节或结构查询语言（SQL）的语义细节。

9.4.1 通过 AutoCAD 使用外部数据库的特点

将数据库记录链接到图形对象时，可以使用功能强大的数据库查询过滤和排序信息，可以以图形方式提供查询的结果。数据库是有逻辑联系的信息的集合，通常以类似于典型电子表格的表格形式出现。表 9.4.1 就是一个数据库的简单例子，一个行政部门用它来安排维护工作，它由标记为“维护任务”“预计时间”“周期”和“维护者”的 4 个列（或者说是 4 个字段）组成，单个字段（称为单元）存储特定变量的数据，表中各行称为记录。

表 9.4.1　　**维 护 数 据 库 表**

维护任务	预计时间/天	周期	维护者
电梯检修	3.5	季度	张三
地毯除尘	5.25	周	李四
电源检查	2.00	隔周	王五
空气净化器	3.00	月	吴六

大多数数据库系统是非常灵活的，因此很容易进行修改。可以向表中添加新的字段或者从表中删除现有的字段。同样，也可以在表中添加、删除记录或编辑现有的记录。对许多数据库，也可以定义多个表之间的关系。例如，假定有两个表共用一个公共字段——房间号，如果使用关系型数据库，则可以用它们的公共字段把这两个表连接起来，从而不必维护多个表，在多个表中输入重复的数据。

通过链接处理，可以使用 AutoCAD 将 AutoCAD 图形对象和外部数据库表中的数据相关联。链接是引用了一个或多个记录的数据库表的指针。也可以使用 AutoCAD 将标签作为文本对象附着在图形中，显示选定数据表字段的数据。

AutoCAD 数据库连接特性提供如下 6 方面功能，即：外部配置实用程序用于使 AutoCAD 能访问包含在特定数据库系统中的数据；数据库连接管理器用于将链接、标签和查询与 AutoCAD 图形相关联；“数据视图”窗口用于显示 AutoCAD 任务中来自数据库表的记录；查询编辑器用于创建、执行和存储 SQL 查询；移植工具用于将早期版本中创建的文件中的链接和可显示的属性转换为 AutoCAD 2000 或更新版本的格式；“链接选择”操作用于创建基于查询和图形对象的迭代选择集。

9.4.2　从 AutoCAD 中访问数据库

配置数据源之后，可以从 AutoCAD 中查看和编辑数据源的记录。

（1）配置数据库以便和 AutoCAD 图形一起使用。必须先使用 Microsoft ODBC（开放式数据库连接）和 OLEDB 程序配置外部数据库，才能从 AutoCAD 访问该外部数据库。通过使用 ODBC 和 OLEDB，AutoCAD 可以使用其他应用程序的数据，无论这些数据使用何种格式存储，或者这些数据是否创建在相同的数据库平台上。配置过程包括新建一个数据源来指向数据集合并提供必要的访问驱动程序的信息。数据源可以是存储在环境、目录或模式中的单独的表或者表的集合。环境、目录和模式是大多数数据库管理系统用来帮助用户组织数据的层次数据库元素，它们在许多方面与基于 Windows 的目录结构类似，即可以把环境看成是一个文件夹，文件夹中包含目录，目录中包含模式，每个模式是一个表的集合。不同的数据库系统其配置过程会略有差别。例如，Oracle 和 Microsoft SQL Server 这样的基于服务器的数据库需要用户输入有效的用户名和口令，并且指定数据库所在的网络位置。而 Microsoft Access 和 dBASEⅢ这样的文件数据库不需要此类信息。由于存在这些区别，提供一个对所有数据库都适用的通用配置程序是不可能的。AutoCAD 帮助系统中的 acad _ dpg. chm 文件提供了所有 AutoCAD 支持的数据库的配置方法。其他信息可参考数据库系统的相关资料和 Microsoft 的 ODBC 和 OLEDB 帮助文件。AutoCAD 2000 连接功能支持下列 7 方面外部应用程序，即 Microsoft Access、dBASE、

Microsoft Excel、Oracle、Paradox、Microsoft Visual FoxPro、SQL Server。AutoCAD 包含 Microsoft Access 数据库文件的样例以及配合数据库使用的预配置直接驱动程序（jet _ dbsamples. udl），不必安装 Access，该文件位于 AutoCAD 安装目录的 Sample 文件夹中。如果将 Sample 文件夹移动到其他位置，则必须更新 jet _ dbsamples. udl 配置文件中的路径才可以使用此数据库文件。

（2）数据库连接管理器。如图 9.4.1 所示，数据库连接管理器是包含一组按钮和一个树状图的窗口，可以固定位置，也可以改变大小。在数据库连接管理器中，可以打开“数据视图”窗口，查看或编辑数据库表；也可以将各式各样的数据库对象（如链接样板、标签样板和查询）与 AutoCAD 图形相关联。数据库连接管理器的树状图包含图形节点、数据源节点。图形节点的作用是显示每个打开的图形，每个图形节点显示了与该图形相关联的所有数据库对象。数据源节点的作用是显示所有在系统中已经配置好的数据源。数据库连接管理器中的各种节点和数据库对象都有快捷菜单选项与之相关联，比如可以使用快捷菜单选项配置数据源或编辑保存的查询。

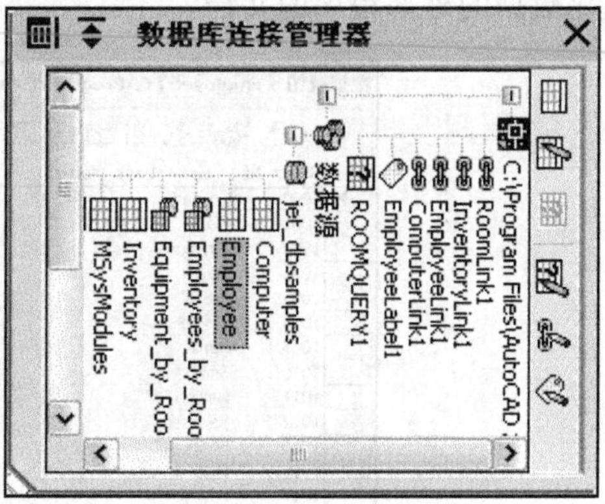

图 9.4.1 数据库连接管理器

（3）打开和关闭数据库连接管理器的步骤。从“工具”菜单中选择“数据库连接”。其命令行为 DBCONNECT。

（4）使用新的信息更新 jet _ dbsamples. udl 配置文件的步骤。从“工具”菜单中选择“数据库连接”。在数据库连接管理器的树状图中右键单击“数据源”，然后单击“配置数据源”。从“配置数据源”对话框的“数据源”列表中选择 Jet _ dbsamples，然后选择“确定”。在“数据链接特性”对话框的“连接”选项卡上选择 [...] 按钮。在“选择 Access 数据库”对话框中找到并选择 db _ samples. mdb 文件，然后选择“打开”，该文件位于 AutoCAD Sample 文件夹中。选择“测试连接”以检验能否正确连接。如果连接失败，可检查是否选择了正确的文件。选择“确定”，退出所有对话框。

（5）查看数据库表中的数据。配置数据源之后可以从 AutoCAD 中访问数据源的表。“数据视图”是一个可以查看和编辑数据库记录的窗口，能够以只读或编辑模式打开表。在以只读方式打开时，不能添加、删除或编辑表中的记录。打开一个表就建立了一个到它的父数据库的连接。有些数据库系统要求在建立连接前输入有效的用户名和口令。如图 9.4.2 所示，“数据视图”窗口是一个类似于电子表格的环境，显示数据库表的记录。通过窗口右边的滚动条和下面的定位按钮可以在记录集中移动。如图 9.4.3 所示，“数据视图”窗口中的栅格包含 4 个元素，即列标题、记录标题、栅格单元、栅格标题，单击列标题可以选择该列的所有记录；单击记录标题可以选择单个记录；单击栅格单元可以选择给定记录的一个字段；栅格标题可以选择整个表。“数据视图”窗口在显示记录方面有很大的灵活性，用户可以移动列或调整列的大小；可以在“数据视图”窗口显示中隐藏列以删除这些列；可以按升序或降序对列数据进行排序；可以冻结列或列组合以使其位置固定而不随着水平滚动条滚动；可以在某列中对齐文字；可以将多种字体样式和字号应用到“数据视图”窗口显示中。“数据视图”窗口中列的格式和表的排序方式不被保存，如果打开一个新表或关闭当前表这些信息就会丢失。要创建并保存一个格式报告，必须把“数据视图”窗口的内容复制到剪贴板上，再将其粘贴到 Microsoft Excel 之类的外部程序中，然后才能使用外部程序应用并保存所需的格式设置。关于创建样板的详细信息可参考用来格式化数据的外部程序的文档。

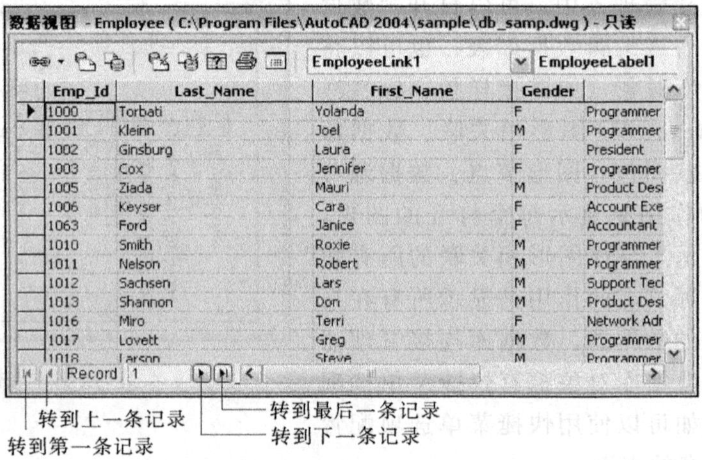

图 9.4.2 “数据视图”窗口

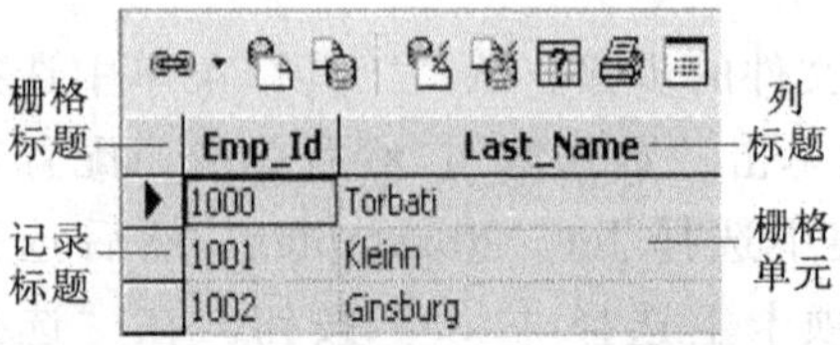

图 9.4.3 “数据视图”窗口中的栅格

（6）数据库视图和外部查询。有些数据库管理系统支持视图。视图提供其他显示表中数据的方法。例如，可以使用视图显示整个表的子集，也可以使用视图在表之间定义关系和新建包含原始表的组合记录的表。对不支持视图的数据库系统，用查询可以得到类似的结果。关于创建和使用视图及查询的信息可参见数据库系统文档。AutoCAD 在数据库连接管理器的“数据源”节点中显示视图和外部查询。外部查询不是在 AutoCAD 中而是在外部数据库系统中创建和存储。通过 AutoCAD，可以像使用任何其他表一样使用外部查询和视图；可以在“数据视图”窗口中查看或编辑它们，根据它们构造查询，或根据它们的记录创建链接和标签。

（7）打开表并对其进行查看或编辑的步骤。从“数据库连接”菜单中执行下列两项操作之一，即：选择“查看数据”➤“查看外部表”，以只读模式打开一个表；选择“查看数据”➤“编辑外部表”，以编辑模式打开一个表。如果要连接的数据库要求输入有效的用户名和口令，则 AutoCAD 会提示用户输入用户名和口令。在“选择数据对象”对话框中找到并选择要打开的表，然后选择“确定”。需要强调的是，某些数据库系统要求在查看或编辑数据库表前先获得访问权限，可参见与数据库系统相关的文档或者向数据库系统管理员咨询。

（8）直接从数据库连接管理器的“数据源”节点打开表的步骤。双击数据库连接管理器中的表。默认情况下 AutoCAD 以编辑模式打开被双击的表，如有必要可以将这个默认的双击行为改为只读模式。

（9）修改数据库表的双击打开设置的步骤。从“工具”菜单中选择“选项”。在“系统”选项卡上，选择“以只读模式打开表”。选择“确定”。

（10）移动列的步骤。单击要移动的列的列标题。再次单击该列标题并把它拖动到所需的位置。

（11）调整列大小的步骤。在“数据视图”窗口中确定要调整大小的列，选择列标题右边框的栅格线。向右拖动边框可以扩大列，向左拖动边框可以缩小列。

（12）隐藏列的步骤。在“数据视图”窗口中，选择要隐藏的列的列标题。在列标题上单击右键，然后选择“隐藏”。

（13）显示所有隐藏列的步骤。在“数据视图”窗口的任一列标题上单击右键，然后选择“全部显示”。

（14）指定“数据视图”窗口中的显示排列次序的步骤。在“数据视图”窗口中的任一列标题上单击右键，然后选择“排序”。在“排序依据 1”列表中选择要排序的列，然后选择“升序”或“降序”指定一种排序方式。“升序”将列按从小到大的顺序排列；“降序”将列按从大到小的顺序排列。如果需要，可以在“排序依据 2”列表中选择其他排序列，然后选择“升序”或“降序”选项来指定一种排序方式。排序操作先根据“排序依据 1”列表中指定的值对所有表中的记录排序，然后按“排序依据 2”列表中指定的值排序。要添加其他排序字段，可重复相关步骤。一次最多可以对 5 个列进行组合排序。

（15）冻结一列或多列的步骤。在“数据视图”窗口中选择要冻结的一列或多列。在选择的一个列标题上单击右键，然后选择“冻结”。需要强调的是，“冻结”选项只适用于相邻的列，如果要冻结的列不全是相邻的，可按本书后续“移动列的步骤”中的说明对其进行移动。

（16）解冻所有冻结列的步骤。在“数据视图”窗口中的任一列标题上单击右键，然后选择“全部解冻”。

（17）在一列或多列中对齐文字的步骤。在“数据视图”窗口中，选择要对齐文字的一列或多列。在任意一个列标题上单击右键，然后选择“对齐”。选择下列 4 个选项之一对齐文字，即“标准”“左对齐”“居中”“右对齐”。选择“标准”时数字型字段右对齐，其他类型的字段左对齐；选择“左对齐”时列单元左对齐；选择“居中”时列单元居中对齐；选择“右对齐”时列单元右对齐。

（18）为“数据视图”选择字号和字体样式的步骤。在“数据视图”窗口中，右键单击数据库表左上方的空白区域。在快捷菜单上单击“格式”。选择要使用的字体设置，然后选择“确定”。

（19）从“数据视图”窗口输出数据的步骤。在数据库连接管理器中双击数据库表将它打开。选择要从“数据视图”窗口输出的记录。在任意单元上单击右键，然后选择“复制”。打开要将数据输出到的外部应用程序，然后选择“编辑”➤“粘贴”。该文本以制表符分隔格式插入到外部应用程序中。

(20) 在数据库表中编辑数据。如果已经以“编辑”模式打开了一个表，则可以通过多种方式编辑表中的数据。可以添加或删除记录，或者编辑记录的值。也可以在特定的列中查找指定的值。对表中单个记录所做的修改在用户未提交之前将不会写入到数据库中。选择“提交”选项，将使用编辑任务中用户所做的修改来更新“数据视图”窗口中当前加载的数据库表，然后“数据视图”窗口关闭。选择“恢复”选项，将放弃编辑任务中用户在“数据视图”窗口中所做的任何修改，然后“数据视图”窗口关闭。为了能够在工作任务中对编辑进行追踪，AutoCAD 用一个编辑图标标记修改过的记录，可以很容易地在将数据提交到源数据库表之前对所做的修改进行复查。

(21) 编辑数据库记录的步骤。在“数据视图”窗口中选择要编辑的单元。在该单元中输入新值。要编辑其他单元，重复上面的步骤即可。可以使用键盘上的方向键在单元之间移动。

(22) 添加新数据库记录的步骤。在“数据视图”窗口中，右键单击记录标题（该行左侧的空白区域）。在快捷菜单上单击“添加新记录”，AutoCAD 将在当前记录集的末尾添加一条字段值为空白的新记录。选择新记录的一个单元并输入一个值。要添加其他字段可重复相关步骤。

(23) 删除数据库记录的步骤。在“数据视图”窗口中，右键单击要删除记录的记录标题（该行左侧的空白区域）。在快捷菜单上单击“删除记录”。

(24) 在“数据视图”窗口中搜索特定值的步骤。在要搜索的列中的一个单元上单击鼠标右键。在快捷菜单上单击“查找”。在“查找内容”框中输入要搜索的值。选择搜索“数据视图”窗口的方向，选择“向上”从选定的单元开始向上搜索列直至列的第一个记录，选择“向下”从选定的单元开始向下搜索列直至列的最后一个记录。选择“查找下一个”。重复相关步骤，查找在其他位置出现的指定值。需要强调的是，“查找”选项只能搜索和当前选定的单元同在一列的记录，不能在整个数据库表中搜索指定的值，必须在要搜索的其他列中选择单独的单元，然后选择“查找”。

(25) 在“数据视图”窗口中搜索特定值并进行替换的步骤。在要搜索的列中的一个单元上单击鼠标右键。在快捷菜单上单击“替换”。在“查找内容”框中输入要搜索的值。在“替换为”框中输入用来替换的值。选择“查找下一个”。执行下列两项操作之一，即：选择“替换”替换当前搜索到的值；选择“全部替换”替换所有搜索到的值。重复相关步骤，替换其他位置出现的要搜索的值。需要强调的是，“替换”选项只能搜索和当前选定的单元同在一列的记录，不能在整个数据库表中搜索指定的值，必须在要搜索的其他列中选择单独的单元，然后再次选择“替换”。

(26) 提交“数据视图”窗口编辑结果的步骤。在“数据视图”窗口中，右键单击数据库表左上方的空白区域。在快捷菜单上单击“提交”。

(27) 恢复“数据视图”窗口初始值的步骤。在“数据视图”窗口中，右键单击数据库表左上方的空白区域。在快捷菜单上单击“恢复”。需要强调的是，如果用户在未提交对数据库表所做修改的情况下退出 AutoCAD、打开新的表或关闭“数据视图”窗口，AutoCAD 将自动提交在编辑任务中所做的任何修改。

9.4.3 将数据库记录链接到图形对象

链接将连接图形对象和外部数据库中的表。

(1) 创建和编辑链接和链接样板。数据库连接特性的主要作用就是把外部数据同AutoCAD图形对象关联在一起。例如，可以把一个房间数据库中包含的信息和在AuotCAD图形中表示房间边界的多段线对象相关联。通过创建参照表中一个或多个记录的链接，可以建立图形对象和数据库表之间的关联。不能建立与图层和线型等非图形对象的链接。链接和它们关联的图形对象紧密连接，如果移动或复制被链接的对象，则链接也一起被移动或复制，如果删除被链接的对象，则链接也将被删除。创建链接时，在数据库记录和对象之间建立了动态关系，例如，如果将数据库表中的房间从储藏室变为办公室，则AutoCAD将提供一套机制更新存储在图形中的信息，使其和数据库表一致。要在图形对象和表记录之间建立链接必须先创建一个链接样板，链接样板表示表中的哪些字段与共享该样板的链接相关联，例如，可以创建一个链接样板，其中用到房间数据库表的“房间号”字段，然后用此链接样板创建指向数据库表中不同记录的链接。链接样板也是指向它们所基于的数据库表的快捷方式，可以使用与图形相关联的链接样板打开它们所参照的表进行查看或编辑，在系统配置了大量的数据源时这尤其有用。要定位一个单独的表不必每次都遍历数据源列表，可以从与该表关联的图形的图形节点直接打开它。要打开链接样板的表，可在数据库连接管理器中的链接样板上单击右键，然后选择“查看表”或“编辑表”。可以使用不同的链接样板将多重链接附着到单一的图形对象上，这在把来自多个数据库表中的数据与单独对象相关联时非常有用。

(2) 外部参照和块中的链接。存储在外部参照图形中的链接不能在它们所附着的主图形中查看或修改，只有直接打开源图形才可以这样做。包含在块中的链接可用，但只能通过REFEDIT命令访问。

(3) 编辑链接样板。有时，创建了链接样板后可能要对它进行编辑，例如，也许要添加其他主键字段或删除现有的主键字段。当链接样板指向的数据源发生了改变时，也可能需要对链接样板进行更新，如，重命名数据库表或把数据库表移动到别的位置。需要强调的是，只有当链接样板关联的图形中没有定义任何链接时才可以修改链接样板的主键字段，修改链接样板的主键字段会使它的链接无效，并断开它与数据库表的关联，要编辑带有已定义了链接的链接样板，必须先从它的关联图形中删除基于该链接样板的所有链接。

(4) 编辑链接。创建链接后可能需要定期更新它们的主键字段值，如修改一组办公室的编号方案或者从会计部重新分配一些房间给销售部，可以使用链接管理器为选定的链接输入新的主键值，该值必须参照源数据库表中已有的一个记录，如图9.4.4所示。

(5) 在当前图形中创建链接样板的步骤。在数据库连接管理器的树状图中，右键单击一个数据源文件。在快捷菜单上单击“新建链接样板”。在“新建链接样板”对话框的“新链接样板名”中输入链接样板名，然后单击“继续”。单击所需的主键字段的复选框可以选择一个或多个主键字段，主键字段的数量应该尽量少，因为大量的主键字段会对“链接选择”和其他连接操作的性能产生消极影响。选择“确定”创建链接样板，如图9.4.5所示。

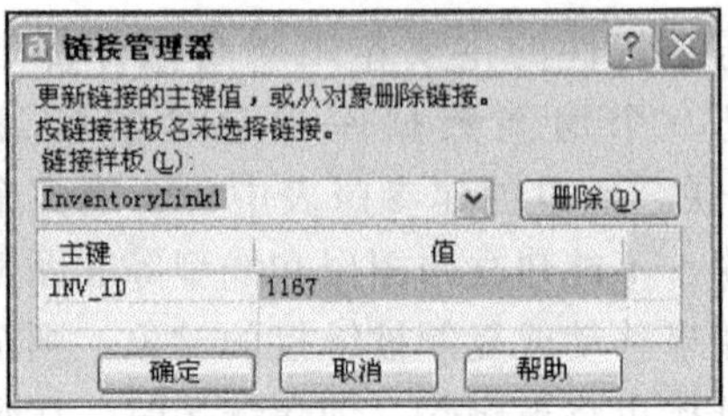

图 9.4.4　编辑链接

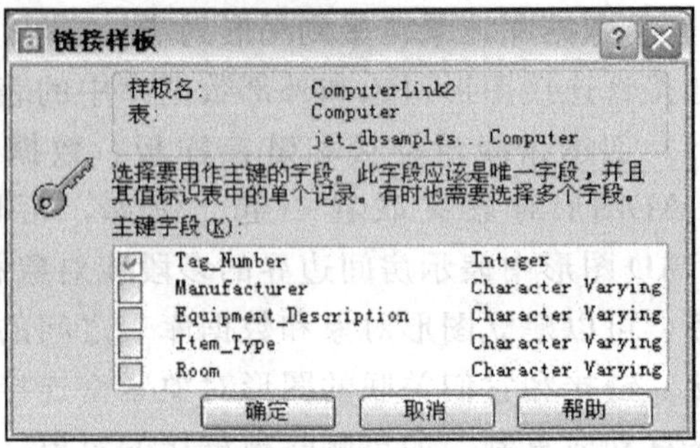

图 9.4.5　在当前图形中创建链接样板

(6) 创建链接的步骤。在数据库连接管理器中，打开一个至少已经定义了一个链接样板的表。从“数据视图”窗口的“链接样板”列表中选择要使用的链接样板。在“数据视图”窗口中选择一个或多个要链接的记录。单击“链接”按钮右侧的箭头，显示下拉列表。在下拉列表中单击“创建链接”。在 AutoCAD 图形中选择要链接数据的一个或多个对象。按 Enter 键。

(7) 编辑链接样板的步骤。从“数据库连接”菜单中选择“样板”➤“编辑链接样板”。在“选择数据库对象”对话框中选择要编辑的链接样板，然后选择“继续”。单击所需的主键字段的复选框，可以从列表中选择一个或多个主键字段。选择“确定”保存对链接样板的修改。

(8) 更新链接样板的特性的步骤。从“数据库连接”菜单中选择“样板”➤“链接样板特性”。在“选择数据库对象”对话框中选择一个链接样板，然后选择“继续”。在“链接样板特性”对话框中，根据需要更新数据源信息，然后选择“确定”。

(9) 从当前图形中删除所有基于链接样板的链接的步骤。从“数据库连接”菜单中选择“链接”➤“删除链接”。在“选择数据库对象”对话框中，选择要删除其链接的链接样板，然后选择“确定”。

(10) 使用链接管理器编辑链接关键字值的步骤。从“数据库连接”菜单中选择“链接”➤“链接管理器”(如在 AutoCAD 图形中选择一个被链接的对象)。需要强调的是，链接管理器一次只能处理一个图形对象。在链接管理器中，从“链接样板”列表列出的链接中为选定的对象选择一个链接。在要编辑的主键字段的“值”字段中输入新值或者选择 [...] 按钮，如果需要编辑其他的主键字段可重复这一步 ([...] 按钮显示数据库表中指定字段的所有值的列表，可以从中选择需要的值，选择值后选择“确定”。需要强调的是，只有连接到选定的链接所参照的数据源时，[...] 按钮才可用)。选择“确定”更新链接并关闭对话框。

(11) 标识和选择现有链接。创建到 AutoCAD 图形对象的链接后，用户可能想查看与之关联的数据。例如，假设已经把雇员数据库记录与办公室布局图链接，并且想在图形中查找某个雇员的办公室。这时可以在“数据视图”窗口中选择这个员工的记录来选择图形中任何对应的被链接图形对象。反之，可以选择 AutoCAD 对象以在“数据视图”窗口中选择任何被链接的数据库记录。

(12) 已连接对象的自动选择。可以设置 AutoCAD 当其他记录在“数据视图”窗口中被选择时自动选择图形中已链接的图形对象。反之，也可以设置 AutoCAD 在图形中的其他图形，对象被选择时自动选择已链接的数据库记录。在某一时刻，这两种自动查看模式只能有一种被激活。

(13) 其他显示选项。可以使用“数据视图和查询选项”对话框设置许多查看选项，如图 9.4.6 所示，只要选定对应的链接项目，这些选项就会影响已链接记录和已链接图形对象的显示方式。“自动平移图形”选项自动平移 AutoCAD 图形，以显示与当前“数据视图”窗口中记录的选择集关联的对象。用户在“数据视图”窗口中选择了多个记录时，如果使用图形的当前缩放比例，“自动平移”可能无法将这些记录都显示在图形窗口中。要避免这种情况，可以为“自动平移”模式设置一个缩放比例，确保所有与当前记录集相关联的链接对象都被显示出来。“自动缩放图形”选项自动缩放 AutoCAD 图形以使与当前记录集关联的所有对象都显示出来，必须指定一个缩放比例来设置指定对象集的范围尺寸占绘图区域的百分比，允许的范围是 20%～90%，默认值是 50%，50%意味着这个范围的高度或宽度中较小者是绘图区域高度或宽度的 50%。也可以指定下列链接查看设置，即“记录指示设置”“累加选项”。“记录指示设置”的特点是指定在“数据视图”窗口中显示所有记录还是仅显示与当前图形对象的选择集关联的子集，如果选择了“显示所有记录，选择指示的记录”选项则可以给链接记录指定一种标记颜色。“累加选项”的特点是指定当其他对象或记录被选中时 AutoCAD 是累加链接图形对象或“数据视图”记录的选择集还是创建新的选择集。关于所有可用选项的说明可参见《命令参考》中 DBCONNECT 下的“数据视图和查询选项”对话框。

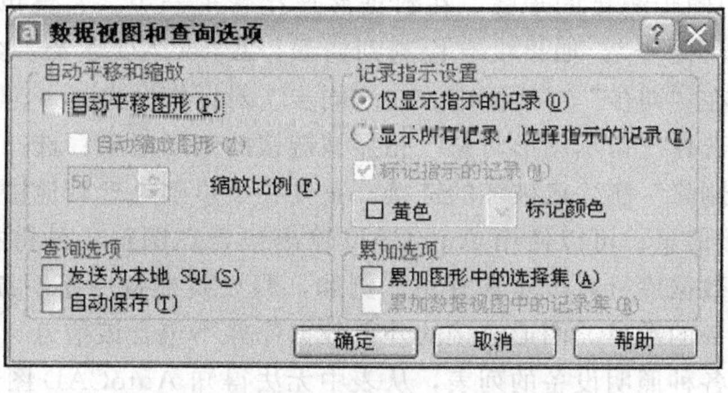

图 9.4.6　其他显示选项

(14) 查看与表记录集链接的图形对象的步骤。在数据库连接管理器中，双击表将其打开。从“数据视图”窗口的“链接样板”列表中选择一个链接样板。在“数据视图”窗口中选择一个或多个记录。在选定的记录上单击鼠标右键。在快捷菜单上单击“查看链接对象”，在绘图区域中所有与选定记录链接的对象都被选中。

(15) 查看链接到图形对象选择集的数据库记录的步骤。在数据库连接管理器中，双击表将其打开。从“数据视图”窗口的“链接样板”列表中选择一个链接样板。在 AutoCAD 绘图区域中，创建一个图形对象选择集。在“数据视图”窗口中单击“查看数据视图中的链接记录”按钮，默认情况下“数据视图”窗口中只显示链接到当前图形选择集的表记录，如必要可以在“数据视图和查询选项”对话框中修改此项设置以显示所有记录。

(16) 自动查看链接到表记录集的图形对象的步骤。在数据库连接管理器中，双击表将其打开。从“数据视图”窗口的“链接样板”列表中选择一个链接样板。在“数据视图”窗口中，单击“自动查看图形中的链接对象”按钮。在“数据视图”窗口中选择一个或多个记录，在绘图区域中所有对应的链接图形对象都被选择。重复相关步骤，选择其他被链接的图形对象。重复步骤 (3)，关闭“自动查看链接对象”模式。

(17) 自动查看链接到对象选择集的表记录的步骤。在数据库连接管理器中，双击表将其打开。从“数据视图”窗口的“链接样板”列表中选择一个链接样板。在“数据视图”窗口中，单击“自动查看数据视图中的链接记录”按钮。在绘图区域中选择一个或多个图形对象，默认情况下“数据视图”窗口中只显示链接到当前图形选择集的表记录，如必要可以在“数据视图和查询选项”对话框中修改此项设置以显示所有记录。重复相关步骤，选择其他被链接的记录。重复相关步骤，关闭“自动查看链接记录”模式。

(18) 指定其他链接查看设置的步骤。在“数据视图”窗口中，单击“数据视图和查询选项”按钮。在“数据视图和查询选项”对话框中，根据需要更改默认设置。选择“确定”，保存修改并关闭对话框。

(19) 查找和更正链接错误。最好定期检查图形中的链接以更新或删除已被破坏的链接。AutoCAD 提供一个“同步”选项用以分析图形中基于特定链接样板的链接。运行“同步”选项后，AutoCAD 在“同步”对话框中显示一个检测到的错误的列表。某些错误（如源数据库表中被调整大小的列）可以直接从“同步”对话框更正。其他一些错误（比如指向不存在的记录的链接）则必须在源数据库表中改正。

(20) 在图形中同步链接的步骤。在数据库连接管理器中，右键单击一个链接样板。在快捷菜单上单击“同步”，如果没有检测到错误，AutoCAD 显示一条信息；如果有错误，则把错误汇总在“同步”对话框中。在“同步”对话框中选择一个错误并执行下列一个或多个操作，即选择“指示图形对象”亮显被链接的图形对象；选择“修复”修复已破坏的链接；选择“删除”删除已破坏的链接。重复相关步骤处理其他错误。选择“关闭”。

(21) 输出链接信息。可以使用 AutoCAD 输出包含在图形中的链接，当有多个图形对象链接到同一个数据库行时这非常有用。例如，假设要准备一张明细表汇总 AutoCAD 图形中不同照明设备的数目。图形链接的外部数据库并不包含该信息。所有数据库提供的是组成其记录集的各种照明设备的列表，从表中无法得知 AutoCAD 图形中某种照明设备的数目。要准备一份包含此信息的总结报告，那么就需要输出图形中的链接。

(22) 从 AutoCAD 图形输出链接的步骤。从“数据库连接”菜单中选择“链接”➤“输出链接”。创建要输出链接的 AutoCAD 图形对象选择集，如果选定的图形对象选择集中有多个链接样板就会显示“选择链接样板”对话框，提示选择一个链接样板，如果选择集中仅包含一个链接样板则显示“输出链接”对话框。在“输出链接”对话框的“包含字段”列表中单击以选择要包含的字段。选定链接样板的主键字段自动被包含，AutoCAD 也输出每个链接所关联的对象的实体控点。在“文件名”中输入要输出文件的名称。从“保存类型”列表中选择文件格式。可以使用当前表的本地数据库格式来保存文件，也可以将文件保存为以逗号分隔或以空格分隔的文本文件。选择“保存”输出链接并关闭对话框。要输出其他的链接样板的链接可重复前述步骤。

9.4.4 使用标签在图形中显示数据库信息

标签是多行文字对象，它在 AutoCAD 图形中显示存储在外部数据库表的选定字段中的数据。

(1) 创建和编辑标签和标签样板。有了链接，将 AutoCAD 图形对象与外部数据库关联将更为得心应手。通过选择链接对象，可以在数据库表中轻松地访问它们关联的记录。然而，链接有一些固有的限制。例如，假设要打印一张 AutoCAD 图形和各个链接所关联的外部数据。由于链接仅仅是指向外部数据库表的指针，因此，外部数据不会出现在打印出来的图纸中。针对要在图形中显示外部数据这一情况，AutoCAD 提供了标签。标签是多行文字对象，它在 AutoCAD 图形中显示存储在外部数据库表中的选定字段的数据。在 AutoCAD 中创建的标签可以是独立的，也可以附着到图形对象。独立的标签不依赖于任何图形对象而存在于图形中。附着到图形对象的标签与它所附着的图形对象紧密连接，如果移动了图形对象，则对应的标签也随之移动；如果把对象复制到剪贴板上，则对应的标签也被复制到剪贴板上；如果删除了包含附着标签的对象，则对应的标签也被删除。与图形对象关联的标签和引线一起显示。如图 9.4.7 所示，要使用标签必须先创建一个标签样板，它定义要在标签中显示数据库表中的哪些字段以及如何设置标签文字的格式。

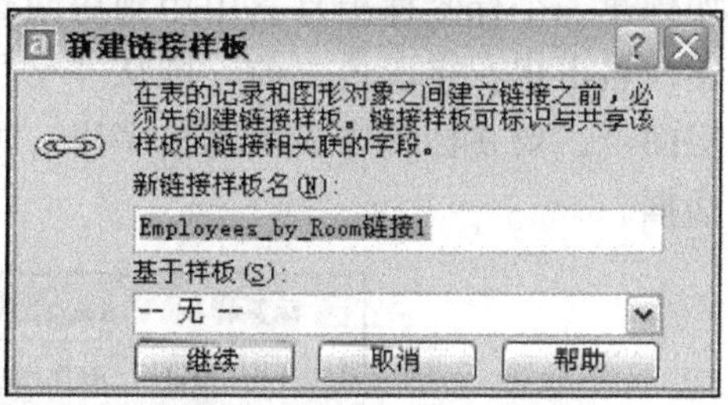

图 9.4.7　创建一个标签样板

(2) 编辑标签样板。定义了标签样板后可能需要对它进行编辑，比如，在图形中显示其他表字段或修改标签对象的字体或大小。也可以指定许多偏移设置，这些设置影响标签的插入点以及与附着标签关联的引线对象的插入点。“标签样板”对话框的“标签偏移”选项卡指定标签和引线对象的 X 和 Y 坐标偏移值，表 9.4.2 概括了这些设置对独立标签和附着标签所产生的影响。

表 9.4.2　“标签偏移”选项卡选项

选项	独立标签	附着标签
开始	无	指定引线对象的起点。起点将根据标签附着到的图形对象的范围来确定。比如，假设指定附着到矩形图形对象的标签的“起点”设置为“左上”，则引线的顶端插入到矩形的左上角位置
引线偏移	无	指定多行文字对象相对于关联的引线对象的 X 和 Y 偏移。默认情况下，引线偏移的“X”和“Y”选项被设置为 1，表明标签文字在 X 和 Y 平面中从引线对象的顶端起偏移一个单位
末端偏移	从为标签指定的插入点处指定 X 和 Y 标签偏移。比如，如果将 X 和 Y 的“末端偏移”值设为.1，则在 X 和 Y 平面内相对于在 AutoCAD 图形中指定的插入点偏移 1 个单位的位置插入标签	指定引线对象的顶端相对于“起点”选项中指定的值的 X 和 Y 偏移。比如，假设指定附着到矩形图形对象的标签的“起点”设置为“左上”，指定“末端偏移”的 X 和 Y 值为 1，则引线对象的顶端在 X 和 Y 平面相对于矩形的左上角偏移一个单位的位置进行插入

（3）编辑标签。创建标签后就可以使用各种方法来编辑和使用它们。使用标准的AutoCAD命令，如 COPY、MOVE 和 SCALE，可以移动标签及其引线和调整大小。值得注意的是，对单独标签引用的修改不影响或者重定义标签样板。必须按本节后续“编辑标签样板的步骤”中说明的步骤编辑标签样板。需要强调的是，最好不要使用多行文字编辑器编辑标签文字，如果选择“重载”，链接或数据库表中新的文本值并不更新（它们将恢复到原始字段值），要修改现有标签的字段值可按本书后续“创建和编辑链接和链接样板”中的说明编辑链接值，然后选择“重载”。

（4）创建标签样板的步骤。在数据库连接管理器中，单击“新建标签样板”按钮。在“新建标签样板”对话框的“新标签样板名”中输入标签样板的名称。要打开“标签样板”对话框可选择“继续”，“标签样板”对话框是多行文字编辑器的修订版本，增加了两个选项卡用来控制标签的创建。在“标签样板”对话框中，选择“标签字段”选项卡，如图 9.4.8 所示。从“字段”列表中选择要在此标签中显示的字段，然后选择“添加”将其添加到标签中，也可以直接在“标签样板”对话框中向标签的前面或者后面添加静态文字，比如创建一个标签样板且其中用到房间数据库表的“房间号”字段，如果创建标签时希望该字段名出现在字段值之前，则从“字段”列表中选择字段前在“标签样板”对话框中输入房间号。要在标签中显示其他字段，可重复相关步骤。选择“确定”，保存修改并关闭对话框。

图 9.4.8　创建标签样板

（5）用独立的标签创建链接的步骤。在数据库连接管理器中，打开至少定义了一个链接样板和一个标签样板的表。从“数据视图”窗口的“链接样板”列表中选择一个链接样板。从“数据视图”窗口的“标签样板”列表中选择一个标签样板。在“数据视图”窗口中选择要链接的记录。右键单击选定记录的记录标题（该行左侧的空白区域）。在快捷菜单上单击“链接和标签设置”➤“创建独立标签”。从“数据视图”菜单中选择“链接”。在 AutoCAD 图形中选择插入标签的区域。

（6）使用附着标签创建到对象的链接的步骤。在数据库连接管理器中，打开至少定义了一个链接样板和一个标签样板的表。从“数据视图”窗口的“链接样板”列表中选择一个链接样板。从“数据视图”窗口的“标签样板”列表中选择一个标签样板。从“数据视图”窗口中选择要链接的记录。从“数据视图”菜单中选择“链接和标签设置”➤“创建附着标签”。从“数据视图”菜单中选择“链接”。在 AutoCAD 图形中选择标签要关联的一个或多个对象。按 Enter 键。

（7）编辑标签样板的步骤。在数据库连接管理器的树状图中，右键单击要编辑的标签样板。在快捷菜单上单击“编辑”。在“标签样板”对话框中按本书前述“创建标签样板的步骤”中的说明进行修改。单击“确定”。

(8) 指定标签格式的步骤。按本节“创建标签样板的步骤”中的说明创建新的标签样板。在“标签样板”对话框中按《命令参考》中 MTEXT 中说明的步骤，使用“字符”和“特性”选项卡选择文字格式选项。选择“标签偏移”选项卡。在“标签偏移”选项卡的“起点”中指定引线对象顶端的插入点，“起点”设置对独立标签不起作用。在“引线偏移”中输入 X 和 Y 偏移值以指定标签相对于引线对象顶端的偏移，默认情况下，X 和 Y 偏移值设置为 1，表示在 X 和 Y 方向，标签都从引线对象的顶端起偏移一个图形单位。在“末端偏移”中输入 X 和 Y 偏移值以指定引线对象的偏移，或者，对于独立标签，指定标签从指定的标签插入点起的偏移。

(9) 使用数据库中的新值更新标签。向 AutoCAD 图形中添加了标签后，可能会对数据库表做些修改从而影响到标签的值。如果经常修改数据库表，那么就必须有规律地更新图形中的标签以保证数据的完整性。

(10) 更新当前图形中所有标签值的步骤。在数据库连接管理器的树状图中，右键单击一个图形文件。在快捷菜单上单击“重载标签”。

9.4.5 使用查询过滤数据库信息

对数据库的查询是一个为返回所需的记录而构造的搜索条件。

(1) 查询功能的特点。按照指定的搜索条件（即查询）显示记录子集是数据库系统的基本功能之一。例如，有一个包含公司总部所有房间记录的数据库表。假设要准备一份列出所有能容纳 20 人以上的会议室的报表，则可以使用 AutoCAD 查询编辑器方便地构造一个查询，返回所需记录或图形对象的子集。查询编辑器由用来建立查询的 4 个选项卡组成。运用这种循序渐进的选项卡设计，即使是不熟悉结构化查询语言（SQL）的用户也能方便地进行查询。如果不熟悉查询，可以先使用“快速查询”和“范围查询”选项卡，直到熟悉查询语法为止。学会建立查询的基本技术后，就可以使用“查询编译器”和“SQL 查询”选项卡了。可以先在一个选项卡中创建查询，然后继续完善它或者在后续选项卡中添加其他参数。例如，可以先用“快速查询”选项卡创建一个简单查询，然后决定要用“查询编译器”选项卡添加的其他条件。选择“查询编译器”选项卡时，它将显示先前使用“快速查询”选项卡选定的值，然后用户可以给查询添加其他条件。但是，一旦在后面的一个选项卡中修改了查询，就不能回到上一个选项卡了。这是因为每个下级选项卡都提供上级选项卡不支持的附加函数。如果试图在修改了查询后返回上一级查询选项卡，AutoCAD会警告查询将用初始的默认值重新设置。熟悉 SQL 语法后，查询编辑器的系列选项卡尤其有用。例如，可以使用“快速查询”选项卡创建一个查询，然后选择“SQL 查询”选项卡来查看查询是如何用 SQL 格式化的。查询编辑器为编译查询提供下列 4 种选项卡，即“快速查询”“范围查询”“查询编译器”“SQL 查询”。“快速查询”的特点是提供一个环境，可在其中开发基于单个数据库字段、单个运算符和单个值的简单查询，比如，可以从当前表中查找所有“roomtype”字段的值等于“office”的记录；“范围查询”的特点是提供一个环境建立返回其值限制在指定值范围内的所有记录的查询，如可以从当前表中查找所有“roomarea”字段的值大于等于 90ft^2 和小于等于 120ft^2 的记录；“查询编译器”的特点是提供一个环境建立基于多重搜索条件的更复杂的查询，如可以从当前表中查找所有“roomtype”等于“cubicle”并且“roomarea”大于 80ft^2 的记录；“SQL 查询”的特点是提供一个环境，用户可在其中建立遵从 SQL92 协议的复杂查询，如可以从 california. headquarters. room 选择 *，其中 california. headquarters. room. type＝’cubicle’并且 california. headquarters. room. area＜80。关于构造查询和使用运算符的详细信息可参考本节后续的“构造简单查询”。如果已经熟练掌握如何编译数据库查询可参考本节后续的“使用查询编译器”。

(2) 打开查询编辑器的步骤。在数据库连接管理器的树状图中，选择一个表。单击“新建查询”按钮。在“新建查询”对话框的“新查询名”栏中输入查询名称。选择“继续”打开“查询编辑器”。

(3) 构造简单查询。最简单的查询是使用一个操作符搜索具有某个值的字段。范围查询搜索某个字段以返回处于指定范围的记录。

(4)“快速查询”选项卡。“快速查询”选项卡用于使用户尽快熟悉查询语法。构造快速查询包括从当前数据库表中选择字段、应用条件运算符和为字段指定值。条件运算符是等于、大于或者小于这样的约束条件。表 9.4.3 概括了“快速查询”选项卡的运算符。需要强调的是，所有运算符都用于数字型字段和基于文本的字段。例如，搜索所有大于“c”的记录，则返回所有从“ca...”到“z...”范围内的记录。值得注意的是，查询搜索是区分大小写的，即“ROOM”不等于“room”。

表 9.4.3　　AutoCAD 查询运算符

运算符	说　明
等于（＝）	返回与指定的值相同的所有记录
不等于（＜＞）	返回与指定的值不同的所有记录
大于（＞）	返回大于指定的值的所有记录
小于（＜）	返回小于指定的值的所有记录
大于或等于（＞＝）	返回大于或等于指定的值的所有记录
小于或等于（＜＝）	返回小于或等于指定的值的所有记录
Like	返回包含指定值的所有记录。使用 Like 运算符可以指定可选的％通配符。比如，如果想返回所有以字符串“ert”结尾的记录，可输入％ert。如果想返回所有以字符串“ert”开始的记录，可输入 ert％。如果不指定％通配符，则 AutoCAD 搜索与指定值完全匹配的值
In	返回所有与指定值的集合匹配的记录。例如，如果正在搜索一个员工记录，但不能确定他的姓名拼写是 Smith 还是 Smythe，可以使用 in 运算符并提供这两种拼写值以返回 Smith 或 Smythe 拼写的所有记录。这两个值必须用逗号分隔
Isnull	返回不包括用户在查询字段中指定的值的所有记录。这个运算符适用于查找表中缺少数据的记录
Isnotnull	返回包括用户在查询字段中指定的值的所有记录。这个运算符适用于排除表中缺少数据的记录

（5）“范围查询”选项卡。像“快速查询”选项卡一样，“范围查询”选项卡也是为帮助初次使用数据库查询的用户而设计的。使用“范围查询”选项卡，可以指定一个查询要返回的值的范围，如所有大于或等于 $80ft^2$ 但小于或等于 $100ft^2$ 的房间。除了没有“运算符”字段并用“自”字段和“至”字段替代了“值”字段之外，它的界面和“快速查询”选项卡的界面基本类似。其他所有界面功能都可用并且工作方式和在“快速查询”选项卡上一样。

（6）构造快速查询的步骤。按照本节前述“打开查询编辑器的步骤”中的说明打开查询编辑器，见图 9.4.9。从“快速查询”选项卡的“字段”列表中选择一个字段。从“运算符”列表中选择一个运算符。在“值”字段中输入一个值，或者选择“查找值”，“查找值”从数据库表中返回指定字段所有值的列表，从而可以从中选择所需的值，选择值后选择“确定”。选择下面的一项或两项，即在数据视图中指示记录，在“数据视图”窗口中亮显与查询匹配的记录；在图形中指示对象，在当前 AutoCAD 图形中亮显与查询匹配的对象。要在当前图形中保存查询结果以备后用，则选择“存储”。选择“执行”执行查询并关闭对话框，与查询条件匹配的记录子集显示在“数据视图”窗口中，要返回查询编辑器细化查询可选择“返回查询”按钮。

（7）构造范围查询的步骤。按照本节前述“打开查询编辑器的步骤”中的说明打开查询编辑器，见图 9.4.10。选择“范围查询”选项卡。从“字段”列表中选择一个字段。在“自”中输入值，或选择“查找值（自）”，“查找值”从数据库表中显示指定字段所有值的列表从而可以从中选择所需的值，选择值后选择“确定”，查询搜索所有大于或等于该指定值的值。在“至”中输入值，或选择“查找值（至）”，查询搜索所有小于或等于该指定值的值。要在当前图形中保存查询结果以备后用，则选择“存储”。选择“执行”执行查询并关闭对话框。

图 9.4.9 构造快速查询

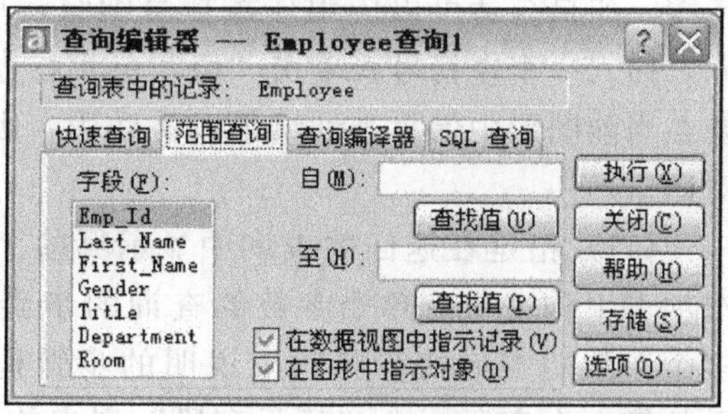

图 9.4.10 构造范围查询

（8）使用查询编译器。“查询编译器”选项卡是 AutoCAD 的主要查询环境。与“快速查询”选项卡和“范围查询”选项卡不同，查询编译器可以用来创建基于多重条件的查询。也可以对条件编组和指定查询在“数据视图”窗口中返回哪些字段以及如何排序。“查询编译器”选项卡引入了布尔运算符和括号编组，用来创建基于两个或更多搜索条件的复合查询。例如，可以使用布尔运算符产生一个查询，返回在特定日期后安装的指定类型的所有光源设备列表。“And 运算符”的特点是构造基于多重条件的查询，返回符合所有指定条件的记录集，例如，搜索所有用作办公室且当前未被占用的房间，该查询返回所有既是办公室又未被占用的房间记录。"Or 运算符"的特点是构造基于多重条件的查询，返回符合所有指定条件的记录集，例如，搜索所有用作办公室或当前未被占用的房间，该查询返回所有用作办公室或者当前未被占用的房间。"括号编组"的特点是通过将搜索条件括在括号内对一系列搜索条件进行编组，例如，搜索（所有用作办公室并且当前未被占用的房间）或（所有用作小卧室并且当前未被占用的房间），此查询返回所有未被占用的办公室和小卧室列表，在一条语句中最多可以嵌套四层括号，见图 9.4.11。

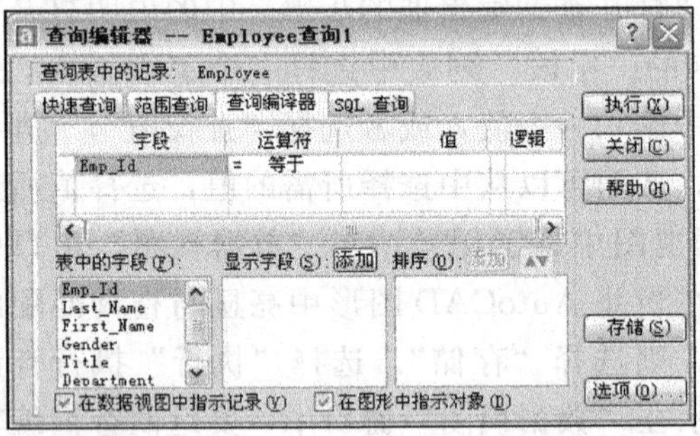

图 9.4.11　使用查询编译器

(9) 在"查询编译器"选项卡上构造带有单个参数的查询的步骤。按照本节前述"打开查询编辑器的步骤"中的说明打开查询编辑器。选择"查询编译器"选项卡。在"字段"单元的下拉列表中选择一个字段。在"运算符"单元的下拉列表中选择一个运算符。在"值"单元中输入值或选择［...］按钮，［...］按钮返回数据库表中所有可用于指定字段的值的列表，可以从中选择需要的值，选择值后选择"确定"。要在当前图形中保存查询结果以备后用，则选择"存储"。选择"执行"执行查询并关闭对话框。

(10) 在"查询编译器"选项卡上构造带有多个参数的查询的步骤。按照本节前述"在'查询编译器'选项卡上构造带有单个参数的查询的步骤"中说明的步骤输入查询的第一个参数。根据需要从"逻辑"字段中选择"And"或"Or"运算符，在"逻辑"字段中单击以插入"And"运算符，再次单击该单元以将其值修改为"Or"。在"查询"栅格的后续行中输入附加查询参数。除了最后一个查询参数以外，对每个附加参数都重复相关步骤。如果合适可以应用任意括号编组，单击"字段"单元左边要编组语句开始处的单元，插入一个左括号，单击"值"单元右边要编组语句结尾处的单元，插入一个右括号。要在当前图形中保存查询结果以备后用，则选择"存储"。选择"执行"执行查询并关闭对话框。

(11) 指定在返回的查询中显示哪些字段的步骤。按照本节前述"在'查询编译器'选项卡上构造带有单个参数的查询的步骤"和"在'查询编译器'选项卡上构造带有多个参数的查询的步骤"中说明的步骤构造查询。在"表中的字段"列表中选择要显示的第一个字段。在"显示字段"列表的上方选择"添加"。重复相关步骤添加其他要显示的字段。

(12) 为返回的查询指定排序次序的步骤。按照本节前述"在'查询编译器'选项卡上构造带有单个参数的查询的步骤"和"在'查询编译器'选项卡上构造带有多个参数的查询的步骤"中说明的步骤构造查询。从"显示字段"列表中选择要进行排序的第一个字段。在"排序"列表的上方选择"添加"，默认情况下，AutoCAD 按照升序对选定的字段排序，选择"排序"按钮按照降序排序。重复相关步骤添加其他要进行排序的字段。

(13) 使用 SQL 查询。"SQL 查询"选项卡提供了一个查询编辑框（可在其中输入自由形式 SQL 查询）和一套构造查询的辅助工具。在这个选项卡中，可以执行任何遵从

Microsoft SQL 92 协议的有效 SQL 指令。由于并非所有的数据库管理系统都完全和 SQL92 标准兼容，因此用户应该查阅系统文档以确定可使用哪些 SQL 命令。如图 9.4.12 所示，和查询编辑器中其他选项卡不一样，“SQL 查询”选项卡可以通过 SQL 连接符来构造在多个数据库表上实现相关操作的查询。由于连接是 SQL 中相对高级的操作，因此可以参考数据库系统文档或 SQL92 协议以了解关于使用连接的信息。“SQL 查询”选项卡引入了“表”和“检查”等附加的界面元素。“表”的特点是列出当前数据源中所有可用的数据库表，通过双击先选定表，然后选择“添加”或在 SQL 查询编辑器中直接输入表名可以把表添加到 SQL 查询编辑器中。“检查”的特点是检查 SQL 查询语法是否正确而不实际执行查询，此功能有助于在执行查询前避免语法错误。

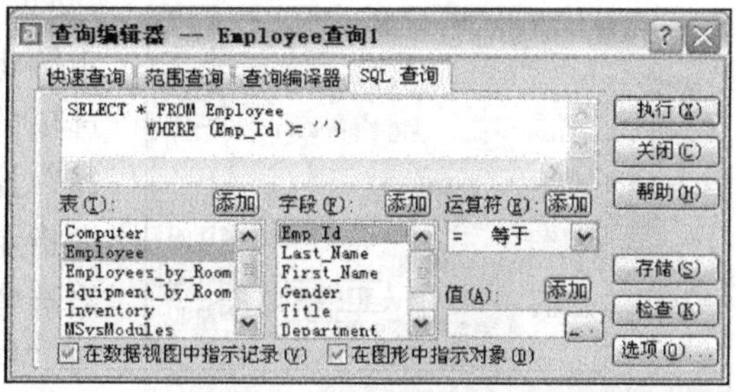

图 9.4.12 使用 SQL 查询

(14) 构造 SQL 查询的步骤。按照本节前述“打开查询编辑器的步骤”中的说明打开查询编辑器。选择“SQL 查询”选项卡。在查询编辑器中输入查询，或者按照本节前述“使用查询编译器”中的说明从界面上选择查询部件。要在当前图形中保存查询结果以备后用，则选择“存储”。选择“执行”，执行查询并关闭对话框。

(15) 合并查询。“链接选择”是查询编辑器构造迭代的 AutoCAD 图形对象和数据库记录选择集的高级手段。“链接选择”通过运行迭代进程创建用附加信息细化的选择集，可以从构造查询或者选择 AutoCAD 图形对象开始，这个最初的选择集称之为集 A，现在就可以选择其他图形对象或者执行查询来进一步细化选择集，第二个选择集叫做集 B，必须在集 A 和集 B 之间建立关系以进一步细化选择集。以下的集关系或者集操作是可用的，即选择、并集、交集、差集 A－B、差集 B－A。“选择”的特点是创建初始查询或选择集，此选择集可以通过随后的“链接选择”操作来细化。“并集”的特点是向正在执行的选择集中添加新查询的结果或新选择集，该操作返回属于集 A 或集 B 的所有记录或对象。“交集”的特点是返回现有执行中的选择的交集和新查询或图形选择的结果，该操作返回属于集 A 和集 B 的所有记录或对象。“差集 A－B”的特点是从现有执行中的选择中减去新查询或图形选择的结果。“差集 B－A”的特点是从新查询或图形选择的结果中减去现有执行中的选择。应用集操作之后，返回的结果将成为新的执行中的选择并被分配给集 A，可以通过创建其他 B 集的迭代进程继续细化“链接选择”集。

(16) 使用链接选择的步骤。在数据库连接管理器的树状图中，右键单击一个链接样板。在快捷菜单上单击“链接选择”。从“执行”列表中选择“选择”选项。从“使用”中选择链接样板，见图 9.4.13。选择下列两个选项之一，即“使用查询”“在图形中选择”，“使用查询”的特点是用查询编辑器的一个选项卡构造查询；“在图形中选择”的特点是暂时关闭对话框以便可以在 AutoCAD 图形中选择图形对象，选择“在图形中选择”选项时“执行”按钮变为“选择”。选择“执行”或“选择”将查询或图形对象选择集添加到“链接选择”操作中。从“执行”列表中选择一个“链接选择”操作，即“并集”

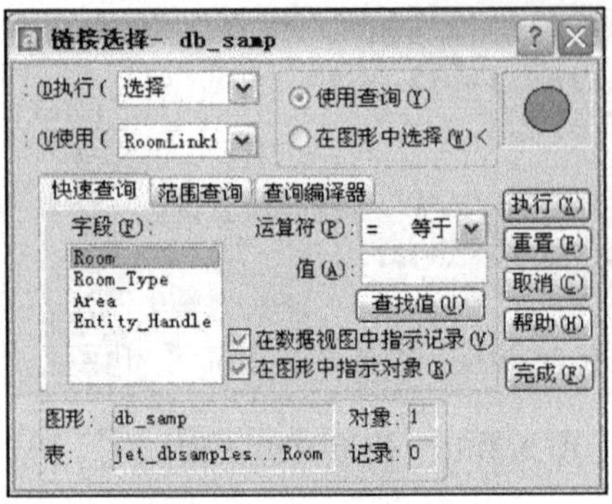

图 9.4.13　使用链接选择

"交集""差集 A－B"或"差集 B－A"。重复相关步骤将集 B 添加到"链接选择"操作中。选择下列选项的一个或两个然后选择"完成"结束"链接选择"操作，即"在数据视图中指示记录""在图形中指示对象"，"在数据视图中指示记录"的特点是当选择"完成"时将在"数据视图"窗口中返回当前"链接选择"操作的结果，通过选择"数据视图"窗口中的"返回链接选择"按钮，可以反复执行"链接选择"；"在图形中指示对象"的特点是当选择"完成"时在绘图区域创建链接图形对象选择集，在命令提示下按 Enter 键可以反复执行"链接选择"。需要强调的是，如果正在对链接自多个数据库表的链接执行"链接选择"操作，则最好将"在数据视图中指示记录"选项关闭，"链接选择"仅显示当前链接样板参照的数据库表中的记录，这种限制会导致返回到"数据视图"窗口中的结果混淆。

(17) 保存和重用查询。可以将频繁使用的查询随 AutoCAD 图形中一起保存。保存后的查询列在数据库连接管理器中创建它们的图形的图形节点下。可以进行编辑和重命名，或者复制到其他图形中去。

(18) 执行保存的查询的步骤。在数据库连接管理器的树状图中，右键单击一个保存的查询。在快捷菜单上单击"执行"。

(19) 编辑保存的查询的步骤。在数据库连接管理器的树状图中，右键单击一个保存的查询。在快捷菜单上单击"编辑"。使用"查询编辑器"对话框进行必要的修改，然后选择"存储"将编辑过的查询随当前图形一起保存。

(20) 重命名保存的查询的步骤。在数据库连接管理器中，在要重命名的查询上单击右键。选择"重命名"。输入新查询的名称，然后按 Enter 键。

(21) 删除保存的查询的步骤。在数据库连接管理器的树状图中，右键单击一个保存的查询。在快捷菜单上单击"删除"。

(22) 将保存的查询复制到另一个图形中的步骤。在数据库连接管理器中，选择要复制的查询。将要复制的查询拖到要复制到的图形节点上。

(23) 随当前图形自动存储新查询的步骤。在数据库连接管理器的树状图中，双击一个表将其打开。在"数据视图"窗口中，单击"查询"按钮。在"新建查询"对话框中，单击"继续"。在"查询编辑器"对话框中，单击"选项"。在"数据视图和查询选项"对话框的"查询选项"区域中，选择"自动保存"，然后单击"确定"。

9.4.6　与其他用户共享链接和标签样板以及查询

可以输出和输入链接和链接样板、标签和标签样板以及查询。有时可能需要把已建好的样板提供给其他 AutoCAD 用户，或者使用别人建好的样板或查询。在开发一套可由工程中所有组员共享的公用工具时，这是非常有用的，它避免了在每个组员的工作站分别建立相同样板和查询的重复性工作。AutoCAD 可以输入和输出所有与图形关联的链接和标签样板以及查询。

（1）向当前图形输入样板集的步骤。在数据库连接管理器的树状图中，右键单击一个图形文件。在快捷菜单上单击“输入样板集”。在“输入样板集”对话框中选择样板集。单击“打开”向当前图形中输入样板集。如果已经有同名的链接或标签样板与当前图形关联则AutoCAD显示一个警告框，可以用它为样板提供唯一的名称。

（2）从当前图形中输出样板集的步骤。在数据库连接管理器的树状图中，右键单击一个图形文件。在快捷菜单上单击“输出样板集”。在“输出样板集”对话框的“保存在”列表中选择保存样板集的目录。在“文件名”下，指定样板集的名称，然后选择“保存”。

（3）向当前图形输入查询集的步骤。在数据库连接管理器的树状图中，右键单击一个图形文件。在快捷菜单上单击“输入查询集”。在“输入查询集”对话框中选择查询集。选择“打开”将查询集输入到当前图形中。如果已有同名的查询与当前图形关联，则AutoCAD显示一个警告框，可以用来为查询提供唯一的名称。

（4）从当前图形中输出查询集的步骤。在数据库连接管理器的树状图中，右键单击一个图形文件。在快捷菜单上单击“输出查询集”。在“输出查询集”对话框的“保存在”列表中，选择要将查询集保存至其中的目录。在“文件名”下指定查询集的名称，然后选择“保存”。

9.4.7 使用来自早期版本的文件中的链接

由于 AutoCAD 2000 和更新版本以和早期版本不同的格式存储链接，所以如果计划在 AutoCAD 2000 和更新版本中使用它们，则需要转换链接。注意术语中的变动：主键值替换 R14 中的主键列；链接样板替换链接路径名；标签替换可显示属性。还需要创建指向数据源（由早期版本链接引用）的配置文件。当打开包含早期版本链接的图形时，AutoCAD 试图执行早期版本信息的自动转换。例如，如果打开包含指向具有 db3. ase. db3sample. computer（com）结构数据源的链接的 R14 图形，则 AutoCAD 试图建立一个精确的、一对一的数据源部件的映射。在某些情况下，早期版本数据源也许与数据源的配置方式不完全匹配。例如，早期版本数据源指定的目录可能不在该数据源中。如果自动链接转换没有成功，则可以使用新的“链接转换”对话框在早期版本数据源和新数据源之间建立映射。也可以使用“链接样板特性”对话框为选定的链接样板指定新的数据源参数。在转换过程中，AutoCAD 将数据源映射信息写入名为 asi. ini 的文件中。如果必要，可以手动编辑在 asi. ini 文件中指定的转换映射信息。需要强调的是，AutoCAD 试图只为不在 asi. ini 文件中指定映射值的数据源自动转换早期版本链接。已为特定的数据源指定转换映射后，AutoCAD 将使用在打开的任意附加的早期版本图形（包含参照该数据源的链接）的 asi. ini 文件中指定的设置。

（1）将链接保存为早期的格式。用 AutoCAD 2000 或更新版本创建的链接可以转换成 R13 或 R14 链接。AutoCAD 2000 和更新版本的链接不能转换成 R12 格式。当使用 SAVEAS 以包含到 R13 或 R14 格式的链接的当前格式保存图形时，这些链接自动转换成适当的图形格式。必须按照上述步骤指定转换映射。

（2）转换 AutoCAD R13 和 R14 链接的步骤。从“数据库连接”菜单中选择“链接转换”。在“旧链接格式”中执行下列所有操作，即：选择“R13/R14 链接格式”；在“环境”中输入要转换的链接的 R13 或 R14 环境名；在“目录”中输入要转换的链接的 R13

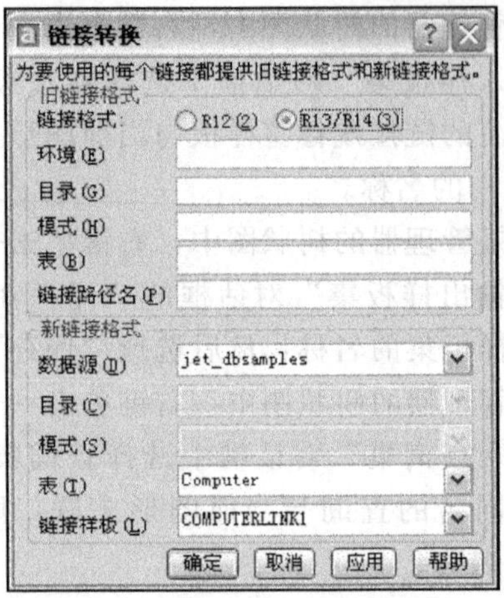

图 9.4.14　将链接保存为 2004 的格式

或 R14 目录名；在“模式”中输入要转换的链接的 R13 或 R14 模式名；在“表”中输入要转换的链接的 R13 或 R14 表名；在“链接路径名”中输入要转换的链接的链接路径名。在“新链接格式”中执行下列所有操作，即：从“数据源”列表中选择适当的数据源；从“目录”列表中选择适当的目录；从“模式”列表中选择适当的模式；从“表”列表中选择适当的表；从“链接样板”列表中选择适当的链接样板。选择“确定”。打开包含要转换链接的图形，然后以 AutoCAD 2004 格式保存，见图 9.4.14。需要强调的是，必须为要转换的所有链接指定环境、表和链接路径名称，目录和模式是可选的参数，并不是所有数据库管理系统都需要这两个参数。

（3）转换 AutoCAD R12 链接的步骤。从“数据库连接”菜单中选择“链接转换”。在“旧链接格式”中，执行下列所有操作，即：选择“R12 链接格式”；在“DBMS”中输入要转换的链接的 R12 数据库管理系统名称；在“数据库”中输入要转换的链接的 R12 数据库名称；在“表”中输入要转换的链接的 R12 表名。在“新链接格式”中执行下列所有操作，即：从“数据源”列表中选择适当的数据源名称；从“目录”列表中选择适当的目录；从“模式”列表中选择适当的模式；从“表”列表中选择适当的表；从“链接样板”列表中选择适当的链接样板。选择“确定”。打开包含要转换链接的图形，然后以 AutoCAD 2000 格式保存。指定链接转换映射后，在随后以 AutoCAD 2000 或更新的格式打开和保存具有在映射中指定的链接的图形时，该链接将被转换成新的格式。

思考题与习题

1. 简述如何在 AutoCAD 中参照其他图形文件（外部参照）。
2. 简述如何在 AutoCAD 中链接和嵌入数据（OLE）。
3. 简述如何在 AutoCAD 中使用其他格式的数据。
4. 简述如何在 AutoCAD 中访问外部数据库。

第 10 章　借助 AutoCAD 与其他人和组织协同工作

10.1　保护和签名图形

可以提供一个安全的环境，用来发送和接收数据以及维护图形的保密性。口令通过加密来保护图形，数字签名通过数字 ID（证书）标识个人或组织。

10.1.1　图形加密

如果图形附加了口令，口令将对图形进行加密，使未经授权的人员无法查看该图形。

（1）加密功能的特点。基于口令的加密有助于在进行工程协作时确保图形数据的安全。尤其是，如果保留图形口令，则将该图形发送给其他人时，可以防止未经授权的人员对其进行查看。如果图形附加了口令，口令将对图形进行加密，使未经授权的人员无法查看该图形。可以选择使用的加密级别。口令可以在将数据发送给其他人时确保数据的安全，从而帮助用户进行工程协作。图形加密口令与其他类型的图形口令（如电子传递中使用的口令）的不同之处在于用户可以指定加密级别。加密主要用于防止数据被盗取。加密还可以保护数据的机密性。例如，如果某公司为发动机工厂创建了一个重要的机密设计，该公司可以先使用口令（或短语）保护图形，然后再将图形发送出去供生产人员查看。除了确保 Intranet 的安全并遵循有关防止信息泄漏的规则外，公司也可以采用口令来保护工厂设计的机密性。口令仅适用于 AutoCAD 2004 图形文件（DWG、DWS 和 DWT 文件）。需要强调的是，如果要在图形文件中附加口令和数字签名，可先附加口令，修改文件（包括添加口令）将使数字签名无效。

（2）使用加密保护图形。如果向图形添加口令并保存了该图形，图形将被加密。除非输入口令，否则图形将无法重新打开。可以在修改文件或保存文件时向文件附加口令。必须为每个需要加密的图形分别附加口令。需要强调的是，如果忘记了口令，图形文件将无法使用，在向图形添加口令之前应该创建一个不带口令保护的图形备份。

（3）向图形添加口令。口令可以是一个单词，也可以是一个短语。建议使用常用字符。使用的字符越多，未经授权的程序或“口令破解程序”就越难破解口令。向图形添加口令时，可以选择是否对图形的特性进行加密，还可以指定加密类型和密钥长度。向图形添加口令并保存图形后，只有输入口令，程序或程序的某个部分才能读取图形中的数据（即使图形是外部参照），通常情况下每个任务都需要输入一次特定的口令。如果加密图形特性（如标题、作者、主题和关键字），则查看图形的特性和图形缩微预览时必须输入口令，如果决定指定加密类型和密钥长度，则可以从计算机上的可用类型和长度中选择。需要强调的是，口令设置只适用于当前图形。

（4）修改图形时添加口令的步骤。在“工具”菜单中，单击“选项”。在“选项”对话框的“打开和保存”选项卡上，单击“安全选项”。在“安全选项”对话框的“口令”选项卡中，输入口令。要加密图形特性（如标题、作者、主题和关键字）可单击“加密图形特性”。单击“确定”。在“确认口令”对话框中，输入使用的口令并单击“确定”。需要强调的是，如果忘记口令将无法恢复图形文件，在向图形添加口令之前应该创建一个不带口令保护的图形备份。其命令行为 SECURITYOPTIONS。

（5）保存图形前添加口令的步骤。在“文件”菜单中，选择“另存为”。保存文件前，在“图形另存为”对话框的“工具”菜单上单击“安全选项”。在“安全选项”对话框的“口令”选项卡中，输入口令。要加密图形特性（如标题、作者、主题和关键字）可单击“加密图形特性”。单击“确定”。在“确认口令”对话框中输入使用的口令并单击“确定”。需要强调的是，如果忘记口令将无法恢复图形文件，在向图形添加口令之前应该创建一个不带口令保护的图形备份。其命令行为 SECURITYOPTIONS。

（6）从图形中删除口令的步骤。在“工具”菜单中，单击“选项”。在“选项”对话框的“打开和保存”选项卡上，单击“安全选项”。在“安全选项”对话框的“口令”选项卡中，清除“用于打开此图形的口令或短语”。单击“确定”。其命令行为 SECURITYOPTIONS。

（7）选择加密类型。可以选择高级加密级别保护图形。如果未选择高级级别，则使用操作系统提供的默认加密级别，如果决定选择高级级别，则可以从操作系统提供的 RC4 加密提供者中进行选择，还可以选择密钥长度（密钥越长，提供的保护级别就越高）。RC4 加密提供者是标准的加密格式，可以提供各种保护。在使用高级加密级别（提供者、类型和密钥长度）之前，可确认需要解密图形的所有计算机都拥有所需的加密服务提供者。关于加密提供者、加密类型和加密密钥长度的详细信息，可在 Internet 上搜索。

（8）为图形选择加密提供者和密钥长度的步骤。在“工具”菜单中，单击“选项”。在“选项”对话框的“打开和保存”选项卡上，单击“安全选项”。在“安全选项”对话框的“口令”选项卡中，输入口令或短语打开图形，然后单击“高级选项”。在“高级选项”对话框中，选择加密提供者和/或密钥长度，然后单击“确定”。在“安全选项”对话框中，单击“确定”。其命令行为 SECURITYOPTIONS。

（9）查看受口令保护的图形。要查看受口令保护的图形中的数据必须先获取并输入口令。输入口令后，除非将口令删除，否则即使修改和保存文件，文件仍将继续使用该口令。受口令保护的图形中可能包含对受口令保护的图形的外部参照。如果打开包含外部参照且受口令保护的图形，系统将提示用户输入当前图形的口令，然后提示用户输入外部参照（其口令与当前任务中已输入的口令不同）的口令。通常情况下，每个任务中都需要输入一次应用到图形或外部参照的特定口令。无论 AutoCAD 出于什么原因读取受口令保护的图形中的数据，在 AutoCAD 使用的每个任务中必须至少输入一次口令。图形及其外部参照将保持口令保护状态，除非口令被删除。通常情况下，应该在执行文件批操作之前删除口令，除非用户正在签名文件。

（10）输入口令以查看图形。要查看受口令保护的图形中的数据，可按照常规方式打开图形并输入口令。口令不区分大小写。可以在 Windows 资源管理器的“特性”对话框中查看图形的特性（如标题、作者、主题和关键字），除非这些特性在附加口令时已被加密。

(11) 查看受口令保护的图形的步骤。在“文件”菜单中，单击“打开”。在“选择文件”对话框中，选择一个文件并单击“打开”。在“口令”对话框中，输入口令。单击“确定”。其命令行为“SECURITYOPTIONS”。

(12) 查看受口令保护的外部参照。可以查看包含对受口令保护的图形的外部参照的图形。如果要打开包含外部参照并受口令保护的图形，则必须输入每个外部参照的口令(如果其口令与当前图形的口令不同)。系统仅提示用户输入未曾输入的口令。例如，如果某个外部参照与用户在当前的 AutoCAD 任务（如打开图形或外部参照）中已访问的图形共享一个口令，则不需要再次输入同一口令。

(13) 查看包含受口令保护的外部参照的图形的步骤。在“文件”菜单中，单击“打开”。在“选择文件”对话框中，选择一个文件并单击“打开”。如果提示用户在“口令”对话框中输入口令，可输入使用口令并单击“确定”。其命令行为“SECURITYOPTIONS”。

(14) 查看加密图形的特性。可以查看图形的特性（如标题、作者、主题和关键字），除非这些特性在向图形附加口令时已被加密。如果在附加口令时没有对图形的特性进行加密，则可以在操作系统的“特性”对话框中查看其特性。

(15) 查看加密图形的特性的步骤。在 Windows 资源管理器中，找到要查看其特性的文件。在文件名上单击右键，然后单击“特性”。其命令行为“SECURITYOPTIONS”。

10.1.2 签名图形

数字签名可以维护数据的真实性，并为发送和接收数据提供一个安全的环境。可以进行工程协作，通过 Internet 传输文件并保证文件未被更改。数字 ID 使用公共密钥和私有密钥两个密钥，公共密钥的特点是任何人都可以用它来验证数字签名；私有密钥的特点是只有数字 ID 的创建者知道该密钥。私有密钥用来创建数字签名。要了解关于数字 ID、数字签名以及公共密钥和私有密钥的更多信息，可在 Internet 上搜索这些术语。可以将签名附加到与 AutoCAD 2004 和 AutoCAD 2000 图形文件格式兼容的文件中，包括由电子传递功能生成的文件。要一次将一个签名附加到多个文件中或将签名附加到与 AutoCAD 2000 图形文件格式兼容的文件中，可参见《命令参考》中的“附加数字签名”对话框。

(1) 数字签名功能的特点。使用数字签名可以更方便地与其他人进行工程协作，为图形接收者提供可靠信息，比如图形集的创建者以及图形在附加数字签名后是否被修改。另外，数字签名还具有以下 3 方面优点，即：数字签名文件的接收者可以确定发送文件的组织或个人是否是真正的文件发送组织或个人；数字签名可以保证文件签名后不被更改；签名的文件不会作为无效文件被拒收，文件的签名者以后不能以签名是伪造的为由而否认对该文件的所有权。数字签名与数字化签名不同。数字签名用于证明用户的身份和图形的真实性，而数字化签名只是用户签名的电子版本。可以伪造和复制数字化签名，它不具有真正的安全保护价值。

(2) 个人签名图形。如果向文件附加数字签名，查看该文件的所有人都可以知道文件签名后是否被修改。修改将使数字签名无效。要附加数字签名，所使用的计算上必须拥有数字 ID（证书）。数字 ID 能够识别签名文件的个人或组织。关于数字 ID 的详细信息，可在 Internet 上搜索“digital certificate”。可以将选项设置为在保存图形时自动向图形附加签名。也可以一次签名多个图形（批处理），还可以签名电子传递的图形集。

（3）获取数字 ID。要将数字签名附加到文件，必须具有证书发行机构颁发的数字 ID（证书）。数字 ID 可以标识个人或组织。数字 ID 包含名称、序列号、截止日期和其他验证数字签名的信息。从证书发行机构可以获取“低”“中”“高”3 种安全级别的数字 ID。如果希望快速签名多个文件，可使用“低”安全级别，数字签名将自动附加到所有可以使用数字签名的文件类型中。如果希望当应用程序尝试使用数字 ID 创建签名时得到通知，可使用“中”安全级别，这样，每次向文件附加包含数字 ID 的数字签名时都会得到一个通知。如果签名非常敏感且用户不希望别人乱用其计算机对文件进行签名，可使用“高”安全级别，每次签名文件时都将提示输入口令。

（4）在 Internet 上获取数字 ID 的步骤。在 Internet 浏览器中打开搜索引擎，然后搜索“digital certificate”。单击搜索结果，了解关于数字 ID 发行商和如何获取数字 ID 的详细信息。其命令行为“SECURITYOPTIONS”。

（5）向单个文件附加签名。向文件附加数字签名时，可确保文件的接收者能够收到修改通知。可以设置选项以便在保存文件后附加签名，每个文件都可以附加一个数字签名。如果希望使用口令和签名保护图形集可先添加口令然后批签名文件，向签名的图形添加口令或更改签名的图形将使签名无效。需要强调的是，除非使用附加数字签名实用程序，否则必须对每个图形分别进行签名。

（6）设置选项以便在保存文件后附加签名的步骤。执行下列两个操作之一，即：在“工具”菜单上单击“选项”，然后在“选项”对话框的“打开和保存”选项卡上单击“安全选项”；在“文件”菜单上单击“另存为”，然后在“图形另存为”对话框的“工具”菜单上单击“安全选项”。在“安全选项”对话框的“数字签名”选项卡中，选择“保存图形后附加数字签名”。单击“确定”。需要强调的是，在“安全选项”对话框中，可以将数字签名仅附加到与 AutoCAD 2004 图形文件格式兼容的文件中。其命令行为“SECURITYOPTIONS”。

（7）向多个文件附加数字签名。向文件集附加数字签名时可确保查看文件的所有人都可以知道文件签名后所做的任何更改。可以将数字签名附加到以下 3 种文件类型中，即：由电子传递生成的 EXE 和 ZIP 文件；DWS 文件；与 AutoCAD 2004 和 AutoCAD 2000 图形文件格式兼容的 DWG 和 DWT 文件向文件集附加数字签名时，可以从签名实用程序中单独选择文件，也可以将这些文件从 Windows 资源管理器拖动到实用程序中。

（8）向多个文件附加数字签名的步骤。在“开始”菜单（Windows）中，单击“程序”➤“Autodesk”➤“AutoCAD”➤“附加数字签名”。在“附加数字签名”对话框中，单击“添加文件”。在“选择文件”对话框中选择要附加数字签名的文件，然后单击“打开”，在“附加数字签名”对话框中可以将数字签名仅附加到与 AutoCAD 2004 图形文件格式兼容的文件中。在“附加数字签名”对话框的“选择数字 ID（证书）”框中，选择要附加到用户在“要签名的文件”列表中选择的文件中的数字 ID。如果要将时间戳记添加到签名文件中，可在“时间戳记，来自”框中选择时间服务，如果不希望添加时间戳记，可使用默认选项“无时间戳记”。在“注释”框中可以添加与签名文件相关的任何信息。单击“签名文件”。如果要签名的文件是只读文件将显示“只读文件”对话框，执行下列 4 项操作之一，即：要签名一个只读文件可单击“是”；要签名所有只读文件可选择“对这一批中的所有只读文件使用同样的回答”，然后单击“是”；要取消将数字签名应用到某个只读文件可单击“否”；要取消将数字签名应用到所有只读文件可单击“取消”。执行上述 4 项操作时，如果获取数字 ID 时选择了“中”或“高”安全级别，则每次尝试将数字签名附加到文件时都会显示一条消息。签名所有文件后将显示“签名完成”消息，其中显示了已签名的文件数目，单击“确定”，在“要签名的文件”列表的“状态”列中，已成功签名的文件将显示“已签名”。单击“关闭”。需要强调的是，一次签名多个文件时这些文件将变成只读文件，以防别人不小心造成数字签名无效。

(9) 数字签名加密图形。可以向图形文件附加口令和数字签名。必须先附加口令。修改文件（包括添加口令）将使数字签名无效。

(10) 查看带有数字签名的图形。数字签名提供了验证（验证真实性）附加到图形文件的签名的电子方法。数字签名可以通过数字 ID（证书）识别个人或组织，还可以验证文件。当进行工程协作或通过 Internet 传递文件时，文件的验证尤为重要。可以在 AutoCAD 或 Windows 资源管理器中验证数字签名。使用数字签名功能可以获取关于签名文件的以下 3 方面信息，即：文件签名后是否被更改；签名者是否为声明的签名者；是否可以跟踪签名者（以防止伪造）。数字签名由于以下 3 方面原因将被确定为无效，即：附加数字签名时文件被损坏；文件在转换中被损坏；数字 ID 不再有效。需要强调的是，如果希望保持有效的数字签名状态，可不添加口令或对已附加数字签名的文件进行修改或保存，可在签名文件之前进行修改，比如添加口令，如果修改、保存或输出图形数据，则签名信息将无法保持完整性。

(11) 查看数字签名的详细信息。如果收到的文件中包含数字签名，则可以查看文件签名后是否被修改以及其他信息。如果文件中包含数字签名信息，则状态栏中将显示一个图标，单击该图标时可以验证以下 6 方面信息，即：文件的有效性；文件签名后是否被修改；签名该文件的个人或组织；附加到该文件的时间戳记和注释；数字 ID 的颁发者（证书发行机构）；数字 ID 的有效起止日期。数字签名适用于与 AutoCAD 2004 和 AutoCAD 2000 图形文件格式兼容的文件，如果用户收到签名的文件并保存该文件，则将被认为修改了文件从而将使签名无效，但通常仍可以查看该文件的信息；如果收到签名的 AutoCAD 2000 图形文件并保存该文件，则可能会丢失签名信息。需要强调的是，如果 SIGWARN 系统变量处于打开状态，且打开一个带有有效签名的文件，则会显示数字签名状态；如果在 SIGWARN 处于关闭状态时打开一个文件，则仅当签名无效时才显示数字签名状态。也可以在 Windows 资源管理器中查看图形文件的特性以检查并验证数字签名，某些操作系统为附加了有效的数字签名的图形显示一个修改的图标，如果显示修改的图标则计算机的速度可能会降低（取决于处理器的速度和文件大小），因此可以关闭显示。

(12) 打开 AutoCAD 文件时验证数字签名的步骤。从“工具”菜单中，单击“选项”。在“选项”对话框的“打开和保存”选项卡中，选择“显示数字签名信息”选项。单击“确定”。打开与 AutoCAD 2004 或 AutoCAD 2000 图形文件格式兼容并附加了数字签名的文件，系统将显示“数字签名内容”对话框，该对话框提供关于文件状态和签名者状态的信息。在“其他字段”列表中选择选项以查看数字签名的详细信息，比如颁发者、数字 ID 的开始日期和截止日期以及序列号。单击“关闭”。其命令行为 SIGVALIDATE。

(13) 使用“验证数字签名”图标验证签名的步骤。打开与 AutoCAD 2004 或 AutoCAD 2000 图形文件格式兼容并拥有数字签名信息的文件。在状态栏上，单击“验证数字签名”图标，将显示“验证数字签名”对话框，该对话框提供关于文件状态的信息。如果文件具有有效的数字签名可单击“查看根签名”，“数字签名内容”对话框显示了数字签名的详细信息，比如签名者、数字 ID 的截止日期、序列号、有关数字签名的注释、时间戳记和时间服务。如果文件具有包含数字签名的外部参照，且“验证数字签名”对话框中的“查看外部参照图形”选项已被选中，可单击“查看外部参照签名”查看与该文件关联的外部参照。单击“关闭”。其命令行为“SIGVALIDATE”。

(14) 在 Windows 资源管理器中验证签名的步骤。在 Windows 资源管理器中找到要检查其数字签名的文件，某些操作系统为附加了有效的数字签名的图形显示一个修改的图标。在文件名上单击右键，然后单击“特性”。如果文件包含数字签名，则“特性”对话框中将显示“数字签名”选项卡，单击“数字签名”选项卡查看数字签名的详细信息；如果数字签名有效则显示“有效的签名”图标；如果数字签名无效则显示“无效的签名”图标。在“其他字段”列表中选择选项以查看数字签名的详细信息，比如颁发者、说明和数字 ID 的截止日期，还可以查看时间戳记和时间服务。查看完数字签名信息后，单击“确定”。

(15) 在 Windows 资源管理器中识别签名的文件的步骤。在 Windows 资源管理器中找到要查看其数字签名的文件，签名的文件显示时带有“数字签名”图标。需要强调的是，某些操作系统（包括 Windows NT 4）不显示“数字签名”图标，但如果使用这些操作系统中的任何一种则仍然可以识别签名的文件，方法是在 Windows 资源管理器的某一文件上单击右键选择“特性”，并在“数字签名”选项卡中查看数字签名信息。

(16) 在 Windows 资源管理器中打开或关闭“数字签名”图标的显示的步骤。在 Windows 资源管理器中找到具有数字签名图标的文件。在文件名上单击鼠标右键，然后单击“启用/禁用数字签名图标”。在 Windows 资源管理器中单击“验证数字签名并显示专用的图标”旁边的复选框以打开图标显示，或者清除该复选框以关闭图标显示，但某些操作系统（包括 Windows NT 4）不显示“数字签名”图标。单击“确定”退出 Windows，然后再次登录到 Windows。

(17) 禁止显示有效签名的签名状态的步骤。在“工具”菜单中，单击“选项”。在“选项”对话框的“打开和保存”选项卡中，清除“显示数字签名信息”选项。单击“确定”。其命令行为 SIGWARN。

(18) 安装根证书。如果收到的文件中包含的数字签名来自操作系统无法识别的证书发行机构，可能获得根证书（证书链中最高级别的证书）才能确定此数字签名中的数字 ID 是否有效。数字 ID 基于一个委托层次结构。在委托层次结构中，根证书是证书发行机构的数字 ID。常用的浏览器（如 Microsoft Internet Explorer）已经包括了主要证书发行商的根证书，可以自动信任这些数字 ID。如果接收的文件是以非主要证书发行商（如公司内部的 IT 部门）颁发的数字 ID 签名的，则只有在接收到根证书后才能验证该数字 ID。

(19) 获取根证书的步骤。要获得根证书可与向当前文件附加数字签名的组织或个人联系。收到根证书时，可在“开始”菜单（Windows）中单击“设置”➤“控制面板”➤

"Internet 选项"。在"Internet 特性"对话框中，单击"内容"选项卡。在"内容"选项卡中，单击"证书"。在证书管理器中，单击"输入"运行证书管理器输入向导。按照屏幕上的说明操作，获取当前文件的根证书。

(20) 使用注释和时间戳记。可以向数字签名添加注释和时间戳记。使用时间服务可以添加时间戳记。当通过 Internet 发送图形文件或进行工程协作时，可以使用特定的时间服务器获取一个准确、一致的时间戳记。某些政府机构（如美国标准技术研究院或美国海军天文台）和公共部门（如加州理工学院）提供了准确的时间值。也可以使用自己的服务器创建时间戳记。

(21) 选择时间服务和添加注释的步骤。执行下列两项操作之一，即：在"工具"菜单上单击"选项"，然后在"选项"对话框的"打开和保存"选项卡上单击"安全选项"；在"文件"菜单上，单击"另存为"，然后在"图形另存为"对话框的"工具"菜单上单击"安全选项"。在"安全选项"对话框的"数字签名"选项卡上，选择"保存图形后附加数字签名"。在"时间戳记来自"框中，单击时间服务。在"注释"框中添加注释。单击"确定"。其命令行为"SECURITYOPTIONS"。

(22) 向"时间服务"列表添加时间服务的步骤。找到并打开 timesrvr. txt 文件，timesrvr. txt 文件包含时间服务信息。在 timesrvr. txt 文件中添加要使用的时间服务，可使用以下格式，即说明（服务器名称），如"National Institute of Standardsand Technology (time. nist. gov)"。保存文件。需要强调的是，要将 timesrvr. txt 文件以外的其他文件用于时间服务选项，可更改 ADSKSIGTIMESRVR 环境变量的设置，如将变量更改为 C：\ temp \ mytimelist. txt。其命令行为"SECURITYOPTIONS"。

10.2　使用 Internet 共享图形

用户可以在 Internet 上使用 AutoCAD 访问和存储 AutoCAD 图形以及相关文件。本章假定用户已经熟悉基本的 Internet 术语。用户需要安装 Microsoft Internet Explorer 5.0（或更高版本），并且可以访问 Internet 或 Intranet。

10.2.1　启动 Internet 访问

要使用 AutoCAD 的 Internet 功能，用户必须可以访问 Internet 或 Intranet，并且安装了 Microsoft Internet Explorer 5.0（或更高版本）。术语 Internet 用于表示 Internet 和 Intranet。要将文件保存到 Internet 网址，必须对存储文件的目录具有足够的访问权限。可与网络管理员或 Internet 服务提供商（ISP）联系以获得足够的访问权限。如果通过公司的网络连接到 Internet 上，则必须设置代理服务器配置。代理服务器就像一道安全屏障，使公司网络上的信息避免因外部 Internet 访问而带来潜在的安全性问题。关于如何在网络环境中配置代理服务器的信息，可参见 Windows 控制面板中的 Internet 小程序，或与网络管理员联系。

10.2.2　在图形中添加超链接

可以在图形中添加超链接以跳转到特定文件或网站。

（1）在图形中使用超链接功能的特点。超链接是在 AutoCAD 图形中创建的指针，使用它可以跳转到关联的文件，见图 10.2.1。例如，可以创建一个超链接以启动字处理程序并打开特定文件，或者激活 Web 浏览器并加载特定的 HTML 页面。也可以在文件中指定要跳转到某个命名位置，比如跳转到 AutoCAD 中的视图或字处理程序中的书签。可以将超链接附着到 AutoCAD 图形中的任意图形对象上。超链接提供了一种简单而有效的方式，可以快速将各种文档（比如，其他图形、材质明细表或工程计划）与 AutoCAD 图形关联起来。在 AutoCAD 图形中既可以创建绝对超链接，也可以创建相对超链接。绝对超链接存储文件位置的完整路径。相对超链接存储文件位置的局部路径（相对于由系统变量 HYPERLINKBASE 指定的默认 URL 或目录）。

（2）使用超链接访问文件或网页。超链接可以指向存储在本地、网络驱动器或 Internet 上的文件。默认情况下，当用户将十字光标停在带有超链接的图形对象上时，AutoCAD 将提供光标（图 10.2.2）反馈，告诉用户该对象带有超链接。用户可以选择该对象，然后使用“超链接”快捷菜单打开与之相关联的文件。如果需要，可以从“选项”对话框关闭超链接光标和快捷菜单的显示。要打开与超链接相关联的文件，必须将 PICKFIRST 系统变量设置为 1。为 AutoCAD 图形创建超链接并指定要跳转到的命名视图时，AutoCAD 将在打开该超链接时恢复该视图。也可以创建一个可以在特定布局中打开图形的超链接。

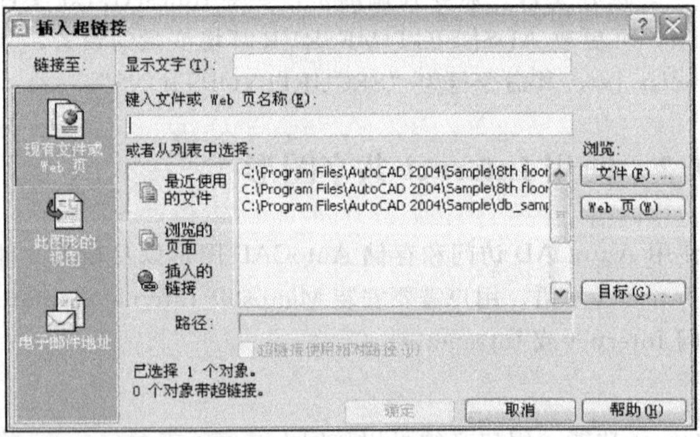

图 10.2.1　超链接

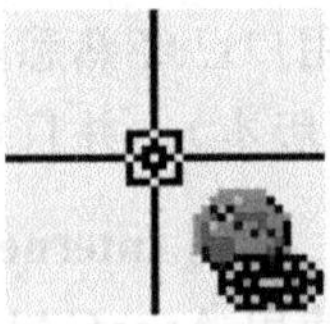

图 10.2.2　超链接光标

（3）在超链接中使用相对路径。绝对超链接在链接相对较小的文档集时比较适用，但是它有一定的限制。如果以后将绝对超链接所参照的文件移动到其他目录下，编辑该超链接路径将是很费时的过程。通过 AutoCAD，可以为用户在图形中创建的超链接指定相对路径。相对路径比绝对超链接具有更大的灵活性，并且更便于编辑。使用相对超链接，可以同时更新图形中所有超链接的相对路径，而不必分别编辑每个超链接。需要强调的是，支持相对超链接是 AutoCAD 2000 引入的一个新功能，如果在 AutoCAD 图形中创建相对超链接，并以 AutoCAD R14 格式保存此图形，则 HYPERLINKBASE 系统变量将不可用，在 AutoCAD R14 中将无法执行任何相对超链接，如果以 AutoCAD R14 之后的版本格式保存图形，则相对超链接将恢复。

(4) 创建到另一个文件的绝对超链接的步骤。在绘图区域中，选择一个或多个要附着超链接的图形对象。从“插入”菜单中选择“超链接”。执行下列两项操作之一，即：在“键入文件或Web名称”下输入与超链接关联的文件的路径和名称；选择“文件”按钮定位到要与该超链接相关联的文件的位置，选择“打开”。(可选) 如果正在创建到AutoCAD图形的超链接可选择“目标”指定要跳转到的图形中的命名位置，然后执行以下两项操作，即：选择要跳转到的命名位置；选择“确定”。(可选) 在“要显示的文字”中输入超链接的说明。选择“确定”。其命令行为“HYPERLINK”。

(5) 在非AutoCAD文件中创建到命名位置的超链接的步骤。创建超链接（参见本节前述“创建到另一个文件的绝对超链接的步骤”）。从“插入”菜单中选择“超链接”。选择与超链接关联的图形对象。在“键入文件或Web页名称”中，在超链接链接到的文件名后输入磅符号（#），然后输入命名位置，在超链接链接到的文件名、磅符号（#）和命名位置之间不能有空格。选择“确定”。其命令行为“HYPERLINK”。

(6) 编辑图形对象中附着的超链接的步骤。从“插入”菜单中选择“超链接”。在绘图区域中，选择一个或多个使用相同超链接的图形对象。在“编辑超链接”对话框中指定新值，然后选择“确定”。其命令行为“HYPERLINK”。

(7) 从图形对象中删除超链接的步骤。在绘图区域中，选择一个或多个使用相同超链接的图形对象。从“插入”菜单中选择“超链接”。在绘图区域中，选择一个或多个使用相同超链接的图形对象。选择“删除超链接”，然后选择“确定”。其命令行为“HYPERLINK”。

(8) 打开与超链接相关联的文件的步骤。在绘图区域中选择一个附着了超链接的图形对象。在AutoCAD绘图区域的任意位置单击右键，然后选择“超链接”➤“打开”，“超链接”➤“打开”快捷菜单选项后面将显示超链接的说明（如果已指定）或者显示参照文件的完整URL。需要强调的是，如果在“选项”对话框中关闭了超链接光标的显示，则“用户系统配置”选项卡、“超链接”区域和“超链接”快捷菜单将不可用，要恢复“超链接”快捷菜单可重新打开“显示超链接光标”选项，要打开与超级链接关联的文件必须将PICKFIRST系统变量设置为1。

(9) 打开或关闭超链接光标显示的步骤。从“工具”菜单中选择“选项”。在“用户系统配置”选项卡中选择或清除“显示超链接光标和快捷菜单”。选择“确定”。其命令行为“OPTIONS”。

(10) 为图形中的所有超链接设置相对路径的步骤。从“文件”菜单中选择“图形特性”。在“概要”选项卡的“超链接基地址”中输入相对路径。选择“确定”。其命令行为“DWGPROPS”。

(11) 创建相对超链接的步骤。在绘图区域中，选择一个或多个要附着超链接的图形对象。从“插入”菜单中选择“超链接”。在绘图区域中选择一个或多个要附着超链接的图形对象。在“键入文件或Web名称”中输入要附着的文件名，不要输入文件名的任何路径信息（否则将创建绝对超链接）。选择“确定”。其命令行为“HYPERLINK”。

(12) 使用超链接创建电子邮件消息。通常，在图形中使用超链接将图形对象与相关文档关联。但在某些情况下可以插入一个超链接，在激活该超链接时将创建电子邮件消息。例如，假设某个设计工程有多个起草者分别负责更新图形的不同部件，当起草者将新部件添加到图形中时，可以将部件与包括它们的电子邮件地址的超链接相关联。此功能提供了一种便捷的方法，可以标识各个图形部件的创建者，还可以将任何与设计有关的问题通过电子邮件发送给相应的创建者。

(13) 创建电子邮件超链接的步骤。在绘图区域中，选择一个或多个要附着超链接的图形对象。从“插入”菜单中选择“超链接”。在“插入超链接”对话框中的“链接至”下，单击“电子邮件地址”。在“电子邮件地址”中输入收件人的地址。(可选) 在“主题”中指定电子邮件消息的主题。选择“确定”。打开电子邮件超链接时，默认的电子邮件应用程序将创建新的电子邮件消息，其中已填好地址和主题(如果已指定)，然后，用户可以输入消息正文并通过电子邮件发送。其命令行为“HYPERLINK”。

(14) 在块中使用超链接。超链接可以与块以及块中包含的嵌套对象相关联。如果块中包含任意相对超链接，当插入块时，相对超链接将采用当前图形的相对基准路径。如果在绘图区域选择的块元素包含多个超链接，“超链接”快捷菜单中将列出所有可用的超链接。可以激活与当前选定的块元素相关联的任意超链接，还可以编辑或删除与特定块实例相关联的超链接。例如，假设一个块中包含一条直线和一个圆，直线上附着一个名为 line 的超链接，圆上附着一个名为 circle 的超链接，在插入此块后，在块的这个特定引用上附着一个名为 block 的超链接。当选择块中的元素时，可以打开与此元素相关联的超链接，或者打开与块的特定引用相关联的任意超链接。例如，如果选择直线块元素，则可以打开 line 超链接或 block 超链接；如果选择圆块元素，则可以打开 circle 超链接或 block 超链接。在这两种情况下，只能编辑或拆离与块的特定引用相关联的 block 超链接。要编辑或删除块中嵌套的超链接，必须先分解块或使用 REFEDIT 命令。

(15) 打开与块中包含的超链接相关联的文件的步骤。在绘图区域中，选择一个附着了超链接的块。在 AutoCAD 绘图区域的任意位置单击右键，从“超链接”快捷菜单中选择“超链接”➤“打开”以打开要激活的超链接。每个可用的“超链接”➤“打开”快捷菜单选项旁边显示超链接的说明(如果已输入了说明)，或显示参照文件的完整 URL。

(16) 使用超链接开始新的图形。当激活指向 AutoCAD 图形样板(DWT)文件的超链接时，AutoCAD 将创建基于样板的新图形文件，而不打开实际的样板文件。这为创建共享的标准图形样板集提供了一种方便的机制。因为使用带超链接的样板文件可以打开一个新的 AutoCAD 图形，所以排除了意外地覆盖原始样板的危险。

(17) 打开与超链接关联的 AutoCAD 图形样板(DWT)文件的步骤。在绘图区域中，选择附着了到 DWT 文件的超链接的图形对象。在 AutoCAD 绘图区域的任意位置单击右键，然后选择“超链接”➤“打开”。“超链接”➤“打开”快捷菜单选项后面将显示超链接的说明(如果已指定)，或者显示参照文件的完整 URL。将基于带有超链接的 DWT 文件，打开新的 AutoCAD 图形。需要强调的是，如果在“选项”对话框中关闭了超链接光标的显示，“用户系统配置”选项卡、“超链接”区域和“超链接”快捷菜单将不可用。要恢复“超链接”快捷菜单，可重新打开“显示超链接光标”选项。

(18) 将先前附着的 URL 转换为超链接。使用 AutoCAD 2004 格式保存图形时，附着在早期版本中的URL将转换为AutoCAD 2004超链接。如果以AutoCAD Release 14格式保存AutoCAD图形，图形中所有超链接都将转换为AutoCAD Release 14的URL。超链接说明在AutoCAD Release 14中不可用，但如果随后以AutoCAD 2000或更高版本格式保存R14图形，超链接说明将恢复。

10.2.3 在Internet上使用图形文件

用户可以将图形打开并保存到Internet网址，附着Internet上存储的外部参照图形，从网站拖动图形以插入块，以及创建自动包括其所有相关文件的DWG的传递集。

（1）从Internet上打开和保存图形文件。用户可以使用AutoCAD从Internet上打开和保存文件。AutoCAD文件输入和输出命令（OPEN、EXPORT、APPLOAD等）可以识别指向AutoCAD文件的任何有效的统一资源定位器（URL）路径。指定的图形文件被下载到用户的计算机上，并在AutoCAD绘图区域中打开。用户可以编辑并保存图形。图形既可以保存在本地，也可以保存回Internet或Intranet上用户具有足够访问权限的位置。如果已知要打开的文件的URL，则可以直接在“选择文件”对话框中输入。也可以在“选择文件”对话框中浏览定义的FTP站点或Web文件夹，使用“浏览Web”对话框浏览到文件存储的Internet网址（参见下面介绍的“使用‘浏览Web’对话框”），或者使用“选择文件”对话框访问Buzzsaw.com所在的工程站点（参见下面介绍的“访问Buzzsaw站点”）。

（2）使用“浏览Web”对话框。使用“浏览Web”对话框可以快速定位到要打开或保存文件的特定的Internet网址。可以指定一个默认Internet网址，每次打开“浏览Web”对话框时都将加载该位置。如果不知道正确的URL，或者不想在每次访问Internet网址时输入冗长的URL，则可以使用“浏览Web”对话框方便地访问文件。

（3）访问Buzzsaw站点。使用“选择文件”对话框中的Buzzsaw图标，可以访问Buzzsaw.com所在的工程站点。可以从“文件”列表中选择现有的工程站点，也可以使用“添加站点”选项创建新的工程站点。

（4）通过输入URL从Internet上打开AutoCAD文件的步骤。从“文件”菜单中选择“打开”。在“选择文件”对话框的“文件名”中，输入文件的URL，然后选择“打开”。必须输入超文本传输协议或文件传输协议（如http：//或ftp：//）和要打开的文件的扩展名（如.dwg或.dwt）。其“标准”工具栏为，其命令行为“OPEN”。

（5）通过浏览FTP站点从Internet上打开AutoCAD文件的步骤。从“文件”菜单中选择“打开”。在“选择文件”对话框中，选择“工具”➤“添加/修改FTP位置”。在“添加/修改FTP位置”对话框的“FTP站点的名称”下，输入FTP位置的站点名称（比如ftp.autodesk.com）。在“登录为”下选择下列两个选项之一，即“匿名”“用户”“匿名”的特点是以匿名用户身份登录FTP站点，如果FTP站点不允许匿名登录，可选择“用户”并输入有效的用户名；“用户”的特点是使用指定用户名登录FTP站点。如果FTP站点要求输入口令，可输入口令。选择“添加”，然后选择“确定”。在“选择文件”对话框中，从“位置”列表中选择“FTP”。双击一个FTP站点并选择文件。选择“打开”。其“标准”工具栏为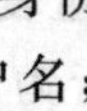，其命令行为“OPEN”。

（6）通过浏览 Web 文件夹从 Internet 上打开 AutoCAD 文件的步骤。从“文件”菜单中选择“打开”。在“选择文件”对话框的“查找范围”下，选择“Web 文件夹”（或“我的网络位置”，这取决于用户的 Windows 版本）。双击其中一个 Web 文件夹，然后选择文件，可以在 Windows 资源管理器中创建新的 Web 文件夹，关于 Web 文件夹的详细信息可询问系统管理员或参见 Windows 资源管理器帮助。选择“打开”。其“标准”工具栏为，其命令行为“OPEN”。

（7）通过输入 URL 将 AutoCAD 文件保存到 Internet 上的步骤。从“文件”菜单中选择“另存为”。在“文件名”中输入该文件的 URL，必须输入文件传输协议或超文本传输协议（例如 ftp：//或 http：//）和要保存的文件的扩展名（如 .dwg 或 .dwt），必须具有将文件保存到指定位置的访问权限。从“文件类型”列表中选择文件格式，然后选择“保存”。其命令行为“SAVE”。

（8）通过浏览 FTP 站点将 AutoCAD 文件保存到 Internet 上的步骤。从“文件”菜单中选择“另存为”。在“图形另存为”对话框中，从“位置”列表中选择“FTP”。如果尚未将该 FTP 站点添加到可用 FTP 位置，可选择“工具”➤“添加/修改 FTP 位置”，按本节前述“通过浏览 FTP 站点从 Internet 上打开 AutoCAD 文件的步骤”中的说明定义 FTP 位置。双击一个 FTP 站点并选择文件。从“文件类型”列表中选择文件格式，然后选择“保存”。其命令行为“SAVE”。

（9）通过浏览 Web 文件夹将 AutoCAD 文件保存到 Internet 上的步骤。从“文件”菜单中选择“另存为”。在“选择文件”对话框的“查找范围”下选择“Web 文件夹”（或“我的网络位置”，这取决于用户的 Windows 版本）。双击其中一个 Web 文件夹，可以在 Windows 资源管理器中创建新的 Web 文件夹，关于 Web 文件夹的详细信息可询问系统管理员或参见 Windows 资源管理器帮助。指定文件名并从文件类型列表中选择文件格式。选择“保存”，必须具有将文件保存到指定位置的访问权限。其命令行为“SAVE”。

（10）指定“浏览 Web”对话框使用的默认 Internet 网址的步骤。从“工具”菜单中选择“选项”。在“文件”选项卡上，单击“菜单、帮助和其他文件名称”旁边的加号。选择“默认 Internet 网址”选项，然后选择“浏览”。在“选择文件”对话框中执行下列两项操作之一，即：输入指向 Internet 网址的 URL，然后选择“打开”；选择“搜索 Web”按钮并在“查找范围”框中输入 Internet 地址。选择“确定”。其命令行为“OPTIONS”。

（11）使用“浏览 Web”对话框从 Internet 上打开 AutoCAD 文件的步骤。从“文件”菜单中选择“打开”。选择“搜索 Web”按钮，在访问 Internet 之前，许多 Internet 连接需要用户输入有效的用户名和口令，AutoCAD 提示用户输入此信息。在“浏览 Web”对话框中执行下列两项操作之一，即：单击显示的 HTML 页面上的超链接；在“查找范围”中输入完整的 URL 或部分 URL，然后按 ENTER 键。重复相关步骤，直到找到要打开的文件。选择“打开”。其“标准”工具栏为，其命令行为“OPEN”。

（12）使用“浏览 Web”对话框将 AutoCAD 文件保存到 Internet 网址的步骤。从“文件”菜单中选择“另存为”。选择“搜索 Web”按钮，在访问 Internet 之前，许多 Internet 连接需要用户输入有效的用户名和口令，AutoCAD 提示用户输入此信息。在“浏览 Web”对话框中执行下列两项操作之一，即：单击显示的 HTML 页面上的超链接；在“查找范围”中输入完整的 URL，或部分 URL，然后按 Enter 键。重复相关步骤直到定位到要保存文件的位置。选择“保存”。其命令行为“SAVEAS”。

(13) 访问 Buzzsaw 站点的步骤。在“文件”菜单中，单击“打开”。在“位置”列表中，单击“Buzzsaw”。选择“添加站点”。在“地址”框中输入以下 URL，包括工程站点的名称“https：//webfolders. buzzsaw. com/＜工程站点名称＞”，可以按照以上步骤访问在 AutoCAD 2002 中设置的 Buzzsaw 工程站点，但使用的 URL 与在 AutoCAD 2002 中使用的 URL 不同。该工程站点会显示在“Buzzsaw 文件夹”列表中，选择该站点。选择“打开”。其“标准”工具栏为，其命令行为“OPEN”。

(14) 在 Internet 上使用外部参照。用户可以将存储在 Internet 或 Intranet 上的外部参照图形附着到存储在本地系统中的图形上。例如，用户有一套建筑结构图，每天都有很多承建人对其进行修改，这些图形存储在 Internet 上的工程目录下，用户可以在自己的计算机上保留一个主图形而将 Internet 图形作为外部参照附着到主图形中，任何一个 Internet 图形被修改后，下一次打开主图形时修改的内容都会包括在主图形中，使用这个高效的机制可以开发准确的、最新的、设计小组可以共享的合成图形。需要强调的是，如果 Internet 连接的传输速度很慢，或者正在使用的主图形附着了很多外部参照，将外部参照下载到本地系统中可能要花费较长时间。

(15) 将外部参照附着到存储在 Internet 上的图形的步骤。从“插入”菜单中选择“外部参照”。在“选择参照文件”对话框中执行下列两项操作之一，即：在“文件名”下输入要附着的文件的 URL，URL 中必须包含传输协议（如 http：//或 ftp：//）；选择“搜索 Web”按钮，然后使用“浏览 Web”对话框定位到要附着的文件，如果网络或 ISP 要求提供用户名和口令，AutoCAD 将提示用户输入这些信息。选择“打开”。在“外部参照”对话框中选择“确定”。指定外部参照的插入点。“插入”工具栏为，其命令行为“XREF”。

(16) 从网站上插入内容。通过 Autodeski - drop 功能，可以使用拖放方法将 Web 内容插入到图形中。

(17) i - drop 功能的特点。i - drop 是一种拖放方法，用于将 Web 内容插入到当前图形中。使用 i - drop，可以简便地将内容（如图形和目录项目）插入到打开的图形中。可以插入的 i - drop 内容的具体样例包括 AutoCAD 的椅子块、窗户块或漆布样品的位图。可以使用网上发布的向导为 AutoCAD 的图形文件创建支持 i - drop 功能的网页。关于创建带有 i - drop 内容的网页的其他方法的详细信息可参考 URL 处的 Autodesk 网站中的 i - drop信息：http：//www. autodesk. com/idrop。

(18) 使用 i - drop。要使用 i - drop，可将有代表性的 i - drop 内容图像从网页拖动到图形区域中。有代表性的 i - drop 内容图像通常是图形内容的可视表示。i - drop 还提供以下 5 方面功能，即：设置接受 i - drop 内容的默认类型，可以设置程序接受的 i - drop 内容的默认类型，选定的设置将决定从 Web 拖动有代表性的 i - drop 内容图像时插入到图形中的内容类型，比如，如果选择“块”，则插入的内容为 AutoCAD 块；单击鼠标右键并拖动以选择 i - drop 内容的类型，可以选择在单击鼠标右键并拖动典型的 i - drop 内容图像时要插入到图形中的 i-drop 内容的类型；单击鼠标右键并拖动以指定要下载的关联数据文件，可以指定在单击鼠标右键将 i-drop 内容拖动到图形时要下载的关联数据文件；指定下载的关联数据文件的位置，可以指定要将与 i-drop 内容关联的数据文件下载到的位置；查看 i-drop 内容的日志文件，可以查看每个图形的 i-drop 内容的日志文件，该日志文件与图形保存在同一个文件夹中。

(19) 将 i-drop 内容插入到图形中的步骤。打开要将 i-drop 内容插入到其中的图形。将有代表性的 i-drop 内容图像从网页拖动到当前图形中，将光标移动到网站中有代表性的 i-drop 内容图像的上方时光标将变成滴管图像。现在处于“插入”模式，在当前的图形中，在要插入 i-drop 内容的位置上单击，i-drop 内容将插入到图形中。

(20) 为与插入的 i-drop 内容关联的数据文件指定选项的步骤。将 i-drop 内容插入到 AutoCAD 图形中时，可以指定关联数据文件的传输和位置。在有代表性的 i-drop 内容图像上单击鼠标右键，然后将其从网页拖动到当前的图形中，将光标移动到网站中有代表性的 i-drop 内容图像的上方时光标将变成滴管图像。在快捷菜单中单击“插入为”➤“块”。在“i-drop 选项”对话框的“选择关联文件”区域中选择要与 i-drop 内容一起下载的关联数据文件。在“选择目标路径”区域中将显示默认的目标路径，可以输入其他路径或单击 [...] 按钮以浏览不同的文件夹。单击“确定”。在图形中，在要插入内容的位置上单击。

(21) 指定 i-drop 内容的默认类型的步骤。在命令提示下，输入 setidrophandler。在“设置默认 i-drop 内容类型”对话框的“选择默认 i-drop 内容类型”列表中选择一种 i-drop 内容类型，所列出的 i-drop 内容类型仅用于已安装的、可以提供此类型 i-drop 功能的 Autodesk 产品。如果拖动到图形中的有代表性的 i-drop 内容图像指向多种内容类型，则该设置将指定实际插入的内容类型，“选择块”可以指定插入 AutoCAD 块，可以将块拖动到所有基于 AutoCAD 产品中创建的图形。

(22) 查看图形中 i-drop 内容的日志文件的步骤。在存储图形的文件夹中双击名为<图形名>_idrop.txt 的文件。日志文件显示图形文件（目标文件）的名称、插入到图形中的 i-drop 内容文件的名称（位于源 URL 的末尾）、插入文件的日期和时间、每个关联的数据文件的源 URL 以及任何关联的数据文件的目标（位置）。

(23) 查看插入的 i-drop 内容图像源的 URL 超链接的步骤。在图形中，选择 i-drop 内容图像，将光标移动到所选 i-drop 内容图像的上方，URL 超链接将显示在工具栏提示中。

(24) 打包图形文件集以进行 Internet 传递。在将图形发送给某人时，常见的一个问题是忽略了图形的相关文件（如字体和外部参照）。某些情况下，没有这些关联文件将使接收者无法使用原来的图形。使用电子传递可以创建 AutoCAD 图形传递集，它可以自动包含所有相关文件。用户可以将传递集在 Internet 上发布或作为电子邮件附件发送给其他人，将自动生成一个报告文件，其中包括有关传递集包括的文件和必须对这些文件所做的处理（以便使原来的图形可以使用这些文件）的详细说明。也可以在报告中添加注释或指定传递集的口令保护。用户可以指定一个文件夹来存放传递集中的各个文件，也可以创建自解压可执行文件或 Zip 文件（即将所有文件打包）。需要强调的是，不能使用电子传递创建DXF文件的传递集，要使用电子传递必须将图形保存为DWG或DWT文件。

（25）在指定的文件夹中创建传递集的步骤。从“文件”菜单中选择“电子传递”。（可选）在“说明”中指定要包含在报告文件中的任意附加说明。从“类型”列表中选择“文件夹”。选择“浏览”以指定传递集的位置，显示一个标准文件选择对话框。定位到要在其中创建传递集的文件夹。选择“打开”。选择任意附加选项，比如将传递集发布到网页或将其作为电子邮件附件发送。选择“确定”，在指定的文件夹中创建传递集。其命令行为“ETRANSMIT”。

（26）创建自解压可执行文件或Zip文件形式的传递集的步骤。从“文件”菜单中选择“电子传递”。（可选）在“说明”中指定要包含在报告文件中的任意附加说明。从“类型”列表中选择下列两个选项之一，即：自解压可执行文件（*.exe）、Zip（*.zip）。选择“浏览”以指定传递集的位置，显示一个标准文件选择对话框。定位到要在其中创建传递集的文件夹。选择“保存”。（可选）选择“口令”为传递集指定口令，然后执行以下3项操作，即：在“压缩传递的口令”中输入口令；在“口令确认”中再次输入口令；选择“确定”。选择任意附加选项，比如将传递集发布到网页或将其作为电子邮件附件发送。选择“确定”以创建传递集。其命令行为“ETRANSMIT”。

（27）解压缩自解压可执行文件传递集的步骤。在Windows资源管理器中，双击传递集文件。在“电子传递”对话框中选择“浏览”，指定要在其中解压缩传递集文件的文件夹。选择“确定”。如果传递集受口令保护，系统将提示输入口令。选择“确定”，退出所有对话框。

10.2.4 使用网上发布向导创建网页

网上发布向导为创建包含AutoCAD图形的DWF、JPEG或PNG图像的格式化网页提供了简化的界面，即DWF格式不会压缩图形文件；JPEG格式采用有损压缩，即故意丢弃一些数据以显著减小压缩文件的大小；PNG（便携式网络图形）格式采用无损压缩，即不丢失原始数据就可以减小文件的大小。使用网上发布向导，即使不熟悉HTML编码，也可以快速、轻松地创建出精彩的格式化网页。创建网页之后，可以将其发布到Internet或Intranet上。以下是一些方法示例（如样板、主题、i-drop），根据这些示例可以使用网上发布向导创建网页，“样板”的特点是可以选择4个样板中的一个作为网页，也可以自定义自己的样板；“主题”的特点是可以将主题应用到选择的样板中，可以使用主题在网页中修改颜色和字体；“i-drop”的特点是可以在网页中激活拖放功能，页面的访问者可以将图形文件拖放到AutoCAD任务中，理论上，i-drop文件尤其适合向Internet发布块库。关于在网站使用i-drop创建i-drop控制点的信息可参见Autodesk网站http：//www.autodesk.com/idrop上的i-drop文档。需要强调的是，也可以对网页使用的样板进行自定义，关于自定义样板的详细信息可参考《自定义手册》中的“自定义网上发布样板”。

使用网上发布向导的步骤依次为从“文件”菜单中选择“网上发布”；按照说明生成网页。其命令行为“PUBLISHTOWEB”。

10.3　插入和查看标记

10.3.1　电子标记功能的特点

如果用户当前正在与一个图形设计组协同工作则，可能希望设计组的成员在图形中添加注释或更正。他们可以使用查看和标记工具在屏幕上创建标记，而不必使用纸和笔进行记录。如果使用红线圈阅标记语言（RML）文件保存标记，那么小组成员通过将 RML 文件插入到图形中便可以查看这些标记。发送待检查的图形文件以及通过电子文件接收更正和注释可以避免繁琐的交流，缩短检查周期，从而提高设计过程的效率。

10.3.2　插入标记数据

小组成员和其他项目协作者可以使用标记工具（如 Volo View）创建 RML 文件。RML 文件包含与图形相对应的注释、更正或其他标记。收到 RML 文件后，可以打开相应的图形，然后将 RML 文件中的标记数据插入到图形中。将 RML 文件插入到图形中查看标记时，用户需要确认要在其中插入标记的布局。然后使用世界坐标系将标记插入到图形中。RML 文件中的标记对象与 AutoCAD 图形对象不同。当插入标记对象时，它们将被转换为最合适的 AutoCAD 图形对象。可以像编辑图形文件中其他任何对象一样编辑插入的标记对象。

（1）比较 RML 文件中的标记对象和 AutoCAD 中的标记对象，见表 10.3.1。如果 RML 文件包含编组，编组中的标记对象将被转换为 AutoCAD 对象，但不会被编组。RML 文件中的标记对象与 AutoCAD 中的转换的对象之间的其他差别体现在以下 3 个方面，即：RML 文件中的绘图次序和填充在 AutoCAD 中将被忽略；插入的标注对象使用当前的 AutoCAD 标注样式的设定（标注文字高度除外）；AutoCAD 中的箭头可能不会像 VoloView 中的箭头一样确切地显示出来。

表 10.3.1　　比较 RML 文件中的标记和 AutoCAD 中的标记

标记对象 RML 文件	圆弧	多段线	样条曲线	云线	图注	圆
AutoCAD 对象	圆弧	多段线	样条曲线	多段线	引线和多行文字	圆
标记对象 RML 文件	椭圆	框	文字	注	超链接	
AutoCAD 对象	椭圆	多段线	多行文字	多行文字	关联的标记对象的特性	

（2）在 RMF 文件中保存标记的多个设置。设计组成员可以创建和保存 RML 文件中的多个标记集合。比如，他们可以在模型空间标记图形的平面视图，然后在与图形关联的每个布局上创建标记。对于模型空间平面视图和每个布局，每一个标记集被分别插入。

（3）插入标记的步骤。打开要插入标记的图形文件。在“插入”菜单中，单击“标记”。在“插入标记”对话框中选择要插入的 RML 文件，然后单击“打开”。在“映射标记”对话框中执行下列 3 项操作之一，即：要映射“图形映射的标记”列表中显示的所有同名的布局，可单击“确定”以插入标记；要向“图形映射的标记”列表中添加映射，可在“映射其他布局”下选择一个或多个标记布局和一个图形布局，单击“映射”以定义映射，映射完成后单击“确定”；要从“图形映射的标记”列表中删除映射，可选择列表中的映射并单击“删除”，要删除所有映射可单击“全部删除”，映射完成后单击“确定”。标记便显示在绘图区域中。其命令行为 RMLIN。

10.3.3 查看电子标记

插入 RML 文件时，标记对象被添加到图形文件的 _ MARKUP _ 图层上。标记图层有助于将标记与图形中的其他对象区分开。如果在插入 RML 文件后保存图形，RML 文件中的标记对象将成为图形的一部分。

(1) 隐藏标记图层上的对象。插入的对象采用 _ MARKUP _ 图层的特性，此图层默认使用 CONTINUOUS 线型，处于锁定状态且为红色。插入标记后，可以使用图层特性管理器中的“开/关”特性隐藏它们。

(2) 插入的标记的默认特性。RML 文件中的标记被插入到图形中后将自动继承 _ MARKUP _ 图层的默认特性，此图层在表 10.3.2 中列出。

表 10.3.2 _ MARKUP _ 图层的默认特性

特性	名称	开/关显示	在所有视口中冻结	锁定/解锁
默认值	_ MARKUP _	开	关	锁定
特性	颜色	线型	线宽	打印/不打印
默认值	红色	CONTINUOUS	默认	打印

(3) 标识和区分标记对象。向图形中插入多个标记文件时，所有的标记都被置于 _ MARKUP _ 图层上。例如，如果插入了一个标记文件， _ MARKUP _ 图层将包含该文件的标记；如果又插入了一个标记文件，其标记将与第一个标记文件中的标记在 _ MARKUP _ 图层上混合。为了避免冲突，可以在插入其他标记文件之前先重命名 _ MARKUP _ 图层。例如，可以使用 MARKUP1、MARKUP2、MARKUP3 等图层名，以区别不同的标记。如果要将标记对象移出 MARKUP 图层，可注意不要失去它们的线索。除非提供识别这些标记的机制（如在不同的图层插入），否则无法在图形中将它们与其他对象区分开来。

(4) 编辑标记对象。插入标记对象后 _ MARKUP _ 图层将自动锁定，因此编辑标记对象之前必须先解除锁定。

10.4 发布图形集

Design Publisher 是打印图纸图形集或发布电子图形集以供查看和打印的备选工具，用户可以通过网络轻松地分发图形集而无需使用 AutoCAD 软件。使用 Design Publisher 可以以 Web 图形格式（DWF）提供精确、压缩的 AutoCAD 图形表示，因此可以节省时间并提高效率。使用这个新的发布工具，可以创建单个多页 DWF6 文件，或多个单页 DWF6 文件，任何用户都可以使用 Autodesk Express Viewer（免费下载的 DWF 文件查看器）查看或打印这些文件。分发 DWF 文件（而不是 DWG 文件）有助于确保数据的安全性，这是因为 DWF 文件与 DWG 文件不同，DWF 文件不能更改。

10.4.1 Design Publisher 功能的特点

使用 Design Publisher，可以将图形和打印集合直接合并到图纸或发布到 DWF（Web 图形格式）文件。可以将图形集发布为单个多页 DWF6 格式文件或多个单页 DWF6 格式文件。可以发布到在每个布局的页面设置中指定的设备（打印机或文件）。使用 Design Publisher，可以灵活地创建电子或图纸图形集并将其用于分发，然后，接收方可以查看或打印图形集。使用 Design Publisher，可以在任何工程环境中创建图形集合，同时维护原始图形的完整性。与原始 DWG 文件不同，DWF 文件不能更改。可以为特定用户自定义图形集，也可以随着项目的进展在图形集中添加和删除图纸。使用 Design Publisher，可以将图形集直接传送到图纸，或者传送到可使用电子邮件、FTP 站点、项目网站或 CD 进行分发的各种电子格式文件中。DWF 格式的图形集的接收方无需安装 AutoCAD 或了解 AutoCAD。无论图形集的接受方位于世界的任何地方，都可以使用 Autodesk Express Viewer 查看和打印高质量的布局。

（1）电子图形集。电子图形集是打印图形集的电子形式，用户可将其作为单个多页 DWF 文件与客户、提供商进行共享，也可以与公司中需要对其进行检查或需要在其记录中使用它们的人员进行共享。使用新查看器（Autodesk Express Viewer），接收方可以只查看或打印所需的布局。

（2）图纸图形集。将图形集发布到在页面设置中命名的打印机可产生单个图纸打印（每个布局一张图纸）或打印文件。输出取决于每个布局的页面设置的配置方式。打印到文件后，用户可以将图形集保存到磁盘文件中。

（3）图纸。使用 Design Publisher 可从图形文件中选择布局。

（4）页面设置。打印机配置设置集合包括图纸尺寸、方向和输出设备等，页面设置与每个布局相关，图形文件可以包含命名的页面设置。

（5）Web 图形格式（DWF）。使用 Web 图形格式（DWF）的文件不包括完整的基础设计数据集，这种格式的文件提供精简和封装的图形表示。由于 Design Publisher 生成的 DWF6 文件已经过压缩，因此打开和传递速度要比 AutoCAD 图形文件的速度快。DWF 文件以基于矢量的格式（插入的光栅图像内容除外）创建，因此可以确保精确性。DWF 文件是与其他没有 AutoCAD 的用户共享 AutoCAD 图形的理想方式。原始 AutoCAD 图形是安全的，因为 DWF 文件与 DWG 文件不同，DWF 文件不能更改。

（6）图形集说明（DSD）文件。图形集说明（DSD）文件包含图形路径名称集合以及其他按图形名索引的信息（如图形中的布局列表）。图纸列表以 DSD 文件的形式保存，因而可以在更新图形后轻松地重新发布同一图纸集合。要访问 Design Publisher，可以在命令行上输入 PUBLISH，然后使用概述中的操作步骤创建电子图形集或图纸图形集。+PUBLISH 命令提供了一种重新发布图形集说明（DSD）文件的快捷方法。-PUBLISH 命令为 Design Publisher 提供了一个可脚本化的界面。

10.4.2 创建电子图形集

可以将图纸合并到自定义的图形集以便发布到 Internet 或 Intranet 上。将电子图形集保存为可加口令保护的单个多页 DWF6 文件。任何用户都可以使用 Autodesk Express

Viewer（免费分发的外部查看器）对其进行查看或打印。可以电子邮件附件的形式发送已发布的电子图形集，使用项目协作站点（如 Buzzsaw）对其进行共享，也可以将其发布到网站上。Design Publisher 只使用 DWF6 ePlot. pc3 打印机配置文件。可以使用默认的 DWF6 ePlot. pc3 打印机驱动程序作为安装驱动程序，也可以修改配置设置，如颜色深度、显示分辨率、文件压缩、颜色处理和其他选项。修改 DWF6 ePlot. pc3 文件后，此后打印和发布的所有 DWF 文件都将受到影响。需要强调的是，在更改原始 DWF6 ePlot. pc3 文件之前应确保备份了该文件的副本，以便在需要恢复默认设置时使用。具体可参考 10.4.7 节“配置 DWF6 驱动程序（高级）”中的相关内容。

创建电子图形集的步骤共有 14 步，依次为打开并保存图形后，在“标准”工具栏上，单击发布按钮。在“发布图纸”对话框中，图形布局显示在“图纸列表”中。要修改图纸列表，可根据需要执行下列 8 项操作之一，即添加图纸、“模型”选项卡、删除图纸、对图纸重排序、重命名图纸、更改页面设置、复制图纸、更改图形路径名的显示。按照电子图形集所需的方式对图纸列表进行合并和配置后，单击“保存列表”。在“列表另存为”对话框的“文件名”框中，输入列表名称，然后单击“保存”，图形集列表保存为 DSD（图形集说明）文件。在“发布图纸”对话框的“发布到”下选择“多页 DWF 文件”，单击“浏览”。在“选择 DWF 文件”对话框中输入文件名，然后单击“选择”，提供 DWF 文件的名称和目标，还可以输入 URL，以便将 DWF 文件上载到 FTP 或 HTTP 站点。要添加口令以保护 DWF 文件，可在“用于保护此 DWF 文件的口令或短语”框中输入口令，DWF 口令区分大小写，口令或短语可由字母、数字、标点或非 ASCII 字符组成，口令如果丢失或遗忘将无法恢复，可将口令列表及其相应的 DWF 文件名保存在安全的位置。单击“发布”开始创建电子图形集，如果向 DWF 文件添加了口令可在“确认口令”对话框中重新输入口令，然后单击“确定”，在“发布完成”对话框中查看 DWF 文件并保存日志文件，日志文件提供有关发布进程（如哪些图纸已经打印，哪些图纸尚未打印）的状态信息，将日志文件保存为可在电子表格程序中查看的 CSV（逗号分隔值）文件形式，如果在“发布完成”对话框打开时不保存日志文件，则以后将检索不到该列表，日志文件在该对话框关闭时消失。要保存日志文件，可在“发布完成”对话框中单击“保存日志文件”，在“保存日志文件”对话框中输入日志文件名称，单击“保存”，然后在“发布完成”对话框中单击“关闭”。要查看 DWF 文件可在“发布完成”对话框中单击“查看 DWF 文件”，DWF 文件在 Autodesk Express Viewer 中打开，完成后关闭该查看器，然后在“发布完成”对话框中单击“关闭”。要结束发布可在“发布图纸”对话框中单击“关闭”，如果尚未保存图纸列表则“图纸列表已更改”对话框将打开，用户可以将图纸保存为列表。在“图纸列表已更改”对话框中单击“是”。在“列表另存为”对话框中，输入列表的文件名，然后单击“保存”。在“创建 DWF”窗口中，单击“确定”。其“标准”工具栏为，其命令行为“PUBLISH”。

上述创建电子图形集步骤的特点如下：“添加图纸”的特点是要从其他图形中添加图纸可单击“添加图纸”（或从桌面上拖动图形），在“选择图形”对话框中选择图形，然后单击“选择”将这些图形添加到“发布图纸”对话框的图纸列表中，图形中的所有布局将成为图纸列表中的单个图纸，必须删除那些不希望使其成为图形集一部分的布局，布局经

过初始化才可以发布，要在向图形集添加图纸时包含所有布局可确保选中快捷菜单上的“添加图纸时包含布局”选项。“‘模型’选项卡”的特点是如果包含了未初始化的模型布局，该布局将在“图纸列表”上的“状态”列中标记为“未初始化”，如果应用了页面设置替代则可以发布布局，要在向图形集添加图纸时包含模型可确保选中快捷菜单上的“添加图纸时包含模型”选项。“删除图纸”的特点是要从列表中删除图纸可在列表中选择一个或多个图纸，然后单击“删除”，要删除所有图纸可单击“全部删除”。“对图纸重排序”的特点是要使图纸在列表中上移或下移一个位置可选择一个图纸，然后单击“上移”或“下移”，图形集中的图纸按列表中的次序显示或打印。“重命名图纸”的特点是要重命名图纸，可在列表中选择该图纸并单击鼠标右键，然后单击快捷菜单上的“重命名图纸”，输入新图纸名。“更改页面设置”的特点是要更改布局的页面设置可在列表中选择一个或多个图纸并单击鼠标右键，然后单击快捷菜单上的“更改页面设置”，在“更改页面设置”对话框中从选定的图形、其他图形或样板中选择一个页面设置，单击“浏览”，选择一个带有页面设置的图形，然后单击“选择”，在“选择页面设置”列表中选择命名的页面设置然后单击“确定”；如果从其他图形文件中选择页面设置，该页面设置由页面设置名称和图形的完整路径名构成，两者由垂直线分隔，例如，如果页面设置名称为 ANSID on HP2600、图形文件名为 Single cavity mold. dwg，则将显示为 ANSID on HP2600 | C：\ Projects \ San Rafael \ Single cavity mold. dwg；注意创建布局后，布局中的图纸空间几何图形将固定不变，应根据所需的输出更改每个布局的页面设置，只有“模型”选项卡页面设置可应用于“模型”选项卡图纸，只有图纸空间页面设置可应用于图纸空间布局。“复制图纸”的特点是要复制一个或多个图纸可在列表中选择图纸并单击鼠标右键，然后单击快捷菜单上的“复制选定图纸”，复制的图纸将添加到图纸列表的结尾处并亮显，复制图纸时可以通过在原始图纸名称的结尾添加- copy（n）创建该图纸名称，例如，如果创建一个称为 Plumbing 的图纸的副本，则复制的图纸称为 Plumbing - Copy（1），每次复制同一图纸时 n 都会递增 1，通过创建图纸的副本同一图纸可有不同的页面设置和其他设置。“更改图形路径名的显示”的特点是要更改所显示的图形名称路径的长度可单击鼠标右键显示快捷菜单，然后单击“显示图形文件路径名”，这样，便可以显示列表中每个图形的完整路径名或只显示图形名。

10.4.3　创建图纸图形集（并打印到文件）

在更改原始 DWF6 ePlot. pc3 文件之前应确保备份了该文件的副本，以便在需要恢复默认设置时使用。具体可参考本书后续“配置 DWF6 驱动程序（高级）”中的相关内容。

创建图纸图形集的步骤共有 13 步，依次为打开并保存图形后，在“标准”工具栏上，单击发布按钮。在“发布图纸”对话框中，图形布局显示在“图纸列表”中，要修改图纸列表可根据需要执行下列 8 项操作之一，即添加图纸、“模型”选项卡、删除图纸、对图纸重排序、重命名图纸、更改页面设置、复制图纸、更改图形路径名的显示。按照图纸图形集所需的方式对图纸列表进行合并和配置后，单击“保存列表”。在“列表另存为”对话框的“文件名”框中输入列表名称，然后单击“保存”，图形集列表保存为 DSD（图形集说明）文件。在“发布图纸”对话框的“发布到”下，选择“页面设置中命名的打印机”，然后单击“浏览”。在“选择输出文件夹”对话框中，选择生成文件的文件夹位置，然后单击“确定”。单击“发布”开始该过程。在“发布完成”对话框中单击“保存日志文件”（如果要保存日志），日志文件提供有关发布进程（如哪些图纸已经打印，哪些图纸尚未打印）的状态信息，将日志文件保存为可在电子表格程序中查看的 CSV（逗号分隔值）文件形式，如果在“发布完成”对话框打开时不保存日志文件，则以后将检索不到该列表，且日志文件在该对话框关闭时消失。要保存日志文件可在“发布完成”对话框中单击“保存日志文件”，在“保存日志文件”对话框中输入日志文件名称，单击“保存”，然后在“发布完成”对话框中单击“确定”。要结束发布可在“发布图纸”对话框中单击“关闭”，如果尚未保存图纸列表，则“图纸列表已更改”对话框将打开，用户可以将图纸保存为列表。在“图纸列表已更改”对话框中单击“是”。在“列表另存为”对话框中输入列表的文件名，然后单击“保存”。在“创建 DWF”窗口中单击“确定”。其“标准”工具栏为，其命令行为“PUBLISH”。

10.4.4 修改图形集

可以使用“发布图纸”对话框自定义要发布的图形集。可以合并、重排序、重命名和复制图纸。图纸列表始终按照列表中设置的次序显示或打印。

修改图形集的步骤共有 5 步，依次为打开并保存图形后，在“标准”工具栏上单击发布按钮。在“发布图纸”对话框中根据需要通过执行下列 8 项操作之一修改图形列表，即添加图纸、模型布局、删除图纸、对图纸重排序、重命名图纸、更改页面设置、复制图纸、更改图形路径名的显示。按照图形集所需的方式对图纸列表进行合并和配置后，单击“保存列表”。在“列表另存为”对话框的“文件名”框中输入列表名称，然后单击“保存”，图形集列表保存为 DSD（图形集说明）文件。在“发布图纸”对话框的“发布到”下选择“多页 DWF 文件”或“页面设置中命名的打印机”。“标准”工具栏为，其命令行为“PUBLISH”。

10.4.5 重新发布图形集

更新图形后可能需要重新发布图形集并将其用于查看或打印。如果将图形集保存为 DSD（图形集说明）文件，则可轻松地重新发布该图纸集，还可以加载和重新发布 BP3（批处理打印）文件。

重新发布图形集的步骤共有 11 步，依次为：打开 AutoCAD 后，在“标准”工具栏上单击发布按钮。打开图形后在“发布图纸”对话框中单击“全部删除”，从图纸列表中删除布局。在“发布图纸”对话框中，单击“加载列表”。在“加载图纸列表”对话框中选择 DSD 文件或 BP3 文件，然后单击“加载”，保存的图形集中的图纸将显示在列表中。在“发布图纸”对话框中执行下列两项操作之一，即：要将图形集发布到 DWF 文件可输入文件名或单击“浏览”，为生成的文件选择一个文件夹位置，在“选择 DWF 文件”对话框中输入文件名并单击“选择”；要将图形集发布到打印机可在“发布到”下选择“发布到打印设置中命名的打印机”，单击“浏览”为生成的文件选择一个文件夹位置。单击“发布”开始该过程。如果为保护 DWF 文件而添加了口令，可在“确认口令”对话框中重新输入该口令，然后单击“确定”，显示“正在打印”对话框并显示打印进程，“发布完成”对话框打开并显示一个有关发布进程状态的信息（“发布已成功完成”或“出现错误和警告，可保存并查看日志文件以了解详细信息”)，可以保存日志文件或查看 DWF 文件。要结束发布可在“发布图纸”对话框中单击“关闭”，如果尚未保存新的图纸列表，则“图纸列表已更改”对话框将打开，用户可以将图纸保存为列表。要保存新的图纸列表，可在“图纸列表已更改”对话框中单击“是”。在“列表另存为”对话框中输入列表的文件名，然后单击“保存”。在“创建 DWF”窗口中单击“确定”。“标准”工具栏为，其命令行为“PUBLISH”。

上述重新发布图形集步骤第 7 步中两项操作分述如下。“单击‘保存日志文件’”的特点是在“保存日志文件”对话框中输入日志文件名称，单击“保存”，然后在“发布完成”对话框中单击“关闭”，日志文件提供有关发布进程（如哪些图纸已经打印，哪些图纸尚未打印）的状态信息，将日志文件保存为可在电子表格程序中查看的 CSV（逗号分隔值）文件形式。如果在“发布完成”对话框打开时不保存日志文件，则以后将检索不到该列表且日志文件在该对话框关闭时消失。单击“查看 DWF 文件”（仅适用于多页 DWF 发布）查看 DWF 文件的特点是在 Autodesk Express Viewer 中打开 DWF 文件，完成后关闭该查看器，然后在“发布完成”对话框中单击“确定”。

10.4.6　查看已发布的图形集

发布的图形集等同于基于原始 AutoCAD 图形创建的图纸打印的数字集。保存为 DWF6 文件的图形集可由任何使用外部查看器 Autodesk Express Viewer 的用户查看或打印。使用 Autodesk Express Viewer，任何人都可以打开、查看和打印所有 DWF 文件（包括 DWF6）和其他光栅格式图像。还可以平移和缩放，以及查看图层、单个图纸以及视口。Autodesk Express Viewer 作为单独的应用程序运行，或嵌入到任何支持 ActiveX 控件（如 Microsoft Internet Explorer）的应用程序中。关于如何使用 Autodesk Express Viewer 的详细信息可参见 Autodesk Express Viewer 中的“帮助”。

10.4.7　配置 DWF6 驱动程序（高级）

无法经常更改“DWF6 电子打印特性”对话框中的设置。但是，如果需要对打印机配置进行细微的更改，可以通过“DWF6 电子打印特性”对话框来执行。可以指定颜色深度、显示分辨率、文件压缩、字体处理、笔设置以及其他选项的设置。创建 DWF6 文件时，可使用应用 DWF6 驱动程序型号的打印机配置文件。必须使用 DWF6 ePlot. pc3 文件打印 DWF6 文件。

（1）创建或修改 DWF6 配置文件功能的特点。创建 DWF 文件时可使用应用特定 DWF6 驱动程序型号的打印机配置文件。Design Publisher 只使用 DWF6 ePlot. pc3 打印机配置文件。可以使用默认的 DWF6 ePlot. pc3 打印机配置文件作为安装文件，也可以使用“打印”中的“特性”按钮对该文件进行更改。这将调用 pc3 编辑器，使用户可以直接更改 DWF6 ePlot. pc3 文件。尽管可以使用其他适用于 Plot 命令的名称保存 DWF6 ePlot. pc3 文件，但其他任何名称都不适用于 Publish 命令。无论 DWF6 文件打印或发布，都将应用对 DWF6 ePlot. pc3 文件所做的更改，直到再次更改 DWF6 ePlot. pc3 文件的设置。需要强调的是，如果要更改 DWF6 ePlot. pc3 文件，首先应创建该文件的备份副本，以便以后需要恢复默认设置时使用。根据 DWF 文件的源图形的内容，这些设置可能会更改文件大小和打印质量，可以在编辑 DWF6 ePlot. pc3 配置文件时指定下列 9 方面设置，即颜色深度、显示分辨率、压缩选项、包含的字体及其处理方法、背景色、虚拟笔设置和图案、包含的图层信息、包含的图纸边界、包含的保存预览。需要强调的是，应将要打印的 DWF 文件配置为白色背景，如果 AutoCAD 背景色设置为黑色，则颜色 7 对象将按白色打印，对于所有其他背景色，颜色 7 对象将按黑色打印。

(2) 为 DWF 文件输出创建打印机配置文件的步骤。从“文件”菜单，单击“打印机管理器”。双击添加打印机向导。在“添加打印机-简介”页面中，单击“下一步”。在“添加打印机-开始”页面中，选择“我的电脑”，单击“下一步”。在“打印机型号”页面的“制造商”下选择“Autodesk ePlot（DWF）”，在“型号”下选择要创建的 DWF6 ePlot 文件，单击“下一步”。（可选）要输入预先存在的打印机配置，则在“输入 PCP 或 PC2”页面上，单击“导入文件”，然后选择要输入的 PCP 或 PC2 文件，单击“输入”。单击“下一步”。在“端口”页面中选择“打印到文件”，单击“下一步”。在“打印机名称”页面中输入打印机配置文件的名称，单击“下一步”。在“完成”页面中单击“完成”。新的打印机配置文件（PC3）创建完毕。其命令行为 PLOTTERMANAGER。

(3) 指定或修改打印的 DWF 文件的设置的步骤。在“文件”菜单中，单击“打印”。在“打印”对话框中，单击“打印设备”选项卡。在“打印机配置”区域，从“名称”列表中选择 DWF 打印设备，然后单击“特性”。在“打印机配置编辑器”对话框中的“设备和文档设置”选项卡中，从树状图窗口中选择“自定义特性”。单击“自定义特性”。在“DWF6 电子打印特性”对话框中选择所需的选项，然后单击“确定”。在“打印机配置编辑器”中，单击“确定”。在“修改打印机配置文件”对话框中，执行下列两项操作之一，然后单击“确定”，即：选择“仅对当前打印应用更改”以指定一次性替代配置设置，这些设置并不保存到 ePlot 配置文件中；选择“将修改保存到下列文件”可以将配置更改保存到 DWF 配置文件。在“打印”对话框的“位置”列表中指定 DWF 文件的打印位置，然后单击“确定”。“标准”工具栏为，其命令行为 PLOT。

(4) 为打印的 DWF 文件设置颜色深度的步骤。在“文件”菜单中，单击“打印”。在“打印”对话框中，单击“打印设备”选项卡。在“打印机配置”区域，从“名称”列表中选择 DWF 打印设备，然后单击“特性”。在“打印机配置编辑器”对话框中的“设备和文档设置”选项卡中展开树状图窗口中的“图形”节点。单击“矢量图形”。在“颜色深度”区域选择所需的颜色深度，然后单击“确定”。在“修改打印机配置文件”对话框中执行下列两项操作之一，然后单击“确定”，即：选择“仅对当前打印应用修改”以指定一次性替代配置设置，这些设置并不保存到 DWF 配置文件中；选择“将修改保存到下列文件”可以将配置更改保存到 DWF 配置文件。在“打印”对话框的“位置”列表中指定 DWF 文件的打印位置，然后单击“确定”。“标准”工具栏为，其命令行为 PLOT。

(5) 设置 DWF 文件的分辨率。可以指定所创建的 DWF6 文件的矢量和光栅图形的像素分辨率。分辨率越高，精度越高，但文件越大。矢量和光栅分辨率的默认设置都是 400DPI。创建用于打印的 DWF 文件时，选择一个与打印机输出匹配的分辨率。高分辨率（大于 2400DPI）可用于查看。例如，创建包含大量细节的 DWF 图形文件（如大型的地形区域地图）时，因为 DWF 文件中有大量细节，因而需要使用较高的分辨率设置。最大分辨率（超过 40000DPI）可能会生成非常大的文件，因此应只在必要时使用。随着分辨率设置的增大，光栅图像质量将随之增加，打印速度将随之降低，内存要求将随之增大。以作为 DWF 文件输出进行查看的世界地图为例，说明不同 DWF 分辨率设置的区别。使用中分辨率设置，世界地图缩放的精确程度可以精确到州（如加利福尼亚州）级别。使用高分辨率设置，缩放的精确程度可以精确到城市级别。使用最高分辨率设置，缩放的精确程度可以精确到建筑物。

（6）指定 DWF 文件分辨率的步骤。在“文件”菜单中，单击“打印”。在“打印”对话框中，单击“打印设备”选项卡。在“打印机配置”区域，从“名称”列表中选择 DWF 打印设备，然后单击“特性”。在“打印机配置编辑器”的“设备和文档设置”选项卡中，从树状图窗口中选择“自定义特性”。在“访问自定义对话框”区域中，单击“自定义特性”。在“DWF6 电子打印特性”对话框中的“分辨率区域”中，从向下滚动的窗口中选择“矢量和光栅分辨率”设置，或者输入所需的自定义设置，单击“确定”。在“打印机配置编辑器”中，单击“确定”。在“修改打印机配置文件”对话框中执行下列两项操作之一，然后单击“确定”，即：选择“仅对当前打印应用修改”以指定一次性替代配置设置，这些设置并不保存到 DWF 配置文件中；选择“将修改保存到下列文件”可以将配置更改保存到 DWF 配置文件。在“打印”对话框的“位置”列表中，指定 DWF 文件的打印位置，然后单击“确定”。“标准”工具栏为，其命令行为“PLOT”。

（7）设置 DWF 文件压缩。默认情况下，创建的 DWF6 文件为压缩的二进制格式。压缩不会丢失任何数据，对于多数 DWF 文件建议使用压缩格式输出。还可以创建压缩的 ASCII 编码二维流（纯文本）文件。这些设置在创建或编辑 DWF 配置文件时指定。

（8）指定 DWF 文件压缩的步骤。在“文件”菜单中，单击“打印”。在“打印”对话框中，单击“打印设备”选项卡。在“打印机配置”区域，从“名称”列表中选择 DWF 打印设备，然后单击“特性”。在“打印机配置编辑器”对话框中的“设备和文档设置”选项卡中，从树状图窗口中选择“自定义特性”。在“访问自定义对话框”区域中，单击“自定义特性”。在“DWF6 电子打印特性”对话框的“格式”区域中，指定文件压缩选项，然后单击“确定”。在“打印机配置编辑器”中，单击“确定”。在“修改打印机配置文件”对话框中执行下列两项操作之一，然后单击“确定”，即：选择“仅对当前打印应用修改”以指定一次性替代配置设置，这些设置并不保存到 DWF6 配置文件中；选择“将修改保存到下列文件”可以将配置更改保存到 DWF 配置文件。在“打印”对话框的“位置”列表中指定 DWF 文件的打印位置，然后单击“确定”。“标准”工具栏为，其命令行为“PLOT”。

（9）为 DWF 文件设置字体处理。创建 DWF 文件时可以指定 DWF6 文件中处理和包含字体的方式。默认情况下，字体处理方法在“DWF6 电子打印特性”对话框中被设置为“捕获部分”，可以指定 DWF 文件可以捕获的字体。以上为建议选项。需要强调的是，字体处理的设置以及 DWF 文件中使用的文字数量、字体数量和字体类型都会影响 DWF 文件的大小，如果 DWF 文件太大可以尝试更改字体处理的设置。

（10）为 DWF 文件指定字体处理的步骤。在“文件”菜单中，单击“打印”。在“打印”对话框中，单击“打印设备”选项卡。在“打印机配置”区域，从“名称”列表中选择DWF打印设备，然后单击“特性”。在“打印机配置编辑器”的“设备和文档设置”选项卡中，从树状图窗口中选择“自定义特性”。在“访问自定义对话框”区域中，单击“自定义特性”。在“DWF6 电子打印特性”对话框的“字体处理”区域中指定文件捕获选项，然后单击“确定”。在“打印机配置编辑器”中，单击“确定”。在“修改打印机配置文件”对话框中执行下列两项操作之一，然后单击“确定”，即：选择“仅对当前打印应用修改”以指定一次性替代配置设置，这些设置并不保存到DWF6 配置文件中；选择“将修改保存到下列文件”可以将配置更改保存到DWF配置文件。在“打印”对话框的“位置”列表中指定DWF文件的打印位置，然后单击“确定”。“标准”工具栏为，其命令行为“PLOT”。

(11) 编辑DWF文件可以捕获的字体列表的步骤。在“文件”菜单中，单击“打印”。在“打印”对话框中，单击“打印设备”选项卡。在“打印机配置”区域，从“名称”列表中选择DWF打印设备，然后单击“特性”。在“打印机配置编辑器”的“设备和文档设置”选项卡中，从树状图窗口中选择“自定义特性”。在“访问自定义对话框”区域中，单击“自定义特性”。在“DWF6 电子打印特性”对话框中的“字体处理”下，选择“捕获部分”。选择“编辑列表”，应注意的是在DWF文件捕获字体的确会引起文件大小的增加。要使文件大小达到最小，列表中的所有 Windows 平台都通用的 TrueType 字体在默认情况下不被选中。尽管这些字体旁边没有复选标记，但它们都已嵌入到DWF6文件中。应选择已安装的所有其他 TrueType 字体，以确保将其捕获并嵌入到DWF6 文件中，只将所需的字体嵌入到该文件中。在“可用 TrueType 字体”对话框中，选择要在DWF文件中捕获的字体，然后单击“确定”。在“DWF6 电子打印特性”对话框中，单击“确定”。在“打印机配置编辑器”对话框中，单击“确定”。在“更改打印机配置文件”对话框中单击下列两个选项之一，即“仅对当前打印应用修改”“将修改保存到下列文件”，然后输入文件名。在“打印”对话框的“位置”列表中指定DWF文件的打印位置，然后单击“确定”。“标准”工具栏为，其命令行为“PLOT”。

(12) 为DWF文件编辑笔图案。在“编辑笔设置”对话框中，可以指定笔图案、宽度、形状、效果以及比例缩放和全局笔宽等其他设置。在“编辑笔设置”对话框中所做的修改将保存到打印机配置文件中。需要强调的是，要在使用 DWF6 ePlot 时编辑笔图案，必须选择“255 虚拟笔”作为颜色深度。

(13) 编辑DWF文件的“编辑笔设置”对话框的步骤。在“文件”菜单中，单击“打印”。在“打印”对话框中，单击“打印设备”选项卡。在“打印机配置”区域，从“名称”列表中选择DWF打印设备，然后单击“特性”。在“打印机配置编辑器”对话框中，选择“设备和文档设置”选项卡，然后在树状图窗口中展开“图形”节点。选择“矢量图形”，在“颜色深度区域”中选择“255 虚拟笔”作为颜色深度，然后从树状图窗口中选择“自定义特性”。在“访问自定义对话框”区域中，单击“自定义特性”。在“DWF6 电子打印特性”对话框中，单击“编辑图案”。在“编辑笔设置”对话框中，右键单击某个字段。从常用设置菜单中选择，或单击“特性”显示“笔特性”对话框，从中可以修改每个单独笔设置的特性。在“笔特性”对话框中，单击“确定”。在“编辑笔”

对话框中，单击“确定”。在“DWF6 电子打印特性”对话框中，单击“确定”。在“打印机配置编辑器”对话框中，单击“确定”。在“更改打印机配置文件”对话框中单击下列两个选项之一，即“仅对当前打印应用修改”“将修改保存到下列文件”，然后输入文件名。在“打印”对话框的“位置”列表中指定 DWF 文件的打印位置，然后单击“确定”。“标准”工具栏为，其命令行为“PLOT”。

10.5　三维 CAD 基本训练（拓展）

本节内容请扫下方二维码进行学习。

思考题与习题

1. 简述如何在 AutoCAD 中保护和签名图形，如何在 AutoCAD 中使用 Internet 共享图形。

2. 简述如何在 AutoCAD 中插入和查看标记，如何在 AutoCAD 中发布图形集。

第 11 章　AutoCAD 相关名词及实体图像和图形的创建

11.1　AutoCAD 创建实体图像和图形的特点

AutoCAD 有些隐含的帮助系统。“在 AutoCAD 图形中使用光栅图像”可以在使用 AutoCAD 创建的图形中查看和操作光栅图像及关联的文件路径。“绘制二维等轴测视图”中的“等轴测捕捉/栅格”模式可以帮助用户创建表现三维对象的二维图像。“选择并细化三维图像中使用的对象”的特点是对三维对象进行消隐、着色和渲染操作时，AutoCAD 对不同的表面使用不同的处理方式。“隐藏线或着色三维对象”可以为当前视口中显示的对象创建消隐线表示或简单的着色图片。“渲染三维对象以得到真实效果”可以将照明和材质添加到三维对象的表面，以产生真实效果。其他内容，限于篇幅不再赘述。

11.2　AutoCAD 的相关名词及其解释

ANSⅠ是指 American National Standards Institute（美国国家标准协会）的缩写形式，是美国官方和非官方制定标准的协调部门，这些标准涉及编程语言、电子数据交换（EDI）、远程通信以及磁盘、盒式磁带和磁带的物理特性。ASCII 是指 American Standard Code for Information Interchange（美国标准信息交换码）的缩写形式，是计算机数据通信中使用的通用数字代码，该代码指定 128 个数字的含义，每个字符用七个二进制位表示，第八位用于奇偶检查，非标准 ASCII 代码则指定 255 个数字的含义。AutoCAD 窗口包括绘图区域及其周围的菜单、命令行。AutoCAD LT 窗口包括绘图区域及其周围的菜单、命令行。AutoCAD 库搜索路径是指 AutoCAD 查找支持文件的顺序，即当前目录、图形目录、支持路径中指定的目录，以及包含 AutoCAD 可执行文件 acad. exe 的目录。B 样条曲线是指趋近一系列给定控制点的合成分段多项式曲线，参见 Bezier 曲线（SPLINE）。Bezier 曲线是指由一系列控制点定义的多项式曲线，表示其阶数比所用点数少 1。Bezier 曲线是 B 样条曲线的特例，具体可参考 B 样条曲线。BYBLOCK 是指一种特殊的对象特性，用于指定对象从它所在的块中继承颜色或线型，具体可参考 BYLAYER。BYLAYER 是指一种特殊的对象特性，用于指定对象继承与它所在的图层关联的颜色或线型，具体可参考 BYBLOCK。CMYK 是指 cyan（青色）、magenta（紫色）、yellow（黄色）和 keycolor（关键色）的缩写形式，通过指定青色、紫色、黄色和关键色（典型情况下为黑色）的百分比定义颜色的系统。CTB 文件是指 SA 颜色相关打印样式表。

AutoCAD 词汇定义中的一些典型图标见图 11.2.1。

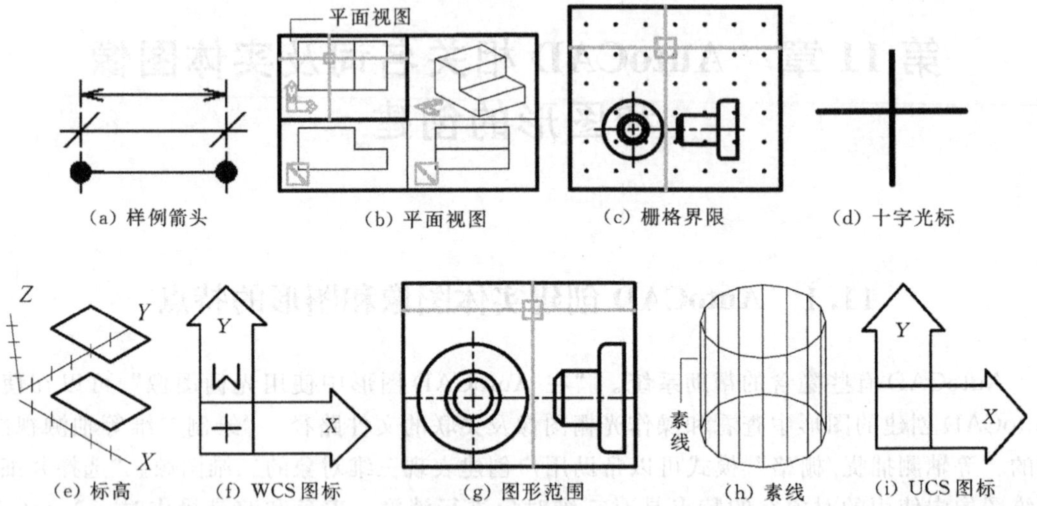

图 11.2.1 AutoCAD 词汇定义中的一些典型图标

DIESEL 是指 direct interpretively evaluated string expression language（直接解释求值字符串表达式语言）的缩写形式，是一种宏语言，可与 MODEMACRO 系统变量结合改变状态行，并用于自定义菜单项。DWF 是指 design web format（Web 图形格式）的缩写形式，是从 DWG 文件创建的高度压缩的文件格式。DWF 文件易于在 Web 上发布和查看，具体可参考 DWG 和 DXF。DWG 是指 AutoCAD 中保存矢量图形的标准文件格式，具体可参考 DWG 和 DXF。DXF 是指 drawing interchange format（图形交换格式）的缩写形式，这是 AutoCAD 图形文件的 ASCII 或二进制文件格式，用于在 AutoCAD 和其他应用程序之间输出和输入图形，具体可参考 DWF 和 DWG。HDI 是指 heidi device interface（Heidi 设备接口）的缩写形式，是使外围设备与 AutoCAD 和其他 Autodesk 产品一起使用所必需的开发设备驱动程序的接口。HLS 是指 hue（色调）、lightness（亮度）和 saturation（饱和度）的缩写形式，是一种定义颜色的系统，指定色调的量、亮度和饱和度。i-drop 是指可以将图形文件从 Web 页拖出并插入另一图形的方法。IGES 是指 initial graphics exchange specification（初始图形交换标准）的缩写形式，是一种 ANSI 标准格式，用于 CAD/CAM 系统之间信息的数字化表示和交换，具体可参考 ANSI。ISO 是指 International Standards Organization（国际标准化组织）的缩写形式，设置所有领域（除电气和电子外）国际标准的组织，总部设在瑞士日内瓦。NURBS 是指 non uniform rational B-splinecurve（非均匀有理 B 样条曲线）的缩写形式，是由一系列加权控制点及一个或多个节点矢量定义的 B 样条曲线或曲面，具体可参考 B 样条曲线。ObjectARX（AutoCAD 运行时扩展）是指一种编译语言编程环境，用于开发 AutoCAD 应用程序。OLE 是指 object linking and embedding（对象链接和嵌入）的缩写形式，一种共享信息的方法，源文档中的数据能够链接或嵌入到目标文档中，选择目标文档中的数据时将打开源应用程序以便对数据进行编辑，具体可参考嵌入和链接。PC2 文件是指完整的打印机配置文件，PC2 文件包含所有在 AutoCAD 早期版本中保存的打印设置和设备相关设置，具体可参考PCP文件和PC3文件。PC3文件是指局部打印机配置文件，PC3文件包含打印设置信息（如设备驱动程序和型号、设备所连接的输出端口和各种设备相关设置），但是不包括任何自定义打印机校准或自定义图纸尺寸信息，具体可参考PMP文件、STB文件和CTB文件。PCP文件是指局部打印机配置文件，PCP文件包含在AutoCAD早期版本中保存的基本打印规格和笔参数，存储在PCP文件的打印设置包括笔指定、打印单位、图纸尺寸、打印旋转、打印原点、比例因子和笔优化等级，具体可参考PC2文件和PC3文件。PMP文件是指plot model parameter（打印模型参数）的缩写形式，包含与打印机配置文件关联的自定义绘图仪校准和自定义图纸大小信息。PWT是指用于将图形发布到Web上的样板文件格式。RGB是指red（红）、green（绿）和blue（蓝）的缩写形式，通过指定红色、绿色和蓝色的百分比定义颜色的系统。

STB文件是指plot style table file（打印样式表文件）的缩写形式，包含打印样式及其特征。TILEMODE是指系统变量，控制创建视口时，是否将其作为可移动、可重定义大小的对象（布局视口），或是作为并列出现的非重叠显示元素（模型视口），具体可参考视口。UCS是指用户坐标系（UCS）。UCS图标是指指示UCS轴方向的图标（UCSICON）。WCS是指世界坐标系（WCS），具体可参考世界坐标系（WCS）。X、Y、Z点过滤器是指坐标过滤器，具体可参考坐标过滤器。按钮菜单是指具有多按钮的定点设备的菜单，定点设备上的按钮（拾取键除外）可以在AutoCAD菜单文件acad.mnu（在BUTTONSn和AUXn部分中）进行定义。凹凸贴图是指贴图的一种，其亮度值转换为对象表面高度的外观变化。边是指面的边界。标高是指当前用户坐标系XY平面上方或下方的默认Z值，用于输入坐标和将位置数字化（ELEV）。标注变量是指一套数字值、字符串和设置，可控制标注特性（DIMSTYLE）。标注文字是指标注对象的测量值。标注样式是指一组命名标注设置，确定标注外观并简化标注系统变量的设置（DIMSTYLE）。别名是指AutoCAD命令的快捷键，比如，CP是COPY命令的别名，Z是ZOOM命令的别名，用户可以在文件acad.pgp中定义别名，关于命令别名的列表可参见《命令参考》中的“命令别名”。捕捉分辨率是指捕捉栅格点的间距。捕捉角度是指捕捉栅格旋转的角度。“捕捉”模式是指锁定定点设备与不可见的矩形栅格对齐的模式，当“捕捉”模式打开时屏幕十字光标和所有输入的坐标被捕捉到栅格上最近的点，捕捉分辨率定义栅格的间距，具体可参考“对象捕捉”模式（SNAP）。捕捉栅格是指不可见的栅格，根据“捕捉”设定的间距将十字光标锁定为与栅格点对齐，捕捉栅格不必一定和可见栅格相对应，可见栅格由GRID命令单独控制（SNAP）。不透明贴图是指投影到对象上的透明和不透明区域，能产生实体表面有孔或缺口的效果。布局是指选项卡形式的环境，在其中可以创建和设计要打印的图纸空间布局视口，可以为每个图形创建多个布局。布局视口是指在图纸空间中创建的对象，用于显示视图，具体可参考图纸空间（VPORTS）。擦除对象是指一个多边形区域，可以使用当前的背景色屏蔽其下方的对象，此区域由擦除边框进行绑定，可以打开此区域进行编辑，也可以关闭此区域进行打印。参照是指定义（即外部参照或块参照），在图形中使用和存储，具体可参考参见块（BLOCK）和外部参照（XREF）。

插值点B是指样条曲线经过的定义点，具体可参考近似点和拟合点。尺寸线圆弧弧线（两端点通常带有箭头）是指跨越被测角度的尺寸界线构成的角度，有时该弧附近的标注文字将其分为两条弧线，具体可参考角度标注。重画是指快速刷新或清除当前视口中的点标记，而不更新图形数据库，具体可参考重生成（REDRAW）。重生成是指通过从数据库中重新计算屏幕坐标更新图形的屏幕显示，具体可参考重画（REGEN）。初始环境是指新图形的变量和设置，由默认样板图形（如 acad. dwg 或 acadiso. dwg）定义，具体可参考样板图。窗口选择是指在绘图区域中指定的矩形区域，从中可以一次选择多个对象，具体可参考交叉选择、多边形窗口选择。存回是指在位编辑参照期间，根据对工作集对象的修改更新原始参照（外部参照或块参照）中的对象。打印样式是指对象特性的一种，它指定颜色、抖动、灰度、笔指定、淡显、线型、线宽、端点样式、连接样式和填充样式的一组替代，打印样式在打印图形时有用。打印样式表是指一组打印样式，打印样式在打印样式表中定义，只有当打印样式表附着到布局或视口上时才能应用到对象中。代理对象是指当 AutoCAD 或其他宿主应用程序无法使用创建自定义对象的 ObjectARX 应用程序时，代理对象用来代替自定义对象，具体可参考自定义对象和对象激活器。等轴测捕捉样式是指一种绘图选项，将光标与三个等轴测轴中的两个轴对齐并显示栅格点，使创建等轴测图形更为容易。点是指三维空间中由 X、Y 和 Z 坐标值指定的位置，也指由单一坐标位置组成的 AutoCAD 对象（POINT）。点标记是指在指定点或选择对象时显示在绘图区域中的临时屏幕标记（BLIPMODE）。点过滤器具体可参考坐标过滤器。顶点是指边或多段线线段会合的位置。定义表是指图形文件中的非图形数据区域，用于存储块定义。定义点是指用于创建标注的点，标注对象被修改时 AutoCAD 参照这些点来修改无关联标注的外观和值，也称为 defpoints，并存储在特殊图层 DEFPOINTS 中。冻结是指禁止显示选定图层上的对象的设置，不能显示、重生成或打印冻结图层上的对象，冻结图层可以缩短重生成的时间，具体可参考解冻（LAYER）。抖动是指合并颜色点以得到比实际可显示颜色更为丰富的色彩效果。对齐标注是指标注的一种，测量任意角度的两点之间的距离，尺寸线与连接标注定义点的直线平行（DIMALIGNED）。对象是指作为单个元素进行创建、操作和修改的一个或多个图形元素，如文字、标注、直线、圆或多段线，以前称为图元。对象捕捉覆盖是指关闭或改变执行“对象捕捉”模式以输入单一点，具体可参考“对象捕捉”模式和执行对象捕捉。“对象捕捉”模式是指创建或编辑图形时在对象上选择常用点的方法，具体可参考执行对象捕捉和对象捕捉覆盖。

对象激活器的特点是当未提供创建自定义对象的 ObjectARX 应用程序时，对象激活器可用于对 AutoCAD 或其他宿主应用程序中的自定义对象进行特定查看和执行标准编辑操作，具体可参考自定义对象和代理对象。多边形窗口选择是指成组选择对象时指定的区域，具体可参考交叉选择和窗口选择。多段线是指由一条或多条相连的直线段或弧线段构成的对象，作为一个对象进行操作（PLINE，PEDIT），又称 pline。法线是指垂直于某个面的矢量。反射色是指有光泽材质上的亮显颜色，又称作镜面反射色。反射贴图是指创建有光泽对象表面上反射的场景效果。反走样是指一种方法，其通过为主像素（定义直线或边界）的相邻像素着色以减少走样，具体可参考走样。范围具体可参考图形范围。仿射校准是指一种数字化仪校准方法，可以在二维空间中进行任意线性转换，仿射校准需要用三个校准点进行数字化仪变换，该变换结合平移、独立的 X 和 Y 缩放比例、旋转和一些倾斜，如果图形在水平方向或垂直方向上进行了不同程度的拉伸则应使用仿射校准（TAB-

LET)。分解是指将复杂的对象（如块、标注、实体或多段线）分解成较为简单的对象，如果分解块则块定义不会改变，而块参照被块的组成对象所取代，具体可参考块、块定义和块参照（EXPLODE)。分解标注是指独立对象或有外观的标注图形，而与标注对象没有关联或相互没有关联，由DIMASSOC系统变量控制，具体可参考关联标注、无关联标注和分解（EXPLODE)。符号通常用于图形中的项目的表示，在AutoCAD中符号作为块插入图形。符号表具体可参考定义表和块定义表。符号库是指存储在单一图形文件中的一组块定义。浮动视口具体可参考布局视口。个人化是指通过输入用户名、公司和其他信息，从而在安装过程中自定义AutoCAD可执行文件acad.exe。工具栏是AutoCAD界面的一部分，包含代表命令的图标。工作集是指在位编辑参照时选定的一组对象。工作图形是指用于制造或施工的图形。构造平面是指一个平面，在其上构造平面几何对象，当前UCS的XY平面代表构造平面，具体可参考标高和用户坐标系（UCS)。孤岛是指在另一个闭合区域内的闭合区域，孤岛可能被检测为创建图案填充、多段线和面域过程的一部分(BHATCH，BOUNDARY)。

关联标注是指随关联几何对象的修改而自动作相应变化的标注，由DIMASSOC系统变量控制，具体可参考无关联标注和分解标注。关联填充是指与其边界对象保持一致的图案填充，修改边界对象时关联填充会自动进行调整（BHATCH)。光标具体可参考指针和十字光标。光标菜单具体可参考快捷菜单。过程化材质是指用两种或多种颜色生成三维图案并应用于对象的材质，其中包括大理石、花岗石和木材，又称作样板材质。过滤器具体可参考坐标过滤器。厚度是指拉伸对象使其具有三维外观时的拉伸距离（PROPERTIES，CHPROP，ELEV，THICKNESS)。后向面是指前向面的对立面，后向面在渲染图像中不可见，具体可参考前向面。环境变量是指存储在操作系统中的设置，用于控制程序的运行。环境光是指以相同强度照射模型所有表面的光源，环境光没有单一光源或方向，强度也不会因距离增加而减弱。环境色是指仅由环境光产生的颜色。环形阵列是指绕指定中心点按指定次数以环形方式复制的对象（ARRAY)。幻灯库是指为便于检索和显示而组织的幻灯文件集，幻灯库名称的扩展名为.slb，由实用程序slidelib.exe创建。幻灯文件是指一种文件，它包含显示在绘图区域的对象的光栅图像或快照（MSLIDE，VSLIDE)，幻灯文件的文件扩展名为.sld。回车键是指定点设备中用于接受输入的按钮，例如，对于两按钮鼠标回车键为右按钮。绘图区域是指显示和修改图形的区域，绘图区域大小可变，取决于AutoCAD LT窗口大小及显示的工具栏和其他元素的数量，具体可参考AutoCAD LT窗口。获取标记是指在追踪或对象捕捉追踪期间，在获取点位置暂时显示的加号(+)。获取的点是指在定位点的追踪或对象捕捉追踪方法中，过渡位置用作参照。基点是指在编辑夹点操作过程中，夹点会在选定时变为实体填充色，用以指定随后的编辑操作的目标点；也指复制、移动和旋转对象时用来指定相对距离和角度的点；还指当前图形的插入基点（BASE)；也指块定义的插入基点（BLOCK)。基线是指放置文字字符的假想线，个别字符有一部分显示在基线以下，具体可参考基线标注中的解释。基线标注是指从同一基线测量的多个标注，也称为平行标注，具体可参考基线的解释。极轴捕捉是指用于捕捉沿极轴追踪对齐路径的增量距离的精度绘图工具，具体可参考极轴追踪的解释。极轴追踪是指显示由用户指定极轴角定义的临时对齐路径的精度绘图工具，具体可参考极轴捕捉的解释。几何点是指所有图形对象，如直线、圆、弧、多段线和标注，非图形对象（如线型、线宽、文字样式和图层等）不是几何点，具体可参考命名对象的解释。夹点是指选定对象上显示的小方格，选择夹点后可通过用定点设备拖动对象来进行编辑，而不是输入命令。夹点模式是指对象上显示夹点时激活的编辑功能，如拉伸、移动、旋转、缩放和镜像。

剪裁平面是指定义或剪裁视图区域的边界（DVIEW）。箭头是指终止符（比如箭头、斜线或点），其位于尺寸线的末端，表示标注开始和结束的位置。交叉选择是指绘制的矩形区域，用来选择完全或部分在其边界内部的对象。脚本文件是指使用一个 SCRIPT 命令按顺序执行的 AutoCAD 命令集合，脚本文件使用文本编辑器在 AutoCAD 之外创建而成，保存为文本格式并以文件扩展名 .scr 存储在外部文件中。角度标注是指标注的一种，测量角度或弧线段，由文字、尺寸界线和引线组成（DIMANGULAR）。角度单位是指角度的测量单位，可以按度、度/分/秒、百分度和弧度测量。节点是指定位点、标注定义点和标注文字起点的对象捕捉说明。解冻是指显示以前冻结的图层的设置，具体可参考冻结（LAYER）。界限具体可参考图形界限。近似点是指点的位置，B 样条曲线必须在拟合公差范围之内并在其附近通过，具体可参考拟合点和插值点。镜面反射是指狭窄圆锥中的光线，其出射角与入射角相等。镜像是指将现有对象沿指定直线或平面对称反转而创建新的对象（MIRROR）。绝对坐标是指从坐标系原点测量所得的坐标值，具体可参考原点、相对坐标、用户坐标系（UCS）、世界坐标和世界坐标系（WCS）。空间索引是指按照空间位置组织对象的列表，局部打开图形时，AutoCAD 使用空间索引来定位图形中要读取的部分，与图形一起保存空间索引还可以增强使用外部参照的性能，INDEXCTL 系统变量控制是否与图形一起保存图层索引和空间索引。曲面孔斯片是指在三维曲面网格中插入到四条边中的双三次曲面（一个在 M 方向上弯曲，另一个在 N 方向上弯曲）。控点是指 AutoCAD 数据库中每个对象唯一的字母数字标记。控制点具体可参考控制框架。控制框架是指一系列点的位置，作为一种控制 B 样条曲线的形状的机制，为清晰起见，这些点由一系列的线段连接，也可以区分控制框架和拟合点，要显示控制框架 SPLFRAME 系统变量必须处于打开状态。块是常用术语，表示结合起来以创建单一对象的一个或多个对象，常用于块定义或块参照，具体可参考块定义和块参照（BLOCK）。块参照是指插入图形中的合成对象，显示存储在块定义中的数据，又称实例，具体可参考块和块定义（INSERT）。块定义是指结合并保存在图形符号表中的对象的名称、基点和集合，具体可参考块和块参照。块定义表是指图形文件中的非图形数据区域，用于存储块定义，具体可参考命名对象。块实例具体可参考块参照。快捷菜单是指单击定点设备右键时显示在光标位置的菜单，快捷菜单及其提供的选项取决于光标位置和其他条件（如是否选定对象或是否正在执行命令）。

快捷键是指启动命令的单键和组合键，例如，按 Ctrl+S 组合键保存文件，功能键（F1、F2 等）也是快捷键，也称为加速键。宽高比是指显示宽度与高度的比值。拉伸是指沿线性路径延伸封闭对象创建的三维实体。连续标注是指一种线性标注，用选定标注的第二个尺寸界线原点作为其第一个尺寸界线原点，从而将较长的标注分成几个较短的段，其长度和为总的测量长度，又称作链标注（DIMCONTINUE）。链接是指使用对象链接及嵌入（OLE）引用其他文件中的数据，链接数据后在源文档中所做的任何修改都会自动更新到目标文档，具体可参考嵌入。临时文件是指AutoCAD任务中创建的数据文件，结束任务时AutoCAD将删除这些文件。如果任务异常结束（如断电），则临时文件会留在磁盘上。漫射色是指AutoCAD中对象的主要颜色。面是指曲面对象的三角形或四边形部分。命令行是指为键盘输入、显示提示和信息保留的文本区域。命名对象是指描述存储在AutoCAD图形中的各类非图形信息，如样式和定义，命名对象包括线型、图层、标注样式、文字样式、块定义、布局、视图和视口配置，命名对象存储在定义（符号）表中。命名对象依赖具体可参考依赖命名对象（在外部参照中）。命名视图是指保存以供日后恢复的视图（VIEW）。模式是指软件的设置或操作的状态。模型是指对象的二维或三维表示。模型空间是指放置AutoCAD对象的两个主要空间之一，典型情况下，几何模型放置在称为模型空间的三维坐标空间中，而此模型的特定视图和注释的最终布局则位于图纸空间，具体可参考图纸空间（MSPACE）。模型视口是指一种显示方式，将绘图区域拆分为一个或多个相邻的矩形查看区域，具体可参考布局视口、TILEMODE和视口（VPORTS）。默认是指预先定义的程序输入值或参数值，AutoCAD命令的默认值和选项用尖括号(<>)标识。默认图形具体可参考初始环境。拟合点是指B样条曲线必须精确通过或与其距离小于拟合公差的位置，具体可参考插值点和近似点。拟合公差是指B样条曲线经过定义它的每个拟合点时允许的最大距离的设置。平滑着色是指平滑多边形表面之间的边。平面视图是视图的一种（PLAN），其方向从Z轴正向上的一点指向原点（0，0，0）。平面投影是指对象或图像在平面上的投影。平铺视口具体可参考模型视口。平移是指移动图形视图而不改变放大比例，具体可参考缩放（PAN）。前向面是指法线向外的面。

嵌入是指在目标文档中使用来自源文档的对象链接和嵌入（OLE）信息，嵌入对象是目标文档内的源文档信息的副本，其与源文档之间没有链接，具体可参考链接。三轴架是指带有X、Y和Z坐标的图标（VPOINT），用于不显示图形的情况下形象地表示图形的视点（观察方向）。栅格是指辅助绘图的充满规则的间隔点的区域，栅格点间距是可以调整的，不能打印栅格点，具体可参考栅格界限（GRID）。栅格界限是指绘图区域中用户定义的矩形边界，当栅格打开时界限内部将被点覆盖，又称作图形界限（LIMITS）。色表是指定义每种显示颜色中红、绿、蓝（RGB）色强度的表。十字光标是指光标的一种，由两条相交直线组成。拾取键是指定点设备上用于选择对象或在屏幕上指定点的按钮，比如，对于两按钮鼠标拾取键为左按钮。矢量是指具有精确方向和长度但没有特定位置的数学对象。世界坐标是指在世界坐标系（WCS）上表示的坐标。世界坐标系（WCS）是指一种坐标系，用作定义所有对象和其他坐标系的基础，具体可参考用户坐标系（UCS）。视点是指三维模型空间中观察模型的位置，具体可参考视图和视口（DVIEW，VPOINT）。视口是指显示图形模型空间中某个部分的绑定的区域，TILEMODE系统变量确定创建的视口的类型，TILEMODE处于关闭状态（值为0）时视口可以在布局上进行移动和调整大小（MVIEW），TILEMODE处于打开状态（值为1）时整个绘图区域分成互不覆盖的几个模型视口，具体可参考TILEMODE、视图和视点（VPORTS）。视口配置是指可以被保存和恢复的模型视口的命名集合（VPORTS）。视图是指模型从空间中特定位置（视点）观察的图形表示，具体可参考视点和视口（VPOINT，DVIEW，VIEW）。属性标记是指与属性关联的字符串，在从图形数据库提取过程中标识特定属性，具体可参考属性定义、属性提示和属性值。属性定义是指包含在块定义中的对象，存储字母数字型数据，属性值可预定义或在插入块时指定，可以从图形中提取属性数据并插入到外部文件中（ATTDEF）。属性提取文件是指写入了提取的属性数据的 ASCII 文本文件，其内容和格式由属性提取样板文件确定，具体可参考属性提取样板文件。属性提取样板文件是指 ASCII 文本文件，确定提取何种属性及写入属性提取文件时如何设置属性格式，具体可参考属性提取文件。属性提示是指插入具有未定义其值的属性的块时显示的字符串，具体可参考属性定义、属性标记和属性值。属性值是指与属性标记关联的字母数字信息，具体可参考属性定义、属性提示和属性值。衰减是指光强度随距离增加而减弱的现象。素线是指有助于直观显示曲面的直线。

缩放是指增大或缩小绘图区域的外观比例（ZOOM）。特征控制框是指应用于特定几何特征或特征组的公差，特征控制框至少包含一个几何特性符号和一个公差值，分别指出控制的类型和可接受的偏差量。提示是指命令行中可求信息或要求操作（如指定点）的消息。体积阴影是指由对象的阴影投射出的照片级真实感渲染的空间体积。填充是指覆盖由直线或曲线封闭的区域的实体颜色（FILL）。透明命令是指另一命令尚在执行过程中时开始的命令，透明命令前有一单引号。透视图是指位于视点上的观察者往视图中心看时看到的三维对象，位于视点上的观察者与视图中心的距离越大，对象看起来越小，尽管透视图看起来具有真实感却不能保持对象的真实形状，平行线在视图中似乎往一起汇聚，因此，在透视图中无法进行测量，在 AutoCAD 中 VPORTS 表各个条目和视口对象都有透视图设置，在视口处观察透视图时 UCS 图标具有不同的外观。图层是指一组具有一定逻辑关系的数据，类似于覆盖在图形上的透明硫酸纸，可以单独查看每个图层，也可以同时查看多个图层（LAYER）。图层平移映射是指为某一图层集合指定另一定义标准的图层集合，这些标准包括图层名和图层特性，也称为图层映射。图层索引是指显示各个图层中对象的清单，局部打开图形时 AutoCAD 使用图层索引来定位图形中要读取的部分，与图形一起保存图层索引还可以改善使用外部参照的性能，INDEXCTL 系统变量控制是否与图形一起保存图层索引和空间索引。图形窗口具体可参考 AutoCAD 窗口和绘图区域。图形范围是指能够包含图形中所有对象的最小矩形，能在屏幕上显示所有对象的最大可能视图（ZOOM）。图形界限具体可参考栅格界限。图形屏幕具体可参考绘图区域。图纸空间是指放置 AutoCAD 对象的两个主要空间之一，图纸空间用于创建最终的打印布局，而不用于绘图或设计工作，可以使用布局选项卡设计图纸空间视口，模型空间用于创建图形，可以使用模型选项卡设计模型，具体可参考模型空间和视点（PSPACE）。拖引线是指在屏幕上随光标移动而动态拉伸的直线，该直线的一个端点附着在图形中的一个点上，另一个端点附着于移动的光标。外部参照是指被其他图形参照的图形文件（XREF）。位图是指由称为“像素”的位表示的数字化图像，在彩色图形中不同的值代表像素中每种红、绿、蓝的成分。文字样式是指命名的、已保存设置的集合，决定文字字符的外观，比如拉伸、压缩、倾斜、镜像或竖排。纹理贴图是指图像（如砖的图案）在对象（如椅子）上的投影。

无关联标注是指不随关联几何对象的修改而自动变化的标注，由 DIMASSOC 系统变量控制，具体可参考关联标注和分解标注。无名块是指由几个部件创建的未命名的块，其中包括关联标注和非关联标注。系统变量是指 AutoCAD 识别模式、大小或界限的名称，用户不能直接修改只读系统变量，如 DWGNAME。先选择后执行是指先选择对象然后执行操作，而不是先输入命令，然后选择对象。线宽是指可为所有图形对象（除 True Type 字体和光栅图像外）指定的宽度值。线框模型是指用直线和曲线表示对象边界的对象表示法。线型是指直线或某类曲线的显示方式，连续直线与虚线的线型不同，但它们都称为线型（LINETYPE）。相对坐标是指相对前一坐标而指定的坐标。虚屏显示是指 AutoCAD 无须重生成就能平移和缩放图形的区域。选择集是指可同时执行某一命令的一个或多个选定对象。选择栏是指一种指定的多段线，用来选择它通过的对象。循环外部参照是指直接或间接参照自身的外部参照图形，AutoCAD 忽略创建循环条件的外部参照。样板图是指具有预置新图形设置的图形文件，如 acad.dwt 和 acadiso.dwt，但是，任何图形都可以用作样板，具体可参考初始环境。依赖符号具体可参考依赖命名对象（在外部参照中）。依赖命名对象（在外部参照中）是指由外部参照引入到图形中的命名对象，具体可参考命名对象和符号表。用户坐标系（UCS）是指用户定义的坐标系，定义三维空间的 X、Y 和 Z 轴的方向，UCS 确定图形中几何对象的默认位置，具体可参考世界坐标系（WCS）。原点是指坐标轴的交点，例如，笛卡尔坐标系的原点为 X、Y 和 Z 轴的交点（0，0，0）。照片级真实感渲染是指渲染的一种，渲染后看起来和照片一样。阵列是指按矩形或环形（弧形）方式排列的选定对象的多个副本（ARRAY），也指数据项集合，其中每项均由下标或关键字来标识、排列，以便计算机能够检查集合、按关键字检索数据。正交是指在交点处具有垂直面或切线。“正交”模式是指一种设置，将定点设备的输入限制为水平或垂直（与当前捕捉角度和用户坐标系有关），具体可参考捕捉角度和用户坐标系（UCS）。直接距离输入是指指定第二个点的一种方法，首先移动光标指出方向，然后输入距离。执行对象捕捉是指设置“对象捕捉”模式继续后续选择，具体可参考“对象捕捉”模式和对象捕捉覆盖（OSNAP）。

指针是指视频显示屏上的一种光标，它可以上下来回移动以放置文本和图形信息，具体可参考十字光标。主页是指网站的主导航屏幕。注释是指文字、标注、公差、符号或注解。追踪是指相对图形中的其他点来定位点的方法。自定义对象是指一种对象类型，此对象由 ObjectARX 应用程序创建，它具有的特定功能通常比标准的 AutoCAD 对象多，自定义对象包括参数化的实体（autodesk mechanical desktop）、智能交互门符号（autodesk architectural desktop）、多边形对象（autodesk map）和关联标注对象（AutoCAD 和 AutoCAD LT），具体可参考代理对象和对象激活器。自适应采样是指在采样矩阵大小范围内加速反走样过程的一种方法，具体可参考反走样。字体是指由字母、数字、标点符号和具有一定比例和外观设计的符号构成的字符集。走样是指离散图像元素（或像素）在固定栅格上对齐为直线或曲线边时的效果，看起来参差不齐或像阶梯状，具体可参考反走样。坐标过滤器是指从不同的点提取单独的 X、Y 和 Z 坐标值以创建新的组合点的功能，又称作 X/Y/Z 点过滤器。

思考题与习题

1. 简述 AutoCAD 创建实体图像和图形的特点。
2. 阅读与熟悉 AutoCAD 的相关名词及其含义。

第12章 房屋建筑制图

12.1 房屋建筑制图的基本要求

为适应工程建设需要，统一房屋建筑制图规则，保证制图质量，提高制图效率，使图面清晰、简明并符合设计、施工、审查、存档要求，我国制定有《房屋建筑制图统一标准》（GB 50001），该标准是我国房屋建筑制图的基本准则，适用于总图、建筑、结构、给水排水、暖通空调、电气等各专业制图。制图方式可采用计算机制图和手工制图。新建、改建、扩建工程的各阶段设计图、竣工图；原有建筑物、构筑物和总平面的实测图；通用设计图、标准设计图等各专业工程制图应符合《房屋建筑制图统一标准》（GB 50001）的规定。房屋建筑制图还应符合国家现行有关标准的规定。

建筑制图中的图纸幅面（drawing format）是指图纸宽度与长度组成的图面；图线（chart）是指起点和终点间以任何方式连接的一种几何图形（形状既可以是直线或曲线，也可以是连续线和不连续线）；字体（font）是指文字的风格式样（又称书体）；比例（scale）是指图中图形与其实物相应要素的线性尺寸之比；视图（view）是指将物体按正投影法向投影面投射时所得到的投影；轴测图（axonometric drawing）是指用平行投影法将物体和确定该物体的直角坐标系沿不平行于任一坐标平面的方向投射到一个投影面上所得到的图形；透视图（perspective drawing）是指根据透视原理绘制出的具有近大远小特征的图像（以表达建筑设计意图）；标高（elevation）是指以某一水平面作为基准面或零点（水准原点）计算获得的地面（楼面）的铅直高度；工程图纸（project sheet）是指根据投影原理或有关规定绘制在纸介质上，并通过线条、符号、文字说明及其他图形元素来表示工程形状、大小、结构等特征的图形；计算机制图文件（computer aided drawing file）是指利用计算机制图技术绘制的记录和存储工程图纸所表现的各种设计内容的数据文件；计算机制图文件夹（computer aided drawing folder）是指在磁盘等设备上存储计算机制图文件的逻辑空间（也称计算机制图文件目录）；协同设计（syner gitic design）是指通过计算机网络与计算机辅助设计技术，按照协调设计原则（创建协作设计环境，使设计团队各成员围绕共同的设计目标和对象，按照各自分工，并行交互式地完成设计任务，实现设计资源的优化配置与共享），最终获得符合工程要求的设计成果文件的过程；计算机制图文件参照方式（reference of computer aided drawing file）是指在当前计算机制图文件中引用并显示其他计算机制图文件（被参照文件）的部分或全部数据内容的一种计算机技术（当前计算机制图文件只记录被参照文件的存储位置和文件名，但并不记录被参照文件的具体数据内容，且可随被参照文件的修改而同步更新）；图层（layer）是指计算机制图文件中相关图形元素数据的一种组织结构（属于同一图层的实体具有统一的颜色、线型、线宽、状态等属性)。

建筑制图中的图纸幅面规格与图纸编排顺序应符合相关规定。图纸幅面及图框尺寸应符合表 12.1.1 的规定及图 12.1.1～图 12.1.3 的格式。需要微缩复制的图纸，其一个边上应附有一段准确米制尺度(米制尺度的总长应为 100mm、分格应为 10mm)，4 个边上均应附有对中标志(对中标志应画在图纸内框各边长的中点处，线宽 0.35mm，应伸入内框边，在框外为 5mm。对中标志的线段应在 l_1 和 b_1 范围内取中)。图纸的短边尺寸不应加长，A0～A3 幅面长边尺寸可加长(但应符合表 12.1.2 的规定)。图纸以短边作为垂直边时应为横式，以短边作为水平边应为立式，A0～A3 图纸宜横式使用(必要时也可立式使用)。一个工程设计中每个专业所使用的图纸不宜多于两种幅面(不含目录及表格所采用的 A4 幅面)。

表 12.1.1 **幅面及图框尺寸** 单位：mm

幅面代号		A0	A1	A2	A3	A4
尺寸代号	$b \times l$	841×1189	594×841	420×594	297×420	210×297
	c	10			5	
	a	25				

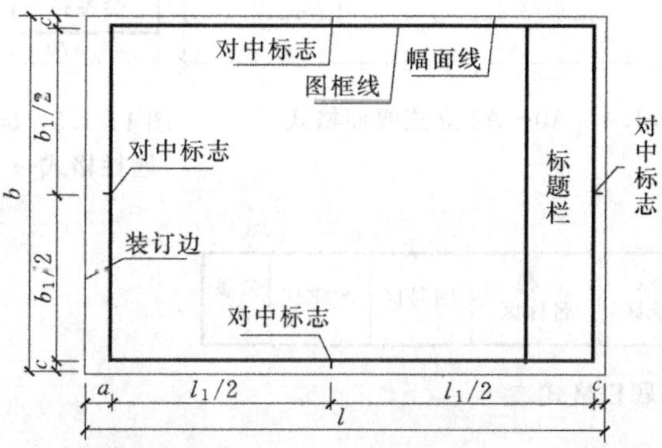

图 12.1.1 A0～A3 横式幅面格式一

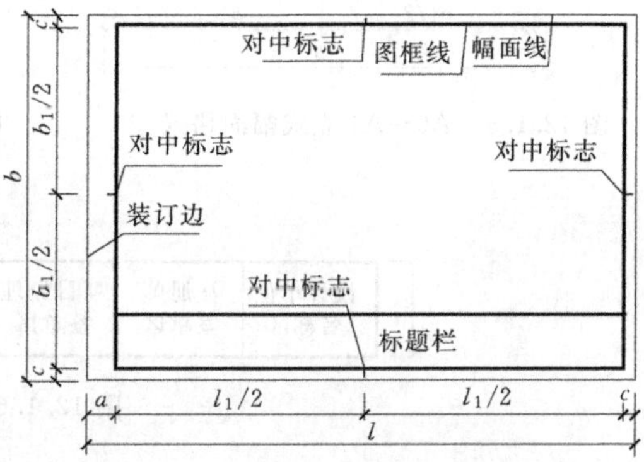

图 12.1.2 A0～A3 横式幅面格式二

表 12.1.2 **图纸长边加长尺寸**

幅面代号	长边尺寸	长边加长后的尺寸
A0	1189	1486 (A0+1/4l)、1635 (A0+3/8l)、1783 (A0+1/2l)、1932 (A0+5/8l)、2080 (A0+3/4l)、2230 (A0+7/8l)、2378 (A0+1l)
A1	841	1051 (A1+1/4l)、1261 (A1+1/2l)、1471 (A1+3/4l)、1682 (A1+1l)、1892 (A1+5/4l)、2102 (A1+3/2l)
A2	594	743 (A2+1/4l)、891 (A2+1/2l)、1041 (A2+3/4l)、1189 (A2+1l)、1338 (A2+5/4l)、1486 (A2+3/2l)、1635 (A2+7/4l)、1783 (A2+2l)、1932 (A2+9/4l)、2080 (A2+5/2l)
A3	420	630 (A3+1/2l)、841 (A3+1l)、1051 (A3+3/2l)、1261 (A3+2l)、1471 (A3+5/2l)、1682 (A3+3l)、1892 (A3+7/2l)

注 有特殊需要的图纸可采用 $b \times l$ 为 841mm×891mm 与 1189mm×1261mm 的幅面。

标题栏与会签栏应符合要求。图纸中应有标题栏、图框线、幅面线、装订边线和对中标志。图纸的标题栏及装订边的位置应符合规定，即横式使用的图纸应按图 12.1.1、图 12.1.2 的形式进行布置；立式使用的图纸应按图 12.1.3、图 12.1.4 的形式进行布置。标题栏应按图 12.1.5、图 12.1.6 的形式，根据工程需要选择确定其尺寸、格式及分区。签字栏应包括实名列和签名列，并应符合相关要求（即涉外工程的标题栏内，各项主要内容的中文下方应附有译文，设计单位的上方或左方应加“中华人民共和国”字样。在计算机制图文件中使用电子签名与认证时应符合国家有关电子签名方面的法律规定）。

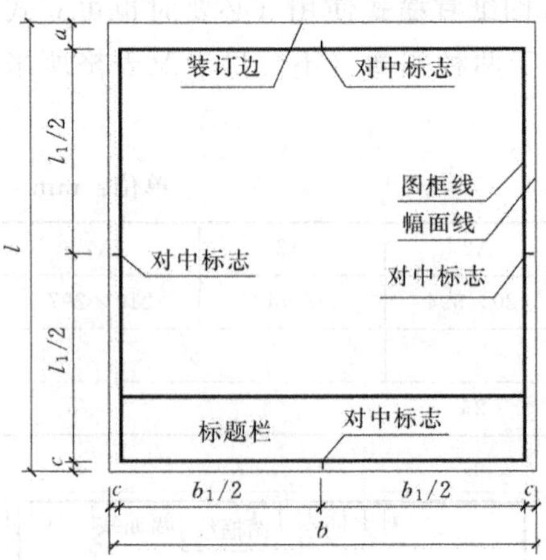

图 12.1.3　A0～A4 立式幅面格式一

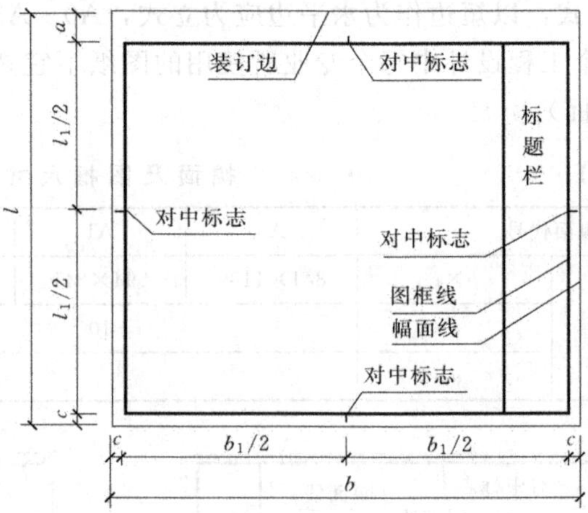

图 12.1.4　A0～A4 立式幅面格式二

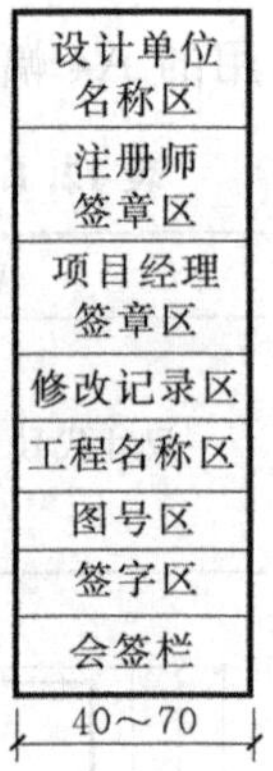

图 12.1.5　标题栏格式一

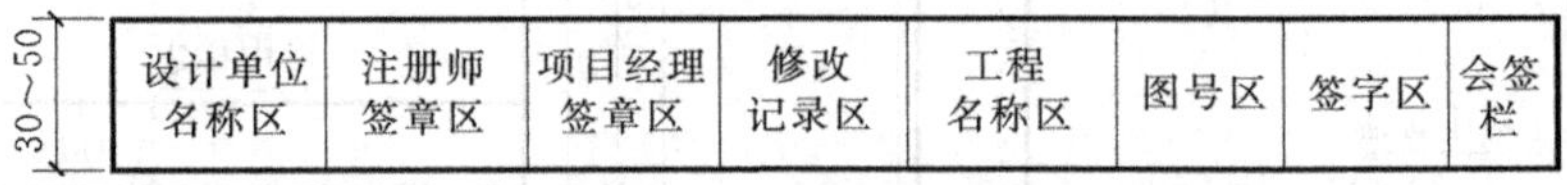

图 12.1.6　标题栏格式二

图纸编排顺序应符合相关规定，工程图纸应按专业顺序编排，且应依次为图纸目录、总图、建筑图、结构图、给水排水图、暖通空调图、电气图等，各专业的图纸应按图纸内容的主次关系、逻辑关系进行分类排序。

12.2　房屋建筑制图中的基本线画符号

12.2.1　房屋建筑制图中的图线

图线的宽度 b 宜从 1.4mm、1.0mm、0.7mm、0.5mm、0.35mm、0.25mm、0.18mm、0.13mm 线宽系列中选取，图线宽度不应小于 0.1mm。每个图样应根据复杂程度与比例大小，先选定基本线宽 b，再选用表 12.2.1 中相应的线宽组。工程建设制图应选用表 12.2.2 中的图线。同一张图纸内相同比例的各图样应选用相同的线宽组。图纸的图框和标题栏线可采用表 12.2.3 的线宽。相互平行的图例线的净间隙或线中间隙不宜小于0.2mm。虚线、单点长画线或双点长画线的线段长度和间隔宜各自相等。单点长画线或双点长画线在较小图形中绘制有困难时可用实线代替。单点长画线或双点长画线的两端不应是点，点画线与点画线交接点（或点画线与其他图线交接时）应是线段交接。虚线与虚线交接（或虚线与其他图线交接时）应是线段交接，虚线为实线的延长线时不得与实线相接。图线不得与文字、数字或符号重叠、混淆（不可避免时应首先保证文字的清晰）。

表 12.2.1 线宽组 单位：mm

线宽比	线宽组			
b	1.4	1.0	0.7	0.5
$0.7b$	1.0	0.7	0.5	0.35
$0.5b$	0.7	0.5	0.35	0.25
$0.25b$	0.35	0.25	0.18	0.13

注 需要缩微的图纸不宜采用0.18及更细的线宽。同一张图纸内各不同线宽中的细线可统一采用较细的线宽组的细线。

表 12.2.2 工程建设制图图线

名称		线型	线宽	一般用途
实线	粗		b	主要可见轮廓线
	中粗		$0.7b$	可见轮廓线
	中		$0.5b$	可见轮廓线、尺寸线、变更云线
	细		$0.25b$	图例填充线、家具线
虚线	粗		b	见各有关专业制图标准
	中粗		$0.7b$	不可见轮廓线
	中		$0.5b$	不可见轮廓线、图例线
	细		$0.25b$	图例填充线、家具线
单点长画线	粗		b	见各有关专业制图标准
	中		$0.5b$	见各有关专业制图标准
	细		$0.25b$	中心线、对称线、轴线等
双点长画线	粗		b	见各有关专业制图标准
	中		$0.5b$	见各有关专业制图标准
	细		$0.25b$	假想轮廓线、成型前原始轮廓线
折断线	细		$0.25b$	断开界线
波浪线	细		$0.25b$	断开界线

表 12.2.3 图框线、标题栏线的宽度 单位：mm

幅面代号	图框线	标题栏外框线	标题栏分格线
A0、A1	b	$0.5b$	$0.25b$
A2、A3、A4	b	$0.7b$	$0.35b$

12.2.2　房屋建筑制图中的字体

图纸上所需书写的文字、数字或符号等均应笔画清晰、字体端正、排列整齐，标点符号应清楚正确。文字的字高应从表 12.2.4 中选用，字高大于 10mm 的文字宜采用 True Type 字体，如需书写更大的字则其高度应按 $2^{1/2}$ 的倍数递增。图样及说明中的汉字宜采用长仿宋体（矢量字体）或黑体（同一图纸字体种类不应超过两种）。长仿宋体的宽度与高度的关系应符合表 12.2.5 的规定，黑体字的宽度与高度应相同。大标题、图册封面、地形图等的汉字也可书写成其他字体（但应易于辨认）。汉字的简化字书写应符合国家有关汉字简化方案的规定。图样及说明中的拉丁字母、阿拉伯数字与罗马数字宜采用单线简体或 ROMAN 字体，拉丁字母、阿拉伯数字与罗马数字的书写规则应符合表 12.2.6 的规定。拉丁字母、阿拉伯数字与罗马数字需写成斜体字时，其斜度应是从字的底线逆时针向上倾斜 75°，斜体字的高度和宽度应与相应的直体字相等。拉丁字母、阿拉伯数字与罗马数字的字高不应小于 2.5mm。数量的数值注写应采用正体阿拉伯数字，各种计量单位凡前面有量值的均应采用国家颁布的单位符号注写，单位符号应采用正体字母。分数、百分数和比例数的注写应采用阿拉伯数字和数学符号。注写的数字小于 1 时应写出个位的 0，小数点应采用圆点并对齐基准线书写。长仿宋汉字、拉丁字母、阿拉伯数字与罗马数字应符合国家现行标准《技术制图——字体》(GB/T 14691) 的有关规定。

表 12.2.4　文字的字高　　单位：mm

字体种类	中文矢量字体	TRUETYPE 字体及非中文矢量字体
字高	3.5、5、7、10、14、20	3、4、6、8、10、14、20

表 12.2.5　长仿宋字高宽关系　　单位：mm

字高	20	14	10	7	5	3.5
字宽	14	10	7	5	3.5	2.5

表 12.2.6　拉丁字母、阿拉伯数字与罗马数字的书写规则

书写格式	字体	窄字体
大写字母高度	h	h
小写字母高度（上下均无延伸）	$7/10h$	$10/14h$
小写字母伸出的头部或尾部	$3/10h$	$4/14h$
笔画宽度	$1/10h$	$1/14h$
字母间距	$2/10h$	$2/14h$
上下行基准线的最小间距	$15/10h$	$21/14h$
词间距	$6/10h$	$6/14h$

12.2.3　房屋建筑制图中的比例

图样比例应为图形与实物相对应的线性尺寸之比。比例的符号为“：”，比例应以阿拉伯数字表示。比例宜注写在图名的右侧，且字的基准线应取平，比例的字高宜比图名的字高小一号或二号（图 12.2.1）。绘图所用比例应根据图样用途及被绘对象的复杂程度从

表 12.2.7 中选用（应优先采用表中的常用比例）。一个图样通常应选用一种比例（当专业制图有特殊需要时，同一图样也可选用两种比例）。特殊情况下也可自选比例（这时除应标注出绘图比例外，还必须在适当位置绘制出相应的比例尺）。

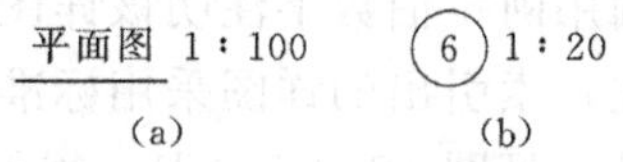

图 12.2.1 比例的注写

表 12.2.7 绘图所用的比例

常用比例	1：1、1：2、1：5、1：10、1：20、1：30、1：50、1：100、1：150、1：200、1：500、1：1000、1：2000
可用比例	1：3、1：4、1：6、1：15、1：25、1：40、1：60、1：80、1：250、1：300、1：400、1：600、1：5000、1：10000、1：20000、1：50000、1：100000、1：200000

12.2.4 房屋建筑制图中的相关符号

剖切符号应按规定绘制。剖视的剖切符号应由剖切位置线及剖视方向线组成，且均应以粗实线绘制。剖切位置线的长度宜为 6～10mm，剖视方向线应垂直于剖切位置线且长度应短于剖切位置线（宜为 4～6mm，见图 12.2.2。也可采用国际统一和常用的剖视方法，见图 12.2.3。绘制时的剖视剖切符号不应与其他图线相接触），剖视剖切符号的编号宜采用粗阿拉伯数字（应按剖切顺序由左至右、由下向上连续编排，并应注写在剖视方向线的端部），需要转折的剖切位置线应在转角的外侧加注与该符号相同的编号，建（构）筑物剖面图的剖切符号应注在±0.000 标高的平面图或首层平面图上，局部剖面图（不含首层）的剖切符号应注在包含剖切部位的最下面一层的平面图上。断面的剖切符号应只用剖切位置线表示，并应以粗实线绘制（长度宜为 6～10mm），断面剖切符号的编号宜采用阿拉伯数字并应按顺序连续编排，且应注写在剖切位置线的一侧（编号所在的一侧应为该断面的剖视方向，见图 12.2.4）。剖面图或断面图与被剖切图样不在同一张图内时应在剖切位置线的另一侧注明其所在图纸的编号（也可在图上集中说明）。

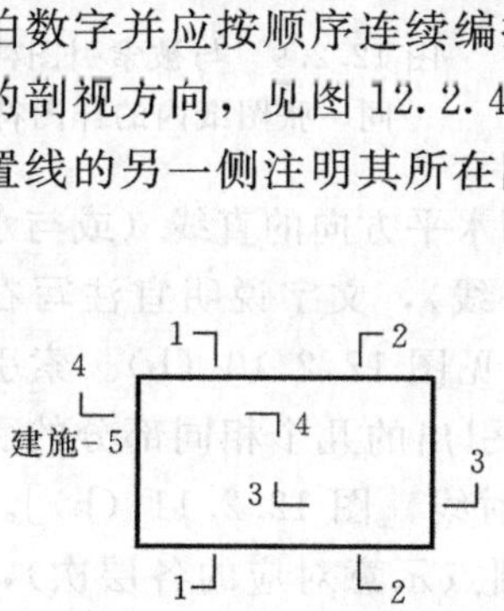

图 12.2.2 剖视的剖切符号格式一

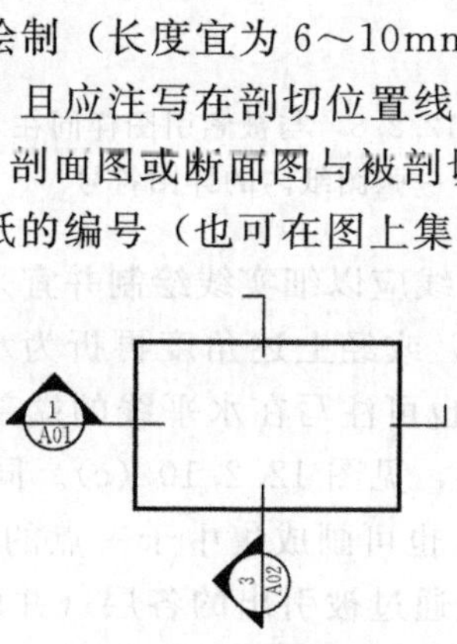

图 12.2.3 剖视的剖切符号格式二

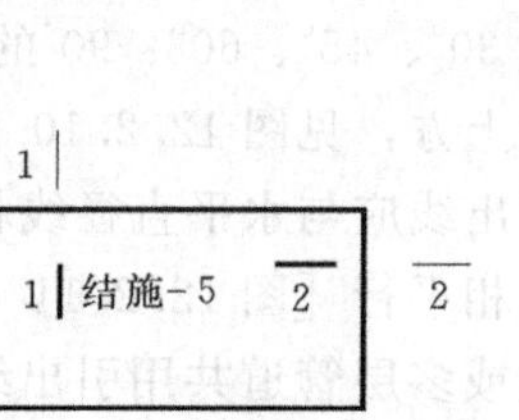

图 12.2.4 断面的剖切符号

索引符号与详图符号应按规定绘制。图样中的某一局部或构件需另见详图时应以索引符号索引，见图 12.2.5（a），索引符号是由直径为 8～10mm 的圆和水平直径组成的（圆及水平直径应以细实线绘制）。索引符号应按规定编写，索引出的详图与被索引的详图同在一张图纸内时，应在索引符号的上半圆中用阿拉伯数字注明该详图的编号，并在下半圆中间画一段水平细实线，见图 12.2.5（b）；索引出的详图与被索引的详图不在同一张图纸内时，应在索引符号的上半圆中用阿拉伯数字注明该详图的编号，并在索引符号的下半圆用阿拉伯数字注明该详图所在图纸的编号，见图 12.2.5（c），数字较多时可加文字标注；索引出的详图采用标准图时，应在索引符号水平直径的延长线上加注该标准图册的编号，见图 12.2.5（d），需要标注比例时，文字在索引符号右侧或延长线下方，并应与符号下对齐。索引符号用于索引剖视详图时，应在被剖切的部位绘制剖切位置线并以引出线引出索引符号，引出线所在的一侧应为剖视方向，索引符号的编写应符合前述相关规定（图 12.2.6）。零件、钢筋、杆件、设备等的编号直径宜以 5～6mm 的细实线圆表示（同一图样应保持一致），且其编号应用阿拉伯数字按顺序编写（图 12.2.7），消火栓、配电箱、管井等的索引符号直径宜以 4～6mm 为宜。详图的位置和编号应以详图符号表示，详图符号的圆应以直径为 14mm 粗实线绘制，详图应按相关规定进行编号（即详图与被索引的图样同在一张图纸内时，应在详图符号内用阿拉伯数字注明详图的编号，见图 12.2.8。详图与被索引的图样不在同一张图纸内时，应用细实线在详图符号内画一水平直径，在上半圆中注明详图编号，在下半圆中注明被索引的图纸的编号，见图 12.2.9）。

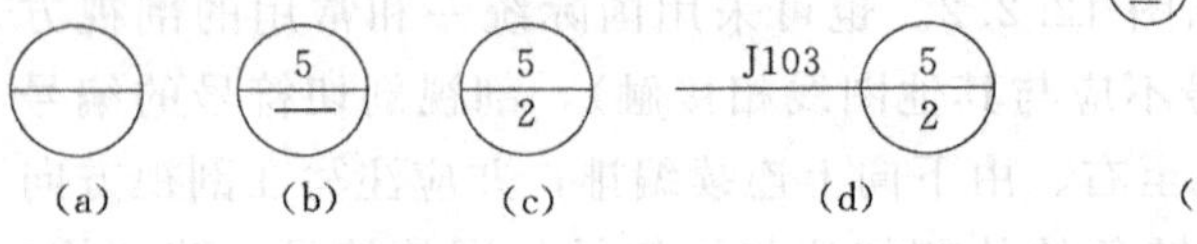

图 12.2.5　索引符号

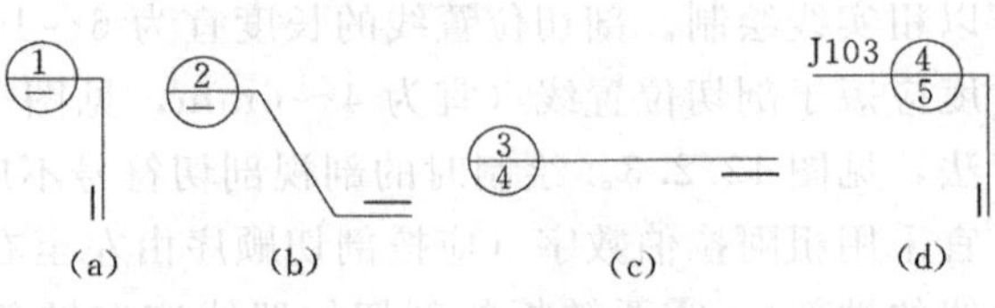

图 12.2.6　用于索引剖面详图的索引符号

图 12.2.7　零件、钢筋等的编号

图 12.2.8　与被索引图样同在一张图纸内的详图符号

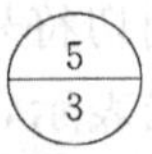

图 12.2.9　与被索引图样不在同一张图纸内的详图符号

引出线应按规定绘制。引出线应以细实线绘制并宜采用水平方向的直线（或与水平方向成 30°、45°、60°、90°的直线，或经上述角度再折为水平线），文字说明宜注写在水平线的上方，见图 12.2.10（a），也可注写在水平线的端部，见图 12.2.10（b）。索引详图的引出线应与水平直径线相连接，见图 12.2.10（c）。同时引出的几个相同部分的引出线宜互相平行［图 12.2.11（a）］，也可画成集中于一点的放射线［图 12.2.11（b）］。多层构造或多层管道共用引出线时应通过被引出的各层（并用圆点示意对应的各层次），文字说明宜注写在水平线的上方（或注写在水平线的端部），说明的顺序应由上至下，并应与被说明的层次对应一致［若层次为横向排序，则由上至下的说明顺序应与由左至右的层次对应一致，见图 12.2.12（d）］。

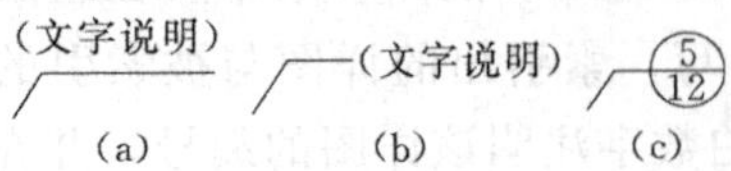

图 12.2.10　引出线

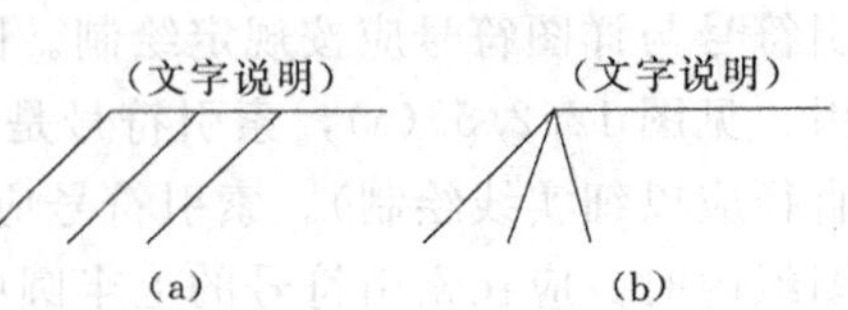

图 12.2.11　共同引出线

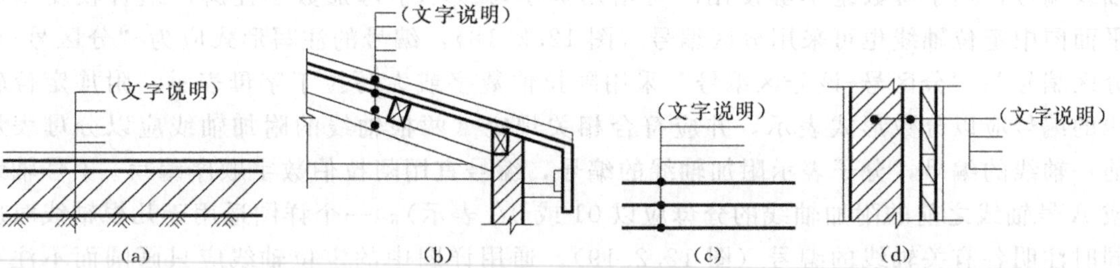

图 12.2.12 多层共用引出线

其他符号的绘制也应遵守相关规定。对称符号由对称线和两端的两对平行线组成［对称线用细单点长画线绘制，平行线用细实线绘制且其长度宜为 6～10mm，每对的间距宜为 2～3mm。对称线应垂直平分于两对平行线，两端超出平行线宜为 2～3mm，见图 12.2.13］。连接符号应以折断线表示需连接的部位（两部位相距过远时，折断线两端靠图样一侧应标注大写拉丁字母表示连接编号。两个被连接的图样应用相同的字母编号，见图 12.2.14）。指北针的形状如图 12.2.15 所示（其圆的直径宜为 24mm 并应用细实线绘制），指针尾部的宽度宜为 3mm，指针头部应注“北”或“N”（需用较大直径绘制指北针时，指针尾部的宽度宜为直径的 1/8）。对图纸中局部变更部分宜采用云线并宜注明修改版次（图 12.2.16）。

图 12.2.13 对称符号

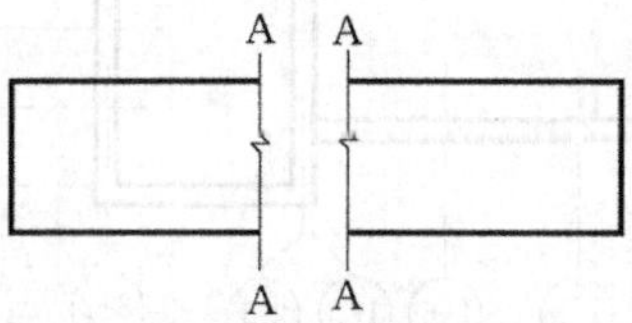

图 12.2.14 连接符号

A—连接编号

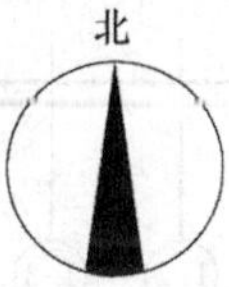

图 12.2.15 指北针

图 12.2.16 变更云线

1—修改次数

12.2.5 房屋建筑制图中的定位轴线

定位轴线应用细单点长画线绘制。定位轴线应编号（编号应注写在轴线端部的圆内。圆应用细实线绘制，直径为 8～10mm。定位轴线圆的圆心应在定位轴线的延长线或延长线的折线上）。除较复杂需采用分区编号或圆形、折线形外，一般平面上定位轴线的编号宜标注在图样的下方或左侧（横向编号应用阿拉伯数字从左至右顺序编写，竖向编号应用大写拉丁字母从下至上顺序编写，见图 12.2.17）。拉丁字母作为轴线号时应全部采用大写字母（不应用同一个字母的大小写来区分轴线号），拉丁字母的 I、O、Z 不得用做

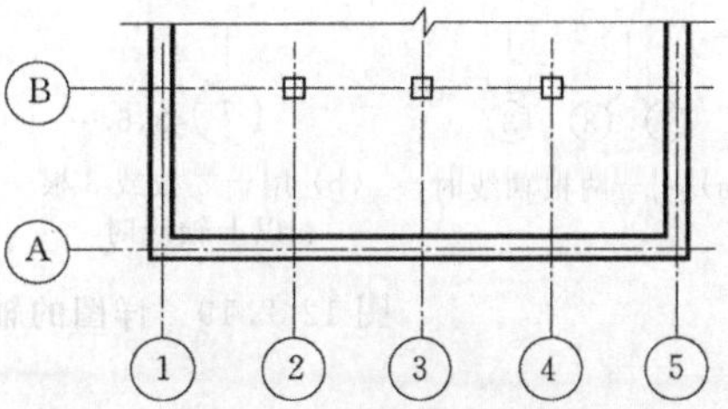

图 12.2.17 定位轴线的编号顺序

轴线编号，当字母数量不够使用时可增用双字母或单字母加数字注脚。组合较复杂的平面图中定位轴线也可采用分区编号（图 12.2.18），编号的注写形式应为“分区号-该分区编号”。“分区号-该分区编号”采用阿拉伯数字或大写拉丁字母表示。附加定位轴线的编号应以分数形式表示，并应符合相关规定（两根轴线的附加轴线应以分母表示前一轴线的编号，分子表示附加轴线的编号，编号宜用阿拉伯数字顺序编写。1 号轴线或 A 号轴线之前的附加轴线的分母应以 01 或 0A 表示）。一个详图适用于几根轴线时应同时注明各有关轴线的编号（图 12.2.19）。通用详图中的定位轴线应只画圆而不注写轴线编号。圆形与弧形平面图中的定位轴线应按规定绘制，其径向轴线应以角度进行定位，其编号宜用阿拉伯数字表示并应从左下角或－90°（若径向轴线很密，角度间隔很小）开始按逆时针顺序编写，其环向轴线宜用大写拉丁字母表示并应从外向内顺序编写（图 12.2.20 和图 12.2.21）。折线形平面图中定位轴线的编号可按图 12.2.22 的形式编写。

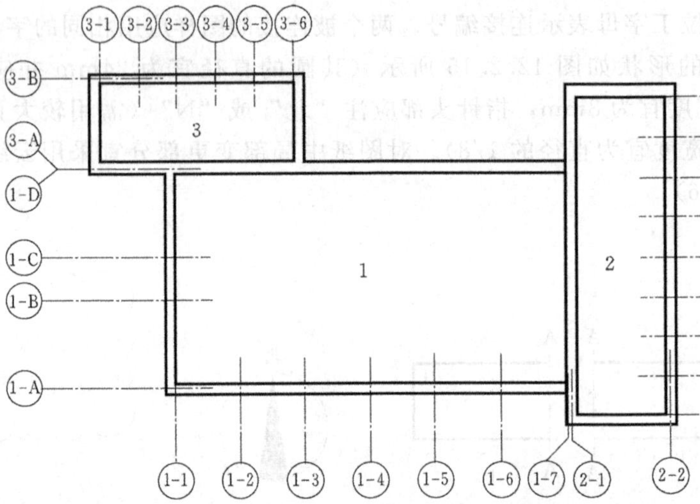

图 12.2.18　定位轴线的分区编号

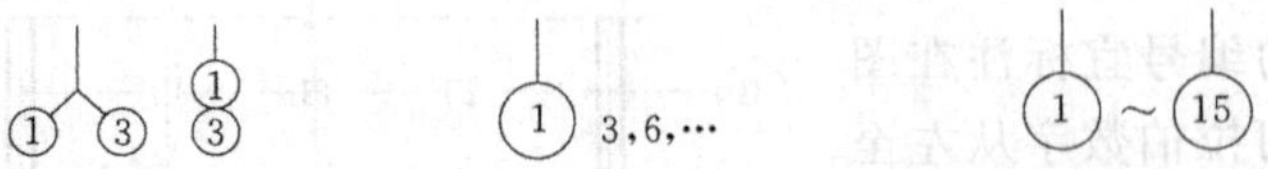

(a) 用于两根轴线时　(b) 用于 3 根或 3 根以上轴线时　(c) 用于 3 根以上连续编号的轴线时

图 12.2.19　详图的轴线编号

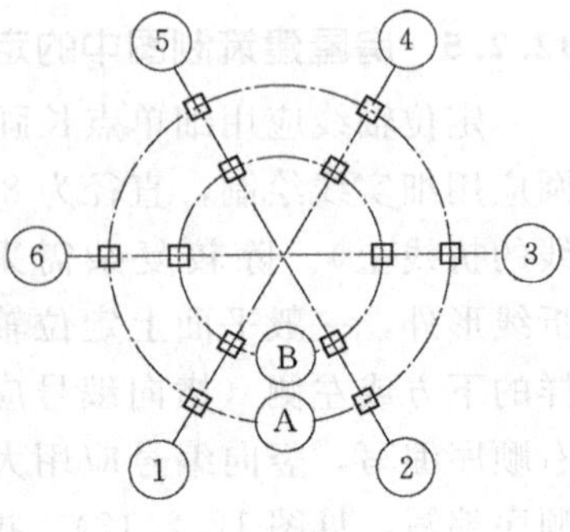

图 12.2.20　圆形平面定位轴线的编号

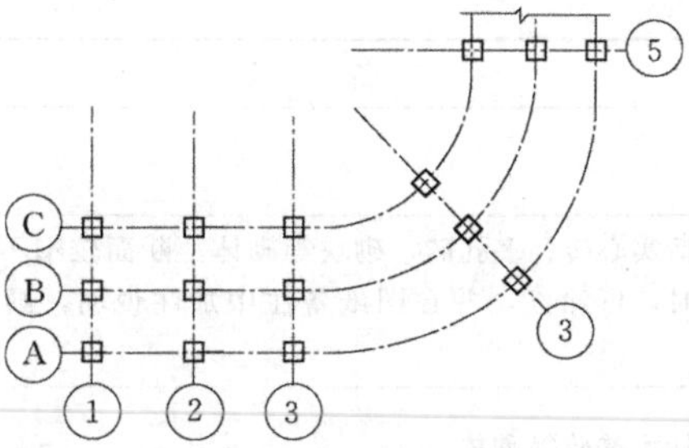

图 12.2.21 弧形平面定位轴线的编号

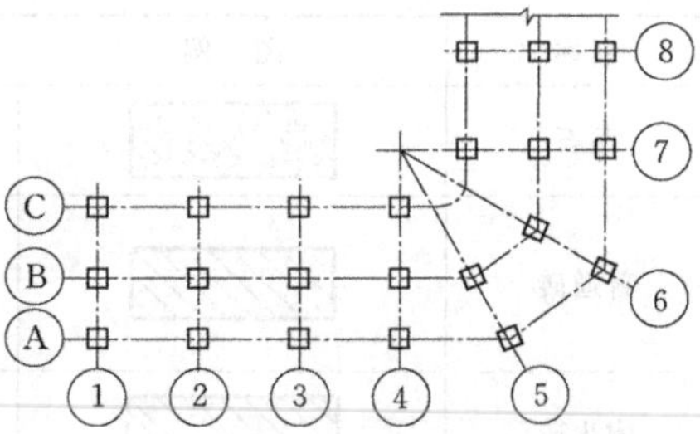

图 12.2.22 折线形平面定位轴线的编号

12.3 房屋建筑制图中常用建筑材料的表示方法

常用建筑材料绘图应遵守相关规定。以下是常用建筑材料的图例画法（其尺度比例没有具体规定，使用时应根据图样大小而定），常用建筑材料的绘制应注意 4 方面问题，即：图例线应间隔均匀、疏密适度（做到图例正确、表示清楚）；不同品种的同类材料使用同一图例（比如某些特定部位的石膏板必须注明是防水石膏板）时应在图上附加必要的说明；两个相同的图例相接时其图例线宜错开或使倾斜方向相反（图 12.3.1）；两个相邻的涂黑图例间应留有空隙且其净宽度不得小于 0.5mm（图 12.3.2）。当一张图纸内的图样只用一种图例（或图形较小而无法画出建筑材料图例）时可不加图例（但应加文字说明）。需画出的建筑材料图例面积过大时，可在断面轮廓线内沿轮廓线作局部表示（图 12.3.3）。选用相关制图标准中未包括的建筑材料时可自编图例（但不得与相关制图标准中所列的图例重复。绘制时应在适当位置画出该材料图例并加以说明）。常用建筑材料应按表 12.3.1 图例画法绘制（其中，序号为 1、2、5、7、8、13、14、16、17、18 的图例中的斜线、短斜线、交叉斜线等均为 45°）。

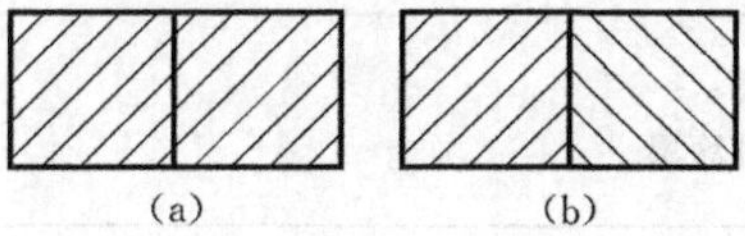

图 12.3.1 相同图例相接时的画法

图 12.3.2 相邻涂黑图例的画法

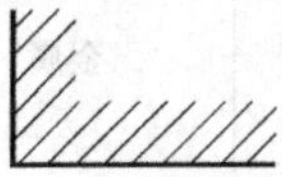

图 12.3.3 局部表示图例

表 12.3.1 **常用建筑材料图例**

序号	名称	图例	备注
1	自然土壤		包括各种自然土壤
2	夯实土壤		—
3	砂、灰土		—
4	砂砾石、碎砖三合土		—
5	石材	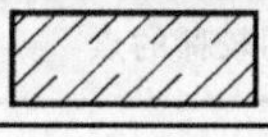	—

续表

序号	名称	图 例	备 注
6	毛石		—
7	普通砖		包括实心砖、多孔砖、砌块等砌体。断面较窄不易绘出图例线时，可涂红，并在图纸备注中加注说明，画出该材料图例
8	耐火砖	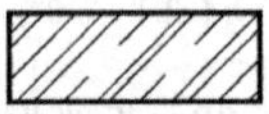	包括耐酸砖等砌体
9	空心砖		指非承重砖砌体
10	饰面砖		包括铺地砖、马赛克、陶瓷锦砖、人造大理石等
11	焦渣、矿渣	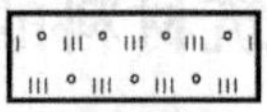	包括与水泥、石灰等混合而成的材料
12	混凝土		(1) 本图例指能承重的混凝土及钢筋混凝土； (2) 包括各种强度等级骨料、添加剂的混凝土； (3) 在剖面图上画出钢筋时，不画图例线； (4) 断面图形小，不易画出图例线时，可涂黑
13	钢筋混凝土	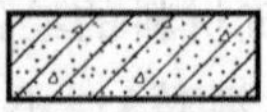	
14	多孔材料		包括水泥珍珠岩、沥青珍珠岩、泡沫混凝土、非承重加气混凝土、软木、蛭石制品等
15	纤维材料	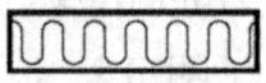	包括矿棉、岩棉、玻璃棉、麻丝、木丝板、纤维板等
16	泡沫塑料材料	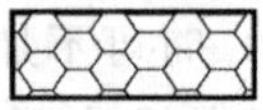	包括聚苯乙烯、聚乙烯、聚氨酯等多孔聚合物类材料
17	木材	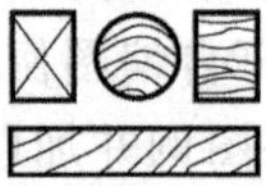	(1) 上图为横断面，左上图为垫木、木砖或木龙骨； (2) 下图为纵断面
18	胶合板	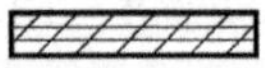	应注明为×层胶合板
19	石膏板	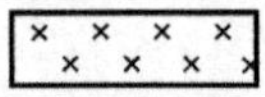	包括圆孔、方孔石膏板、防水石膏板、硅钙板、防火板等
20	金属		(1) 包括各种金属； (2) 图形小时，可涂黑
21	网状材料		(1) 包括金属、塑料网状材料； (2) 应注明具体材料名称
22	液体		应注明具体液体名称
23	玻璃		包括平板玻璃、磨砂玻璃、夹丝玻璃、钢化玻璃、中空玻璃、夹层玻璃、镀膜玻璃等
24	橡胶		—
25	塑料		包括各种软、硬塑料及有机玻璃等
26	防水材料		构造层次多或比例大时，采用上图例
27	粉刷	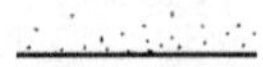	本图例采用较稀的点

12.4 房屋建筑制图中的图样画法

12.4.1 图样投影法

房屋建筑的视图应按正投影法并用第一角画法绘制（自前方A投影称为正立面图，自上方B投影称为平面图，自左方C投影称为左侧立面图，自右方D投影称为右侧立面图，自下方E投影称为底面图，自后方F投影称为背立面图，见图12.4.1）。当视图用第一角画法绘制不易表达时可用镜像投影法绘制［图12.4.2(a)］，但应在图名后注写“镜像”二字［图12.4.2（b)］，或按图12.4.2（c）画出镜像投影识别符号。

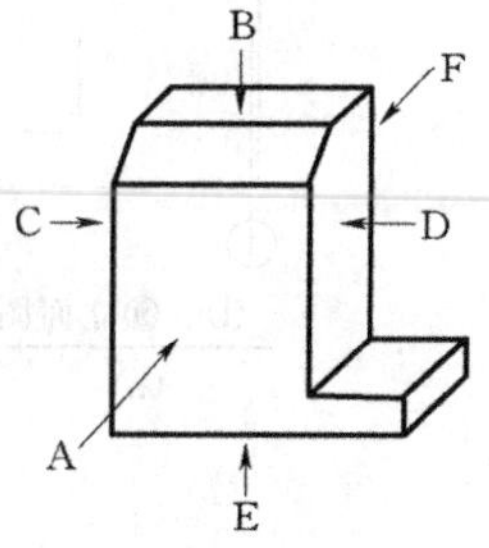

图 12.4.1 第一角画法

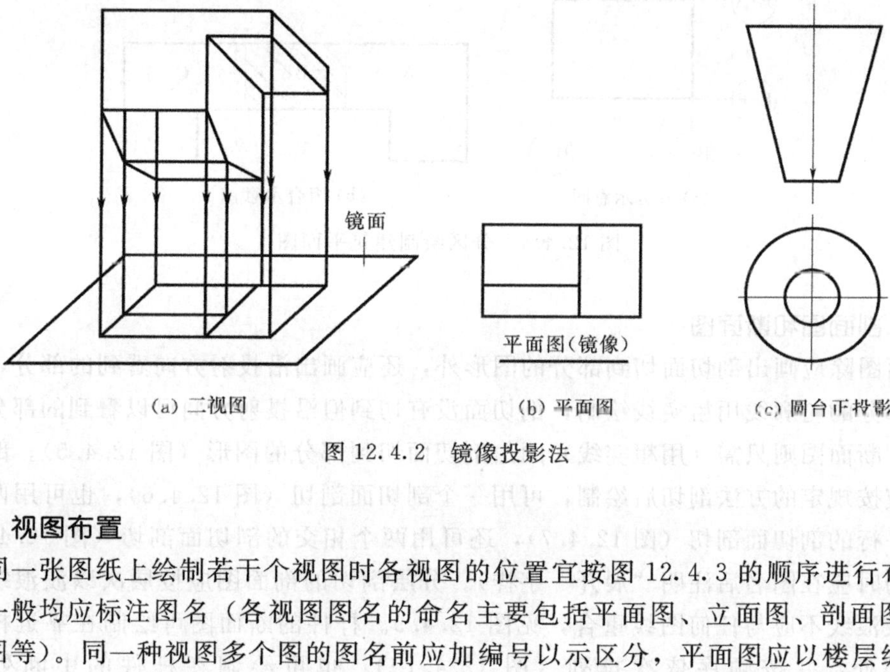

(a) 二视图　(b) 平面图　(c) 圆台正投影

图 12.4.2 镜像投影法

12.4.2 视图布置

在同一张图纸上绘制若干个视图时各视图的位置宜按图12.4.3的顺序进行布置。每个视图一般均应标注图名（各视图图名的命名主要包括平面图、立面图、剖面图或断面图、详图等）。同一种视图多个图的图名前应加编号以示区分，平面图应以楼层编号（比如地下二层平面图、地下一层平面图、首层平面图、二层平面图等）；立面图可以该图两端头的轴线号编号；剖面图或断面图可以剖切号编号；详图应以索引号编号。图名宜标注在视图的下方或一侧（并应在图名下用粗实线绘一条横线，其长度应以图名所占长度为准，见图12.4.3。使用详图符号作图名时其符号下不再画线）。分区绘制的建筑平面图应绘制组合示意图（以指出该区在建筑平面图中的位置)，各分区视图的分区部位及编号均应一致（也应与组合示意图一致，见图12.4.4)。总平面图应反映建筑物在室外地坪上的墙基外包线（不应画屋顶平面投影图），同一工程不同专业的总平面图在图纸上的布图方向均应一致，必要时单体建（构）筑物平面图在图纸上的布图方向可与其在总平面图上的布图方向不一致（但必须标明方位)，不同专业的单体建（构）筑物平面图在图纸上的布图方向均应一致。建（构）筑物的某些部分若与投影面不平行，则在画立面图时可先将该部分展至与投影面平行后再以正投影法绘制（并应在图名后注写“展开”字样）。建筑吊顶（顶棚）灯具、风口等设计绘制布置图应是反映在地面上的镜面图（而不是仰视图）。

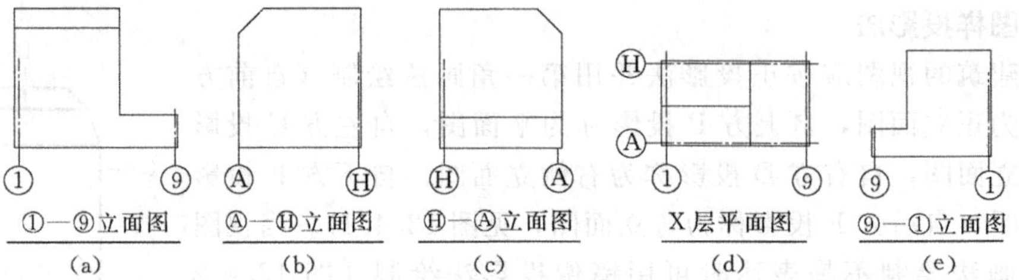

图 12.4.3　视图布置

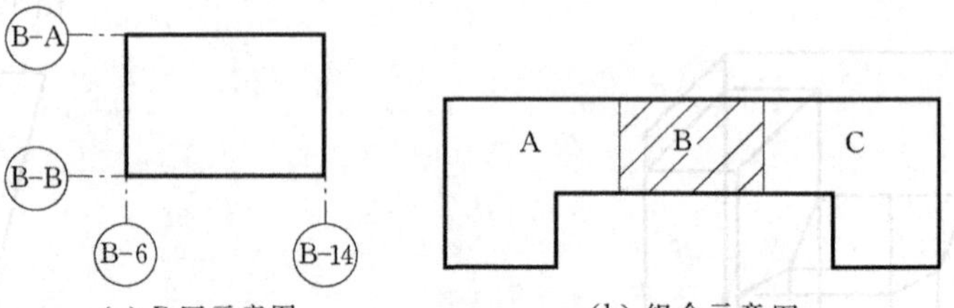

(a) B 区示意图　　(b) 组合示意图

图 12.4.4　分区绘制建筑平面图

12.4.3　剖面图和断面图

剖面图除应画出剖切面切到部分的图形外，还应画出沿投射方向看到的部分，被剖切面切到部分的轮廓线用粗实线绘制，剖切面没有切到但沿投射方向可以看到的部分用中实线绘制。断面图则只需（用粗实线）画出剖切面切到部分的图形（图 12.4.5）。剖面图和断面图应按规定的方法剖切后绘制，可用一个剖切面剖切（图 12.4.6），也可用两个或两个以上平行的剖切面剖切（图 12.4.7），还可用两个相交的剖切面剖切（图 12.4.8）。用此法剖切时应在图名后注明“展开”字样）。分层剖切的剖面图应按层次以波浪线将各层隔开，波浪线不应与任何图线重合，见图 12.4.9。杆件的断面图可绘制在靠近杆件的一侧或端部处，并按顺序依次排列（图 12.4.10），也可绘制在杆件的中断处，见图 12.4.11。结构梁板的断面图可画在结构布置图上（图 12.4.12）。

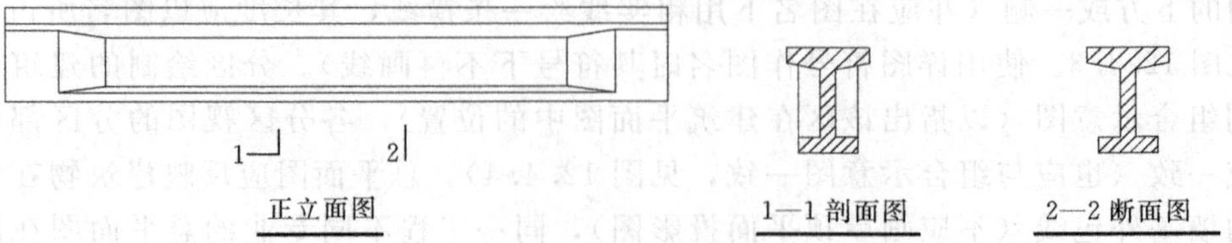

(a) 正立面图　　(b) 1—1 剖面图　　(c) 2—2 断面图

图 12.4.5　剖面图与断面图的区别

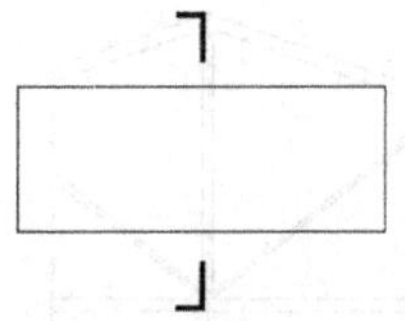

图 12.4.6　一个剖切面剖切

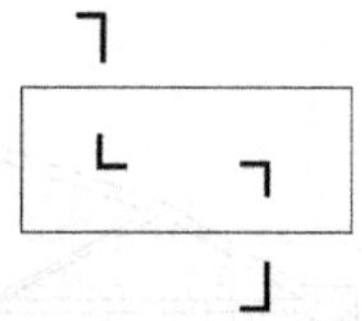

图 12.4.7　两个平行剖切面剖切

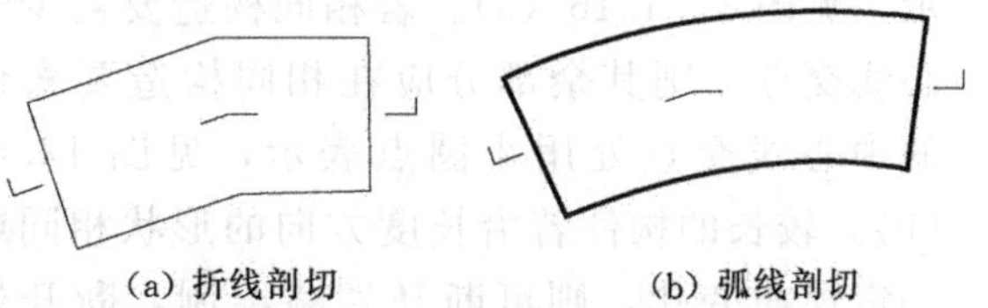

图 12.4.8　两个相交剖切面剖切

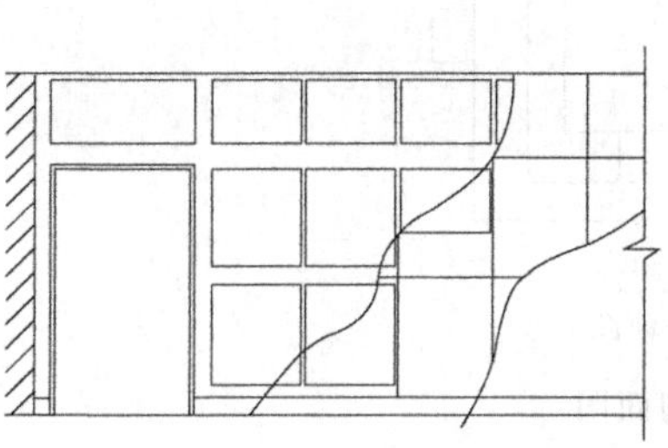

图 12.4.9　分层剖切的剖面图

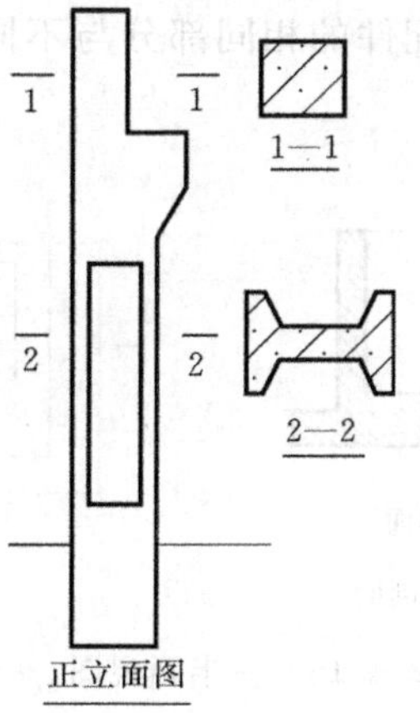

图 12.4.10　断面图按顺序排列

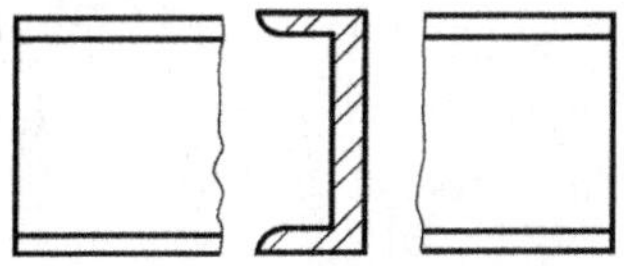

图 12.4.11　断面图画在杆件中断处

12.4.4　简化画法

构配件的视图有一条对称线时可只画该视图的一半，视图有两条对称线时可只画该视图的 1/4 并应画出对称符号（图 12.4.13），图形也可稍超出其对称线（此时可不画对称符号，见图 12.4.14），对称的形体需画剖视图或断面图时可以对称符号为界［一半画视图（外形图），一半画剖面图或断面图，见图 12.4.15］。构配件内多个完全相同而连续排列的构造要素可仅在两端或适当位置画出其完整形状，其余部分以中心线或中心线交点表

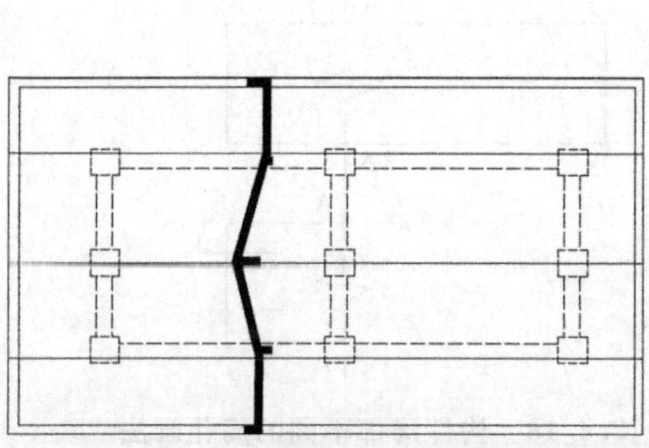

图 12.4.12　断面图画在布置图上

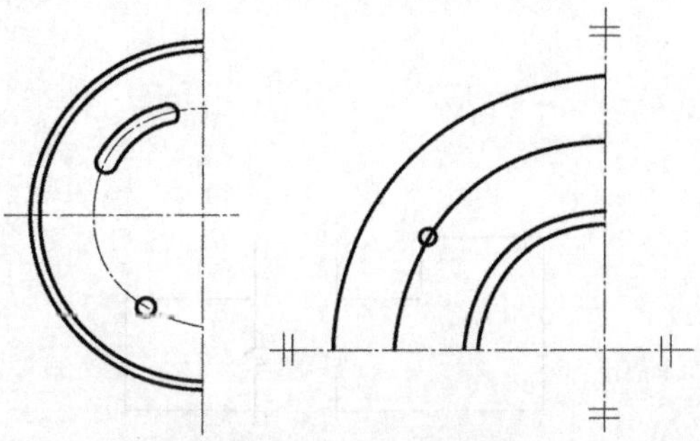

图 12.4.13　画出对称符号

示，见图12.4.16 (a)。若相同构造要素少于中心线交点，则其余部分应在相同构造要素位置的中心线交点处用小圆点表示，见图 12.4.16 (b)。较长的构件若沿长度方向的形状相同或按一定规律变化，则可断开省略绘制，断开处应以折断线表示，见图12.4.17。一个构配件绘制位置不够时可分成几个部分绘制，并应以连接符号表示相连，见图12.4.18。一个构配件若与另一构配件仅部分不相同，则该构配件可只画不同部分（但应在两个构配件的相同部分与不同部分的分界线处分别绘制连接符号，见图12.4.18)。

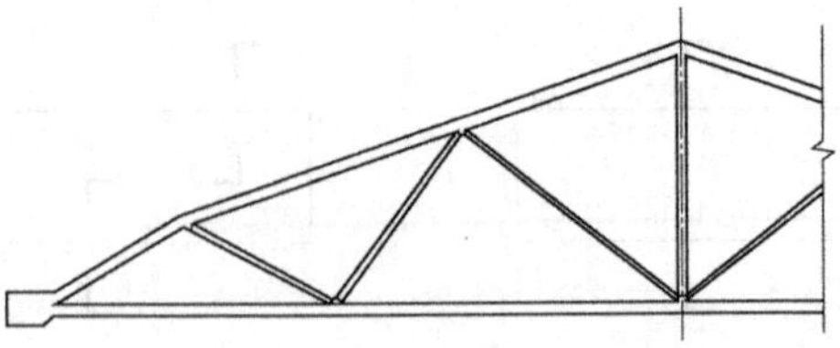

图 12.4.14 不画对称符号

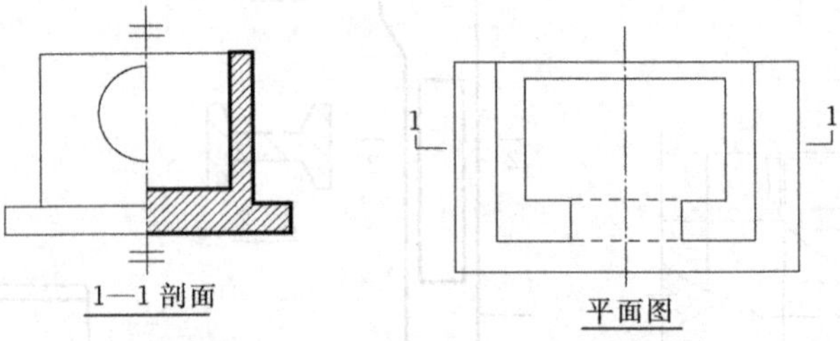

(a) 1—1 剖面 (b) 平面图

图 12.4.15 一半画视图、一半画剖面图

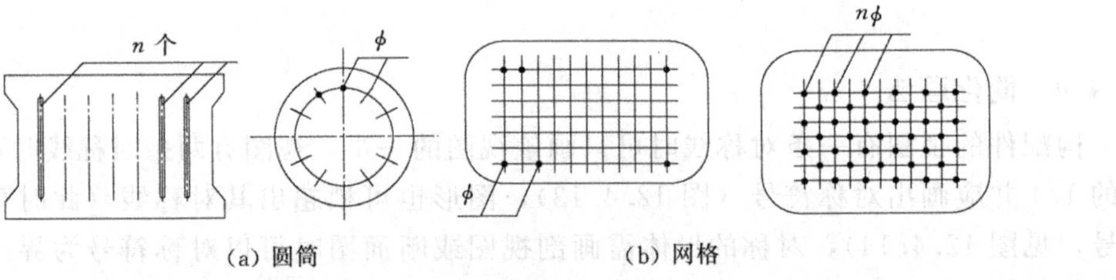

(a) 圆筒 (b) 网格

图 12.4.16 相同要素简化画法

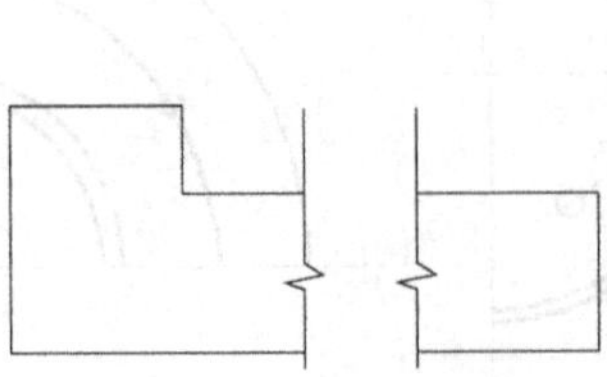

图 12.4.17 折断简化画法

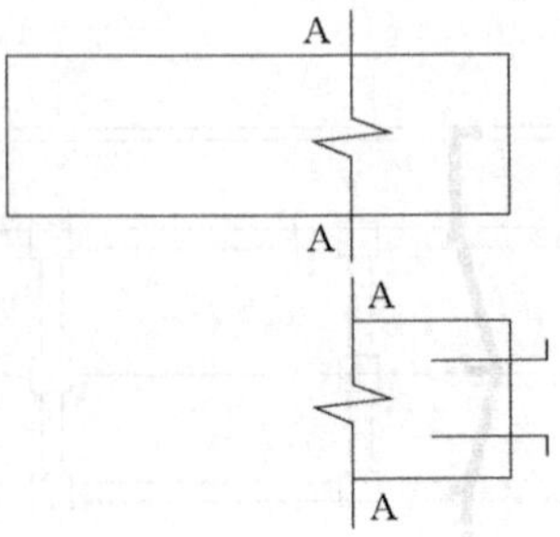

图 12.4.18 构件局部不同的简化画法

12.4.5　轴测图

房屋建筑的轴测图（图 12.4.19）宜采用正等测投影并用简化轴伸缩系数绘制。轴测图的可见轮廓线宜用中实线绘制，断面轮廓线宜用粗实线绘制，不可见轮廓线一般不绘出（必要时可用细虚线绘出所需部分）。轴测图的断面上应画出其材料图例线，图例线应按其断面所在坐标面的轴测方向绘制（若以 45°斜线为材料图例线，应按图 12.4.20 的规定绘制）。轴测图线性尺寸应标注在各自所在的坐标面内（尺寸线应与被注长度平行，尺寸界线应平行于相应的轴测轴，尺寸数字的方向应平行于尺寸线），如出现字头向下倾斜情况，应将尺寸线断开并在尺寸线断开处水平方向注写尺寸数字，轴测图的尺寸起止符号宜用小圆点（图 12.4.21）。轴测图中的圆径尺寸应标注在圆所在的坐标面内（尺寸线与尺寸界线应分别平行于各自的轴测轴），圆弧半径和小圆直径尺寸也可引出标注（但尺寸数字应注写在平行于轴测轴的引出线上，见图 12.4.22）。轴测图的角度尺寸应标注在该角所在的坐标面内，尺寸线应画成相应的椭圆弧或圆弧，尺寸数字应水平方向注写（图 12.4.23）。

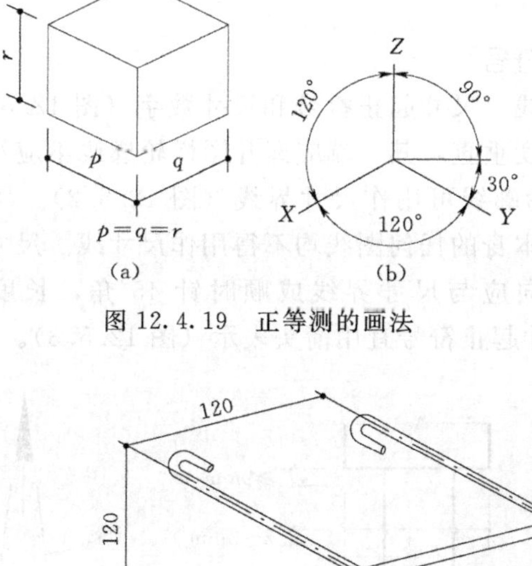

图 12.4.19　正等测的画法

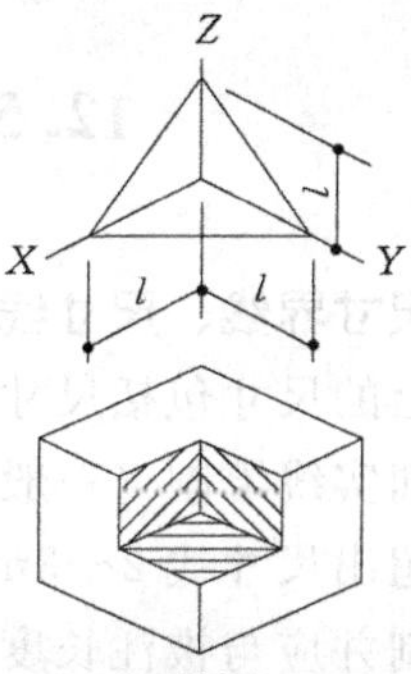

正等测

图 12.4.20　轴测图断面图例线画法

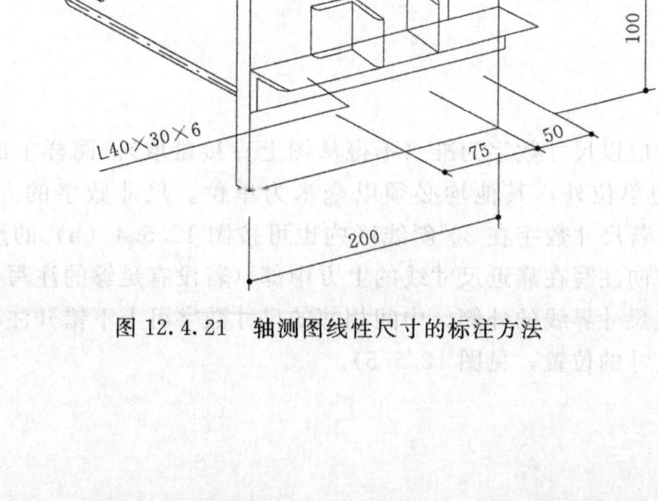

图 12.4.21　轴测图线性尺寸的标注方法

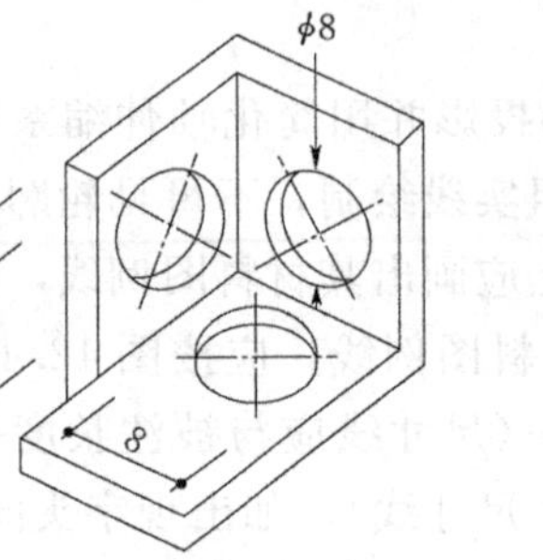

图 12.4.22　轴测图圆直径标注方法

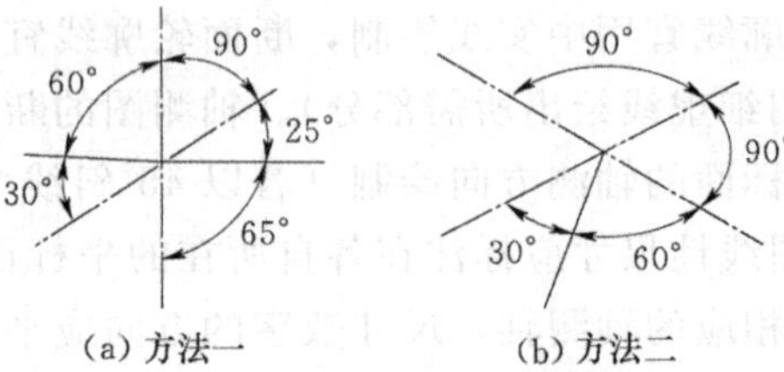

(a) 方法一　(b) 方法二

图 12.4.23　轴测图角度的标注方法

12.4.6　透视图

房屋建筑设计中的效果图宜采用透视图。透视图中的可见轮廓线宜用中实线绘制，不可见轮廓线一般不绘出（必要时可用细虚线绘出所需部分）。

12.5　房屋建筑制图中的尺寸标注

12.5.1　尺寸界线、尺寸线及尺寸起止符号

图样上的尺寸包括尺寸界线、尺寸线、尺寸起止符号和尺寸数字（图 12.5.1）。尺寸界线应用细实线绘制（一般应与被注长度垂直，其一端应离开图样轮廓线不应小于 2mm，另一端宜超出尺寸线 2～3mm），图样轮廓线可用作尺寸界线（图 12.5.2）。尺寸线应用细实线绘制并应与被注长度平行，图样本身的任何图线均不得用作尺寸线。尺寸起止符号一般应用中粗斜短线绘制（其倾斜方向应与尺寸界线成顺时针 45°角，长度宜为 2～3mm），半径、直径、角度与弧长的尺寸起止符号宜用箭头表示（图 12.5.3）。

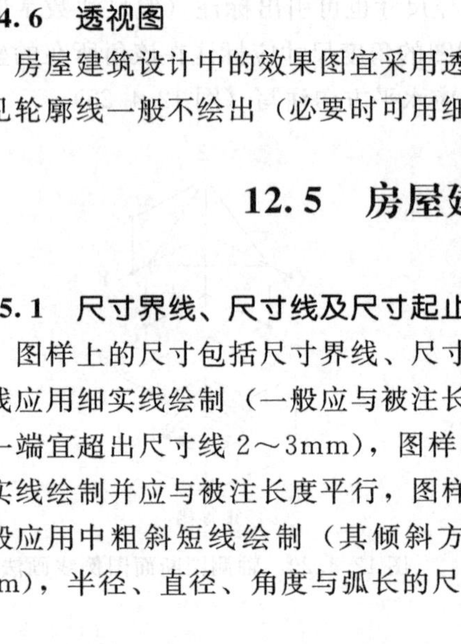

图 12.5.1　尺寸的组成

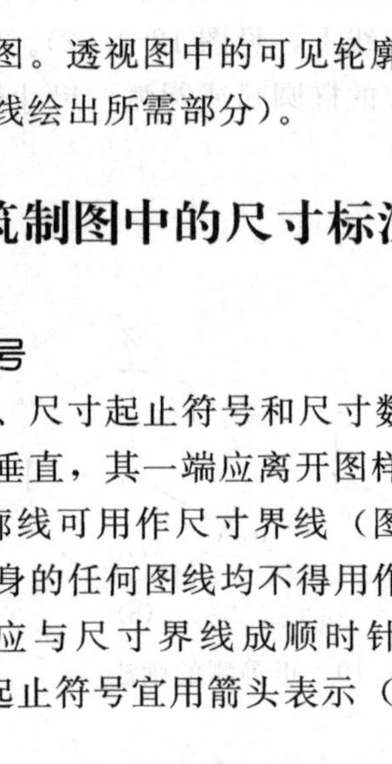

图 12.5.2　尺寸界线

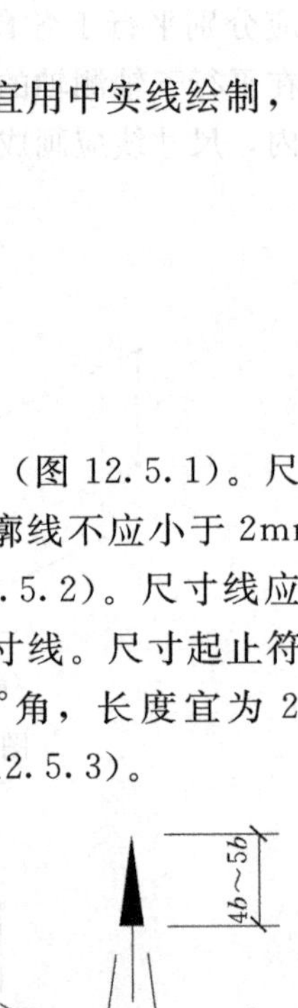

图 12.5.3　箭头尺寸起止符号

12.5.2　尺寸数字

图样上的尺寸应以尺寸数字为准（不得从图上直接量取）。图样上的尺寸单位除标高及总平面应以米为单位外，其他均必须以毫米为单位。尺寸数字的方向应按图 12.5.4（a）的形式注写，若尺寸数字在 30°斜线区内也可按图 12.5.4（b）的形式注写。尺寸数字一般应依据其方向注写在靠近尺寸线的上方中部（若没有足够的注写位置，则最外边的尺寸数字可注写在尺寸界线的外侧，中间相邻的尺寸数字可上下错开注写，引出线端部可用圆点表示标注尺寸的位置，见图 12.5.5）。

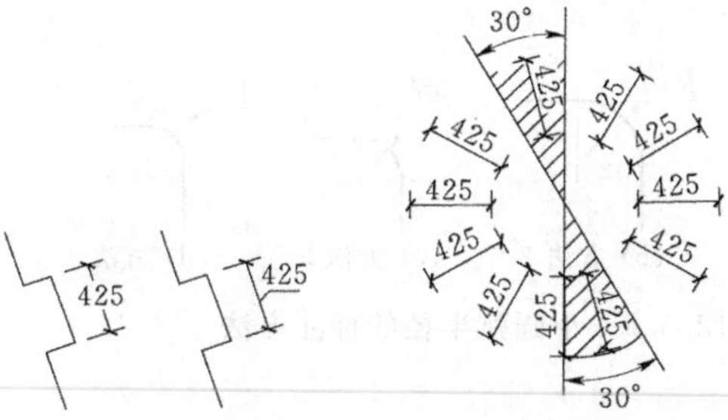

(a) 方法 1　　(b) 方法 2

图 12.5.4 尺寸数字的注写方向

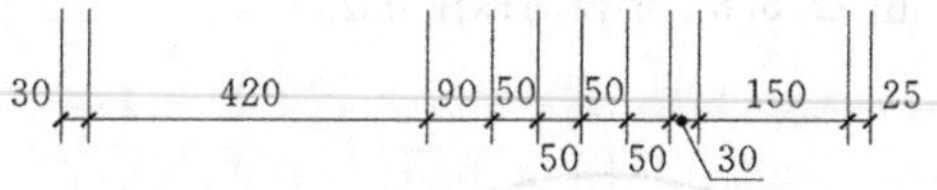

图 12.5.5 尺寸数字的注写位置

12.5.3 尺寸的排列与布置

尺寸宜标注在图样轮廓以外（不宜与图线、文字及符号等相交，见图 12.5.6）。互相平行的尺寸线应从被注写的图样轮廓线由近向远整齐排列（较小尺寸应离轮廓线较近，较大尺寸应离轮廓线较远，见图 12.5.7）。图样轮廓线以外的尺寸界线到图样最外轮廓的距离不宜小于 10mm，平行排列的尺寸线间距宜为 7～10mm 且应保持一致（图 12.5.7）。总尺寸的尺寸界线应靠近所指部位，中间的分尺寸的尺寸界线可稍短，但其长度应相等（图 12.5.7）。

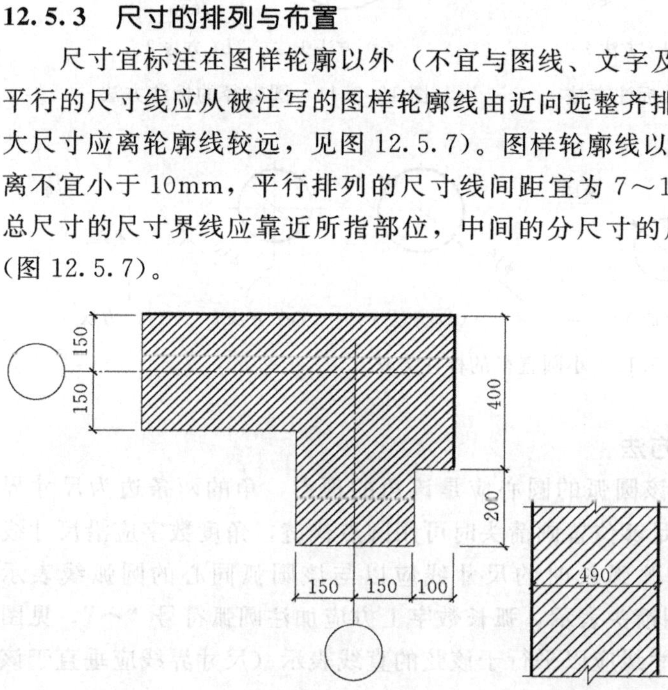

(a) 方法 1　　(b) 方法 2

图 12.5.6 尺寸数字的注写

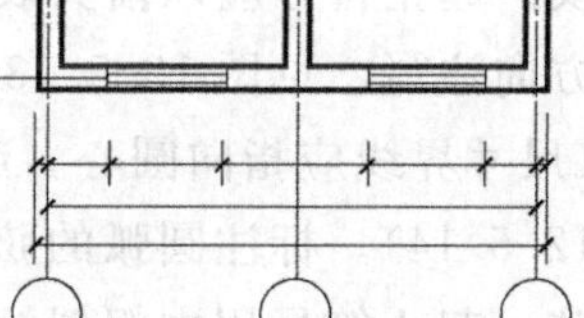

图 12.5.7 尺寸的排列

12.5.4 半径、直径、球的尺寸标注方法

半径的尺寸线应一端从圆心开始（另一端画箭头指向圆弧），半径数字前应加注半径符号“R”（图 12.5.8）。较小圆弧的半径可按图 12.5.9 的形式标注。较大圆弧的半径可按图 12.5.10 的形式标注。标注圆的直径尺寸时，直径数字前应加直径符号“ϕ”，在圆内标注的尺寸线应通过圆心且应两端画箭头指至圆弧（图 12.5.11）。较小圆的直径尺寸可标注在圆外（图 12.5.12）。标注球的半径尺寸时，应在尺寸前加注符号“SR”；标注球的直径尺寸时，应在尺寸数字前加注符号“$S\phi$”。球尺寸的相关注写方法与圆弧半径和圆直径的尺寸标注方法相同。

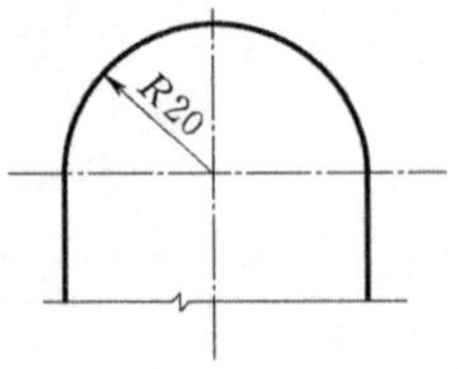

图 12.5.8　半径的标注方法

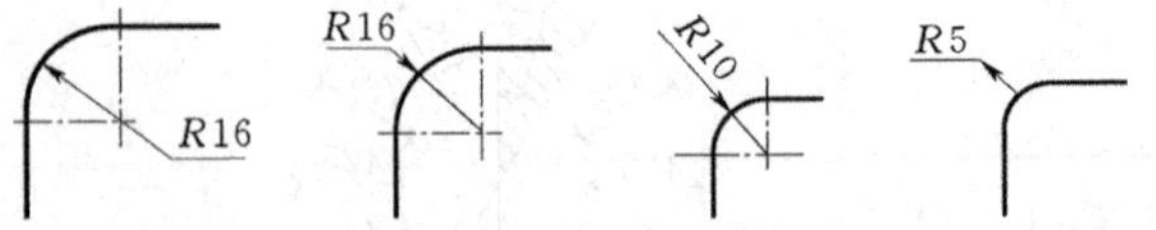

(a) 方法 1　(b) 方法 2　(c) 方法 3　(d) 方法 4

图 12.5.9　小圆弧半径的标注方法

(a) 方法 1　(b) 方法 2

图 12.5.10　大圆弧半径的标注方法

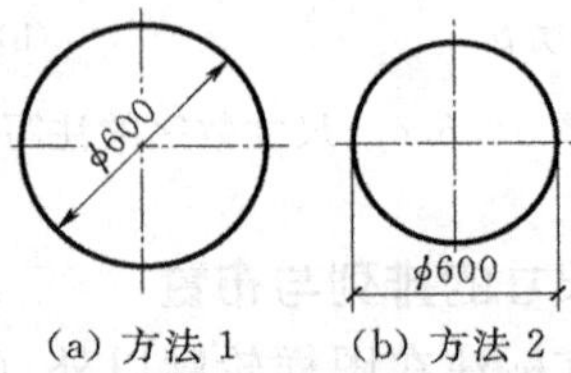

(a) 方法 1　(b) 方法 2

图 12.5.11　圆直径的标注方法

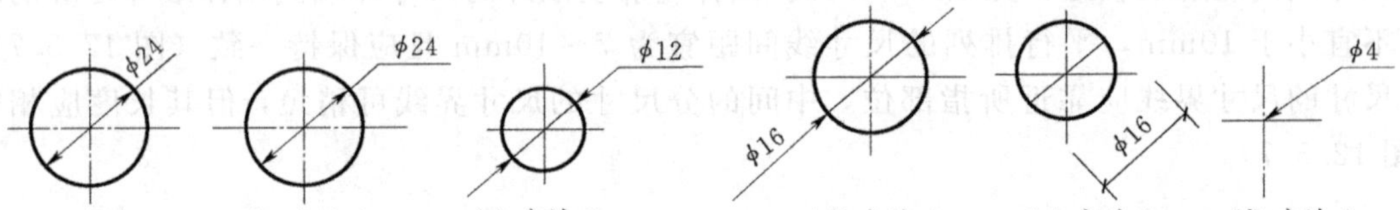

(a) 方法 1　(b) 方法 2　(c) 方法 3　(d) 方法 4　(e) 方法 5　(f) 方法 6

图 12.5.12　小圆直径的标注方法

12.5.5　角度、弧度、弧长的标注方法

角度的尺寸线应以圆弧表示（该圆弧的圆心应是该角的顶点，角的两条边为尺寸界线。起止符号应以箭头表示，没有足够位置画箭头时可用圆点代替，角度数字应沿尺寸线方向注写，见图 12.5.13)。标注圆弧弧长时的尺寸线应以与该圆弧同心的圆弧线表示(尺寸界线应指向圆心，起止符号用箭头表示，弧长数字上方应加注圆弧符号“⌒”，见图 12.5.14)。标注圆弧的弦长时其尺寸线应以平行于该弦的直线表示（尺寸界线应垂直于该弦，起止符号用中粗斜短线表示，见图 12.5.15)。

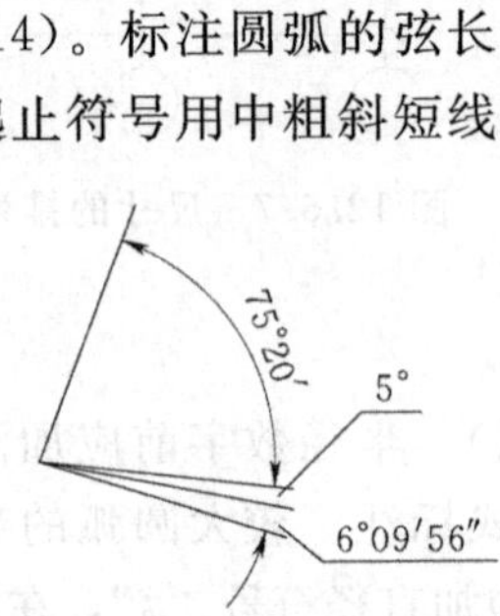

图 12.5.13　角度标注方法

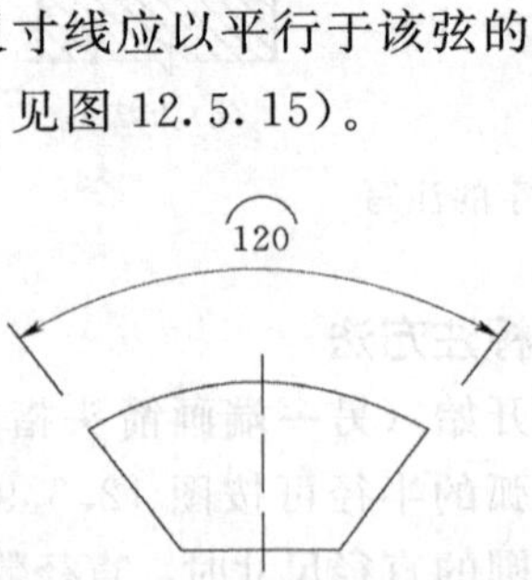

图 12.5.14　弧长标注方法

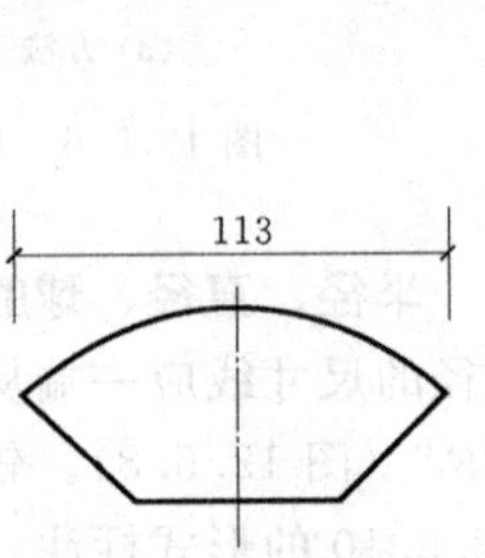

图 12.5.15　弦长标注方法

12.5.6　薄板厚度、正方形、坡度、非圆曲线等尺寸标注方法

在薄板板面标注板厚尺寸时，应在厚度数字前加厚度符号“t”（图 12.5.16)。标注正方形的尺寸时可用“边长×边长”的形式，也可在边长数字前加正方形符号“□”，见

图 12.5.17。标注坡度时应加注坡度符号“↼”[图 12.5.18 (a) 和 (b)]，该符号为单面箭头，箭头应指向下坡方向。坡度也可用直角三角形形式标注 [图 12.5.18 (c)]。外形为非圆曲线的构件可用坐标形式标注尺寸（图 12.5.19）。复杂图形可用网格形式标注尺寸（图 12.5.20）。

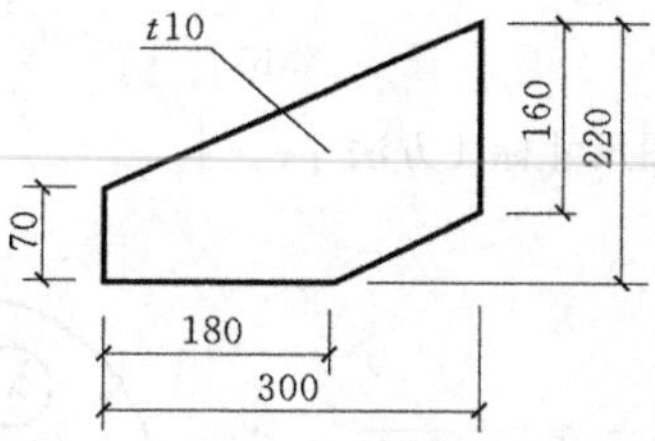

图 12.5.16　薄板厚度标注方法

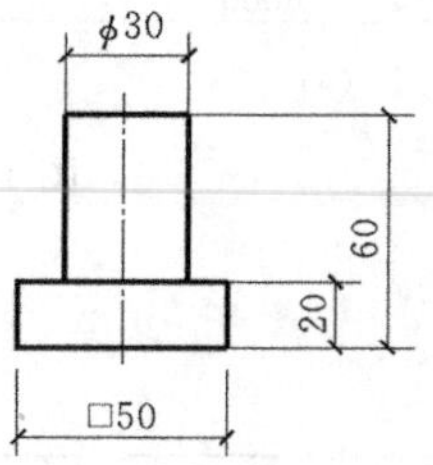

图 12.5.17　标注正方形尺寸

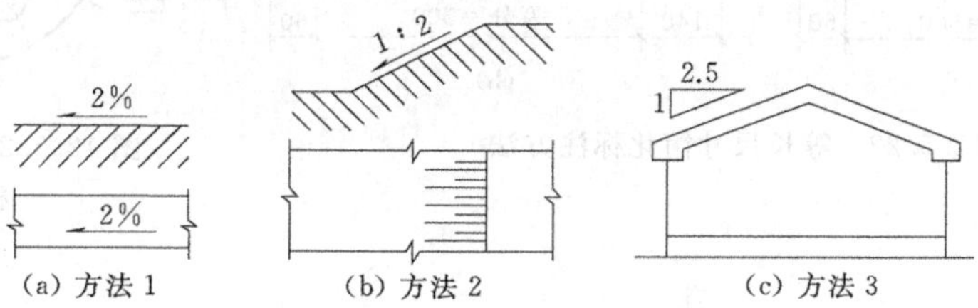

图 12.5.18　坡度标注方法

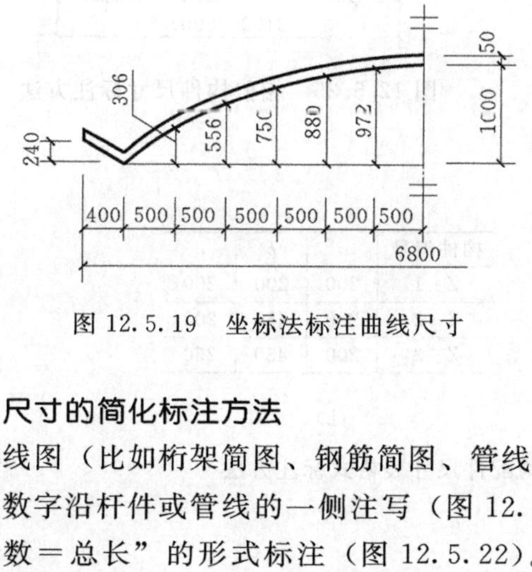

图 12.5.19　坐标法标注曲线尺寸

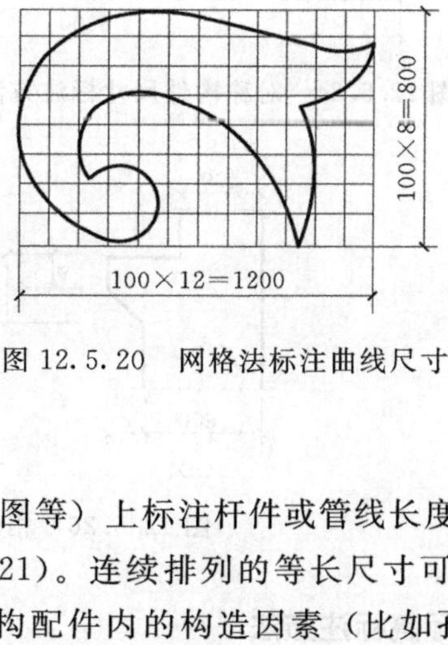

图 12.5.20　网格法标注曲线尺寸

12.5.7　尺寸的简化标注方法

在单线图（比如桁架简图、钢筋简图、管线简图等）上标注杆件或管线长度时，可直接将尺寸数字沿杆件或管线的一侧注写（图 12.5.21）。连续排列的等长尺寸可用“等长尺寸×个数＝总长”的形式标注（图 12.5.22）。构配件内的构造因素（比如孔、槽等）相同时可仅标注其中一个要素的尺寸（图 12.5.23）。若对称构配件采用对称省略画法，则该对称构配件的尺寸线应略超过对称符号（仅在尺寸线的一端画尺寸起止符号，尺寸数字应按整体全尺寸注写，其注写位置宜与对称符号对齐，见图 12.5.24）。两个构配件若个别尺寸数字不同，则可在同一图样中将其中一个构配件的不同尺寸数字注写在括号内（该构配件的名称也应注写在相应的括号内，见图 12.5.25）。若数个构配件仅某些尺寸不同，则这些有变化的尺寸数字可用拉丁字母注写在同一图样中，并应另列表格写明其具体尺寸，见图 12.5.26。

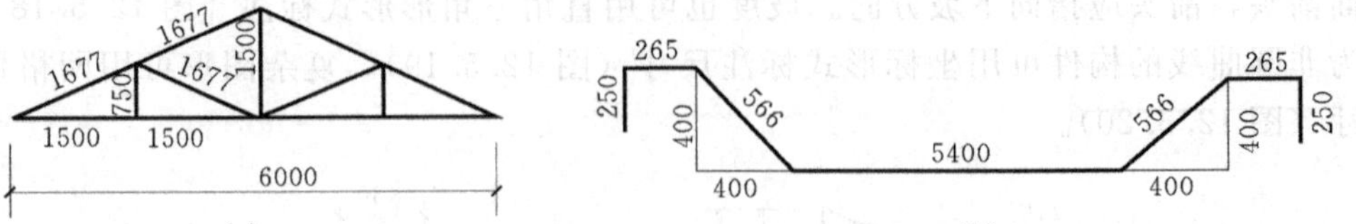

(a)　(b)

图 12.5.21　单线图尺寸标注方法

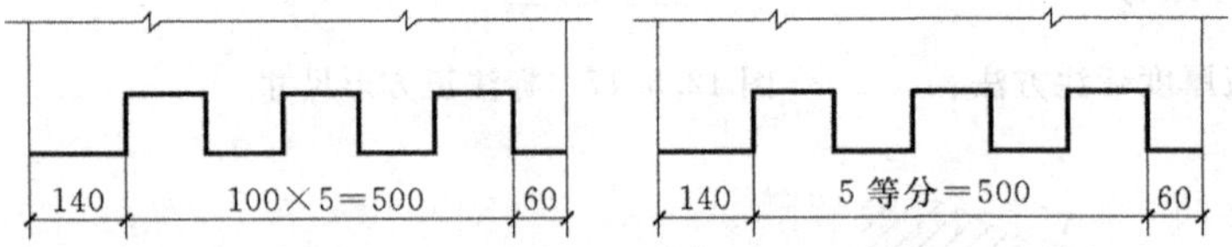

(a)　(b)

图 12.5.22　等长尺寸简化标注方法

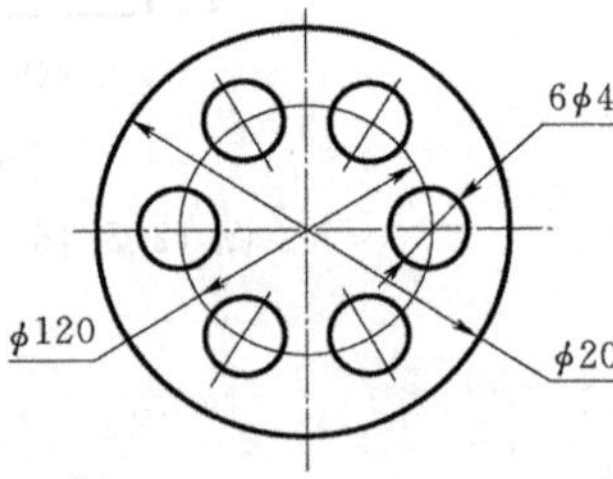

图 12.5.23　相同要素尺寸标注方法

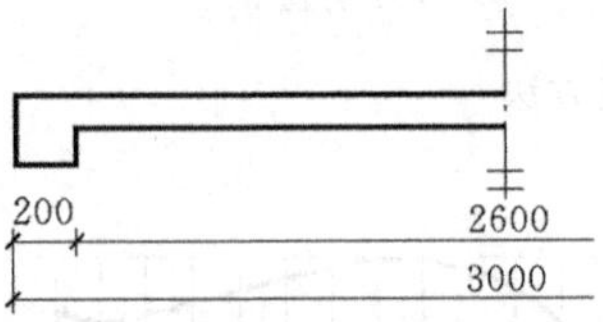

图 12.5.24　对称构件尺寸标注方法

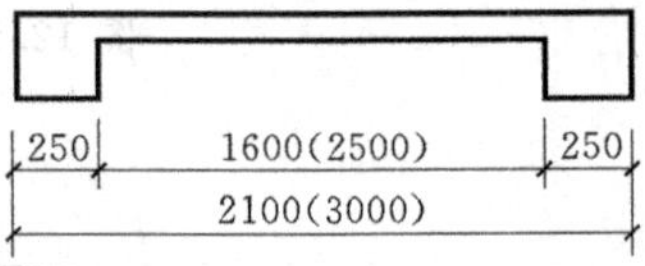

图 12.5.25　相似构件尺寸标注方法

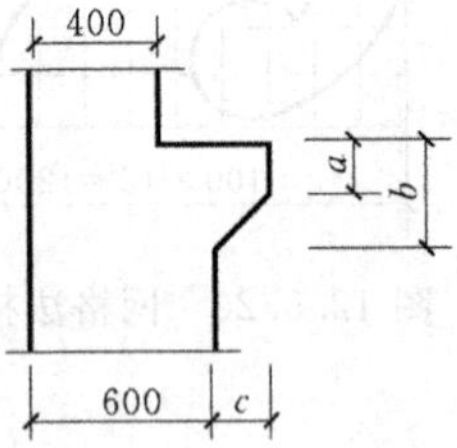

(a)

构件编号	*a*	*b*	*c*
Z-1	200	200	200
Z-2	250	450	200
Z-3	200	450	250

(b)

图 12.5.26　相似构配件尺寸表格式标注方法

12.5.8　标高标注方法

标高符号应以直角等腰三角形表示，并应按图 12.5.27（a）所示形式用细实线绘制，若标注位置不够则也可按图 12.5.27（b）所示形式绘制，标高符号的具体画法可参考图 12.5.27（c）和（d）。图 12.5.27（d）中，l 表示取适当长度注写标高数字；h 为根据需要取的适当高度。总平面图室外地坪标高符号宜用涂黑的三角形表示，具体画法可参考图 12.5.28。标高符号的尖端应指至被注高度的位置（尖端宜向下，也可向上），标高数字应注写在标高符号的上侧或下侧（图 12.5.29）。标高数字应以米为单位并应注写到小数点以后第三位（在总平面图中可注写到小数字点以后第二位）。零点标高应注写成±0.000，正数标高不注“+”、负数标高应注“−”（如 3.000、−0.600 等）。在图样的同一位置需表示几个不同标高时，标高数字可按图 12.5.30 的形式注写。

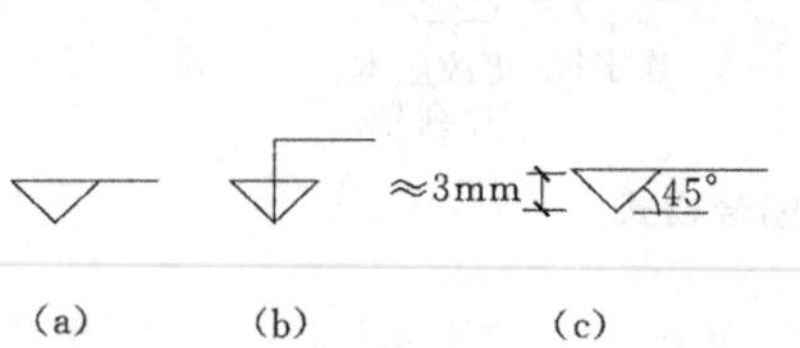

图 12.5.27　标高符号

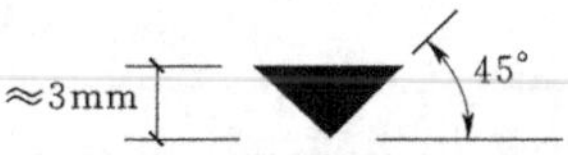

图 12.5.28　总平面图室外地坪标高符号

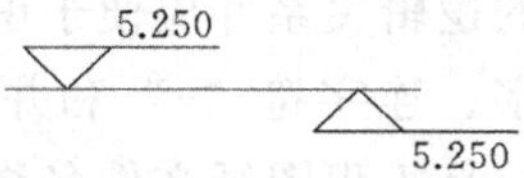

图 12.5.29　标高的指向

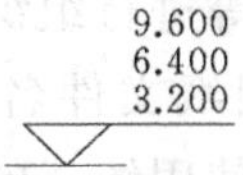

图 12.5.30　同一位置注写多个标高数字

12.6　计算机绘制房屋建筑图的基本要求

计算机制图文件可分为工程图库文件和工程图纸文件等两大类（工程图库文件可在一个以上的工程中重复使用；工程图纸文件只能在一个工程中使用）。建立合理的文件目录结构可对计算机制图文件进行有效管理和利用。

12.6.1　工程图纸的编号方法

工程图纸编号应符合相关规定，工程图纸应根据不同的子项（区段）、专业、阶段等进行编排，并宜按照设计总说明、平面图、立面图、剖面图、大样图（大比例视图）、详图、清单、简图的顺序编号；工程图纸编号应使用汉字、数字和连字符“-”的组合；同一工程应使用统一的工程图纸编号格式，且工程图纸编号应自始至终保持不变。

工程图纸编号格式应符合相关规定，工程图纸编号可由区段代码、专业缩写代码、阶段代码、类型代码、序列号、更改代码和更新版本序列号等组成（图 12.6.1），其中区段代码、专业缩写代码、阶段代码、类型代码、序列号、更改代码和更新版本序列号可根据需要设置，区段代码与专业缩写代码、阶段代码与类型代码、序列号与更改代码之间应用连字符“-”分隔开；区段代码用于工程规模较大、需要划分子项或分区段时应区别不同的子项或分区并由 2～4 个汉字和数字组成；专业缩写代码用于说明专业类别（如建筑等）时，可由 1 个汉字组成，且宜选用相应规范中所列出的常用专业缩写代码；阶段代码用于区别不同的设计阶段时可由 1 个汉字组成，且宜选用相应规范中所列出的常用阶段代码；类型代码用于说明工程图纸的类型（如楼层平面图）时可由 2 个字符组成，且宜选用相应规范中所列出的常用类型代码；序列号用于标识同一类图纸的顺序时可由 001～999 之间的任意 3 位数字组成；更改代码用于标识某张图纸的变更图时可用汉字“改”表示；更改版本序列号用于标识变更图的版次时可由 1～9 之间的任意 1 位数字组成。

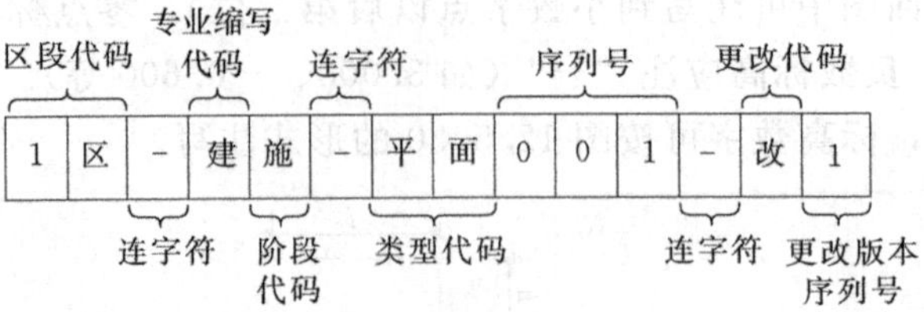

图 12.6.1 工程图纸编号格式

12.6.2 计算机制图文件的命名方法

工程图纸文件命名应符合相关规定，工程图纸文件可根据不同的工程、子项或分区、专业、图纸类型等进行组织（命名规则应具有一定的逻辑关系并应便于识别、记忆、操作和检索）；工程图纸文件名称应使用拉丁字母、数字、连字符“-”和井字符“#”的组合；同一工程应使用统一的工程图纸文件名称格式，且工程图纸文件名称应自始至终保持不变。

工程图纸文件命名格式应符合相关规定，工程图纸文件名称可由工程代码、专业代码、类型代码、用户定义代码和文件扩展名组成（见图 12.6.2。其中工程代码和用户定义代码可根据需要设置，专业代码与类型代码之间用连字符“-”分隔开；用户定义代码与文件扩展名之间用小数点“.”分隔开）；工程代码用于说明工程、子项或区段时可由 2～5 个字符和数字组成；专业代码用于说明专业类别时可由 1 个字符组成，且宜选用相应规范中所列出的常用专业代码；类型代码用于说明工程图纸文件的类型时可由 2 个字符组成，且宜选用相应规范中所列出的常用类型代码；用户定义代码用于进一步说明工程图纸文件的类型，宜由 2～5 个字符和数字组成（其中前两个字符为标识同一类图纸文件的序列号，后两位字符表示工程图纸文件变更的范围与版次，见图 12.6.3）；小数点后的文件扩展名由创建工程图纸文件的计算机制图软件定义，并应由 3 个字符组成。

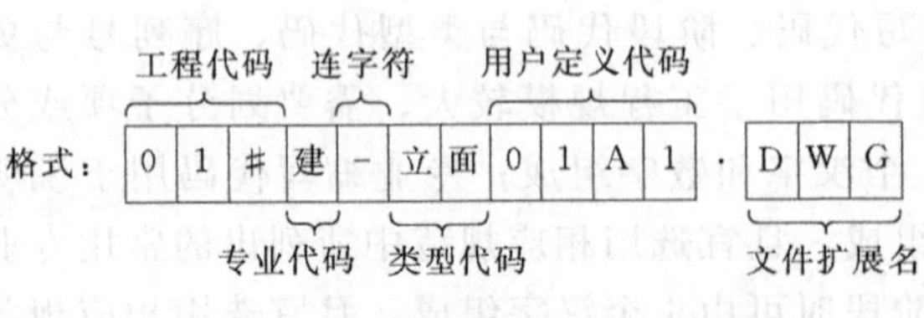

图 12.6.2 工程图纸文件命名格式

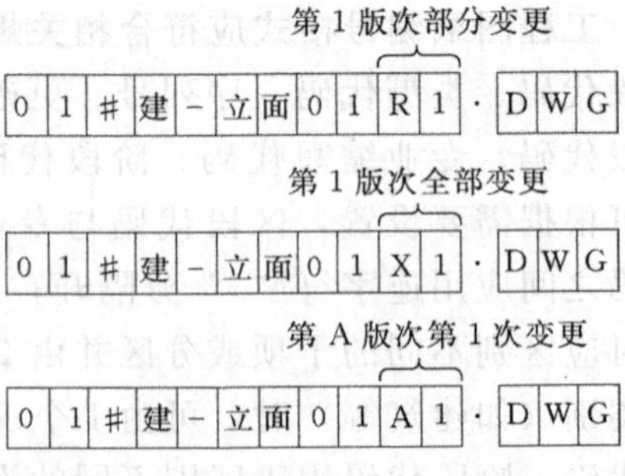

图 12.6.3 工程图纸文件变更表示方式

工程图库文件命名应符合相关规定，工程图库文件应根据建筑体系、组装需要或用法等进行分类，并应便于识别、记忆、操作和检索；工程图库文件名称应使用拉丁字母和数字的组合；在特定工程中使用的工程图库文件应将该工程图库文件复制到特定工程的文件夹中（并应更名为与特定工程相适合的工程图纸文件名）。

12.6.3 计算机制图文件夹

计算机制图文件夹可根据工程、设计阶段、专业、使用人和文件类型等进行组织，计算机制图文件夹的名称可以由用户或计算机制图软件定义（并应在工程上具有明确的逻辑关系，且应便于识别、记忆、管理和检索）。计算机制图文件夹名称可使用汉字、拉丁字母、数字和连字符“-”的组合（但汉字与拉丁字母不得混用）。同一工程中应使用统一的计算机制图文件夹命名格式，且计算机制图文件夹名称应自始至终保持不变（不得同时使用中文和英文的命名格式）。为满足协同设计需要可分别创建工程、专业内部的共享与交换文件夹。

12.6.4 计算机制图文件的使用与管理

工程图纸文件应与工程图纸一一对应，以保证存档时工程图纸与计算机制图文件的一致性。计算机制图文件宜使用标准化的工程图库文件。文件备份应符合相关规定，计算机制图文件应及时备份（以避免文件及数据的意外损坏、丢失等）；计算机制图文件备份的时间和份数可根据具体情况自行确定，且宜每日或每周备份一次。应对计算机制图文件进行有效保护［可采取各种有效的保护措施，如定期备份；预防计算机病毒；在安全的设备中保存文件的副本；设置相应的文件访问与操作权限；文件加密；使用不间断电源（UPS）等］。计算机制图文件应及时归档。不同系统间图形文件交换应符合现行国家标准《工业自动化系统与集成产品数据表达与交换》（GB/T 16656）的规定。

12.6.5 协同设计的计算机制图文件的组织管理要求

协同设计的计算机制图文件组织应符合相关规定。采用协同设计方式时，应根据工程的性质、规模、复杂程度和专业需要，合理、有序地组织计算机制图文件，并应据此确定设计团队成员的任务分工。采用协同设计方式组织计算机制图文件应以减少或避免设计内容的重复创建和编辑为原则，条件许可时宜使用计算机制图文件参照方式。为满足专业之间协同设计的需要，可将计算机制图文件划分为各专业共用的公共图纸文件、向其他专业提供的资料文件和仅供本专业使用的图纸文件等类型。为满足专业内部协同设计的需要，可将本专业的一个计算机制图文件分解为若干零件图文件（并建立零件图文件与组装图文件之间的联系）。

协同设计的计算机制图文件参照应符合规定。在主体计算机制图文件中可引用具有多级引用关系的参照文件，并允许对引用的参照文件进行编辑、剪裁、拆离、覆盖、更新、永久合并的操作。为避免参照文件的修改而引起主体计算机制图文件的变动，主体计算机制图文件归档时，应将被引用的参照文件与主体计算机制图文件永久合并（绑定）。

12.6.6 计算机制图文件的图层设计（拓展）

12.6.7 计算机制图规则（拓展）

12.7 房屋结构平面图绘制的基本训练（拓展）

12.8　建筑给水施工图绘制的基本训练（拓展）

12.9　建筑平面图绘制的基本训练（拓展）

12.10　住宅室内装饰设计平面图绘制的基本训练（拓展）

思 考 题 与 习 题

1. 房屋建筑制图有哪些基本要求？
2. 房屋建筑制图有哪些基本线划符号？
3. 简述房屋建筑制图中常用建筑材料的表示方法。
4. 简述房屋建筑制图中图样画法的特点。
5. 房屋建筑制图中的尺寸标注有哪些规定？
6. 计算机绘制房屋建筑图有哪些基本要求？
7. 按 12.2 节练习相关符号的绘制。
8. 按 12.3 节练习相关符号的绘制。
9. 按 12.4 节练习相关符号的绘制。
10. 按 12.5 节练习相关符号的绘制。

第 13 章　建筑结构制图（拓展）

第 14 章　房屋建筑制图样例（拓展）

拓展内容请扫描下方二维码进行学习。

参 考 文 献

[1] 施建俊. 土木工程制图与CAD基础 [M]. 北京：机械工业出版社，2016.
[2] 侯献语，王旭东，尹晶，等. 土木工程制图与识图 [M]. 北京：中国电力出版社，2016.
[3] 林悦香. 工程制图与CAD [M]. 北京：北京航空航天大学出版社，2016.
[4] 王福增. 土木工程制图与施工图识读 [M]. 北京：科学出版社，2016.
[5] 李伟. 工程制图与CAD [M]. 北京：机械工业出版社，2015.
[6] 刘瑞荣，王谨. 工程制图与CAD [M]. 武汉：华中科技大学出版社，2015.
[7] 李波. AutoCAD 2016 土木工程制图从入门到精通 [M]. 北京：机械工业出版社，2015.
[8] 孙世青. 建筑工程制图与AutoCAD [M]. 北京：科学出版社，2015.
[9] 刁乾红，常允艳，付文艺，等. 土木工程制图与识图 [M]. 成都：西南交通大学出版社，2013.
[10] 袁晔. 工程制图与CAD [M]. 天津：天津大学出版社，2013.
[11] 高恒聚. AutoCAD建筑与土木工程制图 [M]. 西安：西安电子科技大学出版社，2011.
[12] 张华，陆萍. 画法几何及土木工程制图 [M]. 北京：中国水利水电出版社，2016.
[13] 黄絮. 土木工程制图 [M]. 北京：中国建筑工业出版社，2016.
[14] 毛新奇. 画法几何与土木工程制图 [M]. 北京：中国电力出版社，2016.
[15] 何铭新，李怀健. 土木工程制图 [M]. 武汉：武汉理工大学出版社，2015.
[16] 雷光明，杨谆. 土木工程制图 [M]. 北京：科学出版社，2015.
[17] 朱育万，卢传贤. 画法几何及土木工程制图 [M]. 北京：高等教育出版社，2015.
[18] 谢平，涂晓斌，周慧芳. 土木工程制图 [M]. 成都：西南交通大学出版社，2015.
[19] 王月亭，底素卫，温婉丽. 土木工程制图 [M]. 北京：中国水利水电出版社，2015.
[20] 贾洪斌，雷光明，王德芳. 土木工程制图 [M]. 北京：高等教育出版社，2015.
[21] 张会平. 土木工程制图 [M]. 北京：北京大学出版社，2014.
[22] 胡仁喜. AutoCAD 2014 中文版建筑与土木工程制图快速入门实例教程 [M]. 北京：机械工业出版社，2014.
[23] 张洵，汪红梅. 画法几何及土木工程制图 [M]. 武汉：武汉大学出版社，2013.